lex:tra

Vorwort zur 7. Auflage

Das vorliegende Wörterbuch ist in seinem Ursprung aus der jahrelangen Tätigkeit von Karl-Heinz Seidel in der Sprachenabteilung eines großen Industriebetriebes hervorgegangen. Das Ziel lag von Anfang an darin, den in technischen Bereichen und entsprechenden Institutionen tätigen Mitarbeitern sowie auch Studierenden ein handliches Wörterbuch für den aktuellen beruflichen Alltag zur Verfügung zu stellen.
Dieser Zielstellung folgend wurden zur einen Hälfte technisches und naturwissenschaftliches Querschnittsvokabular und Einträge aus der Allgemein- und der Wirtschaftssprache aufgenommen, deren Auswahl auf den fundierten praktischen Erfahrungen des Urhebers beruhte. Zur anderen Hälfte wurden die Grundlagen aus ca. 20 technischen Fachgebieten berücksichtigt. Zusatzinformationen wie Fachgruppenschlüssel und einzelne Verwendungs- und Kontexthinweise unterstützen den Gebrauch in der alltäglichen Berufspraxis.
Nach dem Tod des Verfassers erfolgte durch den Bearbeiter in der 4. Auflage eine grundständige Aktualisierung und das Werk wurde neu ausgestattet. Dabei blieben seine charakteristischen Eigenschaften erhalten.
In den weiteren Auflagen wurde das Handwörterbuch stets weiter an die Erfordernisse des Marktes angepasst und aktualisiert, wobei der Bearbeiter viele Rückmeldungen von Praktikern berücksichtigt hat: Zu allgemeine Einträge wurden gestrichen und dafür zusätzliche Begriffe aus den Bereichen Elektro, Bau und neue Technologien aufgenommen. Somit bildet dieses Standardwerk noch stärker einen breiten Querschnitt technischen Vokabulars ab. In beiden Bänden zusammen sind jetzt mehr als 50.000 Einträge vorhanden. In der 7. Auflage sind neu die Servicetafeln mit Formulierungshilfen für typische Gesprächssituationen aufgenommen. Wie bisher ist der Bearbeiter für Anregungen und Hinweise zur Verbesserung des Werkes dankbar.

Karben, im Frühjahr 2009 *Dr. Ekkehard Richter*

Fachgruppenschlüssel

air	Lufttechnik, Luftreinhaltung	air treatment, air pollution control
aku	Akustik, Lärm	acoustics, noise
bau	Bauwesen, Architektur	civil engineering, architecture
bff	Botanik, Flora, Fauna	botany, flora, fauna
bio	Biotechnologie	biotechnology
bod	Boden	soil
cap	Geografie, Länder	geography, countries
che	Chemie	chemistry
con	Konstruktion, Zeichnungen	construction, drawings
eco	Wirtschaft, Unternehmen	economy, business
edv	Rechner, Informationstechnik, Kommunikationstechnik	computer, information technology, communication technology
elt	Elektrotechnik	electrical engineering
far	Landwirtschaft, Landbau	agriculture, soil cultivation
geo	Geologie	geology
hum	Medizin, menschlicher Körper	medicine, human body
jur	Recht, Versicherungen	laws, insurance
mas	Maschinenbau, Normteile	mechanical engineering, standardized parts
mat	Mathematik	mathematics
mbt	Bagger, Erdbau, Transportgeräte	excavators, earthwork, means of transportation
med	Medizin, menschlicher Körper	medicine, human body
met	Werkstoffe, Metall	materials, metals
min	Mineralogie	mineralogy
mot	Verkehr	traffic
nor	Normenwesen (RAL-Farben)	standards, RAL-standards
opt	Optik, Strahlen	optics, rays
phy	Physik	physics
pow	Energie-, Kesseltechnik, erneuerbare Energien	energy, power generation, boiler technology, renewable energy
prc	Anlagen-, Verfahrens-, Prozesstechnik	chemical and process engineering
rec	Abfall, Recycling	waste, recycling
roh	Bergbau, Rohstoffgewinnung, -aufbereitung	mining, recovery of raw materials, material processing
tec	Technik, insb. Maschinenbau	technology, esp. engineering products
tel	Telekommunikation	telecommunications
was	Wasseraufbereitung, -gewinnung, -verunreinigung	water treatment, water pollution
wet	Wetter, Klima	weather, climate
wzg	Werkzeuge, Bearbeitungsmaschinen	tools, machine tools

A

Abänderung *f* alteration
abarbeiten *v* (mechanisch bearbeiten) machine [met]; (Programm) process [edv]
Abarbeitung *f* processing [met]
Abarbeitungsvorgang *m* (spanabhebend) machining operation [met]
Abbau *m* (Graben) digging [bau]; (Zerlegung) disassembly [rec]; (Entfernung, Ausbau) dismantling [mas]; (Kohle, Steinbruch) mining [roh]; (Entfernung, Ausbau) removal [rec]
Abbaubank *f* (im Steinbruch) bench [roh]
abbauen *v* (weggraben) dig [bau]; lop off [roh]; (Kohle, Steinbruch) mine [roh]; (im Steinbruch) quarry [roh]
Abbaufeld *n* (im Bergbau) mining field [roh]
Abbauhammer *m* (auch im Bergwerk) breaker hammer [bau]; concrete breaker [bau]
Abbau, kontinuierlicher - *m* continuous mining [roh]
Abbaukratzer *m* (Zement, Kalk, Gips) reclaiming scraper [mbt]
Abbaumethode *f* (im Bergbau) mining method [roh]
Abbau von Abraum *m* stripping of overburden [rec]
Abbauwand *f* (vor Ort) face [roh]
abbauwürdig (im Bergbau) mineable [roh]; (Kohle) recoverable [roh]
Abbild *n* picture [con]
abbilden *v* (z.B. Bild im Text) display [con]; (z.B. Bild im Text) illustrate [con]; (in Karte) map [con]; (z.B. Bild im Text) picture [con]; (z.B. Bild im Text) show [con]
Abbildung *f* (auf Bildschirm) display [elt]; illustration [con]; (in Karte) mapping [con]; (auf Bildröhre) screen display [elt]
Abbildungsmaßstab *m* base scale [edv]; scale [con]
Abbildungstakt *m* display cycle [edv]
Abbildungsverfahren *n* display method [edv]
Abbildverzerrung *f* distortion [edv]
abbinden *v* (erstarren) hydrate [che]; (erstarren) set [che]
Abbindung *f* (Erstarrung) hydration [che]
Abblasventil *n* blow-off valve [air]
abblättern *v* (durch Verwitterung) weather [met]
Abblättern *n* (von Reifenlauffläche) flaking [met]
Abblätterung *f* (von alter Farbe) peeling [met]
abblenden *v* (Autoscheinwerfer) dim [mot]
Abblendlicht *n* (Autoscheinwerfer) dimmed light [mot]
Abblendschalter *m* (Autoscheinwerfer) dimmer switch [mot]; dip switch [mot]
Abblendstellung *f* (Rückspiegel) anti-dazzle position [mot]; (Rückspiegel) anti-glare position [mot]; (Scheinwerfer) dimmed position [mot]
Abböschen *n* sloping [bau]
Abbrandgeschwindigkeit *f* burning velocity [che]
abbrechen *n* (Gebäude) raze [bau]
abbrechen *v* (ein Programm) abort [edv]; (ein altes Haus) bring down [rec]; (ein Programm) cancel [edv]; (ein altes Haus) demolish [bau]; (ein Gespräch) discontinue; (ein Programm) kill [edv]; (Zweig, Rute) snap; (ein altes Haus) tear down [rec]; (Gebäude) wreck [bau]
Abbrechstift *m* (rutschfeste Platte) break-off pin
abbremsen *v* (den Zug, die Fahrzeuge) brake [mot]; (den Zug, die Fahrzeuge) decelerate [mot]; (langsamer werden) decelerate [phy]
abbrennen *v* burn down [che]; (durch Schweißen) flame cut [met]
Abbrennen *v* (Anstriche, Glas) burning-off [met]
abbrennstumpfgeschweißt electric flash-welded [met]
abbrennstumpfschweißen *v* electric flash-weld [met]
Abbruch *m* (eines Programms) abend [edv]; (eines Hauses) demolition [bau]; (eines Programms) kill [edv]; (Gebäude u.a.) pulling down [bau]
Abbrucharbeit *f* wrecking [bau]
Abbruchausrüstung *f* (alte Gebäude) demolition equipment [bau]
Abbruchbedingung *f* condition of truncation [edv]
Abbruchhaken *m* (am Bagger) demolition hook [mbt]; (am Bagger) tear down hook [mbt]

A

Abbruchhammerausrüstung *f* breaker attachment [bau]
Abbruch von Industrieanlagen *m* demolition of industrial plants [rec]; industrial demolition [rec]
abdämmen *v* (abdecken) block off [bau]; (aufstauen) dam up [bau]; (Damm errichten) embank [bau]; (isolieren) insulate [bau]
Abdämmung *f* dam [bau]; (Verfahren) damming [bau]; (Ufer (B)) dyke [bau]
Abdampf *m* exhaust steam [pow]
Abdampfentöler *m* exhaust steam oil separator [pow]
Abdampfverwertung *f* exhaust steam utilization [pow]
Abdeckblech *n* (Deckel) cover [mas]; (Deckel) cover plate [mas]
abdecken *v* cover up
Abdeckkappe *f* (Haube) cap
Abdeckleiste, innere *f* inner decking [mas]
Abdeckplatte *f* cover plate; (Blech mit Rahmen) cover plate [mas]; (an Landeklappe, Rakete) shroud [mot]
Abdeckung *f* (durch Plane) canvas cover; (auf Mauer) coping [bau]; cover; (Deckel, Plane, Tarnung) covering; deck
abdichten *v* (mit Lehm) puddle [bau]; seal [mas]
Abdichten *n* sealing [mas]
Abdichtung *f* packing [bau]; (federnde Abdichtung) seal
Abdichtung, federnde - *f* resilient seal [mot]
Abdichtungslage *f* sealing layer [bau]
abdrücken *v* (Druck prüfen) pressure test [msr]
Abdrückgewinde *n* (Maschinenteil) pressure-test threading [mas]
Abfackelanlage *f* exhaust gas burner
abfackeln *v* (nicht nutzbare Gase) bleed off [air]; (nicht nutzbare Gase) burn off [air]
Abfackelrohr *n* bleeder pipe [air]
abfahren *v* (stilllegen) shut down [met]
Abfahren *n* (Kesselaußerbetriebnahme) boiler shut-down [pow]
Abfahrtanzeiger *m* departure sign [mot]
Abfahrtbahnsteig *m* (Bahnhof) departure track [mot]
Abfahrt, planmäßige - *f* (des Zuges) scheduled departure [mot]
Abfahrtsignal *n* starting signal [mot]
Abfahrtzeit *f* (Bus, Bahn) departure time [mot]; shut-down period [met]
Abfall *m* debris [rec]; (Schwächerwerden) decay rate; (Senkung) drop; (Unrat, Müll) garbage [rec]; waste [rec]
Abfallbrennstoff *m* hog fuel [rec]; refuse [rec]; waste fuel [rec]
Abfalleimer *m* dustbin [rec]; trash can [rec]
abfallen *v* (Spannung) decay [elt]; (Spannung) drop [elt]
Abfallgrube *f* (Müllkippe, Deponie) dump pit [rec]; (kleine Deponie) garbage disposal [rec]
Abfallprodukt *n* by-product; waste product [rec]
Abfallstoff *m* waste [rec]
Abfalltonne *f* (Mülltonne) trash can [rec]
Abfallverwertung *f* (Schiffswrack) salvage [rec]
Abfallzeit *f* fall time; persistent time
abfangen *v* (halten) counter-hold; (bei Einbau) hold [met]
Abfanggraben *m* intercepting ditch [bau]
Abfangseil *n* holding rope
abflachen *v* flatten [met]; level off [bod]
Abflachung *f* (Rad, Rolle) flattening
Abflug *m* departure [mot]
Abflughalle *f* departure terminal [mot]
Abflugzeit *f* departure time [mot]
Abfluss *m* discharge [was]; effluent [was]; (von Regenwasser) flow off [was]; (von Regenwasser) run-off [was]
Abflusshöhe *f* water level [was]
Abflussleitung *f* drain pipe [was]
Abflussöffnung *f* discharge outlet [was]
Abflussrohr *n* (Wasser u.a.) drainage pipe [was]
Abflussventil *n* delivery valve [mot]; (Drainage) drain valve [was]
Abfrageknopf *m* interrogating head [msr]
abfragen *v* query [edv]; request
abfräsen *v* remove by milling [met]
Abführrohr *n* (nach oben) riser; (nach oben) uptake tube [was]
Abführung ins Freie *f* discharge to atmosphere [was]
Abfüllbetrieb *m* (Getränke in Flaschen) filling plant
Abgang *m* (Weggang, Verlassen, Abreise) departure [mot]; (Weggang, Verlassen) egress
Abgas *n* (aus Auspuff) exhaust gas [mot];

(tritt aus) exit gas [air]; flue gas [air]; fumes [air]; waste gas [air]
Abgasanalyse *f* waste gas analysis [msr]
Abgasanlage *f* (auch Auto) exhaust system [air]
abgasbeheizt exhaust gas heated [pow]
Abgasgebläse *n* exit gas fan [air]
Abgasheizung *f* exhaust-operated air heating [pow]
Abgaskrümmer *m* (auch Auto) exhaust elbow [mot]
Abgasleitung *f* (auch Auto) exhaust pipe [air]
Abgasprobe *f* waste gas samples [msr]
Abgasreiniger *m* exhaust cleaner [air]; exhaust-gas conditioner [air]
Abgasstaub *m* fuel dust [air]
Abgastemperatur *f* exit gas temperature [air]; flue gas temperature [air]
Abgasthermostat *m* exhaust-gas thermostat [msr]
Abgasturbine *f* exhaust gas turbine [pow]
Abgasturbolader *m* exhaust turbo charger [mot]; exhaust turbo-supercharger [mot]; turbo charger [mot]
Abgasverlust *m* flue gas loss [mot]; waste gas loss [mot]
abgeben *v* (ausschwitzen, ausstrahlen) exude; (Gase) give off [air]; (Leistung) transmit [elt]
abgeblättert (Farbe) peeled off; (durch Alter) weathered [met]
abgeblendet (Autoscheinwerfer) dimmed light [mot]
abgebogen cranked
abgebrannt (geschnittenes Metall) flame-cut [met]
abgebunden (Zement) cemented [met]
abgedeckt (Plane, Blech, Bretter) covered
abgedichtet (durch Dichtung) sealed [mas]
abgekröpft (verschwenkt) cranked off [con]
abgelaufen (nicht wirksam, beendigt) expired
abgelegen (weit weg) remote
abgeleitet (Wasser) drained [was]
abgerundet (Kante) rounded [con]; rounded off [con]
abgeschält peeled
abgeschirmt screened [elt]; shielded [elt]
abgeschlossen (Vertrag) concluded [jur]
abgeschrägt (Kante) chamfered [mas]
abgesetzt (farblich) differently coloured
abgesichert fused [elt]; (durch Sicherung) fuse-protected [elt]; protected
abgesichert, nicht - unfused [elt]
abgestellt (geparkte Autos, Busse) parked [mot]; (Eisenbahnwagen, Loks) stabled [mot]
abgestimmt fine-tuned [elt]
abgestützt (altes Haus mit Balken) held up [bau]; (auf Wagenheber) jacked [mot]; (auf Schaufel, Schild) jacked up [mbt]; (auf Wagenheber) jacked up [mot]; (Grabenwand) revetted [bau]; (Grabenwand) sheathed [bau]
abgetrennt separated
abgewickelt (Bandeisen, Blech) uncoiled [met]
Abgleich *m* (Anpassung) adjustment
abgleichen *v* (einstellen) balance [elt]; (einstellen) compensate [msr]
Abgleichen *n* (Einstellen) compensation [elt]
Abgleichkondensator *m* trimming capacitor [elt]
Abgleichung *f* matching
Abgleichwiderstand *m* trimming resistor [elt]
abgraten *v* burr [met]
abgreifen *v* (abtasten) scan [msr]; (auch Telefonleitung) tap
Abhang *m* slope
abhängen *v* (Telefon) disengage [tel]; (von einem Haken) remove; (von einem Haken) take down; (von einem Haken) take off; (vom Haken nehmen) unhook [mot]
Abhängigkeit *f* (Frequenzabhängigkeit) dependence
Abhängigkeit, gegenseitige - *f* double bind
abheben *v* lift; remove [rec]; (Flugzeug von Rollbahn) take off [mot]
Abhilfe *f* (bei Schäden) repair
Abhitze *f* waste heat [pow]
Abhitzekessel *m* waste heat boiler [pow]
abhobeln *v* remove by planing [met]
abisolieren *v* insulate [elt]; skin [elt]; (Draht) strip [elt]
Abisolierzange *f* strip-insulation pliers [wzg]
Abkantbank *f* folding bench [met]
abkanten *v* (dünnes Blech) cant [met]; (mit scharfem Grat) cant [met]; (Kanten abschrägen) chamfer [met]; fold [met]
Abkantmaschine *f* folding machine [met]

A

Abkantpresse *f* folding press [met]
abkippen *v* (Verbiegen der Schraube) tilt [met]
Abkipphöhe *f* dumping clearance [mbt]; dumping height [mbt]
Abklingzeit *f* (schwächer werden) decay time
Abklopfeinrichtung *f* rapping gear
abklopfen *v* peen
abkühlen *v* cool [pow]; cool down; (langsam im Ofen erkalten) cool off [roh]; freeze [pow]
Abkühlung *f* cooling [pow]
Abkühlung im Ofen *f* cooling in furnace [roh]
Abkühlungsfläche *f* cooling surface [pow]
Abkühlungsgeschwindigkeit *f* cooling rate [pow]
abkuppeln *v* uncouple [mas]
abkürzen *v* (Termin) shorten
Abkürzung *f* (Weg) shortcut
Ablage *f* (Abheften) file
ablagern *v* deposit [rec]
Ablagerung *f* deposit; (Flussboden) sediment [geo]
Ablagerung, lockere - *f* unconsolidated deposit [bau]
Ablagerungsgestein *n* sediment [min]; sedimentary rock [min]
ablängen *v* (Rohre) cut into length [met]; (schneiden) cut to length [met]; shear to length [met]
ablassen *v* (Druck, Flüssigkeit) bleed [air]
Ablasshahn *m* drain cock [was]
Ablasskniestück *n* drain elbow [was]
Ablassleitung *f* drain pipe [was]; drain tubing [was]
Ablassschraube *f* drain plug [was]
Ablassstopfen *m* drain plug [was]
Ablassventil *n* discharge valve [air]; (Entwässerungsventil) drain valve [air]
Ablauf *m* discharge [was]; drainage [was]; (Ablauf der Vertragszeit) expiration; (Arbeit) sequence
Ablaufberg *m* (Rangierbetrieb der Bahn) hump [mot]
Ablauf der Vertragszeit *m* date of expiration [jur]
ablaufen *v* (enden, beendigen) expire
Ablaufplan *m* flow chart [con]
Ablaufsteuerung *f* (logisch, abhängig) processing control
Ablaufstrecke *f* run-off section [was]
ablegen *v* (des Schiffes) sail [mot]; (Kleider) take off
ablehnen *v* (eine Forderung) reject [jur]; (eine Forderung) turn down [jur]
ableiten *v* derive from [mat]
Ableiterstrom *m* discharge current [elt]
Ableitung *f* leak [elt]
Ableitungsbaum *m* derivation tree
Ableitwiderstand *m* bleeder [elt]
Ablenkfläche *f* deflector [was]
Ablenkgeschwindigkeit *f* spot velocity
Ablenkspannung *f* deflection voltage [elt]
Ablenkspule *f* (Bildröhre) yoke [elt]
Ablenktrommel *f* snub pulley [mas]
Ablenkung *f* deflection; distraction
Ablenkungsgenerator *m* time base sweep generator [elt]
Ablenkungskoeffizient *m* deflection coefficient [elt]
Ablesefehler *m* reading error [msr]
Ablesegenauigkeit *f* reading accuracy [msr]
Ablesemarke *f* (Strich) reading line [msr]
Ablesung *f* (von Messgerät, Monitor) reading [msr]; (von Messgerät, Monitor) read-out [msr]
Ablieferungsprüfung *f* delivery test [msr]
ablösen *v* (Schicht) peel [met]; (ersetzen) substitute
Ablösung *f* (Ersetzen) substituting
Abluft *f* (verbrauchte Luft) used air
Abluftkasten *m* air discharge frame [mot]
Abluftklappe *f* exhaust air flap [air]
Abluftkrümmer *m* exhaust air bend [mot]
Ablüftzeit *f* (Trocknungsdauer) flash time [bau]
Abmachung *f* (Vertrag, Abkommen) contract [jur]; (Vertrag, Abkommen) understanding [jur]
Abmaß *n* (über Endmaß hinaus) tolerance [con]
Abmaß, lichtes - *n* (freier Raum z.B. zwischen Behältern) clearance [con]
abmeißeln *v* remove by chipping [met]
Abmessung *f* size [jur]
Abmessungen und Gewichte *pl* dimensions and weights
Abnahme *f* acceptance; (von Geräten, Einverständnis) approval [eco]; (Strom wird abgenommen) take off [elt]
Abnahmebericht *m* test report [msr]
Abnahme Erstgerät *f* (Erstabnahme) first off
Abnahmeingenieur *m* test engineer

Abnahmeprotokoll *n* certificate of acceptance [msr]
Abnahmeprüfprotokoll *n* acceptance-test minutes [msr]; minutes of acceptance test [msr]
Abnahmeprüfung *f* acceptance inspection [msr]; acceptance test [msr]
Abnahmetest *m* approval test [msr]; verification test [msr]
Abnahmetest Erstgerät *m* first off [msr]
Abnahmevorschrift *f* acceptance specification [nrm]
Abnahmezeichnung *f* acceptance drawing [con]
Abnahmezeugnis *n* acceptance certificate; approval certificate
abnehmbar removable
abnehmen *v* (Gewicht verlieren) lose weight; (entfernen, einen Deckel) remove
abnieten *v* rivet [met]
Abnutzung *f* (Verschleiß) wear [met]; wearing [met]
Abnutzungsgrad *m* rate of wear [met]
Abölen *n* oiling [mas]
Abplattung *f* shell distortion
abplatzen *v* (reißen, wegbrechen) chip off [met]
abprallen *v* (zurückschleudern) rebound [phy]
abpumpen *v* (Flüssigkeit) drain [was]
Abraum *m* debris and washery refuse [rec]; (über Braunkohle, Sand, Fels) overburden [bod]
Abraumförderbrücke *f* conveyor bridge for open-pit mining [mbt]; overburden removing bridge [roh]
Abraumhalde *f* overburden stockpile [rec]
Abraumvolumen *n* quantity of overburden [bau]
Abregeldrehzahl *f* governed speed [msr]
abreiben *v* (spanen, zerreiben) chaff [met]
Abreise *f* departure [mot]
Abreisetag *m* day of departure [mot]
abreißen *v* (ein altes Haus) demolish [bau]; (der Luftströmung, Flugzeug) stall [air]
Abreißen der Zündung *n* loss of ignition [mot]
Abreißform *f* (des Gesteins in Wand) shapes of breaking [roh]
Abrieb *m* (des Rohres) abrasion [met]; (Reifen) abrasion [mot]; (Späne, Splitter) chaff [met]
abriebfest abrasion-resistant [met]
Abriebswiderstand *m* (des Rohres) resistance to abrasion [met]
Abriebwirkung *f* abrasiveness [met]
Abriss *m* (Gebäude u.a.) pulling down [bau]; (Bauwerk) wrecking [bau]
Abrisspunkt *m* (Strömung reißt ab) stall point [air]
Abrollen *n* (der Mahlkörper) cascading [roh]; (des Baggers am Hang) creeping [mbt]
Abrufstückliste *f* (kundenspezifische Daten) detailed parts list [con]
abrunden *v* round out [mat]
abrutschen *v* slide down; slide off
Abrutschen *n* (an der Böschung) skid down [mbt]
Absalzung *f* (Abschlammung) blow-down [pow]; (Abschlammung) boiler water blow-down [pow]
Absatz *m* (der Treppe) landing [bau]; (Bauelement) offset [bau]; (im Gelände) terrace [geo]
absaufen *v* choke
absaugen *v* draw off [air]; exhaust [mot]
Absaugepyrometer *n* suction pyrometer [msr]; suction type pyrometer [msr]
Absaugepyrometer mit Strahlungsschutz *n* multiple-shield high velocity thermocouple [msr]
Absaugpumpe *f* scavenge pump
Absaugrohr *n* suction pipe [mot]
Absaugstelle *f* suction point
abschälen *v* (Bodenschicht) peel [mbt]
Abschaltautomatik *f* automatic switch-off [elt]
abschalten *v* (nicht mehr versorgen) cut off; disconnect [elt]; (Kessel) shut down [pow]; shut off [met]; (Motor) switch off [mot]; (Kessel) take out of service [pow]
Abschalter *m* (in Schaltanlage eines Kraftwerks) circuit breaker [elt]; (in Schaltanlage eines Kraftwerks) cut-out [elt]
Abschaltkontakt *m* break contact [elt]
Abschaltstrom *m* current-on-breaking [elt]
Abschaltung *f* (eines Hauses) disconnection [elt]
Abschaltverzögerung *f* cut-off delay
abschätzen *v* (Entfernung) estimate; (bewerten) value; (gewichten) weigh
Abschätzung *f* (Entfernung, Menge) estimating; (Wägen, Überlegen)

A

weighing [msr]
Abscheideflasche *f* sediment bowl [was]
Abscheidegrad *m* collection efficiency; (E-Filter) collector efficiency [air]; (E-Filter) dust collector efficiency [air]
abscheiden *v* (ausfällen, absetzen) precipitate [che]; separate; (ausfällen, absetzen) settle [che]
Abscheiden *n* (Trennen) separation
Abscheider *m* (Staub) dust precipitator [air]; (Staub) precipitator [air]; separator [air]; (Falle) trap [che]
Abscheiderelektrode *f* (E-Filter) collecting electrode [air]
Abscheidungsgrad *m* (Filterwirkungsgrad.) precipitator efficiency [air]
abscheren *v* shear [met]; shear off [met]
Abscheren *n* shearing [met]
Abscherfestigkeit *f* shearing strength [met]
abschicken *v* submit
Abschieber *m* (am Stapler) pushing device [mbt]
Abschirmblech *n* air shield [air]
abschirmen *v* shield [elt]
Abschirmen *n* shielding
Abschirmung *f* screen [elt]; (unerwünschter Materie) screening; shield [elt]; shielding [elt]
Abschirmung, doppelte - *f* double shielding [mas]
Abschirmung gegen Strahlung *f* radiation shielding [pow]
abschlagen *v* (mit dem Hammer) knock off [met]
Abschlagen *v* (Kanten) wasting [bau]
Abschlämmbehälter *m* boiler blow-down tank [pow]
Abschlämmung *f* (Absalzung) blow-down [pow]; (Absalzung) boiler water blow-down [pow]
Abschlämmventil *n* blow-down valve [pow]; blow-down valve [pow]
abschleifen *v* (glätten, bearbeiten) grind [met]
Abschleifen *n* (unerwünschtes Fressen) fretting [mas]
abschleppen *v* (Fahrzeug) tow [mot]
Abschleppfahrzeug *n* (mit Kran) wrecker crane [mot]
Abschleppkran *m* (Fahrzeug mit Kran) wrecker crane [mot]
Abschleppkupplung *f* draw bar coupling [mot]
Abschleppseil *n* tow rope [mot]
Abschleppstange *f* tow bar [mot]; towing rod [mot]
Abschleppwagen *m* tow truck [mot]
abschleudern *v* centrifuge
abschließbar (mit Schlüssel) lockable
abschließen *v* (Tür) lock
Abschluss *m* (Beendigung einer Arbeit) completion; (reflexionsfreier Abschluss) termination
Abschlussdeckel *m* cover [mas]; end cover [mas]; flange cover [mas]; (Stopfen) plug [mas]
Abschlussplatte *f* end plate
Abschlussstopfen *m* drain plug [was]
abschmieren *v* grease [mas]; (mit Fett, Öl versehen) lubricate [mas]
Abschmieren *n* greasing [met]; lubrication [met]
Abschmirgeln *n* (mit Sandpapier) sanding [met]
abschneiden *v* (durch Brennschneiden) torch-cut [met]; trim [mas]
Abschnitt *m* (einer Konstruktion) section; (Segment, Teil, Ausschnitt) segment
abschrägen *v* (abkanten) bevel [met]; (abkanten) chamfer [met]
Abschrankung *f* (Absperrung) barrier
abschrauben *v* unbolt [met]; (lösen) unscrew [met]
Abschreckalterung *f* quench ageing [met]
abschrecken *v* (in Flüssigkeit tauchen) plunge [met]; (schnell kühlen) quench [met]
Abschreckungsöl *n* quenching oil [met]
Abschreibungszeit *f* payout time; period of amortisation [eco]
Abschussgerät *n* launcher; launching equipment
abschwächen *v* attenuate [elt]; (Sturm, eine Aussage) weaken
Abschwächer *m* attenuator [elt]
Abschwächung der Unebenheiten *f* reduction of bumps
Abschwächungsfaktor *m* attenuation factor [elt]
abseits (entfernt gelegen) remote
absenden *v* (z.B. Brief) mall
absenken *v* lower
Absenken, schnelles - *n* (Absenken des Baggers) fast-fall [mbt]
Absetzbecken *n* sedimentation tank [was]; settling basin [was]
absetzen *v* (Sinkstoff) deposit [was];

(abscheiden, ausfällen) precipitate [che]; (abscheiden, ausfällen) settle [che]
Absetzen *n* (Ablagerung) sediment [was]
Absetzerbrücke *f* bridge spreader [mbt]
Absetzförderband *n* (für Halde) spreader [roh]; (für Halde) spreader discharge belt [roh]; (für Halde) stacker [roh]
Absetzkammer *f* (für Staub, Schlamm) settling chamber [air]; (für Staub, Schlamm) settling tank [was]
Absetzschale *f* sediment bowl [was]
absichern *v* (durch Sicherung) fuse [elt]; (durch Sicherung) fuse-protect [elt]; (schützen) protect; (durch Sicherung) protect by fuses [elt]; (bewachen, festmachen) secure
Absicht *f* (Zweck) purpose
absieben *v* screen out [roh]
absinken *v* drop
absolut (vollständig) completely
Absolutdruck *m* absolute pressure [phy]
absolut trocken absolutely dry [met]
absondern *v* (ausscheiden, scheiden) segregate [roh]; (etwas Unerwünschtes) separate [roh]
Absondern *n* segregating; (Bestandteil) segregating
absorbieren *v* absorb
Absorption *f* absorption
Absorptionsdämpfung *f* absorption loss
Absorptionskoeffizient *m* absorption coefficient
Abspannanker *m* guy anchor [bau]
abspannen *v* (mit Seilen) guy [bau]
Abspannseil *n* suspension rope [bau]
abspeichern *v* store
absperren *v* (Straße) close [mot]; (Stelle) cut off
Absperrhahn *m* cut off cock [was]; shut-off valve [was]
Absperrkette *f* barrier chain
Absperrung *f* barrier; (Baustelle) closing [bau]; (Hahn, Klappe) shutoff device [mas]
Absperrventil *n* gate valve [met]; shut-off valve [met]; stop valve [met]
Absperrvorrichtung *f* (Gitter, Kette) barrier
Absprache, nach - (Vereinbarung) upon agreement; (Benachrichtigung) upon notification
abspritzen *v* (waschen) spray wash; (Öl bei Überdruck) squirt off
Abspritzleitung *f* return pipe [was]
Abspulhaspel *f* de-coiling reel [roh]
abstammen von ... *v* derive from ...
Abstand *m* (Entfernung) distance [con]; (zwischen Zylinderköpfen) head to head distance [mot]; (zwischen 2 Bauteilen) space [con]; (Abstände) spacing [con]
Abstandsanzeiger *m* clearance indicator [msr]
Abstandsfläche *f* clearance [bau]
Abstandsgesetz *n* distance law [mot]
Abstandsmesser *m* thickness gauge [msr]
Abstandsring *m* distance pin [mas]; distance ring [mas]
Abstandsrohr *n* spacer sleeve [mas]
Abstandsskala *f* distance scale [msr]
Abstandsstück *n* spacer [mas]
abstechen *v* (Hochofen) tap off [roh]
abstecken *v* (ein Gelände mit Stangen) stake out
Absteifung *f* (Stahlbau) staying [bau]; strutting [bau]
abstellen *v* (Eisenbahnwagen, Loks) stable [mot]; (Motor) stop [mot]; (Motor) switch off [mot]
Abstellhahn *m* (Führerbremse) isolating cock [mbt]
Abstellhebel *m* shutdown lever [mas]
Abstellkabel *n* (Motor) kill cable [mot]
abstempeln *v* seal
Abstich *m* (das Abstechen) tap [roh]; (Abstichloch des Hochofens) taphole [roh]
Abstichloch *n* (Hochofen) tap [roh]
Abstichlochbohrer *m* (am Teleskoparm) drilling device for taphole [roh]; (am Teleskoparm) taphole drilling device [roh]
abstimmen *v* (auf ein Thema einigen) agree
Abstimmung *f* (des Radios) tuning [elt]
abstreifen *v* strike off
Abstreifer *m* cleaner bar [mbt]; scraper [mbt]; scraper ring [mas]; stripper
Abstreifkante *f* striking-off edge
Abstreifring *m* (Schmutz am Zylinder) dirt skimmer [mot]; scraper [mas]; scraper ring [mas]; wiper ring [mot]; wiping seal [mot]
Absturz *m* (Gefälle) drop [geo]
abstützen *v* (Graben) revet [bau]; strut [bau]; support [mas]
Abstützung *f* (Ausleger an Waggonecken) corner jack [mot]; (an Ecken) jack [mas];

(Bagger-, Kranausleger) outrigger [mbt]; (z.B. Einsturzbedrohtes) propping [bau]; (Streben im Graben) revetting [bau]; stabilizer
Abstützung, hintere - *f* rear outrigger [mbt]
Abstützung, seitliche - *f* lateral stabilizer [mot]; side support [mot]
Abstützungskopf *m* (Pratze) jack head [mbt]
Abstützung, vordere - *f* front outrigger
Abstützvorrichtung *f* support
Abstützzylinder *m* (der Pendelachse) locking cylinder [mbt]
Abtastbild *n* scan display [msr]
abtasten *v* scan [msr]
Abtasten mit Ultraschall *n* ultrasonic scanning [msr]
Abtasten von Hand *n* manual scanning [msr]
Abtaster *m* scanner [msr]
Abtastfrequenz *f* sampling rate [elt]
Abtastgeschwindigkeit *f* scanning speed [msr]
Abtastimpuls *m* sampling pulse [msr]
Abtastoszilloskop *n* sampling oscilloscope [msr]
Abtastregelung *f* sampling control [elt]
Abtastscheibe *f* coding disc [msr]
Abtastspirale *f* helical scanning path [msr]; scanning helix [msr]
Abtastung *f* scanning [msr]
Abtastung, automatische - *f* automatic scanning [msr]
Abtastzeit *f* sampling time [elt]
abtauen *v* defrost
Abtauthermostat *m* defrosting thermostat
Abteil *n* (Eisenbahn) compartment [mot]
Abteiltür *f* (Eisenbahn) compartment door [mot]
Abteilung *f* (in Firma, Einkauf) department [eco]; (Personalabteilung) section [eco]
Abteilwagen *m* compartment coach [mot]
abteufen *v* (einen Schacht) sink [roh]
abtragen *v* (Schichten) strip [met]
Abtragen *n* (Schichten, Abraum, Kohle) stripping [roh]
Abtragshöhe *f* digging height [mbt]
Abtragungsgerät *n* (Erdbewegungsgerät) earthmoving machine [roh]
Abtransport *m* (Entfernung) removal; (von Personen) transport [mot]
abtrennen *v* (abbrennen) flame-cut [met]
Abtrieb der Nockenwelle *m* camshaft drive [mot]; (auch Auto) output factor [mot]
Abtriebsseite *f* driven end [mas]
Abtriebswelle *f* output shaft [mas]
Abtriebszahnrad *n* output drive gear [mas]
Abtrift *f* (abtreiben vom Schiffskurs) leeway [mot]
Abwärmeverwertung *f* recovering waste heat [pow]; waste heat recovering and utilizing [pow]
abwärts down; in the downward direction [was]
Abwärtslauf *m* (Rolltreppe) downward travel [mbt]
Abwärtsströmung *f* down-flow [was]
Abwasser *n* (Brauerei, u.a.) effluent [was]; liquid waste [was]; (in Abwasserleitung) sewerage [was]; (benutztes Wasser) waste water [was]
Abwasseranfall *m* volume of waste water [was]
Abwasseraufbereitung *f* sewage treatment [was]
Abwasserreinigungsanlage *f* sewerage treatment plant [was]
Abwasserrohr *n* sewage pipe [was]
abweichen von ... *v* deviate from ...
Abweichung *f* deviation; (Modifizierung) modification; (von Originalmaß, Toleranz) tolerance; (zusätzliche Möglichkeit.) variation
Abweichungen, erlaubte - *pl* agreed concessions [con]
Abweichung, zulässige - *f* (in Zeichnungen) permissible deviation [con]
abweisen *v* reject
Abweiser *m* (Windleitblech) deflector [air]; fender [mot]; (Kopfschutz) head guard; (Windleitblech an Lok) smoke deflector plate [mot]
abwerben *v* (von Firma A. zu B.) headhunt [eco]
abwerfen *v* (über Bord werfen) jettison [mot]
abwesend absent
Abwicklung *f* (einer Arbeit) carrying out; (Entwicklung) evolution; (einer Arbeit) execution; (Dokument) settlement; (echte Länge) true length; (Blech, auf Zeichnungen) uncoiling [con];

(Entwicklung, Entfaltung) unfolding
abwracken *v* (Schiff, Bus, Lkw) salvage [rec]
Abwrackung *f* (eines Schiffes) salvaging [rec]
Abwrackunternehmen *n* (Firma) salvaging company [rec]
Abwurfausleger *m* discharge boom [mbt]
Abwurfband *n* discharge conveyor [roh]
Abwurfbandausleger *m* discharge boom [mbt]
Abwurfbandträger *m* discharge boom [mbt]
Abwurfbandträgerlänge *f* discharge boom length [mbt]
Abwurfende *n* discharge end [roh]
Abwurfsprengen *n* (bei selektivem Abbau) throw-off blasting [roh]
Abwurftrichter *m* discharge funnel [roh]
Abwurftrichter mit Vorsieb *m* discharge funnel with pre-screen [roh]
Abwurftrommel *f* discharge pulley [mbt]
abwürgen *v* (den Motor, Flugmotor) stall [mot]
abzapfen *v* (auch Hochofen) tap [roh]
Abzehrung *f* wearing off [met]
Abziehband *n* tunnel conveyor [roh]
abziehen *v* (subtrahieren) deduct [mat]; (Rad, Kabel) pull off [met]; (fliehen) retreat; (Material entnehmen) withdraw
Abzieher *m* (Werkzeug) extractor [met]; (Werkzeug) puller [wzg]
Abzieherschraube *f* puller screw [mas]
Abziehkante *f* scanning edge [mas]
Abziehlack *m* (Klarlack, chemisch. härtend) strip varnish [che]
Abziehmutter *f* pull nut [mas]
Abziehschraube *f* puller screw [mas]
Abziehvorrichtung *f* extractor [met]; (Nabe) extractor [met]; puller bar [met]
Abzugbühne *f* draw floor; drawing floor
Abzugsband *n* discharge conveyor [roh]
Abzugsförderer *m* discharge conveyor [roh]
Abzugsgerüst *n* (Hüttenwerk) forming roller unit [roh]
Abzugshaube *f* exhaust duct [air]
Abzugsröhre *f* funnel
Abzugsvorrichtung *f* extractor device [met]
Abzweigdose *f* branch box [elt]; distribution box; junction box [elt]
abzweigen *v* branch; (ein Kabel) fork off
Abzweigklemme *f* branch joint
Abzweigleitung *f* branch line [elt]
Abzweigstück *n* swivel fitting
Abzweigung *f* (des Rohres) branch pipe [met]; (auch einer Straße) fork; (einer Straße) road fork [mot]
Achsabstand *m* axle base [con]; (bei Rollenkette) centre distance [con]; (zwischen gedachten Achsen) distance between axes [con]; (bei Riemenantrieb) shaft centre distance [con]; (Abstand Vorder- zu Hinterrad) wheelbase [con]
Achsabstrebung *f* axle stay
Achsabstützung *f* axle support [mot]
Achsanordnung *f* axle arrangement [con]
Achsaufhängung *f* axle suspension [mot]
Achsbolzen *m* steering pivot pin [con]
Achsbrücke *f* axle arch [mas]
Achse *f* (gedachte Mitte eines Rohres, mathematische Achse) axis [con]; axle [mas]; (Welle) shaft [mas]; (Vorderachse Pkw) spindle [mot]
Achseingang *m* (in Nabe) axle entrance [mas]
Achsenkreuzung *f* (gedachter Achsen) intersection of axes [con]
Achsenkreuzungswinkel *m* axis intersection angle [con]
Achsenprüfkopf *m* (Ultraschalltest) axle probe [msr]
Achsenwinkelabmaß *n* shaft-angle deviation [con]
Achsenwinkelabweichung *f* shaft-angle variation [mas]
Achsfolge *f* (Lokomotive) wheel arrangement [mas]
Achsgabel *f* axle guard [mas]
Achsgehäuse *n* axle casing [mas]
Achshalter *m* axle guide stay [mas]; axle mounting [mas]; axle support [mas]; (hält Bolzen in Lager) pin lock [mas]
Achshaltergleitbacke *f* (Waggonachse) horn cheek [mot]
Achskegelrad *n* differential bevel gear [mas]
Achskraft *f* (bei der Bahn) axle weight [mot]
Achslager *n* axle ball bearing [mas]; axle bearing [mas]; (des Waggons) axle box [mas]; journal bearing [mas]; (des Waggons) wheel set bearing [mas]
Achslagerführung *f* horn cheek [mas]
Achslagerung *f* axle box arrangement [mas]

A

Achslast *f* axle load [mas]
Achsmantel *m* axle bush [mas]
Achsmittellager *n* axle pivot pin [mas]
Achsnabe *f* wheel spindle [mas]
Achsrohr *n* axle tube [mas]
Achsschaft *m* axle body [mas]
Achsschenkel *m* axle journal [mas]; steering knuckle [mot]; stub axle [mas]; wheel spindle [mot]
Achsschenkelbolzen *m* king pin [mot]; steering knuckle pin [mot]
Achsschenkelgelenk *n* knuckle [mot]
Achsstand *m* axle spacing [con]; wheelbase [con]
Achstragbolzen *m* axle support trunnion [mas]
Achstrichter *m* flared tube [mas]
Achsversetzung *f* offset [mas]
Achsversetzungsabmaß *n* offset deviation [con]
Achsversetzungsabweichung *f* offset variation [mas]
Achswelle *f* (in Maschine) axle [mas]; axle shaft [mas]; (zu Differential) half-shaft [mot]
Achswellendichtung *f* axle shaft gasket [mas]
Achswinkel *m* (Zahnrad) shaft angle [con]
Achszapfen *m* king pin [mas]
Additionseffekt *m* summation effect [mat]
Additiv *n* (beim Stahlvergüten) additive [met]
Ader *f* (Kabel) strand [elt]; vein [elt]; (Draht) wire
Ader *f* (in Kabel) conductor [elt]
Aderfarbe *f* (Kabel) colour of wire
Adhäsionswasser *n* adherent water [che]
Adjunkte *f* (spezifische. Determinante) cofactor [mat]
Adresse *f* (Anschrift) address
Aggregat *n* (Bauteilgruppe) aggregate; (Kessel) boiler unit [pow]; (Kessel) plant [pow]; (Einheit) set [che]; (Kessel) unit [pow]
Aggregat, niveauregulierendes - *n* load-levelling control system [mot]
Aggregatzustand *m* condition of aggregation [phy]; state of aggregation [phy]
agieren *v* operate
Ahle *f* broach [wzg]
ähnlich (ähnelnd, fast so) similar
Ähnlichkeit *f* similarity
Ähnlichkeitsmaß *n* similarity measure
Ähnlichkeitsnetz *n* similarity net [con]
Ähnlichkeitstransformation *f* similarity transformation [mat]
Akkordarbeit *f* piecework [eco]
Akkordarbeiter *m* pieceworker [eco]
Akkord, im - arbeiten *v* be on piecework [met]
Akkumulator *m* secondary battery [elt]; storage battery [elt]
Akkumulatorbatterie *f* accumulator battery [elt]; rechargeable battery [elt]
Akkumulatortriebwagen *m* battery railcar [mot]
Akku-Triebwagen *m* battery railcar [mot]
Akte *f* file
Aktennotiz *f* (Mitteilung, intern) memorandum
Aktenstück *n* (Akte, Unterlage) file
aktivieren *v* (einschalten) energize [elt]
aktualisieren *v* (auf neuen Stand bringen) update
aktuell (-e Nachrichten) latest
Akustik *f* acoustics [aku]
Akustikplatte *f* acoustic tile [aku]
akustisch acoustic
Akzeptor *m* (Fremdatom im Halbleiter) acceptor [phy]
Alarm *m* (Rauchdichtealarm) alarm
Alarmanlage *f* (gegen Einbruch usw.) burglar alarm [bau]
Alarmauslösung *f* alarm release [elt]
Alarm, falscher *m* false alarm
Alarmgeber *m* (Arbeitssicherheit) alarm device
Alarmgerät, akustisches *n* audible alarm device [aku]
Alarmknopf *m* (Schalter) emergency button; (Schalter) panic button
Alarmpfeife *f* alarm whistle
Alarmschalter *m* alarm switch [elt]
Alarmsignal *n* warning signal
Alkalibatterie *f* alkaline cell [elt]
Alkaliflüchtigkeit *f* alkali volatility [che]
Alkalireinigung *f* alkali cleaning [che]
Alkalität *f* alkalinity [che]
allgemein general
Allgemeinanstrich *m* (besser: Standardanstrich) standard paint finish [met]
Allradantrieb *m* all-wheel drive [mot]; four-wheel drive [mot]
Allradlastkraftwagen *m* four-wheel drive truck [mot]
allseitig universal

Allwegstapler *m* rough-terrain forklift truck [mbt]
Allwetterrolltreppe *f* outside escalator [bau]
Allwetterstraße *f* all-weather road [mot]
Altbausanierung *f* refurbishing [bau]
Alternative *f* alternative
alterungsbeständig (Wasserrohr) corrosion free [met]; (Öle, Fette) good ageing behaviour [met]
Altglas *n* glass recycling [rec]
Altlastenrücklagengesetz *n* super fund law [jur]
altmodisch old-fashioned
Altöl *n* (verbraucht, wird entsorgt) used oil [rec]; waste oil [rec]
Altpapier *n* paper recycling [rec]
Altschienen *pl* used rails [rec]
Altschrott *m* old metals [rec]
Alt- und Rohmetalle *pl* metal scrap and raw metals [rec]; metal scrap and virgin metals [rec]
Aluminium *n* aluminium [met]
Aluminiumlegierung *f* aluminium alloy [met]
Amboss *m* (Arbeitsgerät in Schmiede) anvil [wzg]
Ampel *f* (Verkehrsampel) set of traffic lights [mot]
Amperemeter *n* ammeter [msr]
Amphibienfahrzeug *n* (Schwimmwagen) amphibious vehicle [mot]
Amplitude *f* (Schwingung) amplitude [phy]
Amplitude, komplexe - *f* complex amplitude [elt]
Amplitudenmodulation *f* amplitude modulation [phy]
Amplitudenverzerrung *f* amplitude distortion [phy]
Analogie *f* (geometrische Analogie) analogy
Analogie, geometrische - *f* geometric analogy [mat]
Analyse (Messung) analysis [msr]
Analysengrenze *f* (Umfang) scope of analysis [msr]
Analysenspanne *f* range of analyses [msr]
Analyse, statische - *f* static analysis [edv]
Anarbeiten *n* (Sägen, Richten, Spalten) processing [met]
Anarbeitung *f* (z.B. Schneiden) prefabrication
Anbau *m* addition [bau]; (von Ausrüstung) attaching [mas]; (am Haus) wing [bau]
anbauen *v* add [bau]; attach [met]; (Haus, etc.) build an extension [bau]; build on [bau]; (montieren) fit [met]
Anbaugehäuse *n* external mounting housing [mas]
Anbaugerät *n* (z.B. an Grader, Lader) attachment [mbt]
Anbauplatte *f* (Stütze) support
Anbaurahmen *m* (Stützhalterung) fitting frame [mas]; (Stützhalterung) mounting frame [mas]
Anbauscheinwerfer *m* working light [mot]
Anbauschürfkübel *m* grader scraper [mbt]
Anbausteckdose *f* electrical socket [elt]; socket
Anbauteile *pl* (Zubehörteile) accessories [mas]; (zusätzliche Ausrüstungen) attachment [mas]; (zum Anbauen) mounting parts [mas]
anbieten *v* quote [eco]; tender [eco]
anbinden *v* (Boot) tie
anbringen *v* (Ausrüstung) attach [met]; (befestigen, nageln) fasten [met]; (montieren) fit [met]; (befestigen) mount [met]
Anbringung, falsche - *f* (passt nicht) misalignment [mas]
andämmen *v* bank up [bau]
ändern *v* (z.B. Konstruktion, Ausrüstung) change; (der Ausrüstung) converse; (modifizieren) modify; (variieren) vary
Änderung *f* (Modifizierung, kleine Änderung) modification; variation
Änderungsmitteilung *f* engineering change note; engineering release note [con]; (Dokument) technical modification report [con]
Änderungssatz *m* (notwendig für andere Ausrüstung) conversion kit [mas]
Änderungsvorschlag *m* suggestion for modification
Änderungswunsch *m* request for modification
andocken *v* (Raumschiffe) dock
Andocken *n* (Raumschiffe) docking
Andrehklaue *f* starting dog [mot]
Andrehkurbel *f* starting crank [mot]
Andrehkurbelarm *m* starting crank arm [mot]

A

Andrehkurbelgriff *m* starting crank handle [mot]
Andrehkurbelklaue *f* starting crank dog [mot]
Andrehkurbelwelle *f* starting crankshaft [mot]
Andrückblock *m* pressure roller block
Andrückrolle *f* pressure pulley [mas]; pressure roller [mas]
aneinanderstoßen *v* (angrenzen) abut [mas]
anerkannt (genehmigt) approved; (zugelassen) acknowledged; (als Könner) recognised
anerkennen *v* (einen Garantieantrag) approve
Anfahrdiagramm *n* start-up diagram [mot]; start-up graph [pow]
anfahren *v* (Unfall) run into [mot]; (ein Gerät starten) start [met]; start-up [mot]
Anfahren *n* start-up [mot]
Anfahren aus dem kalten Zustand *n* start-up from cold [mot]
Anfahren, kaltes - *n* cold start-up [pow]
Anfahren, warmes - *n* warm start-up [pow]
Anfahrkraft *f* (beim Aufprall) impact force [mas]
Anfahrlast *f* (wirkt beim Aufprall) impact force
Anfahrleitung *f* start-up piping [pow]
Anfahrschieber *m* (Anfahrventil) start-up valve [pow]
Anfahrtsweg *m* (zum Ziel) access road [mot]
Anfahrventil *n* (Anfahrschieber) start-up valve [pow]
Anfahrvorrichtung *f* start-up device [mot]
Anfahrzeit *f* start-up period
anfällig susceptible
Anfälligkeit *f* (Empfindlichkeit) sensibility; (Empfindlichkeit) susceptibility
anfangen *v* commence
Anfänger *m* (Lehrling, Auszubildender) apprentice; (hinter dem Autosteuer) learner; (Neuling) novice
Anfangsdruck *m* (vor Drossel) initial pressure [pow]
Anfangsgrabstellung *f* (vor Eindringen) initial digging position [mbt]
anfertigen *v* (herstellen, machen) manufacture [met]
anfeuchten *v* moisten
anflachen *v* flatten [met]
Anflachung *f* flattening [bod]
Anforderung *f* (Nachschub) requirement
Anforderungsdefinition *f* requirements definition
Anführungsstriche *pl* (Text) quotation marks
Anfüllpumpe *f* (vor Anlassen) priming pump [mot]
Angabe *f* (Einzeldaten, Einzelheiten) detail [con]
Angaben *pl* information
angeben *v* (detaillieren) specify [con]; (erklären) state
Angebotsformular *n* form of tender [eco]
Angebotsschreiben *n* tender letter [eco]
Angebotssumme *f* estimate [eco]
angefertigt (hergestellt, gebaut) manufactured [met]
angeflacht (flach gedruckt o.ä.) flattened; levelled
angeflanscht flanged [mas]; flange-mounted [mas]
angefressen (Metall) pitted [met]
angegeben indicated
angegeben, falls nicht anders - (Vermerk auf Zeichnung) unless otherwise specified [con]
angegossen cast on [met]
angekettet an chained to
angeklebt glued on
angekreuzt (markiert) marked
Angel *f* (Mitnehmer am Zylinderschaft) tang [mas]
angelassen annealed [met]; tempered [met]
angemessen (Temperatur, Dicke) adequate
angenäht sewed on
angeordnet (hingestellt) arranged [con]
angerissen (gezeichnet, markiert) marked [con]; scribed
angeschmiedet forged on [met]
angeschraubt bolt-on [mas]
angeschweißt welded on [met]
angesenkt counterbored [mas]
angestiegen (besser geworden) improved
angewärmt preheated [pow]; (Speisen) warmed up [pow]
angezeigt (auf Monitor) indicated
angezogen (Bremse im Eingriff) applied [mot]
angießen *v* (hinzufügen) cast on [roh]; (erster Probeguss) initial casting [roh]

Angießprobe *f* initial cast specimen [roh]
angleichen *v* (farblich) adjust; (ausrichten) align; (Gewicht) balance [phy]
Angleichwiderstand *m* equalizing resistor [elt]
angreifen *v* (Säure) attack [che]
angrenzend (direkt benachbart) adjacent
Angriff *m* (Gewalttätigkeit) assault
Angriffsschärfe *f* abrasive power [met]
anhalten *v* (der Prozess wird angehalten) delay; (Geschwindigkeit senken) stop [mot]
Anhaltswert *m* estimated data
Anhang *m* (an Text) appendix
Anhänger *m* (hinter Lkw) trailer [mot]
Anhängerbremskraftregler *m* trailer brake pressure regulator [mot]
Anhängerbremsventil *n* trailer brake valve [mot]; trailer brake valve [mot]
Anhängerdeichsel *f* (am Lkw-Hänger) drawbar [mot]
Anhängerkupplung *f* coupling [mot]; tow coupling [mot]; trailer coupling [mot]
Anhängerkupplung, selbsttätige - *f* automatic trailer coupling [mot]
Anhängerrüttelwalze *f* towed vibrating roller [mot]
Anhängeschild *n* (Preisschild) tag
Anhängeschürfkübel *m* scraper trailer [mbt]
anhäufen *v* (Erde, etc.) pile up [bau]
anheben *v* (verstärken) boost [elt]; (aufnehmen) lift
Anhebestelle *f* (für den Wagenheber) jacking position [mot]
Anheizzeit *f* warming-up period [pow]
Anker *m* (Schiffsgerät, Bauwesen) anchor [mot]; (Elektrogerät) armature [elt]; (Elektromotor) rotor [elt]
Ankeranzug *m* relay excitation [elt]
Ankerbolzen *m* tie bar [mas]
Ankerfeld *n* (elektrische Maschine) armature field [elt]
Ankergeschirr *n* ground tackle [elt]
Ankerhals *m* (Teil des Schiffsgerätes) trend [mot]
Ankerhalter *m* (Schalung) anchor clamp [bau]
Ankerkette *f* anchor cable [mot]; anchor chain [mot]
Ankerklüse *f* mooring pipe [mot]
Ankerlaterne *f* (Schiff) anchor lamp [mot]; riding light [mot]
Ankermutter *f* special foundation nut
ankern *v* anchor [mot]; drop anchor [mot]
Ankerplatte *f* (Stahlbau) anchor plate [mas]; foundation plate [bau]; tie plate
Ankerrückwirkung *f* (elektrische Maschine) armature reaction [elt]
Ankerschraube *f* anchor bolt [bau]; tie bolt [mas]
Ankerspannung *f* armature voltage [elt]
Ankerspill *m* (Schiff) anchor windlass drive [mot]; capstan [mot]
Ankerspule *f* (Elektromotor) armature coil [elt]
Ankerwelle *f* armature spindle [elt]
Ankerwerfen *n* drop anchor [mot]
Ankerwicklung *f* armature winding [elt]
ankippen *v* (Ladeschaufel) crowd back [mbt]
Ankippstellung *f* (Ladeschaufel) crowd-back position [mbt]
ankleben *v* glue on
anklemmen *v* connect to terminals [elt]
ankommen *v* arrive [mot]
ankommen in ... *v* (Ort) arrive at ... [mot]
Ankopplung *f* coupling [mas]
ankörnen *v* punch [met]
Ankunft *f* arrival
Ankunft, planmäßige - *f* (des Zuges) scheduled arrival [mot]
Ankunftsbahnsteig *m* arrival track [mot]
Ankunftsgleis *n* arrival siding [mot]
Ankunftszeit *f* arrival time
ankurbeln *v* (Motor) crank [mot]
Anlage *f* (zum Buch) appendix; (zu Vertrag, Brief) attachment; (Kessel-Anlage) boiler plant [pow]; (Warnanlage) device; (zu Schreiben) enclosure; (im Sinne von Einrichtung) equipment; (Pelletisieranlage) plant [roh]; (Werk) plant; (Serie von Maschinen) system; (Freianlage) unit
Anlage, elektrische - *f* electrical equipment [elt]
Anlagekosten *pl* capital cost [eco]; first cost [eco]; initial investment [eco]
Anlage, kraftbetriebene - *f* power-driven construction [mbt]
Anlagenbau *m* engineering
Anlagerung *f* (in Rohren) accretion
Anlage, schlüsselfertige - *f* turn-key job [mas]
Anlage, stationäre - *f* stationary plant [mas]

A

Anlage, zweiteilige - *f* twin-section design [mas]
Anlassdruckknopf *m* starter button [mot]
anlassen *v* (Metallbearbeitung) anneal [met]; (Motor in Bewegung setzen) start [mot]; (Metall) temper [met]
Anlassen *n* (zwecks Spannungsabbau) annealing [met]; (des Motors) starting [mot]
Anlasser *m* (auf Lkw, für Flugzeuge) cranking motor [mot]; (im Auto) starter [mot]
Anlasserbatterie *f* (im Auto) starter battery [elt]
Anlasserleitung *f* starter cable [mot]
Anlasserritzel *n* starter pinion [mot]
Anlasshilfe *f* (Motor) starting aid [mot]
Anlasssperre *f* start interlock [mot]
Anlassspritze *f* starter pilot [mot]
Anlasstransformator *m* starter transformer [elt]
anlaufen lassen *v* start [mot]
Anlaufplatte *f* buffer plate [was]
Anlaufring *m* spacer disk [mas]
Anlaufscheibe *f* sealing washer [mas]; spacer disk [mas]; washer [mas]
Anlaufschütz *m* starting contractor [mot]
Anlaufstrom *m* starting current [elt]
Anlaufzeit *f* (des Programms) implementation period
Anleihe *f* loan [eco]
Anleitung *f* (Betriebsanleitung) instruction [con]
Anlenkpunkt *m* (z.B. des Auslegers) pivot point [mbt]
Anlenkung *f* (des Auslegers) pivot point
Anlenkungsbereich *m* pivot area [mbt]
anmalen *v* paint
anmerken *v* (eine Bemerkung machen) remark; (meist offiziell) state
Annäherungsschalter *m* (beim Lader) proximity switch [elt]
Annahme *f* (des Antrages) acceptance
Anodenbatterie *f* anode battery [elt]
Anodenspannung *f* anode voltage [elt]
anordnen *v* range; (einrichten) set up
Anordnung *f* (von Teilen) arrangement [con]; (allgemeine Anordnung) layout [con]
Anordnungsplan *m* arrangement drawing [con]; arrangement plan [con]; schematics [con]
anorganisch (mineralisch) inorganic [che]
anpacken *v* (ein Problem) tackle
anpassen *v* (mit Stecker) adapt [elt]; (passend machen, angleichen) adjust; (Maschinenteil) fit [met]; (sich einer Sache anpassen) match
Anpassstück *n* (Stecker) adapter [elt]
Anpassung *f* (zweier ungleicher Dinge) adjusting; matching
Anpassung, akustische - *f* acoustic matching [aku]
anpassungsfähig adaptable
Anpassungsfähigkeit *f* adaptability
Anpassungsglied *n* matching element [elt]
anreichern *v* (verbessern, ausbauen) enrich
Anreicherung *f* (Ansammlung) accumulation; (Konzentration) concentration [che]; (Zusatzstoffe) enrichment [che]
anreisen *v* arrive [mot]
anreißen *v* (auf Metall, Zeichnung) mark [met]; mark off [met]; (mit Stift) scribe [met]
Anreißgerät *n* marking device [met]
Anreißstarter *m* (am Rasenmäher) recoil starter [mot]
Anriss *m* (Beginn des Risses) crack initiation [met]; (in der Oberfläche) incipient crack [met]
anrollen *v* (Zug) start [mot]
Ansammlung *f* (Akkumulation) accumulation
Ansatz *m* handle [mas]; (Schweißnase am Werkstück) lug [met]
ansaugen *v* (des ersten Kraftstoffs) prime [mot]; (Gemisch im Motor) suck [mot]
Ansaugen *n* (der Motorluft) aspiration [mot]; (Luft pumpen) suction [air]
Ansaugen von Luft *n* air suctioning [air]
Ansauggeräuschdämpfer *m* intake silencer [air]
Ansaughub *m* (des Kolbens) intake stroke [mot]
Ansaugkanal *m* (zum Ventil) intake port [mot]
Ansaugkrümmer *m* (Teil des Motors) air intake manifold [mot]; intake manifold [mot]
Ansaugkrümmer, abgasbeheizter - *m* exhaust gas heated intake manifold [mot]
Ansaugluftleitung *f* intake air crossover
Ansaugöffnung *f* inlet [air]; intake [air]
Ansaugrohr *n* intake pipe [mot]
Ansaugrohr, abgasbeheiztes - *n* exhaust gas heated intake pipe [mot]

Ansaugrohrverlängerung *f* inlet pipe extension [air]
Ansaugung *f* (der Motorluft) aspiration
anschalten *v* switch on [elt]
Anschlag *m* (auf Anschlag fahren) block [mas]; (Puffer, Stopper) buffer [mas]; (im Zylinder) end of stroke [mas]; end position [mas]; (an Maschine zum Hochheben) lifting eye [mas]; (endet mechanische Bewegung) limit stop [mas]; (zum Lenken) pilot [mot]; (Ende, Begrenzer) stop [mas]; (als Begrenzung) stud [mas]; (Auslöse-nocken) trigger [mas]
anschlagen *v* (Seil befestigen) fasten
Anschläger *m* (hängt Last an Kran) slinger [mbt]
Anschlag, hinterer - *m* back-stop [mas]; cheek casting [mas]
Anschlagmittel *n* (Ketten, Seile, Haken) sling gear [mas]
Anschlagöse *f* lifting eye [mbt]
Anschlagprofil *n* rubber door-stop [mas]
Anschlagschraube *f* stop screw
Anschlag, vorderer - *m* (Kupplerarmführung) striker [mot]
Anschlag, zum - fahren (den Zylinder) go to the end of the stroke [mot]
anschließen *v* (eine Leitung) clamp [elt]; connect [elt]; join; (Stromkabel) plug [elt]
Anschluss *m* (Verbindung, auch Stahlbau) connection; contact [elt]; (Verbindungsstück) joint; (Steckdose) outlet [elt]; (Rohr) socket; (Stutzen) standpipe [was]
Anschlussblech *n* (Stahlbau) gusset plate [bau]
Anschlussblech *n* connecting plate [bau]; connection plate [mas]
Anschlussbuchse *f* port [elt]; socket [elt]
Anschlüsse *pl* (im Haus) facilities [bau]
Anschlüsse legen *v* (Gas, Wasser) install utilities [pow]
Anschlussfläche *f* connecting surface
Anschlussgehäuse *n* adapter housing [elt]
Anschlussgleis *n* railroad siding [mot]; railway siding [mot]
Anschlusskabel *n* connection cable [elt]; matching connection cable [elt]
Anschlusskasten *m* terminal box [elt]
Anschlussklemme *f* connection terminal [elt]; connector
Anschlussleiste *f* pin board [elt]
Anschlussleitung *f* connecting cable [elt]
Anschlussmaß *n* mating dimension [con]
Anschlussmaße *pl* dimensions [con]
Anschluss nach Spannung des Kunden *m* connect as per customer's voltage [elt]
Anschlussplan *m* connection diagram [elt]
Anschlussplatte *f* connection plate [mas]
Anschlussspannung *f* connection voltage [elt]; (Netzspannung) supply voltage
Anschlussstück *n* (Kupplung, Getriebe) bell housing [mas]; connecting clamp [mas]; connecting piece [bau]; (Verbinder) connector [elt]; coupling [mas]; (Kupplungsstück) coupling [mas]; fitting [mas]; (auch Klemme) terminal [elt]; (auch Endklemme) termination [elt]
Anschlussstutzen *m* (Stutzen) connection [was]; connection tube [was]; (Stutzen) standpipe [was]
Anschlusstabelle *f* connecting chart
Anschlussteile *pl* connecting parts
Anschlussverschraubung *f* screw connection [mas]
Anschluss vertauscht *m* connection interchanged [elt]
Anschlusswert *m* connected load [elt]
Anschlusswinkel *m* (Stahlbau) connection angle [bau]
Anschluss zur Fremdstarteinrichtung *m* jump-start facility [mot]
Anschnitt *m* box; incision
Anschnitttiefe *f* chamfer start depth
anschrauben *v* (festziehen) bolt on [met]
Anschüttgerät *n* piling equipment [mbt]
anschwenken *v* (den Bagger) start to slew [mbt]
Anschwenken *n* swing-off [mbt]
ansehen *v* (betrachten) inspect; (betrachten) look at ...
Ansehen *n* (Ruf) reputation
ansenken *v* counterbore [met]; (von Gewinde, Schraube) counter sink [met]
Ansenkung *f* (Vertiefung) boot; (Nabe) boss [mas]; spot face
Ansicht *f* (Seitenansicht) elevation [con]; (Meinung) opinion; view [con]
Ansicht, isometrische - *f* isometric view [con]
Ansicht, perspektivische - *f* perspective view [con]
Ansicht von oben *f* plan view [con]; top view [con]

A

Ansicht von unten *f* bottom view [con]
Ansprache *f* (Rede) address
Ansprechdauer *f* (einer Sicherung) melting time [elt]
Ansprechdruck *m* (des Ventils) opening pressure [msr]
ansprechen *v* (Messinstrumente) activate [msr]; (Personen) address; (auf etwas) respond
Ansprechpartner *m* person to contact
Ansprechschwelle *f* response threshold [elt]; threshold [msr]
Ansprechverzögerung *f* response delay [elt]
Ansprechzeit *f* pick-up time; response time [elt]; triggering time
Anspruch *m* claim [jur]
Anspruch auf Entschädigung *m* claims to compensation [jur]
Ansprüche erheben *v* raise claims [jur]
anständig decent
Anstauchschweißen *n* cold pressure upset welding [met]
anstecken *v* (anzünden, Kessel) light up [pow]
ansteckend (Krankheit) infectious [hum]
ansteigen *v* slope up
ansteigend (Straße) inclined [geo]; (Straße) upwards [geo]
Anstellbewegung *f* positioning; working position
anstellen *v* employ [eco]; (in Warteschlange) queue
Anstellung *f* (in Firma) employment
Anstellungsvertrag *m* (Arbeitsvertrag) employment contract [eco]
Ansteuerdruck *m* servo pressure
Ansteuerlogik *f* control logic [msr]
ansteuern *v* (ein Ziel) drive to [mot]; (ein Ziel) drive towards [mot]; servo control [msr]
Ansteuerschaltung *f* energizing circuit [msr]
Ansteuerung *f* control [elt]
Anstieg *m* (Druckanstieg) rise
Anstiegszeit *f* rise time [elt]; (bei einem Signal) rise time [elt]
Anstiegzeit *f* building-up time
Anstoßen *n* clashing
Anstoßhub *m* exhaust stroke [mot]
Anstreicharbeiten *pl* painting work [bau]
anstreichen *v* brush [met]; (malen) paint [bau]; varnish [bau]
anstrengend (schwer, schwierig) arduous
Anstrengung *f* effort; (körperliche Anstrengung) stress
Anstrengung, körperliche - *f* physical stress [hum]
Anstrich *m* (säurefester Anstrich) acid-proof coating [met]; (Farbe) coat [met]; (Farbschicht) coating [met]; (Lack) paint [met]; (die fertige Lackierung) paint finish [met]; painting [met]
Anstrichhalle *f* paint shop [met]
Anstrichschicht *f* coat of paint [met]
Antenne *f* (am Fernseher, Radio) aerial [elt]; (am Fernseher, Radio) antenna [elt]
Anthrazit *m* (Kohle) anthracite [roh]
antimagnetisch anti-magnetic [met]
Antischlupfregelung *f* (von Rädern) anti-slip control [mot]
antistatisch anti-static [elt]
Antrag *m* (Antrag einreichen) application
Antrieb *m* (Fahrzeug, Gerät) drive [mas]; drive unit [mas]; gear [mas]; (von Motor bis Endantrieb) gear train [mot]; (Schwung, Stoß) momentum [mas]; (Kraftfluss Motor bis Rad) power train [mot]; power unit [mas]
Antrieb, hydraulischer - *m* fluid drive [mot]; hydraulic drive [mot]
Antrieb, innenliegender - *m* enclosed drive [mbt]
Antriebsachse *f* drive axle [mas]; drive shaft [mas]
Antriebsaggregat *n* (als Einheit) drive unit [mas]; power equipment [pow]; (des Flugzeuges) propulsion system [mot]
Antriebsbatterie *f* drive battery [elt]
Antriebsflansch *m* drive flange [mas]
Antriebsgehäuse *n* gear case [mas]; transmission housing [mot]
Antriebsgelenk *n* universal joint [mas]
Antriebsgelenkgehäuse *n* universal joint housing [mas]
Antriebskegelrad *n* bevel drive gear [mas]; bevel drive pinion [mas]
Antriebskraft *f* baseload power [mas]; driving force [mas]
Antriebskupplung *f* driving clutch [mot]
Antriebsmaschine *f* (Verbrennungsmotor) drive engine [mot]; (Elektromotor) drive motor [elt]; power pack [mot]

Antriebsmodul *m* (Antriebseinheit) drive unit [mas]
Antriebsmotor *m* motor [elt]
Antriebsmotor *m* (Elektromotor) drive motor [elt]; driving motor [elt]; (Antriebseinheit) driving unit [pow]; power unit [mas]
Antriebsmutter *f* drive nut [mas]
Antriebsrad *n* drive gear [mas]; drive tumbler [mas]; driving gear [mas]; (im Getriebe) input gear [mas]; (Bagger, Raupe) sprocket [mbt]; (verzahntes Kettenrad) sprocket [mas]
Antriebsräder, schwingende - *pl* oscillating tandem wheels [mbt]
Antriebsriemen *m* (Keilriemen) drive belt [mas]
Antriebsring der Kupplung *m* clutch driving ring [mot]
Antriebsritzel *n* drive gear [mas]
Antriebsrolle *f* drive roll [mas]
Antriebsscheibe *f* sheave [mas]
Antriebsstation *f* drive assembly [mas]; (im Tagebau) drive station [roh]; drive-unit [mas]
Antriebsstrang *m* (Motor bis Räder) drive line [mot]
Antriebstechnik *f* drive technology [mas]
Antriebsteil *n* propulsion unit [mot]
Antriebstelle *f* driving parts [mas]
Antriebswelle *f* drive shaft [mas]; driving shaft [mas]; input shaft [mas]; main shaft [mas]; ((A)) propshaft [mot]; ((A)) propulsion shaft [mot]; transmission shaft [mot]
Antriebswellenstumpf *m* drive shaft stub [mot]; input shaft extension [mot]
Antritt *m* (Rolltreppe) entry point [mbt]
Antrittswinkel *m* (Rolltreppe) angle of landing [mbt]; (Rolltreppe) landing angle [mbt]
anwärmen *v* preheat [pow]; warm up [pow]
Anwärmen der Dampfleitung *n* steam-line warm-up [pow]
Anwärmzeit *f* (Kessel, Leitungen) warm-up period [pow]; (Geräte) warm-up time
anweisen *v* (zuweisen) assign
Anweisung *f* guidance; (Bedienungs-) instruction; (Software) statement [edv]
Anweisungen *pl* (Software) briefing
Anweisungsteil *m* (Software) procedure body [edv]
Anwender *m* (Computer) user [edv]
Anwenderprogramm *n* (Software) application program [edv]
Anwendung *f* (Anwendungsprogramm) application; use; utilization
Anwendung, in - bringen *v* apply
Anwendungsbereich *m* field of application; range of application; scope range of use
Anwendungsfall *m* application
Anwendungsgebiet *n* scope
Anwendungstechnik *f* application engineering [mas]
Anwendung, technische - *f* technical domain
Anwerfkraft *f* cranking power [mot]
Anwesen *n* premises [bau]
Anwesenheit *f* presence
Anwesenheitsliste *f* list of attendants
Anwohner *m* resident
Anzahl *f* number; quantity
Anzahl der Achsen *f* number of axles [con]
Anzahl der federnden Windungen *f* number of resilient coils
Anzahl der Windungen *f* (Feder) number of coils [mas]
Anzapfdampf *m* bled steam [pow]; extraction steam [pow]
anzapfen *v* bleed [air]; tap [was]
Anzapfleitung *f* extraction steam line [pow]
Anzapfstelle *f* bled steam tapping point [pow]
Anzapfung *f* bleeding [pow]; stage-bleeding [pow]; withdrawal
Anzapfvorwärmer *m* extraction steam preheater [pow]
Anzeichen *n* (Symptome) warning
Anzeige *f* (Zeitung) advertisement [eco]; (Bildschirmanzeige) display
Anzeige, fehlerhafte - *f* (abgehängte Decke (B)) false indication [msr]
Anzeigegerät *n* indicator [msr]
Anzeigeinstrument *n* indicator instrument [msr]
Anzeigeleuchte *f* indicator light; pilot lamp [elt]
anzeigen *v* (auf Display) display [edv]; (auf Display) indicate [edv]
Anzeigenauslösung *f* screen pattern triggering [msr]
Anzeigensperre *f* blocking the readout
Anzeigentafel *f* indicator panel

A

Anzeiger *m* (Zeiger, Stift) indicator [msr]; (Dampfmengenanzeiger) recorder [msr]
Anzeigerarm *m* indicator arm [msr]
Anzeigethermometer *n* indicating thermometer [msr]
Anzeige, unmittelbare - *f* direct indication [elt]; direct scan [msr]
Anzeigewaage *f* dial balance [msr]
Anziehdrehmoment *n* (festziehen) tightening torque [msr]
Anziehdrehwinkel *m* tightening angle [met]
anziehen *v* (Schraube wieder anziehen) retorque [met]; (Schraube) tighten [met]; (Schraube) torque [met]
Anziehungskraft *f* (gutes Gemälde) attraction [phy]; (Planeten) attractive force [phy]
Anziehungspunkt *m* (Schwerkraft) centre of gravity [phy]
Anzug *m* (Startvermögen) starting power [mot]
Anzugsdrehmomente *pl* torque specification [mas]
Anzugsmoment *n* starting torque [mot]
Anzugsmoment der Mutter *n* nut torque [mas]
Anzugsstrom *m* starting current [elt]
Anzugsvermögen, höchstes - *n* maximum pull [mot]
anzünden *v* (anstecken, Kessel) light up [pow]
Anzünder *m* ignitor [mot]
Anzündezeit *f* ignitor time
Anzündhütchen *n* cartridge primer [mbt]
Anzündkapsel *f* ignitor squib
Anzündschnur *f* blasting fuse [roh]; (Anzünder) fuse [roh]
Anzündstück *n* squib
Apparat *m* (Steuerapparat) controller [msr]; device
Apparaterohr *n* (Kessel, Apparate) boiler tube [pow]; (Wärmeaustausch) heat exchanger tube [pow]
Arbeit *f* work
Arbeit, begonnene - *f* work commenced
Arbeit, bei der - during operation [met]; during work [met]
arbeitend (funktionierend) working [met]
Arbeiten, handarbeitsintensive - *pl* labour-intensive work [met]
Arbeiten, laufende - *pl* work running
Arbeiter *m* workman
Arbeiter, angelernter - *m* semi-skilled worker
Arbeiterunfallversicherung *f* workmen's compensation [jur]
Arbeiter, ungelernter - *m* unskilled worker
Arbeitgeberanteil *m* contributions and allowances [eco]
Arbeitgeberhaftpflicht *f* employer's liability [jur]
Arbeit, mangelhafte - *f* failure [met]
Arbeitnehmer *m* (Personal) employees
Arbeit, praktische - *f* (in der Praxis) work in the field
Arbeitsablauf *m* cycle [met]
Arbeitsanweisung *f* instruction [con]
Arbeitsauftragsnummer *f* work order number [eco]
Arbeitsauftragsverarbeitung *f* manufacturing order processing [met]
Arbeitsaufwandszahl *f* labour constant
Arbeitsausrüstung *f* attachment
Arbeitsbedingung *f* working condition [met]
Arbeitsbereich *m* (in der Werkshalle) working area [met]
Arbeitsbericht *m* manufacturing report [met]
Arbeitsbeschaffungsmaßnahme *f* work-creation program
Arbeitsbewegung *f* working motion
Arbeitsböschung *f* working-slope [mbt]
Arbeitsbreite *f* working width
Arbeitsbühne *f* working platform
Arbeitsdruck *m* (Betriebsdruck) operating pressure [pow]; (Betriebsdruck) working pressure [pow]
Arbeitseinsatz, voller - *m* working with full strength
Arbeitselektrode *f* working electrode [elt]
arbeitsfähig able to function [met]; functioning [met]
Arbeitsfläche *f* working-area
Arbeitsformen *pl* modes of working [met]
Arbeitsfuge *f* construction joint [bau]
Arbeitsgang *m* cycle [met]; manufacturing operation [met]; (in einem Arbeitsgang) passage [met]; (in der Lagerhalle) working aisle [met]
Arbeitsgemeinschaft *f* joint venture
Arbeitsgerät *n* component; equipment
Arbeitsgeschwindigkeit *f* working speed [met]
Arbeitsgestaltung *f* job design

A

Arbeitshub *m* (des Zylinders) power stroke [mot]; working stroke [mot]; (des Kolbens im Zylinder) working stroke [mot]
arbeitsintensiv labour-intensive
Arbeitskette *f* (Arbeitsablauf) working sequence [met]
Arbeitskontakt *m* (Verbindung von Teilen) operating contact
Arbeitskraft *f* (Personal) labour
Arbeitskräfte *pl* (Personal) labour force; man-power; work force
Arbeitskräftemangel *m* labour shortage
Arbeitskreis, ständiger - *m* constant committee
Arbeitsleben *n* working-life; work life
Arbeitsleistung *f* (Mann, Maschine) performance
arbeitslos (freigestellt) jobless [eco]; unemployed [eco]
Arbeitsmaschine *f* machine
Arbeitsmaschine, selbstfahrende - *f* mobile equipment [mot]
Arbeitsmedium *n* working fluid [met]; working medium [met]
Arbeitsplan *m* production sheet [met]
Arbeitsplanung *f* manufacturing planning [met]
Arbeitsplatz *m* (Stellung, Anstellung) work
Arbeitsplatzrechner *m* workstation [edv]
Arbeitsprogramm *n* construction schedule [con]; working schedule [met]
Arbeitspumpe *f* main pump
Arbeitspunkt *m* (Betrieb) operation point [met]; (Bauteil) work point [mas]
Arbeitsscheinwerfer *m* flood lamp [met]; spot light [met]
Arbeitsschicht *f* shift
Arbeitsschutzkleidung *f* protective clothing
Arbeitssicherheit *f* safety at work
Arbeitsspannung *f* working voltage [elt]
arbeitssparend energy saving [pow]
Arbeitsspiel *n* (Gerät) cycle [mas]; (Dauer des Umlaufs) cycle time [met]; working cycle [mas]
Arbeitsstelle *f* working site [met]
Arbeitsstellung *f* operating position [mas]; working position [mas]
Arbeitsstiefel *m* safety boot
Arbeitsstoffverordnung *f* working material regulation [jur]
Arbeitsstrom *m* load current [elt]; operating current [elt]; working current [elt]
Arbeitsstück *n* (Werkstück) work [met]
Arbeitsstudien *pl* method studies
Arbeitsstunde *f* man-hour; working hour
Arbeitsunfähigkeit *f* incapacitation for work
Arbeitsunfähigkeitsbescheinigung *f* certificate of disability
Arbeitsunfall *m* accident an employee suffers from work; accident at work
Arbeitsunterbrechung *f* work stoppage
Arbeitsvertrag *m* (Anstellungsvertrag) employment contract [eco]
Arbeitsverzeichnis *n* schedule of work [con]
Arbeitsvorbereiter *m* methods engineer
Arbeitsvorbereitung *f* job planning [met]; job scheduling [met]; method of planning [met]; work planning [met]
Arbeitsweg *m* (Hub der Feder) duty stroke [mot]
Arbeitsweise *f* procedure
Arbeitsweise, diskontinuierliche - *f* discontinuous handling [met]
Arbeitsweise, kontinuierliche - *f* continuous handling [roh]
Arbeitswerkzeug *n* working tool [wzg]
Arbeitswiderstand *m* working resistance [elt]
Arbeitszeichnung *f* job drawing; manufacturing drawing [con]; working drawing
Arbeitszeit *f* working time; (am Tag) work time
Arbeitszeit, gleitende - *f* flexi-time [eco]
Arbeitszeitguthaben *n* work-time bonus
Arbeitszeitmanagement *n* working hours and shift schedules
Arbeitszone *f* working-range
Architektur *f* architecture [bau]
Archivierung *f* archiving
Arm *m* (auch Körperteil) arm
Armatur *f* armature; fitting
Armaturen *pl* (grobe Armaturen) accessories [mas]; (am Schlauch) fittings [mas]; mountings [met]
Armaturenantrieb *m* (Schieber-verstellung) valve operating gear
Armaturenbeleuchtung *f* dashboard lights [elt]; dash light [elt]

Armaturenbrett *n* (des Autos) dashboard [mot]; ((A)) instrument panel [elt]; panel [elt]
Armaturenbrett mit Armaturen *n* ((A)) panel instruments [elt]
Armaturenbrettschutz *m* instrument panel guard [msr]
Armaturen, feine - *pl* valves and fittings [pow]
Armaturengehäuse *n* instrument housing [elt]
Armaturenglas *n* glass [met]
Armaturen, grobe - *pl* accessories [mas]
Armaturenkasten *m* instrument panel [msr]
Armaturentafel *f* instrument panel
Armgas *n* (mageres Gas) lean gas [mot]
armieren *v* (mit Beton, Metall) reinforce [bau]; sheathe [bau]
armiert (glasfaserverstärkt) glass-fibre reinforced [met]; reinforced [bau]
Armierung *f* (Stahlbeton) armouring [bau]; (im Reifenwulst) bead; (Beton-) concrete reinforcement [bau]; reinforcement [bau]; reinforcing [bau]
Armierungsstahl *m* concrete steel [bau]
Arretiernute *f* locking notch [mas]
Arretierstift *m* locking peg [mas]
Arretierung *f* (Raste, Schlitz o.Ä.) arrestor [mas]; (des Oberwagens) lock [mas]; lock pin [mas]; (Drehmomentenwandler) lock-up [mas]
Art *f* kind; type
Arterie *f* (Ader) artery [hum]
Art und Weise *f* way
artverwandt related
Art, verworfene - *f* (Ausschuss) failure type [met]
Arzneimittel *pl* (Kapseln, Einreiböl) medicine [hum]; (Pillen, Tropfen) remedy [hum]
Asbest *n* asbestos [met]
Asbestdichtung *f* asbestos sealing
Asbestschnur *f* asbestos rope [met]
Asche *f* ash [rec]; (Schlacke, Zunder) cinder [rec]; (Schlacke, Zunder) slag [rec]
Aschenabzug *m* ash extractor [pow]
Aschenabzugsöffnung *f* ash-discharge opening [pow]
Aschenbeseitigung *f* ash disposal [rec]; ash removal [rec]
Ascheneinbindung *f* ash retention
Aschenfangrost *m* water ash screen [pow]
Aschenfließtemperatur *f* ash fusion temperature [che]
aschenfrei ash free [met]; mineral matter free [met]
Aschengehalt *m* ash content [che]
Aschenklappe *f* (Rostkessel) ash compartment isolating damper [pow]
Aschenpumpe *f* (Spülentaschung) ash pump [pow]
aschenreich (ballastreich) rich in ash [met]
Aschentrichter *m* ash hopper [pow]; cinder hopper [pow]
Aschenverflüchtigung *f* ash volatilization
Aschkasten *m* (Dampflok) ash pan [pow]
Aspekt *m* aspect; (Facette, Rautenfläche) facet
Asphalt *m* asphalt [che]
Asphaltbelag *m* (Straßendecke) asphalt carpet [bau]
Asphaltbeton *m* asphalt concrete [bau]
Astsäge *f* keyhole saw [wzg]
asymmetrisch asymmetrical [con]; offset [con]
Asynchrongenerator *m* asynchronous generator [elt]
Asynchronmotor *m* asynchronous motor [elt]; induced motor [elt]
Atmosphäre *f* atmosphere [air]
atomangetrieben nuclear driven
atomar nuclear [phy]
atomgetrieben nuclear [phy]
Atomkraftwerk *n* nuclear power station [pow]
Atomunglück *n* nuclear catastrophe [pow]
Attribut *n* attribute
ätzen *v* (ungewollt) corrode [met]; etch [met]
Ätzprimer *m* etch primer [che]
aufarbeiten *v* (restaurieren) recondition; (restaurieren) refurbish; (leicht reparieren) touch up
Aufbau *m* (Fahrzeug-) body [mot]; building [bau]; (in dieser Zusammenstellung) configuration [con]; (Planung und Aussehen) design [con]; formation; (der Maschine) machine construction [con]; (einer zerstörten Stadt) reconstruction [bau]
Aufbau aus mehreren Teilen *m* assembly
Aufbauchen *n* (unerwünschtes Aufblähen) bulging [met]
Aufbau der Maschine *m* design [con]
aufbauen *v* (Druck aufbauen) generate

Aufbau, innerer - *m* (in Zeichnungen) internal structure [con]
Aufbauten *pl* (eines Schiffes) superstructure [mot]
Aufbereitung *f* (Weiterbearbeitung) processing [rec]; (Abfall) recycling [rec]
Aufbereitungsanlage *f* materials preparation plant [roh]
Aufbereitungssystem *n* processing system [roh]
Aufbereitungstechnik *f* materials preparation technology [roh]; processing technology [roh]
aufbiegen *v* bend up [met]
aufblasbar inflatable
aufblasen *v* inflate
Aufblendlicht *n* travelling light [mot]
aufbördeln *v* bead [met]
aufbrauchen *v* (bis Ende verbrauchen) consume; (bis Ende verbrauchen) use up
Aufbrauch, nach - bestellen (Anweisung) Order Part No. when used up [con]
Aufbrechhammer *m* breaker [mbt]
Aufbrechkraft *v* breakout force [phy]
Aufbringen *n* (Beschriftung) marking
Aufbringen von Zahlen *n* numbering
Aufbruchhammer *m* breaker [mbt]
Aufdornwerkzeug *n* (Metallbearbeitung) reamer [wzg]
aufeinanderfolgend consecutive; successive
Aufenthalt *m* (des Zuges im Bahnhof) stopping [mot]
Aufenthalt im Gefahrenbereich *m* stay clear of machine
Aufenthaltsraum *m* (im Bahnhof) lounge [mot]; (im Bahnhof) waiting room [mot]
Auffächerung *f* fan out
auffahren *v* (Verkehr) crash into [mot]; (nach vorn aufrücken) pull up [mot]
Auffahren *n* (wenig Abstand zum Vordermann) tailgating [mot]
Auffahrkraft *f* impact force [mot]
Auffahrunfall *m* (mehrere Fahrzeuge) concertina clash [mot]
auffangen *v* (Nässe) absorb
Auffangvorrichtung für Kondenswasser *f* sediment condensation trap [pow]
auffordern *v* request
auffüllen *v* (Öl) fill up; (einen Graben) refill; (Öl, Kühlwasser) top; (Öl) topping up
Auffüllung *f* backfill [bau]; (künstliche Auffüllung) fill
Auffüllung, künstliche - *f* artificial fill [bod]
Aufgabe *f* (von Material in Maschine) feeding; (Ausführung einer Funktion) job; (Beschickung) material feed; (Arbeit) type of labour
Aufgabeapparat *m* charger [met]; feeder [met]
Aufgabeband *n* feed conveyor [roh]
Aufgabebunker *m* (des Brechers) feed hopper [met]
Aufgabeförderer *m* feed conveyor [met]
Aufgabegirlande *f* (Großförderband) impact catenary idler [roh]
Aufgabegitter *n* feeder grate [roh]
Aufgabematerial *n* (Gestein in Brecher) material [roh]
Aufgabeöffnung *f* feed inlet [roh]; feed opening inlet [roh]
Aufgabetrichter *m* hopper [met]
Aufgang *m* staircase [bau]
aufgebogen cranked
aufgeführt (einzeln spezifiziert) specified
aufgehängt (am Drahtseil) cable-mounted
aufgekohlt gas-carburized [met]
aufgelockert (größer im Umfang) bulked
aufgepanzert armoured [met]
aufgeräumt tidy
aufgeschweißt back welded [met]
aufgesetzt fitted [mas]
aufgespritzt (Farbe, Markierung) sprayed on
aufgeweicht soaked
Aufgleiseinrichtung *f* (Bahn) rerailing device [mbt]
aufgleisen *v* rerailing [mot]
Aufgleisgerät *n* rerailing equipment [mot]
Aufhaldung *f* stockpiling [bau]
aufhalten *v* (bremsen, hindern) hold
Aufhängebolzen *m* support pin [mas]; suspension pin [mas]
aufhängen *v* suspend
Aufhängepunkt *m* threaded support point [mas]
Aufhängevorrichtung *f* hanging apparatus [mas]; lifting gear [mas]; suspension gear [mas]
Aufhängewinkel *m* suspension angle [mas]

Aufhängung *f* hangers [mot]; (Stütze) support; (Achsaufhängung) suspension; (z.B. an Hängebrücke) suspension [bau]
Aufhängung für Sammler *f* rod hangers
aufheben *v* pick up
Aufheben *n* (einer Last) hoist [mbt]
Aufkantung *f* upturn [bau]
Aufklappvorrichtung *f* opening-up device [mbt]
Aufkleber *m* sticker
aufladen *v* charge [elt]; (Batterie) recharge [elt]
Aufladezeit *f* (Batterie) recharge time [elt]
Aufladung *f* (Batterie) charge [elt]
Auflage *f* (Basis, Abstützung) base [bau]; (Balken, Träger) bearing edge [bau]; (Abstützung) block; (behördliche Anordnung) government order; (Mindeststückzahl) minimum lot
Auflagefläche *f* connecting surface
Auflager *n* abutment [bau]; bearer [bau]; (z.B. für Brücke) bearing [bau]; support [mas]; supporting angle [mas]
Auflagerabstand *m* distance between supports [con]
Auflager, bewegliches - *n* expansion bearing [bau]
Auflagerdruck *m* bearing pressure [bau]
Auflagerdruckkraft *f* reaction [phy]
Auflager, eingespanntes - *n* built-in support [bau]; restraint abutment [bau]
Auflager, festes - *n* simple support [bau]
Auflagerkraft *f* reaction [bau]; reaction force [bau]; support reaction [bau]
Auflagerplatte *f* bearing plate; (Lagerplatte) bed plate [mas]
Auflagerpunkt *m* point of support [bau]; support point [bau]
Auflagerträger *m* support [mas]; supporting angle [mas]
auflageseitig (Kugeldrehkranz) on base side [mas]
Auflaufbremse *f* over-running brake [mot]
Auflaufen *n* (auf Schiene) overriding [mot]
Auflaufgeschwindigkeit *f* (Waggons) over-running speed [mot]
Auflieger *m* (des Sattelschleppers) trailer [mot]
Auflockerung *f* bulking
Auflockerungsfaktor *m* (des Materials) swell factor [met]
Auflockerung, vorübergehende - *f* temporary bulking [bod]
auflösen *v* dissolve [che]
Auflösung (Problem, Flüssigkeit) solution
Auflösungsvermögen *n* resolution power [phy]
Aufmaß *n* site measuring [bau]
aufmessen *v* (messen) measure [msr]
Aufnahme *f* (z.B. Wärmeaufnahme) absorption [pow]; (anfassen und hochnehmen) pick up; (von Kohle) reclaiming [roh]; survey; transmission [elt]
Aufnahmebandträger *m* receiving boom [mbt]
Aufnahmefähigkeit *f* capacity
Aufnahmegerät *n* reclaimer
aufnehmen *v* (ins Krankenhaus) admit [hum]; (auf Tonträger) record [elt]; (stützen) support [bau]; survey
Aufpanzerung *f* (Auftragsschweißung) hard facing [met]
Aufpanzerungsplatte *f* (auf Löffel) wear plate [mas]
aufprallen *v* (mit Gewalt) make an impact
Aufprallverteiler *m* distributor
aufpressen *v* press on [met]
aufpumpen *v* (Luft) inflate [mot]
aufrecht (nach oben, auch ehrlich) straight; (in aufrechter Stellung) upright; (in senkrechter Haltung) vertical
aufrecken *v* (von hinten herankommen) pull up
aufregend exciting
aufreiben *v* ream [met]
Aufreiben *n* reaming [met]
aufreißen *v* (mit Aufreißer) rip [mbt]
Aufreißer *m* (meist Heck, reißt tief) ripper [mbt]; (geringe Eindringtiefe) scarifier [mbt]
Aufreißerschaft *m* ripper shank [mbt]
aufrichten *v* mount [bau]; set up [bau]
Aufsatz *m* (Haube, Deckel) cap [mas]
Aufsatzring der Lagerlaufbahn *m* race face [mas]
aufschlitzen *v* slit
Aufschluss *m* (Information) clue; (Information) information
Aufschlusseinschnitt *m* (Tagebau) opening cut [roh]
Aufschlüsselung *f* (Einzelteile) breakdown
aufschlussreich (informativ) indicative
aufschottern *v* ballast [bau]
Aufschreibung, laufende - *f* continuous recording [msr]

Aufschrift *f* (Inschrift, Erklärung) inscription; (Etikett) label; (Zeichenerklärung) legend
aufschrumpfen *v* (meist mit Hitze) shrink on [met]
Aufschub *m* (einer Entscheidung) suspension
aufschütten *v* bank up [bau]; fill [bau]
Aufschüttung *f* filling [bau]
aufschweißen *v* (mit Badsicherung) back weld [met]; (Auftragsschweißung) build up [met]
aufsetzen *v* bear; (Flugzeug auf Landebahn) touch down [mot]
Aufsetzen *n* (Schreib/Lese-Kopf ...) head crash [edv]
Aufsetzkante *f* angle of departure [con]
Aufsetzkante, hintere - *f* angle of departure [mot]
Aufsetzzapfen *m* jigger pin [mbt]
aufspeisen *v* (Kessel) feed the boiler [pow]; (Kessel) fill the boiler [pow]
aufspulen *v* (Draht, Seil) spool [met]
Aufspülung *f* (des Deiches) hydraulic fill [bod]
aufsteckbar slip-on type
Aufsteckrohr *n* socket pipe [elt]
Aufsteckschuh *m* (Art von Deckel) gusset shoe [mas]
Aufsteckzahn *m* replaceable tooth tip [mbt]
aufstellbar (an Scharnier) hinged
aufstellen *v* (aufbauen) erect [bau]; establish [met]
Aufstellungsort *m* location; place of installation; site
Aufstieg *m* access; (auf Berg) ascend; (Beförderung) career [eco]
Aufstiegsleiter *f* ladder
aufstocken *v* add a storey [bau]
aufstoßen *v* (Hallentür) push open
aufteilen *v* (in Teile) divide
auftoppen *v* (Kran) top up [mbt]
Auftrag *m* (Farbe) application [bau]; (Dammaufschüttung) dam [bau]; order [eco]; (Aufgabe) task
auftragen *v* (Putz, u.a.) apply to .. [bau]; (Boden) fill in [bau]; (Zeichnung) plot [con]; (Kleber auf Fläche) put on
Auftragen von Schichten *n* filling up of layers [mbt]
Auftrag, externer - *m* (Auftrag durch Dritte) external order [eco]
Auftraggeber *m* (Kunde) employer
Auftrag, interner *m* (von eigener Firma) inter-company order [eco]
Auftragsböschung *f* (aufgefüllt) filled-up road shoulder [bod]
Auftrag, schlüsselfertiger - *m* turn-key-order [eco]
Auftragschweißung *f* (Reparatur) build-up welding [met]
Auftragsnummer *f* (der Bestellung) Order No. [eco]; (der Bestellung) order number [eco]
Auftragsschweißung *f* deposit welding [met]; (auf Schaufel) hard facing [met]; (Reparatur) resurfacing [met]; steel facing [met]
Auftragsstärke *f* (Verputz) thickness of application [bau]
auftreten *v* (Fehler) occur
Auftretenswahrscheinlichkeit *f* probability of occurrence
Auftrieb *m* (im Wasser) buoyancy [phy]
Auftritt *m* (Leiter) ladder [bau]
Auftrittfläche *f* (Stufe) tread [bau]
Aufwand *m* (Mühe) effort; (zeitlich) time consumed; (zeitlich) time input
aufwärts (Richtung nach oben) in the upward direction [con]; (auch bildlich) upwards
Aufwärtsbewegung *f* (der Maschine) upwards motion [met]
Aufwärtslauf *m* (Rolltreppe) upward travel [mbt]
Aufwärtsströmung *f* up-flow
Aufwärtszug *m* (Steigzug, Fallzug) upward gas passage [mbt]
Aufweitung *f* broadening; (Rohrausbeulung) bulge [met]; enlargement; expansion
aufwerfen *v* (Rohre) expand; (Rohre) increase
Aufwerfung *f* (trompetenartig) bell mouth
Aufwickelmotor *m* take-up motor [elt]
aufzeichnen *v* (auf Tonträger) record [elt]
Aufzeichnung *f* (Dokumentation) documentation; (mit Plotter) plotting; (auch Protokoll) record
Aufzeichnungen *pl* (einer Sitzung) minutes
Aufzug *m* (Fahrstuhl (A)) elevator [bau]; escalator [bau]; (Fahrstuhl) lift [bau]
Aufzugschacht *m* lift well [bau]
Aufzugswinde *f* ((B)) lift winch [bau]
Aufzugwinde *f* lift gear [bau]

A

Auge *n* clevis [mas]; (Öse) eye [mas]; (Tülle) grommet [mas]; (Transportöse) lift eye [mbt]
Augenblicksleistung *f* instantaneous power [pow]
Augenblickswert *m* (von Spannungen) instantaneous value [elt]
Augenblickswert der Leistung *m* instantaneous power [elt]
Augenschraube *f* eye bolt [mas]
Augenschutz *m* protecting goggles
Augplatte *f* (Anschlagen Seil) eye plate [mas]
ausarbeiten *v* (der Schweißwurzel) gouge [met]; prepare; (einen Riss beseitigen) remove [met]
Ausbau *m* (Weiterentwicklung) developing; (Entfernung, Abbau) dismantling [mas]; extension; (Entfernung, Abbau) removal [rec]
Ausbauchen *n* (unerwünschtes Aufblähen) bulging [met]
ausbauen *v* (Maschine demontieren) dismantle [mas]; extend [bau]; (wegnehmen) remove [rec]
Ausbau, endgültiger - *m* final stage of extension [pow]
Ausbaugeschwindigkeit *f* design speed
Ausbaugrad *m* design standard
Ausbausystem *n* (für Streckenausbau) support system
Ausbau, vorläufiger - *m* preliminary stage of extension [pow]
Ausbauvorrichtung *f* dismantling equipment [met]
ausbessern *v* (zusammensetzen) piece together [met]; (reparieren) repair [mas]; (z.B. Anstrich) touch up [bau]
Ausbesserungswerk *n* (der Bahn) railway workshop [mot]
Ausbeulung *f* (Ausbuchtung) bulge; (Rohraufweitung) bulge
ausbeuten *f* (Bergbau) exploit
Ausbildung *f* apprenticeship [eco]; (Gestaltung) design; (schulische) education; (Gestaltung) shaping; (durch Kursus) training
Ausbildungshandbuch *n* training manual
Ausbildungsleiter *m* instructor
Ausbildungsprogramm *n* training program
ausblasen *v* (Überhitzer) blow out [pow]
ausblenden *v* (ganze Fläche leeren) blanking; (langsam rausgehen) fade out [edv]
Ausblendung *f* (auf Schirm) blank-out
Ausblendung *f* (langsam rausgehen) fading out [elt]
ausbohren *v* drill [met]
Ausbrand *m* burn-up rate [che]
ausbreiten *v* propagate [air]; (Produkt, Epidemie) spread
Ausbreitung *f* propagation; spreading
Ausbreitungsgeschwindigkeit *f* propagation speed [phy]; velocity of expansion [phy]; velocity of propagation [phy]
Ausbreitungskoeffizient *m* propagation coefficient [air]
ausbrennen *v* burn out [pow]; flame-cut [pow]
Ausbrennrost *m* dumping grate [pow]
ausbuchsen *v* (alte Zylinder) rebushing [mot]
Ausbuchtung *f* (Ausbeulung) bulge
Ausdampffläche *f* (Trommel) steam releasing surface [pow]
Ausdauer *f* (Geduld) patience; (Kraft) stamina
ausdehnen *v* extend [phy]
Ausdehnung *f* expansion
Ausdruck *m* (in der Logik) expression; (der Bildschirmanzeige) hardcopy
ausdrucken *v* (durch Drucker) print [edv]
auseinanderbauen *v* (Demontage) dismantling [met]
auseinandernehmen *v* (demontieren) strip [met]; strip down [met]
Auseinandernehmen *n* (Demontage) disassembly [rec]
Ausfachung *f* (Stahlbau) web bracing [bau]
ausfahren *v* (eine Aufgabe durchführen) carry out; (durchführen) execute [met]; (den Zylinder) extend [mbt]; (Höchstgeschwindigkeit (Auto)) maximum speed travelling [mot]
Ausfahrt *f* (von der Autobahn) exit [mot]
Ausfall *m* breakdown [met]; (einer Pumpe) failure [met]
ausfällen *v* (abscheiden, absetzen) precipitate [che]; (abscheiden, absetzen) settle [che]
Ausfalzung *f* (Tür) rebate [bau]
Ausfluss *m* effluent [was]
Ausformen *n* demoulding [met]

ausfugen *v* (Schweißnähte) arc-air gouging [met]
ausführen *v* perform
Ausführung *f* (Konstruktion) design [con]; (einer Aufgabe) execution; (Hersteller) make; (das eigentliche Bauen) manufacturing [con]; (das eigentliche Bauen) production [bau]; realisation; (Modell) type [con]; (Version, Fassung) version [con]
Ausführungsbeispiel *n* application engineering [con]
Ausführungszeichnung *f* working drawing [con]
Ausführung, zeichnerische - *f* drawing instructions [con]
ausfüllen *v* (ein Formular) fill in
Ausgabe *f* (einer Verordnung) issue; (an den Drucker) output
Ausgabemaske *f* output layout [edv]
Ausgabesignal *n* data signal [edv]
Ausgang *m* (eines Hauses) exit [bau]; (an Maschine, Steckdose) outlet [elt]
Ausgangsgröße *f* (Regler) output variable [msr]; physical quantity [phy]
Ausgangsposition *f* initial position
Ausgangspunkt *m* start
Ausgangsseite *f* (Ventil) discharge
Ausgangsspannung *f* output voltage [elt]
Ausgangsstellung *f* (Ruhestellung) reset position
ausgebaggert (unter Wasser) dredged; (an Land) excavated
ausgeben *v* (neue Währung o.Ä.) emit; (einen Befehl) issue
ausgebeutet (Bergwerk) exhausted [roh]
ausgebrannt (durch Feuersbrunst) burnt out [pow]; (Atombrennstoff) depleted [pow]; (Landschaft durch Hitze) eroded by heat [wet]; (durch Schweißen) flame-cut [met]
ausgedehnt (großes Grundstück) large; (weites Land) wide
ausgefacht filled-in
ausgefugt (bearbeiteter Riss) back gouged [met]
ausgelaufen (abgenutzt) run
ausgelaugt leached out [met]
ausgelegt (geplant für) designed [con]; (abgedichtet) lined
ausgelegt, dass ... designed that [mot]
ausgeleuchtet (Fahrstraße/Stellwerk) illuminated
ausgereift (Kenntnisse) advanced; matured
ausgerichtet (gerichtet) aligned [mas]
ausgeschaltet (Licht) off [elt]; (Licht) switched off [elt]
ausgeschlafen alert
ausgeschlagen worn [mas]
ausgeschliffen (vergrößert) ground [met]
ausgetrocknet dried out
ausgewogen well-balanced
ausgewuchtet balanced [mas]
ausgießen *v* (Beton) grout [bau]
Ausgleich *m* (Gewichtsausgleich) balance [phy]
Ausgleichbehälter *m* compensator reservoir [was]
Ausgleicher *m* (Kompensator) compensator [elt]
Ausgleichgehäuse *n* differential case [mas]
Ausgleichgetriebe *n* differential gear unit [mas]
Ausgleich im Verteilergetriebe *m* transfer case differential [mas]
Ausgleichkegelrad *n* differential bevel pinion [mas]
Ausgleichradachse *f* differential pinion shaft [mot]
Ausgleichsbehälter *m* expansion tank
Ausgleichsbeton *m* (Fundament) levelling concrete [bau]
Ausgleichsdüse *f* compensating jet [air]
Ausgleichsfeder *f* equalizer spring [mas]
Ausgleichsfedern *pl* balance springs [mas]
Ausgleichsgehäuse *n* differential housing [mas]
Ausgleichsgetriebe *n* differential gear unit [mas]
Ausgleichsgewicht *n* balancer
Ausgleichshebel *m* adjusting lever [mas]
Ausgleichskabel *f* (Thermoelement) compensating cable [elt]
Ausgleichskolben *m* balance piston [mot]
Ausgleichsleiste *f* final section; moulding [bau]
Ausgleichsleitung *f* balancing network [elt]
Ausgleichsmasse *f* (Massenausgleich) mass-balancing gear [mas]
Ausgleichsperre *f* differential lock [mas]
Ausgleichsscheibe *f* (Unterlegscheibe) compensation washer [mas]
Ausgleichsschicht *f* levelling layer [bau]
Ausgleichsschiene *f* equalising bar [mas]

A

Ausgleichsschwingungen *pl* transient oscillations [phy]
Ausgleichssperre *f* jaw clutch lock [mas]
Ausgleichsstern *m* spider [mot]
Ausgleichsstück *n* balance section [mas]; final section [mas]
Ausgleichstern *m* differential spider [mot]
Ausgleichsteuerung *f* compensating control [msr]; compensator control [msr]
Ausgleichstirnrad *n* differential spur gear [mas]
Ausgleichsträger *m* balance beam [bau]
Ausgleichsunterlage *f* shim [mas]
Ausgleichswelle *f* balancer shaft [mas]
ausglühen *v* (aus Versehen) cinder [met]; (nicht fachgerecht) glow out [met]
ausgraben *v* (ausheben) excavate [bau]
Aushalsung *f* extrusion [mas]
aushändigen *v* (eine Akte) hand over
Aushändigung *f* (einer Akte) handing over
Aushauschere *f* guillotine [wzg]; nibbler [wzg]
Aushebekraft *f* (Schraube zu fest) leverage force
ausheben *v* (ausgraben) excavate [bau]
Ausheben *n* excavating [bau]
Ausheben eines Grabens *n* cutting a trench [bau]
Aushub *m* digging [bau]; excavated material [bau]; excavation [bau]; material dug out [bau]
Aushubmaterial *n* excavation material [bod]
Auskehlung *f* hollowing [bau]
auskippen *v* dump [rec]
auskleiden *v* (z.B. einen Schacht) face [bau]; (zum Abdichten) line [met]
Auskleidung *f* cladding [mas]; (Futter) lining [met]
Auskleidungen *pl* (von Behältern) liners [met]
ausklingeln *v* (Kabeltest) bell check [msr]
Ausklinkmaschine *f* notching machine
Ausklinkung *f* notch [mas]
auskochen *v* (Kessel) boil out [pow]
auskoffern *v* (eine Straße) cut the base of a road [bau]; (eine Straße) doze out [bau]; (Randsteingraben) draw a curbstone trench [bau]
Auskoffern *n* (einer Straße) making a road base [bau]
Auskofferschar *f* excavating blade [mbt]
Auskofferungsschar *f* (Anbauschar) curbstone blade [mbt]; curbstone mouldboard [mbt]; trench blade [mbt]
Auskragung *f* (Stahlbau) cantilever [bau]; overhang [bau]
auskreuzen *v* (Fuge vor Gegenschweißen) chip [met]
Auskunft *f* (Auskünfte, Information) information; (von Bahn, Bus) time table information
auskuppeln *v* (Antriebsmaschine) disconnect [mot]; (Antriebsmaschine) disengage [mot]
ausladen *v* (Schiff, Lkw) unload [mot]
ausladend (überstehend) cantilevering [bau]; (überstehend) outrigging [bau]; (Bauwerk) projecting [bau]
Ausladung *f* (des Baggers zur Seite) outreach [mbt]; (des Bordkranes) reach [mbt]; (Reichweite) reach
Ausladungsbereich *m* range of outreach [mbt]
Auslass *m* discharge [was]; (beim Ventil) outlet [mas]
Auslassventil *n* exhaust valve [mot]
Auslassventilfeder *f* exhaust valve spring [mot]
Auslassventilsitz *m* exhaust valve seat [mot]
Auslassventilverschraubung *f* exhaust valve cap [mot]
Auslauf *m* (aus Waggon) discharge chute [mot]; (der Schweißnaht) phase out [met]; (Übergang zwischen Bauteilen) run-out [mas]; (Mündung) spout
Auslaufblech *n* (nach Schweißen abtrennen) run-out plate [met]
auslaufen *v* (zuende kommen) phase out downstream
Auslaufseite *f* discharge end; (einer Maschine) downstream; (einer Maschine) outlet end
Auslaufstrecke *f* downstream; (hinter Blende, Ventil) outlet connection rubber
Auslaufstutzen *m* lining lay out [mas]
Ausleger *m* (Abstützung) boom [mbt]; cantilever [bau]; (des Krans) crane boom [mbt]; (am Kran) jib [bau]
Auslegerkran *m* derrick [bau]; jib crane [bau]
Auslegerlager *n* (Kran) outrigger crane jib bearing [mbt]
Auslegermoment *n* boom moment [mbt]

Auslegeroberteil *n* boom foot pin [mbt]; upper boom [mbt]; upper part of boom [mbt]
Auslegersenken *n* boom lowering [mbt]
Auslegersperrventil *n* lock valve for boom [mbt]; lock valve of the boom [mbt]
Auslegerstellung *f* boom position [mbt]
Auslegertrommel *f* (Kran) jib drum [mbt]
Auslegerunterteil *n* base boom [mbt]; jib [mbt]; lower port of boom [mbt]
Auslegerverlängerung *f* (für Ramme) boom extension [mbt]
Auslegerwinde *f* (beim Kran) jib winch [mbt]
Auslegerwinkel *m* (Standfläche Ausleger) boom angle [mbt]
Auslegerzylinder *m* boom cylinder [mbt]
Auslegerzylinderschutz *m* jib cylinder [mbt]
Auslegung *f* (Entwurf, Konstruktion) design [con]; (Deutung) interpretation; (Entwurf, Konstruktion) layout [con]
Auslegungswerte *pl* design data [con]
Auslenkung *f* (Stahlbau) sway [bau]
ausleuchten *v* (Fahrstraße, Stellwerk) illuminate
Auslieferungsfehler *f* hand-over
Auslöschung *f* (durch Interferenz) cancellation [elt]
auslösen *v* (sprengen) detonate [roh]; (durch Hebel) release [mas]; (Schalter) trip [elt]
Auslösenocken *m* (Anschlag) trigger [mas]
Auslöser *m* (im Sinne von Festhalten) detent; release [mas]; trigger [elt]
Auslöserklinke *f* pawl [mas]
Auslösestrom *m* release current [elt]; trigger current [elt]; tripping current [elt]
Auslöseverzögerung *f* tripping delay [elt]
ausmachen *v* (einig werden über) agree on; constitute; (ein Feuer ausmachen) put out; (finden) spot
Ausmaß *n* (Umfang) extent [con]
Ausmaße, angemessene - *pl* adequate dimension [con]
Ausmauerung *f* bricking [bau]; brick lining [bau]
Ausmauerung, feuerfeste - *f* refractory lining [pow]
ausmustern *v* (als nicht brauchbar) sort out [rec]
Ausmusterung *f* (der alten Dampflok) withdrawal
Ausnahme *f* exception
Ausnahmegenehmigung *f* exception agreement
Ausnehmung *f* (in Blech) opening
ausnutzen *v* (ausbeuten) exploit [roh]; (benutzen) utilize
Ausnutzung *f* utilization
ausplatzen *v* (Dichtung reißt heraus) blow out [mas]
auspressen *v* (abwerfen) gouge [met]; press out [met]
Auspuff *m* exhaust [mot]
Auspuffbremse *f* (Motorbremse) exhaust brake [mot]
Auspuffdämpfer *m* exhaust silencer [mot]; muffler [mot]
Auspuffdruck *m* exhaust pressure [mot]
Auspuffgase-Austritt *m* exhaust out [mot]
Auspuffgase-Eintritt *m* exhaust in [mot]
Auspuffhauptschalldämpfer *m* main silencer [mot]
Auspuffklappe *f* exhaust valve [mot]; muffler cut-out [mot]
Auspuffklappenbremse *f* engine brake [mot]; exhaust brake [mot]; exhaust flap brake [mot]
Auspuffkrümmer *m* collector [mot]; exhaust manifold [mot]
Auspuffleitung *f* exhaust pipe [mot]
Auspuffrohr *n* exhaust pipe [mot]; (Rauchauslass) stack [mot]; (Endstück) tail pipe [mot]
Auspuffrohrdeckel *m* flapper-type rain cap [mot]
Auspuffrohrklappe *f* flapper-type rain cap [mot]
Auspuffrohrverbindung *f* exhaust manifold connection [mot]
Auspuffschalldämpfer *m* exhaust silencer [mot]
Auspufftopf *m* muffler [mot]
Auspuffvorschalldämpfer *m* pre-expansion chamber [mot]
ausreichend (ausreichender Abstand) adequate
ausreißen *v* (Kohle tritt zu Tage) crop out [roh]; tear out [met]
Ausreißsicherung *f* tear-off protection
ausrichten *v* align [con]; (bündig machen) align [con]

A

Ausrichten *n* (bündig machen) alignment [mas]
Ausrichtung *f* (Richten von Blechen) alignment [met]
Ausrichtvorrichtung *f* aligning device [met]
ausrücken *v* (Räder im Getriebe) disconnect [mas]; (Räder im Getriebe) disengage [mas]; (freigeben) release
Ausrücker *m* releasing lever [mas]
Ausrückgabel *f* clutch release yoke [mot]
Ausrückhebel *m* clutch release lever [mas]
Ausrückjoch *n* (Maschinen-, Fahrzeugteil) yoke [mas]
Ausrücklager *n* clutch release bearing [mas]
Ausrückmuffe *f* clutch release sleeve [mot]; release collar [mot]
Ausrückplatte *f* clutch release plate [mot]
Ausrückwelle *f* clutch release shaft [mot]
Ausrufungszeichen *n* exclamation mark
Ausrundung *f* fillet [con]
ausrüsten *v* (versorgen mit) fit out of supply [met]
Ausrüstung *f* (des Baggers) attachment; equipment; implement; (Schutzausrüstung) kit; (eines Schiffes) outfit [mot]; (Einrichtung einer Firma) plant equipment
Ausrüstung, elektrische - *f* electrical equipment [elt]
Ausrüstungsänderung *f* change of attachment
Ausrüstungskreislauf *m* (Bagger) implement circuit [mbt]
Ausrüstungsteil *n* piece of equipment [mas]
Ausrüstungsteile *pl* accessories [mas]
aussagefähig indicative [jur]
ausschachten *v* (ein Loch) dig [bau]; (unter Wasser) dredge [bau]; (eine Baugrube usw.) excavate [bau]; sink [bau]; trench [bau]
Ausschachten *n* digging [bau]; (Erdaushub) excavation work [bau]; (Erdaushub) ground breaking [bod]
Ausschachtung *f* (Loch ausheben) excavation [bau]
ausschalen *v* (Beton) strip [bau]
Ausschaltdauer *f* interrupting time [elt]
ausschalten *v* discard [elt]; (trennen) disengage [mas]; (freigeben) release [mas]; (das Licht) switch off [elt]
Ausschalter *m* circuit breaker [elt]
Ausschalthebel *m* (für eine Maschine) throw-out lever [mas]
Ausschaltspitzenstrom *m* cut-off current [elt]
Ausschaltstrom *m* breaking current [elt]; breaking current [elt]
Ausschaltvermögen *n* (stark genug) breaking capacity
Ausschaltverzögerung *f* (bei einem Signal) turn-off delay [elt]
Ausschaltverzug *m* (bis Wirkungsbeginn) opening time [elt]
Ausschalzeit *f* stripping time [bau]
ausschiffen *v* (Personen, Güter) disembark [mot]
Ausschiffung *f* disembarkation [mot]
Ausschlag *m* (Änderung der Welle) deflection [met]; (der Pendelachse) oscillation lock [mbt]
ausschleifen *v* (Material entfernen) grind [met]
ausschleusen *v* (Zug aus Verkehr) take out [mot]
Ausschluss *m* (einer Haftung, Person) exclusion [jur]
Ausschnitt *m* sector
Ausschnittzeichnung *f* cutaway view [con]
Ausschuss *m* (Kommission) committee; (Schrott) scrap [rec]; (Schrott) waste [rec]
Ausschwingvorgang *m* decay process [phy]; dying away [phy]
Aussehen *n* (glänzendes Aussehen) appearance
außen (äußerlich) external; outside
Außenabdichtung *f* external sealing [bau]
Außenabmessung *f* dimension outside boiler [con]
Außenabmessungen des Kessels *pl* dimensions outside boiler [pow]
Außenanlage *f* external plant
Außenbackenbremse *f* outside shoe brake [mas]
Außenbalustrade *f* outside balustrade [bau]
Außenbandbremse *f* external band brake [mbt]; outside band brake [mas]
außenbeaufschlagt exterior admission
Außenblech *n* outside panel [met]
Außenbogenkreuzungsweiche *f* outside diamond [mot]
Außenbogenweiche *f* contrary flexure turnout [mot]

Außendienstpersonal *n* (der Bahn) operational staff
Aussendung *f* emission
Außendurchmesser *m* outside diameter [con]
Außenfehler *m* external flaw [met]; surface flaw [met]
Außengeräuschmessung *f* outside noise test [msr]
Außengewinde *n* male thread [mas]; outer thread [mas]; outside threading [mas]
Außenglied *n* (bei Rollenkette) outer link [mas]
Außenkegel *m* outside cone [mas]
Außenkippe *f* outside dump [rec]
Außenkopfhalter *m* outside newel bracket [bau]
Außenkopfstück *n* outside deck [mas]; outside newel section [bau]
Außenlänge *f* (Keilriemen) outside length [mas]
Außenlasche *f* open-air escalator
außen, nach - outward facing
Außennaht, runde - *f* (Schweißnaht) outside round weld [met]
Außenputz *m* external rendering [bau]
Außenrahmen *m* (an Drehgestellen, selten) outer frame [mbt]; (Dampfok, außerhalb Räder) outer frame [mot]
Außenring *m* (Freilauf-Außenring) outer ring [mas]
Außenrundschleifmaschine *f* cylindrical surface grinder [met]
Außenschräge *f* (Gussschräge) mould draft; outside slope
Außenschweißung *f* external welding [met]
Außenseite *f* outside
Außensteuerung *f* outside control [msr]
Außentemperatur *f* ambient temperature; outside temperature [wet]
Außenverkleidung *f* (die Platten) external panelling [mas]; (Seite und unten) outer cladding [mot]; outside cladding [mas]
Außenverzahnung *f* external gearing [mas]; external teething [mas]; external toothing [mas]
Außenwand *f* exterior wall [bau]; external wall [bau]; outside wall [bau]
Außenwinkel, resultierender - *m* angle of repose [con]
außermittig (nicht mittig, zentral) off-centre [con]
Aussetzbetrieb *m* intermittent operation [met]
aussetzen *v* submit
aussetzend intermittent
Aussicht *f* (auf Zukünftiges) prospect; (Landschaft, Arbeitsstelle) view
Aussichtswagen *m* (Gläserner Zug) dome car [mot]; observation car [mot]; observation carriage [mot]
Aussortierung *f* sorting out [roh]
aussparen *v* recess [met]
Aussparung *f* (im Mauerwerk) chase [bau]; notch [mas]; recess [mas]
Aussparungen *pl* pockets [mas]
Aussparung für Schloss im Holz *f* rebating [bau]
Aussparung für Schrauben *f* bolt pocket [mas]
Aussperrung *f* (bestimmtes Material) block; (Arbeitskampf) lockout
Ausschwingdauer *f* decay time [phy]
Ausstand *m* (Arbeitskampf) strike
ausstatten mit ... *v* (versorgen mit) provide with ...
Ausstattung *f* kit; supply
Aussteifblech *n* (Schweißkastenkonstruktion) stiffening plate [met]
aussteifen *v* shore [bau]
Aussteifung *f* bridging [bau]
Aussteifungsbalken *m* stiffening member [bau]
Aussteifungsportal *n* stiffening portal [bau]
Aussteifungsträger *m* (Stahlbau) stiffening truss [bau]
ausstellen *v* (Messe) exhibit
Aussteller *m* (stellt auf Messe aus) exhibitor; (Haspel, Hebel, Gerät) hasp [mas]
Ausstellfenster *n* (in Fahrerhaus) hinged window [mbt]; ventilator window [mbt]
Ausstellung *f* (auch: Messe) exhibition; (Messe) fair
Ausstellungsgelände *n* exhibition ground
Ausstellungsstück *n* (ein Gerät) exhibit
Aussteuerung *f* (Feinjustierung) modulation
Aussteuerungsbereich *m* (Justierung) modulation range [msr]; (noch anpassen) range of non-saturated echo [msr]
ausstöpseln *v* unplug [elt]
Ausstoß *m* (auch per Auswerferklappe) ejection [mas]; (beim Scraper) ejection [mbt]

A

Ausstoßer *m* (aus Maschine) ejector [mas]; pusher [mas]
Ausstoßerverzögerung *f* pusher delay [met]
Ausstoßfolgeventil *n* ejector sequence valve [mas]
Ausstoßgerät *n* captive dispenser [mas]
Ausstoßkartusche *f* captive dispensing charge
Ausstoßladung *f* captive dispensing charge; explosive charge
Ausstoßleitung *f* ejector line [mas]
Ausstoßventil *n* ejector valve [mas]
Ausstoßzylinder *m* ejector cylinder [mas]
ausströmen *v* (Gase) escape [air]
Ausströmung *f* emission [air]
Austastung *f* blanking [elt]; blanking [elt]; suppression
Austausch *m* exchange; (Ionenaustausch) exchange [che]; (Bodenaustausch) substitution [bod]
Austauschaggregat *n* exchange part; return part
austauschbar interchangeable; replaceable
Austauschbarkeit *f* exchangeability; interchangeability; replaceable assemblies
austauschen *v* exchange
Austauscher *m* (Ionenaustauscher) exchanger [che]
Austauschteil *n* exchange part; return part
Austenit *m* austenite [met]
Austrag *m* discharge; emission [air]
Austragsgut *n* (von Brecher zerkleinert) discharged material [mbt]
Austragsschurre *f* discharge chute [roh]
Austragswand *f* discharge wall [bau]
austreiben *v* drive off [met]
Austritt *m* (Auslass) outlet [mas]; (Schallaustritt) probe index [aku]
Austrittsarbeit *f* electron affinity [elt]; (Arbeitsfunktion) work function; (Emissionsarbeit) work of emission [pow]
Austrittsöffnung *f* (Brenner) burner mouth [pow]; outlet [mas]
Austrittssammler *m* outlet header [mot]
Austrittsverlust *m* exit loss [air]
Austrittswinkel *m* exit angle [con]
austrocknen *v* dry out
ausüben *v* (einen Beruf, etwas tun) practise
Ausübung *f* practice
Auswahl *f* (eine Auswahl aus mehreren) choice
auswählen *v* (aus mehreren) choose
auswaschen *v* (durch Regen) rinse [was]
Auswaschen *n* scouring
auswechselbar exchangeable; interchangeable
auswechseln *v* (durch Gleichwertiges) replace [mas]; (durch Minderwertiges) substitute [mas]
ausweichen *v* (entgegenkommendem Auto) swerve [mot]
Ausweichstellen *pl* passing places [mot]
auswerfen *v* gouge [mas]
Auswerfer *m* ejector [mas]
Auswerferklappe *f* ejector flap [mas]
Auswerteautomatik *f* automatic evaluation system [msr]
Auswerteeinrichtung *f* evaluation system [msr]
Auswertung *f* evaluation [msr]
Auswertungsunterdrückung *f* quoting [edv]
Auswirkung *f* effect
auswuchten *v* (Autorad mit Unwucht) balance [mot]; (statisch und dynamisch) wheel balance [mot]
Auswuchtgewicht *n* (an Felge) balance weight [mot]
Auswuchtung *f* (eines Rades) balancing
Auswurf *m* (ausgehobener Boden) excavated material [bau]
Auswurfgeschwindigkeit *f* (Schornstein) discharge velocity [air]
Auszählverfahren *n* counting method [msr]
ausziehen *v* (Teil aus Maschine) pull [met]
Auszieher *m* (Kralle) puller [wzg]
Auszugvorrichtung *f* extraction device [met]
Autobahn *f* (Autoschnellstraße USA) expressway [mot]; (in den USA) freeway [mot]; (in Großbritannien) motorway [mot]; (Autoschnellstraße USA) parkway [mot]; (gebührenpflichtige Autobahn) toll road [mot]
Autoelektronik *f* vehicle electronics [elt]
Autofähre *f* car ferry [mot]
Autofedern *pl* vehicle springs [mot]
Autogenschweißen *n* autogenous welding [met]

Autogenschweißer *m* autogenous welder [met]
Autogenschweißung *f* gas welding [met]
Autoklav *m* autoclave
autokonform car-like [mot]
Autokran *m* mobile crane [bau]
Autokühler *m* radiator [mot]
Automatenstahl *m* (Massenschrauben) free cutting steel [wzg]
Automat für Bremse *m* automatic circuit breaker for brake [elt]
Automat für Lüfter *m* automatic circuit breaker for blower [elt]
Automatikdrehteller *m* automatic casing drive [met]
Automatikkuppler *m* adapter [elt]
Automation, technische - *f* industrial automation [mas]
Automatisierung *f* automation
Automobil *n* automobile car [mot]
Automobilindustrie *f* automotive industry [mot]; motorcar industry [mot]
Automobilteile *pl* automotive body parts [mot]
Autoradioantenne *f* radio aerial [elt]
Autoreisezug *m* car carrier [mot]
Autoverwertung *f* junk yard [rec]
Autowrack *n* car body [mot]
axial axial
Axialdichtring *m* axial gasket [mas]
Axialdichtung *f* axial seal [mas]
Axialdruck *m* axial thrust [mas]; end thrust [mas]
Axialgebläse *n* axial compressor [met]; axial flow fan [air]
Axialkolbenpumpe *f* axial piston pump [mas]
Axialkompensator *m* axial compensator [mas]
Axialkraft *f* axial force [mas]
Axialpendelrollenlager *n* spherical roller thrust bearing [mas]
Axialschlag *m* (eines Wälzlagers) wobble [mas]
Axialspiel *n* end clearance [con]
Axialteilung *f* (des Schneckenrades) axial pitch [con]
Axt *f* (langstieliges Beil) axe [wzg]

B

B

Backbord (rote Positionslaterne) port side [mot]
Backbordkessel *m* portside boiler [pow]
Backe *f* (z.B. Schraubstock) jaw [mas]
Backenbrecher *m* jaw breaker [mbt]; (Anlage im Steinbruch) jaw crusher [wzg]
Backenbremse *f* (Fachwort) internal expending brake [mot]
Backenbremsfutter *n* drum brake lining [mot]
Backenbremstrommel *f* brake drum [mot]
Backkohle *f* caking coal [pow]
Backstein *m* brick [bau]
Backsteinbau *m* brick building [bau]
Badsicherung *f* (beim Schweißen) backing [met]
Badsicherungsblech *n* (beim Schweißen) backing strip [met]
Bagger *m* (mit Tieflöffel) backhoe [mbt]; (Schwimmbagger) dredge [mbt]; excavator [mbt]
Baggerachse *f* (Spezialachse) excavator axle [mbt]
Baggerarbeit *f* (Aufgabe unter Wasser) dredging task [mbt]; (an Land) excavator work [mbt]; (an Land) job for an excavator [mbt]
Baggeraufgabe *f* (Arbeit unter Wasser) dredging task [mbt]
Baggerbau *m* excavator manufacture [mbt]
Baggerfahrerhaus *n* operator's cab [mbt]
Baggerführer *m* excavator operator [mbt]
Baggerführerhaus *n* operator's cab [mbt]
Baggerkomponenten *pl* dredger components [mbt]
Baggerkreiselpumpe *f* (Unterwasserarbeiten) centrifugal dredge pump [mbt]
Baggerlader *m* excavator/loader [mbt]
Baggerlaufwerk *n* (Raupe) crawler unit [mbt]
Baggerlöffel *m* excavator bucket [mbt]
Bagger mit Greifer *m* backhoe with grab [mbt]; excavator with grab [mbt]
Bagger mit Reißzahn *m* backhoe with ripper tooth [mbt]; excavator with ripper tooth [mbt]
Bagger mit Tieflöffel *m* (Variante) backhoe excavator [mbt]
baggern *v* (graben allgemein) dig [bau]; (unter Wasser) dredge [mbt]; (ausschlammen) excavate [mbt]
Baggern *n* bog removal [mbt]
Baggerpumpenrad *n* (am Nassbagger) dredge pump impeller [mbt]
Baggerschieber *m* (am Nassbagger) dredging slide valve [mbt]
Baggerstiel *m* arm [mbt]
Baggerstudie *f* excavator study [mbt]
Baggertechnik *f* (Arbeit mit Bagger) excavator engineering [mbt]
Baggertiefe *f* (des Nassbaggers) dredging depth [mbt]; (an Land) excavating depth [mbt]
Baggerüberwachung *f* excavator monitoring [elt]
Bahn *f* (z.B. Ziegelschicht) course [bau]; (der Kugel im Kugellager) path [mas]; (Straßenbahn) tram [mot]
Bahnanlage *f* railway property [mot]
Bahnanschluss *m* (z.B. am Werk) railroad siding [mot]; (z.B. am Werk) railway siding [mot]
Bahnbedarf *m* railroad equipment [mot]; railway equipment [mot]
Bahndamm *m* embankment [mot]
Bahndienstwagen *m* maintenance wagon [mot]
Bahnelektrifizierung *f* railway electrification [mot]
Bahnfähre *f* (Eisenbahnfähre) train ferry [mot]
Bahngleis *n* track [mot]
Bahnhof *m* (Güter- oder Personen-Bahnhof) depot [mot]; ((A)) railroad station [mot]; ((B)) railway station [mot]; (End-, Kopfbahnhof) terminal [mot]
Bahnhofshalle *f* (Empfangsgebäude) passenger circulating area [mot]
Bahnkörper *m* formation [mot]
Bahnlinie *f* railway line [mot]
Bahnpostwagen *m* railway postal coach [mot]
Bahnschranke *f* bar [mot]; level crossing [mot]; railroad crossing [mot]
Bahnsteig *m* platform [mot]
Bahnsteiguhr *f* platform clock [mot]
Bahntrasse *f* right of way [mot]
Bahnübergang *m* (niveaugleicher -) level crossing [mot]
Bajonettfassung *f* bayonet holder [con]
Bajonettverschluss *m* bayonet catch [con]
Bake *f* (bei Schiff und Bahn) beacon [mot]

Balancier *m* (Hebelstange an Dampflok) balancer [mot]
Balg *m* (an Reisezugwagen) corridor connection [mot]
Balgdichtung *f* bellow-type seal [mas]
Balgkompensator *m* bellows expansion joint [mas]; (in Leitungen) bellows expansion joint [mas]; (in Leitungen) flexible bellows joint [pow]; joint [pow]
Balken *m* bar [mas]; (Träger; Holz oder Stahl) beam [bau]; (Träger) buckstay [pow]; (Träger) girder [bau]; log [bau]
Balkenauflage *f* beam support [bau]
Balken, auskragender - *m* cantilever beam [bau]
Balkendiagramm *n* (Balkenplan) bar chart [bau]
Balken, eingespannter - *m* fixed-end beam [bau]
Balkengleisbremse *f* (am Ablaufberg) beam rail brake [mot]
Balken, verkleideter - *m* cladded girder [bau]
Balken, verkleideter -. *m* jacketed girder [bau]
Balkonentwässerung *f* balcony drainage [bau]
Balkongeländer *n* balcony parapet [bau]
Ballast *m* (Gleisschotter) ballast [bau]; (zur Gewichtserhöhung) dead weight [mot]
ballastreich (aschenreich) rich in ash [pow]
Ballen *m* (Material) bale
Ballenband *n* (Verpackung) baling hoop [mas]
Ballenklammer *f* bale clamp; bale clamps [mot]
Ballenpresse *f* bale press [roh]
Ballenstecher *m* tree remover [bff]
Balligkeit *f* (beim Fräsen von Getrieben) crowning [met]; width crowning [mas]
Ballungsgebiet *n* agglomeration [bau]; congested area [bau]; conurbation [bau]
Ballungsraum *m* conurbation [bau]
Ballungszentrum *n* centre of population [bau]
Balustrade *f* (Geländer) balustrade [bau]
Balustradenabdeckung *f* decking [mbt]
Balustradenbeleuchtung *f* balustrade lighting [mbt]
Balustradenkopf *m* (an Rolltreppe) balustrade end [mbt]; balustrade newel [mbt]; finished newel [mbt]; (an Rolltreppe) newel [mbt]
Bananenbuchse *f* banana jack [elt]
Bananenstecker *m* banana plug [elt]
Band *n* (Montageband) assembly line [mas]; (Kettenband) chain [met]; (Metallband) tape [mas]; (Tonband) tape [elt]
Bandabsetzer *m* belt stacker [mbt]
Bandage *f* (Zahnrad) gear thickness [mot]
Bandanlage *f* belt conveyor system [roh]; conveyor belt [mbt]
Bandbehandlungsanlage *f* coil processing line [met]
Bandblech *n* hot-rolled sheet and plate [mas]
Bandbreite *f* (der Schelle) band width [mas]; (z.B. Kurzwelle) band width [edv]
Bandbremse *f* band brake [mot]
Banddicke *f* band thickness [mas]
Bandeinheit *f* (am Rechner) tape unit [edv]
Bandeisen *n* band iron [met]; (für Kisten) band iron strap [met]; hoop-steel [mas]
bandfähig conveyor sized [mbt]
Bandförderanlage *f* belt conveyor [mbt]
Bandförderanlage, rückbare - *f* shiftable belt conveyor [mbt]
Bandförderer *m* belt conveyor [roh]; belt conveyor [mbt]
Bandförderung *f* (Streckenförderung) belt conveying [mbt]
bandlackiert (z.B. Blech) pre-painted [met]
Bandlauf *m* tape-run [edv]
Bandlaufwerk *n* (am Rechner) tape drive [edv]
Bandmaß *n* tape measure [wzg]
Bandmaterial *n* (aus Walzwerk) coil stock [met]; (Rohmaterial) parent material [mas]
Bandmontage *f* line assembly [met]
Bandrolle *f* idler [mas]
Bandsäge *f* crosscut saw [wzg]; (endloses Sägeblatt) jig saw [wzg]
Bandschieflaufendschalter *m* belt off-track limit switch [mbt]
Bandschleifenwagen *m* tripper car [mbt]
Bandschleifmaschine *f* belt grinding machine [wzg]
Bandstahl *m* hoops [met]; (Bandeisen) hoop-steel [mas]; narrow strip [met]

Bandstahl, kalt gewalzter - *m* cold rolled steel strip [met]
Bandstahlrolle *f* coil [met]
Bandstation *f* conveyor belt station [mbt]; conveyor station [mbt]
Bandstraße *f* (in Werkshalle) conveyor [roh]
Band, verzinntes - *n* hot-dip tin-coated strip [met]
Bandwagen *m* (Schaufelradbagger) tripper car [mbt]
Bankett *n* (Schulter der Straße) verge [bod]
Bankettabschälen *n* levelling the shoulders [mbt]
Bankettbearbeitung *f* working on shoulders [mbt]
Bankett schneiden peel off a shoulder [mbt]
Bärenbildung *f* (Hüttenwesen) formation of skulls [met]
Barometerstand *m* barometric pressure [msr]
basaltgrau (RAL 7012) basalt grey [nrm]
Basenaustauscher *m* base exchanger [che]
Basis *f* (Anschluss eines Transistors) base [elt]; (Grundlage) basis
Basisabdichtung *f* base sealing [bau]; bottom sealing [bau]
Basisanschluss *m* (beim Transistor) base contact [elt]
Basisbahnwiderstand *m* (im Transistor) extrinsic base resistance [elt]; (im Transistor) extrinsic resistance [elt]
Basispunkt *m* base point
Basisstrom *m* (beim Transistor) base current [elt]
Basisweite *f* (beim Transistor) base width [elt]
Basiswiderstand *m* (beim Transistor) base resistance [elt]
Batterie *f* battery [elt]; cell [elt]
batteriebetrieben battery-operated [elt]; battery-powered [elt]
Batterieeinschub *m* battery module [elt]
Batterie, elektrochemische - *f* galvanic battery [elt]
Batterieflüssigkeit *f* battery filling agent [elt]
Batteriegeschirr *n* (Zubehör) battery harness [elt]
Batterieklemme *f* battery terminal [elt]; battery terminal clip [elt]
Batterieladegerät *n* battery charger [elt]
Batterie laden *f* charge a battery [elt]
Batteriepol *m* terminal [elt]
Batterieprüfanzeige *f* low-battery warning [elt]
Batterieprüfgerät *n* battery checking device [elt]
Batteriesäure *f* battery acid [elt]; electrolyte [elt]
Batteriespannung *f* battery voltage [elt]
Batterieträger *m* battery mounting [elt]
Batterietrog *m* battery box [elt]
Batteriewechsel *m* battery exchange [elt]
Bau *m* (Gebäude) building [bau]
Bauabnahme *f* acceptance of construction work [bau]
Bauabschnitt *m* construction phase [bau]; construction stage [bau]; stage of building [bau]; stage of construction [bau]
Bauabweichung *f* (Toleranz) deviation of dimension [bau]
Bauart *f* (Bauweise) building system [con]; (Lok, Wagen) class [mot]; model [con]; type [mas]
Bauartzulassung *f* design approval [nrm]; qualification approval [bau]
Bauaufsichtsbehörde *f* building control authority [bau]
Bauauftrag *m* construction contract [bau]
Bauaufzug *m* builder's hoist [bau]
Bauausführung *f* execution of work [bau]
Baubeginn *m* commencement of construction [bau]
Baubehörde *f* building authorities [bau]; construction authority [bau]
Baubeschränkung *f* building restriction [bau]
Baubude *f* hut [bau]
Baubüro *n* (auf der Baustelle) field office [met]
bauchen *v* (aufbauchen) bulge [pow]
Bauchfreiheit *f* (unter Portalachse) astride ground clearance [mbt]
bauchig werden *v* bulge [met]
Baueinheit *f* unit
bauen *v* construct [bau]
baufällig (reparaturbedürftig) tumbledown
Baufeuchte *f* trapped moisture [bau]
Baufläche *f* (Platzbedarf) building space [pow]
Bauform *f* type of construction [mas]
Baufortschritt *m* construction progress [bau]

Bauführer *m* foreman [met]; general foreman [bau]; technician [bau]
Baugenauigkeit *f* accuracy of construction [bau]
Baugenehmigung *f* (von Behörde) building permit [bau]
Baugerüst *n* (z.B. am Neubau) falsework [bau]; scaffold [bau]
Baugesellschaft *f* building society [bau]
Bauglied *n* (Stahlbau) structural member [bau]
Baugrube *f* building pit [bau]; excavation pit [bau]; pit [bau]; trench [bau]
Baugrubenaushub *m* basement excavation [bau]
Baugrunderkundung im Feld *f* foundation exploration in-situ [bau]
Baugrundstück *n* building plot [bau]; lot [bau]
Baugrundverfestigung *f* ground stabilization [bau]
Baugruppe *f* assembly [mas]; (als Einheit) unit [mas]
Baugruppenträger *m* (Platine) chassis [mot]
Bauherr *m* (Kunde) client [bau]; (Arbeitgeber) employer [bau]
Bauhöhe *f* (Gebäudehöhe) height of construction [bau]; overall height [con]
Bauhöhe, niedrige - *f* low overall height [con]
Bauholz *f* construction timber [bau]
Bauholz *n* lumber [met]
Bau, im - befindlich under construction [bau]
Bauindustrie *f* construction industry [bau]
Bauingenieurwesen *n* civil engineering [bau]
Bauinstandsetzung *f* structural repair [bau]
Bauisoliermaterial *n* insulating construction material [bau]
Baujahr *n* construction year [bau]; (des Hauses, der Anlage) year of erection [bau]; (des Baggers, der Maschine) year of make
Baukastenprinzip *n* modular principle [mas]
Baukastenstückliste *f* one-level bill of materials [con]
Baukastensystem *n* assembly of prefabricated machine parts [con]; modular principle [mas]
Baukörper *m* body shell [bau]; construction body [bau]; structure [bau]
Baukosten *pl* construction cost [pow]; erection cost [bau]
Baukran *m* construction crane [bau]
Bauland, erschlossenes - *n* developed area [bau]
Bauleistung *f* (Ausführung, Arbeit) workmanship [bau]
Bauleistungsversicherung *f* erection and assembly insurance [jur]
Bauleiter *m* (der Baufirma) agent [eco]
Baulos *n* section [bau]
Baumangel *m* defect of construction work [bau]
Baumaschine *f* construction machine [bau]
Baumaschinen *pl* building machinery [bau]
Baumaßnahme *f* building measure [bau]; building-project [bau]; construction measure [bau]; project [bau]
Baumaterial *n* (Sand, Kies, ...) building material [bau]; construction material [bau]
Baumklammer *f* log clamp [mot]
baumlos tree-less [bff]
Baumrinde *f* tree bark [bff]
Baumsäge *f* crosscut saw [wzg]
Baumschule *f* tree nursery [bff]
Baumstamm *m* trunk [bff]
Baumstumpf *m* tree stump [bff]
Baumuster *n* design [con]
Baumusterprüfnummer *f* type approval number [mas]
Baumwolle, gepresste - *f* compressed cotton [met]
Baunorm *f* construction standard [bau]
Bauphase *f* stage of construction [bau]
Bauplanung *f* building design [bau]
Bauplatte *f* panel [bau]
Bauplatz *m* construction site [bau]
baureif ready for building [bau]
Baureihe *f* (Lok, Wagen) class [mot]; (z.B. von Lokomotiven) class [mot]
Bausatz *m* (fertig bestehend) assembly set [mas]; (noch zu montieren) kit [mas]
Bauschutt *m* building rubbish [rec]; rubble [bau]
bauseits by the building contractor [bau]
Baustahlgewebe *n* fabric reinforcement [bau]; reinforcement [bau]; wire fabric [met]

B

Baustatik *f* stress analysis [con]; structural analysis [bau]
Baustein *m* (z.B. Ziegel) building brick [bau]; (Teil des Ganzen) component [met]
Baustelle *f* building site [bau]; building yard [bau]; construction site [bau]; site [bau]
Baustellenabwicklung *f* planning and execution of a site [bau]
Baustellenanschluss *m* site connection [bau]
Baustellenanstrich *m* field painting [bau]
Baustelleneinrichtung *f* site facilities [bau]
Baustellenfertigung *f* field erection job [met]; field mounted [met]
Baustelleninventar *n* job site inventory [mas]
Baustellenkran *m* building-site crane [bau]
Baustellenmontage *f* site assembly [bau]
Baustellenplanung *f* planning a site [bau]
Baustellenschweißung *f* field welding [met]; site welding [met]
Baustellenverhältnis *n* (Zustand) condition of the site [mbt]
Baustellenverkehr *m* on-site traffic [mot]
Baustelle räumen (z.B. vor Sprengung) evacuate site [bau]
Baustoff *m* building material [bau]
Baustoffaufbereitung *f* building material processing [rec]
Baustoffe, einheimische *pl* local building material [bau]
Baustopp *m* building freeze [bau]
Bautechnik *m* structural engineering [bau]
Bauteil *n* (z.B. der Maschine) component; (Bestandteil) member [mas]
Bauteile *pl* building components [mas]
Bauteil, hoch beanspruchtes - *n* high-duty structural part [mas]
Bauteil, tragendes - *n* load-bearing member [bau]
Bauten *pl* (Gebäude, Bauwerke) buildings [bau]
Bauten, öffentliche - *pl* public works [bau]
Bauüberwachung *f* construction surveillance [bau]; manufacturing control [met]
Bauunternehmen *n* construction company [bau]
Bauunternehmer *m* (Hoch-, Tief-, Kanal-Bau) builder [bau]
Bauvertrag nach Leistungsverzeichnis *m* measured contract [bau]
Bauvorhaben *n* (Idee, Planung) building-project [bau]; construction project [bau]
Bauvorschrift *f* building regulation [bau]
Bauweise *f* construction [pow]
Bauweise, ausladende - *f* extending design [con]
Bauweise, geschlossene - *f* enclosed type [mas]
Bauweise, massive - *f* massive type of construction [bau]; rugged construction [bau]
Bauweise, örtlich übliche - *f* indigenous construction method [bau]
Bauwerk *n* construction [bau]; structure [bau]; work [bau]
Bauwerksklasse *f* classification of structure [bau]
Bauwirtschaft *f* building industry [bau]; construction industry [bau]
Bauzeichnung *f* construction drawing [con]
Bauzeit *f* construction period [bau]; construction time [bau]; time of construction [bau]
Bauzeitenplan *m* construction schedule [bau]; time schedule [bau]
Bauzeitplanung *f* time-scheduling [bau]
Bauzug *m* track maintenance train [mot]
Beanspruchung *f* (Lagerbeanspruchung) load [mot]
Beanspruchung, gleichbleibende - *f* constant load [met]
Beanspruchung, harte - *f* (fast Missbrauch) gruelling service [mot]
Beanspruchung, mechanische - *f* mechanical stress
Beanspruchung, thermische - *f* thermal stress [met]
Beanspruchung, zulässige - *f* allowable stress [phy]; permissible stress [mas]
Bearbeitbarkeit *f* (spanabhebend) machinability [mas]
bearbeiten *v* (weiter bearbeiten) process [met]; (körperlich daran arbeiten) work on [met]
bearbeiten, falls erforderlich - (in Zeichnungen) machine if needed [con]
bearbeitet (Werkstück) machined [met]

Bearbeitung *f* (Entwurf) design [con]; working [met]
Bearbeitung, für die - (in Zeichnungen) for machining [con]
Bearbeitung, kostenmäßige - *f* cost accounting [eco]
Bearbeitung, mechanische - *f* machining [met]; mechanical machining [mot]
Bearbeitungsmaschinen *pl* machine tools [wzg]
Bearbeitung, spanabhebende - *f* machining [met]
Bearbeitungsschaden *m* damage [jur]
Bearbeitungsschadendeckung *f* coverage [jur]
Bearbeitungstoleranz *f* machining tolerance [met]
Bearbeitungszeit *f* machining time [met]
Bearbeitungszugabe *f* allowance [mas]; (zusätzliches Material) machining allowance [mas]
Beaufschlagung *f* pressure admission [mas]
Beaufschlagung, tangentiale - *f* tangential admission [pow]
Beauftragung von Subunternehmern *f* insertion of subcontractors [jur]
Bebauungsgebiet *n* built-up area [bau]
Bebauungsplan *m* local development plan [bau]
Becherwerkbandanlage *f* bucket chain conveyor [mbt]
Becherwerksumlauf-Mahlanlage *f* closed-circuit grinding plant [mbt]
Becken *n* (Körperteil) pelvis [hum]
Beckengurt *m* lap-sash seat belt [mot]
bedachen *v* put the roof on [bau]; roof [bau]
Bedachung *f* coverage [bau]; roof [bau]; roofing [bau]
Bedarfsermittlung *f* requisition [elt]; requisitioning
Bedarfsgegenstände *pl* utensils
Bedarfsplanung *f* demand planning; planning of demand
Bedarfssteuerung *f* load sensing [mot]; load sensing [mot]; variable control [mot]
Bedarfsstoffe *pl* (notwendiges Material) material [met]
bedenken *v* (vernünftig überlegen) reason
bedienen *v* (eine Maschine) operate
Bedienerschnittstelle *f* user interface [edv]
Bedienoberfläche *f* user interface [edv]
Bedienpanel *n* control panel [met]
Bedienung *f* (einer Maschine) control [met]; (von Maschine) operating
Bedienungsanleitung *f* (Anweisung) operating instruction [con]; (Handbuch) operating manual [con]; (Anweisung) operation instruction [mas]
Bedienungsaufwand *m* (Mühe) operating stress
Bedienungselement *n* (z.B. Hebel) operating element [mas]
Bedienungshebel *m* (Schalthebel) control lever [msr]; (Kurzhebel) joystick [elt]
Bedienungsmann *m* operator
Bedienungspersonal *n* operating staff
Bedienungspult *n* console [elt]; dashboard [elt]; operating panel [elt]
Bedienungsstand *m* operating platform [met]
Bedienungstafel *f* control panel [elt]; operating panel [elt]
bedruckt (z.B. Weißblech) printed
beeilen *v* (zügig bearbeiten) expedite
Beeinflussung *f* control
beenden *v* finalize [bau]
befahrbar (für bestimmte Waggons) negotiable [mot]
befahren *v* (in Bergwerk einfahren) descend [roh]; (den Kessel) inspect [pow]; (von Kurven, Sohlen) negotiate [mot]; (besichtigen) visit [roh]
Befahrung *f* inspection [pow]; (Besichtigung im Bergbau) visit [roh]
Befahrung, periodische - *f* routine inspection [pow]
Befehl *m* command [edv]
Befehlsgerät *n* control unit [edv]
Befehlsschalter *m* limit switch [elt]
Befehlstaste *f* control key [elt]
Befehlszeile *f* command line [edv]
befestigen *v* (z.B. mit Nagel) fasten [met]; tighten [met]
Befestiger *m* fastener [met]
Befestigung *f* bracket [mas]; (Halt, Anbringung) fastening [mas]; fixing [mas]; (z.B. Waschbeckenkonsole) fixture [bau]; (Montage, Halterung) mounting [mas]
Befestigung mit Lärmdämpfung *f* fastening with noise abatement [mot]
Befestigungsbohrungen *pl* fastening bores [mas]; mounting holes [mas]
Befestigungsbügel *m* mounting bracket [mas]

Befestigungsleiste *f* attachment rail [mas]
Befestigungsmaterial *n* fittings [met]
Befestigungsschelle *f* pipe retaining clip [mas]
Befestigungsschraube *f* fixing screw [mas]
Befestigungsstütze *f* mounting bracket [mas]
Befestigungssystem *n* fastening system [mot]
Befestigungsteil *n* mounting bracket [mas]
Befestigungsteile *pl* fastening parts [mas]
Befestigungswinkel *m* cleat [bau]; mounting angle [mas]
befördern *v* (z.B. auf Lkw) carry [mot]; convey [pow]; (z.B. mit der Post) forward; (transportieren) haul [mot]; (transportieren) transport [mot]
Beförderung *f* (Ablieferung) delivery; (Versendung, Versand) dispatch; (Nachrichten, Funkwellen) transmission [elt]; (Transport) transport [mot]
Befrachter *m* charterer [mot]; (Frachtversender) freighter [mot]
Befrachtungsvertrag *m* contract of affreightment [mot]
befristet (zeitlich begrenzt) terminated
Befundbericht *m* report on the condition
begehen *v* (besuchen, einfahren) descend [roh]
Begehung *f* local inspection
beginnen *v* launch [bau]; (z.B. ein Programm) launch [edv]
begradigen *v* (Weg etc.) straighten [bau]
Begrenzer *m* limiter
begrenzt (auf bestimmtes Gebiet) restricted
Begrenzung *f* (auch territorial) border line; (des Erlaubten, des Landes) boundary
Begrenzungsecho *n* boundary echo [aku]
Begrenzungsteile *pl* limiting parts
Begrenzung, zeitliche - *f* (der Laufzeit) temporal limitation [jur]
Begriff *m* (Fachausdruck) term
behalten *v* (stutzen) retain [bau]
Behälter *m* container [met]; (Ausgleichsbehälter) container [mot]; (auch Staubecken) reservoir [was]; (Flüssigkeiten, Gase) tank [mas]; vessel [pow]; vessel [pow]
Behälterboden *m* tank bottom [mas]
Behälterboden, schalenförmiger - *m* dished tank bottom [mot]
Behälterentleerer *m* bucket discharging device [mot]; discharging device [mot]
Behälter mit Entleeröffnung *m* bucket with discharge [mbt]
Behältertragwagen *m* (für Container) conflat [mot]; flat wagon spec. fit for the carriage of containers [mot]
Behälterwagen *m* hopper wagon [mot]
Behälterwagen für Container *m* container wagon [mot]
behandelt treated
Behandlung *f* (technisch, z.B. Wärme) treatment [met]
Behandlungsvorschrift *f* (für Bedienung) operating instruction [con]
Behandlungsvorschrift, nach - acc. to instructions [con]
Beharrungstemperatur *f* holding temperature [mas]
Beharrungszustand *m* (Gleichgewicht) equilibrium
behaupten *v* (streiten) assert; (auf dem Markt behaupten) defend a position
Behebung eines Mangels *f* elimination of a deficiency
beheizt heated [pow]
Beheizung *f* heating [pow]
Beheizung, elektrische - *f* (im Haus) electric heating [elt]
Behörde *f* authority
beibehalten *v* (z.B. Geschwindigkeit) maintain [mot]
Beiblatt *n* (z.B. zu Zeichnung) accompanying sheet [con]
bei der Arbeit during operation [met]
beidseitig double-sided
Beifahrer *m* (Mitarbeiter, Helfer) rider [mot]
Beifahrersitz *m* (reiner Mitfahrer) passenger seat [mot]; (Mitarbeiter, Helfer) rider's seat [mot]
beige (RAL 1001) beige [nrm]
beigebraun (RAL 8024) beige brown [nrm]
beigegrau (RAL 7006) beige grey [nrm]
beigerot (RAL 3012) beige red [nrm]
Beil *n* (Kurzbeil, nicht Axt) hatchet [wzg]
Beilagscheibe *f* attaching disk [mas]
Beilegscheibe *f* (Unterlegscheibe) washer [mas]
Beimengung *f* admixture [che]
Beimischung *f* admixture [roh]

beinhaltet (auch zwischen den Zeilen) implied
Beipack *m* (Zubehör) accessory
Beipackliste *f* collie specification [mbt]; packing list
Beipackzettel *m* packing specification
beischalten *v* put on the line [pow]
Beispiel *n* (Muster) pattern
Beispielheuristik *f* example heuristic [edv]
Beißzange *f* (Kneifzange) nipper pliers [wzg]; (auch Pinzette) pincers [wzg]; (Kneifzange) pliers [wzg]
Beitrag *m* (Versicherungs-) premium [jur]
Beitrag anheben raise the premium [jur]
Beitrag erheben collect the premium [jur]
Beitragsangleichung *f* adjustment of the premium [jur]
Beitragsberechnung *f* premium computation [jur]
Beitragsgrenze *f* ceiling for/of the contribution [jur]
Beitragskonto *n* premium account [jur]
Beitragsneufestsetzung *f* alteration of the premium [jur]; premium has to be quoted due to changing [jur]
Beiwagen *m* (von Triebwagen, Straßenbahn) trailer [mot]
Beiwert *m* coefficient [phy]
Beizbad *n* pickling bath [met]
beizen *v* (Materialbehandlung) etching [met]; (Kessel) pickle [met]
Bekohlungsanlage *f* coal handling plant [pow]; (Kraftwerk) coaling plant [pow]
Bekohlungsgleis *n* (Bahn) coaling track [mot]
Beladeanlage *f* (im Tagebau) loading unit [mas]
Beladehöhe *f* (z.B. der Schaufel) discharge height [mbt]; (z.B. des Lkw) load height [mot]
Belade- und Entladeschäden *pl* damage resulting from loading and unloading [jur]
Beladung *f* loading
Belag *m* (z.B. Farbschicht) coat [met]; (Oberfläche) facing [met]; (Futter, Abdeckung) lining [mas]; (Schicht) plating [bau]; (Gummi) rubber [met]; screed
Beläge *pl* (auf Rohren) coating [pow]; (auf Rohren) deposits [pow]; (Gitterrost) flooring [pow]; (Gitterrost) grating [pow]
Belag, rutschfester - *m* anti-skid flooring [bau]
Belastbarkeit *f* loadability; (z.B. Lkw) load capacity [mot]
belasten *v* (stark beladen) weigh [mot]
Belastung des Anlassers *f* cranking power [mot]
Belastung, diskontinuierliche - *f* intermittent load [mas]
Belastung, dynamische - *f* dynamic load [met]
Belastung, radiale - *f* radial load [mas]
Belastung, ruhende - *f* static load [bau]
Belastungsanforderung *f* load requirement
Belastungsanforderungen, unterschiedliche - *pl* variety of loads [mas]
Belastungsanzeiger *m* load indicator [msr]
Belastung, schwellende - *f* pulsating load [bau]
Belastungsgrad *m* capacity factor [pow]
Belastungsregler *m* load rheostat [elt]
Belastungsrichtung *f* direction of load [met]
Belastungswiderstand *m* loading resistor [mas]
Belastung, zulässige - *f* admissible load [bau]; safe load [bau]
belegen *v* (mit Fliesen) tile [bau]; (beweisen) verify
Belegschaftsvertretung *f* representation of the employees [eco]
Beleuchtung *f* (Licht, Erhellung) light [elt]; lighting [elt]
Beleuchtung, indirekte - *f* indirect lighting [elt]
Beleuchtungsanlage *f* (Beleuchtung) lighting equipment [elt]
Beleuchtungsbedingung *f* illumination constraint [edv]
Beleuchtungsstärke *f* intensity of illumination
Beleuchtungsstromkreis *m* lighting circuit [elt]
beliefern *v* (versorgen mit) provide [eco]
Belüfter *m* air breather [air]; breather [air]
Belüftung *f* ventilation [mot]
Belüftungsrohr *n* (Frisch-, Abluft) air pipe [air]
benachbart (direkt daneben) adjacent; (nächstes Grundstück) next door [bau]

B

Benennung *f* (Name eines Werkstückes) denomination [con]; (Beschreibung; auf Zeichnung) description [con]
Benennung der Zeichnung *f* name of drawing [con]
benetzend (nässend) wetting [met]
Benetzungsmittel *n* moistening agent [met]; wetting agent [mas]
Bensonkessel *m* once-through boiler [pow]
Benutzerhandbuch *n* (Bedienerhandbuch) user guide [edv]
Benutzeroberfläche *f* user interface [edv]
Benutzeroberfläche, grafische - *f* graphical user interface [edv]
Benutzung *f* (Gebrauch) utilization
Benutzungsoberfläche *f* user interface [edv]
Benutzung, wechselseitige - *f* alternate use
Benzinabstellhahn petrol shut-off [mot]
Benzinanlage petrol system [mot]
Benzinantrieb *m* gas drive [mot]; petrol drive [mot]
Benzinbehälter petrol tank [mot]
Benzindüse petrol injector [mot]
Benzineinfüllstutzen petrol filler neck [mot]
Benzineinspritzdüse petrol injection valve [mot]
Benzineinstellbohrung petrol adjustment hole [mot]
Benzinfilter petrol filter [mot]
Benzinförderpumpe petrol pump [mot]; petrol transfer pump [mot]; petrol transfer pump [mot]
Benzinhahn petrol valve [mot]
Benzinhauptbehälter main petrol tank [mot]
Benzinhauptleitung main petrol line [mot]
Benzinheizung petrol heating [mot]
Benzinhilfsleitung auxiliary petrol line [mot]
Benzinkanister petrol can [mot]
Benzinlager *n* (Notversorgung) gas dump [mot]
Benzinlecks petrol leak [mot]
Benzinleitung petrol feed pipe [mot]; petrol line [mot]; petrol pipe [mot]
Benzinmesser (auch Schauglas) petrol gauge [mot]
Benzinmessstab petrol dip stick [mot]; (mit Schwimmer) petrol lever plunger [mot]
Benzinpumpe petrol pump [mot]
Benzinpumpenantrieb petrol pump drive [mot]
Benzinpumpendeckel petrol pump cover [mot]
Benzinpumpengehäuse petrol pump body [mot]; petrol pump housing [mot]
Benzinpumpenmembran petrol pump diaphragm [mot]
Benzinpumpensieb petrol pump screen [mot]
Benzinpumpenstößel petrol pump tappet [mot]
Benzinregler petrol ratio control [mot]
Benzinreservebehälter reserve petrol tank [mot]
Benzinrücklaufleitung petrol return line [mot]
Benzinsensor petrol sensor [mot]
Benzinsieb petrol screen [mot]; petrol strainer [mot]
Benzinsparausführung (Drehzahl) petrol saving version [mot]
benzinsparend petrol efficient [mot]
Benzinstartermotor *m* gasoline starter engine [mot]
Benzintank petrol tank [mot]
Benzinverbrauch petrol consumption [mot]
Benzinverbrauch *m* consumption of petrol [mot]
Benzinverbrauchsmenge petrol consumption rate [mot]
Benzinverbrauchsmesser petrol consumption indicator [mot]
Benzinvorfilter petrol pre-filter [mot]
Benzinvorratsbehälter (Tank) petrol tank [mot]
Benzinvorratszeiger petrol gauge [mot]
Benzinwirtschaftlichkeit petrol economy [mot]
Benzinzufuhr petrol supply [mot]
beobachten *v* (zusehen) watch
Beobachter *m* observer
Beobachtung *f* (Kontrolle) control [elt]
Beobachtung des Warenausganges *f* control of goods processing [eco]; control of goods withdrawal [eco]
bepflastern *v* pave [bau]
Bequemlichkeit, ergonomische - *f* ease and convenience
beratend counselling

Berater *m* counsellor
Beratung *f* (Diskussion, Besprechung) discussion; (Empfehlung, Ratschlag) recommendation
Berechenbarkeit *f* computability [edv]
berechnen *v* (planen) design [con]
Berechnung *f* (z.B. eines Auftrages) calculation [eco]; (Kostenstudie) cost study [eco]; design [bau]; (Schätzung, Einschätzung) estimate [con]
Berechnung, lokale - *f* local computation [edv]
Berechnungsgrundlage *f* design base [con]
Berechnung, statische - *f* structural analysis [bau]
Berechnungsverfahren *n* method of analysis [con]
Bereich *m* area; (Zeitbereich) domain [edv]; (auch Gebiet, Sachgebiet) range; (Schwankungsbereich) range of variations [bau]
Bereich, elastischer - *m* elastic range [met]
Bereich, plastischer - *m* plastic range [met]
Bereich, roter - *m* (gefährlich, riskant) red zone
Bereichsschalter *m* range selector [elt]
Bereifung *f* ((A)) tires [mot]; ((B)) tyres [mot]
Bereifung, griffige - *f* well-treaded tyres [mot]
bereit (aufnahmefähig, vorbereitet) ready [met]
bergab (bergab rollen) downhill
bergauf uphill [mot]
Bergbahn *f* mountain railroad [mot]; mountain railway [mot]
Bergbau *m* (Tage- und Untertagebau) mining [roh]
Berge *pl* (taubes Gestein) fillings [min]; (taubes Gestein) overburden [roh]
Bergekran *m* recovery crane [roh]
Bergematerial *n* (bei Steinkohlengewinnung) waste [roh]
Berge verblasen backfill [roh]
Bergganggetriebe *n* hill gear [mot]
Bergingenieur *m* mining engineer [roh]
Bergschaden *m* (Schaden durch Bergbau) damage to premises and buildings resulting from collapsing due to coal and/or ore mining [roh]
Bergwerk *n* mine [roh]
Bergwerksbetrieb *m* mining operation [roh]
Bergwerkseinrichtung *f* underground mining system [roh]
Bergwerkseinrichtungen *pl* mining equipment [roh]
Berichterstattung *f* report
Berichtssystem *n* reporting system
Berichtswesen *n* reporting; reporting system
Berieselungsanlage *f* sprinkling system [bau]
beruhigen *v* (Stahl) kill [mas]
Beruhigungszeit *f* recovery time
Berührungsfläche *f* contact surface [met]
Berührungsheizfläche *f* convection heating surface [pow]
Berührungskontakt *m* touch contact [elt]
berührungslose Prüfung *f* non-contact scanning [msr]
Berührungsschalter *m* touch switch [elt]
Berührungsschutz *m* protection against accidental contact [elt]
Berührungssensor *m* touch sensor [elt]
Berührungsspannung *f* chock-hazard voltage [elt]
Besaumschere *f* trimming shears [met]
beschädigen *v* (zerstören) damage [mot]
beschädigt (z.B. durch Unfall) damaged [mot]
Beschädigung *f* (am Material) damage [met]; (Verletzung) injury [hum]
Beschädigung von Leitungen *f* underground and overhead property damage [jur]
beschaffen *v* (herbringen, vorzeigen) procure [eco]; (versorgen mit) provide [eco]
Beschaffung *f* (Versorgung, Ausstattung) procurement [mot]; (von Bahnfahrzeugen) procurement [mot]
beschäftigen *v* (in einer Firma) employ [eco]
beschäftigt bei ... (z.B. bei Firma) employed with ... [eco]
Beschäftigtenzahl *f* number of employees [eco]
Beschäftigung *f* employment [eco]
Beschäftigungsverhältnis *n* employment [eco]
Beschallungsanlage *f* (z.B. im Hotel) public address system [aku]
Beschaufelung *f* (Turbine) blading [pow]

B

B

Beschaufelungsstand für Turbinenläufer *m* blading station for turbine rotors [pow]
Beschichten *n* coating [met]
beschichtet (laminiert, kaschiert) coated [met]; (z.B. Chrom-Auflage) plated [met]
Beschichtung *f* coat [bau]; (z.B. mit Dichtmittel) coating [met]
Beschichtungsanlage *f* coating line [met]
Beschichtungsanlage für Trägerplatten *f* coating line for particle boards [met]
Beschickung *f* (z.B. des Hochofens) charging [roh]; (z.B. des Ofens) feeding [roh]
Beschickungs-/Entleerungsvorrichtung *f* charging and discharging device [met]
Beschickungsschurre *f* feed chute [roh]; feed device [roh]; feeding chute [roh]
Beschläge *pl* fittings [bau]
beschleifen *v* (bearbeiten) grind [met]
Beschleifen *n* (Bearbeitung) grinding [met]
beschleunigen *v* accelerate [mot]; (Zement) advance [bau]; (Druck machen) expedite
Beschleuniger *m* (Gaspedal) accelerator [mot]
Beschleunigung *f* (Fahrtaufnahme) acceleration [mot]; (Schnellerwerden) acceleration [mot]
Beschleunigungskraft *f* acceleration force [phy]
Beschleunigungspumpe *f* accelerating pump [mot]
Beschleunigungsröhre *f* acceleration tube [elt]
Beschleunigungsspannung *f* acceleration voltage [elt]
Beschleunigungsvermögen *n* acceleration capability [phy]
Beschneidewerkzeuge *pl* cutting tools [wzg]
beschränken *v* (limitieren) limit
Beschreibung *f* (in Zeichnungen) description [con]
Beschriftung *f* (eines Hauses) inscription [bau]; (einer Kiste) lettering and marking
Beschriftungsfeld *n* (Zeichnungskopf) title block [con]
Beschriftungssatz *m* lettering and marking kit
beseitigen *v* (Schaden erledigen) remedy
Beseitigung *f* (Entfernen) removal
besetzen *v* (mit Personal) man [met]
besetzt (z.B. Telefon) engaged [tel]; (z.B. Bus) full [mot]
Besichtigungswagen *m* (z.B. auf Brücke) inspection trolley [bau]
besiedelt populated
Besprechung *f* (Unterhaltung) conversation; (Diskussion) discussion; (Verhandlung) negotiation [jur]
Bessemer-Birne *f* (Stahlerzeugung) Bessemer bulb [roh]
Bestand *m* (an Maschinen) population
beständig (z.B. hitzebeständig) proof [mas]; (z.B. wasserbeständig) resistant [met]
beständig gegen aggressive Produkte aggressive-products resistant [che]
Beständigkeit *f* durability [bau]; (Widerstand) resistance [mas]
Bestandteil *n* component [bau]; (einer Maschine) component [met]; ingredient
Bestandteile, flüchtige - *pl* volatile matter [pow]
Bestätigung *f* (EDV-Begriff) confirmation data [edv]
bestäuben *v* dust
bestehen *v* (eine Prüfung) pass [msr]
bestehen aus ... *v* consist of ...
Bestellteil *n* part to be provided from own sources; part to be supplied from own resources
Bestellung, interne - *f* inter-company order [eco]
Bestimmungen, rechtliche - *pl* provisions [jur]
Bestimmungsart *f* destination [mot]
Bestimmungshafen *m* port of destination [mot]
Bestimmungsort *m* destination [mot]
Bestreichung *f* (Überzug) coating [pow]
bestrichen (mit Leim) glue-brushed [met]
bestücken *v* (Platinen) populate [elt]
Bestückung *f* component parts [met]
Bestückungsplan *m* component mounting diagram [elt]
Besuchsbericht *m* (Report über Reise) travel report
Betankung *f* fuel-filling [mot]
Betankungsanlage *f* tank-filling system [mas]
Betankungseinrichtung *f* fuel-filling device [mot]

betätigen *v* (in Gang setzen) activate; (einen Hebel) actuate; (bedienen) operate
Betätigung *f* (eines Hebels) actuating; control [mot]; (z.B. Knopf oder Hebel) control device [mas]
Betätigung, hydraulische - *f* hydraulic control [mas]
Betätigungselemente *pl* operating controls [mot]
Betätigungsknopf *m* control device [mas]
Betätigungsvorrichtung *f* actuator [mas]
Betätigungsvorrichtung für Ventile *f* valve actuator [pow]
Betätigungswelle *f* drive shaft [mot]
Betätigungszug *m* (Bowdenzug) Bowden control [mot]
Betätigungszylinder *m* operating cylinder [mot]
Betätigung, zwangsläufige - *f* positive control [mas]
Beton *m* concrete [bau]
Betonarbeiten *pl* concrete work [bau]; concreting [bau]
Beton, armierter - *m* ferroconcrete [bau]
Betonauskleidung *f* concrete lining [bau]; concrete surfacing [bau]
Betonbau *m* concrete construction [bau]
Betondecke *f* concrete floor [bau]
Betonfahrbahn *f* (bei Bahn) concrete slab [mot]
Betonfertigteil *n* precast concrete [bau]
Betonfundament *n* concrete foundation [bau]
Beton gießen *v* pour concrete [bau]
betongrau (RAL 7023) concrete grey [nrm]
betonieren *v* cast concrete [bau]; concrete [bau]; place concrete [bau]
Betonieren *n* concreting [bau]
Betonkanal *m* (Leitungsführung) concrete duct [bau]
Betonkübel *m* (am Kran) concrete bucket [bau]; (am Lader) concrete skip [mbt]
Betonkübelausrüstung *f* concrete skip attachment [mbt]
Betonmischer *m* concrete mixer [bau]
Betonpfahlgründung *f* concrete pile foundation [bau]
Betonplatte *f* concrete slab [bau]
Betonprüfung *f* concrete testing [msr]
Betonrandstreifen *m* concrete curbstone [bau]; curbstone [bau]
Betonröhre *f* concrete pipe [bau]
Betonrutsche *f* tremie [bau]
Betonrüttler *m* (Betonverdichtung) concrete vibrator [bau]
Betonschalung *f* concrete formwork [bau]
Betonschwelle *f* (der Bahn) concrete sleeper [mot]; (der Bahn) concrete tie [mot]
Betonstahl *m* concrete steel [bau]
Betonstein *m* precast concrete stone [bau]
Betonsteine *pl* concrete blocks [bau]
Betonträger *m* concrete beam [bau]; concrete girder [bau]; concrete joist [bau]
Betontransport *m* concrete transport [mbt]
Betontransportsystem *n* concrete transport system [roh]
Betonüberdeckung *f* concrete cover [bau]
Betonverankerung *f* concrete anchorage [bau]
Betonverdichter *m* concrete compactor [bau]
Betonverfüllung *f* concrete filling [bau]
Betonwand *f* concrete wall [bau]
Betonwanne *f* concrete body [bau]
betrachten *v* (sich ansehen) view
Betrachterperspektive *f* viewer-centred perspective [edv]
betrachterunabhängige Perspektive *f* viewer-independent perspective [con]
betreiben *v* (Kessel) operate [pow]
Betrieb *m* (Werkstatt) shop [met]; (Werkstatt) workshop [eco]
Betrieb, endgültiger - *m* final operating conditions [met]
Betrieb, ferngesteuerter - *m* remote controlled operation [elt]
Betrieb in großer Höhe *m* high altitude operation
Betrieb, rauer - *m* heavy-duty use
Betriebsanleitung *f* (Handbuch) operator's manual [mot]
Betriebsanleitung *f* operating instruction [con]
Betriebsart-Wahlschalter *m* mode selector switch [elt]
Betriebsbedingung *f* operating condition [mas]; operation condition [mas]; working condition [pow]
Betriebsbereich *m* operating range [mot]
betriebsbereit ready for operation [mot]
Betriebsbereitschaft *f* standby
Betriebsbereitschaftssystem *n* ready-run system

Betriebsbeschreibung *f* description of occupation [jur]
Betriebsbremse *f* (Bremssystem) brake assembly [mbt]
Betriebsdaten *pl* operating data
Betriebsdrehzahl *f* operating speed [mot]; operational speed [mot]
Betriebsdruck *m* operating pressure; (Arbeitsdruck) working pressure [mot]
Betriebselastizität *f* flexibility in operation [pow]
Betriebserfordernis *n* operation requirement
Betriebsergebnisse *pl* operating data; performance data [pow]
Betriebserlaubnis *f* type approval [nrm]
betriebsfähig ready for operation [mot]
betriebsfertig machen *v* commission a boiler [pow]; place in operation [met]
Betriebshaftpflicht *f* liability [jur]
Betriebshaftpflichtversicherung *f* liability insurance [jur]
Betriebshaftpflichtvertrag *m* general liability policy [jur]
Betriebshalt *m* maintenance stop
Betriebshandbuch *n* operator's handbook [mot]
Betriebshilfseinrichtungen *pl* auxiliary means [mas]
Betriebsingenieur *m* maintenance engineer
Betriebsleiter *m* (Werksleiter) works manager [met]
Betriebsmittel *n* (Zubehör) accessories [mas]; (für den Anfang) band-aid kit [eco]
Betriebsmittelsatz *m* accessories [mas]; (Werkzeug und Teile) first aid service and repair kit
Betriebsnetzgerät *n* operating power pack [elt]
Betriebsschalter *m* (An/Aus/dazwischen) operating switch [elt]
Betriebsspannung *f* normal voltage [elt]; operating voltage [elt]; working voltage [elt]
Betriebsspiel *n* running clearance [mas]
Betriebsstättenrisiko *n* public liability/premises operations [jur]
Betriebsstrom *m* operating current [elt]; working current [elt]
Betriebsstunde *f* (Gerät im Einsatz) operating hour [met]
Betriebsstundenzähler *m* hour counter [met]; hour meter [met]
Betriebssystem *f* operating system [edv]
Betriebstemperatur *f* operation temperature [mot]
Betrieb, störungsfreier - *m* trouble-free operation [mas]
Betriebs- und Wartungshandbuch *n* operation & maintenance manual [mas]
Betriebsverhalten *n* operating behaviour
Betriebswagnis *n* occupational risk [jur]
Betriebswirkungsgrad *m* operating efficiency [pow]
Betriebszeit *f* period of operation [met]
Betrieb von Hand *m* manual operation [met]
Betrieb, wartungsfreier - *m* maintenance-free operation [pow]
betrunken am Steuer (Trunkenheit) driving while intoxicated [mot]
Beugung *f* (Biegen) bending [met]
Beugungsschallfeld *n* diffraction sound field [aku]
Beule *f* (z.B. am Auto) dent [met]
Be- und Entladeöffnungen *pl* openings for loading and discharging [mot]
Be- und Entladeschäden *pl* damages resulting from loading and unloading [jur]
beurkundet documented
beurkundet, nicht - not documented [jur]
Beurteilung *f* judgement [jur]
Beurteilung der Betongüte *f* assessment of the concrete quality [msr]
Beutel *m* bag; pouch
Bevollmächtigter *m* authorized representative [eco]
bewährt proven
bewässern *v* irrigate [was]; water [was]
Bewässerung *f* irrigation [was]
Bewässerungsprojekt *n* irrigation project [was]
Bewegbarkeit *f* (von Verkehrsmitteln) manoeuvrability [mot]
bewegen *v* (in Gang setzen) activate [mot]; (eines Kolbens) move [mot]; (eines Kolbens) travel [mas]
bewegen, sich - *v* move [mot]
beweglich (selbst fahrbar) mobile [mot]; (transportierbar) movable [mot]; (tragbar) portable [mot]
beweglich aufgehängt flexibly suspended [mas]
Beweglichkeit *f* moveability [mot]
Bewegung, nachgebende *f* compliant motion [phy]

Bewegungsamplitude *f* amplitude of movement [phy]
Bewegung, sinusförmige - *f* sinusoidal motion [phy]
Bewegungssatz *m* (EDV, Lagerbestand) records of processing [edv]
Bewegungsspielraum *m* (mechanischer Teile) dead movement [mas]; (mechanischer Teile) play
bewehren *v* armour [bau]; (mit Armierung) reinforce [bau]
bewehrt armoured [bau]
Bewehrung *f* (Stahlbeton) armouring [bau]; (Beton-) concrete reinforcement [bau]; reinforcement [bau]
Bewehrungsplan *m* reinforcement drawing [bau]
Bewehrungsstahl *m* reinforcing bar [bau]; reinforcing rod [bau]
Bewehrungszeichnung *f* reinforcement plan [bau]
Bewehrung, untere - *f* bottom layer [bau]; bottom reinforcement [bau]
Beweis *m* (für eine These) evidence; (für Haltbarkeit) proof
Bewerbung *f* application [eco]
bewerten *v* rate
bewertet rated
Bewertung *f* assessment; (Einschätzung) estimation; (Einschätzung) rating
Bewertungsregel *f* assessment principle [msr]
Bewertung, statische - *f* static evaluation [edv]
Bewicklung, zweilagige - *f* two-layer winding [mas]
Bewuchs *m* (z.B. Bäume) plants and trees [bff]; (Pflanzenbewuchs) vegetation [bff]
Bewurf *m* (Verputz) daub [bau]; plastering [bau]; render [bau]
bewusst (z.B. qualitätsbewusst) conscious [met]
bezeichnen *v* denote [bau]; (benennen) designate; (beschriften) mark [con]; (Fachausdruck geben) term
Bezeichnung *f* (eines Bauteils) description [con]; (Name, Etikett) label [con]; (Fachbezeichnung) term
Bezeichnungshülse *f* name socket [mas]
Bezeichnung, veraltete - *f* obsolete description
bezeugt und anerkannt witnessed and approved [jur]
Beziehung *f* (kausale Beziehung) relation [edv]
Bezug *m* (mit Bezug auf den Vertrag) reference [jur]
Bezugsbedingungen *pl* reference conditions [msr]
Bezugsecho *n* reference echo [aku]
bezugsfertig ready to move in [bau]
Bezugsfläche *f* (auf die sich ... bezieht) reference surface [mas]
Bezugshöhe *f* (z.B. des Bordsteins) reference height [bau]
Bezugskante *f* (hiernach richten) reference edge [con]
Bezugspegel *m* reference level [bau]
Bezugsprofil *n* reference profile [con]
Bezugswert *m* reference value [con]
Biegefeder *f* flexible spring [mas]
Biegefeder, gewundene - *f* wound flexible spring [mas]
Biegefestigkeit *f* bending strength [met]
Biegehalbmesser *m* bending [con]
Biegelinie *f* bending line [con]; bend-line [con]
Biegelinie oben *f* bending line, top [con]
Biegelinie unten *f* bottom bending line [con], bottom bendline [con]
Biegeliste *f* bending schedule [bau]
Biegemaschine *f* bending machine [wzg]
Biegemoment *n* bending momentum [con]
biegen *v* (bogenförmig wölben) arch [mas]; (entlang Biegelinie) bend [met]
Biegen *n* bending [met]
Biegeprobe *f* bending test [msr]; bend test [msr]; (verwendetes Teststück) bend test specimen [msr]
Biegeradius *m* radius of bend [con]
Biegeradius, zulässiger - *m* permissible bending radius [mas]
Biegesteifigkeit *f* bending stiffness [met]; flexural rigidity [met]; flexural stiffness [met]
Biegeteil *n* flexible part [mas]
Biegevorrichtungen *pl* bending devices [met]
Biegewalze *f* bending roll [met]
biegeweich flexible [met]
Biegezange *f* bending wrench [wzg]
biegsam (flexibel) flexible [met]; (geschmeidig) pliable

B

Biegung *f* (z.B. der Straße) bow [bau]; curvature [met]; (Knick) elbow [pow]
Biegungswelle *f* (des Drahtes) bending wave [mas]
bifilar twisted
Bilanz *f* balance [pow]
Bildanalyse *f* image analysis [edv]
bilden *v* (z.B. einen Kreis) form; (ausbilden, trainieren) train
Bildhelligkeit *f* (des Schirmbilds) brightness [edv]; (des Schirmbilds) brilliance [edv]; (auf dem Schirm) intensity [edv]
bildlich dargestellt in the illustration [con]
Bildpunkt *m* image point [elt]
Bildröhre *f* (nachleuchtend) afterglow tube [phy]; cathode ray tube [elt]
Bildschärfenregulierung *f* focussing control definition [elt]
Bildschirm *m* (Anzeige) display [edv]; (zur Überwachung) monitor [elt]; screen [edv]; (des Netzwerks) terminal [edv]; (z.B. für Video) video screen [elt]
Bildschirmflimmern *n* screen flickering [edv]
Bildschirmfrequenz *f* screen frequency [edv]
Bildschirmtextgerät *n* monitor-text assembly [edv]
Bildspeicherröhre *f* image storing tube [elt]
Bildunterschrift *f* (in Bericht, Buch) title
Bildverarbeitung *f* image processing [edv]
Bildverarbeitung, digitale - *f* digital image processing [edv]
Bildwandler *m* image converter [elt]
Bildzeichen *n* graphical symbol [con]
Bimetallfeder *f* bi-metal spring [mas]
Bimetallpuffer *m* flexible mounting [met]
Bimetallrelais *n* bi-metal relay [elt]
Bimetallsicherung *f* bi-metal fuse [elt]
Bimmelbahn *f* (Neben-, Schmalspurbahn) feeder line [mot]; (Neben-, Schmalspurbahn) rubber line [mot]
Binärbild *n* binary image [edv]
Binärstufe *f* binary stage
Bindefähigkeit *f* cementing capacity [bau]
Bindefehler *m* (beim Schweißen) incomplete fusion [met]; (beim Schweißen) lack of fusion [met]
Bindefrist *f* (Kleber muss hart werden) delay [met]
Bindemittel *n* binder [mas]; binding material [mas]; cementitious material [bau]
Binder *m* (Binderfarbe) binder [mas]; jumper [bau]; (Dachkonstruktion) main truss [bau]
Binderfarbe *f* (Binder) binder [mas]
Binderstein *m* bonder [bau]
Bindestein *m* bondstone [bau]
Bindezeit *f* (Beton, aushärtende Kunststoffe) setting time [met]
Bindezone *f* (entlang Schweißnaht) joint area [met]
bindig cohesive [bau]; plastic
Bindung *f* binding [edv]
Binnenwasserstraße *f* (Kanal, Fluss) inland waterway [mot]
Biohaus *n* biohouse [bau]
Bitkette *f* bit string [edv]
Bitte *f* (Wunsch) request
Bitu-Kies *m* (bituminöser Kies) bituminous aggregates [bau]
Bitumenabdichtung *f* bitumen sealing [bau]
bituminös bituminous [che]
Blähprobe *f* (Probe) coke button [msr]; (Verfahren) coking test [msr]
Blähton *m* (Bodenart) expanded clay [met]
blank (poliert, geschliffen) blank [met]; (bei Metallen) bright [mas]
Blankett *n* (Rolltreppen-Beschreibung für Architekten) blanket [bau]
blankgezogen bright drawn [mas]
Bläschenverdampfung *f* nucleate boiling [pow]
Blase *f* (Gaseinschluss) air pocket [air]
Blasebalg *m* bellows [mas]
blasen *v* (pusten) blow
Blasenbalgspeicher *m* (Kettenspannen) bellows-type accumulator [mas]
blasenfrei (dicht) dense [met]
Blasenspeicher *m* (zum Kettenspannen) nitrogen accumulator [wzg]
Blasenspur *f* (Kielwasser) wake [mot]
blass (wenig Farbe) pale
blassbraun (RAL 8025) pale brown [nrm]
blassgrün (RAL 6021) pale green [nrm]
Blasspule *f* blow-out coil [mas]
Blastischaufgabe *f* blast table spreader [pow]
Blatt *n* (des Ventilators) vane [mot]
blätterig laminated [bau]
blättern (in Buch, Seiten) leaf [edv]

Blättern *n* (am Bildschirm) paging [edv]
Blattfeder *f* laminated spring [mas]; leaf spring [mas]; leaf-type spring [mot]; plate spring [mot]
Blatt Nr. (Zeichnungen) Sheet No. [con]
Blatttragfeder *f* laminated suspension spring [mot]
blaugrau (RAL 7031) blue grey [nrm]
blaugrün (RAL 6004) blue green [nrm]
blaulila (RAL 4005) blue lilac [nrm]
Blaupause *f* blue-line print [con]
Blaupauspapier *f* blue print paper [con]
Blauschriftröhre *f* low-intensity tube [elt]
Blech *n* (Stahlblech, unter 3 mm) thin sheet metal [mas]; (Feinstblech, unter 0,5 mm) very thin sheet metal [met]
Blechdicke *f* sheet gauge [met]
Bleche, beschichtete - *pl* coated sheets [met]
Bleche, glühende - *pl* incandescent plates [mas]
Blechkante *f* plate edge [mas]
Blechkantenprüfanlage *f* plate-edge test installation [msr]
Blechoberseite *f* top face of the plate [mas]
Blechprüfer *m* (Prüfkopfhalterung) plate testing probe holder [msr]
Blechprüfung *f* plate testing [msr]
Blechschaden *m* (kleiner Autounfall) fender bender [mot]
Blechschere *f* plate-cutting machine [wzg]; plate shears [wzg]
Blechschraube *f* self-tapping screw [mas]; tapping screw [mas]
Blechsicherung *f* locking shim [mas]
Blechstreifen *m* (zum Einsetzen Ritzel) feeder gauge [mas]
Blechträger *m* (Stahlbau) plate girder [bau]
Blechtrennung *f* (Doppelung) lamination [met]
Blechunterseite *f* bottom face of the plate [mbt]
Blechverschalung *f* metal casing [pow]
Blei-Basis-Legierungen *pl* lead alloys [mas]
Bleibatterie *f* lead accumulator [elt]; lead battery [elt]; lead battery [elt]
bleich pale
bleichen *v* (z.B. Haare) bleach [che]
bleifrei (Benzin) unleaded [mot]
bleihaltig plumbiferous [mot]
Bleikabel *n* lead cable [elt]
Bleimantelkabel *n* lead sheathed cable [elt]
Bleiüberzug *m* lead coating [mas]
Bleiweiß *n* white lead [mas]
Blende *f* (am Fenster) blind [bau]; (Messblende) metering orifice [msr]; (Messblende) orifice disk [msr]
Blendenbereich *m* gate area [elt]
Blendenbreite *f* gate width [elt]
Blendenflansch *m* orifice flange [msr]
Blendengleichung *f* orifice formula [msr]
Blendenkarte *f* gate position card [elt]
Blendennachführung *f* gate monitoring [elt]
Blindflansch *m* blank-off flange [mas]; blind flange [mas]
Blindflug *m* blind flight [mot]
blindhärten *v* blank hardening [met]
Blindkomponente *f* wattless component [elt]
Blindlast *f* inductive load [elt]; reactive load [elt]
Blindleistung *f* idle power [elt]; reactive power [elt]; wattless power [elt]
Blindleistungsmaschine *f* phase advancer [elt]
Blindleitwert *m* electric reactance [elt]
Blindniet *m* dummy rivet [mas]; pop rivet [mas]
Blindniete *f* blind rivet [mas]
Blindnietmutter *f* pop rivet nut [mas]
Blindplatte *f* blind plate [mas]; dummy panel [mas]
Blindröhre *f* reactance valve [elt]
Blindschacht *m* winze [roh]
Blindschaltbild *n* mimic diagram board [elt]
Blindstab *m* (Spannbeton) unstrained member [bau]
Blindstrom *m* blind current [elt]; reactive current [elt]; wattless load [elt]
Blindstromkompensation *f* reactive power compensation [elt]
Blindwelle *f* (meist Hohlwelle) blind shaft [mot]
Blindwiderstand *m* inductance [elt]; reactance [elt]
blinken *v* (im Auto beim Abbiegen) indicate [mot]
Blinker *m* (Richtungsanzeiger) indicator [mot]
Blinkerkontrollleuchte *f* direction indicator control lamp [mot]; turn-signal control lamp [mot]

B

Blinkgeber *m* (Richtungsanzeiger Auto) directional indicator [mot]; flasher unit [mot]
Blinkleuchte *f* direction indicator lamp [mot]
Blinklichtanlage *f* (Bahnübergang) level crossing flashing light install [mot]
Blinkmotor *m* flasher motor [mot]
Blinkschlussleuchte *f* combined flasher and tail lamp [mot]
Blitz *m* flash
Blitzableiter *m* lightning arrester [elt]; lightning conductor [elt]
Blitzschutz *m* arrester [elt]; lightning protection [bau]
Block *m* (Walzblock) bloom [met]; (großer Stein) boulder [roh]
Blockabschnitt *m* (der Bahn) block section [mot]
Blockanlagen *pl* (der Bahn) block systems [mot]
Blockbauweise *f* unit construction [mas]
Blockbetrieb *m* (im Tagebau) block operation [roh]
blockgewalzt bloomed [met]
Blockgussproduktion *f* ingot casting [mas]
blockieren *v* (verstopfen) clog [met]; (in Schaltwarte verriegeln) interlock [pow]
Blockierung, hydraulische - *f* hydraulic locking [mas]
Blockreifen *m* block tyre [mot]
Blocksignal *n* (der Bahn) block signal [mot]
Blockstelle *f* (der Bahn) block post [mot]
Blockstellung *f* (bei Federanschlag) bump stop [mbt]
Blocksteuergerät *n* bank of valves [mot]; multiple tandem control valve [mas]
Blocksystem *n* (der Bundesbahn) block system [mot]
Blockumdrehung *f* rotation of the scanning head [elt]
Blockwalzwerk *n* blooming mill; nogging mill [met]
Blockzug *m* (alle Waggons gleich) block train [mot]
blutig (offene Wunde) bleeding [hum]
Blutinfektion *f* blood infection [hum]
blutorange (RAL 2002) vermillion [nrm]
Bock *m* trestle [mas]
Bockkran *m* gantry [mot]
Bockleiter *f* double ladder [bau]
Bockwagen *m* (für Glasplatten) wagon for the carriage of plate glass [mot]
Bode-Diagramm *n* (z.B. von elektrischer Schaltung) Bode plot [elt]
Boden *m* ground [bod]
Bodenablagerung *f* deposit [bod]
Bodenart *f* type of soil [bod]
Bodenarten, fließende - *pl* flowing soil [bod]
Bodenarten, schwer lösbare - *pl* compact soils [bod]
Bodenaufschüttung *f* (z.B. neues Land) landfill [bod]
Bodenaushub *m* (ausgehobener Boden) excavated soil [bau]; (Vorgang) soil excavation [bau]
Bodenbelag *m* bottom paving [bau]; floor covering [bau]; flooring [bau]; floor material [bau]
Bodenbelag, rutschfester - *m* non-skid flooring [bau]
Bodenbelag, rutschsicherer - *m* anti-slip floor covering [bau]
Boden, bindiger - *m* loose soil [bod]
Bodendruck *m* bearing [mbt]; ground-bearing pressure [bau]
Bodendruckfläche *f* bearing area [phy]
Bodendrucklänge *f* (der aufliegende Kette) bearing length [mbt]
Bodendurchbruch *m* (für einzubauende RT) floor opening [bau]; (zu stark belastet) floor-rupture [bau]
Bodenentladewagen *m* bottom-discharge wagon [mot]
Bodenentleerschaufel *f* (Klappschaufel) bottom-dump shovel [mbt]
Bodenentleerung *f* bottom dump [mot]
Bodenentleerwagen *m* bottom discharge wagon [mot]
Bodenfeuchtigkeit *f* moisture [bod]
Bodenfläche *f* area [bod]; ground area [roh]
Bodenfliese *f* floor tile [bau]
Bodenfreiheit *f* ground clearance [con]; (geringste Aufsetzhöhe) inter-track angle of interference [bod]; (geringste, zwischen Radstand) peak ramp angle [mot]
Boden, gekümpelter - *m* (Trommel) dished drum end [pow]; (Trommel) dished head [pow]
Boden, gewachsener - *m* natural soil [bod]
Bodenheizung *f* underfloor heating [pow]
Boden, humoser - *m* humus topsoil [bod]; muck [bod]

Bodenkammer *f* (unter dem Dach) attic [bau]
Bodenklappe *f* chute [roh]
Bodenklasse *f* class of soil [bod]
Bodenlage *f* (Lader in Bodenlage) ground position [mot]
Bodenniveau *n* ground level [bod]
Bodenplatte *f* (z.B. eines Kastens) base plate [mbt]; (z.B. eines Kastens) bottom plate [mbt]; floor plate [pow]; foundation [bau]; (der Raupenkette) track pad [mbt]; (Kettenglied) track shoe [mbt]
Bodenplatte des Fahrerstandes *f* platform frame member [mbt]
Bodenplatte für den Schwersteinsatz *f* extreme service shoe [mbt]
Bodenplattenanschluss *m* (an Kette) track pad connecting [mbt]
Bodenplattennase *f* lug of the track pad [mbt]
Bodenrahmen *m* floor frame [mot]
Bodensatz *m* (Sinkstoff u. Ä.) deposit [was]
Bodenschätze *pl* mineral resources [roh]
Böden, schluffige - *pl* silty soils [bod]
Boden, schwerer - *m* heavy soil [bod]
bodenständig down-to-earth
Bodenstein *m* bottom block [bau]
Bodentragfähigkeit *f* ground bearing capacity [bau]
Bodenverdichtung *f* compaction of soil [bau]; (künstliche -) ground compaction [bod]; (natürliche -) ground consolidation [bod]; soil compaction [bau]; soil sealing [bau]
Boden, verfestigter - *m* compacted soil [bod]; solidified soil [bod]
Bodenvertiefung *f* dip [bau]
Bodenwelle *f* (konvex, nach oben) bump [bod]; (konkav, nach unten) dip [bod]
Bogen *m* (Bauwerk) arch [bau]; (in Leitung) conduit elbow [met]; (Führungsbogen) curve [con]; (des Rohres) elbow [mas]
Bogenbrücke *f* arched bridge [bau]
Bogenbrücke mit eingehängter Fahrbahn *f* arched trough bridge [mot]
Bogenentladung *f* arc discharge [elt]
Bogenkreuzung *f* (der Bahnstrecke) curved crossing [mot]
Bogenkreuzungsweiche *f* (der Bahnstrecke) curved slip [mot]
Bogenlinie *f* arc [con]; curvature [con]
Bogensekunde *f* arc second [mat]
Bogenstück *n* bend connector [mas]; (z.B. in Rohr) bowed section [mas]
Bohle *f* (Planke) board [mbt]; (dickes Brett) plank [mbt]
Bohlenbelag *m* plank covering [bau]
Bohlen, gefugte - *pl* rebated timbers [bau]
Bohlenschalung *f* boards formwork [bau]
Bohlenwand *f* board wall [bau]
Bohrarbeit *f* drilling work [mas]
Bohrbild *n* (Muster, Design) bore pattern [con]
Bohrdurchmesser *m* bore hole diameter [con]
Bohrer *m* drill [wzg]; (Handbohrer) hand-auger [wzg]
Bohrfeldfahrzeug *m* oilfield truck [mot]; oilfield vehicle [mot]
Bohrfortschritt *m* progress of drilling [bau]
Bohrfutter *n* boring socket [wzg]
Bohrgerätausrüstung *f* drilling attachment [roh]
Bohrgestänge *n* drill-rods [mas]
Bohrgut *n* rock cutting [bau]
Bohrinsel *f* drilling rig [mot]
Bohrkern *m* drilling core [roh]
Bohrkerndurchmesser *m* core diameter [con]
Bohrknarre *f* ratchet drill [wzg]
Bohrkopf *m* auger head [wzg]; cutting head [bau]; drilling head [mas]
Bohrloch *n* (im Metall) bore [met]; (im Metall) bore fit [mas]
Bohrlochwandung *f* wall of the bore hole [bau]
Bohrmaschine *f* boring machine [wzg]; drill [wzg]; drilling machine [wzg]
Bohröl *n* cutting oil [met]
Bohrplan *m* drill plan [mas]
Bohrplattform *f* drilling platform [roh]; (Offshore-Bohrung) offshore drilling platform [mas]
Bohrprofil *n* drilling profile [mas]
Bohrraster *m* drilling pattern [mas]
Bohrrohrdurchmesser *m* casing diameter [con]
Bohrschlamm *m* drilling mud [bau]
Bohrschnecke *f* auger worm [wzg]
Bohrtiefe *f* drilling depth [mbt]
Bohrturm *m* drill [mas]; oil tower [roh]
Bohrung *f* drilled hole [mas]; (Gewindebohrung) hole [mas]

B

Bohrungsdurchmesser *m* bore diameter [con]
Bohrwerk *n* boring mill [wzg]
Bohrwinde *f* (Handbohrer) brace [wzg]
Bolzen *m* bolt [mas]
Bolzenauge *n* (Bolzenlager) bearing eye [mas]; (Bolzenlager) pin boss [mas]
Bolzendurchmesser *m* pin diameter [mas]
Bolzen für Stößelrolle *m* tappet roller pin [mot]
Bolzen, gelagerter - *m* (z.B. schwimmend) pin [mas]
Bolzengelenk *n* pin joint [mas]
Bolzen im Knickgelenk *m* articulated pin [mbt]
Bolzenlänge *f* length of pin [mas]
Bolzen, lose gelagerter - *m* floating pin [mas]
Bolzen ohne Kopf *m* clevis pin without head [met]
Bolzenschneider *m* bolt cutter [wzg]
Bolzen, schwimmend gelagerter - *m* full floating pin [mas]
Bolzensicherung *f* pin retainer [mas]
Bolzenzieheinrichtung *f* (Werkzeug) pin extractor [wzg]
Booster *m* (Zusatzantrieb der Lok) booster [mot]
Bootsmotor *m* engine for motor boat [mot]; motor boat engine [mot]
bordeauxviolett (RAL 4004) claret violet [nrm]
Bördel *n* flared tube end [pow]
bördeln *v* bead [met]; (Rohre) flare [pow]
Bördelnaht *f* double-flanged [met]
Bördelung *f* (Sicke) beading [mas]
Bördelverschraubung *f* flare type fitting [mot]
Bordkante *f* (des Bürgersteiges) curb [bau]
Bordkran *m* deck crane [mot]
Bordscheibe *f* flanged pulley [met]
Bordschwelle *f* (des Bürgersteiges) curb [bau]
Bordstein *m* border stone [bau]; curb [bau]; kerb [bau]
Bordtransformator *m* board transformer [mbt]
Bordwanderhöhung *f* (am Lkw) body extension [mot]; (am Lkw) hungry boards [mot]
Bordwandklappe *f* (am Lkw-Heck) tailgate [mot]
Bordwandklappe, hintere - *f* (des Lkw) tailgate [mot]
Böschung *f* (flache Straßenschulter) batter [mot]; (Ufer-) embankment [geo]
Böschungsfuß *m* dam toe [bau]; toe of the dam [bau]
Böschungswinkel *m* (des Lkw) approach angle [mot]; batter angle [con]; (des Lkw) departure angle [mot]
Bowdenzug *m* Bowden cable [mot]; Bowden line [mot]
Bowdenzug zur Motorhaube *m* hood cable [mot]
Boxermotor *m* horizontally opposed engine [mot]; opposed cylinder type engine [mot]
Brache *f* (z.B. Industrie-) derelict land [bau]
Bramme *f* (Knüppel) billet [mas]
Brandausbreitung *f* (von einem Gebäude zum nächsten) fire spreading
Brandbekämpfung *f* fire fighting [bau]
Brandgefahr *f* fire danger
Brandlast *f* fire load [bau]
Brandmauer *f* fire partition [bau]; fireproof wall [bau]; fire wall [bau]; party wall [bau]
Brandschott *n* (gegen Kamineffekt) fire shutter
Brandschutz *m* fire protection [bau]
Brandschutztür *f* fire door [bau]; fire-proof door [bau]
Brandstelle *f* (am Körper) burn [hum]
Brandstiftung *f* arson
Branntkalk *m* burnt lime [bau]
Brauchbarkeit *f* practicability; usefulness
brauchen *v* (benötigen) need; (benötigen) require
Brauereiabwasser *n* brewery effluent [was]
braunbeige (RAL 1011) brown beige [nrm]
braungrau (RAL 7013) brown grey [nrm]
braungrün (RAL 6008) brown green [nrm]
Braunkohlekraftwerk *n* lignite-fired-power station [pow]
Braunkohlenkessel *m* brown coal fired boiler [pow]
Braunkohlenmühle *f* brown coal mill [pow]; lignite mill [roh]

braunoliv (RAL 6022) olive drab [nrm]
braunrot (RAL 3011) brown red [nrm]
Brechanlage *f* (Steinbrecher) crushing installation [roh]
Brecheisen *n* bail [wzg]; (Brechstange) crowbar [wzg]
brechen *v* break; (zerkleinern) crush [roh]
Brechen *n* breakage; (von Steinen) crushing [roh]
Brecher *m* crusher [roh]
Brecherabzugsband *n* (am Steinbrecher) crusher discharge belt [roh]
Brecheranlage *f* (im Steinbruch) crusher plant [roh]
Brecheranlage, mobile - *f* mobile crusher plant [roh]
Brecherarbeit *f* (im Steinbruch) crusher work [roh]
Brecherdrehzahl *f* crusher speed [roh]
Brecherraum *m* crusher chamber [roh]
Brecherwerkanlage *f* crushing plant [roh]
Brechkraft *f* (von Schalllinsen) refraction [aku]
Brechmaulweite *f* (des Brechers) width of crusher mouth [roh]
Brechschotter *m* broken stone [bau]
Brechstange *f* bail [wzg]; crowbar [wzg]
Brechungsgesetz *n* law of refraction [phy]
Brechungsindex *m* refraction prism [phy]
Brechungsprisma *f* refracting prism [phy]
Brechungswinkel *m* angle of refraction [phy]
Brechung von ebenen Wellen *f* refraction of plane waves [phy]
Brechung von Kugelwellen *f* refraction of spherical waves [phy]
Brei *m* pulp [che]
breiig paste-like; pasty; pulpy [che]
Breitballigkeit *f* width crowning [mas]
Breitband *n* (Funkverkehr) broad band [tel]
Breitbandleitung *f* co-axial cable [elt]
Breitbandschelle *f* wide-band clamp [mas]
Breitbandverstärker *m* wide-band amplifier [elt]
Breite *f* (seitliche Ausdehnung Erde) latitude [mot]
Breite, lichte - *f* clear width [con]
Breitengrad *m* latitude [wet]
Breite, obere - *f* (Keilriemen) top width [con]
Breite, untere *f* (Keilriemen) bottom width [mas]
Breitfelgenreifen wide base tire [mot]
Breitflachstahl *m* universal mill plates [mas]; wide plate [met]
Breitflanschträger *m* H-beam [mas]
Breithacke *f* mattock [wzg]
Breitkeilriemen *m* broad-section V-belt [mas]
Breitkopfstift *m* wire nail with extra large head [mas]
Breitreifen *m* wide base tyre [mot]; wide tyres [mot]
Bremsankerplatte *f* brake anchor plate [mot]
Bremsanlage *f* brake system [mot]
Bremsanschlag *m* brake buffer [mot]
Bremsanzeiger *m* brake indicator [mbt]
Bremsausgleich *m* brake compensator [mot]
Bremsausgleichhebel *m* brake-compensating lever [mot]
Bremsausgleichwelle *f* brake-compensating shaft [mot]
Bremsausrüstung *f* brake system [mot]
Bremsbacke *f* brake pad [mot]; brake shoe [mot]
Bremsbackenlager *n* brake shoe pin bushing [mot]
Bremsband *n* brake band [mot]
Bremsbelag *m* brake line [mot]; brake lining [mot]
Bremsbelagsatz *m* lining service group [mot]
Bremsdreieck *n* (des Waggons) bow girder [mot]
Bremse *f* (Feststellbremse) lock [mot]
Bremse, hydraulische - *f* hydraulic brake [mas]
Bremse, mechanische - *f* mechanical brake [mot]
bremsen *v* brake [mot]
Bremsendeckplatte *f* brake subplate [mbt]
Bremsen, stufenweises - *n* (des Zuges) graduated brake application [mot]
Bremsen, verschleißfreies *n* wear-free braking [mot]
Bremse, saugluftbetätigte - *f* vacuum-operated brake [mot]
Bremsflüssigkeit *f* brake fluid [mot]
Bremsfußhebel *m* brake pedal [mot]
Bremsgestänge *n* brake linkage [mot]; brake rigging [mbt]

B

Bremsgestängebuchse *f* brake linkage bush [mbt]
Bremsgewicht *n* brake weight [mbt]
Bremshebel *m* brake actuator [mbt]; brake lever [mbt]
Bremshubendschalter *m* brake wear-limit switch [mot]
Bremsklotz *m* (am Waggon) brake block [mot]; (Belag) brake pad [mot]; (am Waggon) brake shoe [mot]; (mit Spikes) chock [mot]
Bremsklotzabstand *m* (Bremsklotzspiel) block clearance [mbt]
Bremsklotzkraft *f* (am Waggon) block load [mot]; (am Waggon) brake block load [mot]
Bremsklotzschuh *m* brake block shoe [mot]
Bremsklotzsohle *f* brake shoe sole [mbt]; clasp brake shoe [mot]
Bremsklotzspiel *n* block clearance [mbt]; (Scheibenbremse) pad clearance [mot]
Bremsklotzteller *m* brake block plate [mot]
Bremskraft *f* braking force [mot]
Bremskraft, lastabhängige - *f* load-depending brake force [mot]
Bremskraftregler *m* brake pressure regulator [mot]
Bremskraftverstärker *m* brake energizer [mot]; power brake [mot]
Bremskupplung *f* (an Eisenbahnwagen) brake coupling hose [mot]
Bremskupplungshalter *m* (an Waggons) brake pipe stowage hook [mot]
Bremslasche *f* friction disc [mot]
Bremsleitung *f* brake line [mot]
Bremsleitungsdruckmanometer *n* (Dampflok) brake-pipe pressure gauge [mot]
Bremsleuchte *f* brake light [mot]
Bremslicht *n* brake light [mot]
Bremslicht-Öldruckschalter *m* hydraulic stop light switch [mot]
Bremslichtschalter *m* brake-light switch [mot]
Bremslüfter *m* brake bleeder [mbt]
Bremslüfterüberwachung *f* brake bleeder switch [mbt]
Bremslüfthebel *m* manual brake release handle [mas]
Bremsmagnet *m* (der Bahn) brake magnet [mbt]
Bremsmoment *n* braking couple [mot]
Bremsmotor *m* braking motor [mot]
Bremsnabe *f* brake hub [mot]
Bremsnachstellung *f* (Schwenkbremse) adjustment [mbt]
Bremsnocken *m* brake cam [mot]
Bremsnockenhebel *m* brake cam lever [mot]
Bremsnockenlager *n* brake cam bushing [mot]
Bremsnockenwelle *f* brake cam shaft [mot]
Bremspedal *n* brake pedal [mot]
Bremsprüfblatt *n* brake information sheet [mbt]
Bremsrohraufnahmehaken *m* (an Waggon) brake pipe stowage hook [mot]
Bremssattel *m* (Grundteil der Bremse) brake body [mot]; (der Scheibenbremse) calliper [mot]
Bremssatz *m* calliper [mot]
Bremsschalter *m* brake switch [mot]
Bremsscheibe *f* brake disk [mot]
Bremsschild *n* (Bremsankerplatte) backplate [mot]
Bremsschlauch *m* brake hose [mot]
Bremsschlauchkupplung *f* brake hose coupling [mbt]
Bremsschlüssel *m* (Schraubenschlüssel) brake spanner [wzg]
Bremsschlussleuchte *f* combined stop and tail lamp [mot]
Bremsschuh *m* (Bremsklotz) brake shoe [mot]
Bremsseil *n* brake cable [mot]
Bremsseilzug *m* brake cable assembly [mot]
Bremssohle *f* (Bremsbacke) brake pad [mbt]
Bremsstange *f* brake connector rod [mbt]
Bremsstrecke *f* braking distance [mot]
Bremsstromkreis *m* brake circuit [elt]
Bremssystem *n* brake gear [mbt]; brake-system [mot]
Bremsträger *m* brake anchor plate [mot]
Bremstrommel *f* brake drum [mot]; brake pulley [mot]
Bremstrommelnabe *f* brake drum hub [mot]
Bremsumführungsstange *f* coffin rod [mot]
Bremsventil *n* brake valve [mot]; (Fußbremse) treadle valve [mas]
Bremsverzögerung *f* (des Waggons) brake retardation [mot]

Bremsweg *m* (der Bahn) braking distance [mot]
Bremswelle *f* brake shaft [mbt]
Bremszeit *f* (der Bahn) braking time [mot]
Bremszugstange *f* brake pull rod [mot]
Bremszylinder *m* (des Waggons) brake cylinder [mot]; (Federspeicher-Bremse) brake cylinder [mot]
Bremszylinderdruckmanometer *n* (Dampflok.) brake-cylinder pressure gauge [mot]
Brennbares (Analyse) combustibles [pow]
Brennbares in den Rückständen combustible matter in residues [pow]
Brenndauer *f* combustion time [pow]; duration of combustion [pow]; (Glühlampe) life [elt]
Brennelementhüllrohr *n* burner element can [pow]
brennen *v* (mit Flammen) flame [met]
Brennerbühne *f* (Bedienungsstand) burner level [pow]
Brennereinstellung *f* burner adjustment [pow]
Brenner für mehrere Brennstoffe *m* multi-fuel type burner [pow]
Brennerkehle *f* burner throat [pow]
Brenner, keramischer *m* ceramic burner [pow]
Brenner, kombinierter - *m* combined burner [pow]; dual-fuel burner [pow]
Brennermaul *n* burner mouth [pow]
Brennkammer *f* (des Motors) combustion chamber [mot]
Brennkammerberohrung *f* furnace heating surface [pow]
Brennkammerboden *m* bottom of furnace [pow]; furnace floor [pow]
Brennkammerdecke *f* furnace roof [pow]
Brennkammer, geschlossene - *f* furnace with slag screen [pow]
Brennkammertrichter *m* furnace hopper [pow]
Brennkammertrichter mit Wasserkastenabschluss *m* water-sealed furnace hopper [pow]
Brennkammer, wassergekühlte - *f* water-cooled furnace [pow]
Brennkante *f* (nach Abbrennen) flame-cut edge [met]
Brennofen *m* kiln [pow]
Brennpunkt *m* (auch Mittelpunkt) focal point [phy]
Brennschneidemaschine *f* oxygen cutting machine [met]
brennschneiden *v* flame cut [met]; torch-cut [met]
Brennschneiden *n* gas cutting [met]; torch-cutting [met]
Brennschnitt *m* (Platten geschnitten) flame cut [met]
brennschweißen *v* flame-cut [met]
Brennschweißen *n* torch-cutting [met]
Brennstaub *m* (Kohlenstaub) pulverised coal [pow]
Brennstaubprobennehmer *m* pulverised-fuel sampler [pow]
Brennstoffband *n* fuel type range [pow]
Brennstoffband, breites - *n* wide fuel type range [pow]
Brennstoffband, schmales - *n* narrow fuel type range [pow]
Brennstoffbedarf *m* fuel demand [pow]
Brennstoffbehälter, unterirdischer - *m* underground fuel tank [pow]
Brennstoffbett *n* fuel bed [pow]
Brennstoffelement für Kernreaktoren *m* fuel elements for nuclear reactors [met]
Brennstoffersparnis *f* fuel economy [pow]
Brennstofffeuchtigkeit *f* moisture in fuel [pow]
Brennstofffilter *m* fuel filter [mot]
Brennstoff, gasförmiger - *m* gaseous fuel [pow]
Brennstoffmischförderer *m* fuel blending elevator [pow]
Brennstoffpumpe *f* (elektrische Brennstoffpumpe) fuel pump [mot]
Brennstoffpumpengestänge *n* fuel pump control [mot]
Brennstoffschieber *m* fuel cut-off [pow]; fuel gate [pow]
Brennstoff, schlecht zu verfeuernder - *m* hard-to-burn fuel [pow]
Brennstoffvergasung *f* fuel gasification [pow]
Brennstoffzuteiler *m* fuel feeder [pow]
Bretterverkleidung *f* boarding [bau]
Briefkasten *m* mailbox [edv]
Brikett *n* coal briquet [pow]
brillantblau (RAL 5007) brillant blue [nrm]
Brinellhärte *f* Brinell hardness [mas]
bröckelig brittle [mas]; crumbly [bau]; friable [bau]
Brocken *pl* (Bergbau) caving [roh]

Bruchausgang *m* (Beginn des Bruchs) crack starting point [met]
Bruchbeanspruchung *f* breaking stress [met]
Bruchbelastung *f* breaking load [met]
Bruchdehnung *f* elongation at fracture [met]; (des Metalls) ultimate strength [met]
bruchfest (robust, solide, stabil) unbreakable [met]
Bruchfestigkeit *f* rupture strength [met]; (des Metalls) ultimate stress [mas]
Bruchfläche *f* fracture face [met]
brüchig (spröde) brittle [met]
Brüchigkeit *f* brittleness [mas]
Bruchkraft *f* fragility [mas]
Bruchlandung *f* (Flugzeug) crash landing [mot]
Bruchlast *f* breaking load [met]
Bruchprobe *f* breaking test [mas]
Bruchstein *m* broken rock [bau]; broken stone [bau]
Bruchsteine *m* (unbehauen) rubble [mas]
Bruchsteinmauer *f* rubble masonry [bau]
Bruchsteinmauerwerk *n* natural-stone masonry [roh]
Bruchstelle *f* fracture point [met]
Bruchstücke *pl* (Trümmer) debris [jur]
Bruchteil *n* fraction [mat]
Bruchzone *f* failure zone [met]
Bruch, zu - gehen rupture [mas]
Brücke *f* bridge [bau]; jumper [elt]
Brücke, doppelstöckige - *f* double-deck bridge [mot]
Brücke, gebührenpflichtige - *f* toll bridge [mot]
Brückenabsetzer *m* (im Tagebau) bridge spreader [mbt]
Brückenaufschüttung *f* (unter Tragbrücke) abutment [bau]
Brückenbalken *m* (Bahnschwelle) bridge sleeper [mot]; (Bahnschwelle) bridge tie [mot]
Brückenband *n* bridge belt [mbt]
Brückenbildung *f* (Brennstoff) bridging [pow]; (Brennstoff) hang-up [pow]
Brückenfahrbahn *f* bridge floor [bau]
Brückenkopf *m* bridge head [bau]
Brückenkran *m* bridge crane [mbt]; bridge-type crane [mbt]
Brückenkratzer *m* bridge reclaimer [roh]
Brückenlager *n* bridge support [bau]
Brückenpfeiler *m* (an Land) bridge pier [bau]; bridge pillar [bau]; bridge pylon [bau]
Brückenschaltung *f* bridge circuit [elt]
Brückenschaltung des Prüfkopfes *m* bridge circuit of probe [elt]
Brückenschaufelradgerät *n* bridge type bucket wheel reclaimer [roh]
Brückenstützweite *f* bridge span [mot]
Brückenträger *m* (Fachwerk) bridge girder [bau]; bridge truss [bau]
Brückenwiderstand *m* bridge resistance [elt]
Brüdenbrenner *m* vapours burner [pow]
Brüdenleitungen *f* vapours piping [pow]
brummen *v* (summen) hum
Brunnenbau *m* well making [bau]
Brunnenbohren *n* well drilling [bau]
Brunnenfeuerung *f* well-type furnace [pow]
Brunnenleistung *f* well capacity [was]
Brunnenschacht *m* well shaft [bau]
Brüstung *f* (Geländer) balustrade [bau]; parapet [bau]; (Geländer) rail [bau]; railing [bau]
Brutto-Fahrzeuggewicht *n* (des Wagens) gross vehicle weight [mot]
Bruttogewicht *n* gross weight
Buchenholzspäne *pl* beechwood shavings [jur]
Buchführung *f* accountancy [eco]
Buchhalter *m* (z.B. in Firma) accountant [eco]; (z.B. in Firma) book keeper [eco]
Buchhaltung *f* accountancy [eco]
Buchse *f* bush [mas]; bushing [mas]; (Gewindebuchse) coupling [met]; (Bundbuchse) flush bushing [mas]; jack [elt]; sleeve [elt]
Büchse *f* bin [mas]
Buchsenförderkette *f* bushed transporting chain [mas]
Buchsenkette *f* (Hülsenkette) bush chain [mas]
Buchsenteil *n* (nimmt etwas auf) female socket [mas]
Bügel *m* (Bogen, Arkade) arch [bau]; (in Stützen) binder [bau]; (Griff; Rüsche) bow [mas]; (Klammer) bracket; (Gabel, Einspannvorrichtung) clevis [met]; (Klammer) clip [met]; (Stromabnehmer) current collector [mot]; (Klemme, auch am Schraubstock) jaw [mas]; (Stromabnehmer) pan [elt]; (Stromabnehmer) pantograph [mot]

Bügelfederanordnung *f* clip and pin arrangement [mot]
Bügelmessschraube *f* micrometer gauge [msr]
Bügelschraube *f* bow screw [mas]
Bugrad *n* (des Flugzeuges) nose wheel [mot]
Buhne *f* (in Fluss, an Strand) breakwater [geo]; (zur Flussregulierung) groyne [was]
Bühne *f* (Brennerbühne) burner level [pow]; floor [pow]; gallery [pow]; walkway [pow]
Bummelzug *m* local train [mot]
Bund *m* (z.B. Kragen an Welle) collar [met]; (in etwa: Kragenbuchse) thrust collar [mas]
Bundbuchse *f* bushing with collar [mas]; collar bushing [met]; flange bushing [mas]; (bündig bis Kante) flush bushing [mas]
Bündelung *f* (z.B. von Licht) beam[phy]
Bündelweite *f* beam width [elt]
Bundgewicht *n* coil weight [met]
bündig (flach) aligned [mas]; (flach) flush [met]; level [bau]
bündig machen *v* align [mas]
Bundmutter *f* collar nut [mas]
Bundschraube *f* collar screw [mas]
Bunker *m* silo [roh]
Bunkerabsperrschieber *m* bunker coal gate [pow]
Bunkerabzugsförderung *f* hopper discharge conveyor [roh]
Bunkerauslass *m* bunker outlet [pow]
Bunkeraustragegerät *n* bunker extractor [pow]
bunkern *v* (Kohle, Öl übernehmen) bunker [mot]
Bunkerrüttelvorrichtung *f* bunker vibrator [pow]
Bunkerschräge *f* bunker slope [pow]
Bunkerung *f* fuel storage [pow]
Buntmetalle *n* (Kupfer, Messing, Bronze) nonferrous metals [met]
Buntmetallurgie *f* nonferrous metallurgy [met]
Büroartikel *pl* office supplies
Büroautomatisierung *f* office automation [edv]
Bürodokument-Architektur *f* office document architecture [edv]
Bürodokument-Austauschformat *n* office document interchange format [edv]
Büroformular *n* (z.B. Anforderung) business form [eco]
Bürogebäude *n* office building [bau]; place of business [bau]
Büroinformationssystem *n* office information system [edv]
Büroklammer *f* (hält Papier zusammen) paper clip
Bürokommunikation *f* inter office communication [edv]; office communication [edv]
Bürostunden *pl* office hours [eco]
Bürste *f* brush [elt]
Bürstenblock *m* brush block [elt]
bürstenlos brushless [elt]
Bürstenmethode *f* brush technique [elt]
Bürstenschalter *m* brush switch [elt]
Bürstenverstellantrieb *m* brush shifting mechanism [elt]
Busbahnhof *m* coach station [mot]
Busklemme *f* bus terminal [elt]

C

capriblau (RAL 5019) Capri blue [nrm]
Carnot Kreisprozess *m* Carnot cycle [pow]
Charakteristik *f* characteristic [elt]
Charge *f* charge [roh]; (Teillieferung, Transport) part shipment
Chargenprozess *m* batch process [met]
Chargiergerät *n* (am Gabelstapler) charging device [mbt]
Chargierlöffel *m* charging spoon [met]
Chargiermulde *f* charging box [met]
Chargiertrichter *m* feed hopper [mas]
Chassis *n* (Fahrgestell) chassis [mot]; (z.B. des Autos) main frame [mas]
Checkliste *f* checklist [mot]; check sheet [mas]
Chemikalientanker *m* chemical tanker [mot]
chemische und petrochemische Industrie *f* chemical and petrochemical industries [che]
Chiffre *f* (Code, Verschlüsselung) code
Chiffrierschlüssel *m* key
Choke *m* choke control [mot]
chrombeschichtet chromium-plated [met]
chromgelb (RAL 1007) chrome yellow [nrm]
chromoxidgrün (RAL 6020) chrome green [nrm]
CO_2-Gehalt *m* CO2 content
CO_2-Schweißen *n* CO2-shielded metal-arc welding [met]; CO2-welding [met]
Coil n (aufgewickeltes Bandeisen) coil [met]
Coilverpackung und- verladung *f* packing and loading of coils [mas]
Compiler *m* compiler [edv]
Computerausdruck *m* (z.B. auf Drucker) computer print [edv]; (z.B. auf Drucker) print [edv]
computergestützt computer aided [edv]
Computersystem *n* computer system [edv]
Container *m* (Behälter) container [mot]
Container-Bahnhof *m* container depot [mot]; container terminal [mot]
Container-Carrier *m* container carrier [mot]
Container-Mehrzweckfrachter *m* container multi-purpose carrier [mot]
Containerschiff *n* container-vessel [mot]
Containertragwagen *m* container wagon [mot]
Containerzelle *f* container cell [elt]
Contiglühe *f* continuous annealing line [met]; continuous line [met]
Controller *m* controller [elt]
cremeweiß (RAL 9001) cream [nrm]
Curie-Temperatur *f* (Magnet-eigenschaften) Curie point [met]
currygelb (RAL 1027) curry [nrm]

D

Dach *n* (Abdeckung) decking; roof [bau]
Dachablauf *m* roof drain [bau]
Dachantenne *f* roof aerial [mot]; roof antenna [mot]
Dachausführung *f* design of the roof [bau]
Dachbahn *f* roofing sheet [bau]
Dachbalken *m* (darauf Dachsparren) rafter [bau]; roof beam [bau]
Dach, begrüntes - *n* grassed roof [bau]
Dachbelag *m* roof covering [bau]
Dachbeplankung *f* roof panel [bau]
Dachboden *m* loft [bau]
Dacheindeckung *f* roof covering [bau]
Dachentlüftung *f* roof hatch [bau]; roof vent [bau]
Dachfenster *n* skylight [bau]
Dachfirst *m* crest [bau]; ridge [bau]; roof ridge [bau]
Dachgeschoss *n* attic [bau]
Dachhaube *f* (für Belüftung) louvre [pow]; (für Belüftung) ventilation hood [pow]; (für Belüftung) weather hood [pow]
Dachkonstruktion *f* roof structure [bau]
Dachlatten *pl* batten [bau]
Dachlicht *n* roof light [bau]
Dachlüfter *m* ridge ventilator [pow]; roof ventilator [bau]
Dachlüfterhaube *f* roof ventilation hood [bau]; ventilation hood [pow]
Dachluke *f* (Haus oder Fahrerhaus) roof hatch [bau]; skylight [bau]
Dachmanschette *f* (Teil im Zylinder) V-type collar packing [mas]
Dachneigung *f* pitch [bau]
Dach, öffnungsfähiges - *n* opening roof [mas]
Dachpappe *f* asphalt-impregnated paper [bau]
Dachpfette *f* purlin [bau]
Dachrahmen *m* roof frame [bau]
Dachrinne *f* eaves gutter [bau]; eaves trough [bau]; (Haus, Auto) gutter [bau]; (Regenrohr am Haus runter) rain pipe [bau]; rainwater gutter [bau]
Dachschindel *f* (auf Hausdach) roofing slate [bau]
Dachschräge *f* roof pitch [bau]
Dachsparren *m* (hält Dachziegel) rafter [bau]
Dachspriegel *m* roof bow [mot]
Dachstahlpfanne *f* roofing tile [bau]
Dachstuhl *m* principal [bau]; roof framing [bau]; roof truss [bau]
Dachträger *m* roof girder [bau]
Dachüberstand *m* roof overhang [bau]
Dach, überstehendes - *n* protruding roof [bau]
Dachverglasung *f* roof glazing [bau]
Dachwerk *n* coverage [bau]
Dachziegel *m* roof tile [bau]; tile [bau]
dadurch gekennzeichnet, dass ... (Patent) characterized in that ... [jur]
Damm *m* (Flusseinuferung) bank [bau]; (Sperre, Absperrung) barrier [bod]; causeway [bau]; (Grat eines Höhenzuges) ridge [geo]
Dammbau *m* building of a dam [bau]; embanking [bau]
Dammfuß *m* fill toe [bau]; heel of dam [bau]
Dämmmaterial *n* insulating material [bau]
Dämmschicht *f* insulation layer [bau]
Dammschüttung *f* construction of dams [bau]
Dämmstoff *m* insulating material [bau]
Dammstraße *f* causeway [bau]
Dampfdruck vor Turbine *m* (Frischdampfdruck) live steam pressure [pow]; (Frischdampfdruck) throttle pressure [pow]
Dampfeinlasshahn *m* entry steam cock [mot]
dämpfen *v* absorb [phy]
Dampfentnahmeleitung *f* main steam line [pow]
Dampf, entspannter - *m* flashed steam [pow]
Dämpfer *m* (Rad) dampener; (Schwingungsdämpfer) vibration damper [mot]; (von Schwingungen) vibration damper [mot]
Dampferhärtung *f* steam curing [met]
Dampfspeicherlokomotive *f* fireless steam-storing locomotive [mot]
Dampftrocknung *f* (Trommel) water separation [pow]
Dämpfung *f* (z.B. eines Signals) attenuation [elt]; cushioning [mot]; cushioning effect [mot]; (z.B. eines Signals) loss [elt]
Dämpfungsbeiwert *m* attenuation coefficient [elt]; damping coefficient [elt]
Dämpfungsdiode *f* damping diode [elt]

Dämpfungseinlage *f* cushioning insert [met]; damper plastic insert [mas]
Dämpfungsentzerrer *m* attenuation equalizer [elt]
Dämpfungsentzerrung *f* attenuation equalization [elt]
Dämpfungsglied *n* attenuator pad [elt]
Dämpfungskörper *m* damping body [met]
Dämpfungsstift *m* dampener [mas]
Dämpfungsverhalten *n* damping behaviour [met]
Dämpfungsvermögen *n* damping capacity [met]
Dampfzyklonabscheider *m* cyclone steam separator [pow]
Darstellung, dreidimensionale - *f* three-dimensional display [edv]
Darstellung, grafische - *f* graphical representation [con]
Datei sichern (Datei sichern) protect a file [edv]
Datenadministration *f* data administration [edv]
Datenaufzeichnung *f* data logging [edv]
Datenauswertung *f* data evaluation [edv]
Datenbankabfrage *f* database query [edv]
Datenbankanwendung *f* database application [edv]
Datenbestand *m* (Datei) data set [edv]
Datenblatt *n* data sheet [edv]
Datenblock *m* data block [edv]
Datenerfassung *f* (Daten sammeln) data collecting [edv]; (Festhalten) data gathering [edv]
Datenfreigabetaste *f* return key [edv]
Datenkonzentrator *m* front-end processor [edv]
Datenmodell *n* data model [edv]
Datenschnittstelle *f* data interface [edv]
Datenschutz *m* data protection [edv]
Datenschutz, technischer - *m* technical security [edv]
Datenspeicher *m* data storage unit [edv]
Datenspeicherung *f* data storage [edv]
Daten, technische - *pl* technical data
Datentyp *m* data type [edv]
Datentyp, zusammengesetzter - *m* compound data type [edv]
Datenübertragung *f* data transmission [edv]
Datenverarbeiter *m* data processor [edv]
Datenverarbeitung *f* data processing [edv]
Datenverarbeitung, elektronische - *f* electronic data processing [edv]
Datenverarbeitungsleitung *f* telecommunication line [edv]
Datenverschlüssler *m* data coding unit [edv]
Dauer *f* (Länge) length; (Zeitdauer, Zeitraum) period
Daueranker *m* permanent anchor [bau]
Dauerbelastung *f* continuous rating [roh]
Dauerbetrieb *m* continuous operation [mot]
Dauerbiegeversuch *m* fatigue bend test [msr]
Dauerbiegewechselfestigkeit *f* bending stress fatigue limit [mas]
Dauerbremse *f* permanent brake [mot]
Dauerbruch *m* (z.B. Metallermüdung) fatigue fracture [met]
Dauereinsatz *m* (des Motors, Gerätes) long-term work [mot]
Dauerermüdungstest *m* continuous fatigue test [msr]
dauerfest fatigue free [met]
Dauerfestigkeit *f* fatigue limit [met]; fatigue strength [met]
Dauerfettschmierung *f* permanent grease lubrication [mas]
Dauerform *f* (Gießerei) permanent mould [mas]
dauergeschmiert lifetime-lubricated [mas]
Dauerhaftigkeit *f* durability [mas]
Dauerleistung *f* continuous rating [mot]
Dauermagnet *m* permanent magnet [phy]
Dauermodulation *f* continuous wave modulation [elt]
dauernd constant
Dauerschall *m* (Generator) ultrasonic generator [elt]
Dauerschallerzeuger *m* continuous wave generator [aku]
Dauerschallgenerator *m* continuous wave generator [aku]
Dauerschlagfestigkeit *f* impact fatigue limit [met]
Dauerschmierung *f* lifetime-lubrication [mas]; permanent lubrication [mot]
Dauerschwingbeanspruchung *f* repeated stress [met]
Dauersender *m* continuous signal transmitter [tel]
Dauerstrichmodulation *f* continuous wave modulation [elt]

Dauerstrichsender *m* continuous signal transmitter [tel]
Dauerversuch *m* (Ermüdungsversuch) fatigue test [msr]
Daumen *m* (Nocke) cam [hum]; (Mitnehmer) cog [met]; (Nocke u. Ä.) lift [mot]; (Mitnehmer) tappet [mas]
Daumenrad *n* taped wheel [mas]
dechiffrieren *v* decipher
Deckanstrich *m* finish; (letzte Farbschicht) finishing coat [nrm]; top coat [bau]
Decke *f* (im Zimmer) ceiling [bau]; (Abdeckung) covering [met]; (Boden-) floor [bau]; (Feuerraumdecke) roof [pow]; (Straße; Verschleißoberfläche) wearing course [bau]
Decke, abgehängte - *f* false ceiling [bau]
Decke, durchgehende - *f* continuous floor [bau]
Deckel *m* bonnet [mas]; (Abschluss, Haube) cap [met]; (Verschluss) closure [pow]; lid [mas]
Deckelbehälter *m* drum with removable head [mas]
Deckelgriff *m* boot lid handle [mot]
Deckelklappe, geteilte - *f* divided lids [mot]; divided roof lid [mot]
Deckel mit Spannrolle *f* cover with idler pulley [met]
Deckelpaare *n* pair of lids [mas]
Deckelscharnier *n* boot lid hinge [mas]
Deckelschloss *n* boot lid lock [mot]
Deckelstütze *f* boot lid support [mot]
Deckel, vorderer - *m* front cover [mot]
Deckel zur Hinterachsbrücke *f* rear-axle casing cover [mot]
decken *v* (eine Stute) mate [bff]
Deckenanstrich *m* painted ceiling [bau]
Deckenbalken *m* ceiling beam [bau]; ((A)) joist [bau]
Deckenbeleuchtung *f* roof lighting [bau]
Deckenbrenner *m* down-shot burner [pow]; roof burner [pow]
Deckendurchbruch *m* (Rolltreppe) floor opening [bau]
Deckenlast *f* floor loading [bau]
Deckenleuchte *f* ceiling lamp [bau]; roof lamp [bau]
Deckenoberlicht *n* overhead light [bau]
Deckenösen *f* ceiling rings [mbt]
Deckenrohrsystem *n* roof circuit [pow]
Deckenscheibe *f* ceiling slab [bau]
Deckenträger *m* ceiling joist [bau]; floor joist [bau]; ((A)) joist [bau]
Deckentragkraft *f* thickness of roof [bau]
Deckenunterzug *m* ceiling joist [bau]
Deckgebirge *n* (Abraum) overburden [roh]
Deckkante *f* deck edge [mot]
Decklage *f* (Anstrich, Putz) decking [bau]; (oberste Schweißschicht) top seam [met]
Decklage, überhöhte *f* (Schweißtechnik) excessive reinforcement [met]
Decklasche *f* (Stoßlasche) splice plate [mas]
Deckleiste *f* cover bar [bau]; cover-strip [bau]
Deckplatte *f* cover [mbt]; cover plate
Deckschicht *f* capping [bau]; (der Straße; Verschleißdecke) wearing course [bau]
Deckstein *m* capstone [bau]
Deckung *f* (Zufall, auch zeitgleich) congruence; (durch Versicherung) coverage [jur]
Deckungsbeitrag *m* covering contribution above own costs [eco]
Deckungserweiterung *f* (bei Versicherung) extension of coverage [jur]
Deckungssumme *f* limit of liability [jur]
dehnbar ductile [mas]; extensible [met]
Dehnbarkeit *f* ductility [mas]
Dehnfuge *f* contraction joint [bau]
Dehngrenze *f* proof stress [mas]
Dehnhülse *f* extension sleeve [mas]
Dehnschaft *m* reduced shank [mas]
Dehnschraube *f* anti-fatigue bolt [mas]
Dehnung, bleibende - *f* (Verformung) residual strain [met]
Dehnungsfestigkeit *f* (Zugfestigkeit) tensile strength [met]
Dehnungsfuge *f* dilatation joint [bau]; (Stahlbau) expansion joint [bau]
Dehnungsverhältnis *n* ratio of expansion [mas]
Dehnungswelle *f* dilatational wave [elt]
Dehnungszahl *f* coefficient of expansion [met]
Deichaufspülung *f* hydraulic filling of the dyke [bau]
Deichsel *f* pole [mot]
Deichselstapler *m* high lift stacker [mot]
Deichselstapler, elektrohydraulischer - *m* battery-hydraulic lift [mbt]
Dekadenschaltung *f* decade connection [elt]
Dekadenzählröhre *f* decade counter tube [msr]

dekadisch decade [mat]
dekodieren *v* decode
Dekodierer *m* decoder
Dekodierung *f* decoding
Dekompressionshebel *m* compression release lever [mot]
Dekompressor *m* decompressor [mot]
Delogarithmierschaltung *f* antilog circuit [edv]
Delokalisation *f* (Atome) dislocation [phy]
Deltaferritstahl *m* delta ferrite steel [met]
demodulieren *v* demodulate [elt]
Demontage *f* (Anlagen u.a.) pulling down [bau]
Desinfektionsmittel *n* disinfectant [hum]
Detail *n* detail [con]
Details, konstruktive - *pl* design concepts [con]
Detonation *f* explosion [roh]
detonieren *v* (explodieren) explode [roh]
dezentralisiert (verteilt) de-centralized
Dezibel (Geräusch-Messeinheit) decibel [aku]
Diagnose, differentielle - *f* differential diagnosis [edv]
Diagnosegerät *n* (Tester für Black Box) tester [elt]
Diagnosesystem *n* diagnosis system [msr]
Diagnostik *f* diagnostics [edv]
Diagnostik, statistische - *f* statistical classification [edv]
Diagonale *f* diagonal [con]
Diagonalisierung einer Matrix *f* matrix diagonalization [mat]
Diagonalrahmen *m* diagonal frame [bau]
Diagonalreifen *m* diagonal tire [mot]
Diagonalstab *m* diagonal bar [bau]
Diagonalstrebe *f* counterbrace [bau]; diagonal stay [bau]
Diagrammkonstruktion *f* chart design [con]
Diamantmine *f* diamond mine [roh]
dicht valve [mas]
dicht besiedelt densely populated [bau]
Dichtblende *f* guard [mas]
Dichte *f* (Kompaktheit) compactness [roh]; density [pow]; (z.B. des Waldes) thickness [bff]
dichten *v* (verstemmen) caulk [pow]; (abdichten) pack [mas]
Dichtflansch *m* flange [mot]
Dichtheit *f* (Mauerwerk) tightness [bau]
Dichtkantenring *m* (gräbt sich ein) edge sealing ring [mas]
Dichtkegel *m* cone packing [met]
Dichtmasse *m* packing compound [mas]
Dichtmittel *n* jointing compound [pow]
Dichtring *m* joint ring [pow]; oil seal [mas]; packing ring [mot]
Dichtringhülse *f* oil seal sleeve [mas]
Dichtring mit Dichtlippe *f* lip-type seal [mas]
Dichtringplatte *f* oil seal plate [mas]
Dichtsatz *m* (Dichtpaket) packet seal [mas]
Dichtscheibe *f* gasket [mas]
Dichtschraube *f* (von Packungen) gland [pow]
Dichtung *f* (Dichtsatz) packet seal [mas]; packing [mot]
Dichtung, äußere - *f* perimeter seal [bau]
Dichtung mit Kohleauflage *f* carbon face seal [met]
Dichtungsbahn *f* seal sheet [bau]
Dichtungsbalg *m* bellows [mas]
Dichtungsfläche *f* packing surface [mas]
Dichtungskappe *f* (gegen Staub) dust cover [mas]
Dichtungspackung *f* packing set [mas]
Dichtungsrille *f* flange sealing groove [pow]
Dichtungsring *m* gasket [mas]; O-ring [mas]
Dichtungsschweißung *f* caulk welding [met]
Dichtungswand *f* diaphragm wall [bau]
Dickenlehre *f* thickness gauge [msr]
Dickenmessung *f* thickness measurement [msr]
Dickenprüfung *f* depth scanning [msr]
Dickenschwinger *m* thickness vibrator [elt]
dickwandig heavy-walled; thick-walled [mas]
Diele *f* hall [bau]
Dielung *f* batten floor [bau]
Dienstgewicht *n* (brutto) gross weight [roh]; operating weight [mbt]
dienstlich on official business
Dienstprogramm *n* utilities [edv]
Dienstreise *f* business trip [eco]
Dienststelle *f* office [eco]
Dienststellenbezeichnung *f* office title
Dienstwagen *m* company car [mot]
Dienstweg *m* (auf dem Dienstweg) official channels [eco]

Dieselaggregat *n* diesel-driven generator [mot]
Dieselantrieb *m* diesel drive [mot]
diesel-elektrisch diesel-electric [mot]
Dieselkraftstoff *m* diesel oil [mot]
Dieselmotor *m* diesel engine [mot]
Dieselöl *n* diesel oil [mot]
Dieseltriebwagen *m* diesel railcar [mot]
Dieselwalze *f* diesel roller [mot]
diesig (neblig, dunstig) misty [wet]
Differentialflaschenzug *m* differential pulley block [pow]
Differentialgetriebe *n* differential gear [mot]
Differentialkolben *m* differential piston [mot]
Differentialmanometer *n* U-tube pressure gauge [pow]
Differentialregler *m* derivative-action controller [msr]
Differentialseitenwelle *f* axle shaft [mas]
Differentialsperre *f* differential lock [mot]
Differentialverhalten *n* (Regelung) derivative action [msr]
Differentialverstärker *m* difference amplifier [mot]
Differentialwandlergetriebe *f* torque divider transmission [mas]; torque division transmission [mas]
Differentialzugmesser *m* inclined gauge [pow]
Differenzdruckregler *m* differential pressure regulator [pow]
Differenzialregelung *f* differential control [msr]
Differenzierer *m* (elektrische Schaltung) differentiator [elt]
Differenzverstärker *m* (el. Schaltung) differential amplifier [elt]
Diffusionsschweißen *n* diffusion welding [met]
Digitalablesung *f* digital readout [elt]
Digital-analog-Wandler *m* digital-analog converter [elt]
Digitalanzeige *f* digital display [msr]
Digitaldrehgeber *m* digital rotational regulator [elt]
Digitalschaltung *f* digital circuit [elt]
Diktat, nach - verreist not available for signature
Diodenaußenwiderstand *m* diode load resistance [elt]
Diodenkennlinie *f* diode characteristic [elt]
Diodenschaltung *f* diode circuit [elt]
Diodentorschaltung *f* diode gate circuit [elt]
Diodenverstärker *m* diode amplifier [elt]
Dipmeteranalyse *f* dipmeter analysis [elt]
Dipmeterbericht *m* dipmeter log [elt]
Direktantrieb *m* direct drive [mot]
Direkteinspritzer *m* direct injector [mot]
Direkteinspritzung *f* direct injection [mot]
direkt gesteuert directly operated [mot]
Direktsteuerung *f* direct control [msr]
Direktversturz *m* cross pit dumping [mbt]; direct overthrow [mbt]
Direktzugriff *m* random access [mat]
Diskette *f* diskette [edv]
Diskettenlaufwerk *n* disk drive [edv]
Diskonstante *f* permittivity [elt]
Disparität *f* (beim Bildverstehen) disparity [edv]
disponieren *v* plan
Disposition *f* planning
distance piece *n* distance piece [mas]
Distanzhalter *m* tie [mot]; tie [mas]
Distanzhülse *f* distance bushing [met]
Distanzring *m* bushing [mas]; ring [mas]
Distanzstück *n* bushing [mas]; (in Rohrbündeln) lug [pow]; spacer [mas]
Diversifikation *f* diversification
Dochtschmierung *f* wick lubrication [mas]
Dokumentenverteilung *f* document dissemination [edv]
Dokumentverarbeitung *f* document processing [edv]
Dokumentverwaltung *f* document management [edv]
dolmetschen *v* (übersetzen) interpret
Dolmetscher *m* interpreter
Dolomitsplitt *m* dolomite split [roh]
Dolomitstein *m* dolomite stone [roh]
Dom *m* (Auflage der Drehverbindung eines Baggers) tower [mbt]
Doppelachse *f* twin axle [mas]
doppelachsig twin axle
Doppelanlage *f* twin system [mas]
Doppelanschluss *m* (Hauptanschluss) party line [elt]
Doppelantrieb *m* twin drive unit
Doppelbeaufschlagung *f* combined flow [mot]
Doppelbordkran *m* twin deck crane [mot]
Doppelbrechung *f* (z.B. von Licht, Schall) double refraction [elt]

Doppeldecke *f* false ceiling [bau]
Doppelfassade *f* double-skin façade [bau]
Doppelfilter *m* twin filter [mas]
Doppelgabelschlüssel *m* double open ended wrench [mas]
Doppelgelenk *n* constant-velocity joint [mot]
Doppelgelenkwelle *f* double propeller shaft [mot]
Doppelgetriebe *n* twin drive unit
Doppelglied *n* double joint [mas]
Doppelhaus *n* semidetached house [bau]
Doppelkabel *n* duplex cable [elt]
Doppelkehlnaht *f* double fillet [mas]
Doppelkeilriemen *m* double V-belt [mas]
Doppelkessel *m* twin-boiler [pow]
Doppelklebeband *n* twin-sided adhesive tape [met]
Doppelklotzbremse *f* double block brake [mot]
Doppelkolbeneinspritzpumpe *f* twin plunger injection system [mas]
Doppelkreuzung *f* double junction [mot]
Doppelkreuzweiche *f* double crossover [mot]
Doppelladegerät *n* dual charger [elt]
Doppellasche *f* double clip [mot]
Doppelleiter *m* twin conductor [elt]
Doppelmaulschlüssel *m* double-ended spanner [wzg]; double open ended wrench [mas]; open-end spanner [wzg]
doppeln *v* double
Doppelnippel *m* double nibble [mot]
Doppelpendelschleuse *f* double-flap valve [mas]
Doppelpumpe *f* double pump [mas]; dual pump [mot]
doppelreihig (doppelseitig) two rowed [mas]
Doppelringschlüssel *m* double-ended ring-spanner [wzg]
Doppelrückschlagventil *n* double non-return valve [mot]; double return valve [mot]
Doppelschakenaufhängung *f* universal spring support [mas]
Doppelschlauch *m* double hose [mas]
Doppelseitenschieber *m* double side shifting device [mot]
Doppelsitzventilkörper *m* double-seated valve body [pow]
Doppelstecker *m* double plug [elt]; twin plug [elt]
Doppelsteuerung *f* dual control [msr]
doppelstöckig (Bus) double-decker [mot]
Doppelstockwagen *m* (Personenwagen) double-deck coach [mot]
doppelt double
doppelt beruhigt (Stahl) fully killed [met]
Doppel-T-Eisen *n* double T-iron [mot]; rolled steel joist [met]
Doppel-T-Profil *m* I-section [met]
doppelt reduziert double reduced [mas]
Doppel-T-Schaltung *f* twin-T-circuit [mas]
Doppel-T-Träger *m* double-T beam [mas]; I-beam [met]; rolled steel joist [met]; standard I-beam [met]; universal beam [met]
doppelt wirkend double acting
Doppel-U-Naht *f* double U [met]
Doppelung *f* (Trennung im Walzwerk) lamination [met]
Doppelverglasung *f* double glazing [bau]; secondary glazing [bau]
Doppelvierpunktkugellager *n* double four-point contact bearing [mas]
Doppelwalzenbrecher *m* double-roll crusher [wzg]
Doppelwandrohr *n* double-wall pipe [mot]
Doppelwandrohrbogen *m* double-wall elbow [mot]
Doppelweggleichrichter *m* full-wave rectifier [elt]
Doppelwellenhammerbrecher *m* double-shaft hammer crusher [wzg]
Doppel-Y Naht *f* double bevel [met]
Doppelzyklonkessel *m* double cyclone arrangement [pow]
Dopplung *f* (beim Walzen) lamination [mas]
Dorn *m* (zum Biegen) mandrel [met]; (Zapfen) tang [mas]; (auch Pflanze) thorn [bff]
Dornschlüssel *m* pin lock key [mas]
Dosieranlage *f* (Speisewasseraufbereitung) chemicals dosing plant [che]; (Speisewasseraufbereitung) chemicals proportioning plant [pow]
dosieren *v* (Beton, u.a.) batch [bau]; (Baumaterial) meter [bau]
Dosierpumpe *f* proportioning pump [pow]
Dosier- und Mischanlage *f* batching and mixing plant [roh]
Dosierung nach Gewicht *f* gravimetric batching [bau]

Dosierventil *n* proportioning valve [pow]; three-way-valve [mas]
Drahtader *f* wire strand [elt]
Drahtdurchmesser *m* wire diameter [mas]
Drahteinspulmaschine *f* wire injection equipment [mas]
Draht, federhart gezogener *m* hard-drawn wire [met]
Drahtformfeder *f* wire leaf spring [mas]
Drahtgeflecht *n* wire mesh [mas]
Drahtgewebe *n* wire cloth [met]
Draht, gezogener - *m* drawn wire [mas]
Drahtgitter *n* wire guard [mas]
Drahtlehre *f* wire gauge [mas]
Drahtlitze *f* wire strand [elt]
Drahtprüfung *f* wire testing [msr]
Drahtschere *f* wire cutters [wzg]
Drahtschneider *m* wire cutter [wzg]
Drahtseil *n* cable [met]; wire rope [mas]
Drahtseil mit Rolle *f* cable and reel [met]
Drahtspeichenrad *n* wire-spoked wheel [mot]
Drahtstärke *f* gauge [mas]
Drahtverschlussglied *n* wire fastener connecting link [mas]
Drahtvorschubeinrichtung *f* mechanical wire travel [mas]
Drahtwälzlager *n* wire-race bearing [mas]
Drahtziehen *n* wire drawing [mas]
Drahtziehen mit Gegenzug *m* back-pull wire-drawing [met]
Drainagegraben *m* drainage ditch [bau]
Drainagegreifer *m* drainage grab [mbt]
Drainagelöcher *pl* (z.B. im Grabenlöffel) drainage holes [bau]
Drainagelöffel *m* digging grab [mbt]; drainage bucket [mbt]; trencher [mbt]
Drainagelöffellager *n* yoke [mas]
Drainagepumpe *f* drainage pump [mas]
drallfrei (Strömung) non-rotational [mot]; (Seil usw.) non-spinning [mas]; (Seil usw.) non-twisting [mas]; (Seil usw.) twist-free [mas]
Draufsicht *f* bird's view [con]; elevation [con]; top view [con]
Drehachse *f* axis of rotation [con]; fulcrum [mot]
Drehanker *m* (Motor) rotary armature [elt]
Drehbank *f* lathe [wzg]
drehbar (beweglich) movable; revolving; (beweglich) rotatable [mas]; (rotierend) rotating; (um Achse beweglich) turnable [mas]
drehbar angeordnet pivotally arranged [mas]
Drehbeanspruchung *f* torsional stress [met]
Drehbohrgerät *n* rotary drill [mbt]
Drehbolzen *m* king bolt [mas]
Drehbuchse *f* (Buchse am Lager) pivot bearing [mas]
Drehbunker *m* rotary hopper [roh]
Drehdurchführung *f* centre post [mbt]; circle swing assembly [mot]; multiport swivel [mot]; rotary connection [mas]; rotary turret [mas]
Drehdurchmesser *m* (z.B. der Kolbenstange) turning diameter [mas]
drehen um 360 Grad *v* rotate throughout 360 degrees [mbt]
Drehfeder *f* clock spring [met]
Drehfeldrichtungsüberwachung *f* phase sequence monitoring [elt]
Drehfenster *n* casement window [bau]
Drehflügel *m* casement [bau]
Drehflügelfenster *n* side-hung window [bau]
Drehgabelklammer *f* fork clamp with turnable forks [mot]; revolving fork clamp [mot]
Drehgestell *n* bogie [mbt]
Drehgestellaufwagen, vierachsiger - *m* four-axle bogie [mot]
Drehgestelleinheit *f* bogie unit [mot]
Drehgestellkippmuldenwagen *m* tipping wagon on bogies [mot]
Drehgestellrahmen *m* bogie frame [mbt]
Drehgestellseitenrahmen *m* bogie side frame [mot]
Drehgetriebe *n* circle drive [mbt]
Drehkappe *f* rotocap [mas]
Drehkippbeschlag *m* (Fenster) turn-and-tilt fitting [bau]
Drehkippbeschlagsystem für Fenster *n* turn-tilt fitting systems for windows [bau]
Drehkippbeschlagsystem für Türen *n* turn-tilt fitting systems for doors [bau]
Drehkippfenster *n* centre-hung window [bau]
Drehkippflügelfenster *n* tilt and turn window [bau]
Drehklappe *f* damper [pow]
Drehknopf *m* knob [elt]
Drehkolbenverdichter *m* rotary blower [mas]

Drehkondensator *m* rotary capacitor [elt]; variable capacitor [elt]
Drehkopf *m* rotating head [mas]
Drehkraft *f* rotary power [mas]
Drehkran *m* slewing crane [bau]
Drehkranz *m* (an Kugellagern) ball-bearing slewing-ring [mbt]; (des Graders) circle bogie [mbt]; (in der Drehscheibe) live ring [mot]; (am Grader) turn-table [mbt]
Drehkreis *m* turning circle [mas]
Drehlager *n* pivot bearing [mas]
Drehmoment *n* (unerwünschte Torsion) torsional force [mas]; (unerwünschte Torsion) twisting force [mas]
Drehmomentantrieb *m* high-torque rotary actuator [pow]
Drehmoment des Motors *m* motor torque [mot]
Drehmomentenerhöhung *f* torque rise [mas]
Drehmomentenschlüssel *m* torque-meter wrench [wzg]; torque spanner [wzg]; torque wrench [wzg]
Drehmomentenstütze *f* torque blade [mas]; torque plate [mas]; torque support [mas]
Drehmomenthöchstleistung *f* peak torque [mot]
Drehmomentschlüssel *m* torque-meter wrench [wzg]; torque spanner [wzg]; torque wrench [wzg]
Drehmomentübertragung *f* torque transmission [mas]
Drehmomentverteilung *f* torque distribution [mas]; (Drehmoment) torque distribution [mas]
Drehmomentwandler *m* torque converter [mas]; torque converter [mas]
Drehmomentwandler, genau abgestimmter - *m* full match torque converter [mot]
Drehmomentwandler, hydraulischer - *m* hydraulic torque converter [mot]
Drehmotor des Greifers *m* grab rotating motor [mbt]; grab swivel motor [mbt]
Drehpfanne *f* centre pivot [mot]
Drehpunkt *m* centre of rotation [mas]; pivot [con]; pivot point [con]
Drehrichtung *f* direction of rotation [phy]; rotation direction [mas]; sense of rotation [mot]
Drehrichtungsumkehr *f* reversal of rotation [mas]
Drehrohranlage *f* rotary kiln system [pow]
Drehrohrofen *m* rotary kiln [pow]
Drehrohrofenanlage *f* rotary kiln plant [pow]; rotary kiln system [pow]
Drehschalter *m* revolving switch [elt]; (Lichtschalter) rotary switch [elt]; turn switch [elt]
Drehscheibe *f* (vor Lokschuppen) turn-table [mot]
Drehschieber *m* handle [mot]; rotary valve [mas]
Drehsinn *m* direction of rotation [phy]
Drehspule *f* moving coil [elt]; revolving coil [elt]
Drehspulinstrument *n* moving-coil instrument [elt]
Drehstab *m* torsion bar [mas]
Drehstabfeder *f* torsion bar spring [mas]
Drehstabsicherheitsventil *n* torsion bar safety valve [pow]
Drehstabstabilisator *m* torsion bar stabiliser [mas]
Drehstift *m* (an Schraubwerkzeug) tommy [wzg]
Drehstock *m* winch [mas]
Drehstromlichtmaschine *f* alternator [elt]
Drehstrommotor *m* alternative motor [elt]; three-phase motor [elt]
Drehstromnetz *n* three-phase network [elt]
Drehtür *f* revolving door [bau]
Drehumformer *m* rotary converter [elt]
Drehung entgegen dem Uhrzeigersinn *f* anti-clockwise rotation; counter-clockwise rotation [con]
Drehung im Uhrzeigersinn *f* (rechts-drehend) clockwise rotation
drehungsfrei non-rotating [mas]
Drehventil *n* rotary valve [mas]
Drehverbindung *f* ball-bearing slew ring [mas]; roller-bearing slew ring [mas]; turret [mas]
Drehvorrichtung *f* rotator [mas]; (Durchdrehvorrichtung) turning gear [mas]
Drehwälzlager *n* wire race bearing [mot]
Drehwerkritzel *n* pinion [mbt]; pinion gear [mbt]
Drehwiderstand *m* variable resistor [elt]
Drehwinkel *m* rotating angle [con]
Drehzahl *f* (des Motors) driving speed [mot]; (des Motors) engine revolutions [mot]

Durchlaufträger *m* continuous beam [bau]
Durchlaufverzögerung *f* through pass delay [met]
Durchlauf, zweimaliger - *m* double passage [met]; repeated passage [met]
Durchmesserbereich *m* diameter range [con]
Durchmesser, hydraulischer - *m* hydraulic diameter [mot]
Durchmesser, innerer - *m* internal diameter [con]
durchpausen *v* (durchzeichnen) calk [con]
Durchrutschsicherung *f* anti-spin pack [mot]
Durchsatzleistung *f* throughput rate [elt]
Durchsatzmenge *f* throughput rate [roh]
Durchschallung *f* through-transmission [msr]
Durchschallungschwächung *f* through-transmission attenuation [msr]
Durchschallungsverfahren *n* through-transmission method [msr]
Durchschallzeit *f* delay time [aku]
durchschalten *v* interconnect [elt]; (Telefon) put through [tel]
durchscheuern *v* (scheuern) wear through [mas]
Durchschlag *m* (Werkzeug) punch drift [wzg]
durchschlagen *v* (durchdringen) penetrate; spark [elt]
Durchschläger *m* punch drift [wzg]
Durchschlagfeldstärke *f* breakdown strength [elt]
Durchschlagspannung *f* disruptive voltage [elt]
Durchschnitt *m* average [mat]
Durchschnittstemperatur *f* mean temperature [phy]
Durchschnitt, über dem - above average [mat]
durchschweißen *v* penetrate [met]; weld through [met]; weld with full penetration [met]
durchsehen *v* inspect
Durchsetzung *f* enforcement
durchsichtig (z.B. Glas) transparent [phy]
Durchsichtigkeit *f* (z.B. Glas) transparency [phy]
durchsickern *v* (z.B. Wasser) penetrate
durchspülen *v* (z.B. mit Öl) rinse [mas]
Durchspülung *f* (z.B. mit Öl) rinsing [mas]
durchstellen *v* (am Telefon verbinden) put through [tel]
durchstemmen *v* chisel a hole [bau]; chisel through [bau]
durchstoßen *v* (durchdringen) pierce [met]
Durchstrahlungsprüfung *f* radiography [msr]; transmission test inspection [met]
durchströmen *v* (eines Ventils) pass [mot]
Durchtreiber *m* backing out punch [met]; drift punch [mas]
Durchvergütung *f* through quenching and tempering [elt]
Düse *f* (Hüttenwesen) blast pipe [mas]; injector [mas]; (Flugzeug) jet [mot]
Düsenfeder *f* nozzle spring [mot]
Düsenflugzeug *n* jet plane [mot]
Düsenhalter *m* jet carrier [mas]; (bei Einspritzventil) valve body [mas]
Düsenhalter mit Befestigungsflansch *m* nozzle-holder with flange mounting [mot]
Düsenklappe *f* nozzle flap [mas]
Düsenmutter *f* nozzle nut [mas]
Düsennadel *f* nozzle needle [mot]
Düsenschweißen *n* (DIN 1910) orifice welding [met]
Düsenverschlusseinrichtung *f* nozzle shut-off device [mas]
DV-Naht *f* double V [met]; double V seam [met]
Dynamoband *n* dynamo sheet [elt]

E

Ebene, schiefe - *f* inclined plane [bod]
ebnen *v* (glätten) grade; (glätten) level; (glätten) plane [mbt]
Echoverfahren *n* echo method [elt]
echt (z.B. echtes Leder) real
Echtzeitfähigkeit *f* real-time capabilities [edv]
Echtzeitsystem *n* real-time system [edv]
Eckblech *n* gusset [mas]
Eckenbrenner *m* corner burner [pow]
Eckenstoßfänger *m* corner bumper [mot]
Eckfenster *n* corner window [bau]
Eckmesser *n* corner bit [mbt]; corner shoe [mbt]; end bit [mbt]
Ecknaht *f* corner weld [met]; (z.B. an senkrecht aufeinanderstehenden Blechen) fillet weld [met]
Eckpfeiler *m* corner stone [bau]
Eckpfosten *m* corner post [bau]
Eckpunkte *m* vertexes [edv]
Eckrohrkessel *m* corner-tube boiler [pow]
Eckstein *m* corner block [bau]
Eckstoß *m* (Plattenverbindung) corner joint [met]
Eckventil *n* angle valve [mas]
Eckverbindung *f* corner joint [met]; edge joint [bau]
Eckzahn *m* (z.B. an Schaufelrad-Schaufel) corner tooth [mbt]
Edelputz *m* chemical plaster [bau]; patent plaster [bau]
Edelstahl *m* high-quality steel [met]; (ganz hochwertiger Stahl) rare steel [met]
Edelstahlrohr, lasergeschweißtes *n* laser-beam welded special steel pipe [mas]
Editiertaste *f* (auf Tastatur) edit key [edv]
Effektivdurchmesser *m* effective diameter [con]
Effektivhub *m* (tatsächlicher Weg) effective stroke [mbt]
Effektivwert *m* (z.B. eine Sinusspannung) root mean square value [elt]
E-Filter *m* (Entstaubung) precipitator [roh]
Eichkörper *m* (geprüftes Maß) calibration block [msr]
eiförmig oval
eigenartig (meist positiv) unique
Eigenerregung *f* self-excitation [elt]
Eigenfrequenz *f* (innewohnend) internal frequency [phy]; (natürliche Frequenz) natural frequency [phy]; resonant frequency [phy]
Eigenfunktion *f* (bei Differentialgleichung) characteristic function [mat]; (bei Differentialgleichung) eigenfunction [elt]
Eigengewicht *n* (nicht Nutzlast) dead weight [mot]; operating weight [mot]; (Waggon unbeladen) tare [mot]
Eigeninduktivität *f* self-inductance [elt]
Eigenlast *f* dead load [met]
Eigenschaft *f* (Charakteristikum) characteristic; property
Eigenschaften und Fehler *pl* features and flaws [edv]
Eigenschwingung *f* (eines Systems) natural resonance [phy]; natural vibration [phy]
eigensicher inherently safe [elt]
Eigenspannung *f* (im Material) residual stress [met]
Eigentumswohnung *f* ((A)) condominium [bau]
Eigenvektor *m* (bei Differentialgleichung) eigenvector [elt]
Eigenverbrauch *m* proper consumption [pow]
Eigenwert *m* (bei Differentialgleichung) eigenvalue [elt]; (bei Differentialgleichung) proper value [mat]
Eigenwiderstand *m* inherent resistance [mas]; internal resistance [elt]
Eigenzeit *f* (dem Material innewohnend) inherent time [mas]
Eignungsnachweis zum Schweißen *m* certification for welding [met]
Eignungsprüfung *f* preliminary test [bau]
Eimerkettenbagger *m* bucket dredger [mbt]
Eimerkettenschwimmbagger *m* bucket dredger [mbt]
Eimerleiter *f* (an Bagger) bucket ladder [mbt]
Einachsanhänger *m* one-axle trailer [mot]
einachsig one axle [mot]; uniaxial [mot]
Ein-Aus-Regelung *f* on-off-control [elt]
Einbau *m* (z.B. von Rohren in Graben) laying; placement on site [met]; placing [met]
Einbauanleitung *f* installation guide [met]
Einbauart *f* type of installation [mas]
Einbaubedingung *f* installation condition [mot]

einbauen *v* (z.B. Schlacke in Straße) fill in [mbt]
Einbaufehler *m* faulty installation [met]
einbaufertig ready for installation
Einbaulage *f* (z.B. des Motor) installation position [mot]; (z.B. des Motor) position for installation
Einbaulänge *f* installation length [mas]
Einbaumaß *n* installation dimension [con]
Einbaumotor *m* engine unit [mot]
Einbauort *m* installation point [con]; place of installation
Einbauscheinwerfer *m* headlight [elt]
Einbaustelle *f* (Ort des Einbaus) installation place [con]; location [mot]
Einbauteil *n* built-in part [bau]
Einbautoleranz *f* fitting tolerance [mas]
Einbauwinker *m* built-in direction indicator [mot]
einberufen *v* (eine Sitzung) call
einbetonieren *v* concrete in [bau]; embed in concrete [bau]; set in concrete [bau]
einbeulen *v* (z.B. die Karosserie) dent [mot]
Einbeulung *f* dent [mot]
Einbindelänge *f* bond [bau]; length [bau]
Einbindung *f* retention [pow]
Einblasefeuerung *f* direct firing system [pow]
Einblasemühle *f* direct firing mill [pow]
einblasen *v* blow-in [pow]
Einblasevorrichtung *f* blowing-in device [pow]
Einblasung, radiale - *f* radial blowing-in [pow]
Einbrandkerbe *f* penetration cut [met]; (Rand der Schweißnaht) undercut [met]
Einbrand, teilweiser - *m* (Schweißen) incomplete penetration [met]; (Schweißnaht) partial penetration [met]
Einbrand, vollwertiger *m* (Schweißnaht) full penetration [met]
Einbrandzone *f* (Schweißnaht) zone of penetration [met]
einbrechen *v* (unter Last) collapse [bau]
Einbringöffnung *f* access opening [mbt]
Einbruch *m* (von Wasser) flooding [was]; undershoot [elt]
Einbruchhemmung *f* burglar resistance [bau]
einbüßen *v* lose
Eindämmung *f* (Verfahren) damming [bau]
eindecken *v* (Dach mit Ziegeln versehen) roof [bau]
eindecken, neu - *v* reroof [bau]
eindringen *v* (der Ladeschaufel) crowd [mbt]; (von Schmutz, Wasser) ingress; (durchdringen) penetrate; (in das Material) penetrate [roh]
Eindringen *n* (von Schmutz, Wasser) ingress; (Durchstechen) penetration
Eindringtiefe *f* depth of penetration [bau]; (der Welle) wave penetration [phy]
einebnen *v* bulldoze [bau]; level out [mbt]
Einfachfenster *n* single window [bau]
Einfachverglasung *f* single glazing [bau]
einfahrbar (der Hydraulikzylinder) retractable [mas]
einfahren *v* (in Bahnhof) arrive [mot]; (in Bergwerk) descend [roh]; (in Einfahrt) drive in [mot]; (Kessel, Mühlen etc.) put into service [pow]; (den Zylinder) retract [mas]; (Probelauf) run in [mas]; (z.B. Probelauf) tune up [mas]
Einfahren *n* (Rußbläser) insertion [pow]; (des Hochofenbodens) installation [pow]; (Kessel; Mühlen etc.) putting into service [pow]; (Probelauf) test run
Einfahröffnung *f* entrance [mbt]
Einfahrsignal *n* (Bahn) home signal [mot]
Einfahrtssignal *n* (Bahn) home signal [mot]
Einfall *m* (Strahl) incidence [elt]
einfallend (z.B. in eine Raste) engaging [mas]
Einfallswinkel *m* angle of incidence [phy]; incident angle [edv]
einfarbig lackiert one-colour painted [met]
Einfederung *f* (Spannung Kettenfeder) contracting [elt]
einfetten *v* (fetten) grease [met]; (schmieren) lubricate [mas]; (ölen) oil [mas]
Einfetten *n* greasing
Einfräsung *f* milled slot [mas]
einführen *v* (in etwas) insert
Einführtrompete *f* cable duct [met]
Einfülldeckel *m* filling cover; tank filler cap [mas]
Einfüllöffnung *f* (z.B. Tank) filler [mot]
Einfüllschraube *f* refill tap [mas]
Einfüllstutzen *m* filler [mot]

E

Einfüllstutzen und Deckel *m* filler cap assembly [mot]
Einfüllverschluss *m* filler cap [mot]
Eingabespeicher *m* input memory [edv]
Eingabetaste *f* input key [elt]
Eingang *m* (z.B. Leistung) input
Eingang, behindertengerechter - *m* disability access [bau]
Eingangsdatenfluss *m* incoming data flow [edv]
Eingangsfehler *m* (falsche Eingabe) flaw input [edv]
Eingangsfilter *m* input filter [mot]
Eingangskontrolle *f* (vor Übergabe) pre-delivery check [msr]
Eingangsleistung *f* input power [elt]
Eingangsrechnungen *pl* accounts payable [eco]
Eingangssignal *n* input signal [elt]
Eingangsspannung *f* input voltage [elt]
Eingangsstempel *m* received stamp
Eingangsstrom *m* input current [elt]
Eingangsstufe *f* input stage [mot]
Eingangstür *f* entrance door [bau]; front door [bau]
eingebaut (z.B. Lichtmaschine) built-in [elt]; (installiert) fitted [mot]; (installiert) installed [mot]
eingeben *v* (Daten in EDV) key in [edv]; (Daten in EDV) put in [edv]
eingebettet built-in [bau]; embedded [pow]
eingefahren (Hydraulikzylinder) retracted [mas]
eingehängt hinged [mas]
eingekerbt nicked [met]
eingeknickt (Knickrahmenlenkung) articulated [mbt]
eingelassen (unter Putz) flush-mounted [bau]; (in das Material) recessed [met]
eingelegt (Kupplung) engaged [mot]
eingepresst pressed on [mas]
eingerostet engaged [mot]
eingerückt (in Raste) engaged
eingespeist werden *v* be fed through [mas]; pass [mas]
eingestellt (auf vorgegebenen Wert) pre-set [mot]
eingezeichnet in the drawing [con]; marked; plotted [con]
eingezogen (Abstützung) retracted [mas]
eingraviert engraved [met]
eingreifen *v* (z.B. Raste) engage [mot]; (im Eingriff stehen) mesh [mas]; (z.B. Radzähne) mesh [mas]
Eingriff *m* (im Eingriff sein) apply
Eingriff; dauernder *m* (der Zahnräder) constant mesh [met]
Eingriff, im - sein *v* apply
Eingriffswinkel *m* (Zahnrad) angle of pressure [mas]
einhaken *v* (mit Klammer) clasp
einhalten *v* (z.B. Vertragsbestimmungen) comply with [jur]; (eine Bestimmung) concur with [jur]
Einhärtetiefe *f* hardening depth [met]; (Eindringung) hardness penetration depth [met]
einheimisch (nationaler Fertigungsanteil) indigenous [eco]
Einheitsladung *f* unit charge [elt]
Einheitszelle *f* (Batterie) unit cell [elt]
Einkaufsabteilung *f* purchasing department [eco]
Einkaufsabwicklung *f* purchasing [eco]
einkerben *v* (z.B. mit Hammer und Dorn) nick [wzg]
Einkerbung *f* notch [met]
Einlagenschweißung *f* single-pass welding [met]
Einlagering *m* (Rohrschweißung) backing ring [met]
einlagig (einlagiges Metall) one layer [met]; (bei Sperrholz, Autoreifen) one ply
Einlassanschluss *m* (Gewinde) input connection [mot]
einlassen *v* (in das Material) recess [met]
Einlasskanal *m* inlet port [mas]
Einlasskanalöffnung *f* inlet port [mas]
Einlasskrümmer *m* intake manifold [mot]
Einlassnockenwelle *f* inlet camshaft [mot]
Einlassschalter *m* reset switch [mot]
Einlassüberdruckventil *n* inlet relief valve [mot]
Einlassventil *n* inlet valve [mot]; intake valve [mot]
Einlassventilfeder *f* intake valve spring [mas]
Einlassventilverschraubung *f* inlet valve cap [mot]
einlaufen *v* (Maschine einfahren) run in [mas]
Einlaufgabel *f* guide fork [mbt]; guide shoe [mbt]; tangential guide [mbt]
Einlaufgehäuse *n* inlet housing [mot]
Einlaufkonus *m* inlet guiding cone [mas]
Einlaufrollgang *m* charging, roller

conveyer [met]
Einlaufseite *f* intake side [mas]
Einlaufspeicher *m* entry looper [mas]
Einlaufstutzen *m* inlet connection [mot]
Einlauftrichter *m* intake guide [mas]
Einlaufzeit *f* (z.B. neue Maschinen) break-in period [mot]
einlegen *v* (Bewehrung) place [bau]; (z.B. den 4. Gang) put in [mot]
einmalig unique
Ein-Mann-Bedienung *f* one-man control
einmauern *v* brick in [bau]
Einmauerung *f* brickwork setting [bau]
Einmaulschlüssel *m* open-ended spanner [wzg]
einordnen *v* categorize
Einpegelung *f* level adjustment [mbt]
einpolig unipolar [elt]
einpressen *v* press fit [met]; press in [met]
Einpressmörtel *m* grouting mortar [bau]
einrahmen *v* frame [met]
Einrahmung *f* (Fenster, Tür) casing [bau]
Einraumwohnung *f* bedsitter [bau]
einreichen *v* (einen Antrag) make
einreihig *f* (z.B. Nietverbindung) single row [met]
einrichten *v* constitute [bau]
Einrichtung *f* (Gründung) foundation [bau]
Einrichtung, sanitäre - *f* sanitary facilities [bau]
einrückend (in Raste) engaging [mas]
Einrückmuffe *f* engagement nut [mas]
Einsatzart *f* (Verwendungsart) application [met]
Einsatzbedingung *f* operating condition [mas]
Einsatzbereich *m* range of application
einsatzbereit standby
Einsatzbesprechung *f* briefing
Einsatzdauer *f* charge period [met]; (Zeit der aktiven Arbeit) period of application [met]; (Länge des Einsatzes) period of use [met]
Einsatzgebiet *n* field of application
einsatzgehärtet carbonized [met]; case-hardened [met]
einsatzhärten *v* carbonize [met]; case-harden [met]
Einsatzhärtung *f* case hardening [met]
Einsatzhäufigkeit *f* number of uses
Einsatzhöhe *f* (über NN) altitude
Einsatzstahl *m* case hardening steels [met]
Einsatztemperatur *f* operation temperature [mas]
Einsatzverhalten *n* behaviour during application [mas]; behaviour in application [mas]
Einsatzzeit *f* operating time
einschalen *v* (verkleiden, umhüllen) encase [bau]; (Holzform erstellen) timber [bau]
Einschallwinkel *m* refraction angle [msr]
Einschalt-Ausschalt-Zeit *f* make-break time [elt]
Einschaltdauer *f* duty cycle [elt]
Einschalten *n* make [elt]
Einschalter *m* closing switch [elt]; on-off switch [elt]
Einschaltstoß *m* transient pulse [elt]
Einschaltung *f* (einer Zeitungsanzeige) insertion
Einschaltverzögerung *f* turn-on delay [elt]
Einscheibensicherheitsglas *n* one-pane safety glass [met]
einscheren *v* (ein Seil) reeve [mas]
Einschichtbetrieb *m* one-shift operation [eco]
einschiffen *v* (Personen, Güter) embark [mot]
Einschiffungshafen *m* port of embarkation [mot]
Einschlagen *n* driving-in [bau]; (von Ventilen) pocketing [mot]
einschlägig mostly required
einschlägige Stahlqualität *f* steel quality, mostly required - [met]
einschließen *v* (mit Schlüssel) lock in
Einschlüsse *pl* (z.B. im Gestein) inclusions [min]
Einschnitt *m* (Schnitt, auch negativ) cut; (Einkerbung) nick [met]; (Kerbung, Raste) notch [met]
Einschnürung *f* constriction [met]; (Feuerraum; Rohre) contraction [pow]; (Querschnittsverminderung) necking [met]; (Feuerraum; Rohre) reduction [pow]; reduction in area [con]
Einschränkung *f* (Beschränkung) restriction
Einschraubbolzen *m* threaded locking pin [mas]
Einschraubgewinde *n* integral thread [mot]
Einschraubloch *n* tapped hole [mas]; thread hole [mas]

Einschraubsicherung *f* plug fuse [elt]; socket fuse [elt]
Einschub *m* (Modul auf Chassis) insert [mas]; (Modul auf Chassis) module [mas]; plug-in unit [mas]
Einschubdecke *f* inserted ceiling [bau]; inserted floor [bau]
Einschweißbuchse *f* weld-in bush [met]
Einschweißflansch *m* welded flange [mas]
Einschweißnippel *m* welded-in stub [met]; welded nipple [met]; welded-stub connection [met]
Einschweißverschraubung *f* welded screw coupling [met]
Einschwingzeit *f* building-up time [elt]
Einseitenkippwagen *m* large-body tipping wagon [mot]
einsetzbar usable
einsetzen *v* (z.B. Platine in Gerät) insert [edv]
Einsichtsfenster, klappbares - *n* window flap [mas]
einspannen *v* restrain [met]
Einspannung *f* fixing [mas]; fixity [met]; restraint [bau]
Einspannung, elastische - *f* elastic end-restraint [bau]
Einspannvorrichtung *f* (Stahlbau) jig [mas]
Einsparungen *pl* (Rationalisierung) rationalization [eco]
einspeisen *v* feed [mot]
Einspeisung *f* feed [mot]; (Stromzuführung) power supply [elt]; supply [elt]
Einspeisungsklemme *f* feed terminal [elt]
Einspindelheber *m* one-spindle jack [mot]
Einsprengzange *f* circlip pliers [wzg]
Einspritzanlage *f* injection system [mot]
Einspritzdüse *f* fuel injection valve [mot]; (Auto, Diesel) injection nozzle [mot]
Einspritzdüsenhalter *m* injection valve body [mot]
einspritzen *v* inject [mot]
Einspritzer *m* injection valve body [mot]
Einspritzleitungen *f* injection pipes [mot]
Einspritzmotor *m* injection engine [mot]
Einspritzorgan *n* injection system [mot]
Einspritzpumpe *f* injection pump [mot]
Einspritzpumpengehäuse *n* injection pump housing [mot]
Einspritzpumpenkolben *m* injection pump plunger [mot]
Einspritzpumpenoberteil *n* injection pump upper housing [mot]
Einspritzsystem *n* fuel injection system [mot]
Einspritzventil *n* fuel injection valve [mot]; injection valve [mot]
Einspritzversteller *m* injection timing mechanism [mot]
Einspritzvorrichtung *f* primer [mot]
einstechen *v* (in Material) penetrate [mas]
Einstechen *n* (z.B. der Schaufel) penetration [mas]
einstecken *v* (z.B. in Steckdose) plug in [elt]
Einsteckstoß *m* sleeve joint [bau]
Einstegplatte *f* mono grouser track pad [mas]
Einstegrippenplatte *f* mono-grouser track-pad [mas]
Einsteigtür *f* access door; inspection door [pow]
Einstellarm *m* pitch arm [mot]
einstellbar adjustable [msr]
Einstelleinrichtung *f* adjusting device [msr]
Einstellelastizität *f* (gegen Lastwechsel des Kessels) adaptability [pow]; flexibility [pow]
einstellen *v* (vorher festsetzen) pre-set [elt]; (einregulieren) regulate; (regeln) regulate; (die Zeit) time [pow]; (z.B. Radiosender) tune [elt]; (Höchstleistung Motor) tune up [mas]
Einstellgenauigkeit *f* positioning accuracy [msr]
Einstellgröße *f* (des Motors) option rating [mot]
Einstellhebel *m* adjusting lever [mas]
Einstellhülse *f* adjusting sleeve [msr]
Einstellinstrument *n* adjusting element [msr]
Einstelllehre *f* feeler gauge [msr]; rack setting gauge [mas]
Einstellknopf *m* (auf Bündigkeit) knob [mot]
Einstellmarke *f* (Bündigkeit) aligning mark [msr]; (nach Zeit, Genauigkeit) timing mark [mas]
Einstellmöglichkeit *f* adjusting facility [msr]
Einstellpotenziometer *n* trimming potentiometer [elt]
Einstellring *m* adjusting ring [msr]
Einstellscheibe *f* dial [mot]
Einstellschraube *f* adjusting screw [msr]

Einstellstange *f* pitch arm [mot]
Einstellstück *n* contactor [elt]
Einstellung *f* (Ausrichtung) adjusting; (Justierung) adjustment [msr]; (Bündigkeit) alignment [mas]
Einstellung der Gesteine *f* classification of rocks [roh]
Einstellung, stufenlose - *f* (Regelung) continuously variable setting [mot]
Einstellwert *m* (Messgerät) point [pow]
Einstich *m* (Nut für Ring) groove [mas]
Einstichpunkt *m* (für Radius) centre point [met]
Einstieg *m* (Mannloch) manhole [mot]
Einstiegverschluss *m* (z.B. 400x600mm) manhole cover [mot]
einstöckig one-storey [bau]
Einstrahlrichtung *f* beaming direction [elt]
Einstufung *f* (Klassifizierung) rating
Einsturz *m* (absichtlich hinter Schild) caving [roh]
einsumpfen *v* pond
eintauchen *v* (in Wasser) dip [met]; immerse [met]; (abschrecken) plunge [mas]
einteilen *v* (Personal einteilen) allocate; (bemessen) calibrate [msr]; (in Güteklassen) classify [msr]; (aufteilen) divide; (in Güteklassen) grade [msr]
einteilig one-piece
eintragen *v* (z.B. in Liste) enter; (z.B. in Logbuch) log [mot]
Eintragung *f* (in Liste) entering
eintreiben *v* drive [bau]
eintretend (geschehend) occurring
Eintritt des Schadens *m* occurrence [jur]
Eintrittsgeschwindigkeit *f* admission velocity [phy]
Eintrittsmittelpunkt *m* entry point [elt]
Eintrittsöffnung *f* inlet [mas]
Eintrittssammler *m* inlet header [pow]
Eintrittsseite bei Axialgebläsen *f* inlet bell [air]
Eintrittsverlust *m* entrance loss [pow]
Eintrittswinkel *m* entrance angle [pow]
Ein- und Ausfahrzeiten *pl* (des Zylinders) retraction and extraction times [mas]
Ein- und Austrittsverluste *pl* inlet and exit losses [pow]
einwalzen *v* (Rohre) expand [met]
einwandfrei unobjectionable
Einweggleichrichter *m* half-wave rectifier [elt]
Einwegsperrventil *n* one-way check valve [mas]
Einwegventil *n* monoway valve [pow]
einweihen *v* (in Betrieb setzen) commission [met]
Einweihung *f* (z.B. einer Fabrik) commissioning [met]; (Übergabe von Maschinen) hand-over [met]
einweisen *v* (in ein neues Gerät) instruct in ...; acquaint with ...
Einweisung *f* instruction
Einwerfer *m* (Gegenteil: Auswerfer) injector [mas]
Einwirkungszeit *f* action time [mas]
Einzelantrieb *m* individual drive [mot]
Einzelaufgabe *f* individual task
Einzelhaus *n* detached house [bau]
Einzelkorn *n* grain [met]
Einzelkraft *f* (auf einen Punkt wirkend) concentrated force [phy]; (auf einen Punkt wirkend) concentrated load [phy]
Einzellast *f* individual load
Einzelradaufhängung *f* independent suspension [mot]
Einzelregelung des Drucks *f* individual pressure regulation [mot]
Einzelsteuerung *f* individual control [mot]
Einzelteil *n* individual part [con]
Einzelteile *pl* (nur eins) one-off part [mot]
Einzelzeichnung *f* detail drawing [con]
einzementieren *v* cement in [bau]
einziehbar retractable [mas]
einziehen *v* (Rohre) contract [met]; (den Hydraulikzylinder) retract [mas]
Einziehung *f* (Einschnürung) contraction [pow]; (Einschnürung) reduction [mas]
Einzug *m* drawing in [mbt]; (unfreiwilliger -) trapping [mbt]
Einzugsgefahr *f* danger of being drawn in [mbt]; danger of being trapped [mbt]
Einzylindermotor *m* one cylinder engine [mot]
Eisenbahnbrücke *f* railroad bridge [mot]; railway bridge [mot]
Eisenbahnfähre *f* railroad ferry [mot]; railway ferry boat [mot]
Eisenbahngleise *n* railway tracks [mot]
Eisenbahnkreuzung *f* (Gleise kreuzen) junction [mot]; (mit Straße) level crossing [mot]; (Gleise kreuzen) railway crossing [mot]
Eisenbahnlinie *f* railway line [mot]

Eisenbahnoberbau *m* permanent way material [mot]; railway superstructure [mot]
Eisenbahnprodukte *n* (Eisenbahntechnik) railway products [mot]
Eisenbahnschiene *f* railroad track [mot]; railway line [mot]
Eisenbahnschwelle *f* tie [mot]
Eisenbahnübergang *m* (Straße/Schiene) level crossing [mot]
E
Eisenbahnwagen *m* railway wagon [mot]
Eisenbahnzug *m* railroad train [mot]; railway train [mot]
Eisenglimmer *m* iron mica [met]
eisengrau (RAL 7011) iron grey [nrm]
Eisenhüttenkunde *f* ferrous metallurgy [roh]
Eisenkern *m* iron core [elt]
Eisenkettenbagger *m* bucket chain excavator [mbt]
Eisen-Kohlenstoff-Diagramm *n* (Fe-C-Diagramm) iron-carbon-equilibrium diagram [met]
Eisenkonditionierung *f* treatment of liquid iron [met]
Eisensäge *f* hacksaw [wzg]
Eisensalz *n* iron salt [met]
Eisenverbindung *f* ferrous compound [met]
eisern (aus Eisen) iron [mas]
elastisch elastic [met]
elastisch gelagert cushion-mounted [mot]; (Sitz) flexibly mounted [mas]
Elastizität des Auftrages *f* flexibility of the coat [met]
Elastizitätsgrenze *f* yield point [met]
Elastizitätsmodul *m* modulus of elasticity [met]
Elektrik *f* electrical equipment [elt]; (Haus, Starkstrom, usw.) electrics [elt]
Elektrizitätsversorgung *f* electric supply [elt]
Elektrizitätsversorgungsunternehmen *n* utility [eco]
Elektroantrieb *m* electric drive [elt]
Elektroausstattung *f* electric equipment [elt]
Elektrobagger *m* electrical excavator [mbt]
Elektroband *n* electrical strip [met]
Elektroblech *n* electrical sheet [met]
Elektrode *f* (in Speicherbatterie) plate [elt]
Elektrode, blanke - *f* bare electrode [elt]
Elektrode, nackte - *f* (Schweißen) bare wire electrode [met]
Elektrodengruppenbezeichnung *f* electrode group designation [elt]
Elektrodenhalter *m* rod holder [met]
Elektrodenköcher *m* electrode quiver [met]
Elektrode, umhüllte - *f* (Schweißelektrode) coated electrode [met]
Elektroempfindlichkeit *f* electrosensitivity [elt]
Elektrogas *n* electrogas [met]
Elektrogasschweißen *n* electrogas welding [met]
Elektrogerät *n* (Herd usw.) electric appliance [elt]
elektrogeschweißt electro welded [met]
Elektroherd *m* (in Küche) electric range [elt]
elektrohydraulisch electro-hydraulic [elt]
Elektrokarren *m* electrical truck [elt]; storage battery truck [elt]
Elektrokran *m* electric crane [mbt]
Elektrolichtbogenofen *m* electric arc furnace [met]
elektrolytisch verbleit electrolytic leaded [met]
elektrolytisch verzinkt electrolytic galvanized [met]
Elektrolytkondensator *m* electrolytic capacitor [elt]; electrolytic condenser [elt]
Elektromagnet *m* electric magnet [elt]; electromagnet [elt]
elektromotorisch electromotive [elt]
Elektronenstrahl *m* electron beam [elt]
Elektronenstrahlröhre *f* cathode ray tube [elt]
Elektronenstrahlschweißen *n* electron beam welding [met]
Elektroofen *m* (im Stahlwerk) electric furnace [met]
Elektroschaltplan *m* electric circuit diagram [elt]
Elektroschlackeschweißen *n* electroslag welding [met]
elektroschweißen *v* electro weld [met]
Elektroschweißen *n* electric welding [met]
Elektroseilbagger *m* mining shovel [roh]
Elektrostahl *m* electric steel [met]
Elektrotriebwagen *m* electric railcar [mot]
Elektrozug *m* (Kran) electric hoist [mot]; electric winch [met]

Element *n* (Batterie) battery [elt]; cell [elt]
Elementarwellen *pl* elementary waves [phy]
Element, tragendes - *n* supporting member [bau]; weight-bearing element [bau]
elfenbein (RAL 1014) ivory [nrm]
Ellipsenvorklassiersieb *n* (a. Brecher) elliptical pre-classification screen [roh]
Eloxalschicht *f* anodized coating [mas]
Eloxieren *n* anodic treatment [mas]
eloxiert anodized [mas]
Eloxierung *f* anodic treatment [elt]
Emaillieren *n* enamelling [met]
Emissionsgrenze *f* admissible emission [air]
Emissionspegel *m* emission level [msr]
Emissionsschutz *m* emission protection [air]
Emitter *m* emitter [elt]
Emitteranschluss *m* emitter contact [elt]
Emitterdiode *f* emitter diode [elt]
Emitterfolger *m* emitter follower [elt]
Emitterschaltung *f* common-emitter circuit [elt]; grounded emitter circuit [elt]
Emitterstrom *m* emitter current [elt]
Emittertorabstand *m* emitter-to-gate spacing [elt]
Empfängerrauschen *n* receiver base noise [elt]
Empfangsanlage *f* receiving installation [elt]
Empfangsgebäude *n* (Bahnhofshalle) passenger circulating area [mot]
Empfangshalle *f* (des Bahnhofs) main hall [mot]
Empfangskreis *m* receiving circuit [elt]
Empfangsprüfkopf *m* receiver probe [msr]
empfohlen (nahegebracht) recommended
Endabnahme *f* final inspection [met]
Endabnahmeprotokoll *n* final certificate of acceptance [msr]; final inspection report [msr]
Endabschluss *m* (z.B. von Laufgitter) end stopper [mot]
Endanstrich *m* (oberste Farbschicht) paint finish [mot]
Endantrieb *m* (Ölmotor) final drive [mot]
Endantriebuntersetzung *f* final drive reduction [mot]
Endaussteifung *f* (Stahlbau) end stiffener [bau]
Endbindeblech *n* (Stahlbau) end batten plate [bau]; (Stahlbau) end stay plate [bau]
Endbolzen *m* end pin [mas]; internal cone pin [mas]; (an Kette) lock pin [mas]
Endbuchse *f* head bushing [mas]; lock bushing [mas]
Enddämpfung *f* (langsamer werden) final damping [mas]
Enden, angebogen und geschliffen *pl* ends closed and ground [met]
endgültig definite; final
Endhülse *f* (für Kabel) ferrule [elt]
Endkappe *f* end cap [mas]
Endklötze *pl* (Schweißen) end blocks [met]
Endkontrolle *f* (Ausgangskontrolle) pre-delivery inspection [msr]
Endkrater *m* (am Ende der Schweißnaht) crater at end of weld pass [met]
Endkraterblech *n* (Endkrater) crater plates at end of weld pass [met]
Endkraterriss *m* (an Schweißnaht) crater crack [met]
Endlagendämpfung *f* end cushioning [mot]; end-of-stroke damper [mas]
Endlagendämpfung, einstellbare - *f* adjustable end cushioning [mas]
Endlager *n* (Wellenlager) end bearing [mot]
Endlagerflansch *m* end bearing flange [mas]
Endmontage *f* (z.B. Geräte) final assembly [mot]; (z.B. Anlage) final erection [mot]
Endrahmen *m* (Stahlbau) end frame [bau]
Endschalter *m* limit switch [mot]; over travel switch [elt]
Endscheibe *f* end disc [mbt]; end plate [mbt]
Endspiel *n* (auch unerwünschtes Achsspiel) back lash [con]
Endstellung *f* end position; (z.B. eines Zylinders) final position [mas]
Endstellung eines Hebels *f* extreme-in position of a lever [mot]
Endstück *n* end plate [mas]
Endstufe *f* (Verstärker-) power amplifier [elt]
Endstütze *f* end column [bau]; (Stahlbau) end support [bau]
Endtaster *m* limit switch [elt]
Endüberhitzer *m* final superheater [pow]; high-duty section of superheater [pow]

E

E

Endverdampfer *m* (Benson-Kessel) final evaporator [pow]
Endverformung *f* (unerwünscht) end deformation [met]; (absichtlich) end shaping [met]
Endverteiler *m* output distributor [elt]
Endziffern *pl* (z.B. des laufenden Jahres) last digits [mat]
Energiebedarf *m* energy demand [pow]; power consumption [pow]
Energiedach *n* energy roof [bau]
Energieeinsparung *f* energy saving [mot]
Energie-Einsparung *f* energy reduction [pow]
Energieerzeugung *f* power generation [mot]
Energiefassade *f* energy panel [bau]
Energie, innere *f* internal energy [pow]
energielos wattless [elt]
Energierückgewinnung *f* energy retrieving [mot]
Energie, ruhende - *f* (Trägheit) constant inertia [phy]
Energie, statische - *f* (potenzielle Energie) static energy [mot]
Energieverbrauch *m* energy consumption [mot]
Energieverlust *m* energy loss [mot]
Energieversorgung *f* (allgemein) energy supply [mot]; (elektrisch) power supply [elt]
Energieverteilung *f* energy distribution [mot]
Energiezufuhr *f* power feed [mot]
eng (wenig Platz, Zeit) constricted
engmaschig (Drahtzaun) narrow mesh [met]
Engpass *m* (enge Stelle) bottleneck [mot]
Engstelle *f* narrow passage
Entaschung *f* ash removal [pow]
Entaschung, flüssige - *f* liquid ash removal [pow]
Entaschungsanlage *f* ash handling plant [pow]
Entaschung, trockene - *f* dry ash removal [pow]
Entblockierung *f* unblocking [mot]
entbunden (befreit) freed [met]
Entfaltung *f* (Abwicklung) unfolding [bau]
Entfernung *f* (Abbau) dismantling [met]; (eines Maschinenteils) removal [mas]
Entfernungsgesetz *n* distance law [phy]
Entfernungsmesser *m* (Tachozähler) odometer [mot]
entfetten *v* degrease [met]
Entgasungsanlage *f* (Speisewasser) de-aerating plant [pow]; (Speisewasser) deaerator [pow]
entgegen Zeichnung .... other than drawing [con]
entgleisen *v* derail [mot]
entgleist (aus den Schienen gesprungen) derailed [mot]
Entgleisungsschutz *m* check rail [mot]; derailment guard [mot]
entgraten *v* (abgraten) bur [met]; fettle [met]; take the burr off [met]; trim [met]; trim the edges off [met]; (z.B. glatt schleifen) deburr [met]
Entgraten *n* trimming [met]
entgratet, nicht - not deburred [mas]
enthalten *v* (als Inhalt haben) contain [mot]
Enthärtung *f* (Speisewasser) softening [was]; (von Gefüge) tempering [met]
Enthärtungsanlage *f* feed water softening plant [was]
Entkarbonisierungsanlage *f* CO_2 degassing plant [was]; decarbonizer [pow]
entkoppeln *v* decouple [mot]
Entkopplungskreis *m* anti-resonant-circuit [elt]
Entladeausgang *m* discharge chute [mot]
Entladeeinrichtung *f* discharging device [mot]
Entladehöhe *f* dumping height [mbt]
Entladeklappe *f* discharge flap [mot]
Entladekolben *m* unloading piston [mbt]
Entladeleistung *f* unloading capacity [mot]
entladen *v* (Batterie, Kondensator) unload [elt]
Entladen *n* discharging [elt]
Entladeposition *f* discharge position [mot]
Entlader *m* unloader [mot]
Entladeschaden *m* damage [jur]
Entladestrom *m* discharge current [elt]
Entladewiderstand *m* discharging resistor [elt]
Entladung *f* discharge [elt]
Entladung, dosierte - *f* controlled discharging [elt]
Entladungslampe *f* discharge lamp [elt]

entlassen (- aus Arbeitsverhältnis) laid off [eco]; (- aus Arbeitsverhältnis) lay off [eco]
Entlastungsfeder *f* relieving spring [mas]
Entlastungskolben *m* (Ausgleich) balance piston [mas]
Entlastungsventil *n* discharge valve [mot]; relief valve [mas]; unloader valve [mas]
Entleerungsschurre *f* outlet chute [pow]
Entlohnung *f* (Löhne) wages [eco]
entlüften *v* (z.B. Bremsleitung) bleed [mot]; (z.B. Lagerraum) vent [air]; ventilate [air]
Entlüften *n* (das Entlüften) bleeding [air]
Entlüfter *m* (z.B. Bremsleitung) bleeder [mot]; (Beatmer) breather [mot]; (Gase entfernen) exhauster [mot]; (vor Anlauf der Maschine) primer [mot]
Entlüfterhahn *m* vent cock [mot]
Entlüfterkappe *f* breather cap [mot]
Entlüfterpumpe *f* priming pump [mot]
Entlüfterstutzen *m* breather pipe [mot]
Entlüfterventil *n* air bleeder [mas]
Entlüftung *f* air vent [air]; (Entlüfter) breather [mot]; (beim Ventil) exhaust [mot]; (Entlüfter) priming [mot]
Entlüftungsanlage des Motors *f* engine breathing system [mot]
Entlüftungsdüse *f* ventilation nozzle [air]
Entlüftungseinrichtung *f* breather [mot]
Entlüftungshahn *m* air cock [mas]
Entlüftungspumpe *f* priming pump [mot]
Entlüftungsrohr *n* air vent tube [air]; vent pipe [mot]
Entlüftungsschraube *f* air discharge screw [mas]; bleeder screw [mas]; vent screw [mot]
Entlüftungsventil *n* air bleed valve [mas]; air discharge valve [mas]; vent valve [pow]
Entmagnetisierung *f* demagnetisation [elt]
Entnahme *f* taking
Entöler *m* oil separator [mas]
entriegeln *v* (aufschließen) unclamp [mas]; (öffnen) unlock [mas]
Entriegelungstaster *m* reset button [elt]
entrosten *v* derust [met]; remove rust [met]
Entrostung *f* rust removal [met]
Entsalzung *f* (Trommel) boiler water blow-down [pow]
Entsalzungsanlage *f* (Speisewasser) demineralisation plant [pow]
Entscheidungsebene *f* level of decision
entschlüsseln *v* (Kodiertes -) decode [edv]
entsichern *v* (aufschließen) unlock [mas]
entspannen *v* (lösen) release
Entspanner *m* flash box [pow]; flash tank [pow]
entspannt flashed
Entspannungsdampf *m* flash steam [pow]
Entspannungsdruck *m* flash pressure [pow]
entsprechend (dementsprechend) respective
entsprechend ... ((Genitiv)) corresponding with ...
Entstauber *m* (für Staub, grobes Korn) dust and grit arrestor [pow]
Entstauberleitungen *pl* precipitator piping [roh]
Entstauber, mechanischer - *m* mechanical dust separator [pow]
Entstaubungsanlage *f* dust removing plant [mas]
Entstörerbaugruppe *f* noise suppression assembly [elt]
Entstörung *f* fault clearance [elt]; interference suppression [elt]
Entstörzusatz *m* anti-interference device [elt]; interference suppressor [mot]
Entwanzer *m* debugger [edv]
entwässert dehydrated [met]
Entwässerungsanlage *f* sewage system [was]
Entwässerungsgraben *m* draining ditch [bau]
Entwässerungshahn *m* drain cock [pow]
Entwässerungskanal *m* sewage channel [was]
Entwässerungsschraube *f* water discharge screw [mot]
Entwässerungstopf *m* (Wassersammler) drain cup [mot]
Entwässerungsventil *n* (Ablassventil) drain valve [pow]
entweichen *v* (z.B. Gas) escape [mot]
Entwicklung *f* (Abwicklung) evolution; (Entfaltung) unfolding [bau]
Entwicklungsumgebung *f* (Programmierung) development environment [edv]
Entwurf, konstruktiver - *m* structural design [bau]

E

Entwurfszeichnung *f* design drawing [con]; outline drawing [con]; preliminary drawing [con]
Entwurfzeichnung *f* design draft [con]
entzerren *v* equalize [elt]
Entzerrer *m* corrector [elt]; equalizer [elt]
Entzerrung *f* compensation [elt]; equalization [elt]
entzündbar inflammable [met]
entzundern decinder [met]
entzundern *v* descale [met]
Entzunderungsanlage *f* decindering plant [met]
entzündlich inflammable [met]
enzianblau (RAL 5010) gentian blue [nrm]
erbauen *v* (Gebäude) build [bau]; construct [bau]; raise a building [bau]
Erdarbeiten *pl* earthwork [bau]; groundwork [bau]
Erdaushub *m* earth excavation [bau]; excavated earth [bau]; (Ausschachten) excavation work [bod]; (Ausschachten) ground breaking [bod]
Erdbau *m* earthwork [bau]
Erdbaumaschine *f* (Baumaschine) earthmoving machine [mot]
Erdbebengebiet *n* earthquake-prone area [geo]
Erdbebengefährdung *f* earthquake danger [geo]; earthquake hazard [geo]
erdbebensicher earthquake proof [bau]
Erdbebensicherung *f* making buildings resistant to earthquakes [bau]
Erdbeben, tektonisches - *n* tectonic earthquake [geo]
Erdbewegung *f* earthmoving [mot]; movement of earth [bau]
Erdbewegungen *f* transport of soil [geo]
Erdbewegungsgerät *n* earthmoving unit [mot]; earthmoving machine [mot]
Erdbewegungsmaschine *f* earthmoving machine [mot]
Erdblock *m* adobe block [bau]
Erdbohrgetriebe *n* earth auger drive [mbt]
Erddruck *m* (Fundament) active soil pressure [bod]
Erde *f* (Erdung (A)) ground [elt]
erden *f* ((A)) ground [elt]
erden *v* ((B)) connect to earth [elt]; ((A)) connect to ground [elt]
Erde, unter der - (z.B. Bergbau) underground [bod]
Erdgeschoss *n* ground floor [bau]
Erdhobel *m* (Grader) grader [mbt]
Erdinneres interior of earth [min]
Erdkabel *n* buried cable [elt]; underground cable [elt]
Erdklammer *f* (zum Schutzerden (B)) earth clamp [elt]; (zum Schutzerden (B)) earth terminal [elt]
Erdklemme *f* ((A)) ground clamp [elt]
Erdleitung *f* ((B)) earth connection [elt]
erdnah (z.B. Umlaufbahn) near-earth [mot]
Erdschluss *m* (unerwünschte Masseleitung (B)) earth fault [elt]
Erdschlussschutz *m* (gegen Erdschluss (B)) earth fault protection [elt]
Erdstab *m* ((B)) earth rod [elt]
Erdstraße *f* earth road [bau]
Erdtaster *m* ((B)) earthing key [elt]
Erdung *f* ((B)) earth connection [elt]; ((A)) ground connection [elt]
Erdungsanschluss *m* ((B)) earth terminal [elt]
Erdungsbuchse *f* ((B)) earthing socket [elt]
Erdungsdrossel *f* discharge coil [elt]
Erdungskabel *n* ((B)) earth lead [elt]
Erdungsklemme *f* ((B)) earth terminal [elt]
Erdungsstange *f* ((B)) earthing hook [elt]
Erdungswiderstand *m* discharging resistor [elt]; ((B)) earthing resistor [elt]
Erdverlegung, direkte - *f* (Kabel, Fernwärmeleitung) laying directly in the ground [bau]
ereignen, sich - *v* occur
Ereignisprinzip *n* (Versicherung) occurrence [jur]; occurrence basis [jur]
Erfahrung, langjährige *f* grey experience
erfassen *v* (von Daten) collect [edv]; (hochheben) pick up [mot]
Erfassung *f* (z.B. Datensammlung) acquisition [edv]; (auf Listen, usw.) logging
Erfolgskriterien *pl* criteria for success [edv]
erforderlich (benötigt) required
erfordern *v* (benötigen) require
ergänzend complementary; (überlappend) completing

Ergänzung *f* (Vollendung) complement; completion; (Ausweitung) extension [con]
ergiebig abundant [roh]
Ergonomie *f* (wissenschaftlich) ergonomics [hum]
ergonomisch (körpergerecht) for the operation ease and convenience [hum]
erhaben (hervorstehend) raised [met]
Erhärtungszeit *f* hardening time [met]
Erhebung des Beitrages *f* collecting of the premium [jur]
Erhebung von Ersatzansprüchen *f* raising of claims [jur]
erhöht elevated [mot]; (herausragend) exposed [bau]
erikaviolett (RAL 4003) heather violet [nrm]
Erkennbarkeit von Fehlern *f* flaw detectability [msr]
Erkennung durch Berühren *f* recognition by touch
Erker *m* bay [bau]
Erkundung *f* reconnaissance
Erkundungsbohrungen *pl* exploratory drilling [roh]
ermitteln *v* (herauskriegen) find out
ermittelt detected; (festgelegt) laid down
Ermittlung *f* (Feststellung) determination
ermüden *v* tire [met]
Ermüdung *f* (von Material) exhaustion [met]; (von Material) fatigue [met]
Ermüdungsbruch *m* fatigue fracture [met]
Ermüdungserscheinung *f* fatigue [met]
Ermüdungsgrenze *f* endurance limit [met]
Ermüdungsriss *m* fatigue crack [met]
erneuern *v* (Fassade) reface [bau]; (z.B. Teile; ersetzen) replace [mas]
erneuerungsbedürftig repair-prone
erosionsfest erosion-resistant [pow]
erregen *v* induce [elt]
Erregerstrom *m* excitation current [elt]; exciting electricity [elt]
Erregerwicklung *f* field coil [elt]
Erregung *f* energization [mot]; energizing [elt]; (eines Strahlers) excitation [elt]; (Mensch) excitement [elt]
Erregung, sinusförmige - *f* sinusoidal excitation [elt]
Erregung, ungleichförmige - *f* non-uniform excitation [elt]
Errichtung *f* (z.B. eines Hauses) building [bau]; erection [bau]
Ersatzfehler *m* equivalent flaw [elt]; substitute flaw [elt]
Ersatzleistung *f* (Versicherter zahlt Teil selbst) deductibles [jur]
Ersatzteillager *n* parts centre; parts depot
Ersatzteilliste *f* list of spare parts [mot]; (Teileliste) parts list [mot]
Ersatzteilreklamation *f* warranty claim on parts
Ersatzteilzeichnung *f* part drawing [con]
erschließen *v* (z.B. Baugrund) develop [bau]
Erschließung *f* (Bauland) development [bau]
Erschließungskosten *pl* (z.B. Baugrund) development costs [bau]
Erschöpfung der Deckungssumme *f* exhaustion of the limit [jur]
Erschütterung *f* (durch Straße) bump [bau]; (plötzliches Reißen) jerk; (durch Straße) shock [bau]; vibration
erschütterungsreich operate with large number of vibrations
ersetzt durch (gleichwertig) replaced by [con]
Erstabnahme *f* (Abnahme Erstgerät) first off [msr]
erstellen *v* (einer Zeichnung) make [con]; (einer Zeichnung) prepare [con]
Erstellen *n* (z.B. eines Hauses) building [bau]
Erstellung *f* (Bauen) construction [bau]
erstklassig prime choice
Ertrag *m* (Ausstoß einer Maschine) output [mot]
Erwartungsbereich *m* expectancy range [elt]
erweitern *v* (z.B. Bohrloch vergrößern) ream [met]
Erwerbsunfähigkeit *f* physical disability [hum]
Erzeugen eines Abstands *n* spacing
Erzeuger *m* (z.B. von Schwingungen) exciter [mot]; (z.B. von Strom) generator [elt]
Erzeugnisse, fertige - *pl* finished goods [met]
Erzeugung *f* (z.B. von Strom) generation [elt]; (Herstellung) production [met]
Erzvorkommen *n* (im Boden) ore body [roh]
Esse *f* (Kamin) chimney [bau]; (Kamin) chimney [pow]

Estrich *m* floor screed [bau]; screed [bau]
Estrich, schwimmender - *m* floating cement floor [bau]
Etage *f* (Bergbau) floor [roh]; ((B)) storey [bau]; ((A)) story [bau]
Etagenwohnung *f* ((B)) flat [bau]
etwaig (mögliche Ansprüche ...) possible [jur]
evolventenverzahnt involute geared [mot]; involute gearing [mas]
Evolventenverzahnung *f* involute gearing [mot]; involute toothing [mas]
ex-geschützt explosions-proof [elt]
Expertensprache *f* (Datenverarbeitung) expert language [edv]
Expertensystem *n* expert system [edv]
Explosionsdruck *m* (Zerknallen) bursting pressure [phy]; explosion pressure [roh]
Explosionsgase *pl* explosion fumes [roh]
Explosionsmotor *m* internal combustion engine [mot]
Explosionsraum *m* combustion chamber [mot]
Explosionsschweißen *n* explosion welding [met]
explosionssicher explosion-proof [roh]
Explosionstür *f* explosion door [pow]
Explosionswelle *f* (Druckwelle) explosion train [roh]
Explosionszünder *m* (Bergbau) detonating primer [roh]
extern external
extrastark (verstärkt) heavy duty

F

Fabrikat *n* (Marke) make [eco]
Fabrikation *f* manufacturing [met]
Fabrikationsfehler *m* defect in manufacturing [jur]
Fabrikationsstätte *f* production plant [met]
Fabrikgebäude *n* factory building [bau]
Fachausdruck *m* (Fachwort) technical term
fächerförmig fan-shaped [roh]
Fächerscheibe *f* fan-shaped washer [mas]
fachgerecht (professionell) professional; (- Reparatur) workmanlike
Fachgutachten *n* (auch schriftlich) expert opinion
Fachmann *m* expert
Fachnummer *f* (Regal, Lager) location reporting
Fachwerk *n* (Stahlbau) frame [bau]
Fachwerkbauweise *f* (Stahlbau) framework construction [bau]; (Stahlbau) lattice framework [mas]
Fachwerkbrücke *f* girder bridge [bau]
Fachwerkknoten *m* (Stahlbau) truss joint [bau]
Fachwerkkonstruktion *f* (Stahlbau) girder construction [bau]; (Rolltreppe) lattice construction [mas]
Fachwerkstab *m* (Gerüstteil) truss member [bau]
Fachwerkträger *m* (Stahlbau) truss [bau]; truss beam [bau]; (Stahlbau) truss girder [mas]
Fachwerkwand *f* (Stahlbau) panel wall [bau]
Fachwort *n* (Fachausdruck) technical term
Faden *m* filament
Fadenkorrektur *f* emergent stem correction [pow]
Fähigkeit *f* (vom Können her) competency
Fahne *f* banner; flag; (vorspringendes Teil) lug [mas]
Fahrantrieb *m* (des Baggers) crawler unit [mbt]; (auch Endantrieb) drive unit [mot]
Fahrbahn *f* carriageway [bau]; (Fahrspur) lane [mot]; pavement [mot]; (Straße allgemein) road [mot]
Fahrbahnbreite *f* carriage width [mot]
fahrbar mobile [mot]
Fahrdraht *m* (Oberleitung) catenary wire [mot]
Fahrer *m* (auf Baumaschine, Bagger usw.) operator [mot]
Fahrerhaus *n* cab [mot]; operator's cab [mbt]
Fahrerhausheizung *f* cab heating system [mot]
Fahrerhaus, offenes - *n* canopy [mot]
Fahrerkabine *f* cab [mot]; operator's cab [mot]
Fahrerkomfort *m* operator's comfort [mot]; operator's ease and convenience [mot]
Fahrersitz *m* (Pkw, Lkw) driver's seat [mot]; (Baumaschine) operator's seat [mot]
Fahrgeschwindigkeit *f* travelling speed [mot]; travel speed [met]
Fahrgestell *n* (des Waggons) carriage [mot]; (z.B. bei Kranfahrzeugen) carrier [mbt]; chassis [mot]
Fahrgetriebe *n* gearbox [mot]
Fahrgetriebeschaltung *f* travel gear shift [mbt]
Fahrkette *f* (der Kettensatz) track set [mbt]
Fahrmischer *m* truck mixer
Fahrmotor *m* (an Raupenkette) final drive [mot]
Fahrpedal *n* accelerator pedal [mot]
Fahrrinne *f* channel [mot]; fairway [mot]
Fahrscheinwerfer *m* headlight [mot]
Fahrschütz *n* contactor [elt]
Fahrspur *f* (auf Straße markiert) lane [mot]
Fahrspuren *f* (von Fahrzeugen gemacht) tire tracks [mot]
Fahrsteig *m* autowalk [mbt]
Fahrstellung *f* travelling position [mas]
Fahrsteuerung *f* drive control [mbt]
Fahrstraße *f* (freie Fahrstraße für Zug) track cleared to accept a train [mot]; (freie Fahrstraße für Zug) track set up for the next move [mot]
Fahrstuhlfanggerät *n* escalator arresting-device [bau]
Fahrstuhlkorb *m* car [mbt]
Fahrtenschreiber *m* tachograph [mot]
Fahrt, flotte - *f* (Grader, Raupe, ...) fast passage [mbt]
Fahrtrichtung *f* direction of travelling [mot]; (Rolltreppe) running direction [mbt]

Fahrtrichtungsanzeigeleuchten *pl* direction indicator lights [mot]
Fahrtrichtungsanzeiger *m* directional indicator [mot]
Fahrtroute *f* route [mot]; route [mot]
Fahrtschreiber *m* tachograph [mot]
Fahrtstrecke *f* (von Kippern) haul road [mot]; route [mot]
Fahrverhalten *n* travelling behaviour [mot]
Fahrwagen *n* carriage [mot]
Fahrwerk *f* (Chassis) chassis [mot]; (Flugzeug) landing gear [mot]; (Raupengerät) track set [mbt]; (einer Brecheranlage) travelling mechanism [roh]; (Flugzeug) undercarriage [mot]
Fahrwerksbremse *f* travel brake [mas]
Fahrwerkskonstruktion *f* design of the chassis [mot]
Fahrwerksrahmen *m* chassis frame [mbt]
Fahrwiderstand *m* resistance to forward motion [mot]; (Reifen, auch Wind) road resistance [mot]
Fahrzeugbau *m* (Landwirtschaft, Pkw, Nutzfahrzeuge) vehicle manufacturing [mot]
Fahrzeugmotor *m* carrier engine [mot]; vehicle engine [mot]
Fahrzeugnavigation *f* car navigation [mot]
Fahrzeugpark *m* (Bestand) motor pool [mot]
Fahrzeugteile *pl* vehicle parts [mot]
Fallbirne *f* bomb [mbt]; breaker ball [bau]; (Abbruch) drop ball [bau]; tamper [bau]
Fallbodenbehälter *m* drop-bottom bucket [mot]
Fall, freier - *m* free fall [phy]
Fallgewicht *n* weight of hammer [bau]
Fallhöhe *f* height of drop
Fallkugel *f* (Knäpperarbeit) drop ball [bau]
Fallnaht *f* (senkrechtes Schweißen) downhand welding [met]
Fallrohr *n* downcomer [pow]; rainwater pipe [bau]
Fallrohr, oberes *n* (Kugelregen zur Entrußung) down line [pow]
Fallrohrsammler *m* downcomer header [pow]
Fallschnitt *m* (im Tagebau) dropping cut [roh]
Fallstromvergaser *m* down-draught carburettor [mot]
Falltür *f* hatch [bau]
Fallzug *m* (fallender Zug) downward gas passage [pow]
falsch montiert incorrectly fitted [met]
faltbar (klappbar) collapsible
Faltdach *n* folding roof [mot]
Faltenbalg *m* bellow [mas]; (zwischen Wagen) corridor connection [mot]
Faltenrohrbogen *m* corrugated expansion bend [pow]
Faltenschlauch *m* accordion hose [mas]
Faltspriegel *m* folding bow [met]
Falttür *f* folding door [mot]
Faltung *f* (beim Bildverstehen) convolution [edv]
Faltungen *pl* foldings [bau]
Falz *m* (Faltung) fold [met]; (Nut, Rille) nick [met]; notch [met]; (Holz) rabbet [bau]; rebate
Fangband *n* rebound strap [mot]
Fangschlinge *f* (an Drehgestell) catching loop [mbt]; trap [bff]
Fangvorrichtung *f* (Arretierung) arrester [mas]; (am Eisenbahngleis) check rail [mot]; (der Seilbahn) gripping device [mot]
Farbanstrich *m* colour coating [met]; paint coating [nrm]
Farbaufstrich *m* paint finish [nrm]
Farbe *f* (einzelne; (RAL)) paint [nrm]
Farbeindringprüfung *f* liquid penetration test [nrm]
Farbläufer *m* paint run [nrm]
Farbschichtdicke *f* coat thickness [met]
Farbschichtdickenmessgerät *n* thickness measuring device for coats of paint [msr]
Farbspritzer *m* (vorbei gespritzt) overspray of paint [nrm]; (Kleckse) paint splatter [nrm]
Farbspritzverfahren *n* paint spraying [nrm]
Farbveränderung *f* change in colour
farngrün (RAL 6025) fern green [nrm]
Fase *f* chamfer [mas]
Faser, neutrale - *f* (bei gebogenem Blech) neutral axis [met]
faserverstärkt fibre-reinforced [met]
Fass für giftig Stoffe *n* drum for poisonous substances [mas]
Fass für radioaktiven Abfall *n* drum for radioactive waste [mas]
Fassklammer *f* drum clamp [mot]

Fasspumpe *f* drum pump
Fassung *f* mounting [elt]; socket [elt]
Fassungsvermögen *n* capacity [met]
Fastunfall *m* (fast ein Zusammenstoß) near miss [mot]
Faustregel *f* (nach allgem. Erfahrung) rule of the thumb [nrm]
Feder *f* (an Radialdichtringen) garter spring [mas]; (Schnapper) key [mas]; (Spiraldruckfeder, z.B. im Puffer) recoil spring [mas]; (Biegefeder) retainer [mas]
Federauge *n* rolled end of a spring [mas]
Federbalg *m* bellows [mas]
Federblatt *n* leaf [mas]
Federblatt, oberstes *n* master spring leaf [mas]
Federdrahtring *m* circlip [met]
Federeinrichtung *f* (am Wagon) draft gear [mot]
Federkennlinie *f* characteristic curve of spring [met]
Federklammer *f* elastic rail clip [mot]
Federklemme *f* spring contact [elt]
Federleiste *f* pin connector [mas]
Federnagel *m* (Schiene - Schwelle) elastic rail spike [mot]; (Schiene - Schwelle) flexible spike [mot]
federnd resilent
Federring *m* lock washer [mas]; retaining ring [mas]; wave washer [mas]
Federring, gewellter - *m* wave spring lock washer [mas]
Federring, gewölbter - *m* curved spring lock washer [met]
Federscheibe, gewellte - *f* wave spring washer [mas]
Federscheibe, gewölbte - *f* curved spring washer [met]
Federstift *m* perch bolt [mas]
Federteller *m* washer [mas]
Federungselemente *n* elements for spring suspensions [mas]
Feder, vorgespannte - *f* prestressed spring [mas]
Federzinke *f* hay-bob tine [mas]
Federzungenweiche *f* long-blade switch [mas]
Fehlanpassung *f* mismatch [mas]
Fehlanzeige *f* (unrichtige Anzeige) faulty measurement [msr]; (Meldung über Unrichtigkeit) negative report
Fehler *m* (Lunker) cavity [met]
Fehler, absoluter - *m* absolute error
Fehlerabstand, reduzierter - *m* reduced flaw distance [mas]
Fehleramplitude *f* flaw echo amplitude [msr]
Fehleranalyse *f* analysis of mistakes [mat]
Fehleranzeige *f* flaw indication [msr]; flaw signal [msr]
Fehlerart *f* type of fault [mas]; type of flaw [mas]
Fehler, auffindbarer - *m* positively detectable defect
Fehlerausdehnung *f* flaw extension [msr]
Fehlerbeschreibung *f* describing of the fault
Fehlerbeseitigung *f* trouble shooting [mas]
Fehlerecho *n* flaw echo [msr]
Fehler, flächiger - *m* plane flaw [mas]
fehlerfrei flawless [met]
Fehlergröße *f* flaw size [elt]
Fehlergröße, reduzierte - *f* reduced flaw size [mas]
fehlerhaft (nicht einwandfrei) objectionable
Fehlerhäufigkeit *f* rate of occurrence [msr]
Fehler, künstlicher - *m* artificial flaw [mas]
Fehlernachweisbarkeit *f* flaw detectability [msr]
Fehlernachweisempfindlichkeit *f* flaw detection sensitivity [msr]
Fehlerortung *f* flaw location, orientation [msr]
Fehlerschlüssel *m* (Schadenschlüssel) type of fault [mas]
Fehlersicherung *f* protection against errors [edv]
Fehlersignalfreigabe *f* flaw signal release [msr]
Fehlersignalspeicher *m* flaw signal store [elt]
Fehlersignalsperrung *m* flaw signals blocking [elt]
Fehlerstelle *f* (Schadensstelle) defective area [met]; (genaue Schadensstelle) defective spot-area [met]
Fehlerstrom *m* fault current [elt]; leakage current [elt]
Fehler-Strom-Schutzschalter *m* fault current protection switch [elt]
Fehlersuche *f* (zur Beseitigung) trouble shooting [mas]

Fehlertiefe *f* (z.B. Riss, Bruch) flaw depth [msr]
Fehlerumrisse *m* (Form und Aussehen) contours of defect [met]
Fehlmarkierung *f* inaccurate marking
Fehlschaltung *f* malfunction
Fehlzündung *f* (Frühzündung usw.) back fire [mot]
Feiertag, gesetzlicher - *m* legal holiday [jur]
Feilkloben *m* (Glättungswerkzeug) hand vice [mas]; (Glättungswerkzeug (A)) hand vise [mas]
Feilspäne *pl* filings [met]
Feinarmaturen *pl* valves and fittings [pow]
Feinblech *n* (unter 0,5 bis unter 3 mm) thin sheet metal [mas]
Feinblech, feuerverzinktes - *n* hot-dip zinc-coated sheet steel [met]
Feinblech, oberflächenveredeltes - *n* cold rolled pre-coated sheet steel [met]
Feinblech, unveredeltes - *n* cold rolled uncoated sheet steel [met]
Feineinsteller *m* vernier [msr]
Feineinstellung *f* fine adjustment [met]; vernier adjustment [msr]
Feinerz *n* (nicht Stückerz) fine-grained ore [min]
Feingewinde *n* fine thread [mas]
Feingießen *n* investment casting [mas]
Feingliedrigkeit *f* (bei Schmiedestück) intricacy of design [mas]
Feinkoks *m* breeze [mas]; coke breeze [roh]
Feinkorn *n* (Rost) fines [met]
Feinkornbaustahl *m* fine-grained steel for structural use [met]; grain-refined construction steel [met]
Feinkornfilm *m* fine-grain film
Feinkorngehalt *m* fines content [pow]
Feinkornstahl *m* grain-refined steel [met]
fein mahlen *v* grind [met]
Feinmechanik *f* precision mechanics [mas]
Feinnut *f* groove [mas]
Feinputz *m* finish coat [bau]
Feinregulierung *f* fine regulation [roh]
feinrollen *v* (Zylinderinnenwand) burnish [met]
Feinsand *m* (beim Gießen) parting sand [mas]
Feinschneidgüte *f* fine cutting quality [met]
Feinsicherung *f* miniature fuse [elt]
Feinsieben *n* fine screening [roh]
Feinsiebung *f* fine screening [roh]
Feinstaub *m* (Flugasche) fines [pow]
Feinstblech *n* (unter 0,5 mm) very thin sheet metal [met]
Feinstblech, auch behandelt *n* black plate, also temporary protected [mas]
Feinsteuerung *f* fine control [met]; (Kriechgangsteuerung) precision control [mbt]
Feinstfilter *m* micro filter [mot]
Feinzerkleinerung *f* fine crushing [roh]
Feld *n* (Brücke, Träger) panel [bau]
Feldbahn *f* narrow-gauge railroad [mot]
Feldbahngleis *n* light railroad track [mot]
Feldbahnlokomotive *f* narrow-gauge engine [mot]
Feldbahnmaterial *n* feeder-line rolling stock [mot]; narrow-gauge rolling stock [mot]
Feldeffekttransistor, selbstsperrender - *m* enhancement-type field-effect-transistor [elt]
Feldlänge *f* span [bau]
Feldregler *m* field rheostat [elt]
Felduntersuchung *f* field investigation [msr]
Feldwicklung *f* magnet coil [elt]
Felgenband *n* rim band [mot]
Felgenkranz *m* wheel rim [mot]
Felgenring *m* rim ring [mot]
Felgenring, ungeteilter - *m* solid rim ring [mot]
Felslöffel *m* (Erdarbeiten) rock bucket [mbt]
Felsschaufel *f* (Erdarbeiten) rock bucket [mbt]; (Erdarbeiten) rock shovel [mbt]
Fensterabdichtschiene *f* window rail seal [mot]
Fensterband *n* casement hinge [bau]; continuous window [bau]
Fensterbeschläge *m* window fittings [mas]
Fensterbrüstung *f* breast [bau]; spandrel [bau]; window sill [bau]
Fensterdichtung *f* window gasket [bau]
Fenstergitter *n* window grill [bau]
Fensterheber *m* window lifter [mot]
Fensterheberschiene *f* window lifter rail [mot]
Fensterkreuz *n* window cross [bau]
Fensterkurbel *f* window crank [mot]

Fensterrahmen *m* (Auto) window frame [mot]
Fensterscheibe *f* window pane [bau]
Fenstersims *m* window sill [bau]
Fensterstrebe *f* sash bar [bau]
Fenstersturz *m* window head [bau]; window lintel [bau]
Fensterverwaltung *f* window management [edv]
Fensterzarge *f* window case [bau]
Fernanzeige *f* remote indication [elt]
Fernbahn *f* long distance railway [mot]; main line [mot]
Fernbahnhof *m* main line station [mot]
Fernbedienung *f* remote control [elt]; remote operation [elt]
Ferndampfleitung *f* long-distance steam line [pow]
Fernerkundung *f* remote sensing [edv]
Fernfeld *n* far field [tel]
ferngelenkt remote controlled [elt]
ferngesteuert remote operated [pow]
Fernheizkraftwerk *n* district heating power station [pow]
Fernleitung *f* (unterirdisch) high-voltage cables [elt]; (auf Masten) overhead power supply [elt]; transmission line [elt]
Fernleitungsdraht *m* (auf Masten) conductor [elt]
Fernleitungskabel *n* transmission cable [elt]
Fernlicht *n* drive light [mot]
Fernlichtkontrollleuchte *f* high beam indicator lamp [mot]
Fernmeldenetz *n* public communication network [edv]
Fernmeldewesen *n* telecommunication [tel]
Fernsehkamera *f* television camera [elt]
Fernsteuerung *f* remote control [elt]
Fernstraße *f* highway [mot]; trunk road [mot]
ferritisch ferritic [met]
Ferrolegierungen *f* ferro-alloys [met]
Ferrotron *n* ferrotron [met]
Fertiganstrich *m* finish coat; top paint finish [met]
Fertigbau *m* prefabricated building [bau]
Fertigbauteil *n* prefabricated component [pow]
fertig bearbeitet (z.B. gedreht) finish machined [met]
Fertigbetonplatte *f* precast slab [bau]
Fertigbetonträger *m* precast concrete girder [bau]
Fertigdrehmaschine *f* finishing lathe [wzg]
fertige Erzeugnisse *pl* finished goods [met]
fertigen *v* (bauen) produce [met]
Fertigerzeugnisse *pl* finished goods [met]
fertiggemacht (abgeschlossen) finished
Fertiggut *n* finished material [met]
Fertighaus *n* prefabricated house [bau]
Fertigkontur *f* final contour [met]
fertig machen *v* (beenden) finish [met]
Fertigmaß *n* finished dimension [con]
fertig stellen *v* finalize [bau]
Fertigstellung *f* completion; finishing [met]
Fertigteil *n* finished product [con]; prefabricated member [bau]
Fertigteilbauweise *f* precast concrete construction [bau]; prefabricated construction [bau]; systems building [bau]
Fertigteilträger *m* prefabricated girder [bau]
Fertigung *v* (Produktion) factory floor [met]
Fertigungsablauf *m* production sequence [met]
Fertigungsbeginn, vor - prior to manufacture [met]
Fertigungsfluss *m* continuation of production [met]
Fertigungsinsel *f* manufacturing cell [met]
Fertigungskontrolle *f* production testing [msr]
Fertigungsnummer *f* manufacturing number [met]
Fertigungsprogramm *n* manufacturing line [mas]
Fertigungsrationalisierung *f* rationalization of manufacturing [eco]
Fertigungsstätte *f* manufacturing plants [met]
Fertigungssteuerung *f* production control [edv]
Fertigungsstraße *f* assembly line [mas]
Fertigungsstunden *f* manufacturing hours [met]
Fertigungstechnologien *f* manufacturing technologies [met]
Fertigungstoleranz *f* manufacturing tolerance [met]; production tolerance [con]

Fertigungsüberwachung *f* manufacturing inspection [met]
Fertigungszelle *f* (Fertigungsinsel) manufacturing cell [met]
Festbeitrag *m* (zur Versicherung) fixed premium [jur]; (zur Versicherung) flat premium [jur]
festfahren *v* (im Schlamm) bog down [mbt]
festgesetzt (arretiert) locked [mot]
Festgestein *n* consolidated rock [min]
Festigkeitsberechnung *f* stress analysis [con]
Festigkeitsklasse *f* class of strength [phy]; (Zugfestigkeit) tensile strength [met]
Festigkeitsverlust *m* loss of hardness [bau]
Festigkeitsversuch *m* experimental stress analysis [msr]
Festkontakt *m* fixed contact [elt]
Festlager *n* (Lagerbock) fixed bearing [mas]; locating bearing [mas]
Festlagerring *m* fixed bearing ring [mas]
Festlegung *f* determination
Festmachen *n* (eines Schiffes) mooring [mot]
Festplatte *f* (Massenspeicher) hard disk [edv]
Festpreis *m* fixed price [eco]
Festpropeller *m* fixed propeller [mot]
Festpunkt *m* anchor point [bau]; benchmark; fixed point [bau]
feststampfen *v* tamping [bau]
Feststellasche *f* cable clip [mot]
Feststellbremse *f* locking brake [mbt]; (nur Kfz) parking brake [mot]
feststellen *v* (arretieren) lock [mas]
Feststeller *m* (z.B. Raste) arresting device [mas]; (Feststellbremse) lock [mot]; (z.B. Raste) locking device
Feststellung *f* (Riegel) locking [mas]
fest verdrahtet hard-wired [elt]
Festwiderstand *m* fixed resistor [elt]
festziehen *v* (eine Schraube) tighten [met]
fettbeständig grease-resistant [met]
fettfrei free from grease [met]
Fettkanal *m* grease conduit [mas]
Fettpatrone *f* grease cartridge [mot]
Fettpresse *f* (Fettpistole) grease gun [mot]; grease pistol [mot]
Fettschmieranlage *f* grease lubrication system [mbt]
Fettschmierung *f* grease lubrication [mot]
Fettüberdruckventil *n* grease relief valve [mot]
Feuchtigkeit, innere - *f* inherent moisture [met]
Feuchtigkeitsgehalt *m* moisture content [met]
Feuchtigkeitsschutz *m* moisture guard [mas]; moisture proof [met]
Feuchtigkeitssperre *f* damp course [bau]
Feuchtraum *m* moist room [elt]
Feuchtraumleuchte *f* moist room lamp [elt]; moist room light [elt]
Feuchtsicherungskabel *n* damp-proof cable [elt]
feueraluminiert hot-dip aluminized [met]
Feuerbeständigkeit *f* fire resistance [met]; refractoriness [pow]
feuerfest (nicht brennbar) fireproof [met]; (widersteht Feuer) fire-resistant [met]; refractory [met]
Feuerlöschanlage *f* fire extinguishing system [mot]
Feuerlöschfahrzeug *n* fire tender [mot]
Feuermeldeanlage *f* fire alarm system [bau]
Feuermeldekontakt *m* fire alarm contact
Feuerraum *m* combustion chamber [pow]; (Primärkammer) primary chamber [pow]
Feuerraumendtemperatur *f* furnace gas outlet temperature [pow]
feuerrot (RAL 3000) flame red [nrm]
Feuerschutzwand *f* fire wall [bau]
Feuerschweißen *n* forge welding [met]
Feuer, schwelendes - *n* smouldering fire
Feuertür *f* (Dampflok) firehole door [bau]; fire-hole door [bau]
Feuerung, kombinierte - *f* combined firing [pow]; multiple-fuel firing [pow]
Feuerung, mechanische - *f* mechanical firing equipment [pow]
Feuerung mit Deckenbrennern *f* top-fired unit [pow]
Feuerung mit flüssiger Entaschung *f* wet bottom furnace [pow]
Feuerung mit trockener Entaschung *f* dry bottom furnace [pow]
Feuerung mit unten liegenden Brennern *f* bottom-fired unit [pow]
Feuerungseinrichtung *f* firing equipment [pow]
feuerverbleit hot-dip leaded [met]
feuerverzinken *v* hot-dip galvanize [met]

Feuerverzinken *n* hot-dip galvanizing [met]
feuerverzinkt hot-dip galvanized [met]; hot-dip zinc-coated [met]; hot-galvanized [met]
Feuerverzinkung *f* hot-dip galvanising [met]
Feuerwache *f* (Gebäude) fire station [bau]
Feuerwehrschlauch *m* fire hose
Fiberglas *n* fibreglass [met]
Filterbefestigung *f* filter mounting [mot]
Filtereinsatz *m* (Patrone) filter cartridge [mot]; (Element) filter element [mot]; (Einschubteil) filter insert [mot]
Filterelement *n* (Wegwerfpatrone) throw-away filter [was]
Filtergehäuse *n* filter housing [mot]
Filterhaube *f* breather cap [mot]
Filterkonsole *f* filter bracket [mot]
Filter, mechanischer - *m* dust separator [air]; mechanical precipitator [air]
Filterpatrone *f* filter cartridge [mot]
Filtersieb *n* filter screen [mot]
Filterwolle *f* filter wool [mot]
Filzdichtung *f* felt packing [mot]
Filzfilter *m* felt filter [mot]
Fingerschutz *m* finger guard
Fingerschutzeinrichtung *f* finger protection device
Fingerschutzleiste *f* (Rolltreppe) finger protection extrusion [mbt]
Fingertupfprobe *f* fingertip test [met]
Firmenzeichen *n* trade mark [eco]
First *m* apex [bau]
Firstbalken *m* ridge beam [bau]; ridge purlin [bau]
Firststein *m* crown tile [bau]
Firstziegel *m* crest tile [bau]
Fischbauchträger *m* fish bellied girder [mot]; (Stahlbau) fish girder [bau]
Fischerknoten *m* fisherman's knot [mot]
Fitsche *f* (Türangel) hinge hook [bau]
Fixierbügel *m* (Klammer) hold-down bracket [mas]
Fixierungsring *m* lock ring [mas]
Flachbau *m* flat block [bau]
Flachbaurahmen *m* low-profile module [mot]
Flachbettfelge *f* flat-base rim [mot]
Flachbodenloch *n* flat bottomed hole [mot]
Flachböschung *f* ditch wall [bau]
Flachbrenner *m* flare type burner [pow]
Flachdach *n* flat roof [bau]
Flachdichtung *f* gasket [mas]
Fläche, bearbeitete - *f* machined area [mas]
Fläche, bebaute - *f* built area [bau]
Fläche, ebene - *f* plane surface
Flacheisen *n* (Flachstahl) flat [met]; flat iron [met]; flats [mas]
Flächenbiegungsprobe *f* face bend test [met]
Flächenpressung *f* face pressure [mas]; pressure per unit of area
Flacherzeugnisse *f* flats [mas]
Fläche, überbaute - *f* covered area [bau]
Fläche, Wärme aufnehmende - *f* heat-absorbing surface [pow]
Flachformfeder *f* formed leaf spring [mas]
Flachglas *n* flat glass [met]
Flachgründung *f* shallow foundation [bau]
Flachgurtförderer *m* flat belt conveyor [mas]
Flachkopfschraube *f* pan head screw [mas]
Flachmeißel *m* flat chisel [wzg]
Flachprodukt *n* (kalt- oder warmgewalzt) flat product [met]
Flachprofil *n* flat web section [mas]
Flachrahmen *m* hoop [mbt]
Flachrundkopfniete *f* flat round head rivet [mas]
Flachrundniete *f* truss head rivet [mas]
Flachrundschraube *f* flat head bolt [mas]
Flachrundschraube mit Vierkantansatz *f* cup square neck bolt [mas]; mushroom head square neck bolt [mas]
Flachsenkniet *m* flat countersunk head rivet [mas]
Flachspiralfeder *f* flat spiral spring [mas]
Flachstab *m* (Flachstahl) flat bar [met]; (Stahlbau: Flachstahl) member, flat . [bau]
Flachstahl *m* flats [mas]; flat steel [mas]; hot-rolled flat bars [mas]
Flachstromvergaser *m* horizontal draught carburettor [mot]
Flachstumpffeile *f* flat file [wzg]
Flachwagen *m* flatbed car [mot]; flat wagon [mot]
Flamme *f* flame [pow]
Flammenwächter *m* flame monitor [pow]
flammgehärtet furnace hardened [met]
Flammglühanlage *f* (für Diesel) flame-type kit [mot]

F

Flammglühkerze *f* (für Diesel) flame-type heater-plug [mot]
flammhärten *v* flame-harden [met]
Flammhärtung *f* gas hardening [met]
Flammpunkt *m* flash point [met]
Flammrohr *n* (vor Röhrenkessel) flame pipe [pow]
flammstrahlen *v* flame-clean [met]
Flämmverfahren *n* (Verkleben von Dichtbahnen) flaming process [bau]
Flanke *f* (des Zahnes am Zahnrad) tooth side [mas]
Flankenbindefehler *m* (Schweißtechnik) lack of side-fusion [met]
Flankendurchmesser *m* pitch diameter [mot]
Flankenspiel *n* (Spiel) back lash [con]
Flansch *m* boot plate [mas]; flange [mas]
Flanschanschluss *m* flanged connection [mot]
Flanschanschluss, mit - *m* flange-connected [mot]; flange-mounted [mas]; flange union [mot]
Flanschbefestigung *f* flange joint [mot]; flange mounting [mot]; flange union [mot]
Flanschbuchse *f* flange housing [mas]
Flanschdoppelgelenk *n* flange double joint [mot]
Flanschlager *n* flanged bearing [mot]
Flanschmotor *m* flange-mounted motor [mot]
Flanschnabe *f* flange hub [mot]
Flanschring *m* flange ring [mot]
Flanschsystem *n* method of flanging [mas]
Flanschverbindung *f* flange connection [mot]; flanged joint [met]; flange joint [mot]
flaschengrün (RAL 6007) bottle green [nrm]
Flaschenzug *m* pulley [phy]; pulley block [phy]
flattern *v* (der Räder) wobble [mot]
flechten *f* (Bewehrung) tie [bau]
flechten *v* (zopfartig verweben) braid [met]
Flechtwerk *n* whattle [bau]
Fleckigkeit *f* mottle [elt]
Fleyerkette *f* cable chain [met]; leaf chain [mas]
Flicken *n* (kleines Stück) patch
fliegend gelagert unilateral bearing [mas]
Fliehkraftregler *m* centrifugal governor [mot]
fließend (z.B. Wasser) flowing [was]; (stoßfrei) non-surge [mot]
Fließgrenze *f* yield point [mas]
Fließpressschweißen *n* cold pressure extrusion welding [met]
Fließpunkt *m* (Aggregatzustand Metall) pour point [mas]
flimmern *m* (Bildschirm) flicker [elt]
flink (rasch) nimble
floatklar float clear [met]
Flockenrisse *pl* flake cracks [met]
Flossenrohr *n* finned tube [pow]
Flucht *f* (Häuser-) row [bau]
Fluchten *n* (Lager) alignment [mas]
fluchtend (bündig) aligned [con]; (bündig) in line
fluchtgerecht (bündig) flush [met]
Fluchtstab *m* hanging rod [mas]; ranging poles [bau]; ranging rod [mbt]
Fluchtweg *m* emergency exit [bau]
Flugascheneinbindung *f* fly ash retention [pow]; fly ash retention [pow]; grit retention [pow]
Flugascheneinschmelzung *f* fly ash slag tapping [pow]
Flugascheneinschmelzzyklon *m* fly ash slag-tap cyclone [pow]
Flugaschenrückführung *f* (grobes Korn) cinder return [pow]; (Staubfeuerung) fly ash return [pow]; (Rost) grit refiring [pow]
Flugaschensammelbunker *m* fly ash storage bin [pow]
Flugaschentrichter *m* fly ash hopper [pow]; grit hopper [pow]
Flugaschenverlust *m* loss due to carbon in fly ash [pow]
Flugaschenwiederaufgabe *f* fly ash refiring [pow]
Flügelfenster *n* casement window [bau]
Flügelmutter *f* thumb nut [mas]; wing nut [mas]
Flügelpumpe *f* vane pump [mot]
Flügelrad *n* impeller [mot]
Flügelschraube *f* wing bolt [mas]; wing screw [mas]
Flügelzellenpumpe *f* fly pump [mot]
Flughafenfahrzeug *n* airport vehicle [mot]
Flughafenfeuerwehr *f* airport fire engine [mot]
Flugkokstrichter *m* fly ash hopper [pow]

Flugkoksverlust *m* loss due to carbon in fly ash [pow]
Flugstaubabscheider *m* (grobes Korn) arrestor [air]; (grobes Korn) grit arrestor [pow]
Flugzeug, vierstrahliges - *n* four-engined plane [mot]
Flugzeug, zweistrahliges - *n* two-engined plane [mot]
Flur *m* (zwischen Räumen im Haus) hall [bau]
Flurförderzeug *n* (z.B. Gabelstapler) floor conveyors [mot]; (meist Gabelstapler) fork lift trucks [mot]
Flussbagger *m* (Schwimmbagger) dredge [mbt]; dredger [mbt]
Flussbaggerfracht *f* dredger freight [mot]
Flüssigkeitsaufnahme *f* liquid intake [mas]
Flüssigkeitsbehälter *m* fluid container [mot]
Flüssigkeitsdämpfer *m* liquid-type damper [mot]; viscous-type damper [mot]
Flüssigkeitsdruck *m* fluid pressure [mot]
Flüssigkeitskupplung *f* hydraulic clutch [mot]; hydraulic coupling [mas]
Flüssigkeitsmengenanzeiger *m* liquid meter indicator [elt]
Flüssigkeitsstrahl *m* fluid jet [mot]
Flüssigkeitsthermometer *n* liquid-in-glass thermometer [msr]
Flüssigkeitsumlauf *m* (Kreislauf) hydraulic circuit [mot]
flüssigkeitsvergütet liquid-annealed [mas]
Flüssigkeitsverteiler *m* fluid distributor [mot]
Flüssigstahl *m* liquid steel [met]
Flüssigstahlbehandlung *f* ladle treatment of liquid steel [met]
Flüssigtreibstoff *m* liquid propellant [mot]
Flussmittel *n* (für Schlacke und Schweißen) fluxes [met]
Flussrand *m* (Flussufer) bank [bod]; (Ufer) water edge [geo]
Flussrichtung *f* flow path [mot]
Flussstahl *m* mild steel [mas]
Flussstahlelektrode *f* mild steel electrode [met]
Flussufer *n* river bank [geo]
Fokussierung *f* focussing [elt]
Folgefrequenz *f* repetition frequency [elt]
Folgeregelung *f* sequence control [msr]
Folgeschaden *m* (einschl. Drittschaden) consequential damage [jur]
Folgesteuerung *f* sequence control [msr]
Folgeverbundwerkzeuge *pl* compound tool-sets [met]
Folgewerkzeuge *pl* progressive die sets [wzg]
folienbeschichtet laminated [met]
Folienbeschichtung *f* foil coating [met]
Folienkondensator *m* film capacitor [elt]
Folientastatur *f* membrane keyboard [edv]
Förderband *f* conveyor belt [roh]
Förderbandanlage *f* belt conveyor system [mbt]
Förderbandüberdachung *f* conveyor belt housing [pow]
Förderbrücke *f* conveyor bridge [mbt]
Fördereigenschaften *pl* delivery characteristics [mot]
Fördergerät *n* handling equipment [roh]
Fördergerüst *n* (Bergwerk) head-frame [roh]
Förderhöhe *f* vertical rise [mbt]
Förderkohle *f* run-of-the-mine coal [roh]
Förderkolben *m* delivery plunger [mot]
Förderkorb *m* (im Bergbau) mine cage [roh]
Förderlader *m* elevating grader [mot]
Förderleistung *f* conveying line [pow]; (z.B. der Pumpe) output [mot]
Förderleistung, gleichbleibende - *f* constant volume pressure [mot]
Fördermaschine *f* (Bergwerk) winder [roh]
Fördermenge *f* output [mot]
fordern *v* (Schadenersatz u. Ä.) claim [jur]; (bitten) request
fördern *v* (schleppen, tragen) haul [mot]; (Kraftstoff saugen) prime [mot]
Förderpumpe *f* (zusätzlich) booster pump [mot]; delivery pump [mot]; transfer pump [mas]
Förderschnecke *f* conveying worm [mot]
Förderstrom *m* delivery rate [mot]; (Schluckstrom) displacement [elt]
Förderstrom, abgegebener - *m* discharge volume [mot]
Förderstrom einer Pumpe *m* delivery rating of a pump [mot]
Förderstrom, konstanter - *m* constant delivery [roh]

F

Förder- und Lagersysteme *n* conveying and storage systems [roh]
Forderung *f* (erforderliches Material) requirement [eco]
Förderung *f* (Transport auf Maschine) delivery [mot]; (Abbau im Bergbau) mining [roh]; (Transport) transfer [roh]; (Transport) transport [roh]
Förderweg *m* hauling distance [mot]; travel distance [roh]
Formalitäten *pl* technicalities
Formänderung *f* deformation [met]; strain [met]
Formbarkeit *f* (z.B. warmer Stahl) ductility [mas]; working property [mas]
Formbestimmung *f* determination of shape [msr]
Formblatt *n* form
Formecho *n* contour echo [aku]
Formerstift *m* moulding pin [mas]
Formgussteil *n* monocast part [mas]
Formmetallteile *pl* metal parts [mas]
formschlüssig form-closed [mas]; interlocking [mas]
Formstahl *m* shape [met]
Formstein *m* profiled fire brick [pow]
Formstück, rohes - *n* (unbearbeitet) blank [met]
Formteile, hoch beanspruchte - *pl* high-duty structural parts [mas]
Formular *n* (Büroformular) form
Formwerkzeuge *pl* forming tools [wzg]
fortfahren *v* proceed
Fortführung *f* continuation [jur]
fortlaufend continuous
fortlaufende Nummer *f* consecutive number [con]
fortschreitend progressive
Fotoelement *n* photovoltaic cell [elt]
Fotozelle *f* photocell [elt]; photoelectric cell [elt]
Fracht *f* (Ladung, Transportgut) freight
Franzose *m* (Universalschlüssel) monkey wrench [wzg]
Fräsbreite *f* (Breite der Fräsnut) cutting width [met]
Fräse *f* (Fräswalze, Frässcheibe) rotary cutter [wzg]
fräsen *v* mill [met]; rotary grind [wzg]
Fräser *m* (Fräsgerät) rotary grinder [wzg]
Fräsmaschine *f* milling machine [met]
Fräsmaß *n* (Maße der Nut) grinding dimensions [mas]
Fräsposition *f* cutting position [met]
Fräswalze *f* rotary grinder [wzg]
Fräswalzenausrüstung *f* rotary grinder attachment [wzg]
Freianlage *f* outdoor installation; outdoor plant; outdoor unit
Freifall *m* free fall [mbt]
freiformgeschmiedet forged [met]
Freigabe *f* release [edv]
Freigabedatum *n* purge date [edv]
Freigängigkeit *f* (von Rädern) clearance [mot]
freigeben *v* allow; (Film, Werkstück) release
Freigelände *n* (Außengelände Messe) open-air exhibition-ground
Freihandskizze *f* (ohne Lineal) freehand drawing [con]
Freiheitsgrad *m* (Gelenke, Verbindungen) degree of flexibility [mot]
Freikolbenpumpe *f* free piston pump [mas]
Freilauf *m* (Räder, Getriebe) free wheel [mot]; free wheeling [mot]
Freilaufaußenring *m* free wheel outer ring [mot]
freilaufen *v* (ungehindert bewegen) run free
Freilaufinnenring *m* free wheel inner ring [mot]
Freilaufklemmrolle *f* free wheel brake roller [mot]
Freilaufnabe *f* free wheeling hub [mot]
Freilaufsperre *f* free wheel lock [mot]
Freileitung *f* aerial line [elt]; overhead cable [elt]; overhead line [elt]
Freiluftanlage *f* outdoor installation
Freiluftstand *m* (Außenstand auf Messe) open air fair ground
Freimaß *n* (ohne Toleranzangabe in Zeichnungen) tolerance [con]
freistellen *v* (entlassen) discharge
fremd (funktionstechnisch extern) external
Fremddampfbeheizung *f* auxiliary steam heating of the boiler [pow]
Fremdeisen *n* (Mühlen) tramp iron [roh]
Fremdenheim *n* boarding-house [bau]
Fremderregung *f* separate excitation [elt]
Fremdkörper *m* (z.B. im Luftfilter) debris [air]; foreign matter [met]; (im Brechgut) tramp iron [roh]; (unerwünschte Materie) undesired material [met]
Fremdkraftlenkung *f* (Hilfskraftlenkung) power steering [mot]

Fremdstarteinrichtung *f* jump-start facility
Fremdstrom *m* parasitic current [elt]
Fremdsynchronisation *f* external synchronisation [elt]
Frequenzabhängigkeit *f* frequency dependence [elt]
Frequenzachse *f* frequency axis [elt]
Frequenzanalyse *f* frequency analysis [msr]
Frequenzbereich *m* frequency range [elt]
Frequenzgang *m* (des Verstärkers) frequency response [elt]
Frequenzhub *m* frequency swing [elt]
Frequenz, komplexe - *f* complex frequency [elt]
Frequenzmodulation *f* frequency modulation [elt]
Frequenzmodulationsverfahren *n* frequency modulation method [elt]
frequenzmoduliert frequency modulated [elt]
Frequenzregelung *f* frequency control [elt]
Frequenzteiler *m* frequency divider [elt]
Frequenzumformer *m* frequency changer [elt]
Frequenzumschaltung *f* cycle changeover [elt]
Frequenzvervielfacher *m* frequency multiplier [elt]
Frequenzwanderung *f* frequency drift [elt]
Frequenzwandler *m* frequency transformer [elt]
Fressen *n* (des Materials) fretting [met]; (Reiben, Scheuern) galling [mas]; (des Materials) grind [mas]; (Abschleifen des Materials) grinding [mas]
Fressschaden *m* (oft Schwingungsabrieb) fretting failure [met]
Frischdampf *m* live steam [pow]
Frischdampfdruck *m* (vor Maschine) live steam pressure [pow]
Frischdampftemperatur *f* (vor Turbine) live steam temperature [pow]; (von Turbine) throttle temperature [pow]
Frischluft *f* (für Kühler, Bergwerk) fresh air [roh]; primary air [air]
Frischluftheizung *f* fresh air heating [mot]
Frischluftkanal *m* primary air inlet duct [air]
Frischluftventilator *m* forced draught fan [pow]
Frist, innerhalb einer - von ... within a period of ...
Front *f* (Vorderseite) face [con]; (Stirnseite) front [con]
Frontantrieb *m* front wheel drive [mot]
Frontausrüstung *f* (Ladeschaufel) front attachment [mot]
Frontgitter *n* (Steinschlagschutz) front guard [mbt]
Frontlader *m* front-end loader [mot]
Frontleitrad *n* (an Raupenlaufwerk) front idler [mbt]
Frontlenker *m* (Frontlenkerzugmaschine) forward-control truck tractor [mot]
Frontplatteneinbau *m* front-panel mounting [mot]
Frontrechen *m* front ripper [mbt]
Frontrechenausrüstung *f* front ripper attachment [mbt]
Frontschar *f* dozer blade [mbt]; front blade [mbt]
Frontscheibe *f* (an Baumaschinen) front window [mot]; (am Auto) windscreen [mot]; (am Auto) windshield [mot]
Frontscheinwerfer *m* head lamp [mot]; head light [mot]
Frontschutzgitter *n* (Steinschlagschutz) front guard [mbt]
Frosch *m* (Klemme) eccentric clamp [elt]
frostgefährdet endangered by frost [met]
Frostschutz *m* anti-freeze [mot]
Frostschützer *m* anti-freeze device [mot]
Frostschutzmittel *n* anti-freeze solution [mot]
Frostschutzthermostat *m* anti-frost thermostat [mot]
Frühpensionierung *f* early retirement [eco]
Frühschicht *f* morning shift [eco]
Frühwarnsystem *n* early-warning system [elt]
Frühzündung *f* (Fehlzündung) back kick [mot]; pre-ignition [mot]
Fuchsschwanz *m* (Säge) handsaw [wzg]; (Säge) ripsaw [wzg]
Fuge *f* (Mauerwerk) crevice [bau]; (Nut) groove [met]; (Dehnungsfuge) joint [bau]
Fuge, geschlossene - *f* closed joint [bau]
Fugenausbildung *f* design of joints [met]
Fugendichtung *f* water stop [bau]
Fugennaht *f* groove weld [mas]
Fugennaht, durchgeschweißte - *f* joint penetration groove [met]

Fugennaht, voll durchgeschweißte - *f* complete joint penetration groove [met]
Fühllehre *f* thickness gauge [msr]
Führerhaus *n* (der Diesel- oder E-Lok) cab [mot]; (der Dampflok) footplate [mot]
Führerschein *m* driver's license [mot]
Führerstand *m* (der Diesel- oder E-Lok) cab [mot]; driver's cab [mot]; (der Dampflok) footplate [mot]
Führung *f* (axiale Führung) guidance [mas]; (z.B. der Kette) guide [mas]; (in einem Gerät) keyway [mas]; (z.B. Führungsstift) pilot [mas]
Führungsband *n* (am Kolben) piston ring [mot]
Führungsbolzen *m* pin rod [mas]
Führungsbuchse *f* guide bush [mas]; guide bushing [mas]
Führungsbüchse *f* guide sleeve [mas]
Führungseinrichtung *f* (Vorrichtung) guiding assembly [mas]; (Buchse) guiding bushing [mas]
Führungsgenauigkeit *f* guiding accuracy [mas]
Führungsgröße *f* (Regelung) command variable [msr]; (Regelung) reference input [msr]; (Regelung) reference value [msr]
Führungshülse *f* guiding bushing [mas]
Führungskeil *m* guide wedge [mas]
Führungskräfteentwicklung *f* management development [eco]
Führungslager *n* (in feste Richtung) pilot bearing [mas]
Führungsprofil *n* track liner
Führungsrohr *n* guide pipe [mas]; guide tube [mas]
Führungsrolle *f* fairlead [mas]; guide roller [mas]; (besser: Leitrad) idler [mas]
Führungsschiene *f* guide rail [mas]
Führungsschlitten *m* (Kettenspannführung) guide sled [mbt]
Führungsschraube *f* locating screw [mas]
Führungsstange *f* (Lenkerstange) connecting rod [mot]
Führungsstern *m* guiding insert [mbt]; tube guiding bushing [mas]
Führungsstift *m* guiding pin [mas]
Führungssystem *n* (einer Maschine) guiding system [mot]
Führungstrichter *m* guide funnel [mas]
Führungsventil *n* pilot valve [mas]
Führungsvorrichtung *f* guiding assembly [mas]; guiding mechanism
Führungswelle *f* (des Stufenantriebs) head shaft [mas]
Füllleitung *f* air supply line [mas]
Füllnippel *m* filling nipple [mot]; grease nipple [mot]
Füllöffnung *f* priming point [mot]
Füllschacht *m* feeder chute [mas]
Füllstab *m* (Stahlbau) web member [bau]
Füllstandanzeiger *m* (z.B. Tank) level indicator [mot]
Füllstandsmessung *f* fluid level measurement [msr]
Füllsteine *pl* rubble [mas]
Füllstrecke *f* (für Verfüllmaterial) dump [roh]
Fülltrichter *m* feeding hopper [mas]
Füllung *f* filling [mot]
Füllungsgrad *m* filling degree [mot]
Fundament *n* (Untergrund) base [bau]; (Untergrund) bed [bau]; (Sockel) footing [bau]; (Sockel) pedestal [bau]
Fundamentanker *m* anchor bolt [bau]
Fundamentarbeiten *f* foundation work [bau]
Fundamentaushub *m* foundation excavation [bau]
Fundamentkonstruktion *f* substructure [bau]
Fundamentplan *m* foundation plan [bau]
Fundamentplatte *f* base plate [bau]; base slab [bau]; bed plate [bau]; bottom plate [bau]; foundation base [bau]
Fundamentschraube *f* anchor screw [bau]; foundation bolt [bau]
Fünfeck *n* pentagon [mat]
Funkenentladung *f* spark discharge [elt]
Funkenflug *m* flying sparks [roh]
Funkenlöscher *m* spark arrestor [elt]
Funkenschweißen *n* percussion welding [met]
Funkentstörung *f* radio shielding [elt]
Funkstation *f* (z.B. auf Schiff) radio room [elt]
Funkstörung *f* radio-interferency [elt]
Funktion *f* (eines Programms) feature [edv]; (einer Anlage) performance [mot]
funktional organisiert functionally organized
funktionieren *v* perform [mot]
Funktion, rationale - *f* rational function [mat]

Funktionseinheit *f* (Modul) module [mas]
funktionsfähig in proper working condition
Funktionsgarantie *f* functioning guarantee [eco]
Funktionskontrolle *f* performance control
Funktionsnachweis *m* functional demonstration of the installation [mot]
Funktionsprüfung *f* operational check [mot]
Funktionstaste *f* (auf Tastatur) function key [edv]
Funktionstüchtigkeitsnachweis *m* efficiency proof [mot]
Furnierholz *n* (Sperrholz) plywood [bau]
Fußabblendschalter *m* foot dip switch [mot]
Fußanlassschalter *m* foot starter switch [mot]
Fußbedienung *f* foot control [mot]
Fußbefestigung *f* foot mounting [mot]
Fußboden *m* floor [bau]
Fußbodenabdeckung *f* floor covering [bau]; (Rolltreppe) floor plate [bau]; floor-plate finish [bau]
Fußbodendielen *pl* floor boards [bau]
Fußbodenheizung *f* floor heating [pow]; screed heating [bau]; underfloor heating [pow]
Fußbodenspeicherheizung *f* thermal storage floor heating [pow]
Fußbremse *f* foot brake [mot]
Fußgänger *m* pedestrian [mot]
Fußgängerbrücke *f* pedestrians' bridge [bau]
Fußgängertunnel *m* pedestrians' tunnel [mot]
Fußgängerzone *f* pedestrian precinct
Fußhebel *m* foot pedal [mot]
Fußkreis *m* (außen/innen verzahntes Rad) root circle [mas]
Fußkreisdurchmesser *m* (Zahnrad) root diameter [mas]
Fußleiste *f* (Fußtrittplatte) kick plate [mot]
Fußpedal *n* (Fußhebel, z.B. Bremse) foot pedal [mot]; (Fußhebel) treadle valve [mas]
Fußplatte *f* shoe [bau]
Fußpumpe *f* foot-operated pump [mot]
Fußpunktbreite *f* pulse width [elt]
Fußstütze *f* foot rest [mot]
Fußtrittplatte *f* kick plate [mot]
Fußventil *n* (Pedal) foot operated valve [mot]
Fußweg *m* (aus Holz neben Fahrweg) boardwalk [bau]; footpath [bau]; footway [bau]; (neben dem Fahrdamm) pavement [bau]
Fußweggeländer *n* footway railing [bau]
Fußwegkonsole *f* footway bracket [bau]
Futter *n* (von Bremse, Mantel) lining [mot]; (der Bremse) lining of the brake [mot]
Fuzzy-Regelung *f* fuzzy control [msr]

F

G

Gabel *f* (an Stapler) lift fork [mot]; (Gabelstapler) load arm [mot]
Gabelachse *f* fork axle [mot]
Gabelbolzen *m* clevis pin [mot]
Gabelgelenk *n* fork joint [mot]; link joint [mot]
Gabelhebel *m* fork lever [mot]
Gabelhubwagen *m* pallet truck [mot]
Gabelkopf *m* (z.B. Kopf des Gabelbolzens) clevis head [mot]; clevis yoke [mot]; idler fork [mbt]
Gabellaschenkette *f* fork-sprocket chain [mot]
Gabelrohr *n* breeches pipe [pow]
Gabelschlitten *m* carriage [mot]
Gabelschlüssel *m* (Werkzeug) forked open jaw wrench [wzg]
Gabelstapler *m* (Flurförderzeug) forklift truck [mot]
Gabelstift *m* clevis pin [mot]
Gabelträger *m* carriage [mot]; fork carriage [mot]
Gallone *f* (Hohlmaß) gallon [mot]
galvanisch voltaic [elt]
galvanisch beschichten *v* plate [elt]
Galvanisierbad *n* plating bath [elt]
galvanisieren *v* electrodeposit [elt]; electroplate [elt]; galvanize [elt]
Galvanisieren *n* galvanizing [met]
galvanisiert galvanized [met]
Galvanisierung *f* electrodeposition [elt]; electroplating [elt]
Gang *m* (im Gebäude) corridor [bau]; (in Schaltung) gear [mot]
Ganganordnung *f* gear change arrangement [mot]
Gang, erster - *m* (beim Auto) first gear [mot]; (einer Maschine) first speed [mas]; (langsamer Gang) low gear [mot]
Ganggestein *n* ((A)) dike rock [geo]
gängig (z.B. gängige Abmessung) common
Gang, langsamer - *m* (in kleiner Drehzahl) low speed [mot]
Gangplanetenträger *m* range carrier [mas]
Gangschaltanlage *f* gearshift mechanism [mot]
Gangschalthebel *m* gear selector lever [mot]
Gangschaltspindel mit Schalthebel *f* gear shift column and gear shift lever [mot]
Gang, toter *m* (Spiel in Schaltung) lost motion [mot]
Gangwahlhebel *m* gear selector lever [mot]
Gangzahl *f* (bei Schnecken) number of threads [mas]
Ganzstahl *m* complete steel [met]
Ganzstahlkasten *m* complete steel box [met]
Garantieantrag *m* warranty claim [eco]
Garantiebrennstoff *m* guarantee fuel [pow]
Garantieleistung *f* (Anerkennung und Bereinigung) warranty adjustment [eco]; warranty payments [eco]
Garantieleitfaden *m* rules on warranty policy and procedures
Garantieversicherung *f* guarantee insurance [jur]; warranty insurance [jur]
Gärbottich *m* fermenting vat [bff]
Garten *m* (um Haus) yard [bff]
Gartenlaube *f* (zum Aufenthalt) garden hut [bau]; (fast nur für Geräte) garden shed [bau]
Gasarmaturen *pl* gas valves [mot]
Gasaustritt *m* exhaust out [mot]
Gasballon *m* gas balloon [mot]
Gasblase *f* (Gaseinschluss in Werkstoff) gas pocket [met]
Gasbrenner *m* gas burner [pow]
Gasbrennermaul *f* (Mauerwerksöffnung) gas burner port [pow]
gasdicht gas-tight [pow]
Gasdruckfeder *f* gas-pressurized spring [mot]; window gas strut [mot]
Gaseinschluss *m* gas inclusion [met]
Gaserzeuger *m* gas generator [mot]
Gasfeder *f* gas spring [mas]
Gasflammkohle *f* gassing coal [pow]; open burning coal [roh]
Gasflasche *f* gas cylinder [mot]
Gas geben *v* accelerate [mot]
Gasgemisch *n* gaseous mixture [phy]
Gasgestänge *n* carburettor control [mot]; control of carburettor [mot]; throttle linkage [mot]
Gashebel *m* accelerator [mot]; gas pedal [mot]; governor control lever [mot]; (Handgas) hand throttle [mot]
Gashebelmechanismus *m* throttle control mechanism [mot]

Gaskohle *f* high-volatile bituminous coal [pow]
Gaskohlungsverfahren *n* gas carburizing procedure [met]
Gasöl *n* gas oil [mot]
Gasometer *n* gas tank [pow]
Gaspedal *n* accelerator [mot]; fuel pedal [mot]; gas pedal [mot]; throttle pedal [mot]
Gaspressschweißen *n* pressure gas welding [met]
Gaspressschweißen, geschlossenes - *n* closed square pressure gas welding [met]
Gaspressschweißen, offenes - *n* (DIN 1910) open square pressure gas welding [met]
Gaspulverschweißen *n* gas-powder welding [met]
Gasrohr *n* gas pipe [bau]
Gasschmelzschweißung *f* gas welding [met]
gasschweißen *v* gas-weld [met]
Gasschweißung *f* gas weld [met]
Gasturbine mit geschlossenem Kreislauf *f* closed-cycle gas turbine [pow]
Gasturbine mit offenem Kreislauf *f* open-cycle gas turbine [pow]
Gasturbinenmotor *m* gas turbine engine [mot]
Gas, unverbranntes - *n* unburned gas [pow]
Gasvorspanndruck *m* pre-set gas pressure [mas]
Gaswechselsystem *n* engine breathing system [mot]
Gaszug *m* (vom Gaspedal abgehend) accelerator cable [mot]
Gaszündbrenner *m* gas ignitor [pow]; gas lighting-up burner [pow]
Gatter *n* (Gitter) gate [elt]
gealtert (verwittert) aged [bau]
Gebälk *n* (Dach-) rafters [bau]
Gebäudeabbruchmaterial *n* building demolition material [rec]
Gebäude, angrenzendes - *n* adjacent building [bau]
Gebäudeanschlussleitung *f* (Versorgung/Entsorgung) branch line [bau]; (Versorgung oder Entsorgung) house connection [was]
Gebäudeausrüstung, technische - *f* building services [bau]
Gebäude, bezugsfertiges - *n* building ready for occupation [bau]
Gebäudehöhe *f* (Bauhöhe) height of construction [bau]
Gebäudeisolierung *f* (Wärme-) building insulation [bau]
Gebäudekomplex *m* block of buildings [bau]
Gebäudelast *f* building load [bau]
Gebäude mit passsiver Sonnenenergienutzung *n* passive solar building [bau]
Gebäudeunterhaltung *f* building maintenance [bau]
Gebäudeverkleidung *f* cladding [bau]
Gebäudezeichnung *f* work drawing [con]
geben (senden, übertragen) transmit
Geber *m* (Auslöser, Knopf, Hahn) trigger [mas]
Gebiet *n* (Teil des Landes) part of the country [geo]
Gebilde *n* (Gegenstand) formation
Gebinde *n* packing drum
Gebirgsmassiv *n* massif [geo]
Gebirgszug *m* mountain range [geo]
Gebläseantrieb *m* fan drive [air]
Gebläseeinlauf *m* compressor inlet [air]
Gebläsegehäuse *n* fan casing [air]
Gebläseluftkühlung *f* fan-type air cooling [mot]
Gebläsemühle *f* integral fan mill [pow]
Gebläsewirkungsgrad *m* fan efficiency [air]
gebläut (Metalloberfläche) blued [met]
gebohrt bei Montage drilled during assembly [mas]
Gebotsschild *n* (auch Verbot) interdiction plate
Gebrauch *m* (Nutzung, Anwendung) use
gebräuchlich (gebr. Stahlsorten) customary [met]
Gebrauch, nur für den internen - for internal purposes only
Gebrauchslast *f* working load [bau]
Gebrauchsspannung *f* service stress [met]
gebrauchstauglich (benutzbar) utilizable
Gebrauchstauglichkeit *f* efficient during use
Gebrauchtgerät *n* (gebrauchtes Gerät) used machine [mot]
Gebühren *pl* fees [jur]
gedämpft (Fahrersitz) cushioned [mot]
gedreht twisted
gedreht um ... (z.B. um 25°) rotated by
gedrückt pressed
geerdet ((B)) earthed [elt]

geerdet, nicht - unearthed [elt]; ((A)) ungrounded [elt]
gefahrabweisend eliminating danger
Gefährdungspotenzial *n* potential danger
Gefahrgutbestätigung *f* certificate of approval for tank containers for the transport of dangerous goods [met]
Gefahrübergang *m* passage of risk [jur]; take-over of risk [jur]
Gefälleestrich *m* sloping screed [bau]
Gefäß *n* (des Schauglases) jar
Gefäßzylinder *m* (für Schaufel) bucket cylinder [mbt]
gefedert cushion

G

Geflecht *n* (Textil, Gewebe) fabric [met]; (Bewehrung) matting [bau]; (Bewehrung) netting [bau]
Gefrierpunkt *m* freezing point [pow]
Gefrierpunktmethode *f* (bei Thermoelementen) freezing point bath [pow]
Gefrierschutzmittel *n* anti-freeze [mot]
gefrontet (bei Versicherungen) fronted [jur]
Gefüge *n* (Struktur des Materials) macro structure [met]
Gefügebestimmung *f* determination of structure [msr]
gefugt (Spalte) grouted [bau]; (Spalte) pointed [bau]; (Aussparung im Holz) rebated [mot]
gefugt (Wand) bonded [bau]
gefüttert (z.B. mit Buchse) lined [mas]
gegabelt forked
Gegebenheit *f* (örtliche -) condition [bau]
Gegebenheiten, örtliche - *pl* local conditions [bod]
Gegendruckanzapfturbine *f* back pressure extraction unit [pow]
Gegendruckturbine *f* back pressure turbine [pow]
Gegenflansch *m* counterflange [met]
Gegenführung *f* upthrust guide
gegengeschweißt back-welded [met]
Gegengewicht *n* balance weight [mot]; counter weight [met]
Gegengift *n* (z.B. gegen Biss) antidote [hum]
Gegenhalter *m* retainer [mas]
Gegenhalterung *f* counter bearing [mas]
Gegenklemme *f* half clamp [mas]
Gegenkopplung *f* negative feedback [elt]
Gegenlager *n* (am Waggon) counter bearing [mot]
Gegenlast *f* back load [phy]
Gegenlauf *m* counter rotation; reverse motion [mas]; reverse travel [mas]
gegenläufig counter-rotating
Gegenläufigkeit *f* (der Kette) counter-rotating [met]
Gegenmittel *n* (Medizin, z.B. gegen Gift) antidote [hum]
Gegenmutter *f* check nut [mas]; counternut [mas]; (zum Festhalten) jam nut [mas]
Gegenprofil *n* counter profile [met]
Gegenrad *f* counter wheel [met]
gegenschweißen *v* (von Gegenseite) back weld [met]
gegenschwenken *v* counter slew [mbt]
Gegenstab *m* (Fachwerk) counter [bau]
gegenstandslos (ohne Belang) unfounded
Gegenstromkühlung *f* counter-current cooling [pow]
Gegenstromwärmetauscher *m* counter-current heat-exchanger [pow]
Gegenstück *n* counterpiece [met]; mate specimen [mas]
Gegentakt *m* push-pull [elt]
Gegentaktneutralisation *f* cross talk attenuation [tel]
Gegentaktschaltung *f* push-pull circuit [elt]
Gegentaktstufe *f* push-pull stage [mas]
gegenwärtig (zur Zeit) currently
Gegenwelle *f* (z.B. im Getriebe) counter shaft [mot]
Gegenwinkel *m* (z.B. Rohr) angle [con]; (z.B. Halterung) clamp [mas]
gegenzeichnen counter-sign [eco]
Gegenzug *m* return train [mot]
gegründet (auf Untergrund) founded [bau]
Gehalt *m* content [pow]
Gehaltsliste *f* payroll [eco]
Gehänge *n* (z.B. Magnetaufhängung) tackle [mas]
gehärtet case hardened [met]; hardened [met]
Gehäuse des Einspritzelements *n* injection pump barrel [mot]
Gehäusekugelführung *f* guiding sleeve housing [mas]
Gehäuseoberteil *n* housing, upper part [mas]
Gehäuse, rotierendes - *n* rotating assembly [mas]
Gehäuseschulter *f* housing shoulder [mas]

Gehäusetoleranz *f* housing tolerance [mas]
Gehäuseunterteil *n* housing, lower part [mas]; lower portion of housing [mas]
geheftet tack-welded [con]; weld [met]
geheizt heated [pow]
gehindert (behindert) hampered
gehont (durch Honen) honed [met]
gehorchen (Motor spricht an) respond [elt]
Gehrung *f* mitre [mas]; (Holzbau) mitring [bau]
Gehrungssäge *f* mitre box saw [wzg]
Gehrungsschnitt *m* angle cut [met]
Gehtreppe *f* (geneigter Rollsteig) walk escalator [mbt]
gekalkt whitewashed [bau]
gekapselt drum encased [mot]; encased [met]; enclosed [met]
gekennzeichnet marked
gekennzeichnet, dadurch - dass ... (Patent) characterized in that ... [jur]
geklammert clamped [elt]
geklemmt clamped [met]
geknickt (gebrochen) cracked [mot]
gekoppelt coupled; dependent on [bau]
gekröpft cranked [met]; offset [mas]
gekrümmt (auch Straße) bent [con]; (auch Eisenbahn) curved [mot]
gekürzt zeichnen *v* draw in shortened form [con]
geladen charged [elt]
gelagert (abgestützt, gehalten) mounted [mas]; (in Lagern gehalten) mounted on bearings [mas]
gelagert, gelenkig - simply supported [bau]
Gelände *n* off-highway [mot]; off-road [mot]
Geländeeinschnitt *m* (für Straße) road cut [geo]
Geländeerschließung *f* site development [bau]
Geländefahrzeug *n* (Lkw) off-highway truck [mot]
Geländegang *m* (des Autos, Laders) off-road gear [mot]
Geländekran *m* off-highway crane [mot]
Geländeoberfläche *f* ground surface [geo]
Geländer *n* (Treppen-) banister [bau]; (Handlaufband) handrail [bau]; parapet [bau]; (allgemeiner Ausdruck) rail [bau]; (Fußweggeländer) railing [bau]
Geländereifen *m* cross country tyre [mot]; traction tyre [mot]
Geländerhalter *m* (Scheibenhalter) balustrade bracket [mbt]
Geländerpfosten *m* rail post [bau]; rail stanchion [bau]
Geländestapler *m* rough terrain forklift truck [mbt]
Geländewagen *m* (z.B. Landrover) cross country vehicle [mot]; off-road vehicle [mot]
geläppt (fein poliert) lapped [mas]
gelb (bei Verkehrsampeln) amber [mot]; (Farbton, z.B. RAL 1006, maisgelb) yellow [nrm]
gelbgrau (RAL 7034) yellow grey [nrm]
gelbgrün (RAL 6018) yellow green [nrm]
gelboliv (RAL 6014) yellow olive [nrm]
gelborange (RAL 2000) yellow orange [nrm]
Geldstrafe *f* (zu einer G. verurteilt) fine [jur]
Gelenk *n* (scharnierartig) hinge [mas]; joint [mot]; (Kettengelenk) link [mas]
Gelenkbolzen *m* hinge bolt [mas]
Gelenkbordkran *m* double-joint deck crane [mot]
Gelenkdreieck *n* joint triangle [mas]; triangle with joints [mas]; triangular rocker [mas]
Gelenkfläche *f* bearing area [mas]
Gelenkflächenpressung *f* pressure on bearing area [mas]
gelenkig gelagert hinged [mas]
Gelenkkran *m* (Gelenkbordkran) double joint deck crane [mot]
Gelenklager *n* grumble [mot]; joint bearing [mot]
Gelenkrohrwelle *f* tubular shaft [mas]
Gelenkschale *f* pivot joint housing [mas]
Gelenkstange *f* joining rod [mas]; toggle link [mas]
Gelenkstück *n* (Kupplung) coupling [met]
Gelenkstulpe *f* coupling sleeve [mot]
Gelenkträger *m* articulated beam [bau]; (Stahlbau) articulated girder [bau]; (Stahlbau) cantilever girder [bau]; Gerber girder [bau]
Gelenktriebwagen *m* (der Bahn) articulated railcar [mot]
Gelenkverbindung *f* articulated connection [bau]; knuckle joint [mas]
Gelenkwelle *f* (Kardanwelle) joint shaft [mas]; propeller shaft [mot];

(Kardanwelle) universal drive shaft [mas]; (Kardanwelle) universal joint shaft [mas]
Gelenkwellenrohr *n* drive shaft tube [mot]
Gelenkwellenschutz *m* (an Kardanwelle) joint shaft guard [mas]
gelöst (Schraube) loosened [mas]
Geltungsbereich *m* (geografisch) area of validity; range of validity
gemäß (in Zeichnungen) according to ... [con]
Gemischförderstrom *m* mixture production [mot]
Gemischkonzentration *f* concentration of mixture [met]
Gemischtbauweise *f* mixed construction [bau]
Gemmerlenkung *f* gemmer steering [mot]
Genehmigungsdruck *m* design pressure [pow]
geneigt (gebogen) bended [met]; (bogenförmig) bowed; (geneigte Rippenplatte) canted [mbt]; (z.B. Schiefer Turm von Pisa) leaning [bau]
Generalbebauungsplan *m* master plan [bau]
generalüberholt (z.B. Motor) rebuilt [mas]
Generalunternehmer *m* general contractor [eco]
Generatorantrieb *m* generator drive [elt]
Generatorgas *n* generator gas [pow]; producer gas [pow]
Generatorkühlung *f* generator cooling [edv]
genietet riveted [mas]
genutzt utilized
geoelektrisch geoelectric [geo]
geöffnet open
Gepäckablage *f* luggage dump [mot]
Gepäckband *n* (im Flughafen) belt [mot]
Gepäcknetz *n* luggage net [mot]
Gepäckraum *m* (Kofferraum des Autos) trunk [mot]
Gepäckraumklappe *f* boot lid [mot]; trunk lid [mot]
Gepäckständer *m* (in Bahn, Flugzeug) rack [mot]
Gepäckträger *m* (antiquiert) porter [mot]
Gepäckwagen *m* (Eisenbahnwagen) baggage car [mot]; (Eisenbahnwagen) luggage van [mot]
Gepflogenheit *f* (Usus, Sitte) usage
geplant (in der Planung) planned
gepolstert upholstered [mot]
geprüft checked [msr]
gerändelt (z.B. Knauf, Rändelrad) knurled [met]
Geräte, elektronische - *pl* electronic equipment [elt]
Gerätefehler *m* (fehlerhafte Funktion) deficiency [mot]
Geräteführer *m* machine operator [mot]
Gerätehinweisschild *n* (neben Exponat) caption board
Gerät einschalten *n* plug in [elt]
Gerät einstöpseln *v* plug in [elt]
Gerätekammer *f* (für Haushaltgeräte) utility room [bau]
Gerät, elektrisches - *n* (Zubehör, Teile) electrical equipment [elt]
Gerätemitte *f* centre of vehicle [con]
Gerätenummer *f* machine number [mot]
Geräteschrank *m* equipment cabinet [bau]
Gerätesteckbuchse *f* device plug [elt]
Gerätestecker *m* connector [elt]; (z.B. in Steckdose) plug [elt]
Geräteträger *m* multi-equipment carrier [mas]; (Leiste, Konsole) tool bar [wzg]
Geräteverfügbarkeit *f* machine availability [mot]
Gerät fährt rückwärts machine travels in reverse [mot]
Gerät fährt vorwärts machine travels forward [mot]
Gerät, universelles - *n* general-purpose unit
Geräuschdämpfer *m* (am Flugzeug) hush kit [mot]
Geräuschdämpfung *f* noise absorption [mot]; noise attenuation [mot]
Geräuschdämpfungspaket *n* (Stadtschall) noise absorbing package
Geräuschpegel *m* noise level [mot]
gerechnet (durchgerechnet) calculated [eco]
geregelt (z.B. thermostatisch) controlled [met]
gereift (z.B. Technik) matured; (z.B. Obst, Getreide) ripened [bff]
Gerichtskosten *pl* court fees [jur]
Gerichtsstand *m* (Ort und anzuwendendes Recht) competency of court [jur]
Gerichtstermin *m* court trial [jur]
Gerippe *f* carcass [bau]

Gerippe *n* (Rahmen der Maschine) framework [mas]
Geröll *n* (grobes Haufwerk) boulders [roh]; (durch Korrosion brüchig) detrital [geo]
gerollt (letztes Feinrollen) burnished [mas]; (auch: gewalzt) rolled [mas]; (Oberflächenfeinbearbeitung) rolled fine-finish [mas]; (Innenfläche Zylinderrohr) roller burnished [mas]; (Oberflächennachbearbeitung) roller finish [met]
geröntgt (durchleuchtet) X-rayed [met]
gerundet (Kanten gerundet) rounded [mas]
Gerüstrohr *n* scaffold tube [bau]
Gerüststrebe *f* truss-stay [mas]; truss-strut [mas]; truss-support [mas]
Gerüstverlängerung *f* truss extension [mas]
Gesamtanlage *f* complete plant
Gesamtansicht *f* general view [con]
Gesamtausladung *f* total outreach [mbt]
Gesamtbeanspruchung *f* total stress [met]
Gesamtbelastung *f* (des Waggons, ...) total load [mot]
Gesamtbelegschaft *f* total staff [eco]
Gesamtbreite *f* decking width [con]; overall width [con]
Gesamteinrichtung *f* (Ausstattung) entire installation
Gesamtfläche *f* total area [con]
Gesamtgewicht *n* (von Ladung od. Fahrzeug) full load [mot]; (des Waggons m. Ladung) gross load weight [mot]; (Lkw und Ladung) total weight [mot]
Gesamtgleislänge *f* total track length [mot]
Gesamtheit *f* (alle Mann, restlos alles) lot
Gesamthöhe *f* overall depth [con]; overall height [con]; total height [con]
Gesamthubhöhe *f* total lift height [con]
Gesamtladung *f* net charge [elt]
Gesamtlänge *f* overall length [con]; (des Lastzuges) total train length [mot]
Gesamtlänge über alles *f* length over all [con]
Gesamtlastzuggewicht *n* total train weight [mot]; total weight of truck and trailer [mot]
Gesamtlastzuglänge *f* total length of truck and trailer [mot]; total train length [mot]
Gesamtmaß *n* overall dimension [con]
Gesamtmenge *f* total quantity
Gesamtpressung *f* total pressure [mas]
Gesamtprogramm *n* product line
Gesamtprüfstück *n* (für Schweißprobe) assembly [mas]; (für Schweißprobe) test assembly [met]
Gesamtschaden *m* total damage [jur]
Gesamtwiderstand *m* total resistance [elt]
Gesamtzeichnung *f* general arrangement drawing [con]
Gesamtzuggewicht *n* total train weight [mot]
Gesamtzuglänge *f* total train length [mot]
Geschäftsbericht *m* (einer Firma) annual report [eco]
Geschäftsformular *n* business form [eco]
Geschäftsraum *m* business room [eco]
Geschäftsräume *pl* (in den Geschäftsräumen) office [eco]; (in den Geschäftsräumen) premises [bau]
Geschäftsreise *f* business trip [eco]
Geschäftsschluss *m* conclusion of business [eco]
geschichtet coursed [bau]
Geschiebe *n* (geologisch) detrital [geo]; (geologisch) rubble [geo]
Geschiebelehm *m* boulder clay [bod]
Geschiebemergel *m* marly till [bau]
Geschirr *n* (Hebegurte usw.) lifting gear [mas]
geschliffen ground [met]
geschlossen (umhüllt, ummantelt) enclosed [met]; (Stromkreis abgeschaltet) off [elt]
geschlossen halten *v* keep closed
geschmiedet forged [met]
geschnitten bevelled [met]; cut [met]
Geschoss *n* (Etage) floor [bau]; ((B)) storey [bau]; ((A)) story [bau]
Geschossdecke *f* (im Haus) upper floor [bau]
Geschosshöhe *f* (im Haus) floor height [bau]
geschruppt (spanabhebend) rough machined [met]
geschützt (z.B. wassergeschützt) proof [mas]; (durch Patent, Copyright) proprietary [jur]; (gegen Wind, Kälte) protected
geschweißt welded [met]
geschweißt, vollständig - all-welded [mas]

G

Geschwindigkeit, zulässige *f* permissible speed [mot]
Gesellschaftswagen *m* buffet car [mot]
Gesenk *n* die [roh]
gesenkgeformt (unter Presse) heated and formed to shape [met]
gesenkgeschmiedet die forged [met]; drop forged [mas]
Gesenkschmieden *n* drop-forging [met]
Gesenkschmiedestück *n* drop forging [mas]
Gesenkschräge *f* forge draft [met]
Gesenkteilung *f* (in Zeichnung) mould divided here [mas]
Gesetzgebung *f* legislation
Gesetzmäßigkeit *f* (der Arbeit) conformity [roh]
gespeichert (elektronisch) memorized [edv]
gesperrt blocked; closed [mot]
Gestalt *f* (Kontur, Umriss) contour [met]
Gestaltfestigkeit *f* torsion stiffness [mas]
Gestaltung *f* (z.B. eines Heftes) layout [mas]
gestaltverändernd deforming [bau]; metamorphic
Gestänge *n* connecting rod [mot]; linkage [mot]
Gestängebremse *f* linkage brake [mot]
Gestängelösefeder *f* (des Waggons) rigging release spring [mot]
Gestänge, mechanisches - *n* mechanical follow-up [mot]
Gesteinbrechbarkeit *f* crushability of rock [roh]
Gesteinsbohrmaschine *f* rock drilling machine [roh]
Gesteinsfräse *f* rotary rock cutter [mbt]
Gesteinsschutt *m* detrital [geo]
Gesteinszerfallmechanismus *m* rock crushing mechanism [roh]
Gestein, vulkanisches - *n* volcanic rock [min]
Gesteinzerfall *m* (herbeigeführt) rock crushing [roh]
Gestein, zugeschobenes - *n* (mit Raupe) trapped rock [mbt]
Gestell *n* rack
gesteuert, numerisch - numerically controlled [elt]
gestiegen um ... increased by ...
gestört disturbed [bau]
gestreut (z.B. Streusalz) gritted [mot]
gestrichelt (mit punktierter Linie) dotted [con]
Gestrüpp *n* (Unterholz) wildwood [bff]
gestuft graded [bau]
Gesuch *n* (Antrag) application [jur]
Gesundheitsamt *n* health department [hum]
Gesundheitsschädigung *f* damage done to health [jur]
Gesundheitszustand *m* health condition [hum]
getäfelt (z.B. Holztäfelung) panelled [bau]
geteilt divided
getönt (z.B. Rauchglas) tinted [bau]
Getriebebau *m* gear manufacturing [mot]
Getriebedeckel *m* gearbox cover [mot]; gear cover [mot]
Getriebeflansch *m* gearbox flange [mot]
Getriebegehäuse *n* gear box [mas]; gearbox casing [mot]; gear housing [mot]; transmission case [mas]
Getriebegehäusedeckel *m* gearbox case cap [mot]
Getriebegehäusehälfte *f* gearbox casing halves [mot]
Getriebe, hydraulisches - *n* hydraulic transmission [mot]
Getriebekasten *m* gear box [mot]
Getriebemotor *m* gear motor [elt]
Getriebeölstand *m* level of gear oil [mas]
Getriebeölwechsel *m* gear oil change [mas]
Getrieberad *n* gear wheel [mot]
Getrieberäder im ständigen Eingriff *pl* constant mesh gear [mot]
Getrieberadsatz *m* transmission gear [mas]
Getriebestange *f* gear rod [mot]
Getriebe, stufenloses - *n* infinitely variable change-speed gear [mas]
Getriebetunnel *m* transmission tunnel [mas]
Getriebewand *f* track gearbox adaptor [mas]
Getriebe/Wandler-Einheit *f* transmission/converter assembly [mas]
Getriebewelle *f* transmission shaft [mot]
gewachsen (vor Ort vorkommend) in situ [roh]
Gewährleistungsnachweis *m* efficiency test [pow]
gewalzt rolled [mas]
Gewässerschaden *m* (Verunreinigung) damage done to waterways [was]

Gewässerschaden-Haftpflicht-versicherung *f* liability policy for damage done to waterways [jur]
Gewebeeinlage *f* fabric lining [mot]; (Baustahlgewebe) fabric reinforcement [bau]; (z.B. im Reifen) underlayer of fabric [mot]
Gewerbegebiet *n* commercial area [bau]; commercial zone [bau]
Gewerbezentrum *n* industrial centre [bau]
Gewerk *n* trade heading
gewichtig weighty
Gewicht pro laufenden Meter *n* weight per linear metre [con]
Gewicht pro Zeichnung *n* weight per drawing [con]
Gewicht, reduziertes - *n* reduced weight
gewichtsabhängig weight-dependent
Gewichtsanteil *m* proportion of weight [bau]
Gewichtsanzeiger *m* weighing indicator [bau]
Gewichtsbereich *m* (der Schmiedestücke) weight range [mas]
Gewichtsbremse *f* weight brake [mot]
Gewichtsersparnis *f* weight saving [mas]
Gewicht, spezifisches - *n* specific weight [phy]
Gewichtstoleranz *f* weight tolerance [con]
Gewichtsverlagerung *f* weight stabilizing [mas]
Gewicht unbeladen unladen weight [mot]
Gewichtung *f* valence [mas]
Gewinde *n* thread [mas]
Gewindeanker *m* threaded anchorage [bau]
Gewindeanriss *m* (Riss) incipient crack in thread [mas]
Gewindeausführung *f* type of threading [mas]
Gewindeauslauf *m* thread run-out [mas]
Gewindebacke *f* follower [met]
Gewindebohrer *m* tap drill [met]
Gewindebohrung *f* drill hole [mas]; taphole [met]; tapping hole [mas]
Gewindebolzen *m* screwed bolt [mas]; threaded bolt [mas]; threaded pin [mas]
Gewindebuchse *f* bushing [mas]; coupling [met]; elevating spindle guide bushing [mas]; threaded coupling [mas]
Gewindedurchmesser *m* (der Schraube) thread-diameter [mas]
Gewindeflansch *m* threaded flange [mas]
gewindefurchende Schraube *f* thread-rolling screw [mas]
Gewindegang *m* pitch of screw [mas]; thread fillet [mas]
gewindegerollt thread rolled [mas]
gewindegewalzt thread rolled [mas]
Gewindekern *m* root of thread [mas]; thread core [mas]
Gewindelänge *f* (der Schraube) length of thread [mas]
Gewinde, metrisches - *n* metric thread [mas]
Gewinde, mit - versehen tap [mas]
Gewindenennwert *m* nominal thread [mas]
Gewinderille *f* thread groove [mas]
Gewindering *m* threaded ring [mas]
Gewinde rollen *v* thread roll [mas]
Gewinde schneiden *v* tap [met]; threading [wzg]
Gewindeschneider *m* threader [wzg]
Gewindeschneidschraube *f* thread cutting screw [mas]
Gewindeschutz *m* grommet [mas]
Gewindespindel *f* elevating spindle [mas]
Gewindestange *f* all-threaded rod [mas]; threaded rod [mas]
Gewindesteigung *f* pitch of thread [con]
Gewindestift *m* grub screw [mas]; threaded stud [mas]
Gewindestift mit Innensechskant *m* hexagon socket set screw [mas]
Gewindestück *n* (Muffe) union [mas]
Gewindestück mit Außengewinde *n* male union [mas]
Gewindestück mit Innengewinde *n* female union [mas]
Gewindetiefe *f* depth of thread [con]
Gewindeverbindung *f* threaded connection [mas]
Gewinde walzen *v* thread roll [mas]
gewinnbar mineable [roh]
gewinnen (abbauen) mine [roh]
Gewinnungsfläche *f* borrowing area [bau]
Gewinnungsort *m* (Abbruch) demolition site [roh]
gewobbelt modulated [mas]
Gewölbe *n* arch [bau]; dome [bau]
Gewölbestein *m* keystone [bau]
gewölbt (z.B. Scheibe) curved [mot]
gezahnt toothed [mas]
gezeichnet, wie - shown [con]

gezogen (z.B. gezogener Stahl) drawn [met]
Giebel *m* gable [bau]
Giebeldach *n* gabled roof [bau]
Giebelwand *f* gable end [bau]
gießen *v* (regnen) pour down [wet]; (z.B. die Blumen) water [was]
Gießen unter Hochvakuum *n* high-vacuum casting [met]
Gießerei- und Stahlwerksbedarf *m* foundry auxiliary material [met]
Gießform *f* die [roh]; mould [mas]
Gießpfannenwagen *m* ladle car [mot]
Gießpressschweißen *n* pressure-welding with thermo-chemical energy [met]
Gießschmelzschweißen *n* fusion welding with liquid heat transfer [met]
Gießschweißen *n* cast welding [met]
Gießwanne *f* tundish [mas]
Giftstoffe *pl* poisonous substances
ginstergelb (RAL 1032) broom yellow [nrm]
Gipsbauplatte *f* gypsum wallboard [bau]
gipsig gypsum type [met]
Gipskartonplatte *f* gypsum plaster board [bau]
Gipsmörtel *m* plaster mortar [bau]
Gipsplatte *f* gypsum board [bau]
Gipsputz *m* gypsum finish [bau]; gypsum plaster [bau]; veneer plaster [bau]
Gipswerk *n* gypsum plant [roh]
Gitter *n* lattice [mas]; trellis [mas]
Gitterbelag *m* grating [mas]
Gitterfenster *n* barred window [bau]
Gittermast *m* girder mast [mot]; lattice mast [mot]; lattice tower [bau]
Gittermastausleger *m* boom [mbt]
Gittermastbrücke *f* girder bridge [mot]
Gitterrost *m* (Stahlgitter) grate [bau]; grating [mas]; (Stahlgitter) grillage [bau]
Gitterrostbelag *m* interlock flooring [bau]
Gitterstab *m* (Stahlbau) web member [bau]
Gitterträger *m* (Stahlbau) lattice girder [bau]; lattice truss [bau]
Gitterwalze *f* mesh pattern roller [mas]
Glanzgrad *m* degree of gloss [mot]
Glanzputz *m* polished plaster [bau]
Glasbaustein *m* glass block [bau]; glass brick [bau]
Glasdach *n* glass roof [bau]
Glasfaser *f* glass fibre [bau]
glasfaserverstärkt glass-fibre reinforced [mot]
Glasgefäß *n* jar
Glas, gehärtetes - *n* toughened glass [met]
Glashütte *f* glass factory [roh]
glasklar glass-transparent [met]
Glasscheibe *f* glass pane [bau]
Glasscheibeneinfassprofil *n* buffer on glass panel [mot]
Glasscheibenhalterung *f* rubber moulding buffer on glass [mas]
Glasschneider *m* glass cutter [wzg]
Glaswolle *f* glass wool [bau]
glatt (Kraftübertragung) non-surge [mot]
Glatteis *n* (überfrierende Nässe) black ice [wet]
glätten *v* level [bau]
Glattputz *m* fair-faced plaster [bau]; smooth plaster [bau]
Glattstrich *m* (auf Putz) skimming coat [bau]
Gleichlaufbetrieb *m* synchronous operation [elt]
Gleichlaufsteuerung *f* synchronous control [elt]
Gleichrichter *m* rectifier [elt]
Gleichrichter für Bremsen *m* rectifier for brakes [mas]
Gleichrichtung *f* rectification [elt]
Gleichspannung *f* D.C. voltage [elt]; direct voltage [elt]
Gleichspannungssignal *n* D.C. voltage signal [elt]
Gleichspannungsverstärker *m* direct current amplifier [elt]
Gleichstreckenlast *f* uniform load [bau]
Gleichstrom *m* direct current [elt]; parallel flow [elt]
Gleichstromimpuls *m* D.C. signal [elt]
Gleichstrommotor *m* D.C. motor [elt]
Gleichstromregistrierung *f* direct current recording [elt]
Gleichstromumformer *m* D.C. converter [elt]
Gleichstromwicklung *f* (Motor) D.C. field coil [elt]
Gleichstromwiderstand *m* ohmic resistance [elt]
Gleichtaktunterdrückung CMRR *f* common-mode rejection ratio [elt]
Gleichtaktverstärkung *f* common-mode gain [elt]

Gleichung *f* (z.B. Blendengleichung) formula [pow]
gleich weit entfernt equidistant [mot]
gleichwertig comparable
Gleichzeitigkeitslogik *f* concurrency logic
gleichzeitig mit in unison
Gleisanlagen *pl* (z.B. eines Werkes) railway siding [mot]; (z.B. eines Werkes) railway sidings [mot]
Gleisanschluss *m* railway siding [mot]
Gleisbauabteilung *f* track-laying department [mot]
Gleisbildstellwerk *n* all-relay signal box [mot]
Gleisbremse *f* rail brake [mot]
Gleisdreieck *n* rail triangle [mot]; (Y-förmig) wye [mot]
Gleisendabschluss *m* (in Schutzkasten) rail end [mot]
Gleisharfe *f* (z.B. am Ablaufberg) track harp [mbt]
Gleismesswagen *m* (gelb; fährt DB Tests) rail test car [mot]
Gleisplan *m* track plan [mot]
Gleisrückmaschine *f* track shifter [mot]
Gleisstrecke *f* (von A nach B) railway track [mot]
Gleitbacke *f* (am Achshalter) horn cheek [mot]
Gleitbackendrehkranz *m* (am Schardrehkranz) guide-shoe wear surface [mbt]
Gleitbahnlänge *f* take-up path [mbt]
Gleiteinlage *f* (in Drehgestellpfanne) bogie-bearing cup [mot]; centre-pivot insert [mot]
Gleiten *n* (Rutschen, Ausrutschen) sliding [bau]; (Rutschen, Ausrutschen) slippage
Gleitfuge *f* skidding joint [bau]
Gleitkomma-Formatanpassung *f* floating contagion [edv]
Gleitkontakt *m* wiping contact [elt]
Gleitlager *n* bushing-type bearing [mas]; plane bearing [mot]; sliding bearing [mas]; (Auflager) sliding support [bau]
Gleitleiste *f* guide rail [mot]; guide strip [mas]; moulding
Gleitmodul *m* rigidity module [met]; (Elastizität) shearing modulus of elasticity [met]; shear modulus [mas]
Gleitplatte *f* bogie-bearing pad [mot]; guide plate [mot]; (an Schaufel) heel plate [mot]; (an Schaufel) paddle plate [mot]
Gleitring *m* axial face seal ring [mas]
Gleitringdichtung *f* duo-cone seal [mas]; duo-cone seal ring [mas]
Gleitschalung *f* mobile form [bau]; moving formwork [bau]; sliding form [bau]; sliding formwork [bau]; sliding shuttering [bau]
Gleitschuh *m* (bei Verschleiß) gusset shoe [mas]; reference sleigh [mbt]
Gleitschutz *m* (gegen Ausrutschen) anti-skid [mas]
Gleitschutzkette *f* anti-skid chain [mbt]
gleitsicher skid-proof
Gleitstein *m* (Teil der Spannvorrichtung) guide piece [mbt]
Gleitstück *n* idler slide [mas]
Gleitzeit *f* flexi-time [eco]
Gletscher *m* icefall [geo]
Glied *n* (Bauteil, Teil) member [mas]
Gliederkette *f* open-link chain [mas]
Gliedermaßstab *m* (Zollstock) yardstick [msr]
gliedern *v* (sich gliedern in) categorize; (neu gliedern) restructure
Gliederung *f* arrangement [con]
Gliederwelle *f* articulated shaft [mas]
Gliederzahl, gerade - *f* even number of pitches [mas]
Gliederzahl, ungerade - *f* odd number of pitches [mas]
Glied, gekröpftes - *n* cranked link [met]
Glimmentladung *f* glow discharge [elt]
Glimmerkerze *f* mica plug [elt]
Glimmerschiefer *m* mica schist [min]
Glimmlampe *f* glow lamp [elt]
Glockengehäuse *n* rotating assembly [mas]
Glockenguss *m* bell founding [met]
Glockenstuhl *m* bell frame [bau]
Glockenventil *n* bell valve [mas]
Glühanlage *f* heater plug installation [mas]
Glühanlassschalter *m* heater plug switch [mot]; heater starter switch [mot]
Glühbirne *f* bulb [elt]; incandescent bulb [elt]
Glühbirnenfassung *f* lamp holder [elt]
Glühdraht *m* heat wire [elt]; hot filament [elt]
Glühelektrode *f* hot cathode [elt]
glühen *v* (Grobkorn-Glühen) coarse-grain annealing [met]; glow [met]
Glühfaden *m* incandescent filament [elt]
Glühkerze *f* glow plug [elt]; heater plug [mot]

G

Glühkerzenwiderstand *m* heater plug resistor [mot]; preheater resistor [elt]
Glühkerzenzuleitung *f* glow plug harness [elt]
Glühlampe *f* incandescent lamp [elt]
Glühschalter *m* heater switch [mot]; heat switch [elt]
Glühstiftkerze *f* heater plug [mot]
Glühüberwacher *m* heater plug control [mot]; heater plug indicator [msr]; preheat indicator [mot]
goldgelb (RAL 1004) golden yellow [nrm]
Grabausrüstung *f* (Tieflöffel) backhoe attachment [mbt]

G

Grabböden *pl* diggable grounds [bod]
Grabdiagramm *n* (geometrisches Bild) digging diagram [bau]
Grabenböschung *f* (z.B. Drainage) ditch bank [geo]
Grabenfräse *f* ditch mill [wzg]; (Lohmann, Westkirchen) trench cutter [mbt]
Grabenlöffel *m* ditch-cleaning bucket [mbt]; ditching bucket [mbt]
Grabenmulde *f* (3-eckiger Querschnitt) ditch [mbt]; ditch profile [bod]; furrow [mbt]
Grabenprofil *n* ditch profile [bod]
Grabenräumschaufel *f* ditch-cleaning bucket [mbt]
Grabenschneiden *n* ditch cutting [mbt]
Grabenverbau *m* (z.B. mit Spreizen) trench shoring [mbt]
Grabenverfüllschnecke *f* trench filler [mbt]
Grabenverfüllschneckenausrüstung *f* trench filler attachment [mbt]
Graben ziehen *v* (Bagger oder Grader) cut a roadside ditch [mbt]
Grabgefäß *n* (z.B. Löffel) bucket [mbt]
Grabgreifer *m* clamshell bucket [mbt]; digging grab [mbt]
Grabkanalgreifer *m* trench-cleaning bucket [mbt]
Grabkraft *f* digging force [bau]
Grabkurve *f* (Bogen des Grabgefäßes) digging arc [mbt]
Grabschaufel *f* digging shovel [mbt]; face shovel [mbt]
Grabtiefe *f* digging depth [bau]; (unter Wasser) dredging depth [mbt]
Grabweite *f* digging width [mbt]; outreach [mbt]
Grabwiderstand *m* cutting resistance [mbt]; digging resistance [mbt]
Grader *m* (Erdhobel, Baumaschine) grader [mbt]
Graderarbeiten *pl* grader work [mbt]; levelling work [mbt]
Gradiente *f* incline
Gradmesser *m* graduator [msr]
Gradminute *f* minute
granitgrau (RAL 7026) granite grey [nrm]
Granularbereich *m* granular range [roh]
Granulationsanlage *f* granulation plant [wzg]
graphitgrau (RAL 7024, 7026) graphite grey [nrm]
Graphitöl *n* graphite oil [roh]
Graphitprüfung *f* nodular graphite test [msr]
graphitschwarz (RAL 9011) graphite black [nrm]
grasgrün (RAL 6010) grass green [nrm]
Grat *m* (Dach) arris [bau]; (scharfe Kante nach Schneiden) cutting ridge [met]; (scharfe Kante nach Fräsen) milling ridge [mas]
Gratstärke *f* thickness of bur [mas]; thickness of edge [mas]
graualuminium (RAL 9007) grey aluminium [nrm]
graubeige (RAL 1019) grey beige [nrm]
Graubereich *m* grey area [elt]
graublau (RAL 5008) grey blue [nrm]
graubraun (RAL 8019) grey brown [nrm]
Grauguss *m* (verschiedene Qualitäten) cast iron [met]; grey cast [met]
Grauguss, globularer - *m* ductile cast iron [met]
Grauguss-Scheibenrad *n* cast iron disc wheel [mot]
Grauguss-Speichenrad *n* cast iron spooked wheel [mot]
grauoliv (RAL 6006) grey olive [nrm]
Graupappe *f* grey board
Grauwacke *f* greywacke [roh]
grauweiß (RAL 9002) grey white [nrm]; (RAL 7035) off-white [nrm]
gravieren *v* (Platte beschriften) engrave [met]
greifen *v* grab [mbt]; grip
Greifer *m* clamshell [mbt]
Greiferausrüstung *f* clamshell equipment [mbt]; grab attachment [mbt]
Greiferbagger *m* backhoe with grab [mbt]; (Bagger mit Greifer) excavator with grab [mbt]; (Schwimmbagger) grab dredger [mot]

Greiferdrehkopf *m* grab swivel [mbt]; rotating head [mbt]
Greiferdrehmotor *m* grab swivel motor [mbt]
Greiferdrehvorrichtung *f* grab slewing device [mbt]
Greiferdrehwerk *n* (im Grundgerät) grab swivel device [mbt]
Greiferführung *f* grab guide [mbt]
Greiferhalter *m* (bei Transport) grab safety bar [mbt]
Greiferkopf *m* grab head [mbt]
Greiferlager *n* grab yoke [mbt]; yoke [mbt]
Greiferoberteil *n* grab upper section [mbt]
Greiferquerschnitt *m* grab section [mbt]
Greiferschale *f* clam shell [mbt]; grab shell [mbt]
Greiferschneiden *n* grab cutting edges [mbt]
Greiferstiel *m* grab arm [mbt]
Greiferstiel, gegabelter und gekröpfter - *m* forked gooseneck grab arm [mbt]
Greiferverlängerung *f* grab extension [mbt]
Greiferweite *f* deck area [mbt]
Greiferzangen *f* grapples [mbt]
Greifsäge *f* grab saw [met]
Greifsteg *m* (Schneekette) grip link [mot]
Grenzbedingungen *f* boundary conditions [mat]
Grenze *f* (Grenzstellung des Kolbens) end-position [mot]
Grenzen der Abnützung *pl* wear limits [mas]
Grenzfehler, positiver - *m* positive critical defect [elt]
Grenzfläche *f* boundary surface [edv]; interface [edv]
Grenzflächenwellen *pl* boundary surface waves [elt]
Grenzfrequenz *f* cut-off frequency [elt]
Grenzlastregelung *f* power limit control [mot]
Grenzlastregelventil *n* power limit control valve [mot]
Grenzlastregler *m* power metering regulator [mot]
Grenzlehre *f* limit gauge [mas]
Grenzmauer *f* boundary wall [bau]
Grenzschalter *m* limit switch [elt]
Grenzschaltung *f* extreme limit switch
Grenzschicht *f* boundary layer [air]
Grenzschichtwellen *pl* boundary layer waves [elt]
Grenzstellung *f* (des Kolbens) end-position [mot]
Grenztaster *m* limit switch [mot]
Grenztiefe *f* (des Tagebaus) maximum depth [roh]
Grenzwert *m* critical value; limiting value; lines [mat]
Grenzwerte erfüllen *v* keep within the limits
Grenzwertfelder *pl* limit boxes [edv]
Grenzwertregelung *f* limit control [msr]
Grenzwertstufe *f* limit value stage [elt]
Grenzwinkel *m* critical angle [con]
Grießkühler *m* tailing cooler [roh]
Grießrückführung *f* (Mühle) coarse particles return [pow]; (Mühle) mill recirculation [mas]
Griff *m* (Messergriff, Heft) hilt [wzg]
griffig (z.B. Reifen) with maximum grip; (z.B. Reifen) with maximum traction
Griffnähe, in - (des Bedieners) within easy reach
grob coarse [met]
Grobabgleich *m* coarse balance [mbt]
Grobabstimmung *f* coarse tuning, coarse adjustment [elt]
Grobarmaturen *pl* accessories [mas]
Grobblech *n* coarse metal sheet [met]; thick plate [mas]; (ab 4.75 mm) thick plate [mas]
Grobeinstellung *f* coarse adjustment [msr]
Groberz *n* coarse ore [roh]
Groberzwagen *m* (z.B. für Kupferberg-werk) coarse-ore wagon [mot]
grob gesprengt (grob gesprengter Fels) rough blasted [roh]
grob gezähnt (z.B. Blatt) notched [met]
Grobkorngehalt *m* coarse-grain content [bau]
grob mahlen *v* (vorbrechen) crush [roh]
Grobsiebung *f* coarse screening [pow]
Grobstaub *m* fly ash coarse particles [pow]; grit [pow]
Grob- und Maßbleche *pl* (Eisen und Metall) heavy and flame-cut plates [mas]
Grobzerkleinerung *f* coarse crushing [roh]
Grobzerkleinerungsmaschine *f* coarse crushing plant [roh]
Großabsetzer *m* (zum Haldeanlegen) giant stacker [mbt]

Großanlage *f* large-scale plant [roh]
Großbagger *m* large excavator [mbt]
großdimensioniert large-scale dimensioned [con]
Größe, komplexe - *f* complex quantity [elt]
Größenfaktor *m* variability
Großflächenklammer *f* large surface bale clamp [mot]; large surface clamp [mot]
Großflächenschalung *f* large panel formwork [bau]
Großflansch *m* large diameter flange [mas]
Großförderanlagen *f* giant mining equipment [roh]
Großförderanlagen *pl* large mining equipment [roh]
Großgebinde *n* big bag
Großkessel *m* (Riesenkessel) giant boiler [pow]; large capacity boiler [pow]
großkörnig coarse-grained [roh]
Großmontage *f* major assembly [met]
Großraumfahrerhaus *n* large-sized driver's cab [mot]
Großraumreisezugwagen *m* open coach [mot]
Großraumseitenentladewagen *m* wide-body side-discharging car [mot]
Großraumwagen *m* open car [mot]; (für Reisende) open coach [mot]; (für Massengüter) wide-body wagon [mot]
Großrechner *m* (Computer) large system [edv]
Großrohr *n* large-diameter pipe [mas]
Großschaufelradbagger *m* giant bucket wheel excavator [mbt]
Großsignal *n* large-signal [elt]; (statisches Großsignal) large-signal [elt]
Großsignalverhalten *n* large signal behaviour [elt]
Großwälzlager *n* large anti-friction bearing [mas]; large diameter anti-friction slewing ring [mas]
Großwerkzeug *n* (Vorrichtung) jig [mas]
Grubenausbauprofil *n* mining sections [roh]
Grubenbahn *f* (unter oder über Tage) mine railway [mot]
Grubenberge *pl* (taubes Gestein) pit waste [roh]
Grubenbreite *pl* pit width [bau]
grubenfeucht pit-wet [roh]
Grubenholz *n* (Stollenholz, Stempel) mine props [roh]; (Stollenholz, Stempel) props [roh]
Grubenlänge *f* pit length [bau]
grün (Farbton) green [nrm]
grünbeige (RAL 1000) green beige [nrm]
grünblau (RAL 5001) green blue [nrm]
grünbraun (RAL 8000) green brown [nrm]
Grundabsenkung *f* level drop [roh]
Grundanstrich *m* priming coat [met]
Grundausstattung *f* basic equipment [mas]
Grundbehandlung *f* basic handling [met]
gründen *v* constitute [bau]; (eine Firma) found [eco]
Grundfarbe *f* (Material, z.B. Mennige) primer [nrm]; (erster Anstrich) priming [nrm]
Grundfelge *f* base rim [mot]
Grundfläche *f* basal surface [con]; base surface [bod]; floor area
Grundflächenbedarf, erforderlicher - *m* (für Gebäude) required building space [bau]
Grundform *f* basic design [con]; basic form
Grundfrequenz *f* basic frequency [elt]; fundamental frequency [phy]
Grundieranlage *f* (Spritzpistole) priming device [nrm]
grundieren *v* (mit Schutzanstrich) prime [nrm]
Grundiererei *f* priming shop [nrm]
grundiert (nur erster Schutzanstrich) primed [met]
Grundierung *f* (zum Aufkleben von Bahnen) bonding coat [bau]; (z.B. montierter Teile) prime [nrm]
Grundkreis *m* (des Zahnrades) root circle [met]
Grundlast *f* (z.B. ohne Zusatzlast) base load [pow]
Grundlastkraftwerk *n* base load station [pow]
Grundlinie *f* base line [con]
Grundmaterial *n* (hieraus wird gebaut) parent material [mas]
Grundmauer *f* base wall [bau]; foundation wall [bau]
Grundmauerwerk *n* foundation [bau]
Grundmetall *n* (Haupt-, Originalstoff) base metal [mas]
Grundplatte *f* base plate [mas]
Grundplatte des Oberwagens *f* main frame of the upper carriage [mbt]

Grundprozedur *f* primitive [edv]
Grundrahmen *m* (Hauptrahmen) base frame [mot]
Grundrechenarten *pl* basic arithmetic [mat]
Grundriss *m* ground plan [bau]; horizontal projection [bau]; plan elevation [bau]; plan view [bau]; projection [con]
Grundrissformen *pl* types of plans [bau]
Grundsaugbagger *m* plain suction dredger [mot]
Grundsäule *f* base column [roh]
Grundschaltbild *n* (Rohrplan) basic tube layout [con]
Grundschaltung *f* base circuit [elt]
Grundschicht *f* primary layer [mas]
Grundschwingung *f* fundamental mode [phy]
Grundspannung *f* ground potential [elt]
Grundstein *m* (Eckstein des Hauses) corner stone [bau]; (Gründungsstein Bau) foundation stone [bau]
Grundsteinlegung *f* (z.B. für neues Werk) laying of the foundation stone [bau]
Grundstellung *f* (des Baggers) basic position [mbt]
Grundstück *n* plot [bau]; premises
Grundstück, benachbartes - *n* adjacent plot [bau]
Gründung *f* (Fundament) base [bau]; (Fundament) basement [bau]; (Fundament) bed [bau]; (Fundament) footing [bau]
Gründungsplatte *f* foundation plate [bau]
Grundverfestigung *f* basic work hardening [bau]
Grundversicherer *m* primary carrier [jur]
Grundversicherungsvertrag *m* primary before excess contract [jur]
Grundwasser *n* (Bodenschatz) ground water [was]
Grundwasserspiegel *m* ground water table [was]; water table [bod]
Grundwasserstand *m* water table [bod]
Grundwerkstoff *m* base material [mas]
grüngrau (RAL 7009) green grey [nrm]
Grünspan *m* (Kupferoxid) cupric oxide [che]
Gruppengeschwindigkeit *f* group velocity [elt]
Gruppengetriebe *n* auxiliary transmission [mas]
Gültigkeit *f* validity
Gültigkeitsbereich *m* (z.B. Deutschland) extent of validity
Gültigkeitsdauer *f* (z.B. 5 Jahre) extent of validity
Gummiartikel und Förderbänder rubber mats and conveyor belts [mas]
Gummibelag *m* rubber [met]; rubber strip [mas]
Gummidichtung *f* rubber seal [mas]
gummiert (gegen Verschleiß) rubber-lined [mas]
Gummierung *f* rubberizing [mas]; (als Futter) rubber lining [mas]
Gummi-Fächerkupplungsscheibe *f* palm-type coupling [mot]
Gummifederlager *n* rubber-cushioned spring hanger [mas]
Gummifederpuffer *m* rubber spring buffer [mas]
Gummifederung *f* rubber-spring mounting [mas]; rubber suspension [mas]
Gummiformteil *f* moulded rubber part [mot]
gummigefedert rubber-spring mounted [mas]
Gummigelenk *f* rubber coupling [mas]
Gummihohlfeder *f* rubber hollow spring [mas]
Gummiisolator *m* (gegen Vibration) rubber isolator [mot]; (gegen Vibration) rubber mounting [mas]
Gummikreuzgelenk *n* rubber universal joint [mas]
Gummimanschette *f* rubber boot [mas]
Gummi-Metall-Verbindung *f* rubber-bonded-to-metal component [mas]
Gummimulde *f* (Einlage) rubber tray [mbt]
Gummiplatte *f* rubber plate [mas]
Gummipuffer *m* (zur Auflage) rubber block support [mas]
Gummiradwalze *f* (Straßenbau) rubber-tyred road roller [bau]
Gummiring *m* (wie Buchse, Durchführung) grommet [mas]
Gummischlauch *m* rubber hose [mas]
Gummischutzhülle *f* rubber-protection sleeve [mas]
Gummiventil *n* rubber valve [mas]
Gummiwulst *f* (zwischen Personenwagen) rubber roll [mot]
günstig conveniently
Gurt *m* (z.B. Fachwerk, Fachwerkträger) chord [bau]

Gurtanschluss *m* belt connector [bau]
Gurtbandförderer *m* belt conveyor [mbt]
Gurtblech *n* chord plate [roh]
Gurtbreite *f* width of belt [mot]
Gürtelbahn *f* (wie Ringbahn) orbital railway [mot]
Gurtförderband *n* conveyor belt [roh]
Gurtplatte *f* (Stahlbau) flange plate [bau]
Gurtscheibe *f* belt pulley [mas]
Gurtstab *m* (Stahlbau) chord member [bau]
Gurtung *f* chording [bau]
Gussband *n* (als Dichtung am Kolben) cast seal [mot]
Gussbeton *m* cast concrete [bau]; poured concrete [bau]
Gussblock *m* (Kokille) ingot [mas]
Gussbronze *f* cast bronze [met]
Gusseisen *n* cast iron [met]
Gusseisen, hitzebeständiges - *n* heat-resistant cast iron [met]
Gusseisen mit Kugelgraphit *n* nodular spheroid. graphite cast iron [met]
Gusseisen mit Lamellengraphit *n* flake-graphite cast iron [met]
Gusseisen mit Vermiculargraphit *n* cast iron with vermicular graphite [met]
Gusseisen, verschleißbeständiges - *n* wear-resistant cast iron [mas]
Gussform *f* (mit Gießsand gefüllt) casting box [met]; mould [mas]
Gussfreimaßtoleranz *f* casting general tolerance [con]
Gusskonstruktion *f* cast design [met]
Gusslagerung *f* cast bearing [met]
Gusslegierung *f* cast alloy [met]
Gussmodell *n* pattern [mas]
Gussnummer *f* casting number [met]
Gussprüfung *f* casting test [msr]
Gussputzen *n* (durch Strahlen) castings cleaning [met]
Guss, schmiedbarer - *m* malleable iron [met]
Gussschräge *f* (Form-, Ausstoßschräge) mould draft [mas]
Gussschrott *m* cast iron scrap [jur]
Gussstahl *m* (besser: Stahlguss) cast steel [met]
Gussstruktur *f* cast structure [met]
Gussstück *n* (legiert) alloy casting [mas]; casting [met]
Gussteil *n* casting [met]
Gutachten *n* (Expertise) expert opinion
Güterbahnhof *m* freight depot [mot]; freight yard [mot]
Güterumschlag *m* (z.B. per Stapler) materials handling [mot]
Güterverkehr *m* freight traffic [mot]; goods traffic [mot]
Güterwagen *m* (geschlossen) boxcar [mot]; (gedeckt) covered wagon [mot]; (allgemein (A)) freight car [mot]; (allgemein (B)) goods wagon [mot]; (allgemein) wagon [mot]
Güterwagenbremse *f* freight wagon brake [mot]
Güterwagendrehgestell *n* bogie for goods wagon [mot]
Güterwagenganzzug *m* (Gag) complete train [mot]
Güterwagen, gedeckter *m* boxcar [mot]; (geschlossen) covered wagon [mot]
Güterwagen, geschlossener - *m* goods van [mot]
Güterwagen in Regelbauart *m* normal-type freight car [mot]; normal-type wagon [mot]
Güterwagen, offener - *m* high-sided open wagon [mot]
Güterwagenpark *m* fleet of freight cars [mot]; fleet of goods wagons [mot]
Güterzug *m* freight train [mot]; goods train [mot]
Güterzugbremse *f* goods brake [mot]
Gütestufe *f* class [pow]
Guthaben *n* (Sachwerte) assets [eco]
Gutmessung *f* (fehlerfrei) proper measurement [msr]
Gut-schlecht-Klassen *pl* accept-reject categories
Gyrator *m* gyrator [elt]

H

Haarbruch *m* (Knochenbruch) hairline fracture [met]
Haarnadelkurve *f* hairpin bend [bau]
Haarriss *m* capillary crack [met]; hair crack [met]; microcrack [met]
Hacke *f* (z.B. des Gärtners) hoe [wzg]
Hacken *n* (Stahlhaken) hook [mas]
Hackmesser *n* chopping knife [wzg]; (in Küche) cleaver [wzg]
Häcksel *pl* (Späne) chaff [jur]
Hafenausbau *m* expansion of the port [mot]
Hafenbahn *f* dock railway [mot]
Hafenbetrieb *m* port operation [mot]
Hafenkran *m* dockside crane [mot]; port cranes [mot]
Hafenlampe *f* harbour light [mot]
Hafenumschlaganlage *f* port handling plant [mot]
Haft *f* (Verantwortung) liability [jur]
haften *v* (kleben) adhere [mas]; (Schaden verantworten) be responsible [jur]
haftend (klebend) adhesive [phy]
Haftfestigkeit *v* adhesive strength [phy]
Haftgrenze *v* (Rad auf Schiene) limit of adhesion [mot]
Haftmittel *n* (Klebstoff) adhesive [che]
Haftmörtel *m* bonding mortar [bau]
Haftpflichtgrundvertrag *m* primary insurance [jur]
Haftpflichtrisiko *n* liability hazard [jur]
Haftpflichtversicherung *f* general liability insurance [jur]; third-party insurance [jur]
Haftpflichtvertrag *m* general liability policy [jur]
Haftputz *m* bond plaster [bau]
Haftung *f* bond [bau]
Haftung, finanzielle - *f* (gegen Dritte) liability [jur]
Haftungspflicht *f* legal liability [jur]
Hagelschauer *m* hailstorm [wet]
Hahnsicherung *f* cock support [mot]
Haken *m* (Abschlepphaken, senkrecht) pintle [mas]
Hakenhöhe *f* hook height [mot]
Hakenkopfschraube *f* hammer-head machine screw [mas]
Hakenlager *n* hook yoke [mbt]
Hakenplatte *f* tie plate [mas]
Hakenschlüssel *m* hock wrench [mas]; hook spanner [mas]
Hakenschraube *f* (Rippenplatte) hook bolt [mot]
Hakenstellung *f* hook position [mbt]
Hakenstift *m* hook nail [mas]
Halbachse *f* half-axle [mot]
halbjährlich half-yearly
Halbkugelpunkt *m* deformation point [pow]; fusion point [pow]
Halbleiterelement, bipolares - *n* bipolar semi-conductor [elt]
Halbleiterelement, unipolares - *n* unipolar semi-conductor [elt]
Halbmesser *m* radius [con]
Halbrundfeile *f* half-round file [wzg]
Halbrundkerbnagel *m* round head grooved pin [mas]
Halbrundkopf *m* (z.B. Schrauben) round slotted head [mas]
Halbrundniet *m* half round [mas]; rivet [mas]; round [mas]
Halbrundschraube *f* round-head screw [mas]
Halbrundschraube mit Nase *f* cup head nib bolt [met]; cup nib bolt [mas]
Halbrundstahl *m* half rounds [met]
Halbschnitt *m* half section [met]
halbseitig half the width [con]
Halbsteilflankennaht *f* half-open single seam [met]
Halbstein *m* half block [bau]
Halbwertlängenausdehnung *f* half-value of length [con]
Halbwertmethode *f* half-value method
Halbwertquerausdehnung *f* half-value of width [con]
Halbwerttiefenausdehnung *f* half-value of depth [con]
Halbwerttiefenspiel *n* half-value depth tolerance [con]
Halbzeug *n* semi-finished products [met]
Halbzeugprüfung *f* inspection of semi-finished products [mas]
Haldenböschung *f* angle of heap [bod]
Halle *f* (in Flughafen) concourse [bau]; (Saal, Gebäude) hall [bau]; (Fabrikhalle) shed [bau]
Hallenkran *m* assembly-hall crane [mbt]
Hallenschiff *n* (z.B. Werkshalle) assembly-hall nave [bau]
Halslager *n* journal bearing [roh]; neck journal bearing [roh]
Halt *m* (Befestigung) mounting
Haltbarkeit *f* durability [mas]
Halteblech *n* retaining plate [mas]

Haltebremse *f* (kurzfristig) holding brake [mot]
Haltefeder *f* retaining spring [mas]
Haltegabel *f* holder [mbt]
Haltegriff *m* grip [mas]; handle [mot]
Halteklammer *f* (Schienenbefestigung) holding clamp [mot]; retaining bracket [mot]
Haltemuffe *f* retainer sleeve [mas]
halten *v* maintain [mas]
Halteplatte *f* bracket [mas]; mounting plate [mas]; retainer plate [mas]
Haltepunkt *m* (kleiner Bahnhof) halt [mot]
Halter *m* (Konsole) bracket [mbt]; connector [mbt]; (Befestigung) fastener [met]; (Halterung) holder; (Haken der Motorhaube) hood catch [mot]; (von Tieren) keeper; (Halterung, z.B. Gummipuffer) mount [mot]; (von Auto, Wasserfahrzeug) owner [jur]; (Befestigung, Festhalter) retainer
Halteraste *f* detent [mot]
Halter für Bremskupplung *m* hose stowage bracket [mot]
Haltering *m* (Sicherungsring) retaining ring [mas]
Halterung *f* (Konsole) bracket [mas]; (aus Draht, Kabel) harness [mas]; holding; (Klemme, Schloss) lock; (von Schläuchen) retaining [mas]
Halterung, bewegliche - *f* mobile holder [mas]
Halterung der Spannscheibe *f* fan belt adjusting pulley bracket [air]
Halterungsschelle mit Konsole *f* retaining clamp with bracket [mas]
Haltescheibe *f* retainer [mas]
Halteschraubenlöcher *pl* (in Drehverbindung) lock-bolt holes [mas]
Haltestelle *f* (der Bahn) halt [mot]
Haltestück *n* retainer [mas]; (Halteplatte) retainer plate [mas]
Haltevorrichtung *f* fixture [met]
Haltewinkel *m* angle bracket [mas]
Haltezeit *f* holding time [mas]
Hammerauswechselvorrichtung *f* hammer axle trolley [mas]; hammer changing device [wzg]
Hammerbrecher *m* hammer crusher [wzg]
Hammermühle *f* hammer crusher [wzg]; hammer mill [wzg]
Hammerschraube *f* tee head bolt [mas]
Hammer- und Schlauchhalterung *f* hammer and hose support [mas]
handarbeitsintensiv labour intensive [met]
handarbeitsintensive Arbeiten *pl* labour-intensive work [met]
Handbedienung *f* (durch Bediener, Kunde) manual operation [mot]
Handbeschickung *f* handfiring [mas]
handbetätigt hand-operated [pow]
Handbetätigung *f* (Handbedienung) hand operation [mot]
Handbohrer *m* (spindelförmig) brace [wzg]; gimlet [wzg]; hand-auger [wzg]
Handbohrmaschine *f* hand drill [wzg]
Handbremsanzeigerarm *m* hand-brake indicator [mot]
Handbremse *f* hand brake [mot]
Handbremshebel *m* hand brake lever [mot]
Handbremsmechanismus *m* hand-wheel brake mechanism [mot]
Handbremsstellung *f* hand brake position [mot]
Handbremszuggriff *m* hand brake handle [mot]
Handbrenner *m* autogenous hand-cutter [wzg]
Handbuch *n* (Gebrauchsanweisung) manual [con]
Handbuch, technisches - *n* (Anweisung) technical handbook [mas]
Handdrehvorrichtung *f* device for handwinding; hand winding device [mas]; manual drive device [mas]
handelnd im Namen und für Rechnung *v* acting in the name and for the account of [eco]
Handelsbaustahl *m* mild steel [mas]
Handelshaus *n* trading house [eco]
Handelsmesse *f* (Messe, Ausstellung) trade fair
Handelspartner *m* trading partner [eco]
Handelsprodukte *pl* products [eco]
Handelsschiff *n* (Gegensatz: Kriegsschiff) merchantman [mot]
handelsüblich (z.B. Rohre) commercial [eco]; (gebräuchlich) commercially approved [eco]
Handel und Dienstleistungen *f* trade and services [eco]
handfest (eine Schraube anziehen) hand-tight [mas]

Handfläche zwischen Handwurzel und Fingern *f* palm [hum]
Handform *f* (der Behälter) hand mould [mas]
Handgabelhubwagen *m* pallet truck [mot]
Hand-Gabelhubwagen *m* pallet truck [mot]
Handgashebel *m* (Bowdenzug) throttle lever [mot]
handgeführt (z.B. Deichselstapler) pedestrian-controlled [mot]
Handgelenk *n* wrist [hum]
Handgriff *m* (z.B. an Stirnwandrunge) handle [mot]; handle bar
handhaben *v* handle; operate
Handhabung *f* (Bedienung) using [edv]
Handhabungsgerät *n* manipulator [mas]
Handhalterung *f* handle type probe holder [msr]
Handhammer *m* breaker [wzg]
Handhebel *m* (z.B. Dampflok-Regler) hand lever [mot]
Handhebelfettpresse *f* grease gun [mot]
Hand-Hebelventil *n* hand lever valve [mot]
Handhebelwelle *f* hand lever cross shaft [mot]
Handherstellung *f* making by hand [met]
handhydraulisch (Deichselstapler) hand hydraulic lift [mot]
Handkabelwinde *f* hand cable winch [mot]
Handkurbel *f* crank [mot]
Handlampe *f* hand lamp [elt]
Handlauf *m* handrail [bau]
Handlaufabmessungen *pl* (Rolltreppe) handrail dimensions [con]
Handlaufabsenksicherung *f* handrail drop device [mbt]
Handlaufabwurfkontakt *m* handrail throw-off switch [mbt]
Handlaufabwurfsicherung *f* handrail drop device [mbt]; handrail throw-off device [mbt]
Handlaufantriebsrad *n* (Balustradenkopf) handrail drive sheave [mbt]; handrail drive wheel [mbt]
Handlaufantriebsrad-Belag *m* handrail drive sheave covering [mbt]
Handlaufdrehvorrichtung *f* handrail winding device [mbt]
Handlaufeinlauf *m* handrail inlet [mbt]
Handlaufeinlaufsicherung *f* (Rolltreppe) brush switch [mbt]; (Rolltreppe) handrail inlet device [mbt]; (Rolltreppe) handrail inlet guard [mbt]
Handlaufeinlaufüberwachung *f* (Rolltreppe) handrail inlet monitor [mbt]
Handlaufführung *f* (Rolltreppe) handrail guide [mbt]
Handlaufführungsbahn *f* handrail guide [mbt]
Handlaufgeschwindigkeit *f* handrail speed [mbt]
Handlaufspannbügel *m* (Rolltreppe) handrail clamping device [mbt]
Handlaufumlenkführung *f* handrail guide assembly [mbt]; (Rolltreppe) handrail return station [mbt]
Handlaufumlenkung *f* handrail return [mbt]
Handlaufumlenkungsführung *f* handrail return station [mbt]
Handleiste *f* (Geländer) top rail [bau]
Händlertagung *f* distributor conference [eco]
Händlerverzeichnis *n* distributor book [eco]
Handleuchte *f* hand lamp [elt]; inspection lamp [mot]
handlich manageable
Handlichkeit *f* handiness
Handlichtbogenschweißen *n* manual shielded metal arc welding [met]
Handloch *n* hand hole [mas]; (Sammleröffnung) header handhole [pow]; (Sammleröffnung) header opening [pow]
Handlochdeckel *m* cover for hand hole; hand hole cover [mbt]
Handlochverschluss *m* hand-hole closure [pow]; hand-hole fitting [pow]
Handprüfung *f* manual testing [met]
Handpumpe *f* hand pump [mot]
Handpumpenvorrichtung *f* hand primer [mot]
Handrad *n* hand wheel [mot]
Handradschraubtyp *m* hand wheel screw design [mot]
Handschachtung *f* manual excavation [bau]
Handschaltung *f* manual shift [mot]
Handschaltung, weiche - *f* soft shift [mot]
Hand-Schiebeventil *n* hand slide valve [mot]

Handschuhfach *n* glove compartment [mot]
Handschuhkasten *m* glove box [mot]
Handschuhkastendeckel *m* glove box cover [mot]
Handschuhkastenscharnier *n* glove box hinge [mot]
Handschuhkastenverschluss *m* glove box fastener [mot]
Handschweißer *m* welder [met]
Handschweißer, geprüfter *m* certified welder [met]
Handstampfer *m* hand tamper [wzg]
Handstapler *m* hand forklift truck [mbt]
Handsteuerung *f* hand operation [mot]; manual control [mot]
Hand, von - betätigt manually-operated [met]
Handwagen *m* (Bollerwagen zum Ziehen) hand cart [mot]
handwarm lukewarm
Handzeichen *n* hand signals
Hang *m* (Abhang) precipice; (Abhang) slope
Hangabtriebskraft *f* grade resistance [mbt]; (an Bergseite) grade resistance [mot]; gravity forces on batter [mbt]
Hängebahn *f* (Passagier-Drahtseilbahn) cable car [mot]; (z.B. für Gestein, Kohle) cable-mounted buckets [roh]; (in Werkshalle) trolley conveyor [mas]
Hängedecke *f* (Bogen) furnace arch [pow]; suspended ceiling [bau]
Hängedecke, hintere - *f* (Kessel) rear arch [pow]
Hängedecke, vordere - *f* (Kessel) front arch [pow]
Hängegerüst *n* flying scaffold [bau]
Hängelager *n* suspension bearing [mas]
hängen *v* hang
hängen bleiben *v* get stuck [mot]
Hängenbleiben der Kohle *n* (Bunker) clogging of coal [roh]
hängend pendant
Hangende *n* (im Goldbergbau) hanging wall [roh]; (das Hangende unter Tage) roof [roh]
Hängendriss *m* (meist im Hangenden) roof cleavage [roh]
Hänger *m* (Hängestange) suspension rod [bau]; (Lkw-Anhänger) trailer [mot]
Hängerausführung *f* (Lkw-Hänger) trailer design [mot]
Hangschutt *m* talus material [roh]
Harke *f* (Rechen, Gartenwerkzeug) rake [wzg]
Hartbelag *m* hard covering [bau]
Härtebestimmung *f* determination of hardness [msr]
Härtebildner *m* (Wasseraufbereitung) hardness components [mas]
Härte des Auftrages *f* (Farbe) hardness of the coat [met]
Härteprüfer *m* (z.B. Brinell, Vickers ...) hardness testing device [msr]
Härteprüfung *f* hardness test [mas]
Härter *m* hardener [met]
Härterei *f* hardening shop [met]
Härteschicht-Dickenmessung *f* measurement of case depth [msr]
Härteschlupf *m* (beim Härten weich gebliebener Bereich) hardness slip [mas]
Härtetiefe *f* (einsatzgehärtet) case depth [met]; depth of hardness [met]; hardening depth [met]
Härteverlauf *m* (von Naht in Material) hardness spreading [mas]
Härtezustand *m* condition of hardness [phy]
Hartfaserplatte *f* fibre board [met]; hard board [met]
hart gelötet brazed [met]; hard soldered [met]
Hartgestein *n* hard rock [min]
Hartgewebe *n* laminated fabric [met]; moulded laminates [mas]
Hartgummi *m* hard rubber [met]
Hartguss *m* chill casting [met]; chilled cast iron [met]
Hartgussplatte *f* hard metal plate [mas]
Hartholz *n* hardwood [met]; (bestimmte Holzart) ironwood [met]
Hartkalksteinbruch *m* limestone [roh]
Hartlöten *n* brazing [met]
hartmaßverchromt hard-chromium-plated to size [met]
hartmetallbestückt cemented [met]
Hartmetalle *pl* hard metals [mas]
Hartplastik *f* duroplastic [met]
hartverchromt hard-chromium-plated [met]
Haspel *f* bobbin [roh]; coiler [met]; (Handhaspel) hand winder [wzg]; (Rolle) winder [mas]
Haspelanlage *f* downcoiling unit [met]
Haspelwickelmaschine *f* coiler [met]
Haube *f* (Stirnwand, z.B. Motorraum) cowling [mot]; (Kuppel) dome [bau]

Haubenglühe *f* batch annealing [mas]
Haubenhalter *m* hood catch [mot]
Haubenscharnier *n* bonnet hinge [mot]
Haubenschloss *n* bonnet lock [mot]
Haubenstütze *f* bonnet stay [mot]
Haubenzugmaschine *f* bonnet truck tractor [mot]
Hauer *m* miner [roh]
Haufwerk *n* (z.B. im Steinbruch) heap [roh]; (im Steinbruch) material [roh]; (im Steinbruch) pile [roh]
Haupt- main
Hauptabmessung *f* main dimension [mot]
Hauptabsperrschieber *m* main stop valve [pow]
Hauptabsperrventil *n* (Dampflok) main shut-off cock [mot]; main stop valve [pow]
Hauptachse *f* main axle [mot]; principal axis [con]
Hauptanschluss *m* main input [elt]
Hauptanschluss mit Nebenstelle *f* (Telefon) party line [tel]
Hauptantrieb *m* main drive [mot]; main drive motor [elt]
Hauptantriebsaggregat *n* prime mover [mot]
Hauptantriebsmaschine *f* prime mover [mot]
Hauptbahn *f* main line [mot]
Hauptbaugruppe *f* main assembly [mas]
Hauptbelastungsrichtung *f* main direction of stress [mas]
Hauptbewehrung *f* main reinforcement [bau]
Hauptbremsluftzylinder *m* air master [mot]
Hauptbremszylinder *m* air master [mot]; main brake cylinder [mot]
Hauptbühne *f* (Arbeitsbühne) main platform [bau]
Hauptbüro *n* head office [eco]
Hauptdampfleitung *f* main pipe [mot]
Hauptdaten *pl* main data
Hauptdruck *m* main relief [mot]
Hauptdüse *f* main jet [mas]
Hauptentwurfszeichnung *f* main-design drawing [con]
Hauptfilterelement *n* primary element [mot]
Hauptgeneratorimpuls *m* master generator-pulse [elt]
Hauptgetriebe *n* (der Rolltreppe) main gear [mbt]
Hauptkraftstoffpumpe *f* main fuel pump [mot]
Hauptkupplung *f* flywheel clutch [mot]
Hauptkupplungsgestänge *n* flywheel clutch control [mot]
Hauptlager *n* (der Kurbelwelle) crankshaft bearing [mot]; main bearing [mot]
Hauptlager Schneidkopfleiter *n* main cutter head bearing [mot]
Hauptlichtschalter *m* main light switch [mot]
Hauptluftbehälter *m* main air reservoir [mot]; (Lok) main air tank [mot]
Hauptluftleitung *f* main air-pipes [mot]
Hauptluke *f* (Rettungssystem) main hatch [mot]
Hauptmast *m* (Schiff, Kran) main mast [mot]
Hauptmengen *pl* main quantities
Hauptniederlassung *f* principal office [eco]
Hauptölgalerie *f* main oil passage [mot]
Hauptplatine *f* motherboard [edv]
Hauptprozessor *m* central processing unit [edv]
Hauptquerträger *m* (des Waggons) bolster [mot]
Hauptrahmen *m* chassis [mot]; main frame [mot]
Hauptraketenmotor *m* (in Raumfähre) main rocket motor [mot]
Hauptschaltanlage *f* main switchgear [elt]
Hauptschalter *m* line switch [elt]; (An/Aus) main breaker [elt]; main circuit breaker [elt]; main switch [elt]; (An/Aus) master control [elt]
Hauptschalttafel *f* (Leitschalttafel) main control panel [elt]; (Leitschalttafel) master panel [elt]
Hauptschar *f* main-blade [mbt]
Hauptscheinwerfer *m* main head lamp [mot]
Hauptschieber *m* (im Steuerblock) main valve spool [mot]
Hauptschneide *f* main cutting edge [mbt]
Hauptschwenkgetriebe *n* main slewing gear [mas]
Hauptsehne *f* (gedachte Linie) main axis [con]
Hauptsicherung *f* main fuse [elt]

Hauptsicherungsblockierung *f* main safety interlock [pow]
Hauptsignal *n* (der Bahn) main signal [mot]
Hauptstollen *m* main transport level [roh]
Hauptstrombahn *f* main circuit [elt]
Hauptstromfilter *m* full-flow filter [mot]
Hauptstromkreis *m* main circuit [elt]; primary circuit [elt]
Hauptstromölfilter *m* full-flow oil filter [mot]
Hauptstückliste *f* master bill of materials [con]
Haupttodesursache *f* primary cause of death [hum]
Hauptträger *m* main girder [bau]
Hauptuntersuchung *f* (bei der Bahn) main revision [mot]
Hauptversammlung *f* annual general meeting [eco]
Hauptverstärker *m* master amplifier [elt]
Hauptverteiler *m* main distributor [mot]
Hauptwarte *f* (Zentral-Leitstand) central control room [pow]
Hauptwasserhahn *m* water mains cock [bau]
Hauptwasserleitung *f* main water supply [bau]; water main [was]
Hauptwelle *f* line shaft [mas]; main shaft [mas]; transmission shaft [mas]
Hauptwelle mit Schraubenkeilen *m* main shaft with helical splines [mot]
Hauptwinde *f* main winch [mbt]
Hauptzeichnung *f* (Zusammenstellung) general drawing [con]
Hauptziel *n* main objective
Hauptzylinder *m* main cylinder [mot]; master cylinder [mot]
Haus- indoor [bau]
Hausanschlusskabel *n* service cable [elt]
Häuserblock *m* block [bau]
Häuserfront *f* row of houses [bau]
Hausgeräte und Industrieanwendung *f* household and industrial appliances [edv]
Haushaltgeräte *n* appliances [elt]
Hausleitsystem *n* building control system [bau]
Hausschlüssel *m* front-door key [bau]
Haus, sonnengeheiztes - *n* solar house [bau]
Haustechnik *f* installations [bau]
Haustür *f* front door [bau]
Hebebock *m* (ähnlich Wagenheber) lifting jack [mot]
Hebebühne *f* lifting platform, rising platform [mot]
Hebelarm *m* (bei Gabelstaplern) equalizing bar [mas]; lever arm [mas]
Hebelauflage *f* lever support [mas]
Hebelauslenkung *f* lever distance
Hebelendschalter *m* (für Fahrsteuerung) lever limit switch [mot]
Hebelfettpresse *f* lever-type grease gun [mot]
Hebelkraft *f* (Hebelwirkung) leverage force [mas]
Hebelübersetzungsverhältnis *n* leverage ratio [phy]
Hebelverhältnis *n* relationship of the levers [mas]
Hebelwerk *n* lever-set [mot]
Hebemoment *n* lift moment [mas]
Hebestange *f* (Brechstange) crowbar [wzg]
Hebestutzen *m* jack socket [mot]
Hebe- und Fördergeräte *n* handling equipment [mbt]
Hebevorrichtung *f* (Winde, Flaschenzug) jack [mot]
Hebezeug *n* (Kran) crane [met]; hoist [mas]; (Hafen, Schiff) hoisting gear [mot]
Hebezeuge *pl* hoisting equipment [mas]
Hebungen *pl* heaves [bau]
Heckausladung *f* (des drehenden Baggers) tailswing [mbt]
Heckenschere *f* hedge trimmer [wzg]
Heckfenster *n* rear window [mot]
Heckfräse *f* rear-mounted rotary cutter [wzg]
Heckgewicht *n* rear counterweight [mot]; rear weight [mot]
Heckklappe *f* (des Lkw) tailgate [mot]
Heckklappen *pl* rear flaps [mot]
Heckleuchte *f* tail lamp [mot]
heckmontiert rear-mounted [mot]
Heckmotor *m* rear engine [mot]
Heft *n* (Griff) hilt [wzg]
heften *v* (Schweißen) tack [met]
Hefter *m* (Heftschweißer) tack welder [met]
Heftklammern *pl* (bei Rohrschweißen) bridge bars [met]
Heftniet *m* tack rivet [mas]
Heftschweißen *n* tack weld [met]

Heftschweißer *m* tacker [wzg]; tack welder [met]
Heftschweißung *f* stitch welding [met]; tack welding [met]
heilen *v* (durch Medizin etc.) remedy [hum]
heiser (mit rauer Stimme sprechen) hoarse [hum]
Heiserkeit *f* (vorübergehender Stimmverlust) hoarseness [hum]
Heißeinsatz *m* hot charging rate [mas]
Heißlagerfett *n* hot bearing grease [mas]
heißlaufen *v* overheat
Heißlaufsicherung *f* overheating protection [mas]
Heißleiter *m* high-temperature conductor [elt]; thermal resistor [elt]; thermistor [elt]
Heißluft *f* hot air [air]
Heißluftkanal *m* hot-air duct [pow]
Heißluftschlauch *m* heater trunk [mot]; hot-air hose [pow]
Heißverklebung *f* (Dichtbahnen) hot bonding [bau]
Heißwasserbehälter *m* (hinter Kondensator) condenser hot well [pow]
heißwasserbeständig corrosion free [met]
Heißwasserkühlung *f* ebullient cooling [pow]
Heißwasserspeicherung *f* hot-water storage [pow]
Heizapparat *m* heater [bau]
heizbar heatable [pow]
Heizdraht *m* heater wire [elt]
Heizelementschweißen *n* heated tool welding [met]; thermo-compression welding [met]
Heizfaden *m* heating filament [elt]
Heizfläche *f* heating surface [pow]
Heizflächenbestreichung *f* gas sweeping of heating surfaces [pow]
Heizflansch *m* heat flange [mot]
Heizgebläse *n* heater fan [mot]
Heizkabel *n* heating cable [elt]
Heizkasten *m* heater box [mot]
Heizkeilschweißen *n* heated wedge pressure welding [met]
Heizklappe *f* heater flap [mot]
Heizlüfter *m* fan heater [air]
Heizöl *n* fuel [bau]; fuel oil [pow]
Heizöladditive *pl* fuel oil additives [pow]
Heizölbehälter *m* (Ölbehälter) fuel oil storage tank [pow]
Heizölvorwärmer *m* (Ölvorwärmer) fuel oil heater [pow]
Heizschlange *f* heating coil [mot]
Heizstrom *m* heating current [elt]
Heizstromkreis *m* heating circuit [elt]
Heizstufe *f* heating stage [elt]
Heizungshebel *m* (bei RH40 neben Sitz) heater lever [mas]
Heizungssicherung *f* heating fuse [elt]
Heizungs- u. Lüftungsanlage *f* heating and ventilating system [mot]
Heizwert, oberer - *m* gross calorific value [che]; upper calorific value [pow]
Heizwert, unterer - *m* lower calorific value [che]; net calorific value [pow]
Heliumtank *m* helium tank [mot]
hellelfenbein (RAL 1015) light ivory [nrm]
Helligkeitsbedingung *f* (b. Bildverstellung) brightness constraint [edv]
Helligkeitsmodulation *f* intensity modulation [elt]; trace brilliance [elt]
Helligkeitsregler *m* brightness control [elt]; intensity control [msr]
hellrosa (RAL 3015) light pink [nrm]
hellrotorange (RAL 2008) bright red orange [nrm]
hemmen *v* (hinderlich und im Wege sein) obstrude; (verzögern, hinauszögern) retard
Hemmkeil *m* chock [mot]
Hemmschuh *m* drag-shoe [mot]
Henkel *m* (der Gießpfanne) bail [roh]
herabdrücken *v* (die Wirkung) reduce
herablassen *v* (fieren) lower [pow]
heranfahren *v* (Material an Maschine) approach [met]; (Material an Maschine) bring close to ...
heranschaffen *v* (Material an Maschine) produce
herausdrücken *v* (sich -) back out [met]
Herausdrücken *n* extrusion [mot]
herausfahren *v* bring out [mot]; take out [mot]
herausnehmbar (abnehmbar) removable
herausplatzen *v* (herausfliegen) blow out [met]
Herausspringen *n* (aus den Schienen) derailing [mot]
herauszeichnen *v* (in Details) draw separately [con]
herausziehen *v* (einen Nagel) pull out
herbeischaffen *v* produce

Herdgebiet *n* (Erdbeben) area of hypocentre [geo]
Herdtiefe *f* depth of hypocentre [geo]
hereinfahren *v* (Material in Maschine) feed in [roh]
hergestellt manufactured [met]
hermetisch hermetical
Hersteller *m* manufacturer [met]; (Fabrikant) producer [met]
Herstellerprogramm *n* manufacturing program [eco]
Herstellerwerk *n* manufacturer's works [met]
Herstellerzeichen *n* manufacturer's marking [met]
Herstellung *f* manufacture [met]; manufacturing [met]
Herstellungsjahr *n* year of manufacture
heruntergewirtschaftet (verrottet) dilapidated
herunterlassen *v* (fieren) lower [pow]
Hervortreten *n* emergence [bau]
Herzstück *n* (wichtiges Bauteil) core component; (der Weiche) tongue [mot]
HF-geschweißt pressure welded [met]
Hilfe bei Vermessung *f* rodding [msr]
Hilfs- additional; (Neben-) auxiliary; secondary
Hilfsachse *f* auxiliary axle [con]; auxiliary idler shaft [con]
Hilfsantrieb *m* auxiliary drive [mbt]
Hilfsantrieb zum langsamen Drehen *m* inching gear [mot]
Hilfsarbeiten *pl* non-manufacturing work [met]
Hilfsausleger *m* (am Kran) jib boom [mot]
Hilfsblende *f* auxiliary gate [mas]
Hilfsbohrungen *pl* auxiliary bores [roh]
Hilfsbrennstoff *m* auxiliary fuel [pow]
Hilfsdüse *f* auxiliary jet [air]
Hilfseinrichtung *f* auxiliary attachment
Hilfseinrichtungen *f* auxiliaries
Hilfsfeder *f* auxiliary spring [mas]
Hilfskontakt *m* auxiliary circuit [elt]
Hilfskräfte *pl* assistants
Hilfskraftlenkung *f* power assisted steering [mot]; power steering [mot]
Hilfskraftstoffpumpe *f* auxiliary fuel pump [mot]
Hilfsluftbehälter *m* (der Bremsanlage) auxiliary reservoir [mot]
Hilfsmotor *m* auxiliary engine [mot]; auxiliary motor [mot]
Hilfsrad *n* auxiliary wheel [mas]
Hilfsrahmen *m* auxiliary frame [con]
Hilfsrelais *n* auxiliary relay [elt]; auxiliary relay [elt]
Hilfsschalter *m* auxiliary switch [elt]
Hilfsschütz *n* auxiliary contactor [elt]
Hilfsspannung *f* auxiliary voltage [elt]
Hilfsstab *m* auxiliary member [bau]
Hilfssteuerung *f* auxiliary control [msr]
Hilfsstoffe *pl* consumables [mot]
Hilfsstromkreis *m* auxiliary circuit [elt]
Hilfsstütze *f* auxiliary support [bau]
Hilfswelle *f* auxiliary shaft [con]
Hilfszylinder *m* booster cylinder [mot]
himbeerrot (RAL 3027) raspberry red [nrm]
Himmel *m* inside roof lining [mot]
Hindernis *n* obstacle [mot]
hinten montiert rear-mounted [con]
Hinter- (Rück-) rear [con]
Hinterachsantrieb *m* rear-axle drive [mot]
Hinterachsbrücke *f* rear-axle casing [mot]
Hinterachse *f* rear axle [mot]
Hinterachseingang *m* entrance of the rear axle [mot]
Hinterachsgehäuse *n* rear-axle housing [mot]
Hinterachsgehäusedeckel *f* rear-axle housing cover [mot]
Hinterachsgehäusehälfte *f* rear-axle housing section [mot]
Hinterachskörper *m* rear-axle assembly [mot]
Hinterachsrohr *n* rear-axle tube [mot]
Hinterachsschubstange *f* rear-axle radius rod [mot]
Hinterachsstrebe *f* rear-axle strut [mot]
Hinterachstrichter *m* rear-axle flared tube [mot]
Hinterachswelle *f* rear-axle shaft [mot]
Hinterachswellenrad *n* differential side gear [mot]
Hinterantrieb *m* rear drive [mot]
Hintereinanderschaltung *f* arrangement in series [con]
Hintereingang *m* back entrance [bau]
Hinterfeder *f* rear spring [mot]
Hinterfederbock *m* rear spring bracket [mas]; rear spring hanger [mot]
Hinterfederstütze *f* rear spring support [mas]
hinterfräsend relief-milled [mbt]
Hinterfüllung *f* backfilling [bau]

Hinterkante *f* rear edge [mot]
Hinterrad *n* rear wheel [mot]
Hinterradbremse *f* rear wheel brake [mot]
Hinterradnabe *f* rear-wheel hub [mot]
Hinterreifen *m* rear tyre [mot]
Hinterschild *m* (im Bergbau) caving shield [roh]
hinterschleifend relief ground, backed off [mas]
Hintersitz *m* rear seat [mot]
Hin- und Hergang *m* to-and-from motion [mas]
hin- und hergehend reciprocating
hinweisen auf *v* (anzeigen) indicate
Hinweisschild *n* indicating label
Hitzdraht *m* (Heizdraht) heat wire [elt]
Hitzeschild *m* (z.B. bei Raumfähre) heat shield [mot]
Hobel *m* (im Bergbau) plough [wzg]
Hobelabbau *m* (im Bergbau) plough mining [roh]
Hobelkreuz *n* (des Graders) blade support frame [mbt]; (des Graders) mouldboard drawbar [mbt]
Hobelmaschine *f* block leveller [wzg]
hobeln *v* plane [mbt]
hoch (z.B. 11 hoch 3) power [mat]
Hochbahn *f* elevated railway [mot]
Hochbau *m* (Bau von Häusern) building [bau]; construction engineering [bau]; superstructure [bau]
Hochbauingenieur *m* construction engineer [bau]
hochbeansprucht highly stressed
Hochbehälter *m* elevated tank [bau]
hochbeweglich highly mobile
hochbocken *v* jack up [mot]
Hochdruck *m* (z.B. Hochdruckfilter) high pressure [mot]
Hochdruckfilter *m* high-pressure filter [mot]
Hochdruckguss *m* casting [met]; high pressure founding [met]
Hochdruckkessel *m* high pressure boiler [pow]
Hochdruckreifen *m* high pressure tyre [mot]
Hochdruckschlauch *m* high pressure hose [mot]; pressure-type hose [mot]
Hochdruckschmierung *f* high pressure lubrication [mot]
Hochdruckspülfahrzeug *n* high-pressure flushing vehicle [mot]
Hochdruckteil *n* high pressure stage [pow]
Hochdruckvorwärmer *m* high pressure preheater [pow]
hochelastisch (z.B. Reifen) cushion-type [mot]
hochfahren *v* (den Kessel) accelerate [pow]; (den Kessel) bring up [pow]; (den Kessel) increase load [pow]; (den Motor) run up [mas]
hochfest (z.B. Stahl) high strength [mas]; (z.B. Stahl) high-tensile [mas]
Hochfrequenzanzeige *f* high frequency indication [elt]
Hochfrequenzfilter *m* high frequency filter [elt]
Hochfrequenz-Induktionsverfahren *n* high-frequency induction welding [elt]
Hochfrequenz-Induktivschweißung *f* high-frequency welding [met]
Hochfrequenzknoten *m* high frequency node [elt]
hochgebockt jacked up [mot]
Hochgeschwindigkeitsstahl *m* high-speed steel [met]
hochgestellt (z.B. Fahrerhaus) elevated
hochgezogen (z.B. Führerhaus) elevated
hochgradig high class
hochheben *v* hoist [mbt]; lift [mbt]; raise
hochinduktiv high-electro [elt]
hochkant (auf dem Rande) edgeways [con]; (auf dem Rande) edgewise [con]; (steht, liegt nicht quer) on edge [con]
Hochkippmulde *f* (Muldenkipper) high discharge skip [mot]
hochlegiert high-alloyed [met]
Hochleistung *f* heavy duty; high capacity [roh]; high power; (Geschwindigkeit) high speed [mot]
Hochleistungsbatterie *f* high capacity battery [elt]
Hochleistungsbecherwerk *n* high capacity elevator [roh]
Hochleistungskessel *m* high-duty boiler [pow]
Hochleistungskette *f* heavy-duty roller chain [mbt]; high-capacity chain [mas]
Hochleistungskompaktgetriebe *n* heavy-duty compact gear [mas]
Hochleistungsrollenkette *f* heavy-duty roller chain [mbt]
Hochlöffel *m* (Seilbagger) dipper [mbt]; face shovel [mbt]
Hochlöffelbagger *m* dipper shovel [mbt]

H

Hochofenschlacke *f* blast-furnace slag [mas]
hochohmig high-impedance [elt]; high-resistance [elt]; high resistive [elt]
Hochrahmen *m* elevated frame [mot]
hochschalten *v* upshift [mot]
hochschiebbar liftable [mot]
hochschlagfest high-impact proof [met]; impact-notch proof [met]
Hochschnitt *m* (des Eimerkettenbaggers) high cut [mbt]
Hochsee *f* (auf hoher See) high seas [mot]
Hochseeschlepper *m* deep sea tug [mot]
Hochspannung *f* high voltage [elt]
Hochspannungskette *f* heavy-duty roller chain [mbt]
Hochspannungsmast *m* high-voltage pole [elt]
Hochspannungsnetzteil *n* high-voltage power pack [elt]
Hochspannungsschaltanlage *f* high-voltage switchboard [elt]
Hochspannungsschalter *m* high-voltage circuit breaker [elt]
Hochspannungsstromversorgungsnetz *n* high-voltage grid [elt]
Hochspannungstrennschalter *m* high-voltage circuit breaker [elt]
Hochspannungsversorgung *f* high-voltage power supply [elt]; high-voltage supply [elt]
hochstabil high-tensile
Höchstbelastung *f* maximum load
Höchstdruckschlauch *m* high pressure hose [mot]
Höchstersatzleistung *f* aggregate limit [mas]
Höchstgeschwindigkeit *f* maximum speed [mot]
höchstklassig (Allerbestes) paramount
Höchstleistung *f* (von Maschine) high performance; (Motor, Pumpe) maximum output [mot]; (beste Leistung) maximum performance [mot]
Höchststand *m* (höchste Stelle) highest position; (Endposition) ultimate position
Hochtemperaturkorrosion *f* high-temperature corrosion [pow]
Hoch-Tieflöffel *m* reversible bucket [mbt]
hochverschleißfest high wear-resistant [roh]
Hochwasser *n* flood [was]
Hochwasserstand *m* flood water level [was]
Höhe *f* (z.B. des Hauses, Berges) height; (in großer Höhe) high altitude
Höhe, lichte - *f* (z.B. unter Brücke) clearance height [con]; clear height [con]; overhead clearance [con]
Höheneinstellung *f* elevating adjustment [msr]; raise adjustment [msr]
Höhenfähigkeit *f* altitude capability [mot]
Höhenfestpunkt *m* benchmark
Höhenlage *f* (über NN) altitude
Höhenlage, geografische - *f* geographic level [geo]
Höhenlinie *f* contour [bau]
Höhenmessschieber *m* height gauge [msr]
Höhenregler *m* height regulator [mot]; longitudinal compensator sensor [msr]
Höhenruder *n* tailplane [mot]
höhenverstellbar (z.B. Schienen) vertically adjustable [mot]
Höhenverstellung *f* level adjustment [mas]
höher stufen *v* (Qualität) upgrade
Höhe, statische - *f* static head [pow]
Höhe über alles *f* (z.B. Waggon) height over all [mot]
Höhe über NN *f* altitude
hohl (Linse, Stein) concave [con]
Hohlachse *f* hollow axle [mot]; wheel spindle [mas]
Hohlachsprüfknopf *m* hollow axle probe [msr]
Hohlblockstein *m* cavity brick [bau]; hollow block [bau]; (z.B. Bims) hollow brick [bau]
Hohlbolzen *m* banjo bolt [mas]
Hohlbolzenkette *f* hollow-pin chain [mas]
Hohlkastengründung *f* caisson foundation [bau]
Hohlkehle *f* (Naht) concave fillet weld [met]; concave moulding [bau]; drip
Hohlkehlnaht *f* (Hohlkehle) concave fillet weld [met]
Hohlkehlschweißung *f* fillet weld [met]
Hohlkeil *m* hollow key [mas]
Hohlleiter *m* wave guide [elt]
Hohlniet *m* tubular rivet [mas]
Hohlniete *f* compression rivet [met]
Hohlprofil *n* hollow profile [met]; hollow section [met]
Hohlprofile *pl* hollows [mas]

Hohlprofile, warmgewalzte - *pl* hot-rolled hollow sections [met]
Hohlprofil, rechteckig - *n* rectangular hollow profile [met]
Hohlquerschnitt *n* hollow section [con]
Hohlrad *n* hollow wheel [mot]; (Innenrad) internal geared wheel [mot]; internally geared wheel [mot]; (in Planetengetriebe) ring gear [mot]
Hohlraum *m* cavity [geo]; hollow spot; void [phy]
Hohlraumbildung *f* cavitation [mot]
Hohlschnurring *m* hollow sealing ring [mot]
Hohlschraube *f* banjo bolt [mas]; hollow-core bolt [mas]
Hohlspiegel *m* concave mirror [phy]
Hohlstrahler *m* (gekrümmter Strahler) concave transducer [elt]; (gekrümmter Strahler) curved crystal [elt]
Hohlträger *m* hollow girder [bau]
Höhlung *f* cavity [geo]
Hohlwand *f* cavity wall [bau]
Hohlwelle *f* hollow shaft [mas]; tubular guiding sleeve [mas]
Hohlzylinder *m* hollow cylinder [mas]
Holz *n* timber [met]
Holzbalken *m* wooden beam [bau]
Holzfachwerk *n* timber frame [bau]
Holzfenster *n* wood window [bau]
Holzgerüst *n* timber scaffolding [bau]
Holzgreifer *m* log grab [mbt]; (für Langholz) log grapple [mbt]; timber grab [mbt]
Holzindustrie *f* (besonders Holzfällen) logging
Holzkonstruktion *f* timber structure [bau]
Holzlagerplatz *m* timber store [bau]
Holzmaserung *f* veining [met]
Holzpappe *f* (Zellstoffpappe) wood pulp board [met]
Holzpfeiler *m* cog [bau]
Holzpritsche *f* timber planks [bau]
Holzschliff *m* (Papiermasse, Pulpe) pulp [met]
Holzschraube *f* wood screw [mas]
Holzschutzmittel *n* timber preservative [bau]
Holzschwelle *f* (der Bahn (B)) wooden sleeper [mot]; (der Bahn (A)) wooden tie [mot]
Holzträger *m* wooden beam [bau]; wooden girder [bau]
Holzzange *f* (ähnlich Greifer) log grapple [mbt]; (ähnlich Greifer) timber grapple [mbt]
Holzzangenausrüstung *f* log grapple attachment [mot]
Homogenverbleiung *f* homogeneous lead coating [mas]
honen *v* (schonend spanabhebend) hone [met]
Honen *n* (Ziehschleifen) honing [met]
honiggelb (RAL 1005) honey yellow [nrm]
hörbar (hörbares Signal) audible [mot]
Hörbereich *m* range of audibility [aku]
Hörfehler *m* hearing impediment [hum]
Hörfrequenz *f* audio frequency [aku]
Horizontalbeschleunigung *f* horizontal acceleration [phy]
Horizontalbohrwerk *n* horizontal boring mill [wzg]
Horizontalfräsmaschine *f* horizontal rotary grinder [wzg]
Horizontalführung *f* horizontal guidance [mas]
Horizontalstrebe *f* horizontal strut [bau]
Horizontalumkehrer *m* horizontal line reverser [mbt]
Horizontalverband *m* horizontal bond [bau]
Hub *m* (Anheben einer Last) lift [mot]; (das Anheben) lifting [mot]; (Bewegung nach oben und unten) motion [mot]; (die Hin- und Herbewegung des Zylinders) travel [mas]
Hubarm *m* (an Maschinen) lift arm [mot]; (z.B. Ventilstößel heben) lifter arm [mot]
Hubarm für Planierschild *m* blade lift arm [mbt]
Hubarmverlängerung *f* lift arm extension [mot]
Hubbalkenofen *m* walking beam furnace [mas]
Hubbegrenzer *m* hoist limiter [mot]; lift limiter [mot]
Hubbegrenzung *f* hoist limiting [mot]
Hubbegrenzungsventil *n* hoist limiting valve [mot]
Hubbühne *f* hoisting platform [bau]
Hubeinrichtung *f* lifting device [mot]
Hubende *n* end of stroke [mot]
Hubgabel *f* lift fork [mot]; lifting fork [mot]

Hubgerüst *n* (des Laders) lift frame [mot]; lifting gantry [bau]; (des Staplers) lifting gear [mot]; mast [mot]
Hubgeschwindigkeit *f* lifting speed [mot]
Hubgestell *n* (Hubgerüst) lift frame [mot]; (Hubgerüst) lifting frame [mot]
Hubhöhe *f* hoisting height [mot]; lift height [mot]; (z.B. Flüssigkeitsdruck) throw [was]
Hubinsel *f* (hebt sich an) elevating platform [mot]
Hubkette *f* (des Staplers) chain [mot]; (am Gabelstapler) hoist chain [mot]; (des Staplers) lift chain [mot]
Hubkraft *f* lifting capacity [mot]; lugging capability [mot]
Hubkraftleistung *f* (Hubkraft) lifting capacity [mot]
Hubkraftvergrößerung *f* (Hubkraftverstärkung) increased lifting forces [mot]
Hubkraftvermögen *n* (Hubkraft) lifting capacity [mot]
Hubkraftverstärker *m* increased pressure lift circuit [mbt]
Hubkraftverstärkung *f* (das Ergebnis) increased pressure lift [mas]
Hubkraftverstärkungssteuerung *f* increased pressure lift circuit [mas]
Hubkurve *f* (hier z.B. Lasthaken) lifting arc [mbt]; (hier Datentabelle) lifting chart [mot]
Hublast *f* (des Krans) lifting capacity [mbt]
Hubleitung *f* (Kugelregen) lift line [pow]
Hubmagnet *m* (Lasthebemagnet) lifting magnet [met]
Hubmast *m* (des Stapler) lift pole [mot]
Hubmastausrüstung *f* (Stapler, Kran) lift pole attachment [mot]
Hubmessung *f* (Daten) travel measuring [mas]
Hubmoment *n* (zu errechnen) lift moment [phy]
Hubrahmen *m* (beim Radlader) lift frame [mot]
Hubraum *m* (aller Zylinder des Motors) displacement [mot]; (Zylinderinhalt) piston displacement [mot]
Hubraupe *f* (unter Brecheranlage) transport crawler [mbt]
Hubschrauber *m* helicopter [mot]
Hubschrauberlandeplatz *m* helicopter [mot]
Hubschrauberrotor *m* rotor of helicopter [mot]
Hubstaplerrolle *f* fork-lift roller [mot]
Hubstellung *f* (höchste Hubstellung) hoist kick-out [mot]
Hubstellung, höchste - *f* hoist kick-out [mot]
Hubtraverse *f* lifting beam [mot]
Hub- und Zugpresse *f* double-acting multi-stage hydraulic cylinder [mot]
Hubvolumen *n* displacement [mot]; piston displacement [mot]
Hubvorrichtung *f* hoisting device [mbt]
Hubvorrichtung *n* elevating device [mot]
Hubwagen *m* hand forklift truck [mot]; hand lift [mot]
Hubwerk *n* hoisting gear [bau]; hoisting gear [mot]; main hoist [mot]
Hubwerkstrommel *f* hoisting-gear drum [mbt]
Hubwinde *f* hoisting winch [mbt]
Hubzylinder *m* boom cylinder [mas]; hoist cylinder [mot]; jib cylinder [mot]; (teleskopisch) lift cylinder [mas]
Hubzylinder, mehrstufiger - *m* multi-stage lift cylinder [mot]
Hubzylinder, teleskopischer - *m* telescopic-type lift cylinder [mas]
Hülle *f* contour [met]; thimble
Hüllkörper *m* (Schmiedeumhüllung) enveloping body [mas]
Hüllkörpergewicht *n* mass of enveloping body [mas]
Hüllrohr *n* sheath [bau]
Hüllrohre *pl* canning tubes [met]
Hülse *f* bush [mas]; (Kugelhülse) bushing [mas]; (Buchse) collar [met]; (Spannhülse) dowel [mas]; tubing [mas]
Hülsenkette *f* (Buchsenkette) bush chain [mas]
Humusboden *m* (auch Dünger, Dreck) muck [bod]
Humusgehalt *m* humus content [bod]
Hupe *f* (der Ton) audible alarm [mot]; (Summer) buzzer [mot]
hupen *v* (das Signalhorn betätigen) honk [mot]
Hutmutter *f* acorn nut [mas]; (Überwurf-, Kapselmutter) cap nut [met]
Hütte *f* (Hüttenwerk) iron works [mas]
Hüttenindustrie *f* iron and steel industry [mas]
Hüttenwerk *n* iron and steel works [mas]

Hüttenzement *m* foundry cement [roh]
HV-Naht *f* bevel seam [met]
Hydrant *m* (Feuerwehranschluss) fire hydrant [bau]
Hydraulikanlage *f* hydraulic system [mas]
Hydraulikbagger *m* hydraulic excavator [mbt]; (im Tagebau) mining shovel [roh]
Hydraulikbagger, schwere - *pl* large hydraulic excavators [mbt]
Hydraulikdruck *m* hydraulic pressure [mas]
Hydraulikeinheit *f* hydraulic unit [mas]
Hydraulikfrontschaufel *f* hydraulic shovel [mbt]
Hydraulikguss *m* castings for hydraulic applications [met]
Hydraulikhammer *m* (Aufbruchhammer) hydraulic breaker [wzg]
Hydraulikleistung *f* hydraulic power [mas]
Hydrauliklöffel *m* hydraulic backhoe [mas]; (Grabgefäß) hydraulic bucket [wzg]
Hydraulikmotor *m* hydraulic motor [mas]
Hydrauliköl *n* hydraulic oil [mot]
Hydraulikölfilter *m* hydraulic oil filter [mot]
Hydrauliköltank *m* hydraulic oil tank [mot]
Hydraulikplan *m* hydraulics diagram [mot]
Hydraulikpumpe *f* hydraulic pump [mas]
Hydraulikschema *n* hydraulic system [mas]
Hydraulikschlauch *m* hydraulic hose [mot]
Hydrauliksperre *f* hydraulic lock [mas]
Hydrauliksteuerventil *n* hydraulic control valve [mas]
Hydrauliktank *m* hydraulic tank [mas]
hydraulisch hydraulic [mas]
hydraulisch entlastet hydraulically balanced [mot]
Hydrobagger mit Tieflöffel *m* hydraulic backhoe [mbt]
hydropneumatisch hydro-pneumatic [mas]

H

I

Idealkurve *f* ideal curve [mot]
Identifikationsprozedur *f* identification procedure [edv]
Identifizierung *f* identification
identisch mit ... identical to ...; identical with ...
Imbusschraube *f* hexagon socket screw [mas]; hollow head plug [mas]
im Eingriff (Zahnräder) engaged [mas]
im Eingriff stehen *v* (Zahnräder kämmen) mesh [mas]
im In- und Ausland home and abroad, at -
Immissionsmodelle *pl* immission models [edv]
im Nahbereich close range, at -
Impedanz *f* inductive resistance [elt]
Impedanzfehlanpassung *f* impedance mismatch [elt]
Impedanzwandler *m* cathode follower [elt]
Impeller *m* impeller [mot]
Implementierung *f* implementation [edv]
imprägnieren *v* impregnate [met]
im praktischen Einsatz in the field
Impuls *m* (Gerät einen Impuls geben) command [elt]; (Stoß, Anstoß) momentum [phy]; (Rechteckimpuls) pulse [elt]
Impulsanregung *f* pulse excitation [elt]
Impulsantwort *f* point-spread functions [edv]
Impulsanzeige *f* pulse indication [elt]
Impulsausgangsspannung *f* pulse output voltage [elt]
Impulsbreite *f* pulse width [elt]
Impulsdauer *f* pulse duration [elt]
Impulsdurchschallung *f* pulse transmission [elt]
Impulsechogerät *n* pulse echo instrument [elt]
Impulsechoverfahren *n* pulse-echo method [elt]
Impulsenergie *f* pulse energy [elt]
Impulsfolge *f* pulse repetition [elt]
Impulsfolgefrequenz *f* pulse repetition frequency [elt]
Impulsform *f* pulse shape [elt]
Impulsformer *m* pulse shaper [elt]
Impulsgeber *m* trigger [elt]
Impulsgenerator *m* pulse generator [elt]
Impulshöhe *f* pulse amplitude [elt]
Impulshöhenverhältnis *n* (echo-) pulse amplitude ratio [elt]; pulse amplitude ratio [elt]
Impulsionsverfahren *n* pulse method [elt]; pulse system [elt]
Impulskupplung *f* impulse coupling [elt]
Impulslaufzeitverfahren *n* pulse transit-time method [elt]
Impulsmodulation *f* pulse modulation [elt]
Impulsregistrierung *f* pulse recording [elt]
Impulsresonanzverfahren *n* pulse resonance method [elt]
Impulsschallgerät *n* ultrasonic flaw detector [elt]
Impulsschmierung *f* pulse lubrication [elt]
Impulsstärke *f* pulse intensity [elt]
Impulsverfahren *n* pulse method [elt]
Impulsverlängerung *f* pulse stretching [elt]
Impulsverschiebung *f* pulse shift [elt]; (Tiefenlupe) time-base delay [elt]
Impulsverschleifen *n* rounding [met]
Impulsverzerrung *f* pulse distortion [elt]
Impulszähler *m* impulse counter [elt]
Inanspruchnahme *f* laying claims to [jur]
Inbetriebnahme *f* commissioning [met]; putting into service [pow]
Inbetriebnahme des Gerätes *f* (z.B. Bagger) commissioning [mbt]; (z.B. Rolltreppe) time of beginning of operation [met]
Inbetriebnahme von Maschinen *f* commissioning of machines [met]
Inbetriebsetzung *f* (eines Gerätes) commissioning [met]
Inbusschlüssel *m* Allen-type wrench [wzg]
Inbusschraube *f* (mit Mutter) Allen bolt [mas]; Allen screw [mas]
in der Masse gefärbt pulp-coloured [met]
Indienststellung *f* (Schiffe, Züge u. Ä.) commissioning [mot]
Induktionserhitzungsanlage *f* inductive tyre heater [mas]
induktionsgehärtet induction hardened [met]
Induktionshärtung *f* inductive hardening [elt]
Induktionsspannung *f* induction voltage [elt]
induktiv inductive [elt]

induktiv gehärtet inductively hardened [met]
Induktivhärtung *f* inductive hardening [mas]
Induktivität, gekoppelte - *f* coupled inductance [elt]
Industrieabfall *m* industrial waste [rec]
Industriebahn *f* industrial railway [mot]
Industriebau *m* industrial building [bau]
Industrie, chemische und petrochemische *f* chemical and petrochemical industries [che]
Industrieerzeugnisse *pl* industrial products [eco]
Industriegebiet *n* industrial estate; industrial zone
Industriehaftpflichtversicherung *f* general liability insurance [jur]
Industriemaschinen *f* industrial machines [mas]
Industriemüll *m* industrial waste [rec]
Industriemüllfass *n* drum for industrial waste [mas]
Industrieroboter *m* industrial robot [mas]
induziert induced [elt]
ineinandergreifen *v* (Verriegelung) interlock [mas]
Ineinanderschieben *n* telescoping
ineinanderzeichnen *v* draw in the mated condition [con]
Informationsfluss *m* flow of information [edv]
Informationstechnologie *f* information technology [tel]
Infrastruktur *f* infrastructure
Ingenieurbau *m* (Bauingenieurwesen) civil engineering [bau]
Ingenieurbauarbeiten *pl* civil engineering construction [bau]
Ingenieurbaukonstruktionen *pl* civil engineering structures [bau]
Inhalt des Fördergefäßes *m* contents of transport container [mot]
Inhaltsübersicht *f* index
Injektor *m* injector [mot]
Injektorkipphebel *m* injector rocker lever [mot]
Injektorkolbeneinstellung *f* plunger-free travel [mot]
Injektorkolbenhub *m* plunger free travel [mot]
Injektorstoßstange *f* injector push tube [mot]
in Kabelbäumen in loops [elt]
Innenabdeckung *f* inner decking
Innenanlage *f* internal plant
Innenaufstieg *m* (im Deckskran) inside access [mot]
Innenausbau *m* completion of the interior [bau]; interior finish [bau]; internal finishing [bau]
Innenbackenbremse *f* inside shoe brake [mot]; internal expanding brake [mbt]
Innenbalustrade *f* (Rolltreppe) inside balustrade [mbt]; (Rolltreppe) interior panel [mbt]
Innenbandbremse *f* inside band brake [mot]; internal band brake [mot]
innenbeleuchtet interior lit
Innenbeleuchtung *f* dome light [mot]
Innenblech *n* inside panel [mot]
Innendämmung *f* internal insulation [bau]
Innendurchmesser *m* inside diameter [con]; internal diameter [con]
Inneneinrichtung *f* (des Autos) interior [mot]
Innengewinde *n* female thread [mas]; inside threading [mas]; internal thread [mas]
Innenglied *n* inner link [mas]
Innengliedbreite *f* width of inner link [mas]
Innenkantschraube *f* hollow head plug [mas]
Innenkegel *m* inside cone [mas]; internal cone [mot]
Innenkegelendbolzen *m* internal cone pin [mas]
Innenkopfstück *n* inside newel section [mbt]
Innenlackierung *f* (z.B. Stahlfässer) inside coating [mot]
Innenlänge *f* (Keilriemen) inside length [mas]
Innenlasche *f* inner plate [mas]
Innenläufer *m* internal motor drive [elt]
innenliegend enclosed; internal [mot]
Innenlippendichtring *f* internal lipped ring [mot]
Innenlippenring *m* internal lipped ring [mas]
Innenmessschraube *f* internal measuring gauge [msr]
Innennaht, runde - *f* (Schweißnaht) inside round weld [met]
Innenputz *m* building plaster [bau]; interior plaster [bau]

Innenrad *n* (Hohlrad) internal geared wheel [mot]
Innenraum *m* (bei Gussteilen) interior canals [mas]
Innenraumklima *n* indoor climate [bau]
Innenring *m* inner race [mas]; inner ring [mas]; internal ring [mas]
innen roh (Stahl unbehandelt) inside uncoated [mas]
Innenschleifen *n* internal grinding [mot]
Innenschräge *f* inside slope [mas]; mould draft [mas]
Innenschweißen *n* internal welding [met]
Innensechskantschraube *f* Allen screw [mas]; hexagon socket screw [mas]
Innenseite *f* inward facing side
Innentaster *m* inside callipers [pow]
Innentemperatur *f* inside temperature [mas]
Innentrocknung des Feuerraumes *f* drying-out the refractory setting [pow]
innen und außen verzinkt inside and outside galvanized [mas]
Innenverzahnung *f* inner gear [mot]; internal gear [mas]; (bei Kugeldrehverbindung) internal gear [mot]; (bei Kugeldrehverbindung) internal gearing [mot]; internal toothing [mot]
Innenwand *f* inside wall [bau]
Innenwand des Kessels *f* hot face of the boiler [pow]; inner wall of boiler brickwork [pow]
Innenwiderstand *m* inner resistance [elt]; inner resistor [elt]; internal resistance [elt]
Innenzahnrad *n* internal gear [mot]
innere(r) inner; internal
innerhalb (von Rohren etc.) inside [pow]
Insektenvernichtungsmittel *n* insecticide [bff]
in Sicht in sight [mot]
Inspektion *f* inspection
Inspektionslokomotive *f* inspection engine [mot]
inspizieren *v* inspect
Installation, elektrische - *f* electric installation [elt]
installieren *v* install, fit [met]
installiert fitted; installed [met]
instand halten *v* (warten) maintain [mas]
Instandhaltung *f* (Wartung) maintenance; (Pflege, Erhalt) upkeep [mas]
instandsetzen *v* (restaurieren) recondition [mas]
instand setzen *v* repair [mas]
Instruktion *f* (Anweisung) instruction
Instruktion, entsprechende - *f* pertinent instruction [con]
Instruktionsfehler *m* failure to warn [jur]
Instrumentenabdeckung *f* instrument panel guard [mot]
Instrumentenbrett *n* instrument panel [mot]
Instrumentenleuchte *f* dashboard lamp [mot]; instrument panel lamp [mot]
Instrumententafel *f* (Kesselschild) boiler instruments panel [pow]; (Kesselschild) control panel [pow]; instrument panel [mot]
Integralkessel *m* boiler with integral furnace [pow]
Integralregler *m* integral controller [msr]
Integrationsverfahren *n* integration method [mat]
Intelligenz , künstliche - *f* artificial intelligence [edv]
Intensitätsverfahren *n* intensity method [elt]
Intensivstation *f* (in Krankenhaus) intensive care [hum]
Interessengruppen *pl* interest groups [edv]
Interferenzbild *n* interference pattern [elt]
Interferenzfigur *f* interference pattern [elt]
Interferometer *n* interferometer [elt]
intermittierend intermittent
intern (firmen-intern) intramural
Interpreter *m* (Software) interpreter [edv]
In- und Ausland, im - at home and abroad
Inventur *f* inventory [edv]; (Pflege mittels EDV) inventory processing [edv]
Inventurbestand *m* (Liste in EDV) inventory file [edv]
Inventur, permanente - *f* (mittels EDV) perpetual inventory [edv]
Inventurzählbeleg *m* inventory counting sheet [edv]
Investitionsgüter *pl* capital goods [eco]; investment goods [mot]
Isolation *f* insulation [elt]
Isolationsklasse *f* class of insulation [elt]; insulation group [elt]
Isolationsüberwachung *f* insulation monitoring [elt]
Isolationsverschalung *f* (aus Blech; z.B. für Heißdampfleitung) insulation cladding [pow]; insulation jacketing [pow]

Isolator *m* insulator [elt]
Isolierband *n* insulating tape [elt]; insulation tape [elt]
Isoliereinlage *f* (z.B. Schiene) insulating insert [mot]
isolieren *v* (Wärme) insulate [bau]; (trennen) isolate
Isolierfenster *n* double-glazed window [bau]
Isolierkacheln *pl* (an Raumfähre) insulation tiles [mot]
Isoliermaterial *n* insulant [elt]; insulating material [elt]
Isoliermatte mit Drahtgeflecht *f* metal-mesh reinforced blanket [pow]; wire mesh mattress [pow]
Isolierstoffklasse *f* type of insulating material [elt]
Isolierung *f* (Futter, Ausfütterung) lining [mas]
Isolierungsklasse *f* class of insulation [elt]
Isolierungsmaterial *n* insulation material [elt]
Isolierung von Rohren *f* pipe coating [mas]
Isolierverbundglas *n* insulating glass [bau]
Isolierverglasung *f* insulating glazing [bau]
Isolierwand *f* insulating wall [bau]
Isolierzange *f* insulated pliers [wzg]
Ist- (Kurve, Wert) actual [msr]; (Kurve, Wert) real
Istanzeige *f* (auf Monitor, Schirm) actual indication [msr]
Istmaß *n* actual dimension [msr]
Istübermaß *n* actual interference [con]
Istwert *m* actual value [msr]; (im Regelkreis) feedback value [elt]
Istwertgeber *m* actual value transmitter [msr]

J

Jahresbeitrag *m* (der Versicherung) annual premium [jur]
J-Naht *f* J-weld [met]
Joch *n* (Zugvorrichtung) hitch [mas]; (für mittlere Pendelaufhängung) trunnion [mas]; (Lager, Halter) yoke [mas]
Joint Venture *n* (Arbeitsgemeinschaft) joint venture [eco]
juristisch legal [jur]

K

Kabel *n* (Verdrahtung) cable wiring [elt]; (Verbindung) lead [elt]; (unter Strom) live wire [elt]; (auch Drahtseil) wire rope [mas]
Kabelanpasser *m* cable adapter [elt]
Kabelanschluss *m* wire termination [elt]
Kabelarmierung *f* cable harness [elt]
Kabelbahn *f* cable car [mot]; cable railway [mbt]
Kabelbaum *m* (mehrere Kabel zusammen) cable harness [elt]; (mit Schlaufe, Schlinge) cable loop [elt]; (Kabelbaum) wiring harness [elt]
Kabeldurchführung *f* (z.B. Buchse) cable bushing [elt]; cable inlet [elt]; (z.B. durch Wand) cable passage [elt]
Kabeldurchführungsplatte *f* cable through panel [elt]
Kabeleinführung *f* cable inlet [elt]
Kabeleinlass *m* cable duct [elt]
Kabelfernsehen *n* cable television [tel]
Kabelführung *f* cable guide [elt]; cable routing [elt]
Kabelführung am Gerüst *f* cable guide arrangement [mbt]
Kabelhalterung *f* (Kabel auf Rolle) cable reel [mbt]
Kabelkanal *m* cable channel [elt]; cable tunnel [elt]; raceway [elt]
Kabelklammer *f* cable clamp [elt]
Kabelklemme *f* cable clamp [elt]; cable terminal [elt]
Kabelkran *m* cable crane [mbt]; telpher [mbt]
Kabelkupplung *f* cable coupler [elt]
Kabellochband *n* punched tape [elt]
Kabellöffel *m* (besonders schmaler Löffel) trencher [mbt]; trenching bucket [mbt]
Kabelmantel *m* (Verkleidung, Hülle) cable sheath [elt]
Kabelmarke *f* cable designation [mot]; (kleine Anhänger) cable marker [elt]
Kabelmontage *f* cable laying [elt]
Kabelmuffe *f* cable coupler [elt]
Kabelplan *m* (Schaltplan, Zeichnung) cable diagram [con]
Kabelquerschnitt *m* cable cross-section [elt]
Kabelrollenwagen *m* cable reel car
Kabelsattel *m* cable gallows [mbt]
Kabelsatz *m* cable set [elt]
Kabelschelle *f* cable clamp [elt]; cable sleeve [elt]
Kabelschuh *m* cable clip [elt]; cable socket [elt]; cable thimble [elt]; lug [elt]
Kabelschutzrohr *n* protective conduit [elt]
Kabelstecker *m* cable plug [elt]
Kabeltrommel *f* cable drum [elt]; cable reel [elt]
Kabeltrommelwagen *m* cable reel car [mbt]
Kabelüberzug *m* cable jacket [elt]
Kabelummantelung *f* cable sheathing [elt]
Kabelverbindung *f* cable connection [elt]; cable coupling [elt]; cable joint [elt]; cable junction [elt]; cable link [elt]
Kabelverschraubung *f* cable fitting [elt]
Kabelzuleitung *f* main [elt]
Kabine *f* cab [mot]
Kabriolett *n* convertible [mot]; drop-head coupe [mot]
Kachel *f* tile [bau]
kadmieren *v* (Oberflächenbehandlung) cadmium-plate [met]
kadmiert (z.B. Schrauben) cadmium-plated [met]
kadmiumgelb (RAL 1021) cadmium yellow [nrm]
Käfig *m* bearing cage [mas]
Käfigläufer *m* (Motor) cage rotor [elt]
Käfigmutter *f* (Schraube) captive nut [mas]
Kahn *m* (ohne Antrieb) dumb barge [mot]; (eig. Antrieb) motor barge [mot]
Kalenderzeit *f* calendar period
Kaliberwerkzeug *n* (zum Aufbohren) reamer [wzg]
Kalibriereinrichtung *f* calibrator [msr]
Kalibrierspannung *f* calibration voltage [elt]
Kalkbeton *m* lime concrete [bau]
Kalken *n* lime-washing [bau]
Kalkhydrat *n* (gelöschter Kalk) hydrated lime [bau]
Kalkkrusten *pl* calcareous encrustation [bau]
Kalkmilchanstrich *m* lime-wash paint coat [nrm]
Kalkmörtel *m* lime mortar [bau]
Kalkputz *m* lime cast [bau]; lime plaster [bau]
Kalksteinbruch *m* limestone quarry [roh]
Kalktünche *f* whitewash [bau]

Kalkverputz *m* lime finish [bau]
Kalorie *f* (Wärmeeinheit) calorie [pow]
Kalotte *f* (Tunneldach, im Ausbau) calotte [roh]; cup [roh]
Kalottenvortrieb *m* calotte driving [roh]
Kaltband *n* cold rolled strip [met]
Kaltband, oberflächenveredeltes - *n* cold rolled strip with coated surface [met]
Kaltbandzerteilanlage *f* cutting-to-length line [met]
Kaltdach *n* cold roof [bau]; ventilated flat roof [bau]
Kälte *f* coldness [wet]
Kälteisolierung *f* low-temperature insulation [pow]
Kältepaket *n* (z.B. für arktische Temperaturen) cold-weather kit [mas]; (z.B. für arktische Temperaturen) cold-weather package [mas]
kaltgewalzt cold rolled [met]
kalt gewalzt cold rolled [met]
kalt gezogen (Stahl) cold drawn [met]
Kalthärtung *f* strain hardening [met]
Kaltkleber *m* cold adhesive [met]
Kaltluft *n* cold air [wet]
kalt nachgewalzt killed [met]
Kaltpressschweißen *n* cold pressure welding [met]
Kaltprofil *n* cold rolled section [met]
Kaltsäge *f* cold saw [wzg]
Kaltstart *m* cold start [mot]
Kaltstarteinrichtung *f* cold start equipment [mot]
Kaltstarthilfe *f* cold start aid [mot]
Kaltstartkapazität *f* (von Batterien) cold start capacity [elt]
Kaltumformen *n* cold-forming [met]
kaltwalzen *v* cold roll [met]
Kaltwalzen *n* cold rolling [met]
Kaltwalzwerk *f* cold rolling plant [met]
kaltzäh (Stahl, Eisen) cold-weather-conditions steel [met]
Kamm *m* comb [mas]; (des Berges) crest [roh]; (Berggrat, Gebirgskamm) ridge [geo]
kämmen *v* (im Eingriff stehende Räder) cog [mot]; (Getriebe) mesh [mot]; (im Eingriff stehende Räder) mesh [mot]
kämmend (Zähne im Eingriff) meshing [mot]
Kammer *f* (Gaseinschluss) cavity [met]
Kammer des Prüfblocks *f* chamber of the probe block [met]
Kammleuchte *f* comb light [mbt]
Kammplatte *f* comb plate [mbt]
Kammplattenbeleuchtung *f* comb light [mbt]
Kammplattenoberfläche *f* comb plate finish [mbt]
Kammsegment *n* comb segment [mbt]
Kammträger *m* comb carrier [mbt]; comb plate [mbt]
Kammzinke *f* comb segment [mbt]
Kanal *m* (ausgebild. Kanal beim Halbleiter) channel [elt]; (natürliche Wasserstraße) channel [bau]; (Leitung) conduit [pow]; (Leitung) duct [pow]; (z.B. Zugang in Maschine) pass [mas]; (Durchgang, Durchlass; Maschine) passage [bau]; (Eingang, Durchgang) port [bau]; (Kabelkanal) tunnel [elt]
Kanalbau *m* trenching [mbt]
Kanaldeckel *m* (z.B. in der Straße) manhole [was]
Kanalumschalter *m* channel switch selector [elt]
Kante *f* (in Übergangsnetzen) arc [elt]; (Ecke) corner [bau]; (Rand) edge; (Ecke) face [con]
Kanten *n* (Anfertigen von Kanten) edging [met]
Kantenabstand *m* (beim Lager) bearing corner radius [con]
Kanten bei Bearbeitung gebrochen *pl* (in Zeichnung) edges broken during machining [met]
Kantendetektion *f* edge detection [edv]
Kantenecho *n* (beim Laminieren) edge echo [met]
Kanten gerundet *pl* (in Zeichnung) edges rounded off [met]
Kanten in Netzen *pl* arcs in nets [edv]
Kantenlänge *f* (der Steine vor Brechen) feed size [roh]
Kantenschutz *m* edge protection [mot]
Kantenschutzschlauch *m* edge protection tube [mbt]
Kantenträger *m* (Stahlbau) edge girder [bau]
Kantenverzahnung *f* edge indentation [bau]
kantig bevelled
Kantmaschine *f* bending machine [wzg]; edge-bending machine [wzg]
Kantschutzventil *n* (gummigeschützt) rubber valve [mas]
Kantstein *m* (Bordstein) curbstone [bau]
Kanzel *f* (Flugzeug) cockpit [mot]

Kapazität *f* (Kondensator) capacitance [elt]
Kapazitätsausgleich *m* utilization of capacities
Kapazitätsausnutzung *f* (der Werke) utilization of capacity
Kapazitätsaustausch *f* capacity exchange [elt]
Kapazitätszuordnung *f* resource allocation [edv]
Kapazität, überschüssige - *f* excess capacity [eco]
Kapillardränage *f* capillary drainage [bau]
Kapillare *f* capillary crack [met]
Kapillarrohr *n* capillary tubing [met]
Kapitell *n* capital [bau]
Kappe *f* (Mütze, Haube, auch auf Rohr) cap; hood [mot]
Kappenriss *m* cracks in cap [mot]
Kapsel *f* capsule; casing [mot]
Kapselgehäuse *n* guide housing [mot]
Kapselmutter *f* (Hutmutter) cap nut [met]
kaputt (durch langen Gebrauch) worn [mas]
Kar *f* (Felsenschlucht) gorge [geo]
Karambolage *f* collision [mot]; (kleiner Unfall) fender bender [jur]
karbonisieren *v* carbonize [che]
Kardanantrieb *m* universal drive [mot]; (Kardanwelle) universal joint [mot]
Kardangehäuse *n* universal joint housing [mot]
Kardangelenk *n* knuckle joint [mot]; (Verbindung) universal joint [mot]
Kardangelenkkupplung *f* (an ABI-Ramme) universal joint coupling [mas]
Kardangelenkwelle *f* cardan shaft [mot]; drive shaft [mas]
kardanisch universal [mot]
kardanisch aufgehängt universal-mounted [mot]
kardanisch gelagert universal-mounted [mot]
Kardanverbindung *f* universal joint [mas]
Kardanwelle *f* cardan shaft [mot]; driveline [mot]; transmission shaft [mot]; (Kardanantrieb) universal joint [mot]; universal shaft [mot]
Karkasse *f* (im Reifen) carcass [mot]
karminrot (RAL 3002) carmine red [nrm]
Karosserie *f* (des Autos) body [mot]
Karosseriebau *m* (des Autos) car body pressing [mot]
Karosserierohbau *m* body making [mot]
Karren *m* (Elektrokarren) truck [mot]
kartenmäßig darstellen *v* map out [con]
Kartenstapel *m* card deck [edv]
kartieren *v* map out [con]
kaschieren *v* (verstecken) hide [mas]; laminate [mas]
Kaschierung *f* lamination
Kaskade *f* (stufenförmig fallendes Wasser) cascade; cascade connection [elt]
Kaskadenstufe *f* cascade stage [phy]
Kassette *f* cartridge; (Decke) coffer [bau]
Kassettenradio *n* cassette radio [elt]
kassieren *v* (eintreiben) collect [eco]
kastanienbraun (RAL 8015) chestnut brown [nrm]
Kasten für Kontrollgeräte *n* control box [elt]
Kastenkonstruktion *f* (z.B. geschweißt) box design [mbt]
Kastenquerschnitt *m* boxed-in section [mas]
Kastenrahmen *m* box-section frame [mbt]
Kastenschraube *f* box nut [mas]
Kastenseilklemme *f* cable clip [mot]
Kastenspundwand *f* box pile [mas]
Kastenträgerkonstruktion *f* (geschweißt) box design [mbt]
Kastenwagen *m* (offener Güterwagen) box wagon [mot]; (Kofferaufbau des Lkw) van [mot]
Katasterkarte *f* cadastral map [bau]
Katastrophe *f* (großes Unglück) disaster
Katastrophenschalter *m* emergency switch [elt]; panic switch [elt]
Katastrophenschutz *m* (z.B. bei Erdbeben) emergency service
Kathode *f* cathode [elt]
Kathodenfolger *m* cathode follower [elt]
Kathodenschaltung *f* cathode circuit [elt]
Kathodenstrahl *m* cathode ray [elt]; electron ray [elt]
Kathodenstrahlröhre *f* cathode ray tube [elt]
Kathodenverstärker *m* cathode follower [elt]
Kationenaustausch *m* cation exchange [che]
Katzenauge *n* (Rückstrahler) cat's eye [mot]
Kausche *f* (Kabelauge) grommet [bau]
Kavitationsgefahr *f* danger of cavitation [met]

Kegel *m* (im Kegellager) tapered roller [mas]; (geometrische Zeichnung) triangle [mat]
Kegelbrecher *m* cone crusher [roh]; gyratory crusher [mas]
Kegelendbolzen *m* internal cone pin [mas]
Kegelfehler *m* cone defect [met]
kegelförmig (verjüngend) tapered [mas]
Kegelkerbstift *m* taper grooved dowel pin [mas]
Kegelkolben *m* conical piston [met]
Kegellager *n* conic bearing [met]; (z.B. Timken) roller bearing [mas]
Kegelnabe *f* bevel hub [mot]
Kegelrad *n* bevel gear [mas]; bevel gear pinion [mas]; bevel pinion [mas]
Kegelradantrieb *m* bevel gear wheel [mas]
Kegelradgehäuse *n* bevel gear casing [mot]
Kegelradgetriebe *n* bevel gear [mas]
Kegelrad, kleines - *n* bevel pinion [mas]
Kegelradkranz *m* bevel gear [mas]
Kegelradwelle *f* bevel gear shaft [mas]
Kegelritzel *n* bevel gear pinion [mas]; bevel pinion [mas]
Kegelrollenlager *n* roller bearing [mas]
Kegelschmiernippel *m* grease nipple [mot]
Kegelstift *m* conical pin [met]
Kegelstirnrad *n* bevel spur gear [mas]
Kegelstumpffeder *f* conical spring [met]; volute spring [mas]
Kehlbalken *m* collar beam [bau]; collar tie [bau]
Kehle *f* (Rille) groove [mas]; valley [bau]
Kehlnaht *f* (z.B. an senkrecht aufeinander stehenden Blechen) fillet [met]; fillet weld [met]
Kehlnahtdicke *f* throat depth [met]
Kehlschweißung *f* (Kehlschweißnaht) fillet weld [met]
Kehlstein *m* (Ölbrenner) burner throat brick [pow]
Kehrbesen *m* (am Kehrfahrzeug) road sweeper [mot]
Kehrfahrzeug *n* road sweeper [mot]
Kehrmaschine *f* road sweeper [mot]
Keil *m* (Treibkeil, Knagge) cleat [wzg]; (hält z.B. Zahnspitze) fitting wedge [mas]; (Hohlkeil) key [mas]; (aus Holz, Eisen; Spaltwerkzeug) wedge [wzg]
Keilbolzen *m* wedge pin [mot]
Keilbremse *f* cotter brake [mbt]
Keil, konischer - *m* taper key [mas]
Keilnut *f* (oft V-förmig) key groove [mas]
Keilnutenwelle *f* main shaft [mas]
Keilriemen *m* (zur Kraftübertragung) fan belt [mot]; (zur Kraftübertragung) V-belt [mot]
Keilriemenantrieb *m* V-belt drive [mot]
Keilriemen, endloser - *m* endless V-belt [mas]
Keilriemenprofil *n* V-belt profile [mas]
Keilriemenrad *n* V-belt wheel [mot]
Keilriemenscheibe *f* (führt, lenkt um) V-belt pulley [mot]
Keilriemenschutz *m* (über Riemen, Rad) V-belt guard [mot]
Keilriementrieb *m* V-belt drive [mas]
Keilring *m* V-ring [mot]
Keilschieber *m* tapered slide valve [mas]
Keilschieber mit elastischen Verschlussplatten *m* flexible-wedge gate valve [pow]
Keilschneepflug *m* V-shaped snow plough [mot]
Keilsitz *m* (Keilschlitz, Keilnut) key seat [mas]
Keilstahl *m* key sections [mas]
Keilstahl, blanker - *m* bright key steel [mas]
Keilstopper *m* wedge-type cotter [mot]
Keilverbindung *f* keyed joint [mas]
Keilwellenprofil *n* (evolventenverzahnt) involute spline [mas]
Keller *m* cellar [bau]
Kelleraushub *m* cellar excavation [bau]
Kelleraußenwand *f* basement retaining wall [bau]
Kellerdecke *f* cellar floor [bau]
Kellerentwässerung *f* basement drainage [bau]; cellar drainage [was]
Kellergeschoss *n* (Souterrain) basement [bau]
Kellergründung *f* basement foundation [bau]; cellar foundation [bau]
kellerlos cellarless [bau]
Kellermauer *f* foundation wall [bau]
Kellertreppe *f* basement stairs [bau]
Kellertür *f* basement door [bau]
Kenngröße *f* parameter [con]
Kennlinie *f* (Reifen, Bahnrad) circumferential tyre [mot]; (z.B. von Ventilen, Pumpen) nominal line [mas]; transistor characteristic [elt]
kenntlich machen *v* mark [con]

Kenntlichmachung *f* identification
kenntnisreich (wissend, intelligent) knowledgeable
Kennwert *m* (z.B. für Zukaufteile) characteristics
Kennwertermittlung *f* identification
Kennzahlen *pl* financial highlights [eco]
Kennzeichen *n* (z.B. auf Kiste) mark
Kennzeichen, polizeiliches - *n* licence plate [mot]
Kennzeichenschild *n* number plate [mot]
Kennzeichenschildhalter *m* licence plate bracket [mot]
kennzeichnen *v* mark [con]
Kennzeichnung *f* marking
Kennziffer *f* index
kentern *v* (Schiff) capsize [mot]
Keramikfliese *f* ceramic tile [bau]
Keramikform *f* ceramic mould [met]
Keramikring *m* ceramic ring [met]
Keramikunterlage *f* ceramic backing [met]
Kerbbiegeversuch *m* (für Blech) notch bend test [met]
Kerbe *f* (meist auszuschleifen) undercut [mas]
kerben *v* notch [met]
Kerben ausschleifen *v* grind undercuts [met]
Kerbfestigkeit *f* notch-rupture strength [msr]
kerbfrei free from notches [met]
Kerbnagel *m* groove pin [mas]
Kerbschlag *m* impact [mas]
Kerbschlagarbeit *f* impact work [mas]; notch impact [msr]
Kerbschlagbiegeprüfung *f* notched bar impact bending test [msr]
Kerbschlagprobe *f* notched bar impact test [msr]
Kerbschlagtest *m* impact-test [msr]
Kerbschlagzähigkeit *m* notch impact strength [met]
Kerbspannung *f* notch tension [met]
Kerbstift *m* cotter pin [met]; grooved dowel pin [mas]; groove pin [mas]
Kernbohrer *m* core cutter [wzg]
Kernenergietechnik *f* (Atomkraft) nuclear engineering [phy]
Kernfehler *m* (Fehler in Kern) centre-line flaw [met]; (Fehler in der Gießform) core flaw [met]
Kernfestigkeit *f* core strength [met]
Kernlunker *m* (Fehler in Materialmitte) contraction cavity [met]
Kernquerschnitt *m* (Gewinde (B)) area at root of thread [met]; (z.B. einer Schraube) core section [con]
Kernsand *m* (Gießereisand) core sand [met]
Kernsystem, grafisches - *n* graphical kernel system [edv]
Kesselablassventil *n* boiler drain valve [pow]
Kesselabmessung *f* boiler dimension [pow]
Kesselaggregat *n* boiler unit [pow]
Kesselangaben *pl* (Kesseldaten) boiler data [pow]
Kesselanlage *f* (Anlage) boiler plant [pow]; (Anlage) plant [pow]
Kesselarmaturen *f* (Dampflok) boiler fittings [pow]
Kesselaufhängung *f* boiler support [pow]
Kesselaußenwand *f* cold face of the boiler [pow]; outer wall of boiler [pow]
Kesselaußerbetriebnahme *f* (Abfahren) boiler shut-down [pow]
Kesselbaustahl *m* boiler steel [mot]
Kesselbekleidung *f* (Kesselringe) boiler ring [pow]
Kesselblech *n* boiler plate [mas]
Kesseldecke *f* (Feuerraum) boiler furnace roof [pow]; (Blechdecke) boiler top casing [pow]
Kesseldruck *m* (Dampflok) boiler pressure [pow]
Kesseldruckmanometer *n* (Dampflok) boiler-pressure gauge [msr]
Kesseleinmauerung *f* boiler brickwork [pow]
Kesselentlüftung *f* boiler air valve [pow]
Kesselflicker *m* (meist kleine Gefäße) boiler patcher [pow]
Kesselfundament *n* boiler foundation [pow]
Kesselgerüst *n* boiler support steel work [pow]
Kessel, hängender - *m* pendant boiler [pow]; top-supported boiler [pow]
Kesselhaus *n* boiler house [pow]
Kesselheizfläche *f* boiler heating surface [pow]
Kesselherstellerschild *n* (Dampflok) boiler maker's plate [mot]

Kesselinnenwand *f* (Mauerwerk) hot face of the boiler [pow]; (Mauerwerk) inner wall of boiler [pow]
Kesselkonservierung *f* boiler preservation [pow]
Kesselleistung *f* boiler capacity [pow]
Kessel mit Doppelbrennkammer *m* twin-furnace boiler [pow]
Kessel mit Druckfeuerung *m* boiler with pressurised furnace [pow]
Kessel mit flüssiger und trockener Entaschung *m* intermittent slag-tapping type boiler [pow]
Kessel mit Frontalfeuerung *m* front-fired boiler [pow]
Kessel mit Rückwandfeuerung *m* rear-fired boiler [pow]
Kesselmitte *f* centre-line of boiler [pow]
Kessel mittlerer Größe *m* medium-sized boiler [pow]
Kesselnennleistung *f* boiler rating [pow]
Kesselpult *n* boiler control board [pow]
Kesselring *m* (Bleche für Kessel) boiler ring [mot]
Kesselrohr *n* (für Kessel, Apparate) boiler tube [mas]; (für Kessel, Apparate) heat exchanger tube [pow]
Kesselsäulenfundament *n* boiler column base plate [pow]; column footing [pow]
Kesselschild *n* (Instrumententafel) boiler instruments panel [pow]; (Hersteller) boiler name plate [pow]; (Instrumententafel) boiler panel [pow]; (Instrumententafel) control panel [pow]
Kesselschmiede *f* boiler making plant [pow]
Kesselschuss *m* (gebogenes Blech als Stütze) boiler barrel [pow]; (gebogenes Blech als Stütze) boiler shell [mot]; (z.B. unter Drehverbindung) boiler-tube section [mbt]
Kesselschweißen *n* boiler welding [met]
Kesselspeisepumpe *f* boiler feed pump [pow]
Kesselspeisewasser *n* (Dampflok) boiler feed water [mot]
Kesselspülung *f* (Spülung) boiler wash-out [pow]
Kesselstein *m* boiler scale [pow]
Kesselsteinablagerung *f* deposit of boiler scale [mot]
Kesselsteinlösemittel *n* boiler cleansing compound [pow]
Kesselsteinlöser *m* (Reinigungsmittel) boiler cleansing compound [pow]
Kesseltafelinstrumente *pl* boiler panel instruments [pow]
Kesselteile *pl* boiler components [pow]
Kesselüberholung *f* boiler routine inspection [pow]
Kessel- und Apparaterohr *n* boiler tube [mas]; heat exchanger tube [pow]
Kessel, unten abgestützter - *m* bottom-supported boiler [pow]
Kesselverschalung *f* boiler casing [pow]
Kesselwagen *m* (Bahn) tank wagon [mot]
Kesselwarte *f* boiler control room [pow]
Kesselwasserabschlämmung *f* boiler water blow-down [pow]
Kesselwirkungsgrad *m* boiler efficiency [pow]; (Betriebswirkungsgrad) operating efficiency [pow]
Kesselzeichnung *f* boiler arrangement drawing [pow] ; boiler drawing [pow]; (Kesselzusammenstellungs-Zeichnung) boiler arrangement drawing [pow]
Kette *f* (Raupe) track [mbt]; (Raupenkette) track chain [mbt]
Kettenanker *m* (des Gabelstaplers) chain latch [mot]
Kettenantrieb *m* (Rost) chain drive [pow]
Kettenantrieb, handbetätigter - *m* hand-operated chain drive [pow]
Kettenantriebsmotor *m* track motor [mbt]
Kettenantriebsrad *n* chain drive wheel [mbt]
Kettenband *n* link assembly [mas]
Kettenbecherwerk *n* chain elevator [roh]
Kettenbefestigung *f* chain mounting [met]
Kettenbelastung *f* chain loading [mbt]
Kettenbolzen *m* chain stud [mbt]; link pin [mbt]; track pin [mas]
Kettenbreite *f* track pad width [con]; track plate width [con]; track width [con]
Kettenbruch *m* chain break [mbt]; chain fracture [mbt]
Kettenbruchentwicklung *f* continued fraction expansion [mot]
Kettenbruchsicherung *f* broken chain device [mbt]
Kettenbüchse *f* track bushing [mas]
Kettendichtung *f* track seal [mas]
Kettendurchhang *m* chain slack [mbt]
Ketteneinlaufführung *f* chain guide shoe [mbt]

K

Ketteneinlaufzunge *f* chain guide shoe [mbt]
Kettenförderer *m* chain conveyor [roh]; endless chain conveyor [roh]; underfloor conveyor [roh]
Kettenfuge *f* track joint [mbt]
Kettenführung *f* chain guide [mbt]; (der Raupe) track guide [mas]
Ketten, gegenläufige - *pl* counter-rotating chains [met]
Kettengehänge *n* chain suspension [mbt]
Kettengehäuse *n* chain casing [met]; track casing [mbt]
Kettengelenk *n* chain link [mbt]; track joint [mas]
Kettengetriebe *n* chain drive [mot]
kettengetrieben track chained
Kettenglied *n* chain link [met]; (konisch) taper link [mas]; track chain link [mas]
Kettenglied, gekröpftes *n* cranked chain link [met]
Kettenglied, konisches - *n* conical chain link [met]
Kettenglied, treibendes - *n* (Rostkette) driving link [pow]
Kettenglied, verjüngendes - *n* tapering chain link [mas]
Kettenhebewerk *n* chain hoist [bau]
Kettenkratzer *m* chain scraper [roh]
Kettenkratzförderer *m* chain scraper [roh]
Kettenlagerung *f* crawler bearing [mbt]
Kettenlänge *f* chain length [con]
Kettenlängung *f* chain stretching [mbt]
Kettenlasche *f* chain side bar [mbt]
Kettenmatte *f* chain mat [mbt]
Kettenplatte *f* track pad [mbt]; track plate [mbt]
Kettenplattenbolzen *m* track pad pin [mbt]; track shoe pin [mbt]
Kettenrad *n* chain sprocket [mbt]; chain wheel [mbt]; idler [mot]
Kettenrad, treibendes - *n* driving wheel [mas]
Kettenrolle *f* (für Rolltreppe) chain roller [mbt]; chain sprocket [mbt]
Kettenrost *m* chain grate [pow]
Kettenrostfeuerung *f* chain grate stoker [pow]
Kettenschaltung *f* cascade connection [mot]
Kettenschlussglied *n* master link [mas]
Kettenschutz *m* track guard [mas]
Kettenspanner *m* chain adjuster [met]; track tensioner [mbt]
Kettenspanner in Umlenkstation *m* adjustable chain tensioning device [mas]
Kettenspannfeder *f* track adjustment spring [mas]
Kettenspannkontakt, unterer - *m* lower chain tension switch [mbt]
Kettenspannschlüssel *m* (für Rohre) chain wrench [wzg]
Kettenspannung *f* chain tensioning [mbt]; track tensioning [mas]
Kettenspannvorrichtung *f* chain tension device [mbt]; chain tensioners [mbt]
Kettenspannzylinder *m* track adjusting cylinder [mbt]; track adjustment cylinder [mas]; track tensioning cylinder [mas]
Kettenstrang *m* chain band [mbt]; part of chain [mas]
Kettenteilung *f* chain pitch [met]; pitch of chain [mas]
Kettentrieb *m* chain drive [met]
Kettenvorgelege *n* chain reduction gear [met]
Kettenwelle *f* chain shaft [mbt]
Kettenzug *m* (Lastenheber, Kran) chain hoist [roh]; chain pull [mbt]; (Kraft an Raupenkette) crawler traction [mbt]
Kettenzugkraft *f* crawler traction [mbt]; crawler tractive force [mbt]
Kfz-Transportwagen, doppelstöckiger *m* double-deck wagon for the carriage of cars [mot]
khakigrau (RAL 7008) khaki grey [nrm]
kieferngrün (RAL 6028) pine green [nrm]
Kiel *m* (Schiffsteil) bottom [mot]; (Schiffsteil) keel [mot]
Kiellegung *f* (Beginn Schiffsbau) laying down [mot]
Kielraum *m* (Bilge) bilge [mot]; (Bilge) bottom [mot]; (Bilge) bulge [mot]
Kielwasser *n* (Blasenspur) wake [mot]
Kies *m* (aus dem Steinbruch) gravel [bau]
Kiesbefestigung *f* gravel surfacing [bau]
kieselgrau (RAL 7032) pebble grey [nrm]
Kiesgreifer *m* (Baggerausrüstung) gravel grab [roh]
Kiesgrube *f* gravel pit [roh]
Kiesschicht *f* gravel bed [bau]
Kiesschüttung *f* gravel fill [bau]
Kilometerstand *m* mileage [mot]
Kilometerzähler *m* mileage recorder [mot]

Kippbegrenzer *m* roll-back limiter [mbt]
Kippbegrenzung *f* (der Schaufel) roll-back limitation [mbt]
Kippboden *m* (zum Auswerfen) ejector floor [mot]
Kippbühne *f* (für Güterwagen) tipple [mot]; (max. 90 über Stirnwand) wagon tippler [mot]
kippen *v* (auskippen, auch beseitigen) dump [roh]; (meist ungewollt) tilt [mas]; (leicht zur Seite) Tipp [mbt]
Kipper *m* dumper [mot]; dumper [mot]; (Autoschütter) tipping lorry [mbt]
Kippfenster *n* hopper window [bau]; pivot-hung window [bau]; tilt window [bau]
Kippfensterflügel *m* (Fenster) pivot-hung sash [bau]
Kippflügel *m* (Fenster) bottom-hinged sash [bau]; (Fenster) bottom hung [bau]; (Fenster) top-hung sash [bau]
Kippgelenk *n* (Schalung) articulated joint [bau]
Kipphebel *m* (Nockenwelle) rocker [mas]; rocker arm [mot]; rocker lever [mot]; tilt control lever [mas]
Kipphebelachse *f* rocker shaft [mot]
Kipphebelanordnung *f* clip and pin arrangement [mot]
Kipphebelblock *m* rocker arm support [mot]
Kipphebelbock *m* rocker arm bracket [mot]
Kipphebelbüchse *f* rocker arm bush [mot]
Kipphebelhalterung *f* rocker arm bracket [mot]
Kipphebelwelle *f* rocker arm shaft [mas]
Kippkante, hintere - *f* rear tipping line [mot]
Kippkante, vordere *f* front tipping line [mot]
Kipplager *n* pivoting bearing [mas]; rocker bearing [mas]
Kipplast *f* tipping load [mbt]
Kipplastwagen *m* dumping lorry [mot]
Kipplore *f* tipping wagon [mot]
Kippmoment *n* overturning moment [con]
Kippschalter *m* rocker switch [elt]; toggle switch [elt]
Kippschaufel *f* (des Baggers) tipping shovel [mbt]
Kippschlitten *m* (am Stapler) tilting head [mbt]
Kippspiel *n* misalignment [mas]
Kippvorrichtung *f* (Kippermulde) dumping body [mot]; tilter [mot]; tipping device [mot]
Kippwagen *m* tipper [mbt]
Kippwinkel *m* tipping angle [mot]
Kippzylinder *m* tilt cylinder [mas]; tip cylinder [mas]; (am Löffel) tipping cylinder [mbt]
Kissen *n* cushion [bau]; pad
Kiste *f* (Holzkasten) crate [met]
Kittmesser *n* putty knife [wzg]
Klage erheben *v* (anzeigen) file charges against somebody [jur]
Klage erheben gegen *v* (eine Person) bring suit against a person [jur]
klagen *v* (Klage erheben) file charges against somebody [jur]; (Klage erheben) press charges [jur]
Klammer *f* (z.B. an Kabel) clamp [elt]; (zum Festhalten) clip [mas]; (Bauklammer) cramp iron [bau]; (Bauklammer) dog [bau]
Klammergabel *f* fork clamp [mot]
Klammerverschluss *m* (der Weiche) clamp lock [mot]
Klangprobe *f* (in Industrie) ringing test [mas]
klappbar (faltbar, z.B. Stativ) collapsible; (mit Scharnieren) hinged [mot]
Klappe *f* (Deckel, Haube) cover [mas]; damper [met]; door [mot]
Klappenbetätigung *f* (Antrieb) damper gear [met]; (am Güterwagen) flap actuating [mot]; (von Klappschaufeln) lip actuating [mbt]
Klappenventil *n* clock valve [met]; (am Güterwagen) flap valve [mot]; lip valve [mbt]
Klappenweiche *f* flip-type switch [mot]
Klappenzylinder *m* (der Klappschaufel) clamshell cylinder [mbt]; lip cylinder [mbt]
Klappenzylinderventil *n* clamshell cylinder valve [mbt]; clamshell valve [mas]
Klappfenster *n* top-hung window [bau]
Klappflügel *m* (Fenster) top-hung casement [bau]
Klappmaßstab *m* (Zollstock, Schmiege) yardstick [msr]
Klappöler *m* grease cup [mot]
Klapprolle *f* hinged fairleader [mot]

Klappschaufel *f* (Erdaushub) bottom dump shovel [mbt]; (Erdaushub) bull clam [wzg]; (Erdaushub) clamshell [mbt]; (Erdaushub) multi-purpose bucket [mbt]
Klappschaufelvorderteil *n* lip [mbt]
Klappstuhl *m* (faltbarer Hocker) folding stool [bau]
Klapptür *f* hinged door [bau]
Klappwand *f* (am Güterwagen) drop side [mot]
klären *v* (spülen) purge [was]; (reinigen) purify [was]
Klarsichtmappe *f* transparent folder
Klartext *m* (z.B. auf Bildschirm) normal language [edv]; (z.B. auf Bildschirm) normal writing [edv]
Klasse *f* (Einsatzklasse) type [mas]
Klassiersieb *n* (Größenklassierung) classifying screen [roh]
Klassifizierung *f* (Einstufung) classification
K
Klassifizierung von Lockergesteinen *f* classification of soils [roh]
Klaue *f* (an Schraubstock) claw [wzg]; (z.B. Kupplung) jaw [mas]; (Zahnring) pawl [mas]
Klauenkupplung *f* claw coupling [mot]
Klauenpolgenerator *m* claw pole generator [elt]
Klauenrad *n* gear with dog clutch [mot]
Klauenring *m* guide ring [mot]
Klauenschlüssel *m* claw spanner [wzg]
Klauenwelle *f* dog clutch shaft [mas]
Klausel *f* (in der Logik) clause [edv]; (in einem Vertrag) clause [jur]
Klebeband *n* adhesive tape [mas]
Klebefläche *f* glued surface
Kleber *m* (für Modellbau, Plastik) cement [che]; glue
Klebezettel *m* label
klebrig (backend, haftend) cohesive [bod]; (wie Leim) gluey [met]
Klebstoff *m* adhesive [che]; (z.B. für Modellbauer) cement [che]; glue
Klebung *f* bonding [mas]
Kleeblattkreuzung *f* (Autobahnen) cloverleaf junction [mot]
Kleiderschrank *m* wardrobe [bau]
Kleinkessel *m* packaged boiler [pow]
Kleinlampe *f* miniature bulb [mot]
Kleinmaterial *n* (Schrauben u. Ä.) consumables [met]
Kleinstmotorenantrieb *m* fractional horsepower drive [mot]
Klemmbolzen *m* clamp bolt [met]
Klemmbuchse *f* terminal socket [elt]
Klemme *f* clamp [elt]; clip [met]; grip [elt]; (Endklemme) terminal [elt]; thimble [mas]
Klemme mit Schneckengewinde *f* terminal with worm thread [mas]
Klemmenanschlussplan *m* terminal connection diagram [elt]; terminal diagram [elt]
Klemmenanschlussstück *n* terminal connection piece [elt]
Klemmenleiste *f* terminal strip [elt]
Klemmennummer *f* clamp number [elt]
Klemmenspannung *f* voltage between terminals [elt]
Klemmentype *f* type of clamp [mas]
Klemmhebel *m* clamping lever [mot]; (Türverschluss) door latch [mot]
Klemmkasten *m* conduit [elt]; terminal box [elt]
Klemmkeil *m* wedge [mot]
Klemmlasche *f* clamping plate [met]
Klemmleiste *f* terminal block [elt]; terminal strip [elt]
Klemmplatte *f* (für Bodenbohlen) clamping plate [mbt]; (an Schiene) clip plate [mot]
Klemmplattenschraube *f* clip bolt [mot]
Klemmprofil *n* (Profildichtung) rubber section [mas]; window strip [mot]
Klemmring *m* clamp ring [mot]; lock ring [mas]
Klemmschieber *m* push-pull device [mot]
Klemmschraube *f* (am Lagerauge) tightening bolt [mas]
Klemmstange *f* lever [mot]
Klemmstück *n* clamping collar [met]; terminal [mas]
Klemmverbindung *f* clamp connection [elt]
Klemmvorrichtung *f* clamping [roh]
Klempner *m* plumber [bau]
Klettergerüst *n* climbing bracket [bau]
Kletterkran *m* climbing-crane [bau]
Kletterschalung *f* climbing formwork [bau]; climbing shuttering [bau]; gliding shuttering [bau]
Klimaanlage *f* air-conditioning [air]; (der Bahn) air-condition system [mot]
Klimadecke *f* ventilated ceiling [bau]
Klimagerät *n* air-condition [air]

Klimakammer *f* climatic chamber [wet]
Klimazone, gemäßigte - *f* moderate climatic zone [wet]
Klinge *f* (Messer, Rasierklinge) blade [mas]
Klinke *f* (der Tür) door knob [bau]; (Lasche) latch [mas]
Klinkenfeder *f* ratchet spring [mot]
Klinkengriff *m* ratchet handle [mot]
Klinkenstange *f* ratchet pod [mot]
Klinker *m* clinker [bau]
Klinkersteine *pl* clinkers [bau]
Klirrfaktor *m* (Verstärker) distortion factor [elt]; harmonic distortion [elt]; total harmonic distortion [elt]
Klopfen *n* (auch des Motors) knock [mot]
Klotz *m* (Holzklotz) block [bau]; (als Unterlegkeil) chock [mot]; (Holz) log [met]
Klotzbremse *f* block brake [mbt]; clasp brake [mot]; clasp-pattern brake [mot]
klotzgebremst block braked [mbt]; clasp braked [mot]
Klotzsohle *f* (auswechselbarer Bremsschuh) block brake [mbt]
Klotzspiel *n* (des Bremsklotzes) block clearance [mot]
klüftig (rissig, zerklüftet) fissured [roh]; (Gestein) fragmented [min]
Klüftigkeit *f* crevasse formation [geo]
Klüftigkeitsziffer *f* crevasse distance [geo]
Kluftwasser *n* fissure water [bau]
Klumpen *m* clod [bau]; (Dreck-) lump [bau]
Knagge *f* cam [bau]; knag [bau]
Knäpper *m* (großer Steinbrocken) boulder [roh]; (großer Brocken im Bergbau) oversized rock [roh]
Knäppereinsatz *m* (z.B. des Baggers) boulder work [roh]
Knäpperkugel *f* (fällt auf Stein) drop ball [roh]
knäppern *v* (Brocken bearbeiten) boulder [roh]
Knäpperscheibe *f* (Fenster Fahrerhaus) boulder window [roh]
Knappschaft *f* (Bergmannsverband) miners' association [roh]
Knarre *f* (Ratsche; Werkzeug) ratchet [wzg]; ratchet stock [wzg]
Knebel *m* (an Zughaken, Zelt) knob [mot]; (z.B. im Stahlbau) locking handle [mas]; (an Zughaken, Kleidung, Zelt) toggle [mot]
Kneifzange *f* (Beißzange) nipper pliers [wzg]; (Beißzange) pincers [wzg]
kneten *v* (Knetmasse) knead
Kneten *n* kneading
Knetversuch *m* knead test [bau]
Knick *m* (Biegung) elbow [mas]
Knickausrüstung *f* (des Baggers) offset attachment [mbt]; (des Baggers) offset working attachment [mbt]
Knickbeanspruchung *f* buckling [mas]; buckling stress [met]
knicken *v* (brechen) break [met]; buckle; (abbrechen) crack
Knicken *n* buckling [met]
Knickfrequenz *f* edge frequency [elt]
Knickgelenk *n* (z.B. an Baggern) converting kit [mbt]
Knickkennlinie *f* bent characteristic [elt]
Knicklänge *f* buckling length [bau]
Knicklast *f* buckling load [met]
Knicklenkung *f* (z.B. Muldenkipper) artic-frame steering [mbt]
Knickrahmen *m* (z.B. bei Radladern) articulated frame [mbt]
Knickrahmenlenkung *f* artic steering [mbt]; articulated frame steering [mbt]; frame articulation [mot]
Knickrahmenmittellenkung *f* central articulated steering [mot]
Knickwinkel *m* articulation angle [mbt]
Knickzylinder *m* (an Knickausrüstung) offset cylinder [mbt]
Knie *n* (bei Rohren) elbow [mas]
Kniestück *n* angle [met]; (bei Rohren) elbow [mas]; (Anschluss) elbow fitting [mas]; knee [mas]; quarter bend [bau]
knippen *v* (das Material) breakout [mbt]
Knippkraft *f* (eines Auslegers) boom crowd force [mbt]; (einer Ladeschaufel) breakout force [mbt]
knirschen *v* crunch [bau]
Knochen *m* bone [hum]
knochentrocken bone dry
Knöllchen *n* (Strafmandat) parking ticket [mot]
Knolle *f* (Noppe) nodule [mas]
Knopf *m* (z.B. Schaltknopf) button; (z.B. an der Tür) knob [bau]
Knopfzelle *f* (Batterie) button battery [elt]
knorrig (z.B. Holz) knotty [met]
Knoten *m* node [elt]
Knotenbereich *m* gusset [bau]

Knotenblech *n* connecting plate [bau]; (bei Fachwerkkonstruktion) gusset [mas]; (Stahlbau) junction plate [bau]
Knotenblechverbindung *f* (Stahlbau) gusset connection [bau]
Knotengelenk *n* (Stahlbau) multiple joint [bau]
Knotenkette *f* (nicht für Lasten) knotted link chain [mot]
Knotenpunkt *m* (Verkehrskreuzung) intersection [mot]; (Knotenverbindung) joint connection [mot]; (Stahlbau) panel point [bau]
knotig (knorrig, z.B. Holz) knotty [met]
Knüppel *m* (z.B. Stahl, Roheisen) billet [mas]; (Straßenbefestigung) corduroy [bau]
Knüppeldamm *m* (mit Knüppeln befestigte Straße) corduroy road [bau]
Knüppelprüfanlage *f* billet test installation [msr]
Knüppelprüfer *m* (Halter) billet probe holder [mas]
Knüppelschlitten *m* billet sledge [mas]
Koaxialkabel *n* (Hochfrequenzkabel) coaxial cable [elt]
Koaxialleiter *n* concentric cable [elt]
Kobalt-Basislegierungen *pl* cobalt alloys [met]
kobaltblau (RAL 5013) cobalt blue [nrm]
kochen *v* (Wasser) boil [pow]
Kochversuch *m* (z.B. Stahl) boiling test [msr]
Köder *m* piping [mot]
Kodierschalter *m* coding switch [elt]
Koffer *m* (im Straßenbau) road bed [bau]
Kofferboden *m* boot floor [mot]
Koffer der Straße *m* (Auskofferung) base of the road [mot]
Koffern der Straße *n* laying of the road base [mbt]; road bed construction [bau]
Kofferraum *m* luggage boot [mot]; (Gepäckraum des Autos) trunk [mot]
Kofferraumdeckel *m* boot lid [mot]
kohäsionslos non-cohesive
Kohleabsperrschieber *m* coal gate [pow]
Kohlebürste *f* carbon brush [elt]
Kohlebürstenkollektor *m* alternator brush [elt]
Kohlefaser *f* carbon fibre [met]
Kohleflöz *n* coal seam [roh]
Kohle, gasarme - *f* non-gaseous coal [pow]
kohlegefeuert (z.B. Dampflok) coal fired [mot]
kohlehaltig carboniferous [che]
Kohlelager *n* (Kohlevorräte) coal reserves [roh]
Kohlelichtbogenschweißen *n* carbon-arc welding [met]
Kohle mit hohem Wassergehalt *f* coal with high moisture content [pow]; high-moisture coal [pow]
Kohlenaufbereitung *f* coal preparation [pow]
Kohlenbergwerk *n* coal mine [roh]
Kohlenbunkerung *f* coal storing [pow]
Kohlenentmischung *f* (auf Rost) coal segregation [pow]
Kohlenfallschacht *m* (Schurre) coal chute [pow]
Kohlengrube *f* (Bergbau) coal mine [roh]
Kohlenhalde *f* coal dump [jur]
Kohlenprobe *f* coal sample [msr]
Kohlensäureeinbruch *m* (in Kalibergbau) intrusion of CO2 [roh]
Kohlensieb *n* (grob) coal screen [pow]
Kohlensilo *m* coal silo [pow]
Kohlenstaub *m* coal dust [pow]; pulverized coal [pow]
Kohlenstaubexplosion *f* (unter Tage) explosion of coal dust [roh]
Kohlenstaubfeuerung *f* pulverized coal firing [pow]
Kohlenstoff, gebundener *m* fixed carbon [che]
Kohlenstoffrückstand *m* carbon deposit [roh]
Kohlenstoffstahl *m* carbon steel [met]
Kohlenstoffstahl, tiefziehfähiger - *m* deep-drawable carbon steel [met]
Kohlenstreb *m* coal face [roh]
Kohlenverteiler *m* (über Bunker) travelling belt conveyor [pow]
Kohlenwaage *f* coal scale [msr]
Kohlenwagen *m* (Tender hinter Lok) tender [mot]
Kohlenwäsche *f* (Berge entfernen) coal washing plant [roh]; (Steine raussuchen) washery [roh]
Kohlenzug *m* (Zug mit Kohlenwagen) coal train [mot]
Kohlenzulaufrohr *n* (z.B. zur Mühle) coal chute [pow]; (z.B. zur Mühle) coal feeder spout [pow]; coal feed spout [pow]
Kohle, vor - (vor Ort unter Tage) at the face [roh]

Kohle, vorgebrochene *f* crushed coal [pow]
Kokille *f* (Gussblock) ingot [mas]; (Gussblock) mould [mas]
Kokillengießen *n* gravity die casting [met]
Koksgreifer *m* coke grab [roh]
Koksofengas *n* coke oven gas [pow]
Kolben *m* (auch Schwimmer) plunger [mot]
Kolbenbolzen *m* gudgeon pin [mot]; piston pin [mot]
Kolbenbolzensicherung *f* gudgeon pin retainer [mot]
Kolbenbuchse *f* gudgeon pin bushing [mot]
Kolbendurchmesser *m* piston diameter [mot]
Kolbenfeder *f* plunger spring [mot]
Kolbenfederteller *m* plunger spring plate [mot]
Kolbenfläche *f* piston area [mot]; (statt Ringfläche) piston side [mot]
Kolbenfresser *m* piston seizure [mot]
Kolbenführung *f* piston guide [mot]
Kolbenhub *m* (Verdrängung) displacement [mot]; (Kolbenweg, Hubweg) piston stroke [mot]
Kolben, hydraulisch entlasteter - *m* balanced piston [mot]
Kolbenklemmer *m* (zeitweiliges "Fressen") piston squeezing [mot]
Kolbenkühlbohrung *f* piston cooling rifle [mot]
Kolbenkühldüse *f* piston cooling jet [mot]
Kolbenmanschette für Bremszylinder *f* piston cup for brake cylinder [mot]
Kolben, ovaler - *m* cam-shaped piston [mot]
Kolbenpumpe *f* (z.B. Axialkolbenpumpe) piston pump [mot]
Kolbenring *m* compression ring [mot]; piston ring [mot]
Kolbenseite *f* piston side [mot]
Kolbenspiel *n* piston clearance [mot]
Kolbenstange *f* cylinder rod [mot]; piston rod [mot]
Kolbenstange fährt aus piston rod extends [mot]
Kolbenstange fährt ein piston rod retracts [mot]
Kolbenstangenaussparung *f* cylinder rod compartment [mot]; (im Mono) piston rod compartment [mot]
Kolbenstangenkopf *m* rod eye [mot]
Kolbentrommel *f* piston drum [mot]
Kolbenventil *n* cylindrical valve [mot]
Kolbenweg *m* (Länge des Hubweges) piston stroke [mot]
Kollektordiode *f* collector diode [elt]
Kollektormotor *m* collector machine [elt]
Kollektorruhestrom *m* collector quiescent current [elt]
Kollektorschaltung *f* common-collector-circuit [elt]
Kollektorstrom *m* collector current [elt]
Kollisionsklausel *f* (beiderseitige Schuld) both-to-blame collision clause [jur]
Kolonne *f* (Fahrzeugkolonne) convoy [mot]; (Mannschaft) gang [eco]
Kombiblechschrauben *pl* tapping screw assemblies [mas]
Kombiinstrument *n* combined instrument [wzg]
Kombination *f* combination
Kombinationsbrenner *m* multi-fuel type burner [pow]
kombiniert combined
Kombischiff *n* (Passagiere und Fracht) multi-purpose ship [mot]
Kombizange *f* combination pliers [wzg]; combination pliers [wzg]; cut-pliers [wzg]; engineer's pliers [wzg]; flat-nosed and cutting nippers [wzg]; universal pliers [wzg]
Komfort *m* (im Fahrerhaus) ease and convenience [mot]
Kommandobrücke *f* (auf Schiff) navigation bridge [mot]
Kommissionsnummer *f* (Werkstatt) job number [con]
Kommunalfahrzeug *n* municipal vehicle [mot]
kompakt compact
Kompaktbagger *m* compact excavator [mbt]
Kompaktbauweise *f* unit construction [mot]
Kompaktgetriebe *n* compact gear [mas]
kompaktieren *v* (zusammendrücken) compact [bod]
Kompaktieren *n* compacting [bau]
Kompaktierung *f* compaction [bau]
Kompaktkonstruktion *f* compact design [mot]
Kompaktmaschine *f* (Motor) compact engine [mot]
Kompaktstufe *f* compact step [mbt]; one piece step

Komparator *m* comparator [elt]
Kompass *m* (z.B. Kreiselkompass) compass [phy]
Kompassnadel *f* compass needle [phy]
Kompatibilität *f* compatibility [edv]
Kompensation *f* compensation [elt]
Kompensator *m* (Ausgleicher) compensator [pow]; (Ausgleicher) expansion joint [pow]; (Ausgleicher) flexible offset joint [pow]
Kompensatorrohr *n* compensator pipe [mot]
Komplettpaket *n* complete package [mas]
Kompost *m* compost [bod]; mixed manure [bff]
Kompressionsring *m* compression ring [mot]
Kompressionsverhältnis *n* compression ratio [mot]
Kompressionswelle *f* compressional wave [mot]
Kompressor *m* compressor [air]
Kondensationsturbine *f* condensing turbine [pow]
Kondensator *m* capacitor [elt]; condenser [elt]
Kondensator, keramischer - *m* ceramic capacitor [elt]
Kondensatormotor *m* capacitor motor [elt]
Kondensatpumpe *f* condensate pump [pow]
Kondensatrückführung *f* condensate return [pow]
Kondensatspeicher *m* condensate storage vessel [pow]
Kondenswasser *n* condensed water [pow]
Konfigurationssystem *n* (für Computer) configuration system [edv]
Konfliktlösungsstrategie *f* conflict-resolution strategy [edv]
Konglomerat *n* (Teile in eine Masse) conglomerate [roh]
Königsbolzen *m* centre pin [mbt]
Königswelle *f* centre pin [mbt]; vertical shaft [mas]
konisch conical [con]; tapered [mas]
konkurrenzfähig competitive [eco]
konservieren *v* (Lebensmittel einwecken) preserve [che]
Konservierung *f* (z.B. f. Seetransport) preservation [mot]
Konservierungsmittel *n* preservation agents [che]
Konsistenz *f* consistency [bau]
Konsole *f* shoulder [bau]
Konsolplatte *f* bracket plate [pow]
Konstanthalter *m* regulator [msr]
Konstantpumpe *f* fixed displacement pump [mot]
Konstantspannungsquelle *f* source of constant voltage [elt]
konstruieren *v* (tatsächlich bauen) construct [con]; (planen, entwerfen) design [con]
Konstrukteur *m* design engineer [con]
Konstruktion *f* (Bau, z.B. einer Brücke) construction [con]; (Gestaltung, Auslegung) design [con]; erection [bau]
Konstruktionen, einfache - *f* appropriate simple structures [con]
Konstruktion, freitragende - *f* cantilever construction [bau]
Konstruktion, gegebene - *f* (vom Kunden) customer design [met]
Konstruktion mit Änderungsmöglichkeiten *f* (Alternativkonstruktion) open-door design [con]
Konstruktion, rechnergestützte - *f* computer-aided design [con]
Konstruktion, robuste - *f* rugged construction [bau]
Konstruktionsänderung *f* changing construction [con]
Konstruktionsbeschreibung *f* design description [con]
Konstruktion, schallabsorbierende - *f* acoustic construction [bau]
Konstruktionseinzelheit *f* design detail [con]
Konstruktionsfehler *m* defect in design [con]
Konstruktionsmerkmal *n* design feature [con]
Konstruktionsmerkmale *pl* design characteristics [con]
Konstruktionsphase *f* phase of design [con]
Konstruktion, starre - *f* rigid construction [con]
Konstruktionsunterlagen *pl* (kompletter Satz) design dossier [con]
Konstruktionszeichnung *f* design drawing [con]; workshop drawing [con]
Kontaktabstand *m* break [elt]
Kontaktanschluss *m* pin [elt]
Kontaktbürste *f* wiper [elt]
Kontaktgeber *m* contactor [elt]

Kontaktmattensteuerung *f* contact mat piloting [mbt]; contact mat steering [mbt]
Kontaktperson *f* (anzusprechende -) person to contact
Kontaktpunkt *m* contact point [met]
Kontaktschweißen *n* contact welding [met]
Kontaktstift *m* contact pin [elt]
Kontaktwiderstand *m* contact resistance [elt]
Kontermutter *f* check nut [mas]; counternut [mas]; jam nut [mas]; locknut [mas]
kontern *v* (eine zweite Mutter aufsetzen) counter [mas]; (am Drehwerk) counter rotate [met]
Kontrollanalyse *f* check analysis [msr]
Kontrollbildschirm *m* monitor [elt]
Kontrolle *f* (der Ausweise, Monitoren) check [msr]
Kontrolllampe *f* control lamp [mot]; indicator lamp [mot]; pilot lamp [elt]
Kontrollleuchte *f* control lamp [mot]; indicator lamp [mot]; indicator light [elt]
Kontrollmaß *n* reference dimension [mas]
Kontrollöffnung *f* (z.B. an Getriebe) checking tap [mot]
Kontrollschalter *m* control switch [elt]
Kontrollschrank *m* (Schaltschrank) control cabinet [elt]
Kontrollstruktur *f* control structure [edv]
Kontrollventil *n* (Prüfventil) check valve [met]
Kontur *f* contour [met]; outline [con]
Konus *m* (rund, verjüngend) taper [mas]
konusförmig conical [con]; tapering [mas]
Konuslehre *f* cone gauge [msr]
Konusreduzieranschluss *m* reducer connector [mot]
Konustrieb *m* taper cone drive [mas]
Konverterkessel *m* converter waste heat boiler [pow]
Konzern *m* trust [eco]
konzipieren *v* (erdenken, ausdenken) conceive
konzipiert (erdacht, entwickelt) conceived; developed
Koordinaten-Brennschneidmaschine *f* coordination flame cutting machine [wzg]
Kopf *m* end [mas]
Kopfauflage *f* (Schraubenkopf / Blech) connecting surface [met]
Kopfbahnhof *m* terminal depot [mot]; terminal station [mot]
Kopf der Abstützung *m* (Waggonabstützung) jack head [mot]
Kopffreiheit *f* (tatsächlicher Abstand) factual mobility [con]; (weitere Kopffreiheit) head clearance [con]; headroom [con]; (über längere Distanzen) headway [con]; (Platz nach oben) top liberty [con]
Kopfhöhe *f* (Zahnrad) addendum [mas]; (freie Höhe über Apparaten) headroom [con]; (der Schrauben) height of head [mas]
Kopfhöhenänderung *f* (Zahnrad) change of addendum [met]
Kopfhörer *m* earphone; headphone [elt]
Kopfkreis *m* (innen/außen verzahntes Rad) tip circle [mas]
Kopfkreisdurchmesser *m* (Kettenrad) outside diameter [con]
Kopf, oberer - *m* upper end [mbt]
Kopframpe *f* head ramp [mot]
Kopfschraube *f* cap screw [mas]
Kopfspiel *n* (Zahnrad) clearance [met]
Kopfsteinpflaster *n* rubble pavement [bau]
Kopfstrecke *f* (neben Abbauwand) head gate [roh]
Kopfstück *n* (des Sammelrohrs) header [mas]; head piece [mas]; (an Balustrade) newel [mbt]
Kopfstütze *f* (im Auto) head cushion [mot]; head rest [mot]; (im Auto) head restraint [mot]
Kopfträger *m* (bei Schienenfahrzeugen) buffer beam [mot]
Kopf, unterer - *m* lower end [mbt]
Koppelfuge *f* coupling joint [bau]
Koppelglied *n* interface device [elt]
Koppelkondensator *m* coupling capacitor [elt]
Koppelrad *n* external geared wheel [mot]
Kopplung *f* coupling
korallenrot (RAL 3016) coral red [nrm]
Korbeinsatz *m* (z.B. in Filter) mesh wire sieve insert [mot]
Korbfilter *m* (Flüssigkeiten) basket strainer [che]
Korkisolation *f* cork insulation [bau]
Korkplatte *f* cork slab [bau]
Korkstopfen *m* cork plug [met]

Korn *n* (Feinkorn) fines [met]
Körner *m* centre punch [wzg]
Körner *pl* (zum Markieren, Zentrieren) prick punch [wzg]; punch mark [wzg]
Körnerschlag *m* (Markieren, Zentrieren) prick punch [mas]
körnerschlaggesichert prick-punch locked [mas]
Korngefüge *n* grain structure [met]
Korngrenzen *pl* grain boundaries [met]
Korngröße *f* (Körnung des Materials) grain size [met]; particle size [bau]
Kornhärte *f* grain hardness [bau]
körnig granular [roh]
Körnigkeit *f* mottle [elt]
kornorientiert grain oriented [mas]
Kornstufenschaulehre *f* visual grading gauge [msr]
Körnungsgröße *f* particle size [bau]
Körnungslinie *f* grading curve [bau]
Körper *m* (z.B. des Motors) block [mot]; (Ventilkörper) body [mas]; (von Mensch oder Tier) body [hum]
körperbehindert disabled [hum]
Körperbehinderung *f* (chronische Schädigung) impediment [hum]
Körperschaft *f* (Gesellschaft) incorporation [eco]
Korrektheit *f* (eines Programms) correctness [edv]
Korrektur *f* (z.B. Fadenkorrektur) correction [pow]
korrigieren *v* correct
korrosionsbeständig corrosion-resistant [mot]
korrosionsfest corrosion-resistant [met]
korrosionsgeschützt corrosion-protected [met]; electro-galvanized [met]
Korrosionsnarben *pl* (Grübchen) corrosion scars [met]
Korrosionsriss *m* corrosion crack [met]
Korund *m* (Strahlmittel) corundum [met]
Kostenmodell *n* cost model [eco]
Kostenschätzung *f* cost estimation [eco]
Kotflügel *m* (z.B. an klassischen Pkw) car wing [mot]; fender [mot]; mudguard [mot]; wing [mot]
Kotflügelleuchte *f* parking lamp [mot]; wing lamp [mot]
Kotflügelstütze *f* wing stay [mot]
Kraft *f* power [phy]
Kraftangriff *m* application of load [phy]
Kraftbedarf *m* power requirement [mot]
kraftbetrieben power-driven [elt]
Kraftdrehkopf *m* rotary drive [mbt]
Kraftdrehkopfdrehmoment *n* rotary drive torque [mbt]
Kraftdreieck *n* power triangle [con]
Krafteck *n* force polygon [con]; polygon of forces [con]
Kräftegleichgewicht *n* equilibrium of forces [phy]
Krafteingang *m* power inlet [mot]
Krafteinleitung *f* (z.B. Kraft vom Motor) power flow [mot]
Kraft, elektromotorische - *f* electromotive power [elt]
Kräfteparallelogramm *n* parallelogram of forces [phy]
Kräftezerlegung *f* resolution of forces [bau]
Kraftfahrzeug *n* (US: auf Straße) automobile [mot]; motor vehicle [mot]
Kraftfahrzeugpark *m* motor pool [mot]
Kraftfahrzeugschlosser *m* automobile mechanic [mas]
Kraftfluss *m* (Kraftübertragung) power train [mot]; (Kraftübertragung) power transmission [mot]
kräftig powerful
Kraftmaschine *f* (Verbrennungsmotor) combustion engine [mot]; (Verbrennungsmotor) engine [mot]; power engine [mot]
Kraftmessdose *f* load cell [msr]
Kraftrad *n* (Motorrad) mot bike [mot]; (Motorrad) motor bicycle [mot]; (Motorrad) motorcycle [mot]
Kraftrichtung *f* direction of force [phy]
Kraftschalter *m* actuator [elt]
Kraftschluss *m* frictional connection [mas]
Kraftstoffabstellhahn *m* fuel shut-off [mot]
Kraftstoffanlage *f* fuel system [mot]
Kraftstoffbehälter *m* fuel tank [mot]
Kraftstoffdüse *f* injector [mot]
Kraftstoffeinfüllstutzen *m* fuel filler neck [mot]
Kraftstoffeinspritzdüse *f* fuel injection valve [mot]
Kraftstoffeinstellbohrung *f* fuel adjustment hole [mot]
Kraftstofffilter *m* fuel filter [mot]
Kraftstoffförderpumpe *f* engine fuel transfer pump [mot]; fuel pump [mot]; fuel transfer pump [mot]
Kraftstoffhahn *m* fuel valve [mot]

K

Kraftstoffhauptbehälter *m* main fuel tank [mot]
Kraftstoffhauptleitung *f* main fuel line [mot]
Kraftstoffheizung *f* fuel heating [mot]
Kraftstoffhilfsleitung *f* auxiliary fuel line [mot]
Kraftstoffkanister *m* fuel can [mot]
Kraftstofflecks *pl* fuel leak [mot]
Kraftstoffleitung *f* fuel feed pipe [mot]; fuel line [mot]; fuel pipe [mot]
Kraftstoffmesser *m* (auch Schauglas) fuel gauge [mot]
Kraftstoffmessstab *m* fuel dip stick [mot]; (mit Schwimmer) fuel lever plunger [mot]
Kraftstoffpumpe *f* fuel pump [mot]
Kraftstoffpumpenantrieb *m* fuel pump drive [mot]
Kraftstoffpumpendeckel *m* fuel pump cover [mot]
Kraftstoffpumpengehäuse *n* fuel pump body [mot]; fuel pump housing [mot]
Kraftstoffpumpenmembran *f* fuel pump diaphragm [mot]
Kraftstoffpumpensieb *n* fuel pump screen [mot]
Kraftstoffpumpenstößel *m* fuel pump tappet [mot]
Kraftstoffregler *m* fuel ratio control [mot]
Kraftstoffreservebehälter *m* reserve fuel tank [mot]
Kraftstoffrücklaufleitung *f* fuel return line [mot]
Kraftstoffsensor *m* fuel sensor [mot]
Kraftstoffsieb *n* fuel screen [mot]; fuel strainer [mot]
Kraftstoffsparausführung *f* (Drehzahl) fuel saving version [mot]
kraftstoffsparend fuel efficient [mot]
Kraftstofftank *m* fuel tank [mot]
Kraftstoffverbrauch *m* fuel consumption [mot]
Kraftstoffverbrauch, mittlerer - *m* average fuel consumption [mot]; mean fuel consumption [mot]
Kraftstoffverbrauchsmenge *f* fuel consumption rate [mot]
Kraftstoffverbrauchsmesser *m* fuel consumption indicator [mot]
Kraftstoffvorfilter *m* fuel pre-filter [mot]
Kraftstoffvorratsbehälter *m* (Tank) fuel tank [mot]
Kraftstoffvorratszeiger *m* fuel gauge [mot]
Kraftstoffwirtschaftlichkeit *f* fuel economy [mot]
Kraftstoffzufuhr *f* fuel supply [mot]
Kraftstromleitung *f* high-voltage cable [elt]
Kraftübertragung *f* (v. Motor bis Räder) power train [mot]; (Motor-Getriebe-Rad) power transmission [mot]; transmission of force [mas]; (Motor-Getriebe-Rad) transmission of power [mas]
Kraftverbrauch *m* power consumption [mot]
Kraftverstärkung *f* power increase [mot]
Kraftwagenbeförderung *f* (der Bahn) carriage of cars [mot]
Kraft-Wärme-Kopplung *f* recovering and utilizing waste heat [pow]
Kraftwerk *n* power plant [elt]
Kragarm *m* (Stahlbau) cantilever arm [bau]; overhanging beam [bau]
Kragbalken *m* cantilever [bau]
Kragen *m* (Zyklon) cyclone throat [pow]
Kragenbüchse *f* collar bushing [met]
Kragplatte *f* (Hochbau) cantilever platform [bau]
Kragstütze *f* bracket support [mas]
Kragträger *m* (Stahlbau) cantilever [bau]; (Stahlbau) cantilever beam [bau]; (Stahlbau) cantilever girder [bau]
Krähenfüße *pl* (Schweißen) crow's feet [met]; (Schweißen) wrinkles [hum]
Kralle *f* claw [met]
Kran *m* crane [met]
Kranausleger *m* crane boom [mbt]; crane jib [mot]
Kranausleger, hydraulisch schwenkbarer - *m* crane boom with hydraulic continuous slewing [mot]
Kranausleger, schwenkbarer - *m* (Stapler) crane boom [mot]
Kranbahn *f* crane gantry [met]; crane runway [met]; craneway [bau]
Kranbahnstütze *f* crane column [mbt]
Kranbein *n* crane leg [bau]
Kranfahrwerk *n* crane travelling gear [bau]
krängen *v* (zur Seite neigen (Schiff)) heel [mot]
krängend heeling [mot]
Krängung *f* (Neigung zur Seite (Schiff)) heel [mot]

krank (ernstlich) ill [hum]
Krankapazität *f* crane capacity [mot]
Krankenwagen *m* (Automobil) ambulance [hum]
Krankheit *f* disease [hum]
Krankheit, körperbehindernde - *f* disability [hum]
Kranladung *f* crane load [mot]
Kranlaufbahn *f* travelling crab [mas]; trolley [mbt]
Kranlaufrolle *f* crane roller [mot]
Kranlaufwerk *n* crane crawler unit [mot]; crane undercarriage [mot]
Kranturm *m* crane tower [mot]
Kranwagenfahrgestell *n* crane carrier [mot]
Kranz *m* (Felge) rim [mot]
Kraterblech *n* crater plate [met]
Kraterriss *m* crater crack [met]
Kratzer *m* (Harke) rake [wzg]; (z.B. Brückenkratzer) reclaimer [mbt]
Kreisbogen *m* arc [mat]
Kreiselbrecher *m* cone crusher [roh]
Kreiselkipper *m* (auch Kreiselwipper) revolving tipper [mbt]
Kreiselkompass *m* gyro compass [mot]; gyrostat [mot]
Kreiselpumpe *f* centrifugal pump [pow]; rotary pump [mas]
Kreiselrad *n* turbine [mas]
Kreiselwipper *m* (auch Kreiselkipper) rotary tipper [mbt]
kreisen *v* rotate [mas]
Kreisförderer *m* endless conveyor [roh]
Kreisfrequenz *f* angular frequency [phy]
Kreislager *n* (Mischbett) circular blending bed [roh]
Kreislauf *m* cycle [bau]
Kreislauf, geschlossener - *m* closed circuit [elt]; closed system [pow]; (z.B. Hydraulik) independent circuit [mas]
Kreislaufwasserwirtschaft *f* circuit water system [bau]
Kreisring *m* annulus [mas]
Kreissäge *f* circular saw [wzg]; (für Metall) metal circular saw [wzg]
Kreisverkehr *m* (Straßenkreuzung) round-about [mot]; (Hin- und Herfahrt) turn after passage and work [mbt]
Kreuzblech *n* (Gitterkonstruktion) gusset [mas]
kreuzen *v* (Begegnung von Zügen) meet [mot]

K

Kreuzgelenk *n* cardan joint [mot]; knuckle joint [mot]; (Kardangelenk) U-joint [mot]; (Kardangelenk) universal joint [mot]
Kreuzgelenkgabel *f* universal joint yoke [mot]
Kreuzhacke *f* (Spitzhacke) pickaxe [wzg]
Kreuzhebel *m* (z.B. Bagger, Computer) joystick [mbt]
Kreuzknoten *m* reef knot [mot]
Kreuzkopf *m* (der Lok; in Gleitbahnen) cross-head [mot]; yoke [mas]
Kreuzlauf *m* cross run [mbt]
Kreuzlochmutter *f* round nut with set pin hole in side [mas]
Kreuzlochschraube *f* capstan screw [mas]
Kreuzmeißel *m* crosscut chisel [wzg]; parallel cross-bit chisel [wzg]
Kreuzschaltung *f* (Bedienungshebel) joystick control [mbt]
Kreuzschliff *m* cross grind [met]
Kreuzschlitzschraubendreher *m* four-way wheel brace [wzg]
Kreuzschraube *f* Phillips screw [mas]
Kreuzschraubendreher *m* Phillips screw-driver [wzg]
Kreuzstein *m* cruciform brick [bau]
Kreuzstoß *m* (kreuzartig verschweißte Bleche) cross butt joint [met]; cross joint [mas]
Kreuzstück *n* cross piece [met]; four-way connector [mot]
Kreuzung *f* (- von Bahnstrecken) common crossing [mot]; crossing [mot]; (Kreuzweiche) crossover [mot]; (2 Bahnstrecken) diamond crossing [mot]; (Doppelkreuzweiche) double crossover [mot]; (große Straßenkreuzung) intersection [mot]; (von Eisenbahnen, Straßen) junction [mot]; (Schiene/ Straße) level crossing [mot]
Kreuzungspunkt *m* intersection point [bau]
Kreuzverband *m* (Mauerwerk) crossbond [pow]; diagonal bracing [met]
Kreuzverschraubung *f* four-way coupling [mot]
Kreuzverstrebung *f* spider [bau]
Kreuzweiche *f* crossing [mot]; crossover [mot]
kreuzweise crosswise
Kreuzwerk *n* grid structure [bau]; grillage [bau]

Kreuzzapfen *m* (bei Maschinen) cross pin [met]
kriechen *v* (Öl an Kolben vorbei) creeping [mot]
Kriechfestigkeit *f* creep strength [pow]
Kriechgang *m* (von Fahrzeugen) inching [mot]; (von Fahrzeugen) precision gear [mot]
Kriechgangschaltung *f* (von Fahrzeugen) precision gear shifting [mot]
Kriechstrom *m* leakage current [elt]; leak current [elt]; tracking current [elt]
Kristallbefestigung *f* crystal mounting [met]
Kristallunterlage *f* crystal backing [met]
Kronenmutter *f* castle nut [mas]
Kronenmutter, sechseckige - *f* hexagon slotted nut [mas]
kröpfen *v* joggle [mas]
Kröpfung *f* throw [elt]
Krücke *f* crutch
Krümelstruktur *f* friable structure [bau]
krumm crooked [met]
krümmen *v* (biegen) bend [met]
Krümmer *m* (des Rohres) elbow [mot]; (z.B. Auspuff) manifold [mot]
Krümmung *f* bow; curvature
Krümmungshalbmesser *m* radius of curvature [con]
Krümmungsradius *m* bend radius [con]
Kruste *f* (z.B. Erdkruste) crust [geo]
Kübel *m* (größerer Eimer) bucket
Kübelbremsventil *n* bowl brake valve [mas]
Kübelfettpresse *f* volume compressor [mot]
Kübelfördergerät *n* bucket conveyor [mbt]
kubisch cubical [bau]
Kugelbolzen *m* ball stud [mot]
Kugeldrehkranz *m* (mit Kugellagern) ball-bearing slewing ring [mbt]
Kugeldrehverbindung *f* ball-bearing slewing ring [mas]
kugelförmig ball-shaped [con]
Kugelfüllung *f* (Kugelmühle) ball charge [roh]
Kugelgelenk *n* ball and socket joint [mot]; ball joint [mas]
Kugelgelenkwelle *f* universal jointed shaft [mot]
Kugelgraphit *m* nodular graphite [met]
Kugelgriff *m* ball handle [mas]
Kugelhülse *f* ball bushing [mas]
Kugelkäfig *m* ball retainer [mas]
Kugellager *n* ball-bearing [mas]
Kugellaufbahn *f* ball cage [mot]
Kugellenkkranz *m* turn-table [mas]; turn-table [mas]
Kugelmühle *f* race pulverizer [roh]
Kugelmühle mit Luftsichtung *f* air-swept ball mill [roh]
Kugelpfanne *f* ball mug [mbt]; ball socket [mas]
Kugelpilz *m* ball journal [mbt]; ball pin [mbt]
Kugelprallverteiler *m* distributor [pow]
Kugelregen *m* ball shot [pow]; iron shot [pow]
Kugelring *m* ball retaining ring [mot]
Kugelrückschlagventil *n* ball retaining valve [mas]
Kugelschale *f* ball socket [mas]
Kugelschaltung *f* ball and socket gear change [mot]
Kugelstange *f* (in Axialkolbenpumpe) ball rod [mas]
Kugelventil *n* ball valve [mas]
Kugelzapfen *m* ball journal [mas]
Kuhfuß *m* (Nagelzieher) claw wrench [wzg]; (Nagelzieher) nail drawer [wzg]; (Nagelzieher) nail puller [wzg]
kühl cool [wet]
Kühlanlage *f* cooling system [pow]
Kühlbehälter *m* refrigerated container [mot]
Kühlcontainerschiff *n* refrigerated container vessel [mot]
Kühlen *n* cooling [roh]
Kühler *m* attemperator [pow]; cooler [mot]; (an Auto) radiator [mot]; (Lamellenkühler) radiator [mot]
Kühlerabdeckung *f* radiator shutter [mot]
Kühlerauslassstutzen *m* radiator water outlet [mot]
Kühlerauslaufstutzen *m* radiator outlet connection [mot]
Kühlerbefestigungsband *n* radiator fastening strap [mot]
Kühlerblock *m* radiator block [mot]; radiator core [mot]
Kühlerdichtmaterial *n* radiator jointing material [mot]
Kühlereinfüllstutzen *m* radiator filler tube [mot]
Kühlereinlassstutzen *m* radiator water inlet [mot]

Kühlereinlaufstutzen *m* radiator inlet connection [mot]
Kühlerfuß *m* radiator mounting [mot]
Kühlergehäuse *n* radiator frame [mot]
Kühlergrill *m* radiator grill [mot]
Kühlerhaube *f* radiator bonnet [mot]
Kühler, innenliegender - *m* drum-type surface attemperator [pow]
Kühlerjalousie *f* radiator shutter [mot]
Kühlerrippe *f* radiator core fin [mot]
Kühlerröhrchen *n* radiator tube [mot]
Kühlerschlangen *pl* nest of tubes for cooler [pow]; tube bank for cooler [pow]
Kühlerschlauch *m* radiator hose [mot]
Kühlerschutz *m* radiator guard [mot]
Kühlerschutzbügel *m* radiator guard [mot]
Kühlerschutzgitter *n* radiator grill [mot]
Kühlerschutzring *m* radiator safety ring [mot]

K

Kühlerspritzblech *n* radiator baffle plate [mot]
Kühlerstrebe *f* radiator strut [mot]
Kühlerträger *m* radiator mounting [mot]
Kühlerventilator *m* radiator fan [mot]
Kühlerverbindungsrohre *pl* attemperator connections [pow]
Kühlerverkleidung *f* radiator cowling [mot]
Kühlerverschraubung *f* radiator cap [mot]
Kühlerwasserkasten *m* radiator tank [mot]
Kühlerwasserkasten, oberer - *m* radiator upper tank [bau]
Kühlerwasserübertemperatur *f* excess temperature of coolant [mot]
Kühler, zwischengeschalteter - *m* interstage attemperator [pow]
Kühlfahrzeug *n* refrigerated lorry [mot]
Kühlflüssigkeit *f* coolant [mot]
Kühlgebläse *n* cooling air blower [mot]; cooling fan [mot]
Kühlluftabführung *f* cool-air ducting [air]
Kühlluftgebläse *n* air-cooling fan [mot]
Kühllufttthermostat *m* cooling air thermostat [mot]
Kühlmittel *n* coolant [mot]
Kühlrohr *n* (Feuerraum) furnace cooling tube [pow]
Kühlschiff *n* refrigerator ship [mot]
Kühlschirm *m* cooling screen [pow]
Kühlturm *m* (z.B. bei Kraftwerken) cooling tower [elt]
Kühlwagen *m* (Lkw) refrigerated lorry [mot]; (der Bahn) refrigerated wagon [mot]
Kühlwasser *n* cooling water [mot]
Kühlwasser an Laufbuchsen *n* coolant around liners [mot]
Kühlwasseraufbereitungsanlage *f* water treatment plants [mas]
Kühlwasserauslaufstutzen *m* water outlet connection [mot]
Kühlwassereinlaufstutzen *m* water inlet connection [mot]
Kühlwasserfernthermometer *n* water temperature gauge [mot]
Kühlwasserleitung *f* cooling water pipe [mot]; cooling water piping [mot]
Kühlwasserprüfgerät *n* coolant testing device [msr]
Kühlwasserpumpe *f* cooling water pump [mot]
Kühlwasserthermometer *n* cooling water thermometer [mot]
Kühlwasserthermostat *m* cooling water thermostat [mot]
Kühlwasserzusatz *m* cooling water additive [mot]
Kühlwindabweiser *m* fan blast deflector [air]
Kulisse *f* (schützt Kette vor Längung und Bruch) guard [mbt]
Kundendienst *m* (nach Inbetriebnahme) after-sales service [eco]
Kundendienst an der Baustelle *m* job-site service
Kundendienststellen *pl* (im Außendienst) after-sales service points [eco]
kundenorientiert (auf Wunsch des Kunden) customer-made [met]
kundenseitig (Kunde stellt Teil) customer-provided [eco]
kundenspezifisch customer-specified [eco]
Kundenwunsch, nach - gebaut custom-built [con]
Kündigung, schriftliche - *f* termination in writing [eco]
Kunstglied *n* (Prothese) prosthetic device [hum]
Kunstharz *n* artificial resin [che]
künstlich erzeugt artificially produced
Kunstschlauch *m* plastic hose
Kunststoffabdeckung *f* plastic cover [mot]

Kunststoffband *n* non-metallic strapping [met]
kunststoffbeschichtet plastic-coated [met]; plastic laminated [met]
kunststoffbeschichtet, beidseitig - plastic-laminated on both sides [met]
kunststoffbeschichtet, einseitig - plastic-laminated on one side [met]
Kunststoffdübel *m* (für Betonschwelle) plastic dowel [mot]
Kunststoffe, technische - *pl* engineering plastics [met]
Kunststoffgleiteinlage *f* plastic sliding insert [mot]
Kunststoffkehrwalze *f* (der Kehrmaschine) plastic brush [mot]
Kunststoffleitungen *pl* plastic piping [mot]
Kunststoffpolster *n* plastic insert
Kunststoff-Stahl-Kehrwalze *f* plastic-steel brush [mot]
Kunststoffüberzug *m* plastic coating [met]
kunststoffummanteltes Profil *n* plastic-coated section [met]
kunststoffummanteltes Rohr *n* plastic-coated tube [met]
Kunststoffverpackungsband *n* non-metallic strapping; plastic strapping [met]
Kupferasbestdichtung *f* copper asbestos gasket [met]
Kupfer-Basis-Legierungen *pl* copper alloys [met]
kupferbraun (RAL 8004) copper brown [nrm]
Kupferdichtung *f* copper seal [met]
Kupferdorn *m* copper mandrel [met]
Kupferlegierung *f* copper alloy [met]
Kupferzinkakkumulator *m* copper zinc accumulator [elt]
Kuppel *f* cupola [bau]
Kupplung *f* clutch [mot]
Kupplung, elastische - *f* flexible coupling [mas]
Kupplung, hydraulische - *f* fluid coupling [mot]; hydraulic clutch [mot]
Kupplungsausrückmuffe *f* clutch collar [mot]
Kupplungsbelag *m* clutch facing [mot]; clutch lining [mot]
Kupplungsbolzenring *m* coupling-pin ring [mot]
Kupplungsbremse *f* clutch brake [mot]
Kupplungsdeckel *m* clutch cover [mot]
Kupplungsdruckfeder *f* clutch thrust spring [mot]
Kupplungsdrucklager *n* clutch thrust bearing [mot]
Kupplungsdruckplatte *f* clutch pressure plate [mot]
Kupplung, selbsttätige - *f* automatic clutch [mot]
Kupplungsfeder *f* clutch spring [mot]
Kupplungsführungslager *n* clutch guide bearing [mot]
Kupplungsgabel *f* (Gestänge) clutch fork [mot]; (des Anhängers) coupling triangle [mot]
Kupplungsgehäuse *n* clutch housing [mot]
Kupplungsgelenk *n* clutch linkage [mot]
Kupplungsgestänge *n* clutch control [mot]
Kupplungshaken *m* coupling hook [mot]
Kupplungshälfte *f* coupling half [mot]
Kupplungshebel *m* clutch control [mot]
Kupplungskopf mit Stift *m* coupling with pin [mot]
Kupplungslamelle *f* clutch plate [mot]
Kupplungslamelle mit Korkbelag *f* cork-faced clutch plate [mot]
Kupplungsnabe *f* clutch hub [mot]
Kupplungspedal *n* clutch pedal [mot]
Kupplungsscheibe *f* clutch disc [mot]; clutch plate [mot]; connector flange [mot]
Kupplungssegment *n* coupling section [bau]
Kupplungsstange *f* (der Lok) coupling rod [mot]; (des Anhängers) drawbar [mot]
Kupplungsstellmutter *f* clutch adjusting nut [mot]
Kupplungsträger *m* clutch carrier [mot]
Kupplungstreibscheibe *f* clutch drive plate [mot]
Kupplungsventile *pl* (z.B. Luftdruck) coupling cocks [mot]
Kupplungswelle *f* clutch shaft [mot]
Kurbelfenster *n* crank operated window [mot]
Kurbelgehäuse *n* (Kurbelwellen-gehäuse) crank case [mot]
Kurbelgehäuseoberteil *n* crankcase top half [mot]
Kurbelgehäuseschutz *m* crank case guard [mot]

Kurbelgehäuseunterteil *n* crankcase bottom half [mot]
Kurbeltrieb *m* crankshaft drive [mot]
Kurbelwelle *f* (mit Kurbellagern) crankshaft [mot]
Kurbelwellendichtung *f* crankshaft oil seal [mot]
Kurbelwellenlager *n* crankshaft bearing [mot]; journal bearing [mot]
Kurbelwellenlagerdeckel *m* crankshaft bearing cap [mot]
Kurbelwellenlagerschale *f* crankshaft bearing shell [mot]
Kurbelwellenrad *n* crankshaft gear [mot]
Kurbelwellenradialdichtung *f* crankshaft oil seal [mot]
Kurbelwellenschleifmaschine *f* crankshaft grinding machine [wzg]
Kurbelzapfen *m* crank pin [mot]
Kurs *m* (Reiseweg) route [mot]
Kursbuch *n* (Fahrplan) time table [mot]

Kurvenaußenseite *f* outside of the turn [mot]
Kurveneingang *m* (Übergang in Kurve) transition curve [mot]
kurvengängig able to negotiate curves [mbt]
Kurveninnenseite *f* inside of the turn [mot]
Kurvenradius *m* curve radius [mot]; curve rating [mot]
Kurvenrolle *f* cam follower [met]
Kurvenscheibe *f* cam plate [mot]
Kurvenwiderstand *m* curve resistance [mot]
Kurve, scharfe - *f* sharp bend [mot]
Kurzanalyse *f* approximate analysis [msr]; proximate analysis [msr]
Kurzbeil *n* hatchet [wzg]
kurzgekuppelt close coupled [mot]
Kurzholzgreifer *m* light timber grab [mbt]; log grab [mbt]
Kurzhub *m* (Hub kürzer als Zylinderquerschnitt) oversquare [mot]
Kurzhubmotor *m* oversquare [mot]
Kurzhubpresse *f* short-stroke design hydraulic press [met]
Kurzkupplung *f* close coupling [mot]
Kurzschluss *m* short [elt]
Kurzschlusskäfig *m* squirrel cage [elt]
Kurzschlussleitung *f* bypass line [elt]
Kurzschlussrohr *n* circulation tube [pow]
Kurzschlussstrom *m* fault current [elt]
Kurzschlussventil *n* (Druckbegrenzungs- und Überströmventil) crossover valve [met]
kurzsichtig near-sighted [hum]
K-Wert *m* (Wärmedurchgangszahl) heat transfer coefficient [pow]; (Wärmedurchgangszahl) k-value [pow]

L

Laborprobe *f* laboratory sample [msr]
Laborversuch *m* laboratory test [msr]
Labyrinthdichtung *f* labyrinth seal [pow]
Labyrinthnute *f* labyrinth groove [mas]
Labyrinthring *m* labyrinth ring [mas]
Lackiererei *f* (auch: Spritzkabine) paint shop [met]
lackiert, einfarbig - one-colour painted [met]
lackiert, mehrfarbig - multicolour painted [met]
Lackierung *f* (Farbgebung der Eisenbahn) livery [mot]
Lade *f* (in Möbelstück) drawer [bau]
Ladeanzeiger *m* load indicator [msr]
Ladebaum *m* (Lademast, Derrick) derrick [mot]
Ladebrücke *f* bridge plate [mot]; (an Flachwagen) drop plate [mot]
Ladebühne *f* loading platform [bau]
Ladedauer *f* charging period [elt]
Ladedeck *n* load deck [mot]
Ladedeckoberfläche *f* load deck surface [mot]
Ladeeinheit *f* load unit [mot]
Ladefähigkeit *f* loading capacity
Ladegabel für Papierholz *f* pulp wood fork [mot]
Ladegerät *n* (für Batterien) charger [elt]; generator [elt]
Ladegeschirr *n* cargo gear [mot]
Ladegleichrichter *m* charging rectifier [elt]
Ladegut *n* (aufgeladen) material loaded [mot]; (Menge) payload [mot]
Ladekondensator *m* input capacitor [elt]
Ladekontrolle *f* (Lichtmaschine) charge control [elt]
Ladekontrollleuchte *f* charge control lamp [elt]; generator lamp [elt]
Ladekran *m* (auf Lkw) truck loader crane [mbt]
Ladelänge *f* (des Waggons) loading length [mot]
Ladeleistung *f* (Lademenge pro Zeiteinheit) loading performance [mot]
Ladeluftkühler *m* charge air cooler [mot]; intercooler [mot]
Ladeluftkühlung *f* charge air cooling [mot]
Ladeluftleitung *f* charge air pipe [mot]
Lademaß der Bahn *n* loading dimension [mot]; loading gauge [mot]
Lademaß, internationales - *n* international loading gauge [mot]
Lademast *m* (Ladebaum) derrick [mot]
Laden durch Schubhilfe *n* push loading [mot]
Ladeplatz *m* loading area
Ladepritsche *f* (des Lkw) loading platform [mot]
Ladepumpe *f* charge pump [mot]
Lader *m* loader [mot]
Laderampe *f* (am Güterbahnhof) loading ramp [mot]
Laderaum *m* (z.B. Schiff, unter Gleis) hold [mot]; (unter Schiene) hopper [mot]
Laderaumsaugbagger *m* deep sea hopper suction dredger [mot]; hopper suction dredger [mot]; trailing hopper suction dredger [mbt]
Ladeschaden *m* (Transportschaden) damage in transport [jur]
Ladeschaufel *f* face shovel [mbt]; loading shovel [mbt]; (das Gefäß) loading shovel bucket [mbt]
Ladeschaufelbagger *m* face shovel [mbt]
Ladeschaufelbagger, hydraulischer - *m* hydraulic mining shovel [mbt]
Ladeschwelle, geteilte - *f* divided support bar [mot]
Ladesicherungsring *m* load securing ring [mas]
Ladespannung *f* charging voltage [elt]
Ladestabilisierungsabstützung *f* load stabilizing jacks [mot]
Ladestelle *f* (z.B. im Tagebau) loading place [roh]; (z.B. im Tagebau) loading site [roh]
Ladestromkontrollleuchte *f* charge control lamp [elt]
Ladezeit *f* loading time [mbt]
Ladezustand *m* (Batterie) charging condition [elt]
Ladung *f* (Schiff, Lkw, Bahn) cargo [mot]; charge [elt]; (vor ein Gericht) citation [jur]
Ladungsdichte *f* charge density [elt]
Ladungsträger *m* charge carrier [elt]
Ladungsübertragung *f* charge transfer [elt]
Lage *f* (von z.B. Ton) layer [min]; (Ortslage, Teil der Stadt) location; (Örtlichkeit) place
Lagebestimmung *f* (Ortung) determination of position [msr]

lagenweise by layers [mas]
Lage, oberste - *f* top layer [met]
Lageplan *m* (z.B. des Schaltschrankes) layout plan [con]; site plan [bau]
Lager *n* (Abstützung) bearing [bau]; (im Bauwesen) bedding [bau]; bushing [mot]; (Lagerstätte, z.B. von Kohle) deposit [roh]; (zwischen Motor und Gebläse) inboard bearing [mot]; (jenseits Motor und Gebläse) outboard bearing [mot]; (Stütze) rest [bau]; (Stütze) stay [bau]
Lageranordnung *f* application of bearing [mas]
Lagerauge *n* (an Kolbenstange) bearing-eye [mas]; bearing lug [mbt]; (an Kolbenstange) end eye [mbt]; eyelet [mas]; (an der Kolbenstange) hub [mas]; pillow block [mas]
Lageraugebolzen *m* (an Kolbenstange) hub bolt [mas]
Lagerausführung *f* bearing type [mas]
Lagerbeanspruchung *f* bearing load [con]
Lagerbelastung *f* bearing load [con]
Lagerbestand *m* (gelagerte Menge) inventory file [edv]
Lagerblock *m* pillow block [mas]
Lagerbock *m* bearing block [mbt]; bearing bracket [mot]; (nimmt ein Lager auf) bearing pedestal [mas]; bearing support [mas]; (einfach) clevis foot [mot]
Lagerbuchse *f* bearing bush [mas]; bearing bushing [mas]
Lagerdeckel *m* bearing cover [mas]; end frame [mas]
Lagereinbau *m* installation of bearing [mot]
Lagereinsatz *m* bearing insert [mas]
Lagerflansch *m* bearing flange [mas]
Lagergehäuse *n* bearing housing [mas]
Lagergerät *n* machine in store [mas]
Lager, geteiltes - *n* (z.B. Rollenlager) bearing with butt ends [mas]; (z.B. mit Nuten) bearing with part grooves [mas]
Lagerhals *m* axle journal [mas]
Lagerhaltung *f* (Vorrat) inventory
Lagerhaus *n* warehouse [bau]
Lagerhülse *f* bearing sleeve [mas]
Lager, hydraulisch entlastetes - *n* floating bearing [mas]
Lagerkäfig *m* bearing cage [mas]
Lagerkäfig, zweiteiliger - *m* split-caged roller bearing [mot]
Lagerkörper *m* bearing body [mas]
Lagerlauffläche *f* (des Achsradlagers) journal [mot]
Lagerluft *f* bearing internal clearance [mas]
Lagermetall *n* (Weißmetall) babbitt [met]
Lagernabe *f* boss [mas]
Lagerreibung *f* bearing friction [mas]; journal bearing [mot]
Lagerring *m* bearing ring [mas]; bushing [mbt]
Lagerschale *f* bearing shell [mot]; calotte [met]
Lagerschild *n* end plate [mas]; end shield [mas]
Lagerschuppen *m* ((A)) storage shed
Lager, schwimmendes - *n* floating bearing [mas]
Lagerspiel *n* (in Maßen erwünscht) bearing clearance [con]; (unerwünscht) bearing play [con]
Lagerstätte *f* (z.B. Rohstoffe) deposit [roh]; (z.B. Rohstoffe) reserve [roh]
Lagersystem *n* (auf Lager) warehouse system
Lagerung, doppelseitige - *f* bilateral bearing [mas]
Lagerungsträger *m* trunnion carrier [mas]
lähmen *v* paralyze
Laibung *f* (Mauerwerksöffnung) reveal [bau]
Lamelle *f* (in Lamellenbremse) disk [mot]; (im Kühler) fin [mot]
Lamellenabstand *m* (Kühlerlamellen) distance between fins [mot]
Lamellenbremse *f* multi-disc brake [mot]; multi-disk brake [mot]
Lamellendifferential *n* multi disc differential [mot]
Lamellenfenster *n* louvre window [bau]
Lamellenkühler *m* cellular radiator [mot]
Lamellenselbstsperrdifferential *n* multi disc self-locking differential [mot]
Lamellenteilung *f* (Abstand Kühllamellen) distance between fins [mot]
Lampenfassung *f* lamp holder [elt]; lamp socket [elt]
Lampenhalter *m* lamp bracket [elt]
Lampensockel *f* lamp socket [elt]
Landeanflug *m* (im Landeanflug) coming in [mot]
Landeklappe *f* (unter Tragfläche) inboard flap [mot]; (an Tragflächenfront)

Krueger flap [mot]
landen *v* (des Flugzeuges) come in [mot]; (des Schiffes) land [mot]; (Aufsetzen des Flugzeugs) touch down [mot]
Landungsbrücke *f* landing bridge [mot]
Land, von - aus from the shore
Länge der Trasse *f* length of route [bau]
Länge, gestreckte *f* (von Biegeblech) flat length [met]
Länge, gestreckte - *f* (von Biegeblech) uncoiled length [mas]
Länge, mittlere - *f* (Keilriemen, u.a.) mean length [mas]
Längenausgleich *m* length compensation [bau]
längengenau true-to-length [con]
Längenmaßstab *m* length scale [con]
Längenmessgerät *n* length measuring device [msr]
Längenmessung *f* chaining [msr]
Längenunterschreitung *f* insufficient length [con]
Länge über alles *f* length over all [con]
Langhobelmaschine *f* long block leveller [wzg]
Langholz *n* long-tailed wood [met]; long timber [met]; long wood [met]
Langholzgreifer *m* log grapple [mbt]
Langholzwagen *m* (der Bahn) lumber car [mot]; (Lkw) lumber truck [mot]; (der Bahn) timber wagon [mot]
Langhub *m* long stroke [mot]
Langhubstoßdämpfer *m* long-stroke shock absorber [mot]
Langkessel *m* (auf Dampflok) long boiler [mot]
Langloch *n* (zum Korrigieren eines Spaltes) oblong hole [mas]
Langprodukte, warmgewalzte - *pl* hot-rolled long products [met]
Langrohrbläser *m* multi-nozzle soot blower [pow]; rack type soot blower [pow]
Längsachse *f* longitudinal axis [mot]
langsamer werden *v* (z.B. der Motor) pull down [mot]
Langsamläufer *m* (Kugelmühle) low speed pulverizer [wzg]
Längsausdehnung *f* longitudinal extension [met]
Längsbalken *m* longitudinal truss [bau]
Längsbewehrung *f* longitudinal reinforcement [bau]; principal reinforcement [bau]
Langschubbläser *m* long lance-type soot blower [pow]
Längsdehnung *f* longitudinal elongation [met]
Längsdruck *m* end thrust [mas]; thrust [bau]
Längslenker *m* longitudinal control arm [mot]; trailing link [mot]
Längsnaht *f* (Schweißnaht) longitudinal seam [met]; straight seam [met]
Längsnahtrohr *n* longitudinal pipe [mas]
Längsrichtung *f* longitudinal direction [con]; operating direction [con]
Längsriss *m* longitudinal crack [pow]; (der Schweißnaht) throat crack [met]
Längsschnitt *m* (Zeichnung) longitudinal section [con]
Längsspiel *n* (z.B. von Achsen) axle floating [mot]
Längsteilung *f* (Rohrbündel) back spacing [pow]; longitudinal spacing [pow]
langstielig long handle [mas]
Längsträger *m* (beim Bagger) crawler support [mbt]; frame side member [mas]; longitudinal beam [bau]; longitudinal girder [bau]; main beam [bau]; side member [bau]
Längstransportleistung *f* (z.B. Grader) dozing capacity [mbt]
Längstrommel *f* longitudinal drum [pow]
Längstrommelkessel *m* longitudinal-drum boiler [pow]; longitudinal type boiler [pow]
Längsverband *m* longitudinal bracing [bau]
längsverstellbar backward/forward adjustable [mot]
Längsverstellung *f* backward/forward adjusting [mot]
Längsverteilerarbeit *f* (z.B. Grader) dozing distributing work [mbt]
Langträger *m* (des Baggers) crawler support [mbt]
Langzeitgedächtnis *n* long-term memory [edv]
Langzeitschmierung *f* long-term lubrication [mot]
Langzeitversuch *m* long-time test [msr]
Lanze *f* (z.B. Thermolanze) lance [met]
Lanzenlangschubbläser *m* long lance-type soot blower [pow]; rack soot blower [pow]
Lappen *m* (z.B. Putzlappen) rag
läppen *v* (fein polieren) lap [met]

L

Lappen, ölgetränkter - *m* oil-soaked piece of cloth
Lärmdämpfung *f* noise attenuation [mot]
Lärmschutz *m* noise abatement [aku]; noise reduction [aku]
Lärmschutzwand *f* anti-noise shield [bau]
Lasche *f* connector [mbt]; (Transportbefestigung) eye [mas]; (an der Schiene) fish plate [mot]; (bei Rollenkette) plate [mas]
Laschenhöhe *f* (bei Rollenkette) height of link plates [mas]
Laschenkette *f* connector chain [mbt]; (Trogkettenförderer) drag link conveyor chain [mas]
Laschenloch *n* bolt hole [mas]
Laschenschraube *f* (z.B. für Schienen) fish bolt [mot]
Laschenstoß *m* butt-strap joint [bau]; splice joint [mas]
Laschenverbindung *f* splice joint [bau]
Lasergeber *m* laser transmitter [msr]
lasergeschweißt (DIN 1910) laser welded [met]

L

lasergeschweißtes Edelstahlrohr *n* laser-beam welded special steel pipe [mas]
Lasernehmer *m* laser receiver [msr]
Laserschweißen *n* (DIN 1910) laser welding [met]
Laserstrahlschweißen *n* (DIN 1910) laser welding [met]
lastabhängig (z.B. lastabhängige Bremskraft) load depending
Lastabnahme *f* (Lastabsenkung) decrease in load [pow]
Lastabschalter *m* load break switch [elt]; overload switch [elt]
Lastabsenkung *f* (Lastabnahme) decrease in load [pow]
Lastabstand *m* (beim Stapler) load distance [mot]
Lastabwurf *m* load shedding [elt]
Lastannahme *f* design load [bau]
Lastarm *m* (z.B. Laderstiel) lift arm [mas]; (Hebel) work arm [mas]
Lastart *f* kind of load [pow]
Lastausgleich *m* load balancing [mbt]
Lastausgleichshebel *m* load balancing lever [mas]
Lastbegrenzungsknopf *m* load limit knob [mot]
Last, berechnete - *f* design load [bau]
Lastbereich *m* load range [pow]
Last, bewegliche - *f* moving load [bau]
Lastenaufzug *m* hoist [bau]; load lift [bau]
Lastenheft *n* (bei Neuentwicklungen) performance specification [con]
Laster *m* (Lkw) lorry [mot]; (Lkw) truck [mot]
Lastgrenze *f* (z.B. des Lkw) load capacity [mot]; (Grenzlast) load limit
Lasthaken *m* (Kran) crane hook [met]; (z.B. Sicherheitslasthaken) load hook [mbt]
Lasthakenlager *n* load hock yoke [mbt]
Lasthebemagnet *m* load magnet [mot]
Lastkonzentration *f* load concentration [bau]
Lastkraftwagen *m* drive truck [mot]; lorry [mot]; truck [mot]
Lastmoment *n* load moment [mot]
Lastschalter *m* load switch [elt]
Lastschaltgetriebe *n* power shift transmission [mot]
Lastschaltwendegetriebe *n* power-shift gear [mot]; (vorwärts/rückwärts) power-shift transmission [mot]; (vorwärts/rückwärts) reversible power-shift gear [mot]
Lastschutzgitter *n* load backrest [mot]
Lastschwankung *f* load fluctuation [pow]
Lastspiel *n* (Dauerversuch) stress cycle [msr]
Last, ständige - *f* dead load [bau]; permanent load [bau]
Lasttrennschalter *m* (E-Motor) load break switch [mot]; (E-Motor) load-disconnecting switch [mot]
Lastumschlagausrüstung *f* cargo handling equipment [mot]
Last, unter - under load [mot]
Last, verteilte - *f* distributed load [bau]
Lastverteilung *f* (zw. Abteilungen) allocation of work [phy]; load dispersion [bau]; load distribution
Lastwagen *m* lorry [mot]; truck [mot]
Lastwagenfahrer *m* trucker [mot]
Lastwagen, geländegängiger - *m* ((A)) off-road truck [mot]; ((B)) rough-terrain lorry [mot]
lastwagengezogen (auf Bahngleisen) lorry-hauled [mot]
Lastwechsel *m* load cycle [mas]; reversal of stress [met]
Lastzug *m* (Motorwagen und Anhänger) truck and trailer [mot]

Lastzugbremsventil *n* tractor-trailer brake valve [mbt]
Last, zulässige - *f* allowable load [phy]; permissible load [bau]
Laterne *f* (auch Lampe) lantern [mot]
Latte *f* (Holzlatte) batten [bau]; (Holzstab, Leiste) lath [bau]
Lattenbelag *m* lath flooring [bau]
Lattung *f* lathing [bau]
lau (mäßig warm) lukewarm
Laub *n* (gesamtes Laub) foliage [bff]; (Blätter des Baumes) leaves [bff]
Laube *f* arbour [bau]; (im Schrebergarten) garden shed [bau]; (überdachter Hausteil) loggia [bau]; (offener Gang) pergola [bau]
laubgrün (RAL 6002) leaf green [nrm]
Laubsäge *f* fretsaw [wzg]
Lauf *m* (des Lagers) running [mas]
Laufbahn *f* (Karriere, Berufsweg) career [eco]; (Kugeln, Käfig) path [mot]; (Lager, Käfig) race [mas]
Laufbrücke *f* connecting bridge [mot]
Laufbuchse *f* (des Zylinders) cylinder liner [mot]
Laufbuchsenflansch *m* liner flange [mas]
Laufbuchse, trockene - *f* dry cylinder liner [mas]
Laufbühne *f* platform [bau]; walkway
Laufeigenschaft *f* running characteristics [mot]; running feature [mbt]
laufend (pro laufender Meter) running
Läufer *m* (Rotor) rotor [elt]
Lauffläche *f* (des Eisenbahnrades) bearing surface [mot]; (des Autoreifens) running surface [mot]; (für Fußgänger) walking surface [bau]
Laufgenauigkeit *f* concentricity requirement [mot]
Laufgenauigkeit, geforderte - *f* required concentricity [mas]
Laufgenauigkeit, notwendige - *f* required concentricity [mas]
Laufkatze *f* (Kran) crane carriage [bau]; crane crab [met]; (Kabelkran) telpher [mbt]
Laufkatzenkran *m* (in Reparaturhallen) overhead crane [mas]
Laufkette *f* (Kettenantrieb) chain drive [mot]
Laufkran *m* travelling crane [mas]
Laufkranz *m* flange [mas]
Laufnetz *n* (Schneekette) continuous chain mesh [mot]
Laufqualität *f* running performance [mot]
Laufrad *n* impeller [mot]; rotor [mas]; (der Turbine) turbine wheel [pow]; (des Waggons) wheel-set wheel [mot]
Laufradwelle *f* impeller shaft [mot]
Laufring *m* (eines Kugellagers) ball race [mas]
Laufring, innerer - *m* inner race [mot]
Laufrolle *f* (Stützrolle oben) bottom roller [mas]; cam roller [met]; jockey wheel [mas]; (Stützrolle oben) top roller [mas]; (unten; Gegenteil: Stützrolle) track roller [mas]; (Stromabnehmerrolle) trolley [elt]
Laufrollenflansch *m* (seitlich Spurkranz) track roller flange [mas]
Laufrollenkörper *m* roller body [mas]
Laufrollenrahmen *m* track roller frame [mas]
Laufrollenschutz *m* track roller guard [mas]
Laufschaufelkranz *m* blade ring [mbt]
Laufschiene *f* runner rail [mas]; sliding rail [mas]
Laufsteg *m* (Wartungsbühne) catwalk [met]
Laufwerk *n* (des Eisenbahnwagens) chassis unit [met]; (der Raupe) crawler tractor [mot]; (des Rechners) disk drive [edv]; (der Raupe) running gear [mbt]
Laufwerksprofil *n* profile of the crawler unit [mbt]
Laufzeit *f* (des Versicherungsvertrags) currency [jur]; (Betriebslebensdauer) operating life; (2-seitiger Bänder) play per side
Laugensprödigkeit *f* caustic embrittlement [che]
laut (entsprechend) according to ... [con]; (Lärm) noisy [aku]
läutern *v* purge [roh]
Läutewerk *n* (Bahn) bell signal system [mot]
Lebendauer *f* life
Lebensdauer *f* durability; life expectancy; lifetime [mas]; longevity; (Betriebsdauer) operating life; working service
Lebensdauergleichung *f* relationship between load and life [mas]
Lebensdauerschmierung *f* lifetime lubrication [mot]
Lebensgemeinschaft *f* (natürliche -) ecosystem

Lebensgemeinschaft, natürliche - *f* (z.B. in einem Fluss) ecosystem
Lebenshaltungskosten *pl* cost of living [eco]
Lebensjahr *n* year of one's life
lebenszeitgeschmiert lifetime-lubricated [mot]
Leberschmerzen *m* ache of the liver [hum]
Leck *n* (in Schiff, Tank) leak [mot]; (Leckage) leakage [mot]
Leckage *f* (Leck, undichte Stelle) leakage [mot]
Leckleitung *f* bleed pipe [mot]; leak-off pipe [mot]
Lecköl *n* bleed-off [mot]; bleed oil [mot]; leak oil [mot]
Leckölleitung *f* leak oil pipe [mot]; oil leakage pipe [mot]; overflow oil line [mot]
Leckölleitungsanschluss *m* overflow oil line connection [mot]
Leckölrückleitung *f* (zum Tank) leak oil return [mot]
Leckölverlust *m* (z.B. aus Hydraulik) leak oil loss [mot]
Leckölwanne *f* back leakage sump [mot]
lecksicher leak-proof [mot]
Leckventil *n* bleeding valve [mot]
Lederdichtung *f* leather packing and jointing [mot]
Ledermanschette *f* chevron packing [met]; leather cuff
ledern (wischen) leather
Lederschürze *f* leather apron
leer (geleert) empty [mot]
leeren *v* (entleeren) empty [mot]
Leergang *m* (Leerlauf) idle gear [mot]
Leerklemme *f* vacant terminal [elt]
Leerlauf *m* (hoher Leerlauf) high idle speed [mot]; idle gear [mot]; idle motion [mot]; idle running [mot]; (niedriger Leerlauf) low idle speed [mot]; neutral [mot]; no-load operation [mot]
Leerlaufbegrenzungsschraube *f* idle adjusting screw [mot]
Leerlaufdrehzahl *f* low idler speed [mot]
Leerlaufdüse *f* idle jet [mot]; pilot jet [mot]
leerlaufen *v* run free
Leerlaufleistung *f* no-load power [elt]
Leerlaufluftschraube *f* idle air adjusting screw [mot]
Leerlauf, niedriger - *m* low idle [mot]
Leerlaufstellung *f* neutral position [mot]
Leerlaufstrom *m* idle current [elt]; no-load current [elt]
Leerlaufventil *n* non-pressure valve [mot]
Leerlaufverluste *pl* losses in idle [mot]
Leerlaufverstärkung *f* open-loop gain [elt]
Leertaste *f* (auf Tastatur) blank key [edv]
legieren *v* (Metalle -) alloy [mas]
legiert alloyed [mas]
Legierung *f* alloy [mas]
Legierung auf Fe-Basis *f* iron-base alloy [met]
Legierungsmetall *n* alloyed metal [mas]
lehmbraun (RAL 8003) clay brown [nrm]
lehmig loamy [min]
Lehmmörtel *m* mud mortar [bau]
Lehmziegel *m* adobe brick [bau]; mud brick [bau]
Lehre *f* (Ausbildung des Lehrlings) apprenticeship [eco]; (Messlehre, Messwerkzeug) gauge [msr]
Lehre, in die - gehen *v* apprentice
Lehrling *m* (Auszubildender) apprentice
Lehrwerkstatt *f* apprenticeship [eco]
Lehrzeit *f* (Ausbildungszeit) time of apprenticeship [eco]
Leib *m* (z.B. menschlicher Körper) body [hum]
Leibung *f* (Mauerwerksöffnung) reveal [bau]
Leichtbau *m* light-gauge construction [bau]; (z.B. Fahrzeug) light-weight design [mas]
Leichtbauplatte *f* (bei der Rolltreppe) light-weight construction plate [mas]
Leichtbauweise *f* (z.B. Waggon) light-metal design [mas]; (z.B. Waggon) light-weight construction [mas]
Leichtbeton *m* light-weight concrete [bau]
Leichter *m* (kleines Schiff, Kahn) lighter [mot]
leichtern (Schiffsfracht in Kähne) lighter [mot]
leichtgängig (nur geringe Berührung) fingertip easy
Leichtgutschaufel *f* (z.B. am Lader) light-weight material bucket [mbt]
leicht lösbar loose
Leichtmaterialschaufel *f* light material bucket [mbt]
Leichtmetall *n* (z.B. Aluminium) light metal [met]

Leichtmetallscheibenrad *n* light alloy disc wheel [mot]
Leichtmetallspeichenrad *n* light alloy spoked wheel [mot]
Leichtprofil *n* light section [met]
Leichtprofile *pl* light-weight sections
Leiharbeit *f* (zeitweilige Beschäftigte) temporary workforce
Leiharbeiter *m* (z.B. von anderem Werk) temporary staff
Leiharbeitnehmer *m* borrowed workforce [eco]
Leihgerät *n* plant hire
Leihwagen *m* (Mietwagen) rental car [mot]; (Mietwagen) rented car [mot]
Leinwand *f* canvas [met]
Leiste *f* (Ausgleichsleiste) bank [mbt]; (z.B. Ventilleiste) bridge [mbt]; (Latte, Holzstab) lath [bau]; (Metallrippe) rib [mas]
leisten *v* (schaffen, vollbringen) perform
Leistung *f* (Leistungsfähigkeit) efficiency [pow]; (z.B. einer Pumpe) output [mot]; (Zahlung, Aufwendung) payments [mot]; power [elt]; (Einstufung) rating
Leistung, elektrische - *f* electric output [elt]
Leistung, größtmögliche - *f* (Maschine) maximum capacity [mas]
Leistung, handwerkliche - *f* workmanship
Leistung, hydraulische - *f* hydraulic output [mas]
Leistung, installierte - *f* installed capacity [elt]
Leistung, komplexe - *f* complex power [elt]
Leistungsabfall *m* decline in output [bau]
Leistungsabgabe *f* power output [elt]
Leistungsabschätzung *f* collection of productivity data; estimation of productivity data
Leistungsangaben *pl* (z.B. Kubikmeter/Stunde) output figures [msr]
Leistungsanzeiger *m* load indicator [msr]
Leistungsaufnahme *f* (des Motors, Geräts) power consumption [mot]; power input [elt]; power take-up [elt]
Leistungsausgang *m* power output [mot]
Leistungsbegrenzer *m* power limiter [elt]
Leistung, scheinbare - *f* apparent power [elt]
leistungsfähig efficient; powerful [edv]
Leistungsfähigkeit *f* performance
Leistungsfeuerung *f* load carrying burners [pow]
leistungsgeregelt (z.B. Pumpe) output-regulated [mot]
Leistungskabel *n* power cable [elt]
Leistungsklasse *f* class of performance
Leistungskondensator *m* power capacitor [elt]
leistungspflichtig under the obligation to fulfil [jur]
Leistungsreduktion *f* reduction of performance [pow]
Leistungsregelung *f* (z.B. Motor, Pumpe) power control [mot]; (z.B. Motor, Pumpe) power regulation [mot]
Leistungsregler *m* output controller [elt]
Leistungsschalter *m* circuit breaker [elt]
Leistungsschütz *m* power contactor [elt]
Leistungssignal *n* power signal [elt]
Leistungstrenner *m* circuit breaker [elt]
Leistungsverlust *m* power loss [mot]
Leistungsverstärker *f* power amplifier [elt]
Leistungsverstärkung *f* power gain [elt]
Leistungsverzeichnis *n* bill of quantities [bau]
Leistung, volle *f* full power [mot]
Leitblech *n* (z.B. an Lok) deflector [mot]; (Windleitblech) deflector guide [mot]; (im Tank) tank baffle [mas]
Leitdraht *m* reference wire [elt]
leiten *v* (übertragen) conduct [elt]
Leiter, mitdrehende - *m* turning ladder [mas]
Leiter, neutraler - *m* zero conductor [elt]
Leiterplatte *f* mounted board [elt]; (z.B. Platine) printed circuit board [elt]; (z.B. Platine) wired circuit board [elt]
Leiterschluss *m* conductor fault [elt]
Leitersprosse *f* (aus Holz, Metall) rung
leitfähig conducting [elt]; (z.B. Strom) conductive [elt]
Leitfähigkeit *f* (eines Stromkreises) circuit capacity [elt]; conductance [elt]; (z.B. von Blechen) conductivity [elt]
Leitfähigkeitsprobe *f* (Wasser) electrical conductivity test [elt]
Leitkranz *m* nozzle ring [mas]
Leitplanke *f* (am Straßenrand) guide rail [mot]
Leitrad *n* (elektrisch) diffuser plate [elt]; (des Schaufelradbaggers) return tumbler [mbt]; (Motor) stator [elt]; (des Raupenlaufwerkes) tumbler [mbt]

Leitschalttafel *f* (Hauptschalttafel) main control panel [elt]; (Hauptschalttafel) master panel [elt]
Leitschaufel *f* (Ventilator) inlet guide vane [mot]
Leitschaufelkranz *m* (Ventilator) vane ring [mot]
Leitschaufelregulierung *f* vane control [mot]
Leitschaufelträger *m* vane support [mot]
Leitstand *m* (Hauptwarte, Schaltraum) central control room [pow]; (z.B. eines Bergwerks) control station [roh]
Leitung *f* cable [elt]; (Strom-) conduction [elt]; line [elt]; (Übertragung) transmission [elt]; (Wicklung) winding [elt]; (Strom-) wire [elt]; wiring [elt]
Leitung, biegsame . *f* flexible line [mot]
Leitung des Betriebes *f* management of the company [jur]
Leitung, elektrische - *f* electric line [elt]
Leitungen *pl* (elektrische -) wiring [elt]
Leitungsanschluss *m* line terminal [elt]
Leitungsanschlussstück *n* wire adaptor [elt]
Leitungsbruch *m* wire break [elt]
Leitungsdraht *m* (auf Masten) conductor [elt]
Leitungseinführung *f* (gegen Wasser) rubber-sealed cable [elt]
Leitungsfilter *m* pipe filter [mot]
Leitungskabel *n* cable [elt]
Leitungskontakt *m* line contactor [elt]
Leitungsnetz *n* (z.B. Elektrizität) grid [elt]; (Strom, Wasser, ...) mains; (Elektrizität) mains grid [elt]
Leitungsquerschnitt *m* wire cross-section [elt]
Leitungsrohr *n* lead pipe [mot]; line pipe [bau]
Leitungsschaden *m* underground and overhead property damage [jur]
Leitungsschlitz *m* conduit groove [bau]
Leitungstrommel *f* (Kabeltrommel) cable reel [elt]
Leitungswiderstand *m* line resistance [elt]
Leitung, weiterführende - *f* conveying pipe [roh]
Leitwert *m* conductance [elt]
Lenkarm *m* pitman arm [mot]
Lenkblech *n* baffle [pow]
Lenkbleche *pl* (im Blechkanal) duct vanes [pow]
Lenkbügellager *n* link bolster [mot]
Lenker *m* (des Fahrrades) handle bar [mot]
Lenkerstange *f* connecting rod [mbt]; fork rod [mbt]
Lenkgehäusedichtung *f* packing for steering gear housing [mot]
Lenkhebel *m* pitman arm [mot]
Lenkkranz *m* turn-table [mas]
Lenkspurhebel *m* drop arm [mot]
Lenkspurstange *f* track rod [mbt]
Lenkstange *f* (an Fahrrad, Motorrad) handle bar [mot]; (in Fahrerhaus) tiller [mot]
Lenkstockhebel *m* drop arm [mot]; pitman man [mot]
Lenkvorrichtung mit Schnecke *f* worm and sector steering device [mot]
Lenkwand *f* baffle wall [pow]; brick baffle [pow]
Lenkzwischenhebel *m* idler arm [mot]
Lenkzwischenstange *f* drag link [roh]
lenzen *v* (Schiff leerpumpen) pump [mot]
Lenzpumpe *f* bilge pump [mot]
Lernen aus Beispielen *n* learning from examples [edv]
Lernen durch Analogie *n* learning by analogy [edv]
Lernen durch Präzedenzfälle *n* learning by precedents [edv]
lesbar readable
Leuchte *f* light [elt]
Leuchtfarbe *f* fluorescent paint [mot]
leuchtgelb (RAL 1026) luminous yellow [nrm]
leuchthellorange (RAL 2007) luminous bright orange [nrm]; (RAL 2007) luminous light orange [mot]
leuchthellrot (RAL 3026) luminous bright red [nrm]; (RAL 3026) luminous light red [mot]
leuchtorange (RAL 2005) luminous orange [nrm]
Leuchtröhrentransformator *m* fluorescent tube transformer [elt]
leuchtrot (RAL 3024) luminous red [nrm]
Leuchtschirm *f* fluorescent screen [elt]
Leuchtstofflampe *f* fluorescent lamp [elt]
Leuchtstoffröhre *f* fluorescent tube [elt]
Leuchttaste *f* lighted push-button [elt]
Leuchttaster *m* luminous push-button [elt]
Libelle *f* (Hilfsmittel für Einstellung) level [mot]

Lichtanlage *f* lighting system [mot]
Lichtanzeiger *m* light indicator [elt]
Lichtband *n* (Dachlicht) continuous rooflight [bau]
Lichtbatteriezünder *m* dynamo battery ignition [mot]
lichtblau (RAL 5012) light blue [nrm]
Lichtbogen *m* (z.B. beim Schweißen) arc [mas]; (z.B. beim Schweißen) electric arc [elt]
Lichtbogenbolzenschweißen *n* arc stud welding [mas]
Lichtbogenbolzenschweißen mit Ringzündung *n* arc stud welding with initiation by collar [mas]
Lichtbogenbolzenschweißen mit Spitzenzündung *n* condenser-discharged arc stud welding [met]
Lichtbogenhandschweißen *n* manual arc welding with covered electrode [met]
Lichtbogenofen *m* arc furnace [mas]
Lichtbogenpressschweißen *n* (Flussstahlelektrode) arc pressure welding [mas]
Lichtbogenschmelzschweißen *n* arc welding [mas]
Lichtbogenschweißen *n* metallic arc welding [met]
Lichtbogenschweißung *f* arc welding [mas]; electric arc welding [met]
Lichtbolzenschweißen m. Hubzündung *n* drawn arc stud welding [met]
Lichtdrehschalter *m* light spindle switch [elt]
lichtecht light-fast; light-resistant
Lichtempfänger *m* light collector [elt]
Lichtgeschwindigkeit *f* light speed [phy]
Lichtgitterrost *m* (Bühnenbelag) open-grid grating [bau]
lichtgrau (RAL 7035) light grey [nrm]
lichtgrün (RAL 6027) light green [nrm]
Lichtleitung *f* light cable [elt]
Lichtmagnetzünder *m* dynamo magneto ignition [elt]
Lichtmaschine *f* dynamo [mot]; dynamo machine [elt]; (Wechselstrom-) electric generator [elt]; (Generator) generator [elt]
Lichtmaß *n* clear dimension [con]
Lichtpausmaschine *f* printing machine
Lichtschacht *m* skylight well [bau]
Lichtschalter *m* (in Haus, Büro) light switch [elt]
Lichtschranke *f* (mit Unterbrecherwirkung) light barrier [elt]; (z.B. Fahrstuhltür) photo-electric eyes
Lichtschrankenschalter *m* light barrier sensor [elt]
Lichtschubschalter *m* light push switch [mot]
Lichtstrahlschweißen *n* light radiation welding [met]
Lieferantenbearbeitung *m* vendor processing [eco]
Lieferbedingungen *pl* (hier Versandbedingungen!) terms of shipment [eco]
Lieferbedingung, technische - *f* technical specification [eco]
Lieferfrist *f* delivery time; time of delivery [eco]
Lieferplan *m* delivery schedule [met]
Lieferprogramm *n* manufacturing line [eco]; manufacturing program [eco]; manufacturing range [eco]
Lieferschein *m* packing slip
Lieferumfang *m* delivery schedule
Liefer- und Abnahmevorschrift *f* delivery a. acceptance specification [eco]
Lieferung zur Baustelle *f* delivered at site [bau]
Lieferverzug *m* (verspätet liefern) delay in delivery [eco]
Liefervorschrift *f* (meist verwendet) delivery specification [met]; (LV) delivery specifications [mot]
Lieferzeit *f* (Zeitpunkt der Lieferung) delivery time
Liegegeld *n* (Hafengebühr) demurrage [mot]
liegend lying
Liegende *n* (das Liegende) base [roh]
Liegendes *n* (im Kohlen-, Erzstollen) bottom [roh]; (im Stollen) foot wall [roh]
liegendes Material *n* floor [mbt]
Liegenschaft *f* property [bau]
Liegewagen *m* couchette coach [mot]
Lignit *n* (Braunkohle) lignite [roh]
Linie, durchgehende - *f* (durchgezogen) full line [con]
Linie, durchgezogene - *f* full line [con]; (auf Straßen) uninterrupted line [mot]
Linien gleicher Helligkeit *pl* isobrightness lines [edv]
Linienmarken *pl* line labels [edv]
Linienzeichnung *f* line-drawing [edv]

Linienzeichnung, unzulässige - *f* illegal line drawings [con]
Linie, punktierte - *f* dotted line [con]
links (Richtungsangabe) on the left [con]
Linksausführung *f* left hand construction [mas]; (linke Seite) left-hand design [con]
linksdrehend (gegen Uhrzeigersinn) counterclockwise [con]; (z.B. Gewinde) left-turning [mas]
linksgängig (Zahnrad) left-handed [mas]
Linksgewinde *n* left-hand thread [mas]
linksseitig (auf der 1. Seite) left handed
Linksverkehr *m* left-hand traffic [mot]
Linse *f* (Steuerlinse im Pumpenkörper) pendulum ball [mot]
Linsendurchmesser *m* (beim Schweißen) weld nugget diameter [met]
Linsenniete *f* mushroom head rivet [mas]
Linsenschraube *f* lens head screw [mas]
Linsensenkblechschraube *f* lentil head sheet metal screw [mas]; raised countersunk head tapping screw [met]
Linsensenkschraube mit Kreuzschlitz *f* cross recessed raised counter sunkhead screw [mas]
Lippenring *m* lipped ring [mas]
Litze *f* (Stromkabel) cord [elt]; (Stromkabel) flex [elt]; (Kabel) strand [elt]
Lkw *m* lorry [mot]; truck [mot]
Lkw-Anhänger *m* truck trailer [mot]
Lkw-Aufbau *m* (des Baggers) truck type mounting [mot]
Lkw-Hänger *m* truck trailer [mot]
Lkw-Kipper *m* lorry tippler [mot]; truck tippler [mot]
Lkw-Kran *m* truck crane [mot]
Lkw-Spedition *f* truck company [mot]
Lochabstand *m* (bei Nieten) pitch [con]; (der Kettenglieder) pitch of chain [con]
Lochabzug *m* deduction for holes [con]
Lochanordung *f* (z.B. quadratisch) hole pattern [mas]
Lochbild *n* (DIN 24340) master gauge for holes [msr]
Lochblech *n* (perforiert) perforated sheet [mas]; (aus Walzwerk) punched sheet [mas]
Lochblende *f* pin diaphragm [mas]
Lochdüse *f* orifice nozzle [mot]
Lochfraß *m* (im Metall) pitting [mas]
Lochkarte *f* (z.B. DIN 66001) punch card [edv]; punched card [edv]
Lochkartenleser *m* card reader [edv]
Lochkartenstanzer *m* puncher [edv]
Lochkreis *m* bolt circle diameter [con]; pitch circle [mas]
Lochnaht *f* plug weld [met]
Lochplatte *f* boss plate [mas]; (Stahlbau) swage block [bau]
Lochreihe *f* row of holes [con]
Lochscheibe *f* punched disc [mas]
Lochschweißung *f* plug weld [met]; slot weld [met]
Lochstein *m* perforated block [bau]
Lochstreifen *m* punched tape [edv]; (noch ungelocht) virgin paper tape [edv]
Lochziegel *m* cellular brick [bau]; hollow brick [bau]
Lockergestein *n* unconsolidated rock [min]
lockern *v* (lösen) loosen
Lockerung *f* (beim Niet) slackening [met]
lockerungsgesprengt bumped [roh]
Lockerungssprengung bumping [roh]
Löffel *m* (Grabgefäß an Baumaschine) bucket [mbt]; (beim Seilbagger) dipper [mbt]
Löffelanlenkung *f* (an Baumaschine) bucket hinge [mbt]
Löffelbagger *m* (mit Tieflöffel) backhoe [mbt]; (fast immer Tieflöffel) bucket excavator [mbt]
Löffeldrehpunkt *m* (an Baumaschine) bucket pivot [mbt]
Löffelhalter *m* bucket safety bar [mbt]
Löffelinhalt *m* (max. Volumen) bucket capacity [mbt]; (effektives Volumen) bucket contents [mbt]
Löffellagerung *f* (Bolzen) bucket pin [mbt]
Löffelstiel *m* (beim Seilbagger) dipper arm [mbt]; (geteilt, bei Seilbahn) dipper handle [mbt]
Löffelzylinder *m* bucket cylinder [mbt]
Logistik *f* (Versorgung) logistics
Logistik, innerbetriebliche - *f* internal logistics [mot]
Lohnarbeit *f* hired labour [jur]
Lohnkosten *pl* wage [eco]
Lohnliste *f* payroll [eco]; wages roll [eco]
Lohnsumme *f* direct wage costs [eco]
Lohnveredelung *f* improvement by hired labour [jur]
Lohnzahlung *f* wage payment [eco]
Lokalbahn *f* local train [mot]
Lokalelement *n* local cell [elt]

Lokführer *m* ((A)) engine driver [mot]; ((B)) footplate man [mot]; locomotive driver [mot]
Lokomotive *f* (auch Dampflokomotive) engine [mot]; (Dampf-, Diesel-, E-Lok) locomotive [mot]
Lokomotivschuppen *m* (Lokschuppen) roundhouse [mot]
Lokschuppen *m* (mit Durchfahrt) through shed [mot]
Longitudinalwelle *f* longitudinal wave [phy]
Longitudinalwelle, Geschwindigkeit der - *f* longitudinal wave spread [phy]; longitudinal wave velocity [phy]
Lore *f* (Kipplore) tipping wagon [mot]
lösbar (-er Boden) diggable [roh]
Losbrechkraft *f* (Knippkraft) breakout force [mbt]
Löschbereich *m* purge area [edv]
Löschdatum *n* purge date [edv]
löschen *v* (durchstreichen) delete [edv]; (Feuer bekämpfen) extinguish; (z.B. Dateien von Festplatte) purge [edv]; (Schiff, Waggon entladen) unload [mot]
Löschen *n* (des momentanen Status) reset [edv]
Löschfahrzeug *n* (der Feuerwehr) fire-fighting vehicle
Löschgeräte *pl* fire extinguishing equipment
Löschkopf *m* (z.B. im Kassettenrecorder) eraser head [elt]
Löschpumpe *f* (der Feuerwehr) fire pump [mot]; (Industriepumpe) industrial pump [mas]
Löschpumpenmotor *m* fire pump engine [mot]
Löschtaste *f* (z.B. in Recorder) reset button [edv]
lösen *v* (mit Löffelstiel) break out [mbt]; (den Boden) dig [met]; (eine Verbindung) disconnect [mot]; (abmachen, entfernen) disengage [mot]; (locker machen) loosen [roh]
Lösen *n* (Kupplung) disengagement [mot]
Lösen der Bremse *n* brake release [mot]
Lösen der Bremsen, stufenweises - *n* graduated brake release [mot]
Löseventil *n* release valve [mas]
Loslager *n* (Festlager andere Seite) floating bearing [mas]; (Festlager andere Seite) movable bearing [mas]; non-locating bearing [mas]
loslassen *v* (einen Hebel) let go
losmachen *v* (lösen) unfasten
Lospunkt *m* (Bauwesen) loose point [bau]
losschrauben *v* (eine Schraube lösen) unscrew [met]
Lösung *f* (Kupplung) disengagement [mot]
Lösung, stationäre - *f* steady-state solution [elt]
Lot *n* plump-bob [bau]
löten *v* (hartlöten) braze [met]
Lötlampe *f* blow lamp [wzg]
lotrecht plumb [con]; (senkrecht) vertical [con]
Lötrohr *n* blowpipe [met]
Lücke *f* (Riss, Loch) gap
lückenlos (einwandfrei) faultless; (ununterbrochen) uninterrupted
Luft- (in der Luft schwebend) airborne [air]
Luft-... (Pneumatik-) pneumatic... [mot]
Luftabsperrhahn *m* air cock [mas]
Luftansaugrohr *n* air intake manifold [mot]
Luftbefeuchtung *f* air wetting [phy]
Luftbehälter *m* air receiver [air]; air reservoir [air]
Luftbereifung *f* pneumatic tyres [mot]
luftbestrichen air swept [mas]
luftbetätigt air operated [mas]
Luftblase *f* air bubble [was]
Luftblaslanze *f* air lance [pow]
Luftbremse *f* air brake [mot]; pneumatic brake [mot]
luftdicht air-tight [air]
Luftdruckbremse *f* air brake [mot]; pneumatic brake [mot]
Luftdruckmotor *m* air motor [pow]; pneumatic motor [mot]
Luftdruck, niedriger - *m* (im Reifen) low inflation [mot]
Luftdruck, zu niedriger - *m* underinflation [mot]
Luftdüse *f* air jet [air]; air nozzle [air]
Lufteintritt *m* air inlet [air]
Lüfterachse *f* fan fixed shaft [air]
Lüfterbock *m* fan bracket [mot]
Lüfterflügel *m* fan blade [air]
Lüfterflügel, blattverstellbarer - *m* pitch fan [mot]
Lüfterflügel mit verstellbaren Blättern *m* pitch fan [mot]
Lüfterhaube *f* fan cowl [mot]; fan shroud [mot]
Lüfterleitblech *n* fan baffle [air]

L

Lüfternabe *f* fan hub [air]
Lüfterrad *n* (Lüfterflügel) fan wheel [mot]
Lüfterriemen *m* (meist Keilriemen) fan belt [mot]
Lüfterriemenscheibe *f* fan pulley [mot]
Lüfterscheibe *f* fan driving pulley [mot]
Lüfterschutzgitter *n* fan grill [air]
Lüfterwelle *f* fan drive shaft [mot]
Luftfahrtelektronik *f* avionics [elt]
Luftfederung *f* pneumatic spring [mot]
Luftfilter *m* air filter [air]
Luftförderrinne *f* airslide [roh]
Luftführung *f* air duct [air]
Luftführungsblech *n* air guide plate [mbt]
Luftführungshaube *f* air cowling [mbt]; air-duct cover [mbt]
Luftführungsunterteil *n* air cowling base [mbt]
Luftheizung *f* air heating [pow]
Luftkammer *f* air chamber [air]
Luftklappe *f* air flap [mbt]; (am Motor) choke [mot]; (die eigentliche Klappe) choke plate [mot]
Luftklappenknopf *m* choke control knob [mot]
Luftkompressor *m* air compressor [air]
Luftkondensator *m* air-cooled condenser [pow]
Luftkühlung *f* air-cooling [mot]
Luftleitung *f* air conveying line [air]; (Pressluft) air pipe [air]
Luftleitungsanschlüsse *pl* air-connection [air]
Luftlinie *f* (kürzester Weg) as the crow flies [mot]
Luftmangel *m* deficiency of air [pow]
Luftmenge *f* air flow [pow]
Luftpolster *n* air cushion [air]
Luftporenbildner *m* air-entraining agent [bau]
Luftpresser *m* air compressor [wzg]
Luftregelklappe *f* air regulating damper [msr]
Luftregister *n* (Brenner) air register [pow]
Luftreifen *m* pneumatic tyre [mot]
Luftreiniger *m* air cleaner [air]
Luftsaugrohr *n* air intake pipe [mot]
Luftsaugschlauch *m* air intake hose [mot]
Luftschraube *f* (Propeller) propeller [mot]
Luftschütz *m* air-break contactor [mas]
Luftseilbahn *f* (Personen-) cable car [mot]
luftseitig air side [air]
Luftspeicherbremszylinder *m* air cell brake cylinder [mot]
Luftstrommahlanlage *f* air-swept grinding plant [roh]
Luftüberschuss *m* excess air [pow]
Luftüberschusszahl *f* excess air coefficient [pow]
Lüftungskanal *m* ventilation duct [air]
Luftvorwärmer *m* (Luvo) air heater [pow]
Luftwärmer *m* air heater [pow]
Luftwiderstand *m* wind resistance [air]
Luftzylinder *m* pneumatic cylinder [mot]
Luke *f* hatch [bau]; (z.B. Schiffsladeraum) hold [mot]
Lukendeckel *m* hatch cover [mot]
Lunker *m* (Hohlraumbildung, Schrumpfung) blowhole [met]; (Hohlraumbildung) cavity [met]; (Hohlraumbildung, Schrumpfung) flaw [met]; (auch röhrenförmig) piping [met]; (Hohlraumbildung, Schrumpfung) shrinkhole [met]

L

Servicetafeln

Die folgenden Übersichten helfen in der beruflichen Kommunikation weiter. Sie halten Formulierungen griffbereit, die in typischen Gesprächssituationen unmittelbar genutzt werden können. Vorausgesetzt wird, dass Sie als Benutzer/-in über grundlegende Englischkenntnisse verfügen und gezielt authentische Wendungen des aktuell gesprochenen Englisch suchen. Deshalb wurde auf eine Übersetzung verzichtet. Die Formulierungen sind vielmehr nach Anwendungssituationen geordnet und so schnell auffindbar und erschließbar.

Technische Kommunikation auf Englisch

1 Telefonieren

1.1 Telefonieren mit Personen

Anruf nach Läuten entgegennehmen

DMT Company, Sabrina Baur speaking.
Engineering Department, Eva Meier speaking.
Logistics & Storage, Mike Schmidt speaking, how can I help you?

Begrüßung, Vorstellung durch Anrufer

Good morning Mr Miller. This is Torsten Klein from DDK.
Hi, it's Anna Scholz here. (informell)

Begrüßung, Namen nicht verstanden

Who's speaking please?
What's your name?
Sorry, I did not understand your name.

Nachfragen

Sorry, is that Thomas Bott?
Is that you, Alex?

Nach Gesprächspartner fragen

Could / Can I speak to … please?
I'd like to speak to … please.
Is it possible to speak to … ?
Could you put me through to … please?
Is George there, please?
Could I speak to someone in the Sales Department please?
I'd like to speak to someone who is an expert in energy saving, please.

Gesprächspartner verbinden

Just a moment, please.
One moment, please.
Can you hold the line, please?
Can you hold on a moment, please?
Hang on a second.
I'll see if Mr Dales is available.
Let me just check if she is available.
I'll put you through to Ms Hollis.
I'll connect you to Sales.
I'll connect you with Mr Groth.
I'm putting you through to the marketing manager.

Wenn der gewünschte Gesprächspartner nicht verfügbar ist

I'm sorry, but / I'm afraid …
Ms Thomas is unavailable at the moment.
Mr Willms isn't in the office today.
Petra isn't in today.
Harald is on holiday for … weeks.
Ms Cale is on another line at the moment.
Finn's line is engaged/busy at the moment.
Conny is in a meeting just now.
Mr Davis is on a business trip.
Mike is off sick today.

1.2 Gesprächsinhalte

Grund des Anrufs

May I just ask what it's about? (förmlich)
Can I just ask what it's about? (weniger förmlich)
It's about the new compressor.
I'm calling in connection with the sales presentation.
The reason I'm calling is that I need more details on the design.

Sich bedanken und auf Dank reagieren

Thank you very much. You've been very helpful. Thank you for your help.	You're welcome.
Thanks a lot. Thank you for calling.	No problem / That's OK. It was nice talking to you.

Information, Hilfe oder Auskunft erfragen

Could you let me have the new price list, please?
Can you perhaps send me the samples, please?
Would you let me know what the dates are, please?
I just wanted to ask about the handouts.
I'd like to enquire/ask about your rates.

Auskünfte, Hilfe und Informationen anbieten

Shall I send you the details?
Would you like me to check this for you?
Is there anything (else) I can do for you?
Could I leave a message?
Can we call you back?

Verständigungsprobleme

Sorry, I didn't (quite) catch/get that.
Pardon? (Wie bitte?)
Sorry, I missed that.

Sorry, could you speak up a bit, please?
Sorry, could you speak a little louder, please?
Sorry, could you repeat that, please?
Sorry, could you say that again, please?
Sorry, could you say that a bit more slowly, please?

Sorry, we got cut off.
Sorry, I think you have the wrong number.
Sorry, I can't hear you very well.

Informationen überprüfen

Sorry, did you say 'bit' or 'byte'?
Sorry, was that September '13' or '30'?
Sorry, what was the number again?
Sorry, could you spell that for me, please?
Let me just check if I understood you correctly.
Let me just make sure I got that right.
Could you just read that back to me?

Nachrichten aufnehmen

Can I take a message?
Can I give him/her a message?
Would you like to leave a message (for her/him)?
Shall I ask/tell him/her to call you back?
OK, I'll make a note of that.
Just a moment, please. I'll take the details down.

Nachrichten hinterlassen

Can I leave a message (for her/him)?
Could you give him/her a message, please?
Could you tell her/him that I called?
Could you tell her/him that I'll call again later?
Please tell her/him that I'll call back.

Nachrichten weitergeben

OK, I'll tell him/her.
I'll give her/him the message.
I'll make sure he/she gets your message.

Sich verabschieden

I'm looking forward to seeing you next week!
We look forward to meeting you on Friday!
Looking forward to hearing from you!
Speak to you soon.
Goodbye. / Bye then.

Termine vereinbaren: Zeit und Ort vorschlagen

I'd like to make an appointment to see Mr Vorfelder next week.
I'd like to meet you to discuss the project.
Could we schedule a meeting for next week?
When / What day would suit you?
Would Monday suit you?
Are you free tomorrow?
Do you have time to meet after lunch?
Do you have five minutes to talk about …?
Could you manage some time tomorrow?
Shall we say 11.30?
Would 11 o'clock be OK?
Where would be the best place to meet?
Shall we say 10 o'clock in my office?
Why don't we meet in the canteen?

Auf Terminvorschläge reagieren

Well, let me look at my/her schedule.
That's fine. Monday suits me very well.
Yes, I'm free then.
Okay, that sounds good/fine.
Sorry, I'm booked up that afternoon.
Thursday's bad for me, I'm afraid.
I'm afraid I can't make Friday. I'm tied up all day.

Termine ändern, verschieben, absagen

I'm afraid I have to reschedule our appointment. Something (urgent) has come up.
I wanted to ask you if we could postpone our meeting?
Could we possibly reschedule our appointment?
Would it be possible to meet a bit later/earlier than planned?
I was wondering if we could have the meeting after lunch.

Einladungen

We'd like to invite you to our research centre. I'd like to invite you to visit our booth at the environmental fair.	I'd love to come. That's really kind of you. That's very nice of you.
	I'm afraid I have to visit a client in the afternoon. Well, actually I won't be in Frankfurt next week.

1.3 Anrufbeantworter

Bandansage auf dem Anrufbeantworter der Firma/Abteilung einrichten

Hello. You've reached Hoppel Logistics.
You are calling Artwork Design.
Unfortunately, no one is available to take your call at the moment.
You have phoned outside office hours. Our office is open Monday to Friday from 8 am to 3 pm.
Please leave a message after the beep or send us a fax on 33 94 61 02. Thank you for calling.

Bandansage auf dem eigenen Anrufbeantworter (Person) einrichten

Hello. This is Maria Bolongaro's voicemail.
I'm out of the office until 2pm.
I'm sorry I can't take your call at the moment. I'll be back in the office on the tenth.
I'm on holiday until the end of the week.
If it's urgent, please contact Mrs Winterbottle on 2853540. Thanks.
Please leave a message after the beep and I'll get back to you as soon as possible.

Nachrichten auf dem Anrufbeantworter hinterlassen

Hello. This is Paul Smith from SDK Machinery. I'm calling for Cameron Hall.
Hello. This is Paula Frank calling for Tobias Meier.
Hello. This is a message for Susan. This is Michael Hein from Customer Services.
I'm (just) calling about the visit to Paris.
I'm calling to check where we can meet at the fair tomorrow.
I (just) wanted to update you on the status of the project.
Perhaps you can get back to me.
I'll try again tomorrow.
I'll be in my office until 7 pm today if you want to call me.
There's no need to call back.
I think you have my number already, but here it is again just in case. It's 8845719.

1.4 Hilfsmittel

Buchstabieren

A–Z	Deutsch	Zivil-Luftfahrt	International
A	Anton	Alfa	Amsterdam
Ä	Ärger	---	---
B	Berta	Bravo	Baltimore
C	Cäsar	Charlie	Charlie
D	Dora	Delta	Denmark
E	Emil	Echo	Edison

F	Friedrich	Foxtrot	Florida
G	Gustav	Golf	Gallipoli
H	Heinrich	Hotel	Havanna
I	Ida	India	Italy
J	Julius	Juliett	Jerusalem
K	Kaufmann	Kilo	Kilogramme
L	Ludwig	Lima	Liverpool
M	Martha	Mike	Madgaskar
N	Nordpol	November	New York
O	Otto	Oscar	Oslo
Ö	Ökonom	---	---
P	Paula	Papa	Paris
Q	Quelle	Quebec	Quebec
R	Richard	Romeo	Roma
S	Samuel	Sierra	Santiago
Sch	Schule	---	---
T	Theodor	Tango	Tripoli
U	Ulrich	Uniform	Upsala
Ü	Übermut	---	---
V	Victor	Victor	Valencia
W	Wilhelm	Whiskey	Washington
X	Xanthippe	X-Ray	Xanthippe
Y	Ypsilon	Yankee	Yokohama
Z	Zacharias	Zulu	Zurich

Alphabet-Aussprache (Englisch)

long “a” as in cake	A, H, J, K
long “e” as in see	B, C, D, E, G, P, T, V
short “e” as in red	F, L, M, N, S, X, Z
long “i” as in why	I, Y
long “o” as in go	O
long “u” as in you	Q, U, W
exception “r” as in arm	R

Sonderzeichen für das Buchstabieren

@	at
/	slash
\	back slash
-	hyphen/dash
_	underscore
.	dot
,	comma / decimal point

2 E-Mails

Anrede und Schluss: Formal

Dear Sales Manager / Dear Sir or Madam (Empfänger nicht bekannt)
Dear Mr Rodgers / Ms Shalimar (Empfänger bekannt)
Dear people (mehrere Empfänger)
Yours sincerely (Empfänger nicht bekannt / UK)
Yours truly / Sincerely (Empfänger nicht bekannt / US)
Kind regards (Empfanger bekannt)

Anrede und Schluss: Informal

Dear John/Claire (Empfänger gut bekannt)
Hi Sari (lockerer Umgangston)
Hi there (nicht spezifisch)
Hi guys (mehrere Empfänger) / Dear all (Rundbrief)
Best regards / Take care / See you soon / All the best (Empfänger gut bekannt)
Regards (auch bei unpersönlichen Schreiben)

Bezug nehmen: Formell

We are writing to … / I am writing to …
With reference to your …
As you might know …
Further to our correspondence last week …

Bezug nehmen: Informell

Just a short e-mail to … / I'd just like to check if …
Getting back to your e-mail from …
I'm just writing to …
As you know …
Great to hear from you.

Danken: Formell

Thank you for your e-mail from … / the documents we requested … / the information regarding …
Thank you for your interest in …

Danken: Informell

Thanks for your mail / the files / your help / the update.

Schlussbemerkungen: Formell

We look forward to hearing from you.
If you have any further questions, do not hesitate to contact us.
Please inform us about any difficulty that might occur.

Schlussbemerkungen: Informell

Have a great week-end.
Looking forward to next week.
Please get back to me if you need any help.
Just give me a ring if you have any problems.

3 Geschäftsbriefe

„Vertraulich“ in Adresse schreiben

CONFIDENTIAL
Mrs Julia Bullock …

Datum (Monat mit Namen nennen!)

12 July 2008 (GB), Tag/Monat/Jahr ohne Kommas geschrieben.
July 12, 2008 (USA), Monat/Tag/Jahr, oft mit Komma nach dem Monat geschrieben.

Anrede

Dear Sir, Dear Madam, Dear Sirs, (wenn angeschriebene Person namentlich nicht bekannt ist)
Dear Dr, Mr, Mrs, Miss or Ms Smith, (wenn angeschriebene Person namentlich bekannt ist; bei Frauen Ms schreiben, solange nicht bekannt of Mrs oder Miss)
Dear Customer Service Representative (an Person mit bestimmter Funktion im Unternehmen)
Dear Frank, (wenn angeschriebene Person gut bekannt ist)

Referenz im Schreiben

With reference to your advertisement in the Times, your letter of 23 rd March, …
Your phone call today, …
Thank you for your letter of March 5th, …
With reference to our telephone conversation, …

Grund des Schreibens

I am writing to inquire about …
I apologize for …
I confirm …

Bezug auf Anlagen

I am enclosing …
Please find enclosed …
Enclosed you will find …

Schlussfloskel

Thank you for your help.
Please contact us again if we can help in any way.
Please contact us again if there are any problems.
Please contact us again if you have any questions.

Zukünftiger Kontakt

I look forward to hearing from you soon.
I look forward to meeting you next Tuesday.
I look forward to seeing you next Thursday.

Verabschiedung

Yours faithfully, (wenn angeschriebene Person namentlich nicht bekannt ist)
Yours sincerely, / Sincerely, (wenn angeschriebene Person namentlich bekannt ist)
Best wishes,
Best regards, (wenn angeschriebene Person gut bekannt ist)

Name des Verfassers und Unterschrift (formell)

Nach Verabschiedung 4 oder 5 Leerzeilen für Unterschrift.
Unter der Unterschrift: Name und darunter die Position/Titel des Verfassers. Nur bei weiblichen Verfassern wird die weibliche Anrede in Klammern nach dem Namen geschrieben.
GEORGE FREEMAN / SOPHIE BOLAN (Mrs)
Chairman General Manager

Anlagen

Enclosures:
Attachments:
encl:

Kopien

Wenn eine Kopie des Briefes einem dritten Empfänger geschickt wird, wird dies mit "cc" (copy circulated) oder „Copy" beim Namen und der Unterschrift der Kopie des Empfängers angegeben.
Copy Mrs Marion Smith, Accountant
Copy Mr David Roberts, Company Secretary
CC: Angela Beck

4 Besprechungen, Verhandlungen

4.1 Vorbereitung, Planung

Einladung

I think we should hold a meeting on …
I'd like to hold a meeting in the first week of … at our headquarters in …
Could we schedule a meeting as soon as possible?
Can we meet and go over this together?
I'd like to invite you over …
A light lunch will be prepared. Please let me know of any dietary needs you might have.
Please remember that electronic equipment operates on 230 V.
Please tell me the system requirements.

Zeit und Ort

Could we schedule a time to meet next week?
How about Monday at nine?
Would Friday be convenient for you?
How about sometime after lunch?
Could we meet next week on … ?
I suggest two-thirty on Thursday afternoon.
Would half past three suit you?

4.2 Kontakte

Sich vorstellen

Hello, my name is …
Good morning/afternoon, I'm …
Hi, I'm …
Pleased to meet you (too).
Nice to meet you (too).
I work for … (company)
I work at … (location)
I work as … (job)
I work in … (department)
I'm a(n) … (job)
I'm in … (business, department)

Andere vorstellen

Have you met …?
Let me introduce you to …
I'd like to introduce …
This is my colleague …
Do you know …?
No, I don't think we've met before.
Yes, we met last year at the fair.

4.3 Durchführung

Zeitmanagement

I would like to spend about ten minutes on each item.
We'll break for lunch at 12.00.
Sue will give an update for about ten minutes.
We should try to finish by five.
OK, that sums up the main points so far. I'll now hand it over to … who'll talk about …
If that's all, I'd like to move on to the next point …
Right, that was all on that. Let's now come to … presentation on …
Can we get back to the main issue?
I think this should be discussed at a later point.
We should all give this some thought for the next meeting

Verhandlungen: Angebote unterbreiten

How about …?
We could offer …
We might be able to offer …
What if we offered …

Verhandlungen: Angebote ablehnen

That might be difficult for us.
I don't find this very convenient.
This is simply not good enough.
This is not acceptable.
This is out of the question.

Verhandlungen: Fragen

What are you interested in?
How does your production work?
How do you plan to sell this?
What would you offer if we bought …?
Where did you get these figures from?
How much do you want to buy?
What do you mean by high quality?
What would be the best price?
When can you deliver?
What's part of the deal?

Verhandlungen: Angebote verhandeln

We could guarantee … if you gave us …
If we delivered by … would you be able to?
Your price seems to be rather high.
We were hoping for a more substantial discount.
We'll offer … if you buy …

Verhandlungen: Entscheidungen

I'd like to propose that …
I'd now like to have a vote on whether to decide.
Can we vote on this?
Can we have a show of hands?
Those in favour? Those against?
Any abstentions?

Verhandlungen: Ergebnisse

Just to confirm, we're going to …
Well, it seems we're all agreed that we should …
So, we've decided that.
Now, we have to prepare …
We'll send you the quotation next week.

Verhandlungen: Die Teilnehmer zum Handeln auffordern

So that's the plan. Now let's go and put it into practice!
So now it's your turn.
OK, and now let's get down to work!
Now let's make a real effort to achieve this goal!

Verhandlungen: Zum Schluss kommen

Let's wind things up here.
It's quite late and we're a bit pressed for time.
I don't want to let the discussion run over time.
Let's recap the main issues here.
Let me briefly summarize the key ideas.

Verhandlungen: Schlussformeln

That concludes our meeting.
Let's fix a date and time for the next meeting.
That was a very useful meeting.
We achieved a lot today.
Thank you for your hard work.
Thank you very much for your time.

Technische Hilfsmittel bei Besprechungen und Verhandlungen: siehe Abschnitt 5.3

5 Präsentationen

Präsentationen in Besprechungen und auf Konferenzen

5.1 Vortrag / Referat

Zusatzmaterial verteilen

Does everybody have a handout/brochure/report? Please take one and pass them on.
Don't worry about taking notes. I've put all the important facts/statistics/graphics on a handout for you.
I'll be handing out copies of the PowerPoint slides at the end of my talk.
I'll e-mail the PowerPoint presentation to you.
There will be time for questions after my presentation.
If you have any questions, feel free to interrupt me at any time.
Feel free to ask questions at any time during my talk.

Zielgruppe ansprechen

My talk is particularly relevant to those of you/us who …
Today's topic is of particular interest to those of you/us who are involved in …
My/The topic is very important for you because …
By the end of this talk you will be familiar with …

Struktur des Referats erklären

I've divided my presentation into three (main) parts: x, y and z.
In my presentation I'll focus on three major issues.
First (of all), I'll be looking at …, second …, and third …
I'll begin / start off by explaining … Then / Next / After that, I'll go on to … Finally, I'll offer some solutions.
My presentation will last about 20 minutes.
So, let me first give you a brief overview.
In this part of my presentation, I'd like to talk about …

Probleme ansprechen

I think we first need to identify the problem.
Of course, we'll have to clarify a few points before we start.
We'll have to deal with the problem of increasing prices.
The question is: why don't we tackle the quality problems?
If we don't solve this problem now, we'll get/run into serious trouble soon.
We'll have to take care of this problem now.

Wichtige Aspekte betonen

I'd like to stress/highlight/emphasize the following point(s).
I'd like to start by drawing your attention to …
Let me point out that …
I'd like you to focus your attention on …
What I'd like to point out here is …
Let's look more closely at …

Ende eines Abschnitts ankündigen

This brings me to the end of my first point.
So much for point two.
So, that's the background on …
That's all I wanted to say about …

Überleitung zum nächsten Punkt

This leads directly to my next point.
This brings us to the next question.
Let's now move on / turn to …
After examining this point, let's turn to …
Let's now take a look at …

Ende der Präsentation ankündigen

I'm now approaching/nearing the end of my presentation.
This brings me to the end of my presentation.
That covers just about everything l wanted to say about …
As a final point, I'd like to …
Finally, I'd like to highlight one key issue.

Wesentliches zusammenfassen

Before I finish, let me go over the key issues again.
Just to summarize the main points of my presentation …
To conclude / In conclusion, I'd like to …

Aussagen zusammenfassen

Before I move on, I'd like to recap the main points.
Let me briefly summarize the main issues.
I'd like to summarize what I've said so far …

5.2 Visualisierung

Darstellung auf Projektionsfläche

As you can see here, …
Let's now look at the next slide which shows …
To illustrate this, let's have a closer look at …
The chart on the following slide shows …
I have a slide here that/which shows …
The problem is illustrated in the next bar chart …
According to this graph, our net profit has doubled.
You can see the test results in this table.

Grafiken erklären

First, let me quickly explain the graph.

You can see that different colours have been used to indicate …
The new models are listed across the bottom.
The biggest segment indicates …
The key in the bottom left-hand corner shows …
The blue line gives us …
In the upper right-hand corner you will see …

5.3 Technische Hilfsmittel

Ausrüstung

data projector	Beamer
DVD player	DVD-Spieler
flat-screen TV	Flachbildschirm (TV)
flip chart	Flipchart
flowchart	Flussdiagramm
lectern	Stehpult
marker pen	Marker
microphone	Mikrofon
overhead projector	Tageslichtprojektor
pin board	Pinnwand
pointer	Zeiger
slide	Folie (PC), Dia
transparency	Folie (Overheadprojektor)
video recorder	Videorekorder
wall screen	Leinwand
white board	Wandtafel (Kunststoff)

Darstellung

bar chart	Säulendiagramm, Balkendiagramm
diagram	Strukturbild, Diagramm
figure	Abbildung
graph	Kurve
pie chart	Tortendiagramm
table	Tabelle, Tafel
technical drawing	technische Zeichnung

M

mächtig (stark) powerful [mot]
Mächtigkeit *f* depth [geo]; (z.B. eines Flözes) thickness [roh]
Madenschraube *f* (Gewindestift) headless screw [mas]
mager lean
Magerkohle *f* low volatile bituminous coal [pow]
Magnesit *n* magnesite [met]
Magnesium-Basislegierungen *pl* magnesium alloys [met]
Magnetbremse *f* magnetic brake [elt]
Magnet erregen *v* energize a solenoid
Magnetfilter *m* magnetic filter [mot]
Magnetgeber *m* magnetic trigger [elt]
Magnetimpulsschweißen *n* magnetic pulse welding [met]
Magnetjoch *n* yoke [elt]
Magnetkettengehänge *n* chain suspension tackle [mbt]
Magnetkopf *m* magnetic head [elt]
Magnetkran *m* lifting-magnet-type crane [mbt]
Magnetkupplung *f* magnetic coupling [elt]
magneto-optische Platte *f* magneto-optical disk [edv]
Magnetplatte *f* magnetic plate [mas]; magnet plate [mas]
Magnetpol *m* magnetic pole [phy]
Magnetpulververfahren *n* (Schweißprüfung) magnetic particle inspection [met]
Magnetschalter *m* magnetic switch [elt]; (Magnet/Zündschalter) solenoid switch [elt]
Magnetschraube *f* magnetic screw [mas]
Magnetspule *f* magnet coil [elt]; solenoid [elt]
Magnetständer *m* magnetic support [mas]
Magnetventil erregen *v* energize a solenoid [mot]
Magnetverstärker *m* magnetic amplifier [elt]; transductor [elt]
mahagonibraun (RAL 8016) mahogany brown [nrm]
Mähdrescher *m* combined harvester [pow]
Mahlanlage *f* grinding mill [wzg]; grinding plant [roh]; pulverizer plant [wzg]
Mahlen *n* (Mahlvorgang) grinding work [pow]
Mahlfeinheit *f* fineness [met]
Mahlkammer *f* mill chamber [roh]
Mahlleistung *f* pulverizer output [met]
Mahlring *m* (Kugelmühle) grinding ring [pow]
Mahltrocknung *f* combined drying and pulverising [pow]; fuel drying in the mill [pow]
Mahltrocknungsanlage *f* (kombiniert) combined grinding and drying [pow]
Mahltrommel *f* grinding drum [pow]
Mahlvorgang *m* (Mahlen) grinding work [pow]
Mahlzone *f* grinding zone [pow]
Mähmaschine *f* mowing machine [bff]
maigrün (RAL 6017) may green [nrm]
maisgelb (RAL 1006) maize yellow [nrm]
Mäkler *m* (Teil der Ramme) leader [mbt]
Manager *m* (Chef, Leiter) executive [eco]
Mandant *m* client [jur]
Manganhartstahlguss *m* manganese steel [met]
Manganknolle *f* manganese nodule [min]
Manganstahl *m* manganese steel [met]
Mangel *m* (als Nachteil) drawback; (Not) need
mängelbehaftet (nicht fehlerfrei) inherent vice [jur]; with failures
Mannfahrung *f* (Förderkorb Bergbau) manriding [roh]
Mannloch *n* manhole [mot]
Mannlochbügel *m* manhole cross bar [pow]
Mannlochdeckel *m* manhole cover [mot]
Mannlochverschluss *m* manhole cover [mot]
Mannschaftsfahrung *f* (Förderkorb) manriding [roh]
Mannschaftskabine *f* (auf Schiff) crew's cabin [mot]
Manometerabsperrventil *n* gauge cock [mot]
Manometerdruck *m* gauge pressure [mot]
Manometer für Speisepumpe *n* (Dampflok) feed water pressure gauge [mot]
Manometerhalter *m* pressure-gauge bracket [mas]
Manometerprüfgerät *n* pressure-gauge calibration set [msr]
Manövrierfähigkeit *f* (Auto, Schiff) manoeuvrability [mot]
Mansarde *f* mansard [bau]

Mansarde *m* (unter dem Dach) attic [bau]
Manschette *f* (Einsteckmuffe) boot [mas]; collar [mot]; (Stößel des Ventils) follower [mas]
Mantel *m* (Ummantelung) coat [bau]; (Ummantelung von Maschinenteile) jacket [mas]
Mantelelektrode *f* (Schweißelektrode) coated electrode [met]
Mantelkabel *n* sheathed cable [elt]
manuell (von Hand) manual [met]
Manuskript *n* (Entwurf, Skizze) draft
Marke *f* (z.B. Markenartikel) brand [eco]; (Fabrikat, z.B. Auto) make [eco]; token
Markenartikel *m* brand-name product [eco]
markieren *v* (z.B. mit Schablone) mark [con]
Markierung *f* marking
Markierung, schräge - *f* (z.B. Abhaken) slanted mark [con]
Markierungsstreifen *m* marking line [mas]
Markise *f* (über Veranda, Bauteil) awning [bau]; blind [bau]; canopy [bau]
marktführend market-leading [eco]
Marktpräsenz *f* presence in the market [eco]
Maschendraht *m* wire mesh [bau]
Maschendrahtzaun *m* wire-mesh fence [bau]
Maschenmitte *f* (bei Gitterrost) centre of mesh [met]
Maschenweite *f* mesh width [mas]; (Staubsieb) width of mesh [pow]
Maschine für Aufräumarbeiten *f* utility machine [mas]
maschinell by machine [met]; mechanical [mas]
Maschinenbau *m* (als Lehrfach) mechanical engineering [mas]
Maschinenbau, schwerer *m* heavy machinery [mas]
Maschinenbestand *m* machine population [jur]
Maschinenbruch *m* (mechanischer Bruch) machinery breakage [mas]
Maschinenbruchversicherung *f* accidental damage insurance [jur]; comprehensive insurance [jur]; (technische) engineering insurance [jur]; (auch Folge) machinery breakdown insurance [jur]
Maschinenbruchversicherung *f* (unbekannt GB, US) machinery breakage insurance [jur]
Maschinenbühne *f* machinery platform [mas]
Maschinendatenblatt *n* machine record card [mas]
Maschinenform *f* (Gießbehälter) mechanical mould [mas]
Maschinenfundament *n* machine base [mas]; machine foundation [mas]
Maschinenhaus *n* turbine room [pow]
Maschinenherstellung *f* making by machine [mas]
Maschinenkontrollraum *m* (z.B. Schiff) engine control room [mot]
Maschinenpark *m* (z.B. mehrere Lkw) fleet [mot]
Maschinenraum *m* engine room [mot]
Maschinenreparatur *f* engine repair [mas]
Maschinenschraube *f* machine screw [mas]
Maschinenschutzgesetz *n* machine protection law [jur]
Maschinenschweißer *m* welding operator [met]
Maschinensockel *m* machine base [mas]
Maschinenteile, blanke - *pl* bright machine parts [mas]
Maß *n* (Ausmaß, z.B. 8 x 4 cm) dimension [con]; (Länge) length [con]
Maßabweichung *f* offsize [con]
Maßabweichung, zulässige - *f* allowable dimensional deviation [con]
Maßband *n* tape measure [wzg]
Maßblatt *n* dimension sheet [con]
Maßbleche *pl* (Eisen und Stahl) flame-cut plates [met]
Masse *f* (Erdleitung, Nullleitung (A)) ground [elt]; (Material) material [met]
Maße *pl* (auf Zeichnungen) dimensions [con]
Masseband *n* ((B)) earthing strap [elt]
Maße, fehlende - *pl* (in Zeichnungen) unlisted dimensions [con]
Maßeinheit *f* measure [phy]; unit of measure [edv]
Massekabel *n* ((B)) earth cable [elt]
Masseleitung *f* ((B)) earth cable [elt]; ground wire [elt]
Massenaushub *m* bulk excavation [bau]
Massenfluss *m* mass flow [pow]
Massengut *n* (Schüttgut) bulk
Massengüter *pl* bulk goods [mas]

Massengutfrachter *m* bulk carrier [mot]; bulker [mot]
Massenschüttgut *n* (Schüttgut) bulk cargo
Massenspektrogramm *n* mass spectrogram [edv]
Massenverteilung *f* mass distribution [bau]
Massenverteilungs- und Zeitplan *m* bulk distribution and time schedule [mot]
maßgenau (maßgetreue Projektierung) accurate to dimension [con]; (maßgetreue Projektierung) accurate to size [con]
Maßgenauigkeit *f* dimensional accuracy [con]
maßgerecht true-to-size [con]
maßgeschneidert (kundenspezifisch) tailor-made [mas]
maßgetreu (maßgenau, passend) accurate to dimension [con]; (maßgenau, passend) accurate to size [con]
maßhaltig, nicht - out of tolerances [con]
mäßig moderate
Massivbau *m* solid building [bau]; solid construction [bau]
Massivdecke *f* concrete floor [bau]
Maßlinie *f* dimension line [con]
Maßlinienbegrenzung *f* dimension line termination [con]
Maßskizze *f* dimension sketch [con]
Maßtabelle *f* dimension table [con]
Maßtoleranz *f* dimensional tolerance [con]
Maß- und Leistungsblatt *n* (Angaben) dimension and performance sheet [con]
maßverchromt (nicht mehr zu bearbeiten) chromium-plated to size [met]
Mast *m* boom [mbt]; load arm [mot]; mast [mot]; (Zelt) pole [tel]; (Lampenmast) post; (Fernleitung) pylon [elt]; (Strommast) tower
Mastschiene *f* (z.B. des Stapler) mast rail [mot]
Materialaufgabe *f* material charge [roh]
Materialaufwand *m* raw materials and supplies [met]
Materialausgangsstärke *f* original thickness [met]
Materialbedarf *m* material requisition
Material, beschichtetes - *n* (laminiert) lamination [met]
Materialeinbau *m* filling in of material [mbt]
Materialentnahme *f* issue; (als Belege) manufacturing receipts; withdrawal
Materialfluss *m* flow of material [met]; material flow [met]
Materialförderung *f* (Bergbau) material trip [roh]
Material, geschüttetes - *n* dumped material [roh]
Material, gesprengtes - *n* blasted material [roh]
Materialien, sonstige - *pl* other material [con]
Materialien, verbrauchte - *pl* material used for products supplied [met]
materialisieren *v* materialize
Material, körniges - *n* (Baumaterial) granular material [met]
Material, liegendes - *n* floor [mbt]
Materialnorm *f* material standard [nrm]
Materialprüfmaschine *f* material testing machine [msr]
Material, rollendes - *n* (der Bahn) rolling stock [mot]; transport stock [mas]
Material, rolliges - *n* loose material [met]
Materialschicht *f* layer of material [mas]
Materialtrennung *f* delimination [met]
Materialübergabe *f* material transfer
Materialverbrauch *m* (Wareneinsatz) material usage
Materialverformung *f* plastic yielding [met]
Materialwirtschaft *f* (Steuerung) material control [elt]
Material, zugeschobenes - *n* (zu Haufwerk) trapped material [mbt]
Matrize *f* (Gegenstück beim Stanzen) counter die [met]; (Gegenstück beim Stanzen) native matrix [mot]
matt (Farbe) matt
Mauer *f* wall [bau]
Mauerabdeckung *f* capping [bau]; coping [bau]
Mauerabsatz *m* offset [bau]
Maueranker *m* wall anchor [bau]
Mauerdurchführung *f* wall duct [bau]; wall opening [bau]
Mauerkrone *f* crown [bau]
mauern *v* lay bricks [bau]; mason [bau]
Mauern *n* bricklaying [bau]
Mauer, tragende - *f* bearing wall [bau]
Mauerverband *m* bond [bau]; masonry bond [bau]
Mauerwerk *n* brickwork [bau]; masonry [bau]

Mauerwerk, feuerfestes - *n* refractory brickwork [pow]
Mauerwerk, halbsteiniges - *n* half-brick wall [bau]
Mauerwerk, hoch beanspruchtes - *n* high-stress brickwork [bau]
Mauerwerksanker *m* brick tie [bau]
Mauerwerksfuge *f* brickwork joint [bau]
Mauerwerksverband *m* brickwork bond [bau]
Mauerwerk, verbundenes - *n* bonded masonry [bau]
Mauerziegel *m* masonry brick [bau]
Mauerziegel, gebrannter - *m* burnt brick [bau]
Maulschlüssel *m* fixed spanner [wzg]; open-end spanner [wzg]; open-end wrench [wzg]; (Werkzeug, einseitig) open jaw wrench [wzg]
Maulweite *f* (des Brechers) width of mouth [roh]
Maurerarbeiten *pl* brickwork [bau]; masonry [bau]
Maus *f* (Bildschirmzubehör) reading mouse [edv]
mausgrau (RAL 7005) mouse grey [nrm]
Maximalausladung *f* (z.B. des Krans) maximum radius [mas]
Maximalgewicht *n* (Höchstgewicht) maximum weight
maximiert (Versicherungssumme ausgezahlt) limit [jur]; (in Versicherungsvertrag) limit of liability paid once [jur]
mechanisch angetrieben mechanically powered [mot]
mechanische Werkstatt *f* machine shop [met]
Mechanisierung *f* mechanizing [mot]
Mechanisierungsgrad *m* degree of mechanization [met]
Medikament *n* drug [hum]; pill [hum]
Meeresbergbau *m* maritime mining [roh]
Meeresboden *m* bottom of the sea [geo]
Meeresspiegel, über dem - above sea level
mehlig floury [met]
mehrachsig (z.B. Reisezugwagen) multi-axle [mot]
mehradrig (z.B. Messkabel) multi-wire [elt]
Mehrbereichsöl *n* (Motorenöl) multigrade oil [mot]
Mehrdeutigkeit *f* (bei geometrischer Analogie) ambiguity [mat]
Mehrdüsenrußbläser *m* multi-jet element type soot-blower [pow]; multi-nozzle blower [pow]
Mehrdüsenstaubbrenner *m* multi-tip pulverised fuel burner [pow]
Mehretagenpresse *f* (z.B. für Laminate) multi daylight press [mas]
Mehrfachregistriergerät *n* multi-channel recorder [edv]; multi-point recorder [edv]
Mehrfachrückkopplung *f* multiple-loop feedback [elt]
Mehrfachverglasung *f* multiple glazing [bau]
Mehrfarbenschreibgerät *n* multi-colour recorder [edv]
mehrfarbig lackiert multicolour coated [met]; multicolour painted [met]
mehrflözig (z.B. mehrere Erzschichten) multi-seam [roh]
Mehrlagenschweißung *f* multi-pass weld [met]; multi-pass weld [met]; multi-pass welding [met]; multi-run welding [met]
mehrlagig (Sperrholz, Reifen usw.) multiply [met]
mehrrillig (Keilriemen) multi groove [mas]
Mehrschalengreifer *m* (auch Rundschacht) multibladed circular clam [mbt]; (Baggerausrüstung) multi-claw grab [mbt]; (Baggerausrüstung) orange-peel grab [mbt]
Mehrscheibenbremse *f* (Lamellenbremse) multiple disc brake [mot]
Mehrscheibenkupplung *f* (trocken, in Öl laufend) multi disc clutch [mot]; (trocken, in Öl laufend) multi plate clutch [mot]
Mehrschichtenplatte *f* laminated board [bau]
mehrschiffig *f* (z.B. Halle) multi-bay [bau]
Mehrstellungszylinder *m* multiple stroke cylinder [mot]
mehrstöckig (z.B. Rahmen (B)) multi-storey [bau]; (z.B. Rahmen (A)) multi-story [bau]
mehrstufig (z.B. 1. - 3. Gang) multi-setting [mot]; (z.B. Schaltung, Gebläse) multi-stage [mot]
Mehrtonalarmanlage *f* multiple-sound alarm device [elt]
Mehrwegeventil *n* multi-way valve [pow]

Mehrzugkessel *m* multi-pass boiler [pow]
Mehrzweckfrachter *m* (Kombischiff) multi-purpose carrier [mot]; (Art der Ladung) multi-purpose freight ship [mot]
Mehrzweckhalle *f* multi-purpose hall [bau]
Mehrzweckhubschrauber *m* utility helicopter [mot]
Mehrzweckmaschine *f* multi-purpose machine [mot]
Mehrzweckschiff *n* multi-purpose ship [mot]
Meißel *m* (Aufbrechwerkzeug) chisel [wzg]
meißeln *v* chip [met]; chisel [bau]
Meißelspitze *f* chisel point [wzg]
Meldeleuchte *f* indicator light
Meldung, externe *f* extraneous information
melonengelb (RAL 1028) melon yellow [nrm]
Membrandruckschalter *m* pressure switch [elt]
Membranpumpe *f* diaphragm pump [pow]; diaphragm-type pump [met]; membrane pump [pow]
Membranwand *f* (Rohrwand) membrane wall [pow]
Membranzylinder *m* membrane-type cylinder [mas]
Menge *f* (großer Umfang) bulk [bau]; (geförderte Menge) throughput [roh]
Mengenbedarfssteuerung *f* variable control [mot]
Mengenmessgerät *n* flow meter [mot]
Mengenregelung *f* flow control [mot]
Mengenregelventil *n* constant feed regulating valve [mot]; flow control valve [mot]
Mengenteiler *m* dividing valve [mot]; flow divider [msr]
Merkblatt *n* (Anleitung) code of practice
Merkmal *n* (Kennzeichen) characteristic; (Haupteigenschaft) feature
Merkmal, charakteristisches - *n* feature
Merkmale, bekannte - *pl* known features
Messbereich *m* measuring range [msr]; (z.B. von 0 bis 100 A) range [msr]
Messblatt *n* test sheet [msr]
Messblende *f* metering orifice [msr]; orifice disk [msr]
Messdatenspeicherung, digitale - *f* digital data storage [edv]
Messedienst *m* (z.B. für Transport) duty at the fair [eco]
Messegelände *n* (Ausstellungsgelände) exhibition ground; fair ground
Messegut *n* display goods; fair goods
Messehalle *f* fair hall [bau]
Messeinrichtung *f* measuring device [msr]
Messelager *n* fair store
Messen, ständiges *n* continuous measurement [msr]
Messen und Regeln, rechnerunterstütztes - *n* computer-aided measurement and control [msr]
Messerbalken *m* (der Mähmaschine) cutter bar [met]
Messeregge *f* (Landwirtschaft) pasture harrow [wzg]
Messergebnis *n* (ablesbares Resultat) reading [msr]
Messestand *m* booth [eco]; exhibit booth [eco]; (außen) exhibition space; (innen und außen) fair stand
Messfehler *m* measuring error [msr]
Messfläche *f* measuring area [con]
Messgerät *n* (Lehre) gauge [msr]; (Anzeige, Monitor) indicator [msr]; (allgemeines Messen) measuring device [msr]; measuring instrument [msr]
Messgröße *f* measured quantity [msr]
Messingguss *m* cast brass [met]
Messinstrument *n* (Lehre, Fühler) gauge [msr]; measuring instrument [msr]
Messkabel *n* measuring cable [elt]
Messkoffer *m* (Satz von Messgeräten) measuring kit [msr]
Messlehre *f* (Messwerkzeug) gauge [msr]
Messleitung *f* instrument leads [mot]
Messluke *f* measurement hole [mot]; test opening [msr]
Messöffnung *f* measuring hole [mot]
Messrolle *f* (für Zahndistanzen) metering roller [msr]
Messstab *m* (Ölstand prüfen) dipstick [mot]; level gauge [mot]
Messstation *f* gauging station [bau]
Messstelle *f* (Betriebsmessstelle) instrument tapping point [mot]; measuring point [msr]; (Versuch) test point [msr]
Messtisch *m* plane table [msr]
Messuhr *f* dial gauge [msr]; gauge [msr]
Messwandler *m* measuring transformer [elt]

Messwandler, elektro-akustischer - *m* electro-acoustical transducer [elt]
Messwerkzeug *n* gauge [msr]; measuring tool [wzg]
Messwertgeber *m* primary element [msr]
Metallaktivgasschweißen *n* active gas metal arc welding [mas]
Metalldichtung *f* metallic gasket [mas]
Metalle, flüssige - *pl* liquid metals [mas]
Metallguss *m* cast metal [met]
Metallinertgasschweißen *n* inert-gas metal-arc welding [met]
metallisch blank metallically blank [met]
metallisch blank gesäubert cleaned metallically blank [met]; cleaned to be metallically blank [met]
metallisch blank geschliffen ground metallically blank [nrm]; ground to be metallically blank [met]
metallisch sauber metallically blank [met]
metallisieren *v* metallize [nrm]
Metalllichtbogenschweißen *n* metal arc welding [met]
Metallrahmen *m* (Türzarge) metal frame [bau]
Metallrohr *n* metal pipe [mas]; metal tube [mas]
Metallsäge *f* metal saw [wzg]
Metallschutzschlauch *m* metal protective tube [mas]
Metallstab *m* metal rod [mas]
Metallstreifen *m* ribbon [mas]
Metalltresse *f* (Litze, z.B. in Filter) metal braid [mas]
Metallventil *n* metal valve [mot]
metallverarbeitend metalliferous [met]
Meterriss *m* (für Belag, Estrich) reference for level difference [bau]
Methode, technisch realisierbare *f* technically feasible method
Metropole *f* (Zentrum) capital [bau]
Mieter *m* tenant [bau]
Mietwagen *m* (Mietauto) rental car [mot]
Mikrofilm *m* microfilm [edv]
Mikrokarte *f* (Mikrofilmkarte) microfilm card [edv]
Mikrometerschraube *f* micrometer screw [msr]
Mikroprozessor *m* micro processor [edv]
Mikroventil *n* micro valve [elt]
Mikrowelle *f* microwave [elt]
Millisekundenzündung *f* millisecond blasting [roh]

M

minderjährig under age [jur]
mindern *v* (vermindern, verkleinern) diminish
minderwertig (unterlegen, schlechter) inferior
Minderwertigkeit *f* inferiority
Mindestaußenradius *m* minimum outside radius [mas]
Mindestbeitrag *m* (Prämie) minimum premium [jur]
Mindesteinstellwert *m* minimum pre-set value [msr]
Mindestlänge *f* minimum length [con]
Mindestmaß Breite *n* minimum width [con]
Mindestmaß Höhe *n* (bei Rolltreppe) minimum vertical rise [con]
Mindestschichtdicke *f* (Farbe) minimum coat thickness [met]
Minengrader *m* mine grader [roh]
Mineralbestandteil *m* mineral constituent [che]
Mineralboden *m* mineral soil [bod]
Mineralgemisch *n* aggregates [bau]; mineral mixture [roh]
Mineralsalz *n* mineral salt [roh]
Miniaturwinkelprüfkopf *m* miniature angle-beam probe [msr]
Minimalabstand *m* minimum interval [con]
Minus-Anzeige *f* minus value [elt]
Minusleiter *m* negative conductor [elt]
Minuspol *m* negative pole [elt]
minzgrün (RAL 6029) mint green [nrm]
Mischanlage *f* (Mischer) mixing plant [bau]
Mischbatterie *f* (Warm- und Kaltwasser) bath-mixer [bau]
Mischbauweise *f* mixed building structures [bau]
Mischbettanlage *f* blending bed [roh]
Mischbettaufnahmegerät *n* blending reclaimer [roh]
Mischbettentsalzungsanlage *f* mixed-bed demineralizer [pow]
Mischbettionenaustauscher *m* mixed-bed ion exchanger [pow]
Mischeinrichtung *f* blending equipment [roh]
Mischgasschweißen *n* gas-mixture shielded metal-arc weld [met]
Mischkammer *f* mixing chamber [roh]
Mischraum *m* mixing chamber [roh]

Mischrohr *m* (Vergaser) venturi tube [mot]
Mischsammler *m* mixing header [pow]
Mischschieber *m* double butterfly valve [pow]; mixing valve [pow]; (Dosierventil) proportioning valve [pow]
Mischung *f* (Beton, u.a.) batch [bau]
Mischverhältnis *n* mixing proportion
Missbrauch *m* (falsches Nutzen) abuse
missbrauchen *v* (falsch nutzen) abuse
mitdrehend turning [mas]
mitfahren *v* (trampen) hitch a ride [mot]; (als Passagier) ride [mot]
Mitfahrt *f* (als Passagier) ride [mot]
Mitglied der Geschäftsleitung *n* member of the divisional board [eco]
Mitglied des Aufsichtsrates *n* member of the supervisory board [eco]
Mitglied des Vorstandes *n* member of the board of directors [eco]; member of the board of managers [eco]
Mitnehmer *m* (Nocke) cam [met]; (kupplungsartig) clutch [mas]; driver [mot]; (Stößel) follower [mot]; (Stift, Zapfen, Nase, Daumen) tappet [mas]
Mitnehmerbolzen *m* carrier bolt [mbt]
Mitnehmergabel *f* fork tappet [mot]
Mitnehmerhülse *f* carrier bolt bushing [mbt]
Mitnehmernut *f* keyway [mas]
Mitnehmerrad *n* (z.B. Rolltreppe) driver wheel [mbt]
Mitnehmerrolle *f* back-up roller [mas]; friction roller [mas]
Mitnehmerscheibe *f* (Kupplungsscheibe) clutch disc [mot]; (flanschartig) flange coupling [mas]; follower [mas]; operating disc [mot]
Mitnehmersteuerung *f* cam mechanism [mot]; cam operation [mot]
Mitnehmerwelle *f* (Nockenwelle) camshaft [mot]
Mitreißen *n* carryover [pow]
Mittagspause *f* lunch break [eco]
Mitte *f* (des Werkstückes) centre [con]
Mitteilung, technische - *f* technical information
Mittel *n* (Flussmittel) fluxes [met]; (Medium) medium [met]
Mittel... medium ...
Mittelanzapfung *f* (stößelartig) centre tapping [mbt]
Mittelauflager *n* centre support [mas]
Mittelbandstraße *f* medium-strip mill [roh]
Mittelblech *n* medium steel sheet [mas]
Mitteldruckschlauch *m* medium pressure hose [mot]
Mittelgelenk *n* (Stahlbau) centre hinge [bau]
Mittelgestein *n* medium-hard rock [min]
mittelhart medium hard
Mittelkreis am Schneckenrad *m* pitch circle [mas]; reference circle [mas]
Mittelkupplung *f* buckeye coupling [mbt]
Mittelleiter *m* middle wire [elt]; (neutrale Leitung) neutral [elt]; zero wire [elt]
Mittellinie *f* (der Ladung) load centre line [mot]
Mittellleiter *m* neutral conductor [elt]
Mittelprodukt *n* (schlecht brennbarer Brennstoff) hard-to-burn fuel [pow]; (des Brennstoffs) low-grade fuel [pow]
Mittelrohrrahmen *m* central tube frame [mot]
mittels by means of ...
Mittelschar *f* mouldboard [mbt]
Mittelschiff *n* (Halle) centre bay [bau]
Mittelschneidmesser *n* centre cutting edge [met]
Mittelspannung *f* medium voltage [elt]
Mittelstellung *f* (genau Mitte) central position [msr]; (Totpunktstellung) dead centre position [mot]
Mittelstellung, geschlossene - *f* closed dead-centre position [mot]
Mittelstück *n* centre section [con]
Mittelstütze *f* central support [bau]
Mitteltank *m* centre tank [mot]
Mittelteil *n* (hält Gleichgewicht) balance [con]; (des Unterwagens) centre body [mbt]; (letztes eingebautes Teil) final piece [met]
Mittel- und Grobblech *n* plate [mas]
Mittel- und Großrohre *pl* medium and big diameter tubes [mas]; medium-sized and large pipes [met]
Mittelwagen *m* (z.B. des ICE) trailer [mot]
Mittelwert *m* (Durchschnitt) average [mat]; average value [mat]; mean [mat]
Mittelwert bilden *v* take the average [mat]
Mittelzerkleinerung *f* medium-hard rock-crushing [roh]

Mittenbohrung *f* centre bore [con]
Mittenbremsgestänge *n* central brake rods [mot]
Mittenentladewagen *m* bottom centre discharge wagon [mot]
mittenfrei (z.B. Kugeldrehverbindung) open-centered [mas]
Mittensitz *m* middle seat [mot]
Mitte Teil (auf Zeichnungen) centre part [con]
mittig central [con]
mittschiffs midship [mot]
mobil (z.B. mobiler Brecher) mobile
Mobilbagger *m* (Bagger auf Rädern) wheeled excavator [mbt]
Mobilbrecher *m* mobile crusher [roh]
Mobilhydraulikbagger *m* wheeled hydraulic excavator [mbt]
Mobilkran *m* (auf Rädern) tyre crane [mbt]
Modell *n* (Gussmodell) pattern [mas]
Modellbau *m* (für die Gießerei) pattern-making [mas]
Modellbildung *f* modelling [edv]
Modellgüte *f* pattern quality [mas]
Modell-Güteklasse *f* model quality class [con]
Modellieren, geometrisches - *n* geometric modelling [con]
Modellierungsprozess *m* modelling process [edv]
Modell-Nummer *f* pattern number [con]
Modelltischler *m* (z.B. für Gießform) pattern maker
Modellversuch *m* model test [msr]
Modem *n* (bei Datenfernübertragung) modem [edv]
moderig rotten [bff]
modern *v* (verrotten, vergammeln) rot [bff]
Modernisierung *f* modernisation [met]; refurbishment [bau]
modernst up-to-date
Modifikation *f* modification [con]
Modifizierung *f* modification [con]
modrig decaying [bau]
Modul *m* module [mas]; (Elastizitätsmodul) modulus [mas]; (z.B. Motor-, Ölkühler-Modul) unit
modular modular
Modulbauweise *f* (z.B. Aufbau in Moduln) modular design [mas]
Möglichkeit *f* option
mohnrot (Farbton) poppy red
Momentenhebel *m* (Werkzeug) torque lever [wzg]
Momentenlinie *f* moment curve [bau]
Momentenschlüssel *m* torque wrench [wzg]
Momentenstütze *f* (in Motoraufhängung) motor mount [mbt]; (trägt Rolltreppenmotor) torque plate [mas]
Momentfrequenz *f* instantaneous frequency [elt]
Momentschalter *m* high-speed switch [elt]
Mondfähre *f* lunar landing craft [mot]; moon landing craft [mot]
Mondlandung *f* landing on the moon [mot]
Mondumlaufbahn *f* lunar orbit [mot]
Monolith *m* (aus einem Stein bestehend) monolith [min]
monostabiler Multivibrator *m* monostable multivibrator [elt]
Montage *f* (Zusammenbau) assembling [mas]; assembly [met]; (Aufstellung, Errichtung) erection [met]; (Anbringen, Verlegen) fitting [met]; (Einbau, Konstruktion) installation [met]; (Stirnflächenmontage) mounting [mot]
Montageanweisung *f* assembly instruction [mas]; installation instruction [met]
Montagearbeiten *pl* erection works [met]
Montageausrüstung *f* assembly equipment [mas]; assembly outfit [mas]
Montageband *n* (Bandstraße) assembly line [mas]
Montage, bei - during assembly [met]
Montagebericht *m* (Monteurbericht) field service report
Montagebock *m* (zerlegbar) assembly stand [mas]
Montagedauer *f* erection time [met]
Montage eingeschlossen *f* labour included [met]
Montageeinsatz *m* fitter's work [met]
Montagefahrt *f* (z.B. bei Rolltreppe) inspection travel [msr]
montagefertig ready to mount [met]
Montagegerüst *n* erecting scaffold [bau]
Montagegruppe *f* arrangement [mas]
Montagehalle *f* assembling hall [bau]; assembling workshop [bau]; assembly hall [mas]; assembly shop [mas]

M

Montagehilfe *f* assembling device [mas]; (z.B. Gerüst) assembling rig [mas]; (Personal) fitters [met]; (z.B. Führungsbuchse) mounting device [mas]
Montagehinweis *m* assembly instruction [mas]
Montagekosten *pl* (z.B. Aufbau Großgerät) erection cost [met]; (im Werk; ohne Reise) fitter's charges [met]; (Monteur, Zeit, Reise) labour charges [met]
Montagekran *m* assembly crane [mbt]; erecting crane [met]
Montageleiter *m* chief erector [eco]
Montageleuchte *f* inspection lamp [elt]
Montagemethode *f* assembly method [mas]; assembly process [mas]
Montageöffnung *f* (beim Einbau) assembly opening [mbt]
Montageöse *f* (Transportöse) lifting eye [mbt]; transport eye [met]
Montagepaste *f* (zwischen 2 Metallen) anti-seize paste [mas]; (zwischen 2 Metallen) anti-seizing paste [mas]
Montageplatte *f* assembly plate [mas]
Montageplatz *m* assembly yard [mas]
Montagesatz *m* assembly kit [mas]
Montageschraube *f* erection bolt [mas]
Montageschweißung *f* erection welding [met]; site welding [met]
Montagestand *m* assembly bay [mas]
Montagestelle *f* (Baustelle) installation site [met]; (Baustelle) working site [bau]
Montagesystem *n* assembly system [mas]
Montageteil *n* assembly part [con]
Montagetransport *m* assembly transport [mas]
Montageunterbrechung *f* assembly break [mas]
Montageversicherung *f* erection and assembly insurance [jur]
Montagevorrichtung *f* mounting fixture [mas]
Montagewerkzeug *n* fitting tool [met]
Montagewinkel *m* mounting angle [mas]
Montagezeichnung *f* erection drawing [con]
Montagezeit *f* erection time [met]
Montagezug *m* (Winde, Seil) assembly pull [mas]
Montanindustrie *f* mining industry [roh]
montieren *v* mount [met]
moosgrau (RAL 7003) moss grey [nrm]
moosgrün (RAL 6005) moss green [nrm]
Mörtel *m* float [bau]; (dünner Mörtel) grout [bau]; mortar [bau]
Mörtelbett *n* mortar bed [bau]
Mörtelhaftung *f* bond of mortar [bau]
mörteln *v* (mit Mörtel verstreichen) grout [bau]
Motor *m* (Antriebsmotor) power unit [mot]
Motoraufhängung *f* engine mounting [mot]; engine mounting base [mot]; (am Rahmen) engine support bracket [mot]; (Zwischenteile) engine suspension [mot]
Motoraufhängung, vordere - *f* engine front support [mot]
Motorbetrieb *m* motor operation [elt]
Motorblock *m* engine block [mot]
Motorbock *m* engine base [mot]
Motorbremse *f* (Auspuffklappenbremse) engine brake [mot]; (Auspuffklappenbremse) exhaust brake [mot]
Motordrehmoment *n* torque [mot]
Motordrehzahl *f* engine revolution [mot]; engine speed [mot]; motor speed [mot]
Motordrehzahlmesser *m* engine tachometer [mot]
Motorenschmierung *f* engine lubrication [mot]
Motorentlüfter *m* engine breathing system [mot]
Motorfundament *n* engine base [mot]
motorgetrieben engine-driven [mot]
Motorhaube *f* engine bonnet [mot]; engine bonnet [mot]; engine hood [mot]
Motorhaubenbowdenzug *m* hood cable [mot]
Motorhaubenhalter *m* hood fastener [mot]
Motorhaubenpuffer *m* hood shock [mot]
Motorhaubenverschluss *m* hood fastener [mot]
motorisieren *v* motorize [mot]
Motorkettensäge *f* motor chain saw [wzg]
Motorkreuz *n* (Achsmitte Kurbelwelle) engine cross [mot]
Motorkupplung *f* engine coupling [mot]
Motorlager *n* engine mounting [mot]
Motornennleistung *f* capacity of the motor [mot]; (Verbrennungsmotor) engine rating [mot]; (E-Motor) motor rating [mot]; normal output [mot]

M

Motoröl *n* engine oil [mot]; motor oil [mot]
Motorölpumpe *f* lubricating oil pump [mot]
Motorrad *n* motorbike [mot]; motorcycle [mot]
Motorraum *m* (im Verbrennungsmotor) engine compartment [mot]; (für Elektromotor) motor compartment [mot]
Motorreparatur *f* engine repair [mot]
Motorroller *m* motor scooter [mot]
Motorschild *n* engine plate [mot]
Motorschmierung *f* motor lubrication [mot]
Motorschräglage *f* (Bagger am Hang) engine tilt angle [mot]
Motorschräglage, zulässige - *f* permissible engine tilt-angle [mot]
Motorschutz *m* (thermisch) motor protection [mot]
Motorschutzblech *n* engine guard plate [mot]
Motorschutzplatte *f* belly plate [mbt]
Motorschutzplatte, untere - *f* belly plate [mbt]
M
Motorschutzrelais *n* motor protection relay [elt]
Motorschutzschalter *m* motor circuit breaker [elt]; motor overload protector [mot]; motor protection switch [mot]
Motorsteuerung *f* engine timing [mot]; timing gear [mas]
Motorstromkreis *m* motor circuit [elt]
Motorträger *m* engine bearer [mot]; engine mounting [mot]
Motorträger, vorderer - *m* front engine mounting [mot]
Motorüberwachung *f* motor monitoring [mot]
Motorverkleidung *f* engine compartment [mot]
Motorversion *f* engine variation [mot]; engine version [mot]
Motorwächter *m* (E-Motor) motor monitoring [mot]; motor protection device [mot]
Motorwicklung *f* motor windings [elt]
Motorwippe *f* rocker [elt]
Muffe *f* bush [mas]; conduit coupling [met]; thimble [mas]; tube coupling [mas]
Muffelbrenner *m* muffle burner [pow]
mühelos (z.B. Gerätebedienung) fingertip easy
Mühle *f* pulverizer [wzg]
Mühlenantrieb *m* mill drive [mas]; pulverizer drive [mas]
Mühlengehäuse *n* pulverizer housing [mas]
Mühlenkeller *m* (Mühlenraum) mill room [roh]
Mühlenluftleitung *f* pulverizer air duct [pow]
Mühlenluftvorwärmer *m* (Mühlen-Luvo) primary air heater [pow]; (Mühlen-Luvo) pulverizer air heater [pow]
Mühlen-Luvo *m* (Mühlenluftvorwärmer) pulverizer air heater [pow]
Mühlenraum *m* (Mühlenkeller) mill room [roh]
Mühlentrocknung *f* mill drying [pow]
Mühlenventilator *m* (Mühlenfeuerung) exhauster fan [pow]; mill fan [air]; primary air fan [air]
Mulde *f* (des Dumpers) body
Muldenkipper *m* (straßen-, geländegängig) dumper [mot]; dump truck [mot]
Muldenkippwagen *m* (der Eisenbahn) tipping car [mot]
Muldenrost *m* trough grate [pow]
Mulde, tiefliegend *f* (des Dumpers) low-placed body [mot]
Mulde, tiefliegende *f* (Dumper) low-placed body [mot]
Mülldeponie *f* (normale Kippe) dump [rec]; (große Kippe) landfill [rec]
Müllfahrzeug *n* garbage truck [mot]; refuse collecting vehicle [jur]; trash vehicle [rec]
Müllgrube *f* garbage disposal [rec]; garbage pit [rec]
Müllhalde *f* (große Kippe) landfill [rec]
Müllkippe *f* (große Halde, Grube) landfill [rec]
Müllsammelfahrzeug *n* garbage truck [mot]; refuse collection vehicle [jur]
Müllsortiergreifer *m* garbage sorting grab [rec]
Mülltonne *f* garbage can [rec]
Mülltüte *f* trash bag [rec]
Müllverbrennung *f* hog fuel firing [pow]; refuse firing [jur]; refuse incineration [jur]
Müllverbrennungsanlage *f* incineration plant [pow]; refuse incineration plant

[jur]
Müllwagen *m* (Müllfahrzeug) garbage truck [mot]
multiplizieren *v* (Grundrechnungsart) multiply [mat]
multiplizieren mit *v* multiply by [mat]
Multivibrator *m* multivibrator [elt]
Multivibrator, monostabiler - *m* monostable multivibrator [elt]
Mundstück *n* (Düse) nozzle [mot]
Mündung *f* (des Flusses) estuary [was]; mouth
Mündungskanal *m* orifice
Mündungsstück *n* nozzle [mas]
Muschelkalk *m* (Baumaterial) muschelkalk [bau]
museumsreif (alt oder sehenswert) ready to go to a museum
Musikkassette *f* (Audiokassette) audio cassette [edv]
Muskel *m* muscle [hum]
Muskelkater *m* muscle strain [hum]
muskulös muscular [hum]
Muster *n* (Beispiel) example; (Schablone, Vorlage) pattern; (Schablone) template [met]
Musterblech *n* patterned plates [mas]
Mustererkennung *f* pattern matching [edv]
Mutter *f* (Schraubenmutter) nut [mas]
Mutterboden *m* top soil [bod]
Mutter, gerändelte - *f* knurled nut [mas]
Muttergewinde *n* internal thread [mas]
Mutternhöhe *f* (der Schraube) thickness of nut [mas]
Mutter, selbstsichernde - *f* self-locking nut [mas]
Mutter, selbstsperrende - *f* self-locking nut [mas]

N

Nabenabzieher *m* hub puller [mot]
Nabenbuchse *f* hub sleeve [mot]
Nabendeckel *m* hub cover [mot]
Nabenflansch *m* hub flange [mot]
Nabenlänge *f* distance through hub [met]
Nabennut *f* keyway [mas]
Nabensitz *m* wheel seat [mot]
Nacharbeit *f* repair and restoring work [mas]; restoring
nacharbeiten *v* (erneut bearbeiten) redo [met]
Nacharbeiten *pl* refinishing [met]; reworking
Nachbau *m* replica
nachbehandeln *v* cure [met]
Nachbehandlung *f* curing [bau]
Nachbesserungsarbeit *f* reworking
Nachbesserungsschweißen *n* touch-up welding [met]
nachbrennen *v* (als Reparatur) repair-weld [met]
Nachfolgerknoten *m* child node [edv]
Nachführlänge *f* (Baggerleitrad) take-up path [mbt]
Nachführwert *m* (Regelung) compensating value [msr]
nachgearbeitet (z.B. Rotor) retapped [mot]
nachgeschaltet downline [mot]; downstream [mot]
nachgewalzt (kalt nachgewalzt) killed [met]
nachgewiesen (geprüft) proven
nachgiebig flexible [met]
nachglühen *v* afterglow [mas]
Nachhaftung *f* liability after expiration of contract [jur]; (Haften nach Ablauf des Vertrages) liability after the expiration of the contract [jur]
nachhaken *v* (erinnern) inquire again
nachhelfen *v* (unterstützen) boost
Nachkontrolle *f* (Zerreißprobe) destructive verification [msr]; re-check [mas]
Nachkühlen *n* after-cooling [pow]
nachlassen *v* (der Spannung) bleed [elt]
Nachläufer *m* dolly [mot]
Nachlaufregler *m* follower [mot]
Nachlaufstrom *m* follow current [elt]
Nachlaufzeit *f* (Motor) run-out time [elt]
Nachleuchten *n* (z.B. in Bildröhre) afterglow [phy]; (z.B. Bildschirm, Lampe) persistence [phy]
Nachnahme, per - collect on delivery
Nachprüfung *f* retest [msr]
Nachprüfungsmusterstück *n* retest specimen [met]
nachredigieren *v* (einen Text) post-edit [edv]
Nachrichtenberichte *pl* news stories
Nachrichtensperre *f* news blockage
nachrüsten *v* (ergänzen) expand
Nachrüstsatz *m* (zusätzlicher Anbau) expansion kit
Nachrüstung *f* (zusätzlicher Anbau) expansion
Nachsaugventil *n* anti-cavitation valve [mbt]
nachschalten *v* downstream switching [mot]
Nachschaltheizflächen *pl* economizers and air heaters [pow]; heat recovery adjuncts [pow]
Nachschaltheizflächenbläser *m* cold end blower [pow]; economizer and air heater soot blower [pow]
Nachschaltung *f* downstream switching [mot]
Nachschaltzug *m* back pass [pow]
nachschneiden *v* (Profil erneuern) profile [mbt]
nachschweißen *v* (als Reparatur) repair-weld [met]; re-weld [met]
Nachschweißen *n* (wenn nicht passend) adjust by flame-cutting [mas]
Nachschwingzeit *f* die-away time [elt]; reverberation time [elt]; ringing time [phy]
Nachspannen *n* retightening [met]
Nachspannlänge *f* (Bagger-Leitrad) take-up path [mbt]
Nachspeiseleitung *f* feeding line [mot]
nachspeisen *v* feed [mot]
Nachspeiseventil *n* anti-cavitation valve [mas]; feeding valve [mot]
nachstellbar (z.B. Ventil, Motor, Bremse) adjustable [msr]
Nachstellbügel *m* (für Handlauf) take-up unit [mbt]
nachstellen *v* (eines Wertes) adjust [msr]
Nachstellen *n* (z.B. des Motors, Ventils) adjustment [msr]
Nachstellmutter *f* adjusting nut [mas]; readjustable nut [mas]

Nachstellung *f* adjustment
Nachstellung, hydraulische - *f* hydraulic adjusting [mas]
Nachstellvorrichtung *f* take-up unit [mbt]
nächstgelegen (z.B. Tankstelle, Ventil) nearest [mot]
Nachtabschaltung *f* overnight shutdown [elt]
Nachtarbeit *f* (Nachtschicht) night shift [met]; nightwork [met]
nachtblau (RAL 5022) night blue [nrm]
Nachteil *m* (einer Sache) drawback
nachteilig (schädlich) detrimental [met]
Nachtlast *f* over-night load [elt]; power supply during the night [elt]
Nachtrag *m* (bei Versicherungen) endorsement [jur]
Nachtschicht *f* (Arbeitszeit) night shift [met]
Nachunternehmer *m* (Subunternehmer) contractor [bau]
Nachverbrennung *f* retarded combustion [pow]
Nachweis *m* (Aufspüren von Fehlern) detection [msr]; (Beweis, Festlegung) proof
nachweislich (unstreitig) arguable
nachzählen *v* re-count
nachziehen *v* (Muttern) retighten [met]
Nachzündung *f* late ignition [mot]; retarded ignition [pow]
Nackenzylinder *m* (zum Auslegeroberteil) articulated cylinder [mbt]; (Verstellzylinder) boom adjusting cylinder [mbt]
Nadel *f* (als Zeiger) pointer [msr]
Nadelbuchse *f* needle cage [mas]
Nadeldiagramm *n* needle diagram [edv]
Nadelhülse *f* drawn cup needle roller bearing [mas]; needle sleeve [mas]
Nadelkäfig *m* needle cage [mas]
Nadellager *n* needle bearing [mas]; needle roller bearing [mas]
Nadellager mit Innenring *n* needle roller bearing with inner ring [mas]
Nadelöhr *n* (Engpass, enge Stelle) bottleneck
Nadelventil *n* needle valve [mot]
Nagelkopfschweißen *n* (DIN 1910) nail-head welding [wzg]
nageln *v* nail [wzg]
Nagelzieher *m* (Kuhfuß) claw wrench [wzg]; (Kuhfuß) nail drawer [wzg]; (Kuhfuß) nail puller [wzg]
Nahbereich, im - at close range
Nähe *f* (in der Nähe) proximity
Näherungsschalter *m* proximity switch [elt]
Naht *f* weld [met]
Nahtauslauf *m* (der Schweißnaht) phase out [met]
Nahtauslaufblech *n* (künstlich verlängert) run-off tab [met]
Nähte, fehlende - *pl* missing seams [met]
Nahtform *f* weld shape [met]
nahtlos seamless [met]
Naht mit Wulst *f* convex contour [met]
Naht, nicht aufgefüllte - *f* (Schweißnaht) underfill [met]
Naht ohne Wulst *f* flush contour [mas]
Nahtscheitel *m* (Schweißnaht) seam crown [met]
Nahtschweißung *f* seam weld [met]
Nahtüberdeckung *f* (Dichtungsbahnen) lap joint [bau]
Nahtüberhöhung *f* weld reinforcement [met]
Naht, umlaufende - *f* (Schweißnaht) weld all around [met]
Nahtunterseite *f* (Schweißnaht) back of weld [met]
Nahtwertigkeit *f* (Wertigkeit der Naht) valence of weld [met]
Nahtwurzel *f* (Schweißnaht) seam root [met]
Nahverkehr *m* (z.B. Deutsche Bahn) commuter traffic [mot]
Nahverkehrszug *m* local train [mot]
Namen, im - von ... in the name of ...
Namensschild *n* (an Anzug) name badge [con]; (an Tür) Kugeldrehverbindung) nose ring [mas]
Nassbaggertechnik *f* dredging technology [mbt]
Nassbremse *f* (statt Scheibenbremse) wet brake [mot]
Nassbremssystem *n* wet brake system [mot]
Nassdampf *m* wet steam [pow]
nässebeständig damp-proof [met]
nässeempfindlich moisture sensitive [met]
nässen *v* wet
Nassentstauber *m* wet type dust collector [pow]
Nässe, überfrierende *f* (Glatteis) black ice [wet]
Nässe, vor - schützen protect from moisture

Nasslamellenbremse *f* wet multi-disk brake [mot]
Nasslauf *m* (der Lamellenbremse) wet run [mot]
Nassluftfilter *m* oil-wetted air cleaner [mas]; wet air cleaner [mot]
nass machen *v* wet
Naturstein *m* (z.B. Marmor, Mergel, Granit) natural rock [min]; virgin stone [min]
Naturumlauf *m* natural circulation [pow]
Naturzugkessel *m* boiler with natural draught [pow]; natural-draught boiler [pow]
Naturzugkühlturm *m* cable net cooling tower [pow]
NC-Bohrmaschine *f* NC drilling machine [wzg]
NC-Bohrwerk *n* NC drill [wzg]
NC-Drehmaschine *f* NC turning lathe [wzg]
NC-Maschine *f* (mit Lochstreifen) NC tool machine [wzg]
NC-Programmierung *f* NC programming [wzg]name plate
narben *v* (prägen) emboss [met]
narrensicher foolproof [pow]
Nase *f* (am Material, Ansatz) lug [mas]; (Mauerwerksvorsprung) nose [hum]
Nasenflachkeil *m* flat gib key [mas]
Nasenkeil *m* gib key [mas]
Nasenring *m* (der Kugeldrehverbindung) lug ring [mas]; (Mittelteil
NE-Altmetall *n* non-ferrous scrap metal [met]
Nebelhorn *n* (Schiffssignal) typhoon horn [mot]
Nebellampe *f* fog light [mot]
Nebelleuchte *f* fog light [mot]
Nebelöler *m* oil-fog lubricator [mot]
Nebelscheinwerfer *m* fog lamp [mot]
neben (z.B. neben der Schweißnaht) next to [met]
Neben- (z.B. Nebenantrieb) auxiliary
Nebenabtriebswelle *f* auxiliary shaft [mas]
Nebenantrieb *m* auxiliary drive [mbt]; power take-off [mot]
Nebenantrieb, seitlicher - *m* lateral auxiliary drive [mot]; lateral power take-off [mot]
Nebenantriebssperre *f* auxiliary drive lock [mbt]
Nebenantriebswelle *f* auxiliary shaft [mas]
Nebenantrieb, zentrischer - *m* central auxiliary drive [mot]; central power take-off [mot]
Nebenbahn *f* feeder line [mot]
Nebengebäude *n* adjoining building [bau]; ancillary building [bau]; annex [bau]
Nebenraum *m* adjoining room [bau]
Nebenschluss *m* (wenn Öl zum Zylinder) bleed off [mot]; bypass [elt]; shunt [elt]
Nebenschlussmotor *m* shunt motor [elt]
nebensprechen *v* (Telefon) cross talk [tel]
Nebenstrecke *f* (der Bahn) feeder line [mot]; (der Bahn) local track [mot]
Nebenstromfilter *m* bypass filter [mot]; partial-flow filter [mot]
Nebenstromleitung *f* bypass line [mot]
Nebenstromölfilter *m* bypass oil filter [mot]
Nebenstromventil *n* bypass valve [mot]
Nebenverbraucher *m* auxiliary consumer [elt]
Nebenzimmer *n* adjacent room [bau]
neigen *v* (zur Seite) lean [mot]; (kippen) tilt [mbt]
Neigewinkelbegrenzung *f* (für Gabelstapler) restriction of angle of front tilt [mbt]; (für Gabelstapler) restriction of front tilt angle [mbt]
Neigung *f* (der Bahnstrecke) downward inclination [mot]; (der Bahnstrecke) falling gradient [mot]; (Bunker, Rohre) inclination [pow]; slope; (schnelles Kippen) tilt [mas]
Neigungsregler *m* inclination regulator [mot]
Neigungsschalthebel *m* tilt control lever [elt]
Neigungswinkel *m* inclination [con]
NE-Metall *n* (Bunt-, Nicht-Eisenmetall) non-ferrous metal [met]
NE-Metallbranche *f* non-ferrous metal industries [met]
NE-Metallhalbzeuge *pl* non-ferrous semis [met]
Nennaufnahme *f* nominal consumption [elt]
Nenndrehzahl *f* nominal speed [mas]; rated speed [mas]
Nenndruck *m* nominal pressure [phy]
Nenndurchmesser *m* nominal diameter [con]

N

Nennförderleistung *f* nominal output [mot]
Nenngeschwindigkeit *f* rated speed [mas]
Nennhub *m* nominal stroke [mot]
Nenninhalt *m* nominal volume
Nennlage *f* nominal situation [con]
Nennlast *f* nominal loading [bau]; nominal power [elt]; normal load
Nennleistung *f* rated power [elt]
Nennmaß *n* nominal dimension [con]; nominal size [mot]
Nennmoment *n* rated torque [mas]
Nennoberspannung *f* peak nominal voltage [elt]
Nennspannung *f* nominal voltage [elt]; rated voltage [elt]
Nennstrom *m* nominal current [elt]; rated current [elt]
Nennstromzufuhr *f* rated current [elt]
Nenntemperatur *f* temperature rating [pow]
Nennweite *f* nominal bore [con]; nominal width [con]
Nennwert *m* nominal value; rated value [mas]
Nettogewicht *n* tare weight [mot]
Netz *n* (Strom, Wasser, ...) mains; supply [elt]
Netzanschluss *m* line connection [elt]; mains outlet [elt]; power connection [elt]; power line connection [elt]; power supply [elt]
Netzanschluss *n* electric main [elt]
Netzanschlussleitung *f* power lead [elt]
netzartig net [edv]
Netzausfall *m* grid failure [elt]; line fault [elt]; mains failure [elt]; network failure [elt]; power failure [elt]; supply failure [elt]
Netzentnahme *f* (Strom-, Gasverbrauch) power consumption [elt]
Netzfrequenz *f* line frequency [elt]
Netzkabel *n* power cable [elt]
Netz, lokales - *n* local network [edv]
Netzmessung *f* measurement in chequerboard fashion [pow]; measurement traverse [pow]
Netzplanung *f* network plan [met]
Netzschalter *m* line switch [elt]; mains switch [elt]; power switch [elt]
Netzsicherung *f* mains fuse [elt]
Netzspannung *f* line voltage [elt]
Netzsteckdose *f* power supply plug [elt]
Netzstecker *m* mains plug [elt]; mains plug [elt]; power outlet [elt]; power plug [elt]; power supplier [elt]
Netzstörung *f* line disturbance [elt]
Netzstromversorgung *f* mains supply [elt]
Netzteil *f* (eines Gerätes) power pack [elt]
Netzteil *n* mains set [elt]; mains unit [elt]; power unit [elt]
Netztransformator *m* line transformer [elt]; power transformer [elt]
Netzversorgung *f* power supply [elt]
Netzwerk *n* (bei Computern) network [edv]
Netzwerkanwendung *f* network application [edv]
Netzwerkmodell *n* network model [elt]
Netzzusammenbruch *m* network blackout [elt]
Neuanstrich *m* new paint finish
Neubau *m* building under construction [bau]; new building [bau]
neueinstellen *v* (wieder beschäftigen) reemploy [eco]
Neuerung *f* innovation
Neugerät *n* (werksneu, nicht gebraucht) new machine
Neuheit *f* (z.B. Gerät neu auf dem Markt) innovation; (Neuerung, neues Gerät) novelty
neu laden *v* recharge [elt]
Neuordnung *f* reorganization [eco]
Neuschleifen der Ventilsitze *n* reseating [mot]
Neustrukturierung *f* restructure
Neuteile *pl* new parts [mot]
neutral neutral [che]
neu walzen *v* (im Walzwerk) freshly roll [met]
Neuwalzung *f* (neues Material) freshly rolled material [met]
Nibbelmaschine *f* nibbling machine [wzg]
nibbeln *v* nibble [mas]
nicht artgleich dissimilar [bff]
nicht-ätzend non-corrosive [che]
nicht backend non caking [pow]
nicht betriebsfähig (z.B. Dampflok) not ready for operation [mot]; (z.B. Dampflok) not serviceable [mot]
nicht beurkundet not laid down in writing [jur]
nicht blinken *v* (beim Abbiegen) failure to signal [mot]
nicht-fluchtend misaligned [con]

Nichtleiter *m* insulator [elt]; non-conductor [elt]
Nichtlinearität *f* nonlinearity [elt]
nichtmetallisch nonmetallic [met]
nicht nach Vorschrift angezogen not tightened to specification [mas]
nicht rollfähig (z.B. alte Lok) not movable [mot]
nicht steuerbar uncontrollable [mot]
nichttragend non-bearing [bau]
nicht übertragbar non-transferable
Nichtzahlung *f* (der Prämie) non-payment [jur]
Nickel-Basis-Legierungen *pl* nickel alloys [met]
Nickel-Cadmium-Akkumulator *m* nickel-cadmium accumulator [elt]
Nickel-Cadmium-Batterie *m* nickel-cadmium battery [elt]
Nickel-Metallhydrid-Batterie *f* nickel metal hydride battery [elt]
Nickel-Zink-Batterie *f* nickel-zinc battery [elt]
Niederbordwagen *m* low-sided open wagon [mot]
Niederdruckgasbehälter *m* low-pressure gasholder [mot]
Niederdruckreifen *m* high flotation tyre [mot]; low-pressure tyre [mot]; low-pressure tyre with high flotation [mot]
Niederdruckteil *m* low-pressure stage [pow]; low-pressure turbine [pow]
Niederdruckventil *n* low-pressure valve [mot]
niedergelegt (ein Werkstück) laid down
Niederlassung, zuständige - *f* authorized office [eco]
niederohmig low-resistance; low-resistive [elt]
Niederrahmen *m* drop frame [mot]
niederschlagen *v* (Sinkstoffe) deposit [was]
Niederschlagsanode *f* collecting anode [elt]
Niederschlagsgebiet *n* (zu entwässernde Fläche) catchment area [wet]; (Mulde, Stausee) catchment basin [wet]
Niederschlagswasser *n* deposit-water [was]; precipitation water [wet]
Niederspannung *f* low voltage [elt]
Niederspannungsschaltanlage *f* low-voltage switchboard [elt]
Niederspannungsschalter *m* low-voltage circuit breaker [elt]
Niederspannungstrennschalter *m* low-voltage breaker switch [elt]; low-voltage circuit breaker [elt]
niederstufen *v* (abwerten) downgrade
niedrig einstufen *v* downgrade
Niedrigenergiehaus *n* low-energy building [bau]
niedrigtourig low speed [mot]
nierenförmig kidney-shaped
Niet *m* rivet [mas]
Nietabstand *m* rivet pitch [con]
Nietdöpper *n* (drückt Niete zusammen) header [met]
Nieter *m* riveter [wzg]
Nietgelenkband *n* rivetted hinged strap [mas]
Nietkopf *m* rivet head [mas]
Nietloch *n* rivet hole [mas]
Nietschaft *m* rivet body [mas]; rivet shank [mas]
Nietschweißung *f* plug weld [met]
Nietstempel *n* (drückt Niete zusammen) header [met]
Nietstift *m* rivet pin [wzg]
Nietteilung *f* rivet pitch [con]
Nietverbindung *f* riveted joint [mas]; rivet joint [mas]
Nietwärmer *m* rivet heater [mot]
Nietzieher *m* rivet set [wzg]
Nische *f* (Sicherheitsraum im Tunnel) refuge [mot]
Nitrierhärte *f* nitriding hardness depth [met]
nitriert intruded [met]
Nitriertiefe *f* nitriding hardness depth [met]
Niveauausgleich *m* level compensation [mot]
Niveauflasche *f* (Orsat-Analyse) levelling bottle [pow]
niveauregulierendes Aggregat *n* load-levelling control system [mot]
Nivelliergerät *n* abney level [mbt]
Nivellierung *f* levelling [mbt]
Nocke *f* (z.B. Erhöhung auf Nockenwelle) cam [mot]
Nocke der Pumpenwelle *f* lobe [mot]
Nockelwellenrad *n* camshaft timing gear wheel [mot]
Nockenhebel *m* cam lever [mot]
Nockenläufer *m* cam follower [mot]
Nockenring *m* cam ring [mot]
Nockenschalter *m* (Schütz) cam contactor [elt]; (Schütz) cam switch [elt]

Nockenwelle *f* camshaft [mot]
Nockenwellenantriebsrad *n* camshaft timing gear [mot]
Nockenwellendeckel *m* camshaft cover [mot]
Nockenwellendichtung *f* cam shaft seal [mot]
Nockenwellenlager *n* camshaft bearing [mot]
Nockenwellenschleifmaschine *f* camshaft grinding machine [wzg]
Nockenwelle, obenliegende - *f* overhead camshaft [mot]
Nominalhub *m* nominal stroke [mot]
Noppe *f* knob [mas]; nep [mas]; (Knolle) nodule [mas]
Normalauspuff *m* natural aspiration [mot]
Normalbeton *m* normal concrete [bau]
Normalelement *f* standard cell [elt]
Normalelement *n* normal cell [elt]
normalgeglüht (Stahl) normalized [met]
normalglühen *v* (Stahl) normalize [met]
Normalglühen *n* normalizing [met]
Normalisieren *n* (Glühen) thermal stress relief [met]
Normalprüfkopf *m* normal-beam probe [msr]
Normalspannung *f* axial stress [met]; normal stress [met]
Normalthermometer *n* dry-bulb thermometer [msr]
Normalzelle *f* standard cell [elt]
normen *v* standardize [con]
Normen, grafische - *pl* graphics standards [edv]
Normen, internationale - *pl* international standards [edv]
Normen-Organisation, Internationale - *f* International Standards Organisation [con]
normieren *v* (passend machen) calibrate
Notabsperrschieber *n* emergency stop valve [pow]
Notabstieg *m* (am Kran) emergency rope-down device [mot]
Notar *m* (öffentlicher Notar) notary [jur]
Not-Aus (von Geräten) emergency-out; (von Geräten) emergency stop [elt]
Notausgang *m* (Fluchtweg) emergency exit [bau]; fire door [bau]
Notausschalter *m* emergency stop [elt]
Notbremse *f* emergency brake [mot]
Notbremsung *f* emergency braking [mot]
Notfall *m* emergency
Notfallknopf *m* emergency stop button
Nothalteknopf *m* emergency stop button
Nothammer *m* (in öff. Fahrzeugen) emergency hammer [mot]
Notlandung *f* (Flugzeug, Bruchlandung) emergency landing [mot]
Notleine *f* emergency cord
Notleiter *f* fire escape ladder [bau]
Notlenkpumpe *f* (bei Motorausfall) emergency-steering pump [mot]
Notlösung *f* (schnelle Lösung) expedient solution
Notruf *m* (am Telefon) emergency
Notschalter *m* emergency stop button; emergency switch
Notschenkel *m* dust-shield collar [mot]
Notsteuerung *f* emergency control
Notstromaggregat *n* emergency power set [elt]; standby unit [elt]
Notstromgenerator *m* emergency generator [elt]; standby generator [elt]
Nottreppe *f* emergency staircase [bau]; escape staircase [bau]
Notzugschalter *m* emergency switch
Nuklearkraftwerk *n* (Atomkraftwerk) nuclear power station [pow]
Nulldurchgang *m* zero crossing [edv]
Nullenergiehaus *n* zero-energy house [bau]
Nullleiter *m* neutral conductor [elt]; zero conductor [elt]; zero wire [elt]
Nulllinie *f* zero line [mat]
Nulllinieneinsteller *m* zero adjuster [msr]
Nulllinienprüfung *f* check zero [mas]
Nullpunktprüfung *f* check zero [mas]
Nullpunktverschiebung *f* zero shift [msr]
Nullpunktwanderung *f* zero shift [msr]
Nullrückstellung *f* return to zero position [mot]
Nullserie *f* pilot production; (Vorläufer Serienproduktion) pilot run
Nullstelle *f* zero [mat]
Nullstellung *f* initial position [pow]; neutral position [mot]; zero position [mot]
numerische Steuerung von Werkzeugmaschinen *f* machine-tool software and robotics [edv]
numerisch gesteuert numerically controlled [wzg]
Nummer, fortlaufende *f* consecutive number [con]

N

Nummer, laufende - *f* (Position) item [con]
nussbraun (RAL 8011) nut brown [nrm]
Nusskohle *f* nut-coal [roh]; nuts [roh]
Nut *f* (Fuge) groove [mas]; rabbet [mas]
Nute *f* (Rille, Einkerbung) flute [met]
nuten *v* (Nut einritzen) groove [met]
Nutring *m* (Dichtring) grooved ring [mas]
Nutwelle *f* grooved shaft [mot]
nutzbar (wirkungsvoll, effektiv) effective
Nutzbreite *f* net width [con]
Nutzeisen *n* re-usable iron [met]
Nutzfahrzeug *n* commercial vehicle [mot]; (Muldenkipper) haul truck [roh]
Nutzfläche *f* floor space [bau]
Nutzfläche, gewerbliche - *f* commercial area [bau]
Nutzholz *n* (Schnittholz, Bauholz) lumber [met]
Nutzhub *m* effective stroke [mot]
Nutzlänge *f* working length [mot]
Nutzlast *f* payload [mot]; service load [mot]; working load [mot]
Nutzung *f* (Anwendung, Verbrauch) use
Nutzung, optimale - *f* best possible use
Nutzungsart *f* (wie etwas genutzt wird) form of use
Nutzungsbreite *f* (der Rolltreppe) utilization width [mbt]
Nutzungsrecht *n* usufractuary right [jur]

O

obenliegend top
Oberaufsicht *f* superintendence
Oberbau *m* (z.B. Schotter) permanent way [mot]
Oberbaumaterial *n* permanent way material [mot]; rail fastening material [mot]; railway track material [mot]
Oberfelge *f* upper rim [mot]
Oberfläche, ebene - *f* plane surface [bau]
Oberfläche, gekrümmte - *f* curved surface [met]
Oberflächenangabe *f* (Rauheit usw.) roughness criteria [mas]
Oberflächenauftrag *m* (Farbe, Teflon usw.) surface coat [mas]
Oberflächenausbrüche *pl* (beim Walzen) spalling [mas]
Oberflächenausführung *f* (z.B. lackiert) finish [met]
Oberflächenbefestigung *f* surfacing [mas]
oberflächenbehandelt surface-treated [mas]
Oberflächenbehandlung *f* (letzte) surface finishing [mas]; (Bearbeitung) treatment of the surface [met]
Oberflächenbeschädigung *f* damage of surface [met]
Oberflächenbeschaffenheit *f* surface condition [met]; surface quality [met]
Oberflächenbeschichtung *f* surface coating [mas]
Oberflächenentladung *f* surface discharge [elt]
Oberflächenfehler *m* surface defect [met]
oberflächengehärtet (hart/weich) case hardened [met]; surface-layer hardened [mas]
Oberflächenglattheit *f* surface smoothness [edv]
Oberflächengüte *f* (Beschaffenheit) surface finish [mas]
Oberflächenhärte *f* surface hardness [mas]
Oberflächenkondensator *m* surface condenser [pow]
Oberflächenkühler *m* surface attemperator [pow]
Oberflächenmaße *pl* dimensions of surface [con]
oberflächennah near to the surface [bau]
Oberflächenorientierung *f* surface direction [edv]
Oberflächenrauheit *f* (auch gewollte -) roughness of surface [mas]; (Maximalmaße) surface peak-to-valley height [mas]
Oberflächenriss *m* (oder Anriss) surface crack [mas]
Oberflächenrissprüfeinrichtung *f* surface-crack checking device [msr]
Oberflächenrissprüfung *f* surface crack test [mas]
Oberflächenschutz *m* surface protection [mas]
oberflächenveredelt (beschichtet) surface coated [mas]
oberflächenverfestigt case hardened [met]; surface solidified [mas]
Oberflächenwelle *f* surface wave [phy]
Oberflächenwiderstand *m* surface resistance [elt]
Oberflächenzeichen *n* (auf Zeichnungen) surface marking [con]; surface symbol [mas]
Oberfläche, vielgestaltige - *f* multiform surface
Obergeschoss *n* (z.B. 2. Etage) upper floor [bau]
Obergurt *m* (oberer Träger) top boom [bau]; (Fachwerkträger) top chord [bau]; (eines Blechträgers) top flange [bau]; (Stahlbau) upper boom [bau]
Oberkante *f* top edge [mas]
Oberkolbenpresse *f* down-acting design hydraulic press [met]
Oberleitung *f* aerial line [elt]; catenary wire [mot]; cat wire [mot]; overhead wiring [mot]
Oberleitungsgalgen *m* cat wire gallows [mot]
Oberleitungsjoch *n* catenary wire yoke [mot]; yoke of catenary wire [mot]
Oberleitungsmast *m* mast of the catenary wire [mot]; (an Strecke) pylon [mot]
Oberlicht *n* roof light [bau]; skylight [bau]
Oberluft *f* (Rost, Sekundärluft) over-fire air [pow]; (Rost, Sekundärluft) overgrate air [pow]
Oberseite *f* top
Obertrommel *f* (Speisetrommel) feeding drum [mas]
Obertrum *n* (des Kettenförderers) upper trough [roh]

Obertrumkettenförderer *m* (zum Brecher) upper trough chain conveyor [roh]
Oberwagen *m* (des Güterwagens) box body [mot]; (des Seilbaggers) revolving frame [mbt]; (des Baggers, nackter Rahmen) superstructure [mbt]; (des Baggers) uppercarriage [mbt]
Oberwagengrundplatte *f* base plate of upper carriage [mbt]; main frame of the upper carriage [mbt]; uppercarriage base-plate [mbt]; uppercarriage main frame [mbt]
Oberwellen *pl* harmonics [elt]
Objektiv *n* (z.B. an Kamera) objective [phy]
objektorientiert object-oriented [edv]
Objekttyp *m* object type [edv]
Obliegenheitsverletzung *f* omission of duties [jur]
obligatorisch (Pflicht-) mandatory
ockerbraun (RAL 8001) ochre brown [nrm]
ockergelb (RAL 1024) ochre yellow [nrm]
Ofen *m* (in der Industrie) furnace [pow]; (z.B. Zementofen) kiln [pow]; (im Zimmer) stove [mot]
offen (Tür, Maschine) open
Öffentlichkeitsarbeit *f* public relations [eco]
Öffnung des Schalls *f* beam spread [aku]
Öffnungen für Lanzenbläser *pl* lance ports [pow]
Öffnung, lichte - *f* clear opening [con]
Öffnungsbeginn *m* (Ventil) beginning of opening [mas]
Öffnungsdruck *m* (Druck, bei dem z.B. Ventil öffnet) cracking pressure [mot]
öffnungsfähiges Dach *n* opening roof [mas]
Öffnungskontakt *m* break contact [elt]
Öffnungsverhältnis *n* nozzle opening ratio [pow]
Öffnungsweite *f* (z.B. des Greifers) opening width [mas]
Öffnungswinkel *m* angle of spread [con]
Öffnungszeit *f* opening time [mot]
Offsetspannung *f* offset-voltage [elt]
Offsetstrom *m* offset-current [elt]
Offshorekran *m* offshore crane [mot]
Offshoretechnik *f* offshore technology [mot]
ohmscher Widerstand *m* ohmic resistance [elt]
Ohnmacht *f* unconsciousness [hum]
ohnmächtig werden *v* faint [hum]
Öhr *n* (der Nadel) ear; (der Nadel) eye [mas]
Ohrenschützer *m* (gegen Lärm) ear muffs
Ökosystem *n* ecosystem
Ökosystemmodell *n* ecosystem model [edv]
Okular *n* (z.B. am Fernrohr) ocular [phy]
Ölablass *m* oil drain [mas]
Ölablasshahn *m* oil drain cock [mot]; oil pan drain cock [mas]
Ölablassschraube *f* oil drain plug [mot]
Ölabscheider *m* oil separator [mas]
Ölabstreifer *m* thrower [elt]
Ölabstreifring *m* oil control ring [mas]; oil ring [mas]; skimmer [mas]
Ölansaugleitung *f* oil suction pipe [mas]
Ölausfluss *m* (freier Ölausfluss) free flow outlet [mot]
Ölbad *n* (z.B. Getriebe im Ölbad) oil bath [mas]
Ölbadluftfilter *m* oil bath air cleaner [mas]
Ölbadluftreiniger *m* oil type air cleaner [mas]
Ölbehälter *m* oil reservoir [mas]; oil tank [mas]
ölbeständig oil-resistant [mas]
Ölbohrung *f* oil hole [mas]
Ölbremszylinder *m* hydraulic cushioning cylinder [mot]
Ölbrenneranordnung *f* arrangement of oil burners [pow]
öldicht grease tight [met]
öldicht geschweißt welded oil-tight [met]
Öldichtung *f* oil seal [mot]
Öldruck *m* oil pressure [mas]
Öldruckanzeige *f* oil pressure gauge [mas]
Öldruckbremse *f* oil-hydraulic brake [mot]; oil-pressure brake [mot]
Öldruckgeber *m* oil pressure switch [mas]
Öldruckkontrolle *f* oil pressure checking [mot]
Öldruckkontrollleuchte *f* oil pressure indicator lamp [mot]
Öldruckmanometer *n* oil pressure gauge [mas]
Öldruckmesser *m* oil-pressure gauge [mot]
Öldruckrohr *n* oil delivery pipe [mas]
Öldruckschalter *m* oil pressure switch [mas]
Öleinfüllpumpe *f* oil feed pump [mot]
Öleinfüllrohr *n* oil filler pipe [mas]

Öleinfüllsieb *n* oil filler screen [mas]
Öleinfüllstutzen *m* oil filler neck [mot]
Öleinfüllverschluss *m* oil filler cap [mas]
Öleinlassschraube *f* plug [mas]
Öleinspeiseleitung *f* oil supply tube [mas]
ölen *v* oil [mas]
Öler *m* lubricator [mot]
Ölfangblech *n* oil baffle [mot]
Ölfänger *m* oil catcher [mas]
Ölfangring *m* oil seal [mot]
Ölfangwanne *f* oil collector sump [mot]
Ölfeld *n* oil field [roh]
Ölfernthermometer *n* oil temperature gauge [mot]
ölfest oil resistant [mas]
Ölfeuerung *f* oil firing [pow]
Ölfilter *m* oil cleaner [mas]; oil filter [mas]
Ölfilterelementwechsel *m* oil filter element changing [mas]
Ölfilterschlüssel *m* (Bandschlüssel) oil filter wrench [mas]
ölfrei oil-free [pow]
Ölführung *f* oil conduit [mas]
ölgefeuert oil fired [mot]
ölgetränkter Lappen *m* oil-soaked piece of cloth
Öl, graphitiertes - *n* graphite oil [roh]
Ölhauptkupplung *f* wet-type master clutch [mas]
Ölhydraulik *f* oil-hydraulics [mot]
ölhydraulisch oil-hydraulic [mot]
olivbraun (RAL 8008) olive brown [nrm]
olivgelb (RAL 1020) olive yellow [nrm]
olivgrau (RAL 7002) olive grey [nrm]
olivgrün (RAL 6003) olive green [nrm]
Ölkanister *m* oil can
Ölkanne *f* oil can
Ölkühler *m* lubricating-oil cooler [mas]; (Schmierstoff) lubrication-oil cooler [mas]; oil cooler [mas]
Ölkupplung *f* oil clutch [mas]
Öllamellenbremse *f* oil disc brake [mas]
Ölleitung *f* oil line [mas]; oil pipe [mot]; oil supply [mas]
Öllenkkupplung *f* oil steering pump [mas]
Ölmanometer *n* oil pressure gauge [mot]
Ölmenge *f* oil volume [mot]
Ölmessstab *m* oil dipstick [mas]; oil level gauge [mas]
Ölmessvorrichtung *f* oil gauge fitting [msr]
Ölmotor *m* oil motor [mas]
Ölnachfüllschraube *f* refill tap [mas]
Ölnut *f* oil groove [mas]
Ölpeilstab *m* oil dipstick [mas]
Ölprobe *f* oil sample [mas]
Ölpumpe *f* (Schmierpumpe) lubricating-oil pump [mas]; oil pump [mot]
Ölpumpendeckel *m* oil pump cover [mot]
Ölpumpengehäuse *n* oil pump housing [mot]
Ölpumpensieb *n* oil pump screen [mot]
Ölpumpenzahnrad *n* oil pump gear wheel [mot]
Ölregelventil *n* oil regulating valve [mot]
Ölreiniger *m* oil cleaner [mas]
Ölring *m* oil ring [mas]
Ölrücklauf *m* oil out [mas]
Ölrücklaufleitung *f* oil return line [mas]
Ölsand *m* oil sand [mas]
Ölsaugleitung *f* oil suction tube [mas]
Ölschauglas *n* oil gauge glass [mot]
Ölschiefer *m* oil shale [mas]
Ölschlacke *f* oil slag [mas]
Ölschlamm *m* sludge [mas]
Ölschleuderring *m* oil thrower ring [mot]
Ölschutz *m* (Leitblech) deflector [met]; (Fangeinrichtung) oil catcher [mas]; oil guard [mas]
Ölseparator *m* oil filter [mas]
Ölsieb *n* oil screen [mot]; oil strainer [mas]
Ölspiegel *m* oil level [mas]
Ölstand *m* oil level [mas]
Ölstandanzeiger *m* fluid level indicator [mot]
Ölstand prüfen *v* check oil level [mot]
Ölstandsfernanzeiger *m* remote oil level indicator [pow]
Ölstandskontrollschraube *f* oil-level check plug [mas]
Ölstandsprüfung *f* oil-level check [mas]
Ölstandsschraube *f* oil level plug [mas]
Ölstandssonde *f* oil level switch [mas]
Ölstandzeiger *m* oil level indicator [mot]
Ölstoßdämpfer *m* pneumatic oil suspension [mas]
Ölstrom *m* oil flow [mas]
Ölsumpf *m* sump [mas]
Öltank *m* oil reservoir [mas]; oil tank [mas]
Öltasche *f* (der Achse) oil pocket [mas]
Öltemperaturregler *m* oil thermostat [mas]
Ölthermometer *n* oil thermometer [mas]
Ölüberdruckventil *n* oil pressure relief valve [mot]

Ölüberströmventil *n* oil relief valve [mot]
Ölumlauf *m* oil circuit [mas]; oil flow [mas]
Ölumleitventil *n* oil bypass valve [mot]
Ölverdünnung *f* oil dilution [mas]
Ölversorgung *f* (Schmierung) lubrication system [mas]; oil supply [mas]
Ölverteiler *m* oil manifold [mas]
Öl vom Ölkühler *n* oil from cooler [mas]
Ölvorwärmer *m* (Heizölvorwärmer) fuel-oil heater [pow]
Ölwanne *f* oil pan [mas]; oil tray [mot]
Ölwannendichtung *f* oil pan gasket [mas]; oil pan gasket [mas]; oil sump gasket [mas]
Ölwechsel *m* oil change [mas]
Ölzuführung *f* (Ölleitung) oil supply [mas]
Ölzulauf *m* (für Schmieröl) lubricating-oil inlet [mas]; (Öffnung) oil inlet [mas]
Öl zum Ölkühler *n* oil to cooler [mas]
Ölzündbrenner *m* lighting-up burner [pow]; torch oil gun [pow]
Ölzusatz *m* (zur Veränderung) oil additive [mot]
opalgrün (RAL 6026) opal green [nrm]
Operationshöhe *f* (in Luft) operational altitude [mot]
Operationsraum *m* operation theatre [hum]; (in Arztpraxis) surgery [hum]
Operationssaal *m* (im Krankenhaus) operation theatre [hum]
Operationsverstärker *m* operational amplifier [elt]
optisch genau auf ... (eingestellt) optically aligned to a tolerance of [phy]
orange (orangefarben) orange
orangebraun (RAL 8023) orange brown [nrm]
Orbit *n* (Umlaufbahn um Erde) orbit [mot]
Orbitalsystem *n* orbital system [mot]
Ordinatenachse *f* axis of ordinates [mat]
Ordnungsmerkmal *n* (in Stammsatz usw.) code marking
Ordnungszahl *f* ordinal number [mat]
Organigramm *n* organizational diagram [eco]
Organisationsform *f* type of organization [eco]
Organisationsfrage *f* organizational problem
Orientierungsvoranschlag *m* estimate on information
Original-Ersatzteile *pl* genuine parts
O-Ring *m* O-ring [mas]; seal [mas]
O-Ring-Dichtung *f* O-ring seal [mas]; ring sealing [mas]
Orsat-Apparat *m* Orsat gas analyzer [msr]
Ortbeton *m* concrete cast in situ [bau]
orten *v* (einen Fehler finden) localize
Ortgang *m* verge [bau]
örtlich verfügbar locally available
ortsfester Steuerstand *m* control position, stationary - [mot]
Ortsgenauigkeit *f* location accuracy
Ortskurve *f* (im Diagramm) locus [mas]
Ort, vor - (vor Kohle unter Tage) at the face [roh]; (z.B. im Steinbruch) in situ; (an Ort und Stelle des Ereignisses) on site
Öse *f* (Durchführung, z.B. Wand) grommet [mas]
Ösenstange *f* eye rod [mas]
ovalflach (Puffer) oval flat [mot]
oval geschliffen cam ground [met]
Ovalstahl *m* ovals [met]
Overheadfolie *f* (für Tageslichtprojektor) overhead film; (für Tageslichtprojektor) transparency
Overheadprojektor *m* (Tageslicht-projektor) overhead projector
oxidrot (RAL 3009) oxide red [nrm]
Oxygenstahlwerk *n* oxygen steel plant [met]
ozeanblau (RAL 5020) ocean blue [nrm]

P

Packband *n* (Bandeisen für Kisten) steel strapping
Packlage *f* (der Straße) sub-base [mot]
Packwagen *m* (der Bahn) baggage car [mot]
Paket *n* package [mot]
Palette *f* (z.B. Europa-Palette) pallet [mot]; (nur bei Rollsteig) tread pad [mbt]
Palettenbreite *f* (für Gabelstapler) pallet-width [mbt]
Palettenkette *f* pallet chain [mbt]
Palettentiefe *f* (für Gabelstapler) pallet-depth [mbt]
Panel *n* (Messlehre) gauge [msr]; (Wandverkleidung) panel [bau]
Panne *f* breakdown [mot]; (Ausfall, Versagen) failure [mot]; (Schwierigkeit, Ärger) trouble
Panzer *m* (Ausfütterung Steinbrecher) lining [roh]
Panzerglas *n* (Bank, Limousine) bullet-proof glass [met]
Panzerkettenförderer *m* armoured chain conveyor [mbt]
Panzerplatte *f* (austauschbar in Brecher) armoured plate [mas]; (austauschbar in Brecher) liner plate [roh]
Panzerschlauch *m* armoured hose [mas]; braided hose [mas]
Panzertür *f* armoured door [bau]
Panzerung *f* (Brecherverkleidung) cladding [roh]; (oberste, harte Schweißung) hard facing [met]
Panzerwanne *f* crankcase guard [mot]
Papier *n* paper [met]
Papierabdichtung *f* (am Lagerauge) paper seal [mas]
Papierabfall *m* waste paper [rec]
Papierfilter *m* paper filter [mot]
Papierkorb *m* waste paper basket [rec]
Papierkrieg *m* (Bürokratie) battle of forms [eco]
papyrusweiß (RAL 9018) papyrus white [nrm]
Parabelfeder *f* parable spring [mas]
Parabolspiegel *m* (für Datenübertragung) parabolic mirror [tel]
paraffiniert paraffined [mas]
Parallaxe *f* parallax [phy]
Parallelausgleich *m* (der Steinklammer) parallel adjustment [mot]
Parallelführung *f* (z.B. der Rolltreppe) parallel guidance [mbt]; parallel guide [mbt]
parallel geschaltet parallel connected [mot]
Parallelrechner *m* parallel computer [edv]
Parallelrolltreppe *f* double-tracked escalator [mbt]; parallel escalator [mbt]
Parallelschaltung *f* arrangement in parallel [con]; common switching [elt]; parallel switching [elt]; shunt connection [elt]
Parallelscheibenwischer *m* parallel windscreen wiper [mot]; parallel windshield wiper [mot]; vertical wiper [mot]
Parallelschieber *m* parallel-slide valve [pow]
Parallelverarbeitung *f* parallel processing [edv]
Parkbremsventil *n* emergency brake control valve [mot]
Parkleuchte *f* parking lamp [mot]
Parkplatz *m* parking lot [mot]
Partialdruck *m* partial pressure [pow]
Partikulier *m* (Privatschiffen) partial shipment [mot]; (Privatschiffer) private ship-owner [mot]
Parzelle *f* parcel of land [bau]
Passbohrung *f* borefit for dowel [con]
passen (z.B. Größe) fit [con]
passend (Größe stimmt) fitting
Passfeder *f* fitting key [mas]; key way [mot]; shaft key stock [mas]; spring key [mas]
Passfläche *f* fitting surface [mas]; mating surface [mas]
Passflächenrost *m* (Oxidation) fretting corrosion [met]; (Oxidation) frictional corrosion [met]
Passgenauigkeit *f* accuracy in fitting [con]
passieren *v* (eingespeist werden) pass [roh]; (Maschine durchlaufen) to be processed through the machine [mas]
Passmaß *n* dimension [con]
Passscheibe *f* shim ring [mas]
Passschraube *f* fitted bolt [mas]; fitting bolt [met]; set bolt [mas]; set screw [mas]; shoulder bolt [mas]
Passsitz *m* press fit [mas]
Passstift *m* alignment pin [mas]; (auch Dübel) dowel [mas]; fixing pin [mas]

Passstück *n* (Adapter) adapter [mas]; connector [mas]; fitting piece [mas]; tight fit [mas]
Passung *f* clearance [con]; fitting [mas]
Passwort *n* (Schutzwort) password [edv]
pastellorange (RAL 2003) pastel orange [nrm]
Patentamt *n* patent office
Patent angemeldet patent pending [jur]
Patentanker *m* (auch klappbar) patent anchor [mot]
Patentanmeldung *f* patent application [jur]
patentiert (patentrechtlich geschützt) patented [jur]
Patentschrift *f* patent specification [jur]
patinagrün (RAL 6000) patina green [nrm]
pauschal (Versicherungsjargon) combined single limit [jur]
Pause *f* (Blaupause, Kopie) blueprint [con]; (Kopie) copy [con]
pausieren *v* (eine Pause machen) rest
pechschwarz pitch black
Pedalachse *f* pedal pivot shaft [mot]
Pedalwelle *f* pedal shaft [mot]
Pegel *m* (Anzeiger, z.B. Finger) marker; (Wasserstand) water mark [was]
Pegelstab *m* level indicator [mot]
Peilstab *m* (in Tank) dipstick [mot]
Peilstange *f* side marker [mot]
Pendel *n* (an Uhr) pendulum [phy]
Pendelachsabstützung *f* stabilizer of oscillating axle [mbt]
Pendelachsausschlag *m* oscillation lock [mot]
Pendelachse *f* (z.B. an Lader, Grader) oscillating axle [mas]; pendulum axle [mas]; swing axle [mot]
Pendelanschlag *m* (der Pendelachse) lock [mas]
Pendelbalken *m* (Tandemachse) bogie beam [mbt]
Pendelbremse *f* grab swing brake [mbt]
Pendelkugellager *n* floating pillow block [mas]; self-aligning ball bearing [mas]; self-aligning bearing [mas]; swivel bearing [mas]
Pendelkugellager mit Spannhülse *n* self-aligning ball bearing with adapter sleeve [mas]
Pendellager *f* pendulum bearing [mas]
Pendellager *n* self-aligning bearing [mot]
pendeln *v* (z.B. Pendelachse) oscillate [mas]; (Hin- und Herfahrt) shuttle [mot]; (schaukeln) swing
Pendeln *n* (z.B. der Hinterachse) oscillation [mot]
pendelnd aufgehängt oscillating suspended [mas]
Pendelrollenlager *n* (Wälzlager) self-aligning roller bearing [mas]; spherical roller bearing [mas]; spherical roller bearing double row [mas]
Pendelschurre *f* swinging spout [mas]; traversing chute [pow]
Pendelstauer *m* swinging ash cut-off gate [mas]
Pendeltür *f* swing-door [bau]
Pendelwinker *m* oscillating direction indicator [mot]
Pendelzugverkehr *m* (Lok/Steuerwagen) push-pull traffic [mot]
Pendler *m* commuter [mot]
penetrant penetrating
Perimeterdämmung *f* perimeter insulation [bau]
Periode *f* (Schwingung) phase [elt]
Periodendauer *f* cycle duration [elt]
Peripherie *f* circumference; periphery
perlweiß (RAL 1013) oyster white [nrm]
Personal *n* (z.B. in Personalabteilung) personnel; (Belegschaft) staff [eco]
Personalabteilung *f* personnel department [eco]
Personalaufwand *m* personnel expenses
Personalschulung *f* (für Personal des Kunden) training of customer's personnel
Personalwirtschaft *f* personal and social affairs [eco]; personnel management [eco]
Personenförderband *n* passenger transport band [mbt]
Personenförderer *m* personal conveyor [mbt]
Personenschaden *m* (bei Versicherungen) bodily injury [jur]
Personenwagen mit Mittelgang *m* centre gangway coach [mot]
Personenwagen mit Seitengang *m* side corridor coach [mot]
Personenzug *m* passenger train [mot]
persönlich (Herrn/Frau ... persönlich) for the personal attention
Perspektive *f* perspective [edv]
Perspektive, betrachterunabhängige - *f* viewer-independent perspective [con]

PQ

perspektivische Ansicht *f* perspective view [con]
Petroleumlampe *f* kerosene lamp
Pfahl *m* (gerammt) pile [bau]; (Mast) post; (Stütze unter Wasser) spud [mot]
Pfahlgründung *f* pile foundation [bau]
Pfahlhubeinrichtung *f* spud hoisting equipment [mot]; spud lifting equipment [mot]
Pfahlramme *f* pile driver [bau]
Pfahlwagen *m* (Ponton) spud carriage [mot]
Pfahlzieher *m* pile puller [bau]
Pfannenblech *n* (aus Walzwerk) pan sheet [mas]
Pfannenentgasung *f* ladle degassing [mas]
Pfannenofen *m* ladle furnace [mas]
Pfannenrest *m* (Hüttenwesen) skull [mas]
Pfannenwagen *m* (für flüssiges Metall) ladle car [mot]
Pfeife *f* (der Dampflok) whistle [mot]
pfeifen *v* pipe [mot]; (z.B. Lok, Fabriksignal) whistle
Pfeifenzughebel *m* (Dampflok) whistle lever [mot]
Pfeifenzugkette *f* (Dampflok) whistle chain [mot]
Pfeiler *m* column [bau]; pillar [bau]; (Hängebrücke) pylon [bau]
Pfeilverzahnung *f* herringbone gearing [mas]
Pflanzenwelt *f* vegetation [bff]
Pflanzenwuchs *m* vegetation [bff]
Pflaster *n* pavement [bau]
pflastern *v* lay pavement [bau]
Pflasterstein *m* cobble stone [bau]; paving block [bau]
Pflasterung *f* paving [bau]
Pflege *f* (des Gerätes) maintenance [mas]
pflegen *v* maintain [mas]
Pflug *m* plough
Pfosten *m* pole [bau]; (Fachwerk) post [bau]; (Pfahl, Stange) stake [bau]; upright [bau]; vertical member [bau]
Pfriem *m* (Ahle; Werkzeug) broach [wzg]
Pharmaka *pl* (pharmazeutische Produkte) pharmaceutical products [hum]
Phase *f* (Takt) phase
Phasenabgleich *m* phase adjustment [elt]
Phasenausgleich *m* phase compensation [elt]
Phasenfolgerelais *n* phase sequence relay [elt]
Phasenfolgeschutz *m* phase sequence protection [elt]
Phasengeschwindigkeit *f* phase velocity [elt]
Phasennacheilung *f* phase lag [elt]
Phasenschieber *m* compensator [elt]; phase transformer [elt]
Phasensprung *m* phase jump [elt]
Phasenüberwachung *f* (E-Motor) phase monitoring [elt]
Phasenumkehr *f* phase reversal [elt]
Phasenverschiebung *f* phase displacement [elt]; phase shift [elt]
Phasenwächter *m* (E-Motor) phase monitoring [elt]
Phasenwinkel *m* phase angle [elt]
phosphatieren *v* bonderize [met]
phosphatiert phosphated [mas]
Phosphatierung *f* phosphate coating [mas]
Photoelement *n* photovoltaic cell [elt]
Photozelle *f* light sensor [elt]; photocell [elt]; photo-electric cell [elt]
pH-Wert-Wächter *m* pH-monitor [msr]
Pieper *m* (Piepser) bleeper [tel]
Pilotanlage *f* (erste Anlage in Betrieb) pilot plant [msr]
Pilotpumpe *f* (am Lader) pilot pump [mot]
Pilzsicherung *f* mushroom type retainer [mot]
Pilzstößel *m* mushroom tappet [mot]
Pinnewärmer *m* (Nietenwärmer) rivet heater [mot]
Pinole *f* (zum Bohren) spindle sleeve [mas]
Pionierleistung *f* (Entdeckung) pioneering
Piste *f* earth road [bau]
Pitotmessung *f* flow traverse [pow]
Pitotrohr *n* Pitot tube [pow]
Pkw *m* limousine [mot]; sedan [mot]
Plane *f* (das Material Segeltuch) canvas [mot]; (Abdeckung) cover [mot]
planen *v* (beabsichtigen) plan
Planenabdeckung *f* cover [mbt]
Planergebnis *n* planning result
Planetenachse *f* planetary axle [mot]
Planetenantrieb *m* planetary drive [mot]; planetary gear [mot]
Planetenbewegung *f* eccentric motion [mot]
Planetenendstufe *f* planetary hub [mot]

Planetengetriebe *n* planetary gear [mot]; planetary transmission [mot]; planet gear [mot]
Planetenklasse *f* planet class [mot]
Planetenrad *n* pinion [mot]; planet wheel [mot]
Planetenradträger *m* planet carrier [mot]
Planetenradwelle *f* pinion shaft [mot]
Planetenstufe *f* planetary stage [mot]
Planetenträger *m* planet carrier [mot]
Planetenuntersetzung *f* (im Lader) planetary reduction [mot]
Planierarbeiten *pl* (an Hang, Böschung) grading work [mbt]; (am Boden) levelling work [mbt]
Planiereinrichtung *f* bulldozer [mbt]
planieren *v* (am Hang) grade [mbt]; (horizontal, auf Straße) level [mbt]; plane [bau]; smooth [bau]
Planiergenauigkeit *f* (auf dem Boden) accuracy in levelling [mbt]
Planiergerät *n* dozer [mbt]
Planierlöffel *m* levelling bucket [mbt]
Planierraupe *f* (kann Reißzahn haben) bulldozer [mbt]
Planierraupe, mit - by bulldozer [mbt]
Planierschar *f* dozer blade [mbt]
Planierschild *m* dozer blade [mbt]
Planierschildabstützung *f* dozer blade stabilizer [mbt]
planiert levelled [bau]
Planke *f* plank [mot]
planmäßig (genau nach Plan) on schedule; scheduled
Planparallelität *f* plane parallelism [mat]
Planrost *m* stationary grate [pow]
Planrostkessel *m* boiler with a stationary grate [pow]
Planscheibe *f* face plate [mas]
planschleifen *v* face grinding [met]
Planum *n* grade [bau]; ground level [bod]; ground line [roh]
Planum erstellen *v* base a finished level [mot]; base a road level [mot]; prepare and finish a level [mbt]
Planumherstellung *f* making of a level [mbt]
Planung *f* planning
Planung, Lieferung, Montage *f* planning, delivery, erection
Plan, vorläufiger - *m* preliminary plan
Plastikfolie *f* durable sheet material [met]
Plastiksack *m* plastic bag
Plastikschlauch *m* plastic hose
Plastizität *f* plasticity [met]
platingrau (RAL 7036) platinum grey [nrm]
platt (flach, zusammengedrückt) flat [met]
Platte *f* (aus Walzwerk) slab [mas]
Platte, magneto-optische *f* magneto-optical disk [edv]
Platten *pl* (Verkleidung) sheeting [mas]
Plattenbalken *m* (Holzbau) tee beam [bau]
Plattenband *f* (z.B. in Zementanlage) apron feeder [roh]
Plattenbandantrieb *m* (im Brecher) apron feeder drive [mbt]
Plattendurchlässigkeit *f* plate transmittance [mas]
Plattenfehler *m* (im-EDV-System) head crash [edv]
Plattengründung *f* mat foundation [bau]
Plattenkondensator *m* disc capacitor [elt]
Plattenkühler *m* plate cooler [pow]; stave cooler [pow]
Plattenlaufwerk *n* disk drive [edv]
Platten-Luvo *m* plate air heater [pow]
Plattenträger *m* (Schieber) disc carrier [pow]
Plattenwelle *f* plate wave [elt]
Platte, optische - *f* optical disk [edv]
Platte, verschiebbare - *f* sliding bed [mas]
Plattform *f* (fahrbare Plattform) aerial platform [mbt]; (der Straßenbahn) platform [mot]
Plattform, fahrbare - *f* (z.B. auf Tunnelwagen) aerial platform [mbt]
Plattformträger *m* platform outrigger [mot]
Plattfuß *m* (Reifenpanne) flat [mot]
Plattierung *f* plating [roh]
plattig laminated [bau]
Platzbedarf *m* required floor space [bau]
Platz schaffen *v* create space [bau]
Platzverhältnis *n* available space [con]
Pleuel *m* (Pleuelstange) connecting rod [mot]
Pleuelbuchse *f* small end bushing [mot]
Pleueldeckel *m* connecting rod bearing cap [mot]
Pleuellager *n* connecting rod bearing [mot]
Pleuellagerschale *f* connecting rod bearing shell [mot]

Pleuelschaft *m* connecting rod shank [mot]
Pleuelschraube *f* connecting rod bolt [mot]
Pleuelstange *f* connecting rod [mot]
Pleuelstangenbohrmaschine *f* connecting rod drilling machine [wzg]
Plexiglaseinsatz *m* perspex insert [mas]
Plombe *f* (z.B. Zollplombe) lead seal
Plombenzange *f* lead sealing pliers
Plunger *m* (Schwimmer) plunger [mot]
Plusanzeige *f* plus value [pow]
Pluspol *m* positive pole [elt]
Plus- und Minustoleranzen *pl* plus and minus limits [pow]
Pneumatik *f* pneumatics [mot]
Pneumatikzylinder *m* pneumatic cylinder [mot]
pneumatisch pneumatic [mot]
pochen *v* (klopfen) knock [mot]
Podestplatte *f* (Fußboden im Fahrerhaus) base plate [mbt]
Pol *m* (der Batterie) terminal [elt]
polen *v* pole [elt]
Polier *m* foreman [met]; (Vorarbeiter) general foreman [bau]
polieren *v* polish [met]
poliert polished [met]
polizeigrün (RAL 6029) mint green [nrm]
Polizeihubschrauber *m* police chopper [mot]
polizeiweiß (RAL 9003/4) police white [nrm]
Polklemme *f* pole terminal [elt]
Poller *m* (am Kai) bollard [mot]
Polschuh *m* pole shoe [elt]
Polster *n* (Kissen, Dämmstoff) cushion [bau]; (z.B. Holzbalken auf Schienen) dunnage [mot]; (z.B. in Wundverband) pad
polumschaltbar pole-changeable [elt]; pole changing [elt]
Polumschalter *m* pole changing starter [elt]
polygonal (vielwinklig, z.B. Mauerwerk) polygonal [mat]
Polygonzug *m* traverse [bau]
Polynom, charakteristisches *n* characteristic polynomial [mat]
Pönalklausel *f* penalty clause [pow]
Ponton *m* pontoon [mot]
Pontonfähre *f* pontoon ferry [mot]
Pontonsteuerung *f* pontoon steering [mot]
Porenanteil *m* porosity [bau]
Porenwasser *n* pore water [bau]
Portalachse *f* portal axle [mot]
Portalfahrzeug *n* straddle loader [mot]
Portalkran *m* (klein) gantry crane [mot]; (groß) portal crane [mot]
Portalradsatzdrehmaschine *f* portal-type wheel lathe [mas]; portal-type wheel lathe [mas]
Portalverband *m* (Stahlbau) portal bracing [bau]
Position *f* (auf Zeichnungen) item [con]; (Ort, Stelle) location
Positionen *pl* work items [bau]
Positionieren *n* (Teile auf Platte) nesting [met]
Position nicht dargestellt (in Zeichnung) item not shown [con]
Positionsgeber *m* position generator [elt]
Positionsschalter *m* position switch [elt]
Posten *m* (Position, Artikel) item [con]
Postkasten *m* (Briefkasten) mailbox [edv]
Post, mit getrennter - by separate mail
Post, mit gleicher - by same mail
Potenzialverschiebung *f* potential shift [elt]
Potenzialtrennung *f* galvanic isolation [elt]
prägen *v* (von Münzen) coin [met]; (z.B. Rillen in Schelle) stamp [mas]
Prahm *m* (Fähre) ferry barge [mot]; (Fähre) lighter [mot]
praktikabel (durchführbar) practical
Praktikant *m* (zur Probe eingestellt) probationer [jur]; (z.B. 3 Wochen in Schulzeit) trainee apprentice
Praktikum *n* (z.B. 3 Wochen in Schulzeit) work experience
praktisch (ist praktisch, passt gut) handy; (im praktischen Einsatz) in the field
praktizieren *v* (in die Praxis umsetzen) practise
Prall *m* (Aufprall) impact [phy]
Prallblech *n* scrubber baffle [pow]
Prallbrecher *m* impact crusher [wzg]
Prallmühle *f* impact crusher [wzg]
Prallplatte *f* baffle plate [mot]
Prämisse *f* standard
Prasseln *n* (Störung des Schirmbildes) crackling [elt]
Pratze *f* (hauptsächlich des Tiers) claw [bff]; (Ausleger) outrigger [mbt]
Pratzenabstützung *f* outrigger stabilizers [mbt]

praxisgerecht suitable for practical application
Praxis, in der - (z.B. beim eigentlichen Arbeiten) in the field
Präzisionsgleichrichter *m* precision rectifier [elt]
Präzisionslager *n* precision bearing [mas]
Präzisionsstahlrohr *n* mechanical steel tube [mas]; mechanical tube [mas]; precision steel pipe [mas]
Prellbock *m* (am Gleisende) buffer stop [mot]
Pressballen *m* compressed bale [met]
Presse *f* (Schmiedepresse) forging press [wzg]; (Fettpresse) grease gun [mot]; (Fettpresse) gun [mot]
Pressebericht *m* press release; (allgemein) press report
Presse, hydraulische - *f* hydraulic jack [mas]; hydraulic press [mas]
pressen *v* (quetschen) jam [mas]; press [met]; (z.B. Automobilteile) stamp [mas]
Pressen und Formtechnik *f* compression moulding technology [met]
Presskraft *f* (der Abkantpresse) press power [mas]
Presslufthammer *m* pneumatic breaker [wzg]
Pressluftmeißel *m* pneumatic chisel [wzg]
Pressluftnieten *n* pneumatic riveting [met]
Pressluftschlauch *m* pneumatic hose
Pressluftstarter *m* air starter [mot]
Pressluftsystem *n* pneumatic system [mot]
Pressluftwerkzeug *n* air tool [wzg]
Pressmüllwagen *m* press vehicle [mot]
Pressschweißen *n* (DIN 1910) pressure welding [met]; (DIN 1910) welding with pressure [met]
Presssitz *m* press fit [mas]
Pressstahlkörper *m* pressed steel body [mas]
Pressstahlrahmen *m* pressed steel frame [mas]
Pressteil *n* pressing [mot]
Pressung, statische *f* static pressure [mas]
prillen *v* (granulieren) granulate [roh]
Primärdruck *m* primary relief [mot]
Primärelement *n* galvanic cell [elt]; voltaic battery [elt]
Primärkammer *f* (Feuerraum) combustion chamber [pow]; (Feuerraum) primary chamber [pow]
Primärluft *f* (Trägerluft) carrying air [pow]; (Trägerluft) primary air [air]
Primärschraubenfederung *f* primary spring suspension [mas]
Primärspannung *f* primary voltage [elt]
Primärstrom *m* primary current [elt]
Primärwicklung *f* primary coil [elt]
Prinzipschema *n* basic scheme [con]
Priorität *f* priority [edv]
Prisma *n* prism [mas]
prismatisch prismatic
Prisma und Stempel (zum Biegen) punch and die [wzg]
Prismenführung *f* prismatic guide [mas]
Prismenhalterung *f* prism holder [mas]
Prismenrolle *f* tapered roll [mas]
Pritsche *f* plank [bau]
Privatbahnanschluss *m* private siding [mot]
Probe *f* (Musterstück) specimen [mas]
Probebetrieb *m* test run [msr]; trial run [mas]
Probefahrt *f* (z.B. neues Auto) road test [mot]; (z.B. des neuen Waggons) trial trip [mot]
Probekörper *m* test piece [msr]
Probelauf *m* (nicht unter Last) dry run [met]; pre-commissioning checks [pow]; (neue oder reparierte Maschine) test run [msr]; (neue oder reparierte Maschine) trial run [mas]
Probelaufergebnis *n* (nach Testlauf) trial evaluation [mas]
Probenahme *f* sampling [mot]
Probenahmeeinrichtung *f* sampling device [msr]
Probenehmer *m* sampler [msr]
Probenform *f* shape of sample [mas]
Probestab *m* (Materialprüfung) specimen [mas]; (Materialprüfung) test piece [met]; test specimen [met]
probeweise (kann verändert werden) tentative
Probewürfel *m* test cube [met]
Probezeit *f* (z.B. für Material, Ware) testing period [met]
Probierhahn *m* sample cock [mot]
Problemschwerpunkt *m* main problem
Produktbereich *m* product range [eco]
Produktentwicklung *f* product development [con]
Produktfehler *m* (Fehler bei Produktion) defaults on production [met]

Produkthaftpflichtversicherung *f* comprehensive general liability insurance [jur]; products and completed operations liability insurance [jur]
Produkthinweis *m* (z.B. in Zeitschrift) product reference [con]
Produktinformation *f* product information [con]
Produktion *f* (im Werk) factory; (im Werk) shop floor [mas]
Produktionsanlagen *pl* (Fabrik) manufacturing equipment [met]
Produktionsbereich *m* range of production [met]
Produktionsfläche *f* production area [met]; production surface [mbt]
Produktionskette *f* (Reihenfolge) manufacturing chain [met]
Produktionsleittechnik *f* production management [edv]
Produktionsmittel *n* means of production [met]
Produktionsmöglichkeiten, verbesserte *pl* improved manufacturing opportunities [mas]
Produktionsprogramm *n* (Palette, Ware) production range; (nach Zeitplan) production schedule
Produktionsprozess *m* process of production [met]
Produktionsstätte *f* manufacturing plant [met]
Produktionssteuerungssystem *n* production control system [edv]
Produktionssysteme, rechner-integrierte - *pl* computer-integrated systems for factory automation [edv]
Produktivitätsfaktor *m* productivity factor [edv]
Produktnachweis *m* product reference [con]
Produktprogramm *n* product range [eco]
Produktqualität *f* product quality [edv]
Produktrisiko *n* products hazards [jur]
Produktspezifikation *f* product specification [mas]
Produktübergabe *f* (Versendung) shipping the product [eco]
Profil *n* profile [met]; shape [met]; (des Reifens) tread [mot]
Profilachse *f* extruding axis [mbt]
Profilbezugslinie *f* profile reference line [con]
Profildichtung *f* (z.B. Scheibe-Fahrerhaus) sealing section [mas]
Profilgreifer *m* profile grab [mbt]
Profilgummi *m* rubber section [mas]
profilieren *v* (der Straße) profiling of a road [mbt]
Profilierung *f* (der Straße) profiling [mot]
Profil, kunststoffummanteltes - *n* plastic-coated section [met]
Profillehre *f* camberboard [msr]
Profillöffel *m* profile backhoe [mbt]; profile bucket [mbt]; profiling bucket [mbt]
Profilrohr *n* section tube [mas]
Profilschelle *f* profile clamp [mas]
Profilstahl *m* shaped steel [met]; steel section [mas]
Profilstahl *n* sectional steel [met]
Profilträger *m* rolled beam [mas]
Profilverschiebung *f* (am Zahnrad) addendum modification [mas]; (im Stahlbau) off-set profiling; (am Zahnrad) profile correction [mas]
Profilverzahnung *f* spline [mot]
Prognose *f* (Voraussage) prognosis
prognostizieren *v* prognosticate
Programmabbruch *m* (Software) abend [edv]
Programm, breites - *n* extensive program [eco]
Programmentwurf *m* (Software) software design [edv]
Programmieren *n* (Software) programming [edv]
Programmieren, logisches - *n* logic programming [edv]
Programmiersprache *f* (Software) programming language [edv]
Programmkorrektheit *f* (Software) program correction [edv]
Programmsystem *n* (Software) programming system [edv]
Programmtest *m* (Software) software testing [edv]
Programmtransformation *f* (Software) program transformation [edv]
Programmverifikation *f* (Software) program verification [edv]
Projektabwicklung *f* software management [edv]
Projektfragebogen *m* project questionnaire [con]
Projektierung *f* (Konstruktion) projecting [con]

Projektierung, maßgetreue - *f* (z.B. Fabrik) planning accurate to dimension [con]
Projektionsabstand *m* projection distance [con]
Projektkontrolle *f* project control [edv]
Projektmanagement *n* project management [edv]
Projekt, schlüsselfertiges - *n* turn-key job [bau]
Projektstudie *f* pre-investment study [eco]
Projektzeichnung *f* project drawing [con]
Promille (pro tausend) per thousand [mat]
Proportionalregelung *f* (Regler: P-Verhalten) proportional-action control [msr]
Proportionalregler *m* proportional controller [pow]
Proportionalventil *n* proportional valve [mot]; prop valve [mot]
Prospekt *m* (z.B. Werbebroschüre) brochure [eco]; (Technische Daten, usw.) literature [eco]
Prothese *f* (Kunstglied) prosthesis [hum]
Protokoll *n* (der Sitzung) minutes
Protokollanalyse *f* protocol analysis [edv]
Protokoll aufnehmen *v* take the minutes
Protokolleintragung *f* (in Sitzungsprotokoll) entry in the minutes
protokollieren *v* (aufzeichnen) record; (aufzeichnen) take minutes
Prototyp *m* prototype [edv]
Protuberanz *f* (Ausstülpung) excrescence [met]; (Ausstülpung) protuberance [mas]
Protuberanzfräser *m* (fräst Ausstülpung) protuberance rotary grinder [wzg]
provisorisch (bis Besseres möglich) temporary
Prozess *m* (bei Gericht) court hearing [jur]
Prozessautomatisierung *f* automatic process control [msr]
Prozessdatenverarbeitung *f* process control [edv]
Prozessindustrie *f* (Papier, Textil) process industry
Prozesskontrolle *f* process control [edv]
Prozessrechner *m* process computer [edv]
Prozesswasser *n* process water [was]
Prüfablauf *m* (Testreihenfolge) test procedure [msr]
Prüfanlage *f* (Gerät) test equipment [msr]; (Ausrüstung) test installation [mas]; (Einheit) test unit [mas]
Prüfanschluss *m* testing socket [elt]
Prüfaufgabe *f* test assignment [msr]
Prüfbedingung *f* test condition [msr]
Prüfbereich *m* section to be scanned [msr]; test range [msr]
Prüfblatt *n* test sheet [msr]
Prüfblock *m* (Körper) reference block [msr]; (Körper) test block [met]
Prüfdichte *f* scanning density [elt]
Prüfebene *f* testing level
Prüfempfindlichkeit *f* scanning sensitivity [msr]; test sensitivity [msr]
Prüfer *m* analyser [msr]
Prüffolge *f* scanning cycle [elt]; testing cycle [mas]
Prüffrequenz *f* scanning frequency [elt]; testing frequency [elt]
Prüfgenauigkeit *f* testing accuracy [msr]
Prüfgerät *n* test equipment [msr]; testing apparatus [msr]; testing instrument [mas]
Prüfkabel *n* probe cable [msr]
Prüfkanal *n* scanning channel [elt]
Prüfkopf *m* probe [msr]
Prüfkopfanpasser *m* probe adapter [met]
Prüfkopfbewegung *f* probe motion [met]
Prüfkopfeinsatz *m* probe insert [elt]
Prüfkopfführungseinrichtung *f* probe mount [met]
Prüfkopfhaltebügel *m* probe clip [met]
Prüfkopfhalteraufnahme *f* probe holder receptacle [met]
Prüfkopfhalterung *f* probe holder [met]
Prüfkopfklammer *f* probe clamp [met]
Prüfkopfklemmring *m* probe clamping ring [elt]
Prüfkopfschuh *m* probe shoe [met]
Prüfkopf, ungedämpfter - *m* undamped probe [msr]
Prüfkopf, verschiebbarer - *m* moveable probe [msr]
Prüfkörper *m* reference block [msr]
Prüflampe *f* test lamp [msr]
Prüflehre *f* master gauge [msr]
Prüfleiste *f* socket panel [mas]
Prüfleistung *f* testing efficiency [mas]
Prüfling *m* (Prüfmusterstück) specimen [mas]
Prüfliste *f* check list
Prüfmaschine *f* test machine [mas]
Prüfmaß *n* test dimension [con]

Prüfort *m* scanning site [msr]
Prüfpersonal *n* checking personnel [msr]; checking staff [msr]; test personnel [msr]; test staff [msr]
Prüfprotokoll *n* testing record [msr]; test records [msr]
Prüfrohr *n* scanning tube [elt]
Prüfschärfe *f* rigidity of test [mas]
Prüfsicherheit *f* inspection reliability [mas]
Prüfspannung *f* testing voltage [elt]; test voltage [elt]
Prüfspur *f* scanning track [elt]
Prüfstand *m* test bench [mas]; testing stand [mas]; test rig [msr]
Prüfstecker *m* test plug [elt]
Prüfstrom *m* test current [elt]
Prüfstück *n* (beim Schweißen) joint sample [met]
Prüfstutzen *m* (der Waggonbremse) test socket [mot]
Prüftemperatur *f* test temperature [pow]
Prüfumschalter *m* probe cable switch selector [elt]
Prüfung *f* examination [pow]
Prüfung auf Beschädigungen *f* check for damage
Prüfung, berührende *f* contact scanning [msr]
Prüfung, berührungslose *f* non-contact scanning [msr]
Prüfungsanforderung *f* test requirement [msr]
Prüfungsbedingung *f* test condition [msr]
Prüfungsbuch *n* test-book [msr]
Prüfungsgebühr *f* test tariff [msr]
Prüfung während des Betriebes *f* operational check [msr]
Prüfung, zerstörende - *f* test, destructive - [msr]
Prüfung, zerstörungsfreie - *f* non-destructive testing [msr]
Prüfventil *n* (Kontrollventil) check valve [pow]
Prüfverfahren *n* test method [msr]
Prüfvorschrift *f* test specification [nrm]
Prüfwerkzeug *n* checking tool [wzg]
Prüfzone *f* scanning zone [elt]
Puffer *m* (Prellbock) buffer stop [mot]
Puffer, hydraulischer - *m* hydraulic buffer [mbt]
Pufferkupplung *f* buffer coupling [mot]
pufferlos bufferless wagons [mot]
Pufferstößel mit Teller *m* buffer head [mot]
Pufferteller *m* buffer disk [mot]
Pufferträger *m* (bei Schienenfahrzeugen) buffer beam [mot]
pullen *v* (ein Ruderboot bewegen) row [mot]
Pultdach *n* pent roof [bau]; pitch roof [bau]; shed roof [bau]
pulverbeschichtet powder-coated [met]
pulverisieren *v* pulverising [roh]
pulvertrocken powder-dry [met]
Pumpbeton *m* pumpcrete [bau]
Pumpe mit konstantem Förderstrom *f* constant displacement pump [mot]
Pumpe mit Leitschaufelkranz *f* diffuser type pump [mot]
Pumpe mit Leitschaufeln *f* diffuser type pump [mot]
Pumpenaggregat *n* (vollständige Einheit) pump set [mas]
Pumpenanordnung *f* arrangement of pumps [pow]
Pumpenantrieb *m* pump drive [mot]
Pumpenantriebsrad *n* (Pumpen-antriebsritzel) pump pinion [mot]
Pumpenauslassventil *n* pump outlet relief valve [mot]; pump outlet valve [mot]
Pumpendruck *m* pump relief [mot]
Pumpendruckstutzen *m* pump outlet side [pow]
Pumpendurchsatz *m* (Pumpenleistung) pump flow [mot]
Pumpendüse *f* pump jet [mot]; pump nozzle [mot]
Pumpeneinlassventil *n* pump inlet check valve [mot]; pump inlet valve [mot]
Pumpeneinsatz *m* cartridge kit [mot]; pump cartridge [mot]
Pumpengehäuse *n* pump housing [mot]
Pumpenhaus *n* (Pumpstation) pump-bay; (Pumpstation) pump station
Pumpenhebel *m* pump piston lever [mot]
Pumpenkolben *m* pump barrel [mot]; pump piston [mot]; pump plunger [mot]
Pumpenkonsole *f* pump bracket [mot]
Pumpenmembran *f* pump diaphragm [mot]
Pumpenrad *n* impeller [mot]; pump wheel [mot]
Pumpenritzel *n* pump pinion [mot]
Pumpenstange *f* pump rod [mot]

Pumpenstrom *m* pump flow [mot]
Pumpenumlaufkühlung *f* pump circulated cooling [mot]
Pumpenverhalten *n* operating behaviour of pumps [mot]
Pumpenverteilergetriebe *n* power take-off gear for pumps [mas]; pump transfer gear [mot]
Pumpenwellendichtung *f* pump shaft seal [mot]
Pumpenzylinder *m* pump cylinder [mot]
Pumpe, selbstregelnde - *f* self-regulating pump [mot]
Pumpspeicher *m* (in Laderbremssystem) pump accumulator [mot]
Pumpstation *f* (Pumpenhaus) pump-bay
Pumpstation, schwimmende - *f* floating booster pump station [mot]
punktiert (punktierte Linie) dotted [con]
Punktierung *f* dotting [con]
Punktlast *f* concentrated load [phy]; point load [bau]
Punktnaht *f* (punktgeschweißte Naht) spot weld [met]
Punktprüfkopf *m* point-focused probe [msr]
punktschweißen *v* spot weld [met]
Punktschweißen *n* (hier: heften) tack weld [met]
Punktschweißung *f* point welding [met]; spot welding [met]; track welding [met]
Punkt, toter - *m* (im Motor) dead spot [mot]
punktuell localized
purpurrot (RAL 3004) purple red [nrm]
purpurviolett (RAL 4007) purple violet [nrm]
Putz *m* finish [bau]; plaster [bau]
Putzbewehrung *f* plaster reinforcement [bau]
putzen *v* (säubern) clean; (glätten) trowel [bau]
Putzlappen *m* (aus altem Stoff) rag
Putzschicht *f* coat [bau]; plaster coat [bau]
Putzträger *m* plaster base [bau]
Pyrometer, optisches - *n* optical pyrometer [msr]

Q

Quadratkilometer *m* square kilometre [msr]
Quadratmeile *f* square mile [msr]
Quadratmeter *m* square meter [msr]
Qualität, höherfeste - *f* (Stahl) high-strength sheet steel [met]
Qualitätsanforderungen *pl* standards
Qualitäts- und Edelstahlgüten *pl* high quality and high grade steel [mas]
Qualitätszertifikat *n* (Werkstattest) company certificate [msr]
Qualm *m* (meist Rauch und Dampf) fumes [air]; (meist Rauch und Dampf) smoke [air]
Quecksilberbatterie *f* mercury battery [elt]
Quecksilbermanometer *n* mercury manometer [msr]
Quecksilbersäule *f* (mm Hg) inches of mercury [pow]
Quecksilberschalter *m* mercury switch [elt]
Quecksilberthermometer *f* mercury-in-glass thermometer [msr]; mercury thermometer [msr]
Quelldiskette *f* (bei Kopiervorgang) source disc [edv]
quer (querverlaufend, bei Bauelementen) transverse [mas]
Querachse *f* transverse axis [mas]
Queranschlag *m* cross stop [met]
Querausdehnung *f* lateral extension [mot]
Querautomatik *f* cross-levelling device [mbt]
Querbalken *m* crossbar [bau]; cross-beam [bau]; cross girder [bau]; cross truss [bau]; ledger [bau]; (Stahlbau) transverse beam [bau]
Querdehnung *f* transverse elongation [met]
Querfeder *f* transverse spring [mas]
Querfehler *m* transverse defect [mas]
Querfehleranzeige *f* transverse flaw signal [mas]
Quergefälle *n* cross-slope [bau]
Quergriff *m* T-handle [mas]
Querholm *m* transverse spar [mas]
Querkraft *f* shear force [mas]; transverse force [mas]
Querlenker *m* transverse control arm [mas]; transverse link [mas]
Quernute *f* transverse groove [mas]
Querplatte *f* (bei Stützenstößen) transverse plate [bau]
Querprofil *n* (Schnitt durch Straße) cross-section [bau]
Querriegel *m* crossbar [bau]; cross-beam [bau]
Querrinne *f* pole drain [bau]
Querriss *m* transversal crack [mas]; (in Schweißnähten) transverse crack [met]
Querrohr *n* cross tube [met]
Querrollbahn *f* gravity roller [mas]
Querruder *n* (des Flugzeuges) aileron [mot]
Quersattel *m* cross saddle [met]
Querschnitt *m* (z.B. in einer Zeichnung) transversal section [con]
Querschnittdarstellung *f* sectional drawing [mas]
Querschnitt, nutzbarer - *m* effective cross-section
Querschnitt, quadratischer - *m* square profile [mas]
Querschnittsänderung *f* change in section [con]
Querschnittsfläche *m* cross-sectional area [con]
Querschnittsminderung *f* reduction of cross-section [con]
Querschnittzeichnung *f* (von der Seite) lateral section drawing [con]; profile section [mbt]; transverse section-drawing [con]
Querspaltsieb *n* lateral slotted screen [mas]
Querspiel *f* (der Waggonachse) axle floating [mot]
Querstrahlruder *n* transverse thruster [mot]
Querstrahlsteuer *n* transverse thruster [mot]
Querstrebe *f* cross-beam [bau]; cross brace [bau]; cross member [bau]
Querstrecke *f* (unter Tage) cross-heading [roh]
Querstromlüfter *m* shaded pole fan [mot]
Querstromsichter *m* cross stream separator [roh]
Querteilen *n* cutting to length [met]; cutting to width [met]
Querteilung *f* side spacing [pow]; transversal spacing [mas]

Querträger *m* chassis cross number [mot]; (z.B. Waggon, Lkw) crossbar [bau]; cross-beam [bau]; cross girder [bau]; cross-head [bau]; (Stahlbau, Waggon) cross member [bau]; (z.B. Waggon) cross tie [mot]; (Stahlbau) transverse beam [bau]; (im Stahlbau) transverse girder [mas]
Quertransport *m* transverse conveying [mot]
Quertraverse *f* equalizer bar [mas]
Quertrommelkessel *m* cross-drum boiler [pow]
Querverankerung *f* cross stay [bau]
Querverband *m* (Brücke) sway bracing [bau]
Querverstrebung *f* cross brace [bau]; (Stahlbau) sway bracing [bau]
Querverteilung *f* lateral distribution [mas]
Querverteilung *pl* transverse distribution [mas]
Querverteilungsarbeiten *f* transverse spreading work [mas]
Querwand *f* cross-wall [bau]
Querwelle *f* cross shaft [mot]; transverse wave [mas]
Querzug *m* (Überhitzerzug) lateral gas pass [pow]
Quetschspannung *f* compressive yield stress [met]

R

Radabdeckung *f* (Kotflügel) fender [mot]
Radabzieher *m* wheel puller [mot]
Radanordnung *f* wheel arrangement [mot]
Radantrieb *m* wheel drive [mot]
Radaranlage *f* (Funkortungsstelle; RE) radar station [elt]
Radargerät *n* (in D Stativ, stationär) speed gun [mot]
Radarschirm *m* radar screen [elt]
Radarwellen *pl* (Funkortung) radar waves [elt]
Radbefestigungsbolzen *m* wheel mounting bolt [mot]
Radbefestigungsmutter *f* wheel mounting nut [mot]
Radbremse *f* wheel brake [mot]
Radbremszylinder *m* wheel cylinder [mot]
Raddurchmesser *m* diameter of wheel [mot]; wheel diameter [mot]
Räderantrieb *m* gear drive [mot]
Räderfahrzeug *n* wheeled vehicle [mot]
Räderkasten *m* gear case [mot]
Räder und Bereifung *pl* wheels and tyres [mot]
Rad, evolventenverzahntes - *n* involute gear wheel [mas]
Radfelge *f* wheel rim [mot]
Radialdichtring für Welle *m* radial seal for rotating shaft [mas]
Radialdichtung *f* oil seal sleeve [mas]; radial packing [mas]; radial seal [mas]
Radialdichtungssatz *m* oil seal assembly [mas]
Radialdruck *m* radial pressure [phy]; radial thrust [mas]
Radialgebläse *n* radial compressor [mas]; radial flow fan [mas]
Radialkolbenpumpe *f* radial piston pump [mas]
Radialreifen *m* radial tyre [mot]
Radialschlag *m* raceway radial run-out [mas]
Radialschnittbild *n* radial cross section diagram [con]
Radialschwingung *f* radial oscillation [phy]
Radialzähne *pl* radial teeth [mas]
Radien gleichmäßig verkleinern *v* taper radii equally
Radien, unbemaßte - *pl* (auf Zeichnungen) radii without dimensions [con]
Radioteleskop *n* (misst Echoschall) radio telescope [msr]
Radkappe *f* (z.B. an Pkw) hubcap [mot]
Radkörper *m* (des Zahnrades) gear body [mot]; (Nabe) wheel centre [mot]
Radkranz *m* (läuft auf Schiene) wheel rim [mot]; (mit Reifen) wheel rim with tyre [mot]
Radlader *m* front-end loader [mot]; rubber-tyred loader [mbt]; wheeled loader [mot]; wheel loader [mot]; wheel-mounted front-end loader [mot]
Radlager *n* wheel bearing [mot]
Radlast *f* (wird oder kann getragen werden) wheel load [mot]
Radlenker *m* (der Bahn; z.B. an Weichen) check rail [mot]
Rad mit Radreifen *n* (bei der Bahn) wheel with tyre [mot]
Radmutter *f* wheel nut [mot]
Radmutterbolzen *m* wheel-nut pin [mot]
Radnabe *f* (des Zahnrades) gear hub [mot]; (des Autos) hub [mot]; (bei der Bahn) wheel boss [mot]; wheel hub [mot]
Radnabenschlüssel *m* axle nut spanner [wzg]; axle nut wrench [wzg]
Radplaniergerät *n* wheeled dozer [mot]
Radprofil *n* (des Eisenbahnrades) wheel profile [mot]
Radreifen *m* (auf Rad aufgeschrumpft) bandage [mot]; (z.B. auf Rad des Waggons) tyre [mot]
Radsatz *m* (der Bahn) wheel set [mot]
Radsatzabstand *m* wheelbase [mot]
Radsatzdrehbank *f* (z.B. bei der Bahn) wheel lathe [mas]
Radsatzdrehmaschine *f* (z.B. bei der Bahn) wheel lathe [mas]
Radsatzlager *n* wheel set bearing [mot]
Radsatzlast *f* wheel set capacity [mot]; wheel set load [mot]
Radsatzpresse *f* wheel press [mot]
Radsatzprüfstand *m* wheel set test assembly [mot]
Radsatzpumpe *f* wheel set pump [mot]
Radsatzwelle *f* wheel set shaft [mot]
Radsatzwellenschenkeldurchmesser *m* journal diameter [mot]
Radscheibe *f* (des Waggons) wheel body [mot]; wheel disc [mot]

Radscheibenbremse *f* wheel disc brake [mot]
Radscheibe, zweifach gewellte - *f* double-dished wheel disc [mot]
Radschlüssel *m* ratchet wrench [wzg]
Radspeiche *f* spoke [mot]
Radstand *m* tyre base [mot]; wheelbase [mot]
Radstern *m* spoke wheel centre [mot]; wheel spider [mot]
Radsturz *m* (z.B. Grader bei Schräghang) leaning wheels [mot]; wheel cambering [mot]; (beim Grader) wheel lean [mot]
Radsturzverstellung *f* wheel lean adjusting [mot]
Radvorlauf *m* wheel castor [mot]
Radzylinder *m* wheel cylinder [mot]
Raffineriegas *n* refinery gas [roh]
Rähm *m* mount [bau]
Rahmen *m* (Begrenzung) border; (mit Kastenprofil) box-type frame [mbt]; (Grundplatte) chassis [mot]; (z.B. Plan, Fachwerk) framework [bau]; (Hauptrahmen, Datenträger) main frame [edv]; (z.B. des Autos) main frame [mot]; (felgenartig) rim [mot]
Rahmenbedingungen *pl* general conditions
Rahmen, biegefester - *m* (Stahlbau) rigid frame [bau]
Rahmenbrille *f* frame centre rest [mot]
Rahmen für Scheinwerfer *m* headlight frames [mas]
Rahmengabel *f* frame fork [mot]
Rahmengitter *n* frame screen [met]
Rahmen, im - von... (im Zusammenhang mit...) in the course of.... [jur]
Rahmenkonstruktion *f* (Stahlbau) frame construction [bau]; frame structure [mas]
Rahmenlängsträger *m* longitudinal girder of frame [mot]
Rahmen, mehrfeldriger - *m* (Stahlbau) multi-bay frame [bau]
Rahmenriegel *m* (Stahlbau) horizontal member [bau]
Rahmenstiel *m* (Stahlbau) portal leg [bau]
Rahmenstütze *f* (Stahlbau) frame column [bau]; frame stanchion [bau]
Rahmenträger *m* frame girder [bau]
Rahmentragwerk *n* structural frame [bau]
Rahmenunterzug *m* frame trussing [mot]
Rahmenverlängerung *m* frame extension [mot]
Raketenmotoranzünder *m* rocket motor ignitor [mot]
Rammbär *m* pile driver [bau]; ram [bau]
Rammbock *m* pile driver [bau]; rammer [bau]
Ramme *f* rammer [bau]
rammen *v* ram [bau]
Rammen *n* (von Pfählen) pile driving [bau]
Rammenergie *f* driving energy [bau]
Rammgestänge *n* driving rods [bau]
Rammhammer *m* ram hammer [bau]
Rammrohr *f* piling pipe [mas]
Rammschutz *m* (z.B. an kleinem Bagger) fender [mbt]
Rampe *f* (Brücken-) approach [bau]; (zum Verladen) ramp [bau]; (an der Bahn) trackramp [mot]; (Zug überwindet ohne große Kraft) velocity head [mot]
Rampe, schräge - *f* inclined ramp [bau]
Rand *m* (z.B. Oberkante des Behälters) lip [mas]
Randeffekt *m* boundary effect; edge effect [elt]
Rändelknopf *m* knurled knob [mot]
Rändelmutter *f* knurled thumb nut [mas]
rändeln *v* knurl [met]; mill [met]; rim [met]
Rändelrad *n* knurled wheel [mas]
Rändelschraube *f* knurled head screw [mas]; knurled thumb screw [mas]
Randfehler *m* (Rand ausgefranst) fringe flaw [met]
Randgebiet *n* peripheral area [bau]
Randschicht *f* (Übergang) transition region [met]
randschichtgehärtet edge-zone hardened [met]
Randschichthärtung *f* edge-zone hardening [met]
Randschwelle, hölzerne - *f* timber kerb [bau]
Randstein *m* (an Bordkante der Straße) curbstone [bau]
Randstrahlung *f* (streut, franst aus) fringe radiation [met]
Randstreifenverteiler *m* windrow spreader [mbt]
Rangierbahnhof *m* marshalling yard [mot]; switching yard [mot]

rangieren *v* (vorwärts rangieren) head shunt [mot]; (z.B. Auto in engem Gelände) manoeuvre [mot]; (der Bahn) marshal [mot]; range; (Lok setzt um) running round her train [mot]; (der Bahn) shunt [mot]
Rangierer *m* (Bahnpersonal) shunter [mot]
Rangiergleis *n* shunting track [mot]
Rangierlok *f* (kleine Rangierlok) locomotive trolley [mot]
Rangierlokomotive *f* shunting locomotive, electric [mot]
Rangiervorgang *m* switching process of shunting [mot]
Raste *f* catch [met]; (Sperre, Riegel) latch [mas]
rasten *v* (rastern, mit Raster versehen) screen [mas]
Rasterfläche *f* measuring area [con]
Rasterplatte *f* grid board [mas]
Rastersystem *n* grid system [mas]
Ratsche *f* pawl [mas]; ratchet [wzg]
Ratschenhebel *m* ratchet wrench [wzg]
ratterfrei chatterfree [met]
rattern *v* (vibrieren, schnattern) chatter [mot]; knock [mas]; rattle
rau rough [mas]; uneven [met]
Rauch *m* fumes [air]; smoke [air]
Rauchabsauganlage *f* smoke exhaust system [bau]
Rauchbegrenzer *m* smoke limiter [mot]
Rauchbegrenzer einstellen *v* set the smoke limiter [mot]
Rauchdichtealarm *m* smoke density alarm [air]
Rauchdichteskala *f* Ringelmann chart [pow]
Rauchfahne *f* trail of smoke [air]
Rauchfang *m* (Schornstein im Haus) chimney [bau]; (am Heizhausdach) smoke funnel [mot]
Rauchgas *n* flue gas [pow]
Rauchgasanalyse *f* flue gas analysis [pow]
Rauchgasaustritt *m* flue gas outlet [pow]
Rauchgasentnahmeschlauch *m* (für Orsat-Analyse) gas sampling hose [pow]
Rauchgasgeschwindigkeit *f* flue gas velocity [pow]
Rauchgaskanal *m* flue [pow]; flue gas canal [pow]
Rauchgaskanalquerschnitt *m* flue cross sectional area [pow]
Rauchgasklappe *f* flue gas damper [pow]
Rauchgasprobe *f* flue gas sample [pow]
Rauchgasregelklappe *f* gas damper [pow]
Rauchgasregelzug *m* damper-controlled gas pass [pow]
Rauchgasrückführungskanal *m* flue gas recirculation duct [pow]
Rauchgasrücksaugung *f* flue gas recirculation [pow]
Rauchgasschieber *m* flue gas outlet damper [pow]
rauchgasseitig gas side [pow]
Rauchgastemperatur *f* flue gas temperature [pow]
Rauchgasumführungsklappe *f* flue gas bypass damper [pow]
Rauchgaszug *m* gas pass [pow]
Rauchglas *n* (z.B. im Abteilfenster) smoked glass [mot]
Rauchglasscheibe *f* (in Eisenbahnwagen) smoked window [mot]
Rauchkammer *f* (Dampflok) smoke box [mot]
Rauchkammertür *f* (Dampflok) smoke box door [mot]
Rauchmelder *m* smoke detector [msr]
Rauchrohr *n* (Dampflok) smoke tube [mot]
Rauchrohrkessel *m* fire tube boiler [pow]
Rauchschutztür *f* smoke-control door [bau]
Rauheit *f* roughness [mas]
Rauhigkeitsmessgerät *n* roughness measuring device [msr]
Räumarbeit *f* (mit Räumnadel) broaching operation [met]
Raumbedarf *m* space requirement [bau]; spatial requirement [bau]
Raumbeständigkeit *f* constant volume [bau]; volume consistency [met]
Räumbreite *f* clearing width [mbt]
Räumdorn *m* push broach [wzg]
Räumdurchgang *m* (in Zylinderrohr) broaching pass [met]
Räumegge *f* (am Kratzer) raking device [wzg]
räumen *f* (Baustelle -) demobilize [bau]
räumen *v* (Rohrwand bearbeiten) broach [met]
Raumfähre *f* (wird wiederverwendet) space shuttle [mot]
Raumfuge *f* running joint [bau]
Raum für Markierung *m* space for marker [con]

R

Räumgerät *n* track clearing equipment [mbt]
Raumgewicht *n* volume weight [bau]
Raumklima *n* interior climate [bau]; room climate [bau]
Räumnadel *f* (macht Vielkeilprofil) broach [wzg]; (bearbeitet Zylinderinnenwand) internal broach [wzg]
Raumplanung *f* regional planning [bau]
Raumschiff *n* spaceship [mot]
Räumschild *n* dozer blade [mbt]
Räumschnecke *f* (der Fräse) clearing worm [mbt]
Raumsonde *f* space probe [mot]
raumsparend compact; space-saving [bau]
Raumtemperatur *f* ambient temperature [bau]; room temperature [pow]
Raum, umbauter - *m* (in einem Haus oder einer Halle) enclosed space [bau]; (eines Hauses oder einer Halle) walled-in space [bau]
Raupe *f* (Schweißnaht) bead [met]; (des Baggers) track [mbt]; (Schweißnaht) welding bead [met]
Raupenbagger *m* caterpillar [mot]; crawler excavator [mbt]; track excavator [mbt]
Raupenfahrwerk *n* crawler track [roh]
Raupengerät *n* crawler excavator [mbt]; track excavator [mbt]
Raupenkette *f* (z.B. Bagger) crawler track [mbt]; (z.B. Seilbagger) crawler tread belt [mbt]; (z.B. Bagger) track [mbt]; track chain [mbt]
R
Raupenkettenbolzen *m* crawler-chain link pin [mbt]
Raupenkettenglied *n* crawler chain link [mbt]
Raupenkettenträger *m* (Seitenrahmen) track frame [mbt]
Raupenlader *m* crawler-mounted front-end loader [mot]; front-end loader [mot]
Raupenmotor *m* (Antriebsmotor) drive motor track motor [mot]; track motor [mbt]
Raupenschlepper *m* caterpillar tractor [mbt]; crawler tractor [mot]
Raupenträger *m* crawler base [mbt]
Raupenunterwagen *m* crawler undercarriage [mbt]
Rauputz *m* (am Haus) rough cast [bau]; rough-cast [bau]
Rauschabstand *m* signal/noise ratio [elt]
Rauschanteil *m* noise component [aku]
Rauschbild *n* noise pattern [aku]
Rauschen *n* background noise [mas]; random noise
Rautiefe *f* (der Oberfläche) depth of roughness [met]; (der Oberfläche) peak-to-valley height [mas]; (der Oberfläche) surface roughness [mas]
reaktionsfähig reactive [che]; responsive [che]
Reaktorelement *n* reactor element [elt]
Reaktorkuppel *f* (im Kernkraftwerk) containment [pow]
Realteil *m* (z.B. einer komplexen Zahl) real part [mat]
Realzeit *f* real time [edv]
Rechenanlage *f* computer [edv]
Rechenfehler *m* (im Rechner) computing error [edv]
Rechenmaschine *f* computer [edv]; computing machine [edv]
Rechenschieber *m* sliding rule [mat]
rechnen *v* count [mat]
rechnergestützte Konstruktion *f* computer-aided design [con]
rechnerintegrierte Produktionssysteme *pl* computer-integrated systems for factory automation [edv]
Rechnernetz *n* computer network [edv]
Rechnersystem *n* computer system [edv]
rechnerunterstützt computer aided [edv]
Rechnungswesen *n* accountancy [eco]
Rechteckhohlprofil *f* rectangular hollow section [met]
Rechteckimpuls *m* rectangular pulse [elt]; square pulse [elt]; square wave pulse [elt]
Rechteckkanal *m* rectangular duct [bau]
Rechteckprofil *n* rectangular section [bau]
Rechteckring *m* square section ring [mot]
Rechteckschwingung *f* square wave [phy]
Rechteckspannung *f* square wave voltage [elt]
Rechteckstrahler *m* rectangular beam [elt]
Rechteckwelle *f* square wave [elt]
rechts (Richtungsangabe) on the right
Rechtsabteilung *f* legal department [jur]
Rechtsanwalt *m* (mein Anwalt) lawyer [jur]
Rechtsausführung *f* right hand construction [pow]; (rechte Seite) right-hand design [con]

rechtsdrehend (im Uhrzeigersinn) right-hand turning
rechtsgängig (Zahnrad) right-handed [mas]
Rechtsgewinde *n* right-hand thread [mas]
Rechtsnachfolger *m* assignee [jur]; successor in title [jur]
Rechtsstellung *f* legal position [jur]; status [jur]
Rechtsverkehr *m* right-hand traffic [mot]
rechtwinkelig square [con]
rechtwinklig rectangular [mat]
Rede halten *v* give a speech
Redler *m* (Zuteiler) Redler conveyor [pow]
Redlerbühne *f* mill feeder level [mas]
Reduktionsgetriebe *n* step-down gear [mot]
redundant (im Überfluss vorhanden) redundant
Reduzierantrieb *m* step-down gear [mot]
Reduziereinsatz *m* reducer [mas]
reduzieren *v* reduce
Reduziermuffe *f* sleeve [mot]
Reduziernippel *m* reducing nipple [mas]
Reduzierstation *f* pressure reducing station [pow]
Reduzierstück *n* (z.B. in Rohrleitung) reducer [mas]; (der Verrohrungsanlage) reduction piece [mas]
Reduzierventil *n* pressure reducing valve [pow]; reducing valve [mas]
Reduzierverschraubung *f* reducer connector [mot]
Reede *f* (Schiffe vor dem Hafen) roadstead [mot]
Reeder *m* shipowner [mot]
Reederei *f* shipping company [mot]; shipping line [mot]
Referenzfoto *n* (als Muster oder Beweis) reference photograph
Referenzknoten *m* reference node [elt]
Referenzliste *f* list of reference addresses
Reflektor, ebener - *m* planar reflector [elt]
Reflektor, kreisscheibenförmiger - *m* disc-shaped reflector [elt]
Reflektor, zylindrischer - *m* cylindrical reflector [mot]
Reflexion, diffuse - *f* diffuse reflection [phy]
Reflexion, partielle - *f* partial reflection [phy]
Reflexionsfaktor *m* reflection coefficient [phy]
Reflexionsfläche *f* reflection face [phy]
Reflexionskoeffizient *m* reflection coefficient [phy]; reflection factor [phy]
Reflexionslichtschranke *f* reflection light barrier [phy]
Reflexionsloch *n* reflection gap [phy]
Reflexionsverfahren *n* reflection method [phy]
Reflexionswinkel *m* angle of reflection [phy]
Reflexion, zweimalige - *f* double bounce reflection [elt]
Regalstapler *m* swing forklift [mot]
Regelabweichung *f* control deviation [elt]; system deviation [msr]
Regelabweichung, bleibende - *f* sustained deviation [msr]
Regelantrieb *m* control drive [mot]
Regelbauart *f* standard design [mas]
Regelbeginn *m* beginning of regulation [mot]
Regelbereich *m* control range [mot]; range of control [msr]
Regelbereichsunterschreitung *f* below regulated range [mot]
Regeldrehzahl *f* governed speed [mot]
Regeldruck *m* control pressure [mot]
Regeleinrichtung *f* governor [msr]
Regel, erweiterte - *f* augmented rule [con]
Regelfahrmotor *m* shiftable engine [mot]
Regelgenauigkeit *f* control precision [elt]
Regelgerät *n* control device [mot]
Regelgetriebe *n* control gear [pow]
Regelglied *n* control element [mot]
Regelgröße *f* standard size [mot]
Regelkennlinie *f* control characteristic [elt]
Regelkreis *m* automatic control loop [elt]; closed-loop control circuit [elt]; control circuit [mot]; feed back [mot]; regulating circuit [msr]
Regellast *f* normal load; standard loading [bau]
regelmäßig (anhaltend, beständig) consistent; (z.B. zu bestimmten Zeiten) regular; (gleichförmig) uniform
Regeln durch Erfahrung *n* rules from experience
Regeln, übereinstimmend mit - compatible with codes [con]
Regelpumpe *f* regulating pump [mot]; variable capacity pump [mot]

Regelschalter *m* regulator and cut-out relay [mot]
Regelspannung *f* (etwas wird gesteuert) control voltage [elt]; (Spannung gleichbleibend) regulated voltage [elt]
Regelstange *f* control rack [mot]
Regeltransformator *m* control transformer [elt]; regulating transformer [msr]; variable transformer [elt]
Regelung *f* closed-loop control [elt]; (Beschluss) conclusion
Regelung des Förderstroms *f* flow rate control [mot]
Regelung, digitale - *f* digital control [msr]
Regelung, stetige - *f* continuous control [elt]
Regelungstheorie *f* control theory [edv]
Regelung, stufenlose - *f* infinitely variable control [msr]; variable control [msr]
Regelung von Hand *f* manual control [msr]
Regelventil *n* control valve [mot]; regulating valve [msr]
Regelverstärker *m* variable gain amplifier [elt]
Regelvorrichtung *f* (Regelgetriebe) control device [pow]; (Regelgetriebe) control gear [pow]
Regelwiderstand *m* adjustable resistance [elt]; regulating resistor [elt]; rheostat [elt]
Regenerativ-Luvo *m* regenerative air heater [pow]; (Ljungstrom-Luvo) regenerative air preheater [pow]
Regenerativ-Luvo, stehender *m* horizontal-type regenerative air preheater [pow]
Regenfallrohr *n* downpipe [bau]; fall pipe [bau]
Regenfang *m* raintrap [wet]
Regenguss *m* (Sturzregen) squall [wet]
Regenrinne *f* drain pipe [mot]; rain drain [bau]; rain gutter [bau]; rainwater gutter [bau]; roof gutter [bau]; roof rail [bau]
Regentropfen *m* raindrop [wet]
Regenwolke *f* rain cloud [wet]
Regenzeit *f* rainy season [wet]
Regionalflugplatz *m* regional airport [mot]
Registerbauweise *f* (Rohrwände) register type construction [pow]
Registriereinrichtung *f* recorder [msr]
Registriergerät *n* (direktschreibend) direct recording instrument [msr]; recording instrument [msr]
Registrierstreifen *m* recording chart [msr]; (Schreibstreifen) recording strip [msr]
Registrierstufe *f* register stage
Registrierung *f* recording [msr]
Registrierverfahren *n* recording method [msr]
Regler *m* attemperator [pow]; feed back [mot]; regulator [mot]
Reglerantriebszahnrad *n* governor drive gear [mot]; governor wheel [mot]
Reglereinstellung *f* governor setting [pow]
Reglerfeder *f* governor spring [mot]
Reglergehäuse *n* governor housing [mot]
Reglergestänge *n* governor control [mot]; governor control linkage [mot]
Reglergewicht *n* governor balance weight [mot]
Reglerhaube *f* governor cover [mot]
Reglerhebel *m* governor lever [mot]; regulator lever [mot]; speed lever [mot]
Regler, hilfsgesteuerter - *m* pilot-operated regulator [pow]
Regler, hydraulischer - *m* hydraulic governor [mas]
Reglerkegel *m* governor cone [mot]
Reglerknopf *m* control knob [mot]
Reglerkolben *m* plunger [mot]
Reglerkreis *m* regulating circuit [msr]
Reglerlager *n* governor bearing [mot]
Reglermuffe *f* governor collar [mot]
Reglerrohr *n* (Dampflok) regulator pipe [mot]; (Dampflok) regulator tube [mot]
Reglerschalter *m* governor switch [mot]; regulating switch [elt]
Reglersperre *f* (Strömungsgetriebe, Gabelstapler) gear-shifting lock [mot]
Reglerspindel *f* control spindle [mot]
Reglersystem *n* regulating system [mot]
Reglerventil *n* (Dampflok) regulator valve [mot]
Reglerzahnstange *f* fuel rack [mot]
regnerisch rainy [wet]
Regulatorhebel *m* (Dampflok) regulator handle [mot]
Regulierklappe *f* (auf/zu) isolating damper [pow]; (einstellbar) regulating damper [msr]
rehbraun (RAL 8007) fawn brown [nrm]
Reibahle *f* reamer [wzg]

Reibbolzenschweißen *n* friction stud welding [met]
Reibebrett *n* chisel [bau]
Reibeffekt *m* (Reibeffekt senken) friction [phy]
reiben *v* (z.B. eine Fläche, die Augen) rub
Reiben *n* (Scheuern, Fressen) galling [mas]
reibend frictioning
Reibeversuch *m* friction test [msr]
Reibfläche *f* (z.B. zwei Teile reiben) friction surface; (z.B. Streichholzschachtel) rubbing surface; (z.B. im Türschloss) striking surface [met]
Reibkupplung *f* friction clutch [mot]
Reibrad *n* friction wheel [mas]
Reibradantrieb *m* friction drive [mas]
Reibradstation *f* friction roller station [roh]
Reibrollenantrieb *m* (der Drehmaschine) friction roller drive [wzg]
Reibscheibe *f* friction disc [wzg]
Reibschweißen *n* friction welding [met]
Reibungsbeiwert *m* friction factor [phy]
Reibungsfaktor *m* (der Räder am Gleis) adhesive factor [phy]
Reibungsfläche *f* friction surface
reibungslos (auch zwei Flächen) friction-free; frictionless; smooth [mot]
Reibungsstoßdämpfer *m* friction shock absorber [mot]; snubber [mot]
Reibungsverlust *m* friction loss [phy]
Reibungswinkel *m* angle of friction [phy]; angle of internal friction [phy]
Reibungszahl *f* coefficient of friction [phy]
Reichgasbrenner *m* rich gas burner [pow]
Reichhöhe *f* (beim Graben) digging height [mbt]
Reichweite *f* (des Baggers) outreach [mbt]; (z.B. Sender) range of transmission [elt]; (Fahrzeug) reach [mot]; scope
reif (Technik) mature; (Obst, Gemüse) ripe [bff]
Reifenaustausch *m* (Räderaustausch) tyre exchange [mot]
Reifendruckmesser *m* tyre gauge [mot]
Reifendruck zu gering underinflation [mot]
Reifendruck, zu geringer - *m* underinflation [mot]
Reifendruck zu groß overinflation [mot]
Reifendruck, zu hoher - *m* overinflation [mot]
Reifenfestigkeit *f* ply rating [mot]
Reifenfüllanlage *f* tyre-inflation system [mot]
Reifenfüllflasche *f* tyre inflating cylinder [mot]
Reifenfüllhahn *m* tyre inflating cock [mot]
Reifen, hochelastischer - *m* cushion tyre [mot]
Reifenhüter *m* tyre pressure drop indicator [mot]
Reifenlagen *pl* ply rating [mot]
Reifenluftpumpe *f* tyre pump [mot]
Reifenprüfkopf *m* tyre testing probe [mot]
Reifenrad *n* (bei der Bahn) wheel with tyre [mot]
Reifenschlauch *m* inner tube [mot]
Reifenschutzkette *f* (z.B. an Radladern) tyre chain [mot]
Reifenwerkzeug *n* rim tool [mot]
Reifenwulst *m* tyre bead [mot]
Reihe *f* (im Hintergrund bei EDV) batch [edv]; (z.B. Hecke) row [bff]; series [elt]
Reihe, in - geschaltet in line [elt]
Reihenfolge *f* (in dieser Reihenfolge) order; (Fortsetzung, Serie) sequence
reihengeschaltet in-line switching [mot]
Reihenhaus *n* back-to-back house [bau]
Reihenklemme *f* line-up terminals [elt]
Reihenmotor *m* in-line engine [mot]
Reihenschalter *m* gang switch [edv]
Reihenschaltung *f* serial connection [elt]; series circuit [elt]
Reihenschlussmotor *m* series motor [elt]
Reihe von ... *f* number of ...
Reiniger *m* (ein Gebäudereiniger) cleaner [met]; (Reinigungsmittel) cleaning agent [che]
Reinigungsgerät *n* cleaning device [wzg]
Reinigungsklappe *f* (Reinigungstür) cleaning door [pow]; (am Axialkompensator) cleaning flap [pow]
Reinigungsmittel *n* cleaning agent [che]
Reinigungsspritzdüse *f* spray cleaning nozzle [mas]
Reinigungstür *f* (Reinigungsklappe) cleaning door [pow]
reinorange (RAL 2004) pure orange [nrm]
reinweiß (RAL 9010) pure white [nrm]

Reisezug *m* passenger train [mot]
Reisezugwagen *m* coach [mot]; passenger car [mot]
reißen (zerreißen) tear
Reißfolie *f* explosion diaphragm [pow]; tearing foil [mas]
Reißkraft *f* (beim Seilbagger) bail pull [mbt]
Reißlöffel *m* ripper bucket [mbt]
Reißnadel *f* scriber [mas]
Reißraupe *f* (Planierraupe mit Reißzahn) ripper dozer [mbt]
Reißschiene *f* T-square [wzg]
Reißtiefe *f* ripping depth [mbt]
Reißzahn *m* (harter Stein, Wurzeln) ripper tooth [mbt]
Reißzahn, vorstehender - *m* (z.B. am Gerät) advancing ripper tooth [mbt]
rekultivieren *v* reclaim
Relais *n* relay [elt]
Relaisbaustein *m* relay module [elt]
Relais für Freigabe *n* release relay [elt]
Relais für Revisionsfahrt *n* inspection travel relay [elt]
Relais für Sammelstörmeldung *n* collective fault indicator relay [elt]
Relaiskarte *f* relay board [elt]
Relaisleistungskarte *f* relay power board [elt]
Relaisschaltung *f* relay connection [elt]
Relaisspeicher *m* relay store [elt]
Relaiswickler *m* relay winding [elt]
relational relational [elt]
Relaxationsgleichung *f* relaxation formula [edv]
Relaxationsmethode *f* relaxation procedure [edv]
Renkverschluss *m* bayonet cap [con]
renoviert restored [bau]
Rentenversicherung *f* old-age pension insurance [jur]
Reparatur *f* repair [mas]
Reparaturarbeit *f* repair work [mas]
Reparaturbetrieb *m* repair service [mas]
Reparaturfreigabe *f* (eingesandtes Teil) permission to repair [met]
Reparaturkasten *m* repair kit [met]
Reparatursatz *m* repair kit [met]; (z.B. für den Zylinder) repair set [mas]
Reparaturschweißung *f* repair welding [met]
Reparaturteile *pl* repair parts [mas]
Reparatur vor Ort *f* in situ repair [met]
Reparaturwerft *f* dockyard [mot]; navy-yard [mot]
Repräsentation von Wissen *f* representation of knowledge [edv]
resedagrün (RAL 6011) reseda green [nrm]
Reserve- standby
Reservebestand *m* (zum gelieferten Gerät) back-up stock [eco]
Reserve, in - halten *v* keep in reserve
Reservekessel *m* standby boiler [pow]
Reservemühle *f* reserve mill [pow]; standby mill [roh]
Reservepumpe *f* standby pump [mas]
Reserverad *n* spare wheel [mot]
Reserveradhalter *m* spare wheel carrier [mot]
Reservereifen *m* spare tyre [mot]
Reservetank *m* emergency fuel tank [mot]
Resonanzfrequenz *f* resonance frequency [phy]; resonant frequency [phy]
Resonanzkreis *m* oscillating circuit [elt]
Resonanzkurve *f* resonance curve [phy]
Resonanzprüfung *f* resonance testing [msr]
Resonanzschwingung *f* (meist störend) sympathetic vibration [phy]
Resonanzüberhöhung *f* resonance step-up [phy]
Resonanzverfahren *n* resonance method [phy]
Rest *m* remainder [mat]; remnant; (Ablagerung) residue
restaurieren *v* (nur oberflächlich) do up [bau]; (aufmöbeln) refurbish; (z.B. Gebäude erneuern) restore [bau]
Resthärte *f* residual hardness [pow]
Restkapazität *f* (Batterie) residual capacity [elt]
Restladung *f* (Batterie) residual charge [elt]
Restprodukte *pl* residual products
Restspannung *f* (im Material) residual stress [met]
Resttragfähigkeit *f* (des Gabelstaplers) remaining lifting capacity [mbt]
Restverlust *m* unaccounted loss [eco]; unknown loss [pow]
Restwandstärke *f* remaining wall thickness [mas]
Restwelligkeit *f* ripple voltage [elt]
Restzahlung *f* final payment [eco]
Resultat *n* result

R

Retarder *m* (Zusatzbremse, Verlangsamer) retarder [mot]
Revision *f* (z.B. der Rolltreppe) inspection run [met]
Revisionsfahrkabel *n* hand-lead [mbt]; inspection-run cable [elt]; remote station control [elt]
Revisionsfahrt *f* inspection travel [msr]
Revisionsgerät *n* inspection control switchbox [mas]
Revisionsschalter *m* (für Langsamfahrt) inspection switch [msr]
Revisionssteckdose *f* socket for inspection run [elt]
Revisionsstecker *m* socket for inspection run [elt]
Revisionssteuergerät *n* inspection run operating mechanism [msr]
Revolverdrehbank *f* turret lathe [met]
Rezirkulationsgebläse *n* recirculation fan [pow]
Rezirkulationsleitung *f* (Rauchgas) recirculating duct [pow]
Richtanalyse *f* reference analysis [msr]
Richtcharakteristik *f* directional characteristic
richten *v* (von Blechen) straighten [mas]
Richtfest *n* (Haus fertig bis Dachstuhl) topping out [bau]
richtig (akkurat, genau) accurate
Richtkraft *f* straightening force [mas]
Richtlatte *f* (Richtscheit) straight edge [met]
Richtlinie *f* (Anweisung) directive; (Regeln, Code) guideline [nrm]; (Anweisung) instruction [nrm]
Richtmaschine *f* (Blech nach Schneiden) straightening machine [mas]
Richtplatte *f* levelling table [met]
Richtpresse *f* (nach Verformung) straightening press [mas]
Richtstrecke *f* (unter Tage) pilot-heading [roh]
Richtung *f* (z.B. Verkehr, Wind) direction [mot]
Richtungsanzeiger *m* (z.B. Auto) indicator
Richtungsempfindlichkeit *f* directional sensitivity [elt]
Richtungsfunktion *f* directivity function
Richtungsgleis *n* (des Ablaufberges) sorting siding [mot]
Richtungsschalter *m* (der Rolltreppe) directional start switch [mbt]
Richtungswahlschalter *m* (vor-rückwärts) shuttle valve [mot]
richtungsweisend (besonders gut) mark-setting
Richtwalze *f* straightening roll [wzg]
Richtwalzmaschine *f* straightening roller machine [mas]
Richtwert *m* (Circa-Angabe) guideline; (bei Materialzusammensetzung) guiding data [mas]; (Circa-Angabe) guiding value
Riechversuch *m* smell test [msr]
riefen *v* (wellig machen, mit Riefen versehen) corrugate [met]
Riefen *pl* (Fehlerart) groove [mas]
Riegel *m* (Schloss) bar [bau]; bolt [mas]; (Gerüst) buckstay [pow]; (an Tür) catch [bau]; interlock device [mot]; spanning member [mas]; waler [bau]
Riegelbolzen *m* waler bolt [bau]
Riegelfeder *f* interlock spring [mot]
Riegelkugel *f* interlock ball [mot]
Riegelstopfen *m* interlock plug [mot]
Riemen *m* belt [mot]; (des Ruderbootes) oar [mot]
Riemenantrieb *m* belt drive [mas]
Riemenbreite *f* belt width [mas]; (Keilriemen) groove width [mas]
Riemengeschwindigkeit *f* (Riemenantrieb) belt speed [mas]
Riemenscheibe *f* (Treibriemenscheibe) belt pulley [mas]; (Gebläse, Lüfterschraube) fan-driving pulley [mot]
Riemenscheibe, ballige - *f* high crowned belt pulley [mas]; high faced belt pulley [mas]
Riemenscheibe, getriebene - *f* driven pulley [mas]
Riemenscheibe, treibende - *f* driving pulley [mas]
Riemenschlupf *m* slip of the belt [mas]
Riemenschutz *m* belt guard [mbt]
Riemenspanner *m* belt tightener [mas]
Riemenspannrolle *f* idler [mas]
Riemenspannung *f* belt tension [mas]
Riementrieb *m* belt drive [mas]
Riementrumm *n* end of the belt [mas]
Riementrumm, ungespanntes - *n* loose side [mas]
Riemenverbinder *m* belt joint [mas]
Rieselkühler *m* spray cooler [pow]
Riesenkessel *m* (Großkessel) giant boiler [pow]

Riffelblech *n* checker plate [met]; chequered plate [pow]; (gegen Ausrutschen) chequer plate [met]; (gegen Ausrutschen) corrugated sheet, checker plate [met]
Riffel- und Tränenblech *n* checker and floor plate [met]
Riffelung *f* corrugation [met]; fluting [met]
Rigole *f* (Wasserversickerung) drainage trench [bau]
Rille *f* (in Seilscheibe, Winde) rope groove [roh]
Rillenkugellager *n* ball-bearing [mas]; deep groove ball bearing [mas]; grooved ball bearing [mas]
Rillenprofil *n* (Reifen) rib tread [mot]
Rillenschiene *f* (z.B. für Straßenbahn) grooved rail [mot]
Rillenwinkel *m* (Keilriemen) groove angle [mas]
Rindenkessel *m* bark-burning boiler [pow]
Ringausbau *m* (im Bergwerk) circular arch [roh]
Ringbahn *f* (um Stadtkern) orbital railway [mot]
Ringbolzen *m* fastener [mas]
Ringfassung *f* bayonet holder [mas]
Ringfederspannelement *n* annular spring tensioning set [mas]; locking assembly [mas]
Ringfläche *f* (statt Kolbenfläche) ring side [mas]
ringförmig ring-shaped
Ringkern *m* toroid [elt]
Ringlötstück *n* solder banjo connection [mot]
Ring-Maulschlüssel *m* combination end spanner [wzg]; combination end wrench [wzg]; combination wrench [wzg]
Ringmutter *f* lifting eye nut [mas]; ring nut [mas]
Ringpotentiometer *n* circular potentiometer [msr]
Ringraum *m* annulus [mas]
Ringrillenkugellager *n* ring groove ball bearing [mas]
Ringschlüssel *m* box end wrench [wzg]; box spanner [wzg]; box wrench [wzg]; ring spanner [wzg]
Ringschmierlager *n* ring-lubricated bearing [mas]
Ringschraube *f* eye bolt [mas]
Ringseite *f* (des Zylinderkolbens) ring face of piston [mas]; (des Kolbens) rod side [mas]
Ringsicherung *f* ring type retainer [mot]
Ringstutzen *m* ring support [mot]
Ring, treibender *m* (Kugelmühle) driving ring [pow]
Ringwaage *f* (Wasser- und Dampfmengenmessung) ring balance meter [msr]
Rinne *f* (kleiner Graben an Straße) ditch [bau]; (Regenrinne) drain [was]; (Gosse) gutter [bau]
Rinnenhalter *m* (Dachrinne) gutter bracket [bau]
Rinnstein *m* curb [bau]; (Straße) gutter
Rippe *f* (Versteifung) stiffener [bau]
Rippenheizung *f* (dünne Flossen) gilled pipe heating surface [pow]
Rippenplatte *f* (Rothe Erde) ribbed base plate [mot]
Rippenrohr *n* finned tube [pow]; gilled tube [pow]
Rippenrohr-Eco *m* fin tube economizer [pow]; gilled tube economizer [pow]
Rippenrohrkühler *m* finned tubular radiator [pow]
Rippenrohrteilung *f* tube fins pitch [mas]
Rippenschraube *f* (durch Waggonbohle) rib bolt [mot]
Riss *m* (Bruch) rupture [mas]; (eingerissen) tear
Rissbildung *f* cracking [met]
rissfrei free from cracks [met]
rissgeprüft crack-tested
rissig (z.B. Felsformation) fissured [roh]
Rissprüfung *f* crack test [msr]
Risstiefe *f* (im Material) depth of crack [met]
ritzbar scratchable [mas]
Ritzel *n* (treibt an, bewegt) gear pinion [mot]; (Zahnrad) pinion [mot]
Ritzelachse *f* pinion shaft [mot]
Ritzelkammer *f* pinion box [mot]
Ritzelwelle *f* pinion drive shaft [mot]; spline shaft [mas]
ritzen *v* (anzeichnen, aufzeichnen) score [met]
Ritzversuch *m* scratch test [mas]
Roboter *m* (auch für Schweißen) robot [met]
robust (sehr gut gebaut, z.B. Schiff) stout [mot]; (z.B. stark gebautes Schiff) sturdy [mot]

roden *v* (Waldungen von Bäumen leeren) root [bff]
Rodezahn *m* ripper tooth [mbt]; (Ausrüstung an Bagger, Lader) stump harvester [mbt]
roh (wie geschmiedet) as-forged [mas]; (nur gewalzt) as-rolled [mas]; (unbearbeitet) unmachined [mas]
Rohbau *m* bar brickwork [bau]; building carcass [bau]; rough brickwork [bau]; shell [bau]; skeleton [bau]
Rohbauarbeiten *pl* carcassing [bau]
Roheisen *n* (aus Hochofen, unbearbeitet) pig iron [met]
Roheisenbehandlungsanlage *f* hot metal processing equipment [met]
Roheisenpfannenwagen *m* pig-iron ladle car [mot]
Rohgewicht *n* unmachined weight [mas]
Rohkohle *f* raw coal [roh]
Rohling *m* (unbearbeitet) moulded blank [mas]
Rohmaß *n* rough dimension [con]; rough size [con]
Rohmaterial *m* (Rohstoff) raw material [roh]
Rohmaterial *n* (unbearbeitetes Inventar) stock [mas]
Rohmetall *n* raw metals [met]
Rohr *n* (Leitung) conduit [met]; (Fallrohr) downcomer [pow]; duct; tubing [mas]
Rohrabzehrung *f* tube wear [mas]
Rohranordnung *f* arrangement of tubes [pow]
Rohranschlag *m* tube stop [mas]
Rohraufgabe *f* tube feeding [mas]
Rohraufhängung *f* (federnd) spring loaded tube hanger [mas]
Rohraufweitung *f* (Rohrausbeulung) tube bulge [mas]
Rohrausbeulung *f* (Rohraufweitung) tube bulge [mas]
Rohrauskleidung *f* (Kühlfläche) tube lining [pow]; (Kühlfläche) water tube wall [pow]
Rohrauswechslung *f* tube renewal [mas]
Rohrbiegemaschine *f* pipe bending machine [wzg]
Rohrbogen *m* elbow [mas]
Rohrbruch *m* pipe burst [mas]; pipe fracture [pow]
Rohrbruchsicherung *f* pipe anti-burst device [mas]; pipe-break protection [mas]
Rohrbrücke *f* (im Pipelinebau) pipeline bridge [mas]
Rohrbündel *n* tube bank [mas]
Röhrchendrahtschweißen *n* flux-cored arc welding [met]
Rohrdurchführung *f* pipe bushing [bau]
Rohrdurchmesser, äußerer - *m* outside diameter [con]
Rohrdurchmesser, innerer *m* inside diameter [mas]
Röhre *f* tube [mas]
Rohre, gekapselte - *pl* fully protected pipework
Rohr, einlaufendes - *n* running-in tube [mas]
röhrenförmig tubular [mas]
Röhrenkühler *m* tubular radiator [pow]
Röhrenlampe *f* strip-light [elt]; tabular bulb [elt]
Röhren-Luvo *m* tubular air heater [pow]
Röhrenmaterial *n* tubing [mas]
Röhrenwerk *n* pipe mill [roh]
Rohrerosion *f* tube erosion [mas]; tube erosion [mas]
Rohrflansch *m* pipe flange [mas]; tube flange [mas]
rohrförmig tubular [mas]
Rohrformstück *n* pipe fitting [mas]
Rohrgasse *f* (im Rohrbündel) tube lane [pow]
Rohr, gebogenes - *n* bent tube [mas]
Rohr, geprüftes - *n* tested tube [mas]
Rohrgerüst *n* tubular scaffolding [bau]
Rohrgewinde *n* pipe thread [mas]
Rohr, gezogenes *n* drawn tube [mas]
Rohrgraben *m* pipe trench [bau]
Rohr, gummiertes - *n* rubber-lined pipe [mas]
Rohrhalteflosse *f* (in Feuerraumwand) tube tie bar connection [pow]
Rohrhalter *m* pipe clamp [mot]
Rohrherstellung *f* pipe manufacturing [mas]
Rohrkanal *m* (aus Blech) pipe duct [bau]
Rohrkondensator *m* tubular capacitor [pow]
Rohrkonstruktion *f* tubular construction [bau]
Rohrkrümmer *m* pipe bend [mas]
Rohrkrümmung *f* tubing curvature [mas]
Rohrkühler *m* rotary cooler [pow]
Rohr, kunststoffummanteltes - *n* plastic-coated tube [met]
Rohrlänge *f* tube length [mas]

Rohrlänge, gestreckte - *f* free tube length [con]
Rohrleckage *f* tube leakage [mas]
Rohrleitung *f* pipe conduit [mas]; pipeline [mas]; pipework [pow]; piping [mas]; tubing [mas]
Rohrleitungsmonteur *m* pipework fitter [pow]
Rohrleitungssystem *n* pipe system [mas]
Rohrleitungsteil *n* pipeline element [mas]
Rohrleitungstrasse *f* pipe route [pow]
Rohrleitungsverbindungsstück *n* fitting [pow]
Rohrloch *n* tube hole [mas]
Rohrmuffe *f* connecting sleeve [pow]; tube coupling [mas]
Rohrmühle *f* tube mill [mas]
Rohrmutter *f* cap nut [met]; pipe nut [mas]
Rohrnetz *n* (Wasser-) water mains [was]
Rohrniet *m* tubular rivet [mas]
Rohrnippel *m* pipe nipple [mot]
Rohrplatte *f* tube plate [mas]
Rohrprüfanlage *f* tube test installation [msr]
Rohrprüfhalterung *f* tube probe holder [msr]
Rohrprüfkopf *m* tube testing probe [msr]
Rohrquerschnitt *m* tube section [con]; tubular section [con]
Rohrquerträger *m* tubular cross member [mas]
Rohrrahmen *m* tubular frame [mas]
Rohrreduzierstück *n* pipe reducer [mas]
Rohrreißer *m* tube crack [mas]
Rohrrolle *f* (für Dehnungen) pipe roll [pow]
Rohrschaden *m* tube failure [mas]; tube fault [mas]
Rohrschaden, rauchgasseitiger - *m* gas-side tube fault [pow]
Rohrschaden; wasserseitiger *m* water-side tube fault [pow]
Rohrschelle *f* fitting banjo [mas]; pipe clamp [pow]; pipe clip [mas]; pipe hanger [mas]
Rohrschlange *f* continuous loop [pow]; (hängend) pendant continuous loop [pow]; tube coil [mas]
Rohrsektor *m* tubular sector [mas]
Rohrspannbacke *f* (am Schraubstock) pipe clamping jaw [mas]
Rohrstummel *m* bushing [mas]
Rohrteilung *f* tube spacing [mas]
Rohrtransport *m* (Rohrvorschub) tube advance [mot]
Rohrtraverse *f* pivot bar [mas]
Rohrüberhitzung *f* tube overheating [mas]
Rohrverbindung *f* (Flansche, Armaturen) pipe connection [mas]
Rohrverleger *m* (Mann, Maschine) pipe layer [met]
Rohrverlegung *f* piping
Rohrverschluss *f* tube closing [mas]
Rohrverschraubung *f* pipe fitting [mas]; pipe union [mas]
Rohrverzweigung *f* pipe branch [pow]
Rohrvorschub *m* tube travel [mas]
Rohrwalzgerät *n* tube expander [mas]
Rohrwand *f* (geschlossen) tube-to-tube construction [mas]; tube wall [mas]; (Kühlschirm) water wall [pow]
Rohrwand, geschlossene - *f* tangent tube construction [mas]; tube-to-tube construction [pow]
Rohrwandtemperatur *f* tube wall temperature [pow]
Rohrwandung *f* tube wall [mas]
Rohrwand, unverkleidete - *f* bare water wall [pow]
Rohrweiterverarbeitung *f* finishing of tubes [met]
Rohrwerks-Engineering *n* pipe mill engineering [mas]
Rohrzange *f* pipe spanner [wzg]; pipe wrench [wzg]
Rohstahl *m* crude steel [mas]
Rohstoffanalyse *f* raw material analysis [msr]
Rohstoffgewinnung *f* obtaining raw materials [roh]
Rohteil *n* raw part [met]; unmachined part [mas]
Rohwasser *n* crude water [was]
Rohwasserpumpe *f* raw water pump [pow]
Rohwasserspeicher *m* raw water storage tank [pow]
Rohwasserzuführkanal *m* raw water intake tunnel [pow]
Rollbahn *f* (Flugplatz) runway [mot]
Rollbock *m* (trägt Normalspurwagen auf Schmalspur) wagon carriage [mot]
Rollboden *m* ejector floor [mas]; (Schürfkübel) retractable floor [roh]
Rolldach *n* roller-shutter roof [mot]

Rolle *f* (Spule, Walze) coils [met]; (Riemenscheibe) pulley [mot]; (Blech) reel [met]; (Rad) wheel [mas]
rollen *v* (letztes Feinrollen) burnish [met]; (ein Rad, mangeln, wegrollen) roll [mas]
Rollen *n* (des Zylinderrohres, innen) burnish [met]; (des Gewindes nach Vergüten) roll [mas]; (des Zylinderrohres, innen) roller burnishing [mas]
Rollenachslager *n* roller-bearing type axle box [mot]
Rollenbahn *f* conveyor [met]
Rollenbock *m* roller stool [mot]
Rollenbügel *m* (Rolltreppe) roller cam [mbt]; (Rolltreppe) roller retainer [mbt]
Rollendrehverbindung *f* roller-bearing slewing ring [mas]; swing rack [mbt]
Rollendurchmesser *m* roller diameter [mas]
Rollenförderer *m* gravity roller [mas]
Rollenhebelventil *n* valve with roller lever [mot]
Rollenhebelventil mit Leerrücklauf *n* valve with roller lever and idle return [mot]
Rollenhöhe *f* (z.B. des Kranes) sheave height [mot]
Rollenkette *f* (im Glasbalustradenkopf) roller chain [mbt]
Rollenkette, langgliedrige - *f* double-pitch roller chain [mas]
Rollenklammer *f* roll clamp [mot]
Rollenkopf *m* (Schaufelradbagger) pulley head [mbt]
Rollenlager *n* antifriction bearing [mas]; roller bearing [mas]
Rollenlagerring *m* roller cup [mas]
Rollenschieber *m* (Schamottindustrie) roller-sliding gate [mas]
Rollenschlitten *m* carriage [mot]
Rollenspriegel *m* roller bow [mbt]
Rollenstößel *m* roller tappet [mas]
rollfähig (z.B. alte Lok) movable [mot]
Rollfuhrunternehmen *n* carrier [mot]
Rollgang *m* (nicht angetrieben) idle roller bed [mot]; (angetrieben) live roller bed [mot]; roller gear bed [mas]; roller table [mas]
Rollgangshöhe *f* roller conveyor level [mas]
Rollgangslänge *f* length of roller conveyor [mot]
Rollgangsniveau *n* roller conveyor surface level [mas]
Rollgangsrahmen *m* roller rack [mas]
Rollgeschwindigkeit *f* roller conveyor surface speed [mas]
Rollgurtförderer *m* (Band wird Schlauch) rollgurt conveyor [roh]; tube conveyor [roh]
Rollkreis *m* (des Zahnrades) pitch circle [mas]
Rollreibung *f* rolling friction [mas]
Rollreibungsverluste *pl* rolling friction losses [mas]
Rollreifenfass *f* drum with removable head and rolling hoop [mas]
rollschweißen *v* wheel resistant welding [met]
Rollsickenfass *n* drum with removable head and rolling beads [mas]
Rollsteig *m* autowalk [mbt]; moving sidewalk [mbt]; moving walk [mbt]; moving walkway [mbt]; passenger conveyor [mbt]; travelator [mbt]
Rollstuhl *m* (für Körperbehinderte) wheelchair [hum]
Rolltreppe *f* escalator [mbt]; moving staircase [mbt]; moving stairway [mbt]
Rolltreppengetriebe *n* escalator gearbox [mbt]
Rolltreppenstufe *f* escalator step [mbt]
Rolltreppenzugang *m* escalator entrance [mbt]; escalator landing [mbt]
Rolltür *f* roll-up door [bau]
Rollwagen *m* (Schiene/Straße) transport truck [mot]
Rollwiderstand *m* rolling resistance [mot]
Röntgenprüfung *f* radiographic examination [msr]; X-ray examination [msr]
Röntgenstrahl-Materialprüfung *f* X-ray material testing [met]
rosé (RAL 3017) rose [nrm]
Rosette *f* rosette [bau]
Rosettenscheibe *f* (für Senkkopfschraube) cup washer [mas]
Rost *m* (Gitter, Grill) deck [mot]; (Ofen) grill [mot]; (Eisenoxid) rust [che]
Rostabdeckplatte *f* cover plate [pow]; dust hood [pow]
Rostabdichtung *f* grate seal [pow]
Rostabdichtung, hintere - *f* rear grate seals [pow]
rostanfällig corrodible [met]; corrosive [met]
Rostbelag *m* rust layer [met]

Rostbelastung *f* fuel fired per square foot of grate [pow]
Rostbreite *f* width of grate [pow]
Rostdurchfall *m* riddlings [pow]; siftings [roh]
Rostdurchfalltrichter *m* riddlings hopper [pow]; siftings hopper [roh]
Rostdurchfallverlust *m* riddlings loss [pow]
Rostfläche *f* grate area [pow]
Rostflecken *pl* rust stains [mas]
rostig rusty [mas]
Rostkessel *m* stoker-fired boiler [pow]
Rostkühler *m* grate cooler [roh]
Rostlänge *f* length of grate [pow]
Rost mit Blastisch *m* spreader stoker [mas]
Rostschlussstab *m* seal link [pow]
Rost, schräger *m* (Feuerung) inclined grate [pow]
Rostschutz *m* rust inhibitor [mas]
Rostschutzmittel *n* rust inhibitor [mas]
rostsicher rust-proof [mas]
Rostspalt *m* grate opening [pow]; interstice of the grate [pow]
Roststab *m* grate link [pow]; stoker link [pow]
Roststabreinigungsvorrichtung *f* grate cleaning device [pow]
Roststabträger *m* skid bar [pow]
Rosttrichter *m* coal hopper [pow]
Rostumlenktrommel *f* idler drum of grate [pow]
Rostvorschub *m* speed of the grate [pow]
Rostwelle *f* (vorn) driving sprocket [pow]
Rostwelle, hintere - *f* rear sprocket [pow]
Rotationspumpe *f* rotary pump [mas]
rotationssymmetrisch rotation symmetrical [mas]
rotbraun (RAL 8012) red brown [nrm]
Rotguss *m* (mit Messinglegierung) red brass [met]
rotlila (RAL 4001) red lilac [nrm]
Rotor *m* (Turbolader) rotating assembly [mot]; (rotierendes Teil) rotator [mas]; (z.B. des Hubschraubers) rotor [mot]
rotorange (RAL 2001) red orange [nrm]
Rotorblatt *n* (auch Hubschrauber) rotor blade [mot]
Rotorwelle *f* rotor shaft [mot]
rotviolett (RAL 4002) red violet [nrm]
Route *f* (Fahrtstrecke) route [mot]
Routinebefahrung *f* routine inspection [pow]
rubbeln (reiben, schaben) rub [mas]
rubinrot (RAL 3003) ruby red [nrm]
Rückansicht *f* rear view [con]
Rückdeckung *f* (in Rückdeckung nehmen) re-insurance accepted [jur]
Rückdruckverwertung *f* (Serienschaltung) back-pressure utilization [mbt]
rücken *v* (bewegen) move [mot]; (Holz im Wald) skid [bff]
Rückenschneide *f* rear cutting edge [bau]
Rückenschutz *m* (Leiter) safety cage [bau]
Rückfahren *n* (z.B. Rußbläser; Zurückziehen) retraction [pow]
Rückfahrscheinwerfer *m* back-up lamp [mot]; back-up light [mot]; reversing light [mot]
Rückfahrsignal *n* (akustisch) back-up alarm [mot]
Rückfahrsperre *f* (beim Kippen der Mulde) reversing lock [mot]
Rückfahrtleuchte *f* reversing light [mot]
Rückfahrwarneinrichtung *f* back-up warning device [mot]; safety device for reversing [mot]
Rückfahrwarnleuchte *f* back-up warning [mot]
Rückfenster *n* rear window [mot]
Rückfluss *m* response
ruckfrei (z.B. Anfahren des Zuges) smooth [mot]; (ruckfrei arbeitend) smoothly
Rückführleitung *f* (Rückspülleitung) scavenge line [mas]
Rückführung *f* (Einziehen des Zylinders) retraction [mas]
Rückgrat *n* (Wirbelsäule, Kreuz) back [hum]; backbone [hum]
Rückhalt *n* assistance
Rückhaltebecken *n* retention basin [was]; (z.B. Regenwasser) storage basin [was]
Rückhaltekette *f* backstay [mas]
Rückholfeder *f* release spring [mas]; return spring [mot]; track recoil spring [mas]
Rückholplatte *f* (der Pumpe) backplate [mas]
Rückholseil *n* back haul [mbt]
Rückkippbegrenzung *f* rollback limit [mbt]
Rückkopplung *f* (positive Rückkopplung) feedback [elt]; feed back [elt]; interaction [mas]; reaction [elt]
Rückkopplung, positive - *f* positive feedback [elt]

Rückkopplungsnetzwerk *n* feedback network [elt]
Rückladegerät *n* (hier Schaufelradgerät) bucket wheel loader [mbt]
Rücklauf *m* recoil [mas]; (Werkzeugmaschine) return [met]
Rücklaufachse *f* reverse idler shaft [mot]
Rücklaufbuchse *f* reverse idler gear bushing [mot]
Rücklaufdoppelrad *n* reverse twin gear [mot]
rücklaufend reversing [mot]
Rücklaufleitung *f* bypass return [mot]; return pipe [mot]
Rücklaufrad *n* reverse idler gear [mot]
Rücklaufritzel *n* reverse pinion [mot]
Rücklaufrohr *n* return pipe [mot]
Rücklaufsperre *f* non-reversing device [elt]
Rücklauftemperatur *f* (Wasser) return temperature [pow]
Rückleistung *f* feed back [mot]
Rückleuchte *f* rear light [mot]; tail light [mot]
Rückmaschine *f* (Holz im Wald rücken) skidder [mot]
Rückmeldeknopf *m* reset button [pow]
Rückmeldeschalter *m* reset switch [pow]
Rückmeldung *f* answering signal [mas]
Rückprall *m* (Aufprall, Rückstoß) back lash [phy]
Rückrufaktion *f* (z.B. Autos mit Mängeln) recall campaign
Rücksaugung *f* withdrawal [pow]
Rückschlag *m* (beim Motor) back kick [mot]
Rückschlagventil *n* check valve [met]; non-return valve [mas]
Rückschluss *m* conclusion
Rückschubmüllbrennrost *m* reciprocating grate incinerator stoker [pow]
Rückseite *f* back [con]
Rücksendung *f* return shipment
Rücksitz *m* (im Auto) backseat [mot]; (im Auto) back seat [mot]
Rückspiegel *m* rear mirror [mot]; rear view mirror [mot]
Rückspülleitung *f* scavenge line [mas]
Rückspülpumpe *f* scavenger pump [mas]
Rückstand *m* (der Prämienzahlung) arrears in payment [eco]; (lagert sich ab, verbleibt) residue [bod]; (Bodensatz lagert sich ab) sediment [che]; sludge [rec]
Rückstandsmaterial *n* residual material
Rückstandsöl *n* residual oil [pow]
Rückstandsölkessel *m* residual oil fired boiler [pow]
Rückstau *m* (bei Druck) back pressure [phy]; traffic congestion [mot]
Rückstellimpuls *m* reset pulse [elt]
Rückstoßfeder *f* recoil starter [mas]
Rückstrahlcharakteristik *f* reflection characteristics [phy]
Rückstrahler *m* cat's eye [mot]; reflector [mot]; reflex reflector [mot]
Rückstrahlfläche *f* reflecting surface [elt]
Rückstrahlung *f* back scatter [elt]; back scattering [elt]; radiation reflection [pow]; reradiation [pow]
Rückstromschalter *m* cut-out [mot]
Rückströmung *f* back flow [mot]
Rückverladung *f* reclaiming [mbt]
Rückversetzung *f* (in den alten Zustand) reinstatement [jur]
Rückversicherung *f* reinsurance [jur]
Rückwand *f* backwall [pow]; backwall [bau]; rear panel; rear wall [mas]
Rückwandecho *n* backwall echo [aku]; bottom echo [aku]
Rückwandfenster *n* rear window [mot]
Rückwandrahmen *m* rear-panel frame [mot]
Rückwandrohr *n* rear-wall tube [pow]
Rückwandsammler *m* rear-wall header [pow]
Rückwandsteigrohr *n* rear-wall riser [pow]
Rückwandtür *f* rear door [mot]
Rückwarenschein *m* return form
rückwärts (beim Autofahren) reverse [mot]
rückwärts fahren *v* (ein wenig) back up [mot]
Rückwärtsfahrt *f* reversing [mot]
Rückwärtsgang *m* (Rußbläser) retraction [pow]; reverse gear [mot]
Rückwärtsganganschlag *m* reverse gear stop [mot]
Rückwärtsscheinwerfer *m* reversing light [mot]
Rückwärtsverkettung *f* backward chaining [edv]
rückwirkend (rückwirkend bis ...) retroactive
Rückwirkungsdatum *n* retroaction date [jur]

Rückwurf *m* rejection [mbt]
Rückziehen *n* backtracking [edv]
Rückzugsfeder *f* release spring [mas]
Ruf *m* (hier: internationales Ansehen) international standing
Ruhekontakt *m* resting contact [elt]
Ruhepause *f* rest
Ruhespannung *f* rest potential [elt]
Ruhestellung *f* home position; (Ausgangsstellung) reset position [pow]; resting position [mas]
Ruhestellung, in - (Leerlauf) in idle position [mot]
Ruhestrom *m* break current [elt]; closed-circuit current [elt]; idle current [elt]; quiescent current [elt]
ruhig calm [wet]
ruhigstehend stable
Ruhpenetration *f* unworked penetration [mas]
Ruine *f* shambles [bau]
Rumpf *m* body [mas]
Runddichtring *f* O-ring seal [mas]
runderneuert (Reifen) retread [mot]
Rundholzgreifer *m* (am Stapler) lumber grapple [mot]
Rundkipper *m* (zur Waggonentladung) merry-go-round system [mot]; (zur Waggonentladung) rotary-dump equipment [mot]
Rundknüppel *m* round billet [mas]
Rundlauf *m* cyclic running [mot]
Rundlaufabweichung *f* deviation of the cyclic running [mot]
Rundlauffehler *m* rotating fault [mas]
Rundlauftoleranz *f* tolerance of cyclic running [mas]
Rundlochnaht *f* plug weld [met]
Rundmaterial *n* rounds [mas]; round stock [mas]
Rundmeißel *m* moil chisel [wzg]
Rundpuffer *m* damper [met]
Rundrelais *n* round relay [elt]
Rundschacht *m* (Brunnen) well [bau]
rundschleifen *v* plain grinding [met]
Rundschnurring *m* O-ring [mas]; round cord ring [mas]; round string packing [mas]
Rundschweißung *f* circumferential weld [met]
Rundstab *m* round bar [met]
Rundstahl *m* rounds [mas]; round steel [mas]
Rundstahlkette *f* steel chain [mas]
rund um die Uhr (z.B. Schichtarbeit) round the clock [met]
Rundumleuchte *f* (an Maschine, Polizei) beacon [mbt]
Rundumsicht *f* panorama view [mot]
Rundung *f* (Straße, Person) curve [bau]
Rundzelle *f* cylindric cell [elt]; (Batterie) round cell [elt]
Runge *f* (der Sprossenleiter) rung; (am Rungewagen der Eisenbahn) stanchion [mot]
Rungenhalter *m* (mit drehbaren Rungen) stanchion support [mot]
runterschleifen *v* grind down [met]
Rußbläser *m* soot blower [pow]
Rußbläseranschluss *m* soot blower connection [pow]
Rußbläserdurchbruch *m* (in Mauer) soot blower opening [pow]
Rüssel *m* (an Maschine) nozzle [mas]
rußen *v* soot [mot]
Rüstzeit *f* (für Montage, Fertigung) set-up time [mas]
Rutsche *f* (am Brecher) chute [roh]
rutschfest (sicheres Gehen) foot-sure; non-skid
Rutschfläche *f* sliding surface [mas]
rutschig (glatt, schlüpfrig) slippery
Rutschkupplung *f* safety clutch [mas]; slip clutch [mot]; slipping clutch [mot]
Rutschsicherung *f* baggage stop [mot]
rütteln *v* vibrate
Rüttelplatte *f* (im Bunker) pulsating panel [pow]
Rüttelverdichter *m* vibrating compacter [roh]
Rüttelversuch *m* pulsator test [msr]
Rüttelvorrichtung *f* rapping gear [pow]; vibrator [mas]
Rüttelwalze *f* (Anhängerüttelwalze) vibrating roller [mas]

S

Sachbearbeiter *m* specialised office worker; specialist
Sachnummer *f* part number [con]; subject index number [con]
Sachschaden *m* damage to property [jur]; property damage [jur]
Sachschaden durch Abwässer *m* property damage resulting from sewage [jur]
sacht (langsam, allmählich) slow [mas]
Sachverständigengutachten *n* expert's opinion
Sachverständigenkosten *pl* expert's fees [jur]
Sachverständiger *m* (Fachmann, Spezialist) specialist; surveyor
Sachverzeichnis *n* index
Sackbahnhof *m* (Kopfbahnhof) terminal [mot]
Sackgasse *f* (im Straßenverkehr) cul-de-sac [mot]; (im Straßenverkehr) dead-end street [mot]
Sackkalk *m* bagged lime [bau]
safrangelb (RAL 1017) saffron yellow [nrm]
Sägeblatt *n* saw blade [met]
Sägebock *m* sawbuck [met]; sawhorse [met]
Sägebügel *m* saw bow [met]
Sägedach *n* saw-tooth roof [bau]
Sägemehl *n* (Sägespäne) saw dust [met]
Sägemühle *f* (Sägewerk, größer) lumbermill [wzg]; (Sägewerk, klein) sawmill [met]
sägen *v* saw [met]
Sägeschnitt *m* (mit Säge geschnitten) saw-cut [met]
Sägespäne *pl* (Sägemehl) saw dust [met]; wood shavings [rec]
Sägewerk *n* lumbermill [wzg]
Sägezahngenerator *m* saw-tooth generator [elt]
Salzboden *m* saline soil [mas]
Salzgehalt *m* salt content [pow]
salzig salty
Sammelbehälter *m* sump [mot]
Sammelbehälter, oberer - *m* (Kugelregen) retarder box [pow]; (Kugelregen) shot storage tank [pow]
Sammelflasche *f* collecting flask [pow]
Sammelfunktion *f* collecting function
Sammelkarte *f* (elektronisches Teil) collector card [elt]
Sammelleitung *f* bus [elt]; bus line [elt]; (z.B. Auspuff) manifold [mot]
Sammellinse *f* (Optik) collecting lens [phy]
Sammelrohr *n* header [mot]; (z.B. von Überhitzer zu Sammler) superheater outlet leg [pow]
Sammelschiene *f* bus bar [mot]
Sammelspiegel *m* (auch Sternwarte) concentrating mirror [phy]
Sammelstörmeldung *f* (z.B. Rolltreppe) collective fault indicator [elt]; report on disturbances
Sammlerbau *m* (Pressbau) header shop [pow]
Sammleröffnung *f* (Handloch) header handhole [pow]; (Handloch) header opening [pow]
Sammler, rechteckiger - *m* square header [pow]
Sandabfallrohr *n* (an Lok) sand pipe [mot]
Sandbestandteile *pl* sand aggregate [min]
Sandfüllung *f* sand fill [bau]
sandgelb (RAL 1002) sand yellow
sandgestrahlt sandblasted [met]
Sandgrube *f* sand pit [min]
sandig sandy
Sandpapier *n* (Schmirgelpapier) sandpaper [mas]
Sandrohr *n* (an Lok) sand pipe [mot]
Sandstein *m* sandstone [min]
Sandstrahl *m* sandblast [met]
sandstrahlen *v* sandblast [met]; shot blast [met]
Sandstrahlen *n* sandblasting [met]
Sanftanlauf *m* (Motor) reduced-voltage starting [elt]
Sanftanlaufgerät *n* (Motor) soft starter [elt]
Sanierungskosten *pl* cleaning-up costs [bau]
Sanierungsprojekt *n* redevelopment scheme [bau]
Sanitärtechnik *f* ((B)) sanitation [bau]
Sanitätsraum *m* dispensary [hum]
saphirblau (RAL 5003) sapphire blue [nrm]
Satellitenkühler *m* planetary cooler [roh]
Sattdampf *m* saturated steam [pow]
Satteldach *n* gable roof [bau]; ridge roof [bau]; saddle roof [bau]; span roof [bau]
Sattellager *n* saddle support [bau]

Sattellast *f* (der Zugmaschine) fifth wheel load [mot]
Sattelschlepper *m* semi-trailer truck [mot]; (Zugmaschine, Hänger) tractor trailer [mot]; (die Zugmaschine) tractor truck [mbt]
Sattelschlepperzugmaschine *f* semi-trailer tractor [mot]; tractor [mbt]
Sattelwagen *m* hopper wagon [mot]; saddle-back wagon car [mot]; side hopper [mot]
Sättigungsbereich *m* saturation region [elt]
Sättigungsfaktor *m* saturation factor [elt]
Sättigungsgrad *m* degree of saturation [bau]
Satz *m* (Bündel, Gruppe) cluster [met]; (Ablagerung) deposit [was]; (in der Logik) sentence [edv]
Satz von Beilageplatten *m* shim stock [met]
Sauberkeit *f* (Reinheit, frei von Schmutz) cleanliness
Sauberkeitsschicht *f* blinding concrete [bau]
säubern *v* (sauber wischen, putzen usw.) clean
Sauerstoff, gelöster - *m* dissolved oxygen [che]
sauerstoffreich with high oxygen content
Saugbagger *m* (mit Laderaum) hopper suction dredger [mot]; suction dredger [mot]
Saugfähigkeit *f* (Papier) absorbency [phy]; absorptive capacity [was]
Saugfilter *m* strainer [roh]; suction filter [mas]
Saugform *f* preforming mould [mas]
Saugglocke *f* suction bell [mas]
Saugkopf *m* suction head [mas]
Saugkopfbagger *m* suction head dredger [mas]
Saugleitung *f* oil supply tube [mas]; suction pipe [mas]; suction tube [mas]
Saugluftbehälter *m* vacuum reservoir [mot]
saugluftbetätigte Bremse *f* vacuum-operated brake [mot]
Saugluftbremse *f* vacuum servo brake [mot]
Sauglüfter *m* suction fan [mas]
Saugluftleitung *f* vacuum line [mot]
Saugluftpumpe *f* vacuum pump [mot]
Saugluftschaltzylinder *m* vacuum shift cylinder [mot]
Saugluftverteiler *m* vacuum distributor [mot]
Saugmund *m* suction mouth [mas]
Saugrohr *n* suction pipe [mas]
Saugseite *f* (Saugstutzen) intake [pow]; (Saugstutzen) suction side [mas]
Saugstutzen *m* inlet side [pow]; pump inlet side [pow]; (Saugseite) suction side [mas]
Saug- und Druckschlauch *m* suction and delivery hose [mas]
Saugventil *n* suction valve [mot]
Saugventilbuchse *f* suction valve bushing [mot]
Saugventilfeder *f* suction valve spring [mot]
Saugventilkegel *m* suction valve cone [mot]
Saugzugventilator *m* induced draught fan [pow]; suction fan [mas]
Säule *f* column [bau]; (z.B. für Standbild) pedestal [bau]; (Pfeiler) pillar [bau]; (als Maschinenteil) spindle [mas]
Säulendiagramm *n* bar chart [mat]
Saum *m* (Kante, Rand) seam
säumen *v* (Saum anbringen) seam
säurehaltig acidic [che]
Säuretaupunkt *m* acid dew point [wet]
S-Bahn *f* (Stadtschnellbahn, z.B. Berlin) rapid transit railway [mot]
schaben *v* (z.B. mit Schabeisen) rub [mas]; (z.B. mit Scraper) scrape [mas]
Schaben *n* (Zylinderrohre vor dem Rollen) trimming [mas]
Schaber *m* scraper [mbt]
Schablone *f* (z.B. zum Schweißbrennen) template [met]; (z.B. zum Schweißbrennen) templet [met]
Schachtausbau *m* shaft walling [bau]
Schachtel *f* box
Schachtfördereinrichtung *f* shaft hoisting equipment [roh]
Schachtgeländer *n* (oberstes Stockwerk) wellway railing [mbt]
Schacht, geneigter - *m* (im Bergbau) declined shaft [roh]; (im Bergbau) inclined shaft [roh]
Schachtgreifer *m* well grab [mbt]
Schaden, eintretender - *m* occurrence [jur]
Schadenerfassung *f* registration of faults [jur]

Schadenersatzanspruch *m* claim [jur]
Schadensart *f* (Fehlerart) type of fault [mas]
Schadensaufnahme *f* investigation of fault
Schadensbearbeitung *f* damage handling [jur]
Schadenschlüssel *m* (Fehlerschlüssel) type of fault [mas]
Schadenseintritt *m* occurrence [jur]
Schadensereignis *n* occurrence [jur]
Schadensersatzanspruch *m* claim [jur]
Schadensfall *m* (Schadensereignis) case of fault [jur]
Schadensfeststellung *f* (Schadensaufnahme) investigation of fault
Schadensmeldung *f* announcement of a claim [jur]
Schadensregulierung *f* damage adjustment [jur]
Schadensverhütung *f* damage prevention [jur]
schadenverursachend causing the damage [jur]
schädlich detrimental [che]
Schadstoffausstoß *m* pollutant emission [mot]; (Verschmutzung) pollution [mot]
Schaffußwalze *f* sheep foot roller [mot]; tamping roller [mas]
Schaft *m* shaft [mas]; (Säulenschaft) trunk [bau]
Schaftdurchmesser *m* shank diameter [con]
Schaftlänge *f* (des Federnagels) shank length [mot]
Schaftquerschnitt *f* shank section [mas]
Schaftschraube *f* shoulder stud [mas]
Schake *f* (Federaufhängung Drehgestell) chain link [mbt]
Schäkel *m* shackle [mas]
Schäkelkupplung *f* shackle coupling [mot]
Schälarbeit *f* peeling work [met]
Schalbrett *n* formwork board [bau]; shutter board [bau]; shuttering board [bau]
Schalenbaustein *m* shell construction brick [bau]
Schalenbauteile *pl* shell-shaped components [mas]
Schalenbauweise *f* shell construction [bau]; shell structure [bau]
schalenförmig shell-shaped [mas]
Schalenhartguss *m* chill casting [met]
Schälgerät *n* peeling device [wzg]
Schallabsorption *f* acoustical absorption [aku]
Schallabsorptionskoeffizient *m* acoustical absorption coefficient [aku]
Schalllaufzeit *f* transit time of sound [aku]
Schallaustritt *m* probe index [elt]
Schallaustrittspunkt *m* sound exit point [aku]
Schallbeugung *f* sound refraction [aku]
Schallblende *f* sound gate [aku]
Schallbündel *n* sound beam [aku]
schalldämpfend sound-absorbing [aku]
Schalldämpfer *m* muffler [mot]; silencer [mot]; (in Zeichnungen) sound absorber [aku]
Schalldämpfung *f* sound-absorbing [mot]
Schalldruck *m* sound pressure [aku]
Schalldruckpegel *m* sound pressure level [mot]
Schallleistungspegel *m* noise emission level [mot]; noise level [mot]
Schallenergie *f* incident energy [elt]
Schallfeld *n* sound field [aku]
schallhart sonically hard [aku]
Schallimpedanz *f* acoustical impedance [aku]
Schallimpuls *m* transmitted pulse [aku]
Schallimpuls, reflektierter - *m* reflected sound [aku]
Schallintensität *f* sound intensity [aku]
schallisoliert sound-insulated [aku]
Schallmauer *f* sound barrier [aku]
Schallpegel *m* sound level [aku]
Schallpegelmessgerät *n* sound-level measuring device [msr]
Schallreflexion *f* sound reflection [aku]
Schallschatten *m* acoustical shadow [aku]
Schallschutz *m* sound-absorbing protection [aku]
Schallschutzdecke *f* sound-absorbing ceiling [bau]
Schallschutzfenster *n* noise-protection window [bau]
Schallschwächung *f* attenuation of sound [aku]
Schallsichtgerät *n* sound image instrument [aku]
Schallsichtverfahren *n* sound image method [aku]
Schallsignal *n* sound signal [aku]
Schallstärke *f* sound intensity [aku]

Schallstrahl *m* sound beam [aku]
Schallstrahlachse *f* axis of sound beam [aku]
Schallstrahlanteil *m* portion of sound beam [phy]
Schallstrahlbreite *f* width of sound beam [elt]
Schallstrahldivergenz *f* beam divergence [aku]
Schallstrahleintrittsmittelpunkt *m* beam index [aku]
Schallstrahlquerschnitt *m* cross-section of sound beam [aku]
Schallstrahlungscharakteristik *f* sound beam characteristic [aku]
Schallstrahlungsdruck *m* sound pressure [aku]
Schallstrahlwinkel *m* (Schallwinkel) incident angle of sound [elt]
Schallumlaufrichtung *f* direction of sound propagation [aku]
Schallwechseldruck *m* sound pressure, alternating [aku]
Schallweg *m* sound path [aku]
schallweich sonically soft [aku]
Schallwelle *f* sound wave [aku]
Schallwiderstand *m* acoustic impedance [aku]
Schallwinkel *m* beam angle [aku]
Schaltanlage *f* control unit [elt]; switchboard [elt]; switchgear [elt]
Schaltausgang *m* switching output [elt]
schaltbar (Fahrzeug) shiftable [mot]; (el. Strom) switchable [elt]
Schaltbild *n* circuit diagram [elt]; (Rohre) pipe diagram [mas]; (elektrisch) wiring diagram [elt]
Schaltdeckel *m* (auf Schaltung) gear shift cover [mot]
Schaltdose *f* switchgear [elt]
Schaltdruck *m* hydraulic pressure [mas]
Schaltelement *n* circuit element [elt]; control element [elt]; switch element
schalten *v* (Taste) actuate [elt]; (Gänge im Auto) shift gears [mot]; (z.B. Strom, Licht, Gerät) switch [elt]
Schalten eines Ganges *n* gear changing [mot]; gear shifting [mot]
Schalter *m* (Aus-, Abschalter) breaker [elt]; (Kontaktschalter) contactor [elt]; (in Bank) counter [bau]; switch [elt]
Schaltereinsatz *m* fuse element [elt]
Schalterklappe *f* flap switch [elt]
Schalterprüfkopf *m* dual sensitivity probe [met]
Schalterstellung *f* switch position [elt]
Schaltgabel *f* gear shifter fork [mot]; gear shift fork [mot]; selector fork [mot]; shifter fork [mot]
Schaltgehäuse *n* gear shift housing [mot]
Schaltgerät *n* switchgear [elt]
Schaltgeschwindigkeit *f* switching speed [elt]
Schaltgestänge *n* control of gear shift [mot]; gear shift control [mot]
Schaltgetriebe *n* gearbox [mot]; switchgear [mot]
Schaltgruppe *f* switching group [mot]
Schalthebel *m* control lever [mot]; gear shift lever [mot]
Schaltkarte *f* circuit board [elt]
Schaltkasten *m* control box [elt]; switch box [elt]
Schaltknopf *m* push-button [elt]
Schaltkontakt *m* contact point [elt]; switch contact [mot]
Schaltkreis, integrierter - *m* chip [elt]
Schaltleiste *f* connecting block [met]
Schaltleistung *f* braking capacity [mot]
Schaltmagnet *m* switching magnet [elt]
Schaltmechanismus *m* shifter mechanism [mot]
Schaltmuffe *f* shift collar [mas]
Schaltorgan *n* switching element [mas]
Schaltplan *m* circuit diagram [elt]; lock-schematic diagram [mas]; wiring diagram [elt]; wiring schematic [elt]
Schaltplatte *f* (z.B. Platine) printed circuit board [elt]
Schaltpult *n* control console [mot]; control desk [pow]; control desk [mot]; control panel [mot]; (Armaturenbrett) dashboard [mot]; operating console [pow]; (Schalttafel) panel [elt]; switchboard [elt]
Schaltpunkt *m* operating point; switching activating point [elt]
Schaltrad *n* control gear [mot]
Schaltraum *m* (Leitstand) central control room [pow]; switch room [elt]
Schaltschema *n* schematic diagram [elt]; (elektrisch) wiring diagram [elt]
Schaltschema, symbolisches - *n* (auf Schaltpult, mit Kontrolllampen) mimic panel [pow]
Schaltschiene *f* gear shift rail [mot]
Schaltschlüssel *m* ignition key [mot]

S

Schaltschrank *m* control box [elt]; control cabinet [met]; switch cubicle [elt]
Schaltschütz *m* contactor [elt]
Schaltsperre *f* (im Strömungsgetriebe) gear-shifting lock [mas]; (mechanisch mit Magnet) gear-shifting lock [mas]
Schaltstange *f* gear change rod [mot]; hook stick [mot]; shift bar [mot]; shifter bar [mot]; sliding selector shaft [mot]; switch rod [mas]
Schaltstangenverriegelung *f* gear lock [mot]
Schaltstück *n* operating pole contact member [mas]
Schaltstufe *f* circuit stage [elt]
Schalttafel *f* control panel [mot]; instrument board [elt]; panel [elt]; switchboard [elt]
Schaltturm *m* control column [mot]; gear shift dome [mot]
Schaltuhr *f* clock relay [msr]; timer switch [elt]; time switch [msr]
Schaltung *f* circuit [elt]; gear change [mot]
Schaltung, gedruckte - *f* printed circuit [elt]
Schaltung, integrierte - *f* integrated circuit [elt]
Schaltung, vorgesetzte - *f* dashboard gear change [mot]
Schaltventil *n* selector valve [mot]
Schaltvermögen *n* switching ability [mot]
Schaltverstärker *m* circuit amplifier [elt]
Schaltverzögerung *f* closing delay [elt]; operating delay [mot]
Schaltwarte *f* control room [elt]
Schaltweg *m* contact travel [mot]; feed path [elt]
Schaltwelle *f* gearshift lever shaft [mot]; shifter shaft [mas]
Schaltzeichen *n* wiring symbol [elt]
Schalung *f* formwork [bau]; mould [bau]; (z.B. Ketterschalung) sheathing [bau]; (für Beton) shuttering [bau]
Schalungsmaterial *n* casing material [bau]
Schalungsplatte *f* formwork panel [bau]
Schalung, verlorene - *f* (Holz unter Boden) dead sheathing [bau]; lost sheathing [bau]; sacrificial shuttering [bau]
Schamotte *f* refractory [pow]
Schamotteauskleidung *f* fire clay lining [pow]; refractory lining [pow]
Schamottestein *m* fire brick [mot]; refractory brick [mot]
Schamottesteinwand *n* (aufgelegt a. Rohre) refractory baffle [pow]; refractory wall [pow]
Schar *f* (des Graders) blade [mbt]
Scharanordnung *f* design of the mouldboard [mbt]
Scharaufhängung *f* mouldboard support [mbt]
Schardrehkranz *m* (des Graders) circle bogie [mbt]; (Kugel- oder Rollendrehkranz) slewing ring [mbt]
Scharende *n* (Schneide) cutting edge [mbt]; (des Graders) trailing end [mbt]
Scharende, nacheilendes - *n* trailing cutting edge [mbt]
Schärfe *f* (der Linse, des Bildes) focus [phy]; (eines Messers) sharpness [wzg]
Scharfeinstellung *f* focussing [elt]
Schärfentiefe *f* depth of focus [phy]
scharfkantig sharp edged [mas]
Scharkörper *m* mouldboard [mbt]
Scharmesser *n* cutting edge [mbt]
Scharnierbandkette *f* hinged-slat chain [mas]
Scharnierbolzen *m* door nail [mas]
Scharnierstütze *f* hinge support [mas]
Scharrücken *m* rear of mouldboard [mbt]
Scharseitenblech *n* blade wing [mbt]; mouldboard side plate [mbt]; side plate of the mouldboard [mbt]
Scharstellung *f* mouldboard position [mbt]
Scharsteuerung *f* blade control [mbt]; mouldboard control [mbt]
Scharträger *m* mouldboard circle [mbt]
Scharverlängerung *f* blade extension [mbt]; mouldboard extension [mbt]
Scharverstellung *f* mouldboard rotating [mbt]
Scharzylinder *m* blade cylinder [mbt]
Schattenzone *f* (auch Funkschatten) shadow zone [elt]
schattiert (schattiert gezeichnet) shaded [con]
Schätzung *f* survey [bau]
Schaubild *n* (Zeichnung) drawing [con]; (grafische Darstellung) graph [con]; mimic diagram [con]; (gezeichnete Darstellung) plot [con]
Schaufelanlenkung *f* bucket hinge [mbt]
Schaufelarm *m* arm [mbt]

Schaufelbagger *m* (Ladeschaufel) shovel excavator [mbt]
Schaufelbagger mit Greifer *m* (Bagger) shovel with grab [mbt]
Schaufelfüllung *f* shovel filling [mbt]
Schaufelfüllungsgrad *m* degree of shovel filling [mbt]
Schaufelhydraulik *f* bucket hydraulics [mbt]
Schaufelinhalt *m* (Fassungsvermögen) bucket capacity [mbt]; (Inhalt) bucket contents [mbt]
Schaufelkinematik *f* shovel geometry
Schaufelkippzylinder *m* shovel tipping cylinder [mbt]
schaufeln *v* (Kelle, Bagger) scoop [mbt]; (auch von Hand) shovel
Schaufelrad *n* (an Schaufelradbagger) bucket wheel [mbt]; (an Schiff) paddle wheel [mot]
Schaufelradaufnahmegerät *n* wheel reclaimer [mbt]
Schaufelradaustragsschurre *f* bucket wheel discharge chute [mbt]
Schaufelradbagger *m* bucket wheel excavator [mbt]
Schaufelraddampfer *m* paddle wheel ship [mot]
Schaufelradentnahmegerät *n* bucket wheel reclaimer [mbt]
Schaufelradgetriebe *n* (am Bagger) bucket wheel gear [mbt]
Schaufelradlader, kombinierter - *m* combined stacker reclaimer [roh]
Schaufelschneide *f* cutting edge [mbt]
Schaufelsteuerung *f* bucket control [mbt]
Schaufelstiel *m* (am Bagger) bucket arm [mbt]; (am Bagger) dipper arm [mbt]; (am Handwerkzeug) handle [wzg]
Schaufelvorderteil *n* bucket lip [mbt]; shovel lip [mbt]
Schaufelzahn *m* bucket tooth [mbt]; shovel tooth [mbt]
Schaufelzylinder *m* bucket cylinder [mbt]
Schauglas *n* glass sight gauge [msr]; inspection glass [pow]; sight glass [mot]
Schauloch *n* peep hole [mot]; sight hole [msr]
Schaulochdeckel *m* inspection hole cover [mot]
Schauluke *f* inspection door [pow]
Schaumbildung *f* (z.B. Fehler in Ölleitung) formation of foam [mas]
Schaumgummi *m* foam rubber [met]
Schaumgummiteil *n* foam rubber component [met]
Schauöffnung *f* inspection port
Scheibchenriss *m* core crack [met]
Scheibe *f* (Deckenscheibe) ceiling slab [bau]; (Fensterscheibe) pane [met]; (Endscheibe) plate [mas]; (Passscheibe) ring [mas]; (Blechsicherung) shim [mas]; (Waffel, Waffelblech) wafer [met]
Scheibenbruch *m* (Fehler) disc-shaped fissure [met]
Scheibenfeder *f* woodruff key [mas]
Scheibengelenk *n* disc joint [mot]
Scheibenkupplung *f* disk clutch [mot]
Scheibenkupplung, keramische - *f* cerametallic clutch [mot]
Scheibenleitrad *n* drum-type idler [mas]
Scheibenrad *n* disc wheel [mot]; plate wheel [mas]; wheel assembly [mas]
Scheibenwaschanlage *f* washer system [mot]; window washer [mot]; windscreen washer [mot]
Scheibenwischer *m* windscreen wiper [mot]; windshield wiper [mot]
Scheibe, vierkantige - *f* square taper washer [mas]
scheiden *v* (z.B. Gold von Silber) segregate [roh]
Scheinanpassung *f* matching impedance [elt]
Scheinleistung *f* apparent power [elt]
Scheinwerfer *m* flood light [mot]; (auch an Lok) head lamp [mot]; (am Auto) headlight [mot]; (Suchscheinwerfer) spot light [elt]
Scheinwerfereinsatz *m* (mit Dichtung) sealed headlight unit [mot]
Scheinwerferlampe *f* hand-lamp bulb [mot]
Scheinwiderstand *m* apparent resistance [elt]; electric impedance [elt]; impedance [elt]; reactance [elt]
Scheinwiderstand, akustischer - *m* acoustical impedance [aku]
Scheitelwert *m* peak value [elt]
Scheitelwertmesser *m* crest meter [msr]; peak value meter [msr]
scheitern *v* (z.B. Verhandlungen) fall through
Schelle *f* (Rohrschelle) band-clamp [mas]; (Glocke) bell [mot]; (am Schlauch) fitting [met]; (Keilriemen) V-band clamp [mas]; wire holder [elt]

Schema *n* block diagram [con]; general layout [con]; set-up
Schema, konzeptionelles - *n* conceptual scheme [edv]
Schenkel *m* (eines Gerätes) arm [mas]; (Winkelstahl) leg [met]
Schenkelfeder *f* hinge spring [mas]
Schenkelkokille *f* elbow ingot [met]
Schenkelschutzplatte *f* shank protector [mas]
Scherbolzen *m* shear pin [mas]
Scherbruch *m* shear failure [mas]
Schere *f* (in Haushalt, Schneiderei) scissors [met]; (für Bleche) shearing machine [wzg]; shears [wzg]
scheren *v* (z.B. Schafe) shear [bff]
Scherenbetrieb *m* shears operation [mas]
Scherenhebebühne *f* scissor lift [mas]
Scherenheber *m* scissor type jack [mot]
Scherenpresse *f* shear press [mas]
Scherfestigkeit *f* shear strength [met]
Schergerade *f* shear straight [mas]
Scherkraft *f* shear force [mas]
Scherspannung *f* shear stress [met]
Scherstift *m* shear pin [mas]
Scherung *f* (einer Quarzplatte) shear [mas]
Scherversuch *m* shearing test [met]; shear test [mas]
Scherwelle *f* shear wave [phy]
scheuerfest wear-resistant [mas]
Scheuermittel *n* (Scheuerpulver) cleaning powder [che]
scheuern *f* (reiben, rubbeln) rub [mas]; (blank putzen) scour; (den Fußboden) scrub; (verschleißen, abnutzen) wear [mas]
scheuern *v* (verschleißen, abnutzen, abschleifen) abrade [mas]
Scheuern *n* (Reiben, Fressen) galling [mas]
Scheune *f* (für Erntegut, auch Stall) barn [msr]
Schicht *f* (der Straße) course [bau]; (von Öl, Ölfilm) film [met]; (Früh-, Mittags-, Nachtschicht) shift [met]
Schichtaufbau *m* (z.B. Farbe, Chrom, etc.) build-up of coats [mas]
Schichtbildung *f* lamination
Schichtdicke *f* (der Farbe) coat thickness [met]; (der Farbe) thickness of coat [mas]; (des Abraums) thickness of layer [roh]
Schichtdickenmessung *f* (der Farbschicht) coat thickness measuring [msr]
Schichtecho *n* layer echo [elt]
Schichten *n* strata [mas]
Schichtenverlauf *m* (im Gestein) stratification [geo]
Schichtglas *n* (Verbundglas) laminated glass [met]
Schichthöhe *f* (Rost) coal thickness [pow]; (Rost) fuel bed thickness [pow]; thickness of layer [mas]
Schichthöhenregler *m* fuel bed controller [pow]; fuel bed regulator [pow]
Schichttechnologie *f* film technology [elt]; thin film technology [elt]
Schichttransistor *m* junction transistor [elt]
Schichtwechsel *m* (Nachmittags- zu Nachtschicht) change of shifts [eco]
schichtweise by layers [mas]
Schichtwiderstand *m* film resistor [elt]
Schiebebühne *f* pit-type traverser [mot]
Schiebedach *n* sliding roof [mot]; sliding roof [mot]; sunroof [mot]
Schiebedachverschluss *m* sliding roof fastener [mot]
Schiebefenster *f* sash window [bau]
Schiebefenster *n* sash [bau]; sliding sash [bau]; sliding window [mot]
Schiebehülse *f* sliding collar [mot]
Schiebeimpuls *m* shifting pulse [elt]
Schiebekarre *f* (Schubkarre) wheel barrow [bau]
Schiebekupplung *f* slide coupling [mas]
Schiebemuffe *f* sliding sleeve [mas]
schieben *v* (Aushub mit Planierschild) doze [mbt]
Schieben *n* (seitliches Bewegung v. Bauteilen, Gerüst; unerwünscht) lateral movement [pow]
Schieber *m* damper [met]; gate valve [pow]; push handle [mas]; (Dampflok) push spool [mot]; slide valve [mas]; (Mischschieber) three-way-valve [mas]; valve [mas]
Schieberad *n* sliding gear [mas]
Schieberbetätigung *f* gate valve operating mechanism [pow]
Schieberbewegung *f* crossover [mot]
Schieberegister *n* shift register [elt]
Schieberkasten *m* (Dampflok) steam chest [mot]
Schieberstange *f* (im Steuerblock) control spool [mot]
Schieberweg *m* stroke of the spool [mot]

S

Schiebeschalter *m* slide switch [elt]
Schiebetür *f* slide door [bau]; sliding door [mot]
Schiebewelle *f* sliding shaft [mot]
Schieblehre *f* slide gauge [msr]; sliding calliper [msr]
Schiebung *f* displacement [mot]
schief (geneigter Hang) inclined [geo]; (der Schiefe Turm von Pisa) leaning [bau]; (wie Schrägstrich) oblique; (steil geneigter Hang) sloping [bod]
Schieferdach *n* slate roof [bau]
Schieferdecker *m* slater [bau]
Schiefergestein *n* shale [min]
schiefergrau (RAL 7015) slate grey [nrm]
schiefwinklig askew [con]
Schiene *f* (Sammelschiene) bus [elt]
Schiene, geschweißte - *f* welded rail [mas]
Schienenanker *m* (schützt vor Kriechen) rail anchor [mot]
Schienenbefestigung *f* (allgemein) fastenings [mot]
Schienenbodenplatte *f* (Grundplatte) base plate [mbt]
Schienenbus *m* railbus [mot]
Schienenfahrwerk *n* rail-bound travelling mechanism [mot]
Schienenfahrzeuge *pl* (aller Art) rolling stock [mot]
Schienenführung *f* rail guide [mot]
Schienenfuß *m* rail base [mot]; (aus Kopf, Steg, Fuß) rail foot [mot]
Schienenklammer *f* (Federstabnagel u.a.) rail clamp [mot]
Schienenkopf *m* rail flange [mot]; (über Fuß und Steg) railhead [mot]
Schienenlauffläche *f* (Rad läuft hier) rail surface [mot]
Schienenoberkante *f* rail face [mot]; top rail [mot]
Schienenprofil *n* rail profile [mot]
Schienenprüfgerät *n* rail-testing instrument [mot]
Schienenprüfkopf *m* rail testing probe [mot]
Schienenprüfstand *m* rail testing assembly [mot]
Schienenprüfstock *m* rail inspection stick [mot]
Schienenprüfwagen *m* rail test car [mot]
Schienenräumer *m* (z.B. pfeilförmige Gitter) cow-catcher [mot]
Schienenreinigungswagen *m* rail scrubber car [mot]
Schienenschweißung *f* welding of rails [met]
Schienensteg *m* (zw. Kopf u. Bodenplatte) web of rail [mot]
Schienenstoß *m* track connection [mot]
Schienenstrang *m* tracks [mot]
Schienensystem *n* band system [mot]
Schienentriebfahrzeug *n* railway power unit [mot]; railway tractive unit [mot]
Schienenzange *f* rail tongs [mot]
Schiff *m* (Halle) bay [bau]; (Hallenteil oder Kirchenschiff) nave [bau]
Schiffsarmatur *f* ship-armature [mot]
Schiffsbau *m* shipbuilding [mot]
Schiffsbauch *m* (in Rumpf, Laderäumen) belly [mot]
Schiffsbelader *m* (für See- und Binnenschiffe) ship loader [mot]
Schiffsbrüchiger *m* (Schiff verloren) shipwreck [mot]
Schiffsentladegerät *n* ship unloader [mot]
Schiffskessel *m* marine boiler [pow]
Schiffskörper *m* (leerer Rumpf) hull [mot]
Schiffsküche *f* galley [mot]
Schiffslader *m* (Ladegerät) ship loader [mot]
Schiffsmotor *m* marine engine [mot]
Schiffsprofile *pl* shipbuilding sections [mas]
Schiffsreparatur *f* ship repairing [mot]
Schiffsreparaturwerft *f* dockyard [mot]; navy-yard [mot]
Schiffsrumpf *m* ship's belly [mot]; (Außenhaut) ship's hull [mot]
Schiffsschraube *f* propeller [mot]
Schiffssteuer *n* (Rad und Blatt) rudder [mot]
Schiffssteuerrad *n* (am Steuer) helm [mot]
Schiffstreppe *f* ship's ladder [mot]
Schiffsunglück *n* maritime disaster [mot]
Schiffswrack *n* (markiert durch Boje) wreck [mot]
Schiffszulieferung *f* ship's equipment [mot]
Schild *n* (am Grader) blade [mbt]; (im Bergbau) shield support [roh]; (am Haus) sign
Schildzylinder *m* (im Bergbau) shield cylinder [roh]
schilfgrün (RAL 6013) reed green [nrm]

Schirmgitterstrom *m* screen current [elt]
Schlacke, basische - *f* basic slag [pow]
Schlacke, granulierte - *f* chilled slag [pow]; granulated slag [pow]
Schlackenabscheider *m* slag extractor [pow]
Schlackenabzug *m* (flüssiger -) liquid slag removal [pow]; slag removal [pow]
Schlackenabzug, flüssiger - *m* liquid slag removal [pow]
Schlackenabzug, trockener - *m* dry ash removal [pow]
schlackenbildend slag forming [pow]
Schlackenbrecher *m* clinker crusher [pow]; slag crusher [pow]
Schlackeneinschluss *m* slag inclusion [pow]
Schlackengrube *f* slag pit [mot]
Schlackenhammer *m* deslagging hammer [wzg]
Schlackenloch *n* (Schmelzkessel) taphole [met]
Schlackensammler *m* (Druckwasserentaschung) slag tank [pow]
Schlackenschicht *f* slag cover [pow]
Schlackentrichter *m* ash hopper [pow]; cinder hopper [pow]; slag hopper [pow]; (Rost) stoker ash pit [pow]
Schlackenverlust *m* loss due to carbon in ash [pow]
Schlackenwagen *m* ash bogie [pow]; disposal car [jur]
Schlackenwolle *f* mineral wool [pow]; slag wool [pow]
Schlackenwollmatte *f* mineral wool blanket [pow]; slag wool blanket [pow]
schlackern *v* (locker schütteln) slap
Schlafwagen *m* (bei der Bahn) sleeping car [mot]
Schlag *m* (Stoß) impact [phy]; shock [elt]
Schlagbiegeversuch *m* impact bending test [met]
Schlagbohrer *m* hammer drive [wzg]
Schlägel *m* lump hammer [wzg]
Schläger *m* (Mühle) hammer [wzg]
Schlägermühle *f* beater mill [pow]; impact pulverizer [wzg]; integral fan mill [pow]
schlagfest impact proof [mas]
Schlagfestigkeit *f* resistance to shock or impact [met]
Schlagfräser *m* fly cutter [wzg]
Schlagkopfbrecher *m* continuous stream crusher [wzg]
Schlagleiste *f* (im Brecher) blow bar [mbt]
Schlagloch *n* (in Straße) pothole [mot]
Schlagpresse *f* (zum Abkanten) blow folding press [met]; (zum Schmieden) blow forging press [met]; (für Matern) matrix striking press [mas]
Schlagregengefährdung *f* danger of exposure to heavy rain [bau]
Schlagschere *f* (Tafelschere) gate shears [wzg]
Schlagschraubenschlüssel *m* impact spanner [wzg]
Schlagschrauber *m* drive screw [wzg]
Schlagzahl *f* (Markierung in Werkstück) steel-stamp number [mas]
schlämmen *v* whitewash [bau]
Schlammentwässerung *f* sludge dehydration [mot]
schlammig (schmutzig, dreckig) muddy
Schlammkohle *f* mud coal [pow]
Schlammsammler *m* mud drum [pow]
Schlange *f* (Rohrschlange) loop [pow]
Schlangenrohre *pl* tube coil [mas]
Schlangenrohrvorverdampfer *m* continuous loop tube evaporator [pow]; continuous loop tube steaming economizer [pow]
Schlangenventil *n* coil valve [mot]
schlank (schlanker Mensch) slim [hum]
Schlaucharmatur *f* (z.B. Kupplung) hose fixture [mas]; (z.B. Kupplung) stem [mas]
Schlauchaufroller *m* hose recoiler [mas]
Schlauchbinder *m* hose fitting [mas]
Schlauchbremse *f* tube-type brake [mbt]
Schlauch für hohen Druck *m* pressure-type hose
Schlauchhalter *m* (Schelle, Klemme) hose clamp [mas]
Schlauchkupplung *f* (Verbindung) hose coupling [mas]; (Verbindung) hose fixture [mas]
Schlauchleitung *f* flexible line [mot]; (Garnitur, Satz) hose line [mas]
schlauchlos (Autoreifen) tubeless [mot]
Schlauch mit Scheuerschutz *m* wire spiral warp [mas]
Schlauchschelle *f* hose clamp [mas]
Schlauchschelle, schraubenlose - *f* one-piece hose clip [mas]
Schlauchtülle *f* hose nipple [mot]; (Schlauchmuffe) hose socket [mas]
Schlauch- und Spannschelle *f* sealing and retaining clamp [mas]

Schlauchventilbrücke *f* inner tube valve fitting [mot]
Schlauchventileinsatz *m* inner tube valve insert [mot]
Schlauchverbinder *m* hose connector [mas]; hose fixture [mas]
Schlauchverbindung *f* hose fitting [mot]
Schlauchverbindungsteil *n* hose connector [mas]
Schlaufe *f* (klein) eye; (groß) loop [mas]
Schlaufenverbindung *f* loop connection [bau]
Schlechtlehre *f* no go gauge [msr]
Schlechtwetterperiode *f* period of bad weather [wet]
schleichen *v* (langsam) creep
Schleichgang *m* (langsamst) inching [mot]
Schleifband *n* abrasive belt [wzg]; sanding belt [mas]
Schleifbank *f* (Bearbeitung) grinding lathe [wzg]
Schleifbürste *f* carbon brush [elt]
schleifen *v* grind [met]; (innenschleifen) internal grind [met]; (rundschleifen) plain grind [met]; (glätten) smoothen [met]
Schleifen *n* (polieren) polish [met]
Schleifenbandwagen *m* tripper car [mbt]
Schleifen, spitzenloses *n* centreless grinding [met]
Schleifenverstärkung *f* loop gain [elt]
Schleifer *m* slip ring [elt]
Schleifhexe *f* (Winkelschleifer) angle grinder [wzg]
Schleifkontakt *m* wiper [elt]
Schleifkufe *f* reference sleigh [mbt]
Schleifleitung *f* conductor rail [elt]
Schleifmarkiereinrichtung *f* grinding marker [mas]
Schleifmaschine *f* grinding machine [wzg]
Schleifpapier *n* (Schmirgelpapier) emery [met]
Schleifpaste *f* grinding paste [mas]
Schleifring *m* (Motor) collecting ring [elt]; (Motor) collector ring [elt]; (Motor) slip ring [elt]
Schleifringanker *m* slip ring rotor [elt]
Schleifringanlasser *m* slip ring starter [elt]
Schleifringbremse *f* slip-ring brake [mot]
Schleifringhalter *m* slip ring holder [mot]
Schleifringkörper *m* (Motor) slip ring [elt]; (Motor) slip ring assembly [elt]; (Motor) slip ring body [elt]
Schleifringläufermotor *m* slip ring motor [elt]
Schleifscheibe *f* (zum Glätten, Kürzen) abrasive wheel [wzg]; grinding disk [wzg]; (nutzt sich ab) wearing plate [mas]
Schleifscheibe *n* grinding wheel [mas]
Schleifzeug *n* grinding tool [mas]
Schleißbleche *pl* abrasion rods [mbt]
Schleißleiste *f* wear strip [mas]
Schleißplatte *f* (Mühle) wear plate [pow]
Schleißrücken *m* (Staubrohre) wear liner [pow]
Schleißscheibe *f* wearing plate [mas]
Schleißschiene *f* wear bar [mas]
Schleißsohle *f* wear sole [mas]
Schlemmanstrich *m* slurry paint coat [bau]
Schlempe *f* (Zementschlamm) laitance [roh]
Schleppblech *n* (über einer Dehnungsfuge) cover plate [bau]
Schleppdampfer *m* (Schlepper) towboat [mot]
schleppen *v* (fördern, tragen) haul [mot]
Schlepper *m* (Schlepp- und Bugsierschiff) towboat [mot]; (Traktor) tractor [mbt]; (Schlepp- und Bugsierschiff) tug [mot]
Schleppkette *f* (z.B. an Schleppschaufel) drag chain [mas]
Schleppschaufel *f* dragline [mbt]; dragline bucket [mbt]
Schleppschaufeleinziehwinch *f* dragline fairlead [mbt]
Schleppschaufeltiefe *f* dredging depth [mbt]
Schleppseil *n* tow rope [mot]
Schleppstange *f* tow bar [mot]; tow rod [mot]
Schlepptenderlokomotive *f* tender engine [mot]; tender locomotive [mot]; trailing tender locomotive [mot]
Schlepp- und Bugsierschiff *n* towboat [mot]; tug [mot]
Schleppwinde *f* towing winch [mas]
Schleppzug *m* (auf Wasserstraßen) train of tugged barges [mot]
Schleudergießen *n* centrifugal casting [met]
Schleuderguss *m* centrifugal casting [met]

Schleuderluftfilter *m* centrifugal air cleaner [mot]
schleudern *v* sling
Schleuderprüfung *f* dynamic balance test [msr]
Schleuderscheibe *f* centrifugal disc [met]
Schleuse *f* (Schiffsschleuse) lock [mot]; (hier: Gully, Kanaleinlauf) sewer port [bau]; (Schiffsschleuse) sluice [mot]
Schleusenkammer *f* sluice chamber [mot]
Schleusluft *f* sealing air [pow]
Schleusluftventilator *m* seal air fan [pow]; sealing air fan [pow]
schlichten *v* (Fläche bearbeiten) finish machine [met]
Schlichten *f* (Metall glätten) finishing [met]
Schlichtmeißel *m* finishing tool [wzg]
Schlichträumen *n* finish broach [met]
Schlickbagger *m* silt dredger [mot]
schließen *v* close
Schließer *m* closing contact [elt]
Schließkontakt *m* make contact [elt]
Schließspule *f* closing coil [elt]
Schließvorrichtung *f* locking device
Schließzeit *f* (des Greifers) closing time [mbt]
Schliffbild *n* micrograph [msr]
Schlinge *f* (klein) eye; (z.B. Lasso) loop [mas]
Schlingerdämpfungsblech *n* (Schiffskessel) swash plate [mot]
Schlipp *m* (in der Werft) slip [mot]
Schlitten *m* (Maschinenteil) carriage
Schlitz *m* (für Installationsleitung) chase [bau]; slit [mas]; slot [mas]
Schlitzinitiator *m* slot indicator [mas]
Schlitzmutter *f* slotted nut [mas]; slotted round nut [mas]
Schlitznaht *f* (Schweißnaht) slot weld [met]
Schlitzring *m* slit ring [mas]
Schlitzschraube *f* cross slot bolt [mas]; slotted screw [mas]
Schlitzsondierung *f* split spoon sampling [mas]
Schlitzwand *f* diaphragm wall [bau]; slotted wall [bau]
Schlosserhammer *m* hammer [wzg]
Schlot *m* (Fabrikschornstein) smokestack [mas]
Schlucht *f* (Einschnitt für Eisenbahn) cutting [mot]; (Tal mit steilem Wänden) gulch [geo]
Schluckstrom *m* (Pumpenaufnahmevermögen) absorption capacity [phy]; (Förderstrom) displacement [mot]
Schluckvolumen *n* (z.B. des Ölmotors) displacement [mot]
Schluff *m* (Grobton) coarse clay [roh]
Schlupf *m* (Motor) slippage [elt]
schlupffrei non-slip [mot]
Schlupfhärtung *f* slip hardening [mas]
Schlupfkupplung *f* slip clutch [mas]
Schlupfüberwachung *f* slip control [msr]
Schluss *m* (Zahnräder sind im Schluss) mesh [mas]; (des Zuges) tail [mot]
Schlussbestimmung *f* concluding terms [jur]
Schlüssel *m* (Code) code
Schlüsselausschalter *m* key cut-out switch
Schlüsselbein *n* collar bone [hum]
schlüsselfertig turn-key [mas]
Schlüsselschild *n* (Schlossblende an Tür) keyhole surround [bau]
Schlüsselstahl *m* key steel [mas]
Schlüssel, verstellbarer - *m* adjustable wrench [wzg]
Schlüsselweite *f* (der Schraube) width across flats [mas]
Schlussleuchte *f* tail lamp [mot]; (Zugschlussleuchte) tail light [mot]
Schlussleuchtenkonsole *f* tail lamp mounting bracket [mot]
Schlusslicht *n* tail lamp [mot]
Schlussrechnung *f* final account [bau]
Schlussscheibe *f* (am letzten Haken) identity plate [mot]
Schlussstein *m* (in Gewölbe, Brücke) centre key [bau]; (in Rundbogen) keystone [bau]
Schlusstermin *m* (letzter Zeitpunkt) deadline
Schlussverfahren *n* inferences [edv]
schmal (eng) narrow [bau]
Schmalkeilriemen *m* narrow-section V-belt [mot]; narrow V-belt [mot]
Schmalspur *f* (meist Eisenbahn) gauge, narrow - [mot]; (meist Eisenbahn) narrow gauge [mot]
Schmalspurbahn *f* feeder line [mot]; narrow-gauge track [mot]
Schmalspurstrecke *f* (der Bahn) feeder line [mot]; (der Bahn) narrow-gauge track [mot]
Schmelzeinsatz *n* fuse link [elt]

S

Schmelzfeuerung *f* slag-tap pulverized coal firing [pow]
Schmelzkessel *m* boiler with slag-tap furnace [pow]; slag-tap boiler [pow]; wet bottom boiler [pow]
Schmelzleiter *m* fuse element [elt]
Schmelzpunkt *m* melting point [phy]
Schmelzschweißen *n* fusion welding [met]
Schmelzsicherung *f* fuse [met]; safety fuse [elt]
Schmelztiegel *m* melting pot [mas]
Schmelztiegelfeuerung *f* crucible type furnace [pow]; retort-type slag-tap furnace [pow]
Schmelztischfeuerung *f* pulverized coal firing with melting table [pow]
Schmelzverhalten *n* melting behaviour [pow]
schmiedbar (weich) soft [mas]
Schmiede *f* forge [met]
Schmiedeeisen *n* wrought iron [mas]
Schmiedegesenk *n* (Gesenk) swage [met]
Schmiedehammer *m* blacksmith's hammer [wzg]; forging hammer [wzg]
schmieden *v* forge [met]
Schmieden *n* forging [met]
Schmiedepresse *f* forging press [wzg]
Schmiederohling *m* forging blank [met]
Schmiedeschweißkonstruktion *f* forging/welding construction [mas]
Schmiedestahl *m* forging steel [met]
Schmiedestück *n* forged ring [met]
Schmiedeteilprüfung *f* forging test [msr]
Schmiege *f* (Gliedermaßstab) yardstick [msr]
Schmieranlage *f* greasing system [mas]; lubricator [mas]
Schmieranweisung *f* lubricationing instructions [mas]
Schmierbohrung *f* lubricating hole [mas]; lubrication bore [mas]
Schmierbuchse *f* lubricator [mot]
Schmierbüchse *f* grease cup [mas]
Schmiereinrichtung *f* lubrication device [mas]
Schmierfett *n* grease [mas]; lubricating grease [mas]
Schmierfilm *m* film of lubricant [mot]; lubricating film [mas]; lubricating oil film [mas]
Schmierintervall *n* lubrication interval [mas]
Schmierkopf *m* nipple [mas]
Schmiermittel *n* lubricant [mas]
Schmiernippel *m* grease fitting [mas]; grease nipple [mas]; lubricant fitting [mas]; lubrication nipple [mas]; lubricator nipple [mas]
Schmiernut *f* lubrication groove [mas]
Schmiernute *f* oil groove [mas]
Schmieröl *n* lubricating oil [mas]
Schmierölfilter *m* lube oil filter [mas]
Schmierölkühler *m* lubrication-oil cooler [mas]
Schmierölleitung *f* lubricating oil line [mas]
Schmierölpumpe *f* lube oil pump [mas]
Schmierpistole *f* grease gun [wzg]
Schmierplan *m* lubrication chart [mas]
Schmierpresse *f* grease gun [wzg]; grease pistol [wzg]
Schmierstelle *f* lubricating point [mas]
Schmierstoff *m* lubricant [mas]
Schmiersystem *n* lubrication system [mas]
Schmiertabelle *f* lubrication chart
Schmiervorrichtung *f* lubricator [mas]
Schmirgelleinen *n* emery cloth [met]
schmirgeln *v* emery [met]
Schmirgelpapier *n* abrasive paper [met]; emery paper [met]
Schmirgelstein *m* emery stick [met]
Schmutzabstreifring *m* (am Zylinder) dirt skimmer [mot]
Schmutzbandantrieb *m* spillage belt drive [mbt]
Schmutzblech *n* (an Lkw-Ende) spill guard [mot]
Schmutzfänger *m* mud flaps [mot]
schmutzig (feuchter Dreck) muddy
Schmutzring *m* scraper ring [mas]
Schmutzteil *n* dust particle
Schnapper *m* (Raste) catch [met]
Schnappkupplung *f* impulse coupling [mot]
Schnappring *m* ring clamp [mas]; ring sealing [mas]; snap ring [mas]
Schnappverschluss *m* snap-on cap [mot]; (Bügelverschluss) swing stopper [mas]
Schnecke *f* volute [mas]
Schneckenantrieb *m* worm drive [mot]; worm gear drive [mot]
Schneckenbesen *m* (Werkzeug) brush for screw [wzg]; screw brush [mot]
Schneckenfeder *f* volute spring [mas]
Schneckenförderer *m* screw conveyor [roh]; worm type feeder

S

schneckenförmig spiral [mas]
Schneckengetriebe *n* worm-drive gear unit [mot]; worm gear [mot]; worm gearing [mot]
Schneckengewinde *n* worm thread [mot]
Schneckengewindeschelle *f* (mit Flügelschraube) thumb-plate hose clip [mas]; worm drive hose clip [mot]
Schneckenrad *n* worm gear [mas]; worm wheel [mas]
Schneckenradkranz *m* worm crown gear [mas]; worm wheel rim [mot]
Schneckenradnabe *f* worm gear hub [mot]
Schneckentrieb *m* worm drive [mot]; (Schneckenantrieb) worm gear [mas]
Schneckentrommelmüllwagen *m* ((A)) screw-type garbage truck [mot]; ((B)) screw-type refuse-collection vehicle [mot]
Schneckenwelle *f* worm gear shaft [mot]; worm shaft [mas]
schneebedeckt snow-covered
Schneefräse *f* snow blower [mot]
Schneekette *f* (für Autoreifen) non-skid chain [mot]; (für Autoreifen) skid chain [mot]; (für Autoreifen) snow chain [mot]
Schneepflug *m* ((B)) snow plough; ((A)) snow plow
Schneidbrenner *m* cutting torch [wzg]
Schneide *f* bit [mbt]; (Messer) blade [mas]
Schneideeinsatz *m* set of cutting inserts [mas]
Schneideisen *n* die [met]
Schneidelippe *f* cutting lip [met]
Schneideliste *f* cutting list [bau]
Schneidering *m* cutting ring [bau]
Schneidkante *f* (Schnittkante) cutting edge [met]
Schneidkopf *m* cutter head [mot]
Schneidkopfsaugbagger *m* cutter head suction dredger [mot]
Schneidlippe *f* cutting edge [met]
Schneidmesser *m* cutting edge [met]
Schneidmesser, mehrteiliges - *n* multi-section edge [mot]
Schneidmesser, umlaufendes - *n* extended cutting edge [mas]; wrap-around cutting edge [wzg]
Schneidöl *n* cutting oil [met]
Schneidrad *n* cutting wheel [mot]
Schneidring *m* cutting ring [met]; ermeto coupling [wzg]; olive [mas]
Schneidscheibe *f* cutting disc [met]
Schneidschraube *f* tapping screw [mas]
Schneidtiefe *f* cutting depth [met]
Schneidvorrichtung *f* cutting device [met]
Schneidwiderstand *m* cutting resistance [met]
Schnellabschaltung *f* high-speed breaking [elt]; rapid interruption [elt]
schnellansprechend fast acting [pow]
Schnellaufladung *f* (Batterie) quick charge [elt]
Schnellauslösung *f* instantaneous tripping [elt]
Schnellbahn *f* rapid transit [mot]
Schnellbauweise *f* rapid-assembly method [bau]
Schnellbetankungsanlage *f* fast fuelling system [mot]
Schnelldrehstahl *m* high-speed steel [met]
Schnelldrucker *m* rapid printer [edv]
Schnellfahrstrecke *f* high-speed line [mot]
Schnellgang *m* (des Autos) overdrive [mot]
Schnellladung *f* (Batterie) boost charge [elt]
Schnellschalter *m* high-speed circuit breaker [elt]
Schnellschlaghammer *m* (für Ramme) rapid blow hammer [wzg]
Schnellsenkeinrichtung *f* (Freifall) fast fall device [mbt]; fast-lowering device [mbt]
Schnellstufe *f* high range [mot]; overdrive [mot]
Schnelltriebwagen *m* express railcar [mot]
Schnellverschleißteil *n* fast wear part [met]
Schnellverschluss *m* rapid fastener [mas]
Schnellwechselanlage *f* (für Ramme) rapid changing device [wzg]
Schnellzug *m* (der Eisenbahn) fast train [mot]
Schnitt *m* cutaway view [con]; (auf Zeichnung) section [con]; view [con]
Schnittbild *n* (z.B. in Zeichnung) cross-sectional picture [con]; cutaway diagram [con]; cutaway view [con]
Schnittbildgerät *n* cross-section recorder [con]; rotational section scan instrument [mas]

Schnittbreite *f* (z.B. des Löffels) cutting width [mbt]; (im Bergbau) width of the cut [roh]
Schnittgrat *m* burr [met]
Schnitthöhe *f* cutting height [bau]
Schnittholz *n* lumber [met]; sawn timber [met]
Schnittkante *f* cut edge [met]
Schnittkanten, saubere - *pl* cleanly cut edges [met]
Schnittkräfte *pl* force of sectioning [met]; static forces [bau]
Schnittmodell *n* (z.B. von Pumpe) sectional model [mas]
Schnittpunktmarke *f* junction label [edv]
Schnittstellung *f* (z.B. bei Blechen) cutting position [met]
Schnitttiefe *f* cutting depth [met]
Schnittveränderung *f* cutting change [met]
Schnittwiderstand *m* cutting resistance [met]
Schnittwinkel *m* cutting angle [met]
Schnittwinkelverstellung *f* (z.B. Grader) adjusting of the cutting angle [mbt]
Schnittwirkung *f* effect of cutting [met]
Schnittzeichnung *f* sectional drawing [mas]
Schnittzugabe *f* cutting allowance [met]
schnitzen *v* carve [met]
Schnüffelventil *n* (Belüfter) air breather [air]; breather [mot]
Schnur *f* string
Schock *f* (körperlich) shock [hum]
Schockschweißen *n* shock welding [met]
schokoladenbraun (RAL 8017) chocolate brown [nrm]
Scholle *f* (z.B. Asphalt aus alter Straße) slab [mot]
schonen *v* (ein verletztes Bein) favour [hum]
Schonganggetriebe *n* overdrive [mot]
Schornstein *m* (Schiff) funnel [bau]; (hohe Fabrikesse) smokestack [mas]; (kurzer Blechschornstein) stub stack [pow]
Schornsteinanschluss *m* chimney junction [bau]
Schornsteinauswurf *m* chimney discharge [pow]; chimney emission [pow]
Schornstein mit Seilabstützung *m* chimney with guy ropes [pow]
Schornstein, schiefer - *m* leaning smokestack [bau]
Schornsteinsteigleiter *f* chimney access ladder [bau]
Schornsteinzug *m* chimney draught [pow]; stack draught [pow]
Schott *n* (in Schiff, Flugzeug) bulkhead [mot]; (in Schweißkonstruktion) stiffening plate [mot]
Schottblech *n* (Schweißkasten-konstruktion) stiffening plate [met]; (Stahlbau) web plate [mot]
Schottenüberhitzer *m* plate-type superheater [pow]
Schotter *m* (zwischen Gleisen) ballast [bau]; (kleiner Schotter; Steinsplitter) chippings [bau]; crushed rock [bau]; (aus dem Steinbruch) gravel [bau]
schotterlos (schotterloser Oberbau) ballast-less [bau]
Schotterunterbau *m* (Bahngleise) macadam foundation [mot]
Schotterweg *m* gravel path [bau]
schraffiert (in Zeichnungen) hatched [con]
Schraffierung *f* (in Zeichnungen) hatching [con]
Schraffurmuster *n* hatching pattern [con]
schräg (zur Seite geneigt) leaning [bau]; (schräg geformt; über Straße) transverse [mot]
Schrägachse *f* (an Hydraulikpumpe) bent axis [mas]
Schrägaufzug *m* inclined elevator [bau]
Schrägdach *n* pitched roof [bau]; pitch roof [bau]; slanted roof [bau]; sloping roof [bau]
Schräge *f* (Gesenk-, Gussschräge) draft [mas]; (Neigung; Bunker, Rohre) inclination [pow]; (Neigung; Bunker, Rohre) slope [con]
Schrägeinfall *m* angular incidence [elt]
Schrägeinschallung *f* angular radiation [elt]
schräggestellt slanted [con]
Schrägkante *f* bevel [mas]
Schrägkugellager *n* tapered ball-bearing [mas]
Schrägkugellager, einreihiges - *n* single-row angular contact ball bearing [mas]
Schrägkugellager, zweireihiges - *n* double-row angular contact ball bearing [mas]

Schräglage *f* (Unausgeglichenheit) distortion [pow]; (des Motors) tilt angle [mas]; (Unausgeglichenheit) unbalance
Schräglauf *m* tape skew [mas]
Schrägrad *n* helical gear [mot]
Schrägrad mit Schraubennuten *n* helical gear with helical splines [mot]
Schrägreflexion *f* inclined reflection [elt]
Schrägrollenlager *n* taper roller bearing [mas]
Schrägrost *m* (Feuerung) inclined grate [pow]
Schrägscheibenpumpe *f* (Hydraulik) swash plate pump [mas]
Schrägschnitt *m* (schräger Schnitt) diagonal cut [met]
Schrägschnitttafelschere *f* diagonal cut gate shears [met]
Schrägschulterfelge *f* advanced rim [mbt]; stepped rim [mot]
Schrägschulterring *m* (an Reifen, Felge) advanced rim [mbt]; (Reifen läuft nicht ab) stepped rim [mot]
Schrägseilbrücke *f* suspended bridge [bau]
Schrägstirnrad *n* helical gear [mot]
Schrägstrahlprüfkopf *m* shear wave probe [msr]
Schrägstrich *m* oblique mark
Schrägungswinkel *m* helix angle [con]
schrägverzahnt (z.B. schrägverzahntes Ritzel) spiral toothed [mas]
Schrägverzahnung *f* helical gearing [mas]
Schrägzahnband *n* helical gear [mas]
Schrägzahnrad *n* (Schraubenrad) helical gear [mot]
Schrämmaschine *f* (fährt Wand auf und ab) shearer [roh]
Schrammbord *n* curb [bau]; kerb [bau]
schrammen *v* (mit Schrämmaschine kratzen) shear [mbt]
Schrämmkante *f* (z.B. seitlich am Lkw) wear strip [mas]
Schrämmleiste *f* (Schrägkante; Lkw) wear strip [mas]
Schrank *m* (Verteilerschrank) box [elt]; (Kleiderschrank) closet [bau]
Schranke *f* (vor der Bahnkreuzung) bar [mot]; (der Bahn) barrier [mot]
Schrankebene *f* (des Schaltschranks) instrument cabinet level [elt]
Schraubanker *m* screw anchor [bau]
Schraubbolzen *m* depth bolt [met]; machine screw [mas]; stud [mas]
Schraubdübel *m* screw dowel [mas]
Schraube *f* bolt [mas]; (Dichtschraube) gland [pow]; (Schiff) propeller [mot]; screw [mas]
Schraube, gedrehte - *f* turned bolt [mas]
Schraube, gewindefurchende - *f* thread-rolling screw [mas]
Schraube, hochfeste - *f* high-strength bolt [mas]; high-tensile bolt [mas]
schrauben *v* (einer Metallschraube) bolt on [met]
Schraubenbolzen *m* double end stud [mas]; screw bolt [mas]
Schraubendreher *m* (neueres Wort) screw driver [wzg]
Schraubenfeder *f* coil spring [mas]; (Spiralfeder) helical spring [mas]
Schraubenförderer *m* screw conveyor [mas]
Schraubengewinde *n* screw thread [mas]
Schraubenkopf *m* bolt head [mas]; head of bolt [mas]; screw head [mas]
Schraubenkupplung *f* (am Waggon) screw coupling [mot]
Schraubenmutter *f* (z.B. Sechskant-mutter) nut [mas]
Schraubenpumpe *f* screw pump [pow]
Schraubenrad *n* helical gear [mas]; screw gear [mas]
Schraubenradtrieb *m* helical gear [mas]
Schraubenschlüssel *m* (Schlüssel) spanner [wzg]; (Schlüssel) wrench [wzg]
Schraubenschlüsselsatz *m* set of spanners [wzg]
Schraubenspindel *f* reveal pin [bau]
Schraubenstützlager *n* (der Schelle) housing locating collar [mas]
Schraubenverbindung *f* bolted connection [mas]
Schraubenverzahnung *f* helical gearing [mas]
Schraubenzieher *m* screw driver [wzg]
Schraube, rohe - *f* black bolt [mas]; unfinished bolt [mas]
Schraube und Mutter bolt and nut [mas]
Schraubkappe *f* screw cap [mas]
Schraubklemme *f* screw clamp [elt]
Schraubkupplung *f* screw coupling [mot]; threaded coupling [elt]
Schraubrußbläser *m* single-nozzle retractable soot blower [pow]
Schraubsicherung *f* screw type retainer [mot]

Schraubsockel *m* screw base [elt]
Schraubstock *m* (Zwinge (B)) vice [wzg]; (Zwinge, Backe (A)) vise [wzg]
Schraubstutzen *m* screw neck [mot]
Schraubverbindung *f* bolted connection [mas]
Schraubverbindung gerissen *f* bolted connection broken [mas]
Schraubverbindung lose *f* bolted connection loose [mas]
Schraubverbindung überdreht *f* bolted connection overwound [mas]
Schraubverschluss *m* screw cap [mot]
Schraubzahn *m* (Hülsenzahn) bolt-on teeth [mas]
Schraubzwinge *f* screw clamp [wzg]
Schreibgeschwindigkeit *f* writing speed [edv]
Schreibkopf *m* recorder head [msr]
Schreibspur *f* track [edv]
Schreibstreifen *m* recording strip [msr]
Schreibthermometer *n* recording thermometer [msr]
Schreibwerk *n* (Aufzeichnungsgerät) recording system [msr]
Schreitgeschwindigkeit *f* walking speed [roh]
Schreitwerk *n* (unter Brecher) travelling assembly [roh]; (unter Brecher) walking pads [roh]
schriftlich abzugeben to be submitted in writing
schriftlich festgelegt laid down in writing
schriftlich festlegen lay down in writing
schriftlich geltend machen assert in writing
Schrifttum, sonstiges - *n* other documents
S
Schriftzeichen *n* (z.B. chinesisch) character
schrittweise step by step
schrittweise beendigen *v* (rausnehmen) phase out [met]
Schrothammer *m* spalling hammer [wzg]; (beim Schmieden) spalling hammer [wzg]
Schrotsäge *f* (Baumsäge) crosscut saw [wzg]
Schrott *m* (teilweise verwertbarer Abfall) junk
Schrottaufbereitung *f* scrap preparation [rec]
Schrotte, legierte - *pl* alloyed scraps [mas]
Schrottgreifer *m* (am Stapler) scrap grapple [mot]
Schrotthändler *m* junk dealer [mot]
Schrottplatz *m* junkyard [mot]; (z.B. Autoverwertung) scrap yard [mas]
Schrottschere *f* scrap shear [rec]
schrumpfen *v* (z.B. flüssiger Stickstoff schrumpft Buchsen) shrink [mas]
Schrumpfriss *m* shrinkage crack [met]
Schrumpfscheibe *f* (in Brecher) shrinking disk [mas]
Schrumpfsitz *m* shrink fit [mot]
Schrumpfung *f* shrinkage [met]; shrinking [mas]
schruppen *v* rough machine [met]
Schruppen *n* coarse feed machining [met]
schrupphobeln *v* rough planing [met]
Schruppmaschine *f* roughing lathe [wzg]
Schruppschleifmaschine *f* rough-grinding machine [wzg]
Schub *m* (z.B. ein Schubschiff) push [mot]
Schubblock, gefederter *m* cushion push block [met]
Schubbruch *m* diagonal tension failure [bau]
Schubgabel *f* pusher fork [mot]; pushing fork [mot]
Schubkarrenförderung *f* hauling by wheelbarrow [mot]
Schubkraft *f* thrust force [mas]
Schubkugel *f* torque ball [mas]
Schubkugelgelenk *n* torque tube ball joint [mas]
Schublade *f* (in Möbelstück) drawer [bau]
Schublehre *f* (Rechengerät) slide gauge [mat]
Schubmodul *m* (Gleitmodul) shear modulus [mas]
Schubplatte *f* push cup [mas]
Schubraupe *f* bulldozer [mbt]; caterpillar [mot]
Schubschiff *n* push boat [mot]; pushing boat [mot]
Schubstange *f* slide bar [mas]
Schubverarbeitung *f* (Stapelverarbeitung) batch processing [met]
Schubverbinder *m* shear connector [mas]
Schubwelle *f* shear wave [phy]
schuldhaft (z.B. schuldhafter Verstoß) culpable [jur]
Schulter *f* (Wellenabsatz, Bankett) shoulder [bau]
Schulterhöhe *f* (Lager) shoulder height [mas]

Schulterkugellager *n* magneto bearing [mas]
Schuppen *m* (ziemlich verfallenes Haus) shack [bau]; (z.B. Bahn, Hafen) shed [bau]; (z.B. kleines Holzhaus) shelter [bau]
Schuppung *f* (der Schweißnaht, -raupe) flaking [met]
schüren *v* (stochern) move the fuel bed [pow]; (stochern) stoke [pow]
schürfen *v* (schaben, wie Scraper) scrape [mas]
Schürfer *m* (ähnlich Landvermesser) prospector [roh]
Schürfkübel *m* scraper body [mot]
Schürfkübelbagger *m* (Schleppschaufel) dragline [mbt]
Schürfkübellader *m* scraper [mot]
Schürflader *m* scraper [mot]
Schurre *f* (Fallschacht) coal chute [pow]
Schurz *m* (Arbeitsschutz, Rock) skirt
Schürze *f* apron; (eines Bahnwagens) streamlining [mot]
Schüssel *m* (Gefäß, Schiff) vessel
Schüsselmühle *f* bowl mill [roh]
Schute *f* (ohne Antrieb) dumb barge [mot]; (mit eigenem Antrieb) motor barge [mot]; (Kahn; geschleppt) scow [mot]
Schutensaugbagger *m* barge suction dredger [mot]
Schüttbeton *m* rubble concrete [bau]
Schüttelrost *m* vibrating stoker [roh]
Schüttelrutsche *f* vibrating feeder chute [roh]; vibrating trickle feed tray [roh]
Schüttelsieb *n* vibrating screen [roh]
Schüttelversuch *m* shaking test [mas]
Schütterungsgebiet *n* (Erdbeben) region of disturbance [bau]
Schüttgewicht *n* loose weight
Schüttgut *n* (lose, flüssig, saug- und schaufelfähig) bulk cargo; (z.B. Getreide, Erz, Kohle) bulk goods [mot]; bulk material
Schüttgutschaufel *f* loading bucket [mot]
Schütthöhe *f* dumping height [mot]
Schüttkegel *m* angle of repose [phy]
Schüttschräge *f* (am Muldenkipper) duck tail [mot]
Schutz *m* protection; (Sicherheit, in Sicherheit) safety
Schütz *n* (Relais) contactor [elt]; relay [elt]
Schutzanstrich *m* protective coating [met]; (Material) protective paint [met]
Schutzart *f* kind of protection [elt]; protection category [elt]; protective system [elt]; system of protection [elt]
Schutzausrüstung *f* protective kit
Schutzblech *n* fender [mot]; mudguard [mot]; (Rolltreppe) protecting plate [mbt]; protection plate [mas]
Schutzbrille *f* (z.B. Arbeit, Ski, Tauchen) goggles
Schutzbügel *m* (um Leiter, Greifer-Drehwerk) hoop guard [mbt]
Schutzdach *n* canopy roof [bau]
Schutzdrossel *f* choke coil [met]
Schutzeinsatz *m* (z.B. Sicherung) fuse elements [elt]
schützen *v* (sicherstellen, festhalten) secure [mas]
Schützensteuerung *f* contactor equipment [elt]
Schutzerde *f* non-fused earth [elt]
Schutzerdung *f* (der Kabel) protection earthing [elt]
Schutzestrich *m* protective screed [bau]
Schutzfenster *n* storm window [bau]
Schutz, galvanischer - *m* (von Bauteilen) galvanic protection [met]
Schutzgasengspaltschweißen *n* narrow-gap welding [met]
Schutzgaslichtbogenschweißen *n* gas metal arc welding [met]
Schutzgasschweißen *n* gas-shielded metal arc welding [met]
Schutzgasschweißung *f* gas-shielded metal arc welding [met]; (DIN 1910) gas shield welding [met]; (DIN 1910) shielded arc welding [met]
Schutz gegen ... *m* protection from ...
Schutzgehäuse *n* casing [met]
Schutzgeländer *n* guard rail [bau]; protective safety handrail [mbt]; railing [mot]; safety railing [bau]
Schutzgerüst *n* (Arbeitssicherheit) protective scaffold [bau]
Schutzhaube *f* screen [mas]
Schutzhaube für Anlasser *f* starter motor cover [mot]
Schutzhelm *m* hard hat
Schutzholm *m* protection rod [mas]
Schutzhülle *f* (Schutzhülse) protection cover [mas]
Schutzhülse *f* protection cover [mas]
Schutzkante *f* safety edge [bau]

Schutzkappe *f* (Schutzstopfen) protective cap
Schutzkappe für Zündkerze *f* spark plug protection cap [mot]
Schutzkasten *m* protecting box
Schutzkleidung *f* protecting clothes; (Arbeitsschutz) safety clothes
Schutzkondensator *m* protective capacitor [elt]
Schutzkorb *m* (Leiter) safety cage [bau]
Schutzleiter *m* protective conductor [elt]; protective earth [elt]; protective wire [elt]
Schutzleiterader *f* protective conducting wire [elt]
Schutzraum *m* blast shelter [bau]
Schutzrelais *n* protection relay [elt]
Schutzring *m* guard ring [mot]
Schutzrohr *n* conduit [met]; cover tube [met]; protective pipe
Schutzschalter *m* protection switch [elt]; protective switch [elt]
Schutzschaltung *f* protective circuit [elt]
Schutzschicht *f* protection layer [mas]; protective face [mas]
Schutzstiefel *m* safety boot
Schutzstopfen *m* protective plug [mas]
Schutzstreifen *m* protecting strip [mot]
Schutztransformator *m* isolating transformer [elt]
Schutzüberzug *m* protective coating [met]
Schutzventil *n* (z.B. Viereckschutzventil) protective valve [mot]
Schutzverglasung *f* protective glazing [bau]
Schutzvorrichtung *f* protector [mas]; safety device [mas]; safety guard [mas]; (Abwehr, z.B. Schild) shield [mas]
Schutzwand *f* barrier [bau]
Schutzwand *m* protective screen [bau]
Schutzwort *n* (Passwort) password [edv]
Schwabbelscheibe *f* (Polierwerkzeug) bob [wzg]
Schwachlastbrenner *m* low-load carrying burner [pow]
Schwachlastzeiten *pl* off-peak periods [elt]
Schwachstrom *m* low current [elt]; signal current [elt]; weak current [elt]
Schwächung *f* attenuation [con]
Schwächungsgesetz *n* attenuation law [phy]
Schwaden *pl* (Wrasen) waste steam [pow]
Schwallblech *n* wash plate [mot]
Schwallwand *f* wash plate [mot]
Schwallwasser *n* splash water
schwallwassergeschützt splash proof [mot]
Schwamm *m* sponge
Schwanenhals *m* (Schwinge) gooseneck [mas]
schwanken *v* vary
Schwankungsbereich *m* range of variations [bau]
schwarzblau (RAL 5004) black blue [nrm]
schwarzbraun (RAL 8022) black brown [nrm]
Schwarzdecke *f* (Verschleißoberfläche) blacktop [mot]; (oberste Straßenschicht) wearing course [bau]
Schwarzerde *f* black cotton soil [bod]
schwarzfahren *v* (z.B. in der Bahn) fare-dodging [mot]
Schwarzfahrer *m* (z.B. in der Bahn) fare-dodger [mot]
schwarzgrau (RAL 7021) black grey [nrm]
schwarzgrün (RAL 6012) black green [nrm]
schwarzlackiert black lacquered; (Metalloberfläche) black lacquered
Schwarzlaugenkessel *m* black liquor recovery boiler [pow]
Schwarzmaterial *n* (Asphalt, Teerdecke) black top material [mot]
Schwarzmetallurgie *f* blackiron metallurgy [mas]
schwarzoliv (RAL 6015) black olive [nrm]
schwarzrot (RAL 3007) black red [nrm]
Schwarztastung *f* (auf Monitor) blanking [edv]
Schwebebahn *f* suspension railway [mot]; top-suspended monorail [mot]
schweben *v* float; hover
schwebend (in der Luft enthalten) airborne [air]
schwefelgelb (RAL 1016) sulfur yellow [nrm]
Schweißanweisung *f* (Schweißvorschrift) welding instruction [met]
Schweißarbeiten *pl* welded structures [met]; welding [met]
Schweißaufsicht *f* welding supervisor [met]
Schweißausstattung *f* welding parameter [met]
Schweißbalken *m* jaw [mas]
schweißbar weldable [met]

S

Schweißbarkeit *f* weldability [met]
Schweißbarkeitsprüfung *f* weldability test [met]
Schweißbart *m* excess material at root of seam [met]
Schweißbescheinigung *f* welding certificate [met]
Schweißbrenner *m* welding torch [met]
Schweißdraht *m* welding rod [met]; welding wire [met]
Schweißdrehtisch *m* welding manipulator [met]; welding positioner [met]
Schweißeisen *n* wrought iron [mas]
Schweißelektrode *f* welding electrode [met]; welding rod [met]
Schweißelektrode, umhüllte - *f* covered electrode [met]; mild steel covered electrode [met]
Schweißerei *f* welding shop [met]
Schweißer, geprüfter - *m* certified welder [met]
Schweißerhandschuhe *pl* (3-Finger-Handschuh) welder's gloves [met]
Schweißerhelm *m* (mit Athermalglas) welder's helmet [met]
Schweißerschild *n* (Handschild) face shield [met]; (Handschild) hand screen [met]; (Handschild) hand shield [met]
Schweißerschutzbrille *f* welding goggles [met]
Schweißfolge *f* welding sequence [met]
Schweißgerät *n* welding apparatus [met]; welding set [met]
Schweißgut *n* (vom Schweißdraht abgetropft) built-up material [met]; (von Schweißdraht abgetropft) built-up material [met]; weld deposit [met]; weld metal [met]
Schweißgutprüfung *f* all-weld-test specimen [msr]
Schweißkante *f* welding edge [met]
Schweißkonstruktion *f* (Schweißteil) welded assembly [met]; welded construction [mas]; welded design [mas]; welding design [mas]; (Schweißteil) weldment [met]
Schweißkontrolleur *m* welding supervisor [met]
Schweißlage *f* (Lage) layer [met]; (Schicht) pass [met]; (Lage) run [met]; (erste Schweißlage) welding pass [met]; (Position) weld position [met]
Schweißlehre *f* welding calliper [met]
Schweißmittel *n* flux [met]
Schweißmutter *f* (auf Blech aufgeschweißt) welding nut [mas]
Schweißnaht *f* (ein- oder mehrlagig) seam [met]; (Schweißung) weld [met]; welding bead [met]; welding seam [met]; (Schweißverbindung) welding seam [met]; (z.B. DIN 1912 und andere) weld seam [met]
Schweißnahtabtaster *m* (mechanisch) weld sensor [met]
Schweißnahtauslauf *m* run-out of seam [met]
Schweißnahtbildgerät *n* welding seam image converter [met]
Schweißnahtdicke *f* throat depth [met]
Schweißnaht, durchgehende - *f* continuous weld [met]
Schweißnahterhöhung *f* reinforcement of welded seam, bead [met]
Schweißnahtlehre *f* welding-seam gauge [met]
Schweißnahtprüfanlage *f* weld seam testing equipment [met]; weld testing installation [met]
Schweißnahtprüfung *f* inspection of welds [met]; weld inspection [met]
Schweißnahtunterbrechung *f* discontinuity [met]
Schweißnahtvorbereitung *f* preparation of welds [met]
Schweißnase *f* welded lug [met]
Schweißnippel *m* welded-in stub [met]
Schweißperlen *pl* beads of weld metal [met]; welding beads [met]
Schweißposition *f* (z.B. Überkopf) position of welding [met]; (z.B. waagerecht) welding position [met]
Schweißprüfbescheinigung *f* welding certificate [met]
Schweißprüfung *f* welder's test [met]
Schweißpulver *n* powder [met]; welding flux [met]
Schweißpunkt *m* (z.B. Dünnbleche) spot weld [met]
Schweißrahmen *m* welded frame [mas]
Schweißrauch *m* weld smoke [met]
Schweißriss *m* welding crack [met]
Schweißroboter *m* robot welder [met]
Schweißschablone *f* welding template [met]
Schweißspannung *f* residual stress due to welding [met]; welding stress [met]; welding torsion [met]; welding voltage [elt]

Schweißspritzer *m* welding splatter [met]
Schweißspritzer, überdeckte - *pl* covered-over welding splatter [met]
Schweißstab *m* welding rod [met]
Schweißstahl *m* wrought iron [mas]
Schweißstelle *f* welded joint [met]
Schweißstrom *m* welding current [elt]
Schweißstromgenerator *m* welding generator [elt]
Schweißstromkreis *m* welding circuit [elt]
Schweißtechnik *f* welding [met]
Schweißteil *n* (Schweißkonstruktion) welded assembly [met]; welded part [mas]; (Schweißkonstruktion) weldment [met]
Schweißtransformator *m* welding transformer [elt]
Schweißumformer *m* welding converter [elt]
Schweißung am Einsatzort *f* field weld [met]
Schweißung gerissen *f* welding cracked [met]
Schweißung, halbautomatische - *f* touch welding [met]
Schweißung, mangelhafte - *f* defective welding [met]
Schweißverbindung *f* welded connection [met]; welded joint [met]
Schweißverfahren *n* (Hunderte bekannt) welding procedure [met]
Schweißverfahrensrichtlinie *f* welding procedure specification [met]
Schweißvorgang *m* (während des Schweißvorganges) welding process [met]
Schweißvorrichtung *f* welding fixture [mas]
Schweißvorschrift *f* welding instruction [met]
Schweißwulst *f* welding bead [met]
Schweißzusatz *m* (-zusätze) consumable [met]
Schweißzusatzwerkstoff *m* consumable welding material [met]; welding filler [met]
Schwelbrand *m* smouldering fire
schwelendes Feuer *n* smouldering fire
Schwelle *f* (Türschwelle) sill [bau]; (Bahn-) sleeper [mot]; sole plate [bau]; (an Wohnungstür) step [bau]; (an Wohnungstür) threshold [bau]; (Bahn-) tie [mot]
Schwellen *n* bulging [bau]; swelling [bau]
Schwellendetektor *m* threshold detector [elt]
Schwellenkastengreifer *m* (Gleisschotter) ballast grab [mbt]
Schwellennagel *m* (heute Federklammer) cutspike [mot]; dogspike [mot]
Schwellenschraube *f* coach screw [mot]; lag screw [mot]; screw spike [mot]
Schwellenspannung *f* (Schleusen-spannung) threshold [elt]
Schwellenstapel *m* pile of sleepers [mot]
Schwellregler *m* threshold control [elt]
Schwellton *m* vertisoil [bau]
Schwellverstärker *m* threshold amplifier [elt]
Schwellwert *m* threshold value [elt]
Schwellwertregelung *f* threshold value control [elt]
Schwellzahl *f* (Kohleuntersuchung) swelling index [pow]
Schwengel *m* (in Pumpe) lever [mas]
Schwenk- slewing- [mbt]; swing -
Schwenkachse *f* (Mitte Drehdurch-führung) rotation axis [mas]
Schwenkantrieb *m* (Schwenkeinrichtung) rotating machinery [mbt]; slew distributor [mbt]; slew drive [mbt]; slewing gear [mbt]; swing drive [mbt]; swing gear [mbt]
Schwenkband *n* slewing belt conveyor [mas]
schwenkbar slewable
Schwenkbereich *m* slewing range [mbt]; swing range [mbt]
Schwenkbremse *f* slew [mbt]; slew brake [mbt]; swing brake [mbt]
Schwenkbremssystem *n* slewing brake system [mbt]; swing brake system [mbt]
Schwenkbremsventil *n* slewing brake valve [mbt]; swing brake valve [mbt]
Schwenkbrenner *m* movable burner [pow]; swivel burner [pow]; tiltable burner [pow]; tilting burner [pow]
Schwenkdach *n* (einseitig) undivided swivelling roof [bau]
schwenken *v* swing
Schwenkentfernung *f* (z.B. 90/180 Grad) swing distance [mbt]
Schwenkflansch *m* swivel flange [mas]
Schwenkgeschwindigkeit *f* swing speed [mbt]

Schwenkgetriebe *n* slewing gear [mbt]; slew transmission [mbt]; swing gear [mot]; swing transmission [mot]
Schwenkkugellager *n* rose bearing [mot]
Schwenkmoment *n* swing torque [mot]
Schwenkmotor *m* (dreht Ritzel) slew motor [mbt]; swing motor [mbt]
Schwenkpumpe *f* swing pump [mbt]
Schwenkritzel *n* slewing pinion [mot]; slew pinion [mbt]
Schwenkschild *n* angling blade [mbt]
Schwenkstutzen *m* swing socket [mot]
Schwenktisch *m* pivoted table [met]; swivel table [mas]
Schwenkverschraubung *f* swing fixture [mas]; swinging screw connection [mot]
Schwenkweg *m* (z.B. 90/180 Grad) swing distance [mbt]
Schwenkwelle *f* slewing shaft [mot]; swing shaft [mot]
Schwenkwerk *n* swing gear [mbt]
Schwenkwerksbremse *f* slewing brake [mot]; slewing gear brake [mbt]; swing brake [mbt]; swing gear brake [mbt]
Schwenkwerksbremse, hydraulische *f* hydraulic slewing brake [mot]
Schwenkwerksgetriebe *n* slewing gear [mot]
Schwenkwerkswelle *f* slewing shaft [mot]
Schwenkwinkel *m* swing angle [con]
Schwenkzeit *f* slewing time [mbt]; swing time [mbt]
Schwenkzylinder *m* pivoting cylinder [mbt]
schwerbehindert (Unfall, Krankheit) handicapped
Schwerbehinderung *f* physical impediment [hum]
schwerbeschädigt (Unfall) disabled [hum]
schwer entflammbar hardly inflammable [met]
schwergängig sein moves too heavy [met]
schwerhörig hard of hearing [hum]
Schwerhörigkeit *f* hearing impediment [hum]
Schwerkraft *f* gravity [phy]
Schwerkraftlichtbogenschweißen *n* gravity arc welding with covered electrode [met]
Schwerkraftstaubauswerfer *m* gravity-type dust ejector [mas]
Schwerlast *f* heavy load [mot]
Schwerlastbrückenkran *m* heavy duty bridge crane [mot]
Schwerlastdrehkran *m* heavy duty crane [mot]
Schwerlastkraftwagen *m* dump truck [mot]
Schwerlastzugmaschine *f* heavy duty tractor [mot]; heavy duty truck tractor [mot]
Schwerpunkt *m* (wichtige Sache) central point; (physikalisch) centre of gravity [phy]
Schwertransportfahrzeug *n* (8-36 Achsen) heavy transport vehicle [mot]
Schwerverkehr *m* heavy traffic [mot]
Schwimmbagger *m* dredger [mbt]
Schwimmdock *n* floating dock [mot]
Schwimmer *m* (in Spülbecken) plunger [mot]
Schwimmerflüssigkeitstandsanzeiger *m* flush type fluid indicator [mot]
Schwimmergehäuse *n* float chamber [mot]; fuel bowl [mot]
Schwimmernadel *f* float needle [mot]
Schwimmerschalter *m* float switch [mot]; liquid level switch [mot]
Schwimmersteuerung *f* float control [mot]
Schwimmerventil *n* float valve [mot]
schwimmfähig floatable [mot]
Schwimmkran *m* floating crane [mot]
Schwimmkran, selbstfahrender - *m* self-propelled floating crane [mot]
Schwimmstellung *f* (z.B. des Baggers) floating position [mbt]
Schwindfuge *f* contraction joint [bau]
Schwindmaß *n* shrinkage value [mas]
Schwingachse *f* oscillating axle [mot]
Schwinge *f* gooseneck [mas]; (Flügel) wing [mot]
schwingen *v* (oszillieren) oscillate [phy]; (vibrieren) vibrate [phy]
Schwinger *m* oscillator [met]
Schwingerdurchmesser *m* oscillator diameter [met]
Schwingfenster *n* centre-hung sash [bau]
Schwingfrequenz *f* resonant frequency [phy]
Schwinghebel *m* rocker arm [mot]
Schwinghebelachse *f* rocker shaft [mot]
Schwinghebelbock *m* rocker arm bracket [mot]

Schwinghebelgehäuse *n* rocker arm cover [mot]
Schwingkreis *m* oscillating circuit [elt]
Schwingmetall *n* (Gummi zwischen Metallauflage) rubber-metal connection [mas]
Schwingmetalllagerung *f* rubber-bonded-to-metal mounting [mas]
Schwingmetallschraube *f* anti-vibrating screw [mas]
Schwingrost *m* oscillating grate spreader [pow]
Schwingschleifer *m* vibrating grinder [wzg]
Schwingschnittbild *n* swing-section scan [mas]
Schwingsitz *m* cushioned seat [mot]; sprung seat [mot]
Schwingung, elastische - *f* elastic oscillation [phy]
Schwingung, erzwungene - *f* forced oscillation [elt]; forced vibration [phy]
Schwingung, freie - *f* free oscillation [phy]; free vibration [phy]
Schwingung, gedämpfte - *f* damped oscillation [phy]
schwingungsarm low vibration [mas]
Schwingungsbeanspruchung *f* vibratory stress [met]
Schwingungsbelastung *f* loading by vibration [bau]
Schwingungsdämpfer *m* (nicht Auto) balancer [mas]; (Gummikupplung) damper [mot]; (auch Schiff) stabilizer [mot]; vibration damper [mot]
Schwingungsdämpfung *f* damping [mot]
Schwingungsebene *f* oscillations plane [phy]
Schwingungsfrequenz *f* frequency of oscillation [elt]
schwingungsgedämpft vibration-cushioned [mot]
Schwingungsrichtung *f* direction of oscillation [met]
Schwungmasse *f* gyrating mass [phy]; working load [mas]
Schwungrad *n* flywheel [mot]
Schwungrad mit Anlassverzahnung *n* flywheel with starting gear [mot]
Schwungscheibe *f* flywheel [mot]
sechsachsig (z.B. Güterwagen) six-axle [mot]
Sechseck *n* hexagon [mat]
Sechsganggetriebe *n* six speed shift transmission [mot]
Sechsgangschaltung *f* six speed shift [mot]
Sechskant *m* hexagon [nrm]
Sechskantblechschraube *f* hexagon head tapping screw [mas]
Sechskanteinsatz *m* hexagonal insert [mas]
Sechskantholzschraube *f* hexagon head wood screw [mas]
Sechskanthutmutter *f* hexagon domed cap nut [mas]
Sechskantkopfschraube *f* hexagonal head screw [mas]
Sechskantmutter *f* hexagonal nut [mas]
Sechskantmutter, flache - *f* hexagon thin nut [mas]
Sechskantmutter, niedrige - *f* hexagon thin nut [mas]
Sechskantpassschraube *f* hexagonal shoulder bolt [mas]; hexagon fit bolt [mas]
Sechskantschlüssel *m* hexagonal spanner [wzg]
Sechskantschraube *f* hexagonal bolt [mas]; hexagonal head machine bolt [mot]; wrench head bolt [mas]
Sechskantschraube mit Schaft *f* hexagon head bolt [mas]
Sechskantschweißmutter *f* hexagon weld nut [mas]
Sechskantstahl *m* hexagon bar [met]
Sechskantsteckschlüssel *m* hexagonal socket spanner [wzg]; hexagonal socket wrench [wzg]
Sechskantstiftschlüssel *m* box spanner [wzg]; (Steckschlüssel) hexagonal spanner [wzg]; (Steckschlüssel) hexagonal wrench [wzg]
Sechsradantrieb *m* (des Graders) six-wheel drive [mbt]
Sedimentschicht *f* sediment layer [geo]
Seegerkegel *m* pyrometric cone [pow]; Seeger cone [pow]
Seegerring *m* circlip [met]; Seeger ring [mas]; snap ring [mas]; spring ring [mas]
Seegerringzange *f* spring-ring pliers [mas]
Seegetivzange *f* pliers for seeger rings [wzg]
Seele *f* (des Seils, des Kabels) core [met]; (des Gummischlauchs) fabric reinforcing

[met]; (des Hydraulikschlauches) inner cover [mot]; (des Hydraulikschlauches) inner tube [mot]
Seele der Kurbelwelle *f* (Motor-Kreuz) axial centre crankshaft [mas]
Seetransport *m* sea transport [mot]
See, von - aus (bohren) off shore [mot]
Segeltuch *n* (Plane) canvas [mot]; (zum Segelnähen) sailcloth [mot]
Segmentwelle *f* steering sector shaft [mot]
Sehne *f* (gedachte Linie) axis [mat]
Sehvermögen *n* eye-sight [hum]
seidenmatt silk mat
Seigerung *f* liquation [roh]
Seiher *m* strainer [che]
Seil *n* (Bremsseil) cable [mot]; (Tau, Reep, Tampen) rope [mas]
Seilbagger *m* cable excavator [mbt]; cable shovel [roh]; (im Bergwerk) mining shovel [roh]; rope excavator [mbt]
Seilbremse *f* cable brake [mot]
Seil, drallfreies - *n* non-spinning rope [mas]
Seildurchführung *f* opening for rope [mot]
Seilflasche *f* block tackle [bau]
Seilführung *f* rope guide [mot]
Seilführungsrolle *f* fair-lead sheave [mot]
Seilgerüst *n* (hält Ausleger über Seile) boom gantry [mbt]
Seilhaken *m* (am Flachwaggon) lashing cleat [mot]
Seilhülle *f* cable conduit [mot]
Seilkappvorrichtung *f* cable cutter [met]
Seilklemme *f* rope clip [mas]
Seilrolle *f* (mit Wälzlager) rope pulley [mot]; sheave [mas]
Seilrollenblock *m* sheave nest [mas]
Seilscheibe *f* (auf Förderturm) headwheel pulley [roh]; rope sheave [mot]
Seiltrommel *f* hoisting drum [mot]
Seilumlenkrolle *f* (bei Seilbagger) cable sheave [mas]
Seilwinde *f* cable winch [mot]
Seilwinde am Heck *f* rear-mounted winch [mot]
Seilwinde, vordere *f* front-mounted winch [mot]
Seilzug *m* cable pull [mbt]; wire rope [mot]
Seilzugbremse *f* cable brake [mot]
Seitenansicht *f* (Kontur, Profil) profile [con]; side elevation [con]; side view [con]
Seitenantrieb *m* final drive [mot]
Seitenaufriss *m* side elevation [con]
Seitenblech *n* side member
Seitendruck *m* lateral pressure [bau]
Seitendrucksondierung *f* pressiometric test [bau]
Seitenfenster *n* side window [mot]
Seitenkippgerät *n* side tilting device [mot]
Seitenkippschaufel *f* side dump bucket [mbt]; side-tipping bucket [mot]
Seitenkippwagen *m* side discharging cars [mot]
Seitenklappe *f* side flap [mot]; side wall [mot]
Seitenkraft *f* lateral force [bau]
Seitenkratzer *m* side reclaimer [mbt]
Seitenlänge *f* lateral length [bau]
Seitenmesser *n* side cutting edge [mbt]
Seitenring *m* side ring [mot]
Seitenring, ungeteilter *m* solid side ring [mot]
Seitenruder *n* (z.B. bei Flugzeug) side rudder [mot]
Seitenrunge *f* (an Waggon) stanchion [mot]
Seitenschieber *m* (z.B. am Grader) side shifting device [mot]
Seitenschiff *n* (Baggerlaufwerk) crawler unit [mbt]; (z.B. einer Halle oder Kirche) side bay [bau]
Seitenschlag *m* (z.B. des Schwungrades) wobble [mas]
Seitenschneider *m* (Zange) diagonal cutting pliers [wzg]; side cutter [mbt]
Seitenschub *m* side thrust [mot]; transverse thrust [mas]
Seitenschubritzel *n* centre shift pinion [mot]
Seitensicherung *f* guard rail [bau]
Seitentank *m* (z.B. im Flugzeug) wing tank [mot]
Seitenträger *m* side girder [bau]
Seitentür *f* (hinten, vorn) side door [mot]
seitenverkehrt (spiegelbildlich) mirror-inverted
Seitenverkleidung *f* side cladding; side panelling
seitenverstellbar (Tunnelschienen) laterally adjustable [mot]

Seitenverstellung *f* (z.B. Graderschar) circle sideshift [mbt]
Seitenwagen *m* (des Motorrades) side car [mot]
Seitenwand *f* cheek [bau]; side panel [mot]; side wall [bau]
Seitenwand des Kolbens *f* piston skirt [mot]
Seitenwandeffekt *m* effect of the lateral wall [mot]
Seitenwandrahmen *m* side panel frame [mot]
Seitenwandsammler *m* side wall header [pow]
Seitenwandsammler, oberer - *m* upper side wall header [pow]
Seitenwange *f* (der Stufe) side frame [bau]
Seitenwechsel *m* paging [edv]
Seitenwelle *f* side shaft [mot]
Seitenzahn *m* side cutter [mbt]
seitlich (z.B. seitlich angebaut) lateral
seitlich kippen *v* side dump [mot]
seitwärts (zur Seite weg) sideways
Sektionalkessel *m* header type boiler [pow]; sectional header boiler [pow]
Sekundärbaustoff *m* secondary building material [pow]
Sekundärbrecher *m* secondary crusher [roh]
Sekundärdruck *m* secondary relief [mot]
Sekundärelement *n* secondary cell [elt]; storage cell [elt]
Sekundärentstaubung *f* secondary dust removal [roh]
Sekundärluft *f* over-fire air [pow]; secondary air [pow]
Sekundärluftbeaufschlagung *f* secondary air admission [pow]
Sekundarluftdüse *f* secondary air nozzle [pow]
Sekundärluftleitung *f* secondary air conduit [pow]; secondary air duct [pow]
Sekundärluftventilator *m* secondary air fan [pow]
Sekundärspannung *f* induced voltage [elt]; secondary voltage [elt]
Sekundärspule *f* secondary winding [elt]
Sekundärstrom *m* secondary current [elt]
Selbstanlasser *m* automatic starter [mot]
selbstansaugend naturally aspirated [mot]
Selbstauslösung *f* automatic release [elt]
Selbstbeteiligung *f* (z.B. Teilkasko) deductibles [jur]
Selbstblocksystem *n* (der Bahn) automatic block system [mot]
Selbstentladewagen *m* self-discharging wagon [mot]
Selbstentladung *f* (Batterie) self-discharging [elt]; spontaneous discharge [elt]
selbstentwässernd self-draining [mas]
Selbstentzündung *f* self-ignition [pow]; (Brennstoffe) spontaneous combustion [roh]
Selbstfahrer *m* self-propelled unit [mot]
Selbstfahrerfahrzeug *n* self-propelled vehicle [mot]
selbsthemmend (Zahnrad) self-locking [mas]
Selbstladeschürfkübel *m* elevator scraper [mot]
selbstregelnd self-regulating [mas]
selbstregelnde Pumpe *f* self-regulating pump [mot]
selbstreinigend self-cleaning [mas]
Selbstschalter *m* automatic circuit breaker [elt]
Selbstschmierung *f* self-lubrication [mas]
selbstsichernd self-locking
selbstsichernde Mutter *f* self-locking nut [mas]
Selbstsperrdifferenzial *n* self-locking differential [mot]
selbstsperrend self-locking [mot]
selbstsperrende Mutter *f* self-locking nut [mas]
Selbstsperrventil *n* self-locking valve [mot]
selbsttätig automatic; automatically operated
selbsttragend (z.B. Karosserie) self-supporting [mot]
selbstüberwachend self-monitoring
Selbstwählferngespräch *n* (Telefon) trunk call [tel]
Selbstzündung *f* spontaneous ignition [mot]
Selektivstrahler *m* selective radiator [pow]
Selengleichrichter *m* selenium rectifier [elt]
Selengleichrichtersäule *f* selenium rectifier stack [elt]
semi-mobil semi-mobile [mas]
semi-portabel semi-portable [mas]

Sendeempfänger *m* transceiver [elt]
Sendeenergie *f* transmitting energy [elt]
Sendeimpuls *m* initial pulse [elt]
Sendeimpulse *m* transmission pulses [elt]
Sendeimpulsgeber *m* pulse trigger [elt]
Sendeleistung *f* transmission power [elt]
senden *v* (Radio etc.) broadcast [tel]; (verschicken) forward
Sendeprüfkopf *m* transmitter probe [elt]
Senderöhre *f* transmission tube [elt]
Senderprüfkopf *m* transmitter probe [elt]
Senderspannung *f* transmitting voltage [elt]
Sendezeichen *n* (Symbol) token [edv]
Senkblechschraube *f* countersunk head tapping screw [mas]
Senkdurchmesser *m* countersunk diameter [con]
Senkkasten *m* caisson [bau]
Senkkerbnagel *m* countersunk head grooved pin [met]
Senkkopfschraube *f* (teilweise Gewinde) countersunk bolt [mas]
Senklot *n* plumb bob [pow]
Senkmutter *f* (versenkter Kopf) countersunk nut [mas]
Senkniete *f* countersunk head rivet [met]
Senkrechteinfall *m* normal incidence [elt]
Senkrechteinschallung *f* vertical radiation [met]
Senkschraube *f* (teilweise Gewinde) countersunk bolt [mas]; (Gewinde bis Kopf) counter-sunk screw [mas]; flat head machine screw [mas]; flat head screw [mas]
Senkschraube mit Innensechskant *f* countersunk socket screw [mas]; hexagon socket countersunk head screw [mas]
Senkschraube mit Kreuzschlitz *f* cross recessed countersunk head screw [mas]
Senkschraube mit Nase *f* flat countersunk nib bolt [mas]; plough bolt [mas]; plough bolt [mas]
Senkschraube mit Schlitz *f* slotted countersunk head screw [mas]
Senkung *f* (im Material) counterbore [met]; (Abfall) drop [pow]; subsidence
Senkung für Senkschrauben *f* countersink for countersunk head screws [met]
Separator *m* separator [mot]
sepiabraun (RAL 8014) sepia brown [nrm]
Serienausstattung *f* standard equipment [mas]
Serienfertigung *f* series production [met]
Serienfreigabe *f* release for series production [mas]
Seriengetriebe *n* series gear [mas]
serienmäßig standard [mas]
Seriennummer *f* indent number [con]; (Stammrollennummer) serial number [mas]
Serienpressteil *n* series pressing [mot]
Serienproduktion *f* series production [mas]
Serienprüfung *f* routine inspection [msr]
Serienschadenklausel *f* (allgemein) batch clause [jur]
Serienwagen *m* (Auto ohne Extras) standard car [mot]; (hier der Eisenbahn) standard wagon [mot]
servicefreundlich easy to service [mot]
Servobremse *f* servo brake [mot]
Servoeinrichtung *f* (hilft arbeiten) booster [mot]
Servolenkpumpe *f* steering booster pump [mot]
Servolenkung *f* power steering [mot]; servo-assisted steering mechanism [mot]; servo steering [mot]; steering booster [mot]
Servomaschine *f* turbine servo motor [pow]
Servosteuerdruckventil *n* pilot-operated relief valve [mot]
Servosteuerung *f* servo-control [mot]
Servozylinder *m* (Druckübersetzer) booster cylinder [mot]
setzen *v* (Sedimente beruhigen sich) calm [roh]
Setzen des Fundaments *n* settling of foundation [bau]
Setzen des Materials *n* setting [mas]
Setzfuge *f* (zwischen Bauteilen mit Vertikalbewegung) settlement joint [bau]
Setzkopf *m* (Nieten) set head [mas]
Setzpacklage *f* (von Hand) hand-set pitching [bau]; rough-stone pitching [mbt]
Setzstufe *f* (Vorderwand Stufe) riser [mbt]; (Vorderwand Stufe) step riser [mbt]
Setzung *f* settlement [bau]; subsidence [bau]
Sheddach *n* saw-tooth roof [bau]
Shore-Härte *f* shore hardness [mas]

Shotstek *m* (Knoten) sheet bend [mot]
Shredder *m* shredder [roh]
sicher positive
Sicherheitsanschlag *m* safety lock [mas]
Sicherheitsbestimmungen *pl* safety requirements [nrm]
Sicherheitsbremsventil *n* emergency relay valve [mot]
Sicherheitseinrichtung *f* safety device [mas]
Sicherheitsfahrschaltung *f* dead man's device [mot]
Sicherheitsfarben *pl* safety colour coats [nrm]
Sicherheitsfunktion *f* safety function [mas]
Sicherheitsglas *n* safety glass [mas]
Sicherheitsgurt *m* (3-Punkt) lap-sash seat belt [mot]; seat belt [mot]
Sicherheitskappe *f* relief cap [mas]
Sicherheitskette *f* safety chain
Sicherheitskontakt *m* safety contact
Sicherheitslasthaken *m* safety load hook
Sicherheitsleiter *f* safety ladder [bau]
Sicherheitsmutter *f* lock nut [mas]
Sicherheitsnische *f* (im Tunnel) refuge [mot]
Sicherheitsnorm *f* safety code [nrm]
Sicherheitspatrone *f* safety cartridge
Sicherheitsraum *m* (Nische im Tunnel) refuge [mot]
Sicherheitsring *m* safety ring [mas]
Sicherheitsrost *m* (gestanzt, Blech) safety grate [mas]; (zum Laufen, zum Begehen) safety grating [mas]
Sicherheitsschalter *m* safety switch [elt]
Sicherheitsschaltung *f* interlocking circuit [elt]; safety circuit [elt]
Sicherheitsschloss *n* safety lock [mas]
Sicherheitsschuhe *pl* safety shoes
Sicherheitstür *f* security door [bau]
Sicherheitsüberströmventil *n* bypass valve [mas]
Sicherheitsventil *n* bypass valve [mas]; safety valve [mot]
Sicherheitsventil, gewichtsbelastendes - *n* dead weight safety valve [pow]
Sicherheitsverglasung *f* security glazing [bau]
Sicherheitsvorkehrungen *pl* safety precautions [mas]
Sicherheitszündschnur *f* safety fuse [roh]
Sicherheitszuschlag *m* safety margin [mas]
sichern *v* (befestigen) fasten [met]; (gegen Überschreiben) protect [edv]; (von Daten) save [edv]; (z.B. durch Schloss) secure
Sicherung *f* fuse [elt]; locking device [mot]; (Rohrbruchsicherung) protection
Sicherung der Mutter *f* lock on nut [mas]
Sicherung, flinke - *f* instantaneous fuse [elt]; quick-acting fuse [elt]; quick-break fuse [elt]
Sicherung, mittelträge - *f* medium time-lag fuse [elt]
Sicherung, offene - *f* open wire fuse [elt]
Sicherungsautomat *m* automatic fuse [elt]
Sicherungsbaugruppe *f* fuse link block [elt]
Sicherungsblech *n* (Kettenmontage) locking plate [mbt]; locking shim [mas]; locking washer [mas]; (Unterlegscheibe) safety tab washer [mas]
Sicherungsblock *m* fuse block [elt]
Sicherungsdose *f* fuse box [elt]; (z.B. im Auto) fuse holder [elt]
Sicherungsdraht *m* lock wire [mas]
Sicherungselement *n* fuse element [elt]; safety bar [mas]
Sicherungshalter *m* fuse socket [elt]
Sicherungshebel *m* safety lever [mot]
Sicherungskasten *m* fuse block [elt]; fuse box [elt]
Sicherungslasttrenner *m* circuit breaker [elt]
Sicherungsmutter *f* locking nut [mas]; lock nut [mas]; securing nut [mot]
Sicherungsring *m* (z.B. Seegerring) circlip [met]; locking ring [mas]; lock washer [mas]; (Haltering) retaining ring [mas]; snap ring [mas]
Sicherungsscheibe *f* (Unterlegscheibe) stop washer [mot]; thrust washer [mas]
Sicherungssockel *m* fuse block [elt]
Sicherungsstift *m* locking pin [mas]; lock pin [mas]
Sicherung, superträge - *f* long-time fuse [elt]
Sicherungszange *f* fuse tongs [elt]
Sicherung, träge - *f* slow blow fuse [elt]; slow-blowing fuse [elt]; time-delay fuse [elt]; time-lag fuse [elt]
Sicht auf Lötpunkte view on soldered points

Sichtbeton *m* exposed concrete [bau]; facing concrete [bau]
Sichterklappe *f* classifier vane [roh]
Sichterschlägermühle *f* classifier beater mill [roh]
Sichtfähigkeit *f* classification [roh]
Sichtglas *n* glass sight gauge [mot]
Sicht, in - within view
Sichtkontrolle *f* visual control
Sichtmauerwerk *n* facing brickwork [bau]
Sicke *f* (Bördelung) beading [mas]; (Versteifungsstanzen) creasing [met]
sicken *v* (z.B. Rohr bördeln) crimp [met]
Sickenblech *n* crimped sheet [met]
Siebanalyse *f* sieve analysis [roh]; sieve screen analysis [roh]
Siebanlage *f* screening installation [roh]; screening plant [roh]; screening unit [roh]
Siebbelag *m* screen cloth [roh]
Siebblech *n* gauze [mas]; screen plate [roh]
Siebeinsatz *m* strainer insert [che]
Siebeneck *n* septagon [nrm]
Siebfilter *m* gauze filter [mot]
Siebgewebe *n* screen cloth [roh]
Siebkurve *f* grading curve [bau]
Siebplatte *f* screen plate [roh]
Siebung *f* smoothing [roh]
Siedepunkt *m* boiling point [phy]
Siederohr *n* boiler tube [mas]; steam generating tube [pow]
Siedlung *f* estate [bau]
Signalabgabe *f* signal triggering [elt]
Signalapparat *m* annunciator
Signalausgang *m* signal output [elt]
Signal, binäres *n* binary signal [edv]
Signalerfassung *f* signal detection [elt]
Signalfolge *f* signal sequence [elt]
Signalgeber *m* detector [elt]; sensor [msr]
Signalhorn *n* horn
Signallampe *f* signal light [edv]
Signalleuchte *f* signal lamp [edv]
Signalmittelsatz *m* working-site illumination kit [mot]
Signalnetzgerät *n* signal power pack [elt]; signal power supply [elt]
Signal, optisches *n* (Lampe, Leuchte) visible signal [phy]
Signalpaket *n* wave train [elt]
Signal-Rausch-Verhältnis *n* signal-to-noise ratio [elt]
Signalschwelle *f* signal threshold [elt]
Signalumformer *m* signal converter [elt]
Signet *n* logo [mot]
silbergrau (RAL 7001) silver grey [nrm]
Silberschlauch *m* silver hose [mot]
Silocontainer *m* hopper-type container [mas]
Silowagen *m* silo wagon [mot]
Simmerring *m* oil seal [mas]; retaining ring [mot]
Sims *m* (Tür/Dach) cornice [bau]; (Fenster) sill [bau]
Simulationstheorie *f* simulation theory [edv]
Simulator *m* simulator [edv]
Simulierer *m* simulation program [edv]; simulator program [edv]
simultan simultaneous
sinken *v* sink
Sinkstoff *m* (Ablagerung) deposit [was]; (Ablagerung) sediment [was]
Sinnbild *n* conventional symbol [con]
Sinteranlage *f* sintering plant [mas]
Sintermetall *n* sintered metal [met]
sintern *v* sinter [mas]
Sinterungstemperatur *f* sintering temperature [mas]
Sinterwerkstoffe *pl* sintered materials [met]
Sinusform *f* sine wave [phy]
Sinusspannung *f* sinusoidal voltage [elt]
Sitz *m* (der Firma) head office [eco]; (der Firma) location [eco]
Sitzfläche *f* (des Bolzenkopfes) connecting surface [met]
Sitzfläche für Lagerringe *f* bearing surface for races [mas]
Sitzfläche, konische - *f* (Ventil) tapered seating surface [mas]
Sitz, gepolsterter - *m* cushioned seat [mot]; cushion seat [mot]
Sitzung *f* (Gremien) meeting; (z.B. vor Gericht) session [jur]
Sitzungsbericht *m* (Verfahren) proceeding
Sitzverstellung *f* seat adjuster [mot]
Skala *f* (Gradeinteilung) dial [msr]; scale [elt]
Skalenanzeiger *m* scale marker [msr]; scale pointer [msr]
Skalenteilung *f* scale division [msr]
Skelett *n* frame [bau]; (Stahlbau) structural framework [bau]

Skelettbauweise *f* skeleton construction [bau]
Skelettkonstruktion *f* skeleton structure [bau]; skeleton structure [mas]
Skelettplatte *f* skeleton shoe [mas]
S-Kurve *f* (in der Straße) S-curve [mot]
Slip *m* (Helling) berth [mot]
Slipstek *m* (Knoten) slipknot [mot]
smaragdgrün (RAL 6001) emerald green [nrm]
Sockel *m* (Konsole) base [bau]; pedestal [bau]; plinth [mas]; (Mobilheimverkleidung) skirting [mot]; (Muffe, Tülle, muffenförmig) socket [mas]
Sockelblech *n* skirting panel [mas]
Sockelmauerwerk *n* base wall masonry [bau]; plinth masonry [bau]
Sockelteil *m* skirt panel part [mas]
Soffittenlampe *f* festoon bulb [mot]
Softtop *m* (Stoffverdeck für Kabrios) soft top [mot]
Softwaredebugging *n* software debugging [edv]
Softwareentwicklung, integrierte - *f* integrated software development [edv]
Softwareentwicklungsumgebung *f* programming environment [edv]
Softwarelebenszyklus *m* software life cycle [edv]
Softwarequalitätssicherung *f* software quality assurance [edv]
Softwaretechnik *f* software engineering [edv]
Softwaretechnologie *f* software engineering [edv]
Softwaretesten *n* software testing [edv]
Softwareunterstützung *f* (bestehende Aufgabe) utility [edv]
Softwarevertrauenswürdigkeit *f* software trustworthiness [edv]
Softwarewerkzeuge *pl* software development tools [edv]
Sog *m* (Luft, Wasser) suction [air]; (Wasserwirbel) whirl [was]
Sohldruck *m* bearing pressure [bau]
Sohle *f* (Boden, auch des Meeres) bottom [geo]; (im Bergwerk) floor [roh]; (unten auf dem Boden) ground [roh]; (im Bergwerk) level [roh]; (Baugrund) sole [bau]; (im Bergwerk) working level [roh]
Sohlenbreite *f* (des Grabens) bottom width [bau]
Sohlplatte *f* bed plate [bau]
Solarenergieumwandlung *f* solar energy conversion [pow]
Solarkraftwerk *n* solar power station [pow]
Solarzelle *f* solar cell [elt]
Sollbruchbolzen *m* break pin [mas]
Sollbruchstelle *f* predetermined break point [mot]; rated break point [mas]; shear point [mas]
Soll-Ist-Vergleich *m* set-actual comparison [msr]
Sollkurve *f* nominal curve
Soll-Wanddicke *f* nominal wall thickness [con]
Sollwert *m* (Nominalwert, z.B. Kolbenhub) nominal data [mas]; rated value [mas]; (Regelung) reference input [msr]; (eingestellter Wert) set value [elt]
Sollwertgeber *m* reference value transmitter [msr]; set point transmitter [elt]; set-point transmitter [elt]
Sommerbetrieb *m* summer operation
Sommerfahrplan *m* (von Bahn, Bus) summer time-table [mot]
Sommerzeit *f* summer time
Sonde *f* probe [msr]
Sonderausbau *m* (unter Tage) special support system [roh]
Sonderausführung *f* special equipment [mas]
Sonderausstattung *f* (auch in Preislisten) special equipment [con]
Sonderbericht *m* (aus besonderem Anlass) special report
Sonderfahrt *f* (Bahn, Bus, Schiff) special cruise [mot]
Sonderfahrzeug *n* special vehicle [mot]
Sonderfall *m* special case
Sondergerät *n* special equipment [mas]
Sondergüten *pl* special steel grades [met]
Sonderheit *f* specialities [mas]
Sonderkran *m* special crane [mas]
Sonderlegierung *f* (z.B. Kupfer-Zinn +...) special alloy [met]
Sondermaschine *f* (z.B. für Beschichtung) special machinery [mas]
Sondermüll *m* toxic waste [rec]
Sondermülldeponie *f* toxic waste dump [rec]
Sondernaht *f* (oft ohne Schweißsymbol) special seam [met]
Sonderprüfkopf *m* special purpose probe [msr]

Sonderstahl *m* alloy steel [mas]; special steel [met]
Sonderstecker *m* special plug [elt]
Sondervereinbarung *f* special agreement [jur]
Sonderwagen *m* (der Bahn) special car [mot]
Sonderwagnis *n* special risks [jur]
Sonderwerkzeug *n* special tool [wzg]
Sonderwunsch *m* (z.B. Konstruktionswunsch) special design [con]; (besondere Art, Modell) special type [con]
Sonderzubehör *n* special accessories [mas]
Sonderzug *m* (der Bahn) special train [mot]
Sondiergestänge *n* sounding rods [msr]
Sondierungen *pl* soundings [msr]
Sonnenblende *f* (Sonnenschirm) sun shade [bau]; sun visor [mot]
Sonnendach *n* sunshade [mot]
Sonnenenergie *f* solar energy [elt]
Sonnenrad *n* (des Planetengetriebes) planetary wheel [mot]; sun gear [mot]; (des Planetengetriebes) sun wheel [mot]
Sonnenschutzdach *n* (über Veranda, Bauteil) awning [bau]
Sonnenschutzverglasung *f* solar glazing [bau]
Sorten *pl* (Arten) types
Sortiereinrichtung *f* sorting device [roh]
Sortieren, internes - *n* internal sorting [edv]
Sortiergreifer *m* sorting grab [roh]
Sortiermerkmal *n* sorting criterion [edv]
sortiert (gut sortiert) assorted
Sortierung *f* (Einstufung) classification; sorting [roh]
Sortierverfahren *n* sorting algorithm [edv]; sorting method [edv]; type of sorting [edv]
Sortiment *n* assortment
Sozialabgaben *pl* (Arbeitgeber) benefits for social security [eco]; (Arbeitnehmer) deductions for social security [eco]
Soziussitz *m* (Beifahrerplatz) rider's seat [mot]
spachteln *v* infill [bau]
Spalt *m* (zwischen Sockel und Stufe) clearance [con]; (unerwünscht, in Materialien) crack [met]; (zwischen Stücken) gap; (unerwünscht oder gewollt) opening; (z.B. eingeschnitten) slot [mas]; (Riss oder absichtlich) split [mas]
Spalte *f* (mathematisch, Matrix) column [mat]; (Tabelle) column [edv]; (bei der Analyse von Linien) crack [edv]
spalten *v* (z.B. Holz) split
Spalten *n* (z.B. Metall) splitting [mas]
Spaltfilter *m* gap filter [mot]
Spaltfilterelement *n* edge-type filter element [mas]
Spalthammer *m* (im Bergbau) spalling hammer [wzg]
Spaltmaß *n* (Spiel zwischen Teilen) clearance [con]
Spaltweite *f* (des Brechers, in mm) jaw setting [mas]
Spänefinder *m* (z.B. im Ölumlauf) chip detector [mot]
Spänegreifer *m* shavings grab [mas]
Spannachse *f* tension axle [mas]
Spannanker *m* prestressing anchor [bau]
Spannarm *m* (Steinklammerausrüstung) tensioning arm [mot]
Spannbacken *pl* (am Schraubstock) clamping jaw [met]
Spannband *n* tightening strap [wzg]
Spannbandschelle *f* continuous band clamping [met]
Spannbereich *m* (der Schelle) clamping range [met]
Spannbeton *m* prestressed concrete [bau]; reinforced concrete [mas]
Spannbetonbrücke *f* prestressed concrete bridge [bau]
Spannbolzen *m* (Splint) cotter pin [met]
Spannbuchse *f* locking bush [mot]
Spanndraht *m* tendon [mas]; tension wire
Spannelement *n* clamping piece [met]
spannen *v* (dehnen) stretch [mas]
Spanner *m* turnbuckle [mas]
Spannfeder *f* preload spring [mas]; recoil spring [mas]
Spannfläche *f* (z.B. am Schwenkstutzen) surface for tightening [mas]; tightening surface [mas]
Spanngabel *f* tension fork [mas]
Spannglied *n* stressing tendon [bau]
Spannhülse *f* (evtl. konisch, verjüngt) clamping sleeve [met]; locking sleeve [mot]; spring dowel [mot]
Spannkabel *n* tendon [mas]

Spannklemme *f* (unter Federnagel) tensioning clamp [mas]
Spannplatte *f* Z-clamp [mas]
Spannrad *n* idler [mot]
Spannring *m* locking ring [mot]; tension ring [mas]
Spannrolle *f* (unüblich) idler pulley [mas]; tension pulley [mas]
Spannsäge *f* (seilgespannt. Holzrahmen) bucksaw [wzg]; (Bandsäge) jig-saw [wzg]
Spannsatz *m* mounting set [mot]
Spannscheibe *f* conical spring washer [met]; (Unterlegscheibe) spring washer [mas]
Spannschelle *f* circlip [mas]
Spannschloss *n* swivel [mas]; tightener [mas]; turnbuckle [mas]
Spannschlüssel *m* tightening key [wzg]; wrench [wzg]
Spannschraube *f* clamp bolt [mas]; turnbuckle [mas]
Spannseil *n* guy [met]; stay; tensioning rope [mbt]
Spannspindel *f* tightening spindle [wzg]
Spannstahl *m* prestressing steel [bau]
Spannstange *f* tension rod [mas]
Spannstift *m* (Passstift) dowel pin [mas]; locking pin [mas]; roller pin [mas]; (geschlitzte Hülse) roll-pin [mas]; (geschlitzte Hülse) spring dowel sleeve [mas]; spring pin [mas]; tapered pin [mas]
Spanntrommel *f* tensioning drive [mbt]
Spannung *f* (hohe Belastung) strain [mas]; voltage [elt]
Spannung anlegen *v* apply voltage [elt]
Spannung, dreiachsige - *f* triaxial stress [met]
Spannung, induzierte - *f* induced voltage [elt]
Spannungsabfall *m* voltage drop [elt]; voltage loss [elt]
Spannungsabgleich *m* voltage adjustment [elt]
spannungsabhängig voltage-dependent [elt]
Spannungsabweichung *f* voltage variation [elt]
Spannungsakustik *f* acoustoelasticity [aku]
spannungsarm glühen *v* stress relieve [mas]
Spannungsausfall *m* loss of voltage [elt]
Spannungsbegrenzer *m* voltage limiter [elt]
Spannungs-Dehnungs-Diagramm *n* stress-strain diagram [met]
Spannungsdifferenz *f* potential difference [elt]; voltage difference [elt]
Spannungsfestigkeit *f* voltage insulation strength [elt]
Spannungsfolger *m* voltage follower [elt]
spannungsfrei dead [elt]; stress free [mas]
Spannungsfreiglühen *f* stress-relieving [roh]
spannungsführend (unter Strom) live wire [elt]
spannungsgeregelt voltage-controlled [elt]
Spannungsimpuls *m* voltage pulse [elt]
Spannungskorrosion *f* stress corrosion [mas]
Spannungsmesser *m* tension indicator [elt]; voltage control [msr]; voltmeter [msr]
Spannungsmessung *f* tension measuring [elt]; voltage measuring [msr]
Spannungsnachweis *m* (Statik) stress analysis [con]
Spannungsprüfgerät *n* voltmeter [msr]
Spannungsquelle *f* source [elt]; voltage generator [elt]; voltage source [elt]
Spannungsregelung *f* voltage control [elt]
Spannungsregler *m* variometer [elt]; voltage controller [elt]; voltage regulator [elt]
Spannungsriss *m* (durch Dehnung) stress crack [mas]
Spannungsschwankung *f* voltage fluctuation [elt]
Spannungsspitze *f* voltage peak [elt]
Spannungssprung *m* voltage pulse [elt]
Spannungsstabilisator *m* voltage stabilizer [elt]
Spannungsstoß *m* (plötzliches Hochgehen) surge [elt]
Spannungsteiler *m* attenuator [elt]; potential divider [elt]; voltage divider [elt]
Spannungsumformer *m* voltage converter [elt]
Spannungsverstärker *m* voltage amplifier [elt]
Spannungsverteilung *f* voltage distribution [elt]

Spannungswähler *m* voltage selector [elt]
Spannungswandler *m* voltage transformer [elt]
Spannungswelle *f* stress wave [mot]
Spannungszusammenbruch *m* voltage breakdown [elt]
Spannung, unter - hot [elt]
Spannventil *n* (an Kettenspannung) tension valve [mbt]
Spannvorrichtung *f* (Kette) chain tensioner [pow]; (Schelle, Schlauch) clamping device [met]; clamping fixtures [met]; holding fixture [met]; (Schraubenschlüssel) spanner [wzg]; (an Kette) tensioning device [mas]; (Drehhebel) turnbuckle [mas]
Spannweite *f* span [bau]; (Stützweite) span [mas]; (Stützweite) span length [bau]
Spannzange *f* clamping ring [wzg]
Spant *m* (Spante) frame [mot]
Spantenriss *m* body plan [con]
Spantenwerk *n* (Gerippe des Schiffes) framing [mot]
Spanwerkzeug *n* cutting tool [wzg]
Spardüse *f* economizer jet [mot]
Sparganggetriebe *n* overdrive [mot]
Sparren *m* roof rib [bau]
Sparte *f* section [eco]
Spaten *m* (Grabwerkzeug mit Stiel) shovel [wzg]; (spitz, gekröpfter Stiel) spade [wzg]
Spatenmeißel *m* spade chisel [wzg]
Spediteur *m* (befördert nur) carrier [mot]; (alle Spediteurtätigkeiten) forwarding company [mot]; (fährt Speditionsgut) freight forwarder [mot]; (hat Lkw-Flotte) truck company [mot]
Speditionsunternehmen *n* truck company [mot]; van-line [mot]
Speiche *f* (am Rad) spoke [mot]
Speichenrad *n* spoked wheel [mas]; spoke wheel [mot]
Speicher *m* loft [bau]; (z.B. des PC) memory [edv]; reservoir [was]; storage [edv]; tank [mas]
Speicherbatterie *f* accumulator [elt]; storage battery [elt]
Speicherbehälter *m* storage tank [was]; storage vessel [was]
Speichergasanlage *f* motor fuel gas storage [mot]
Speicherheizung *f* thermal storage heating [pow]
Speicherkessel *m* heat storage boiler [pow]
Speicherkraftwerk *n* storage power station [pow]
Speichermodul *m* memory module [edv]
speichern *v* (z.B. in der Datenbank) memorize [edv]; (abspeichern, sichern) save [edv]; store [edv]
Speicherplätze *pl* memory locations [edv]
Speicherstufe *f* storage stage [edv]
Speicherwinde *f* storage winch [mot]
Speicherzelle *f* accumulator cell [elt]
Speicherzyklus *m* memory cycle [edv]
Speisedruck *m* (in Hydraulik) charge pressure [mot]
Speiseleitung *f* drum feed piping [pow]; (Öl, Wasser, Gas etc) feeder [mot]; feeder line [mot]; feed water piping [was]
speisen *v* (etwas einspeisen, laden) charge [mot]; (Wasser) feed [mot]; (füllen, versorgen) load [elt]
Speiseölpumpe *f* fuel feed pump [mot]
Speisepumpe *f* (Hydraulik) charge pump [mot]; (Dampflok) feed pump [mot]
Speisespannung *f* feeding voltage [elt]
Speisewagen *m* buffet car [mot]; dining car [mot]; (Zugrestaurant) restaurant car [mot]
Speisewasser *n* (im Kessel) boiler feed water [pow]; feed water [was]
Speisewasseraufbereitung *f* feed water treatment plant [was]
Speisewasserbehälter *m* feed water storage tank [was]; feed water tank [was]
Speisewasserregler *m* feed water regulator [was]
Speisewassertemperatur *f* feed water temperature [was]
Speisewasservorwärmer *m* economizer [pow]; feed water heater [was]; feed water preheater [was]
Speisewasservorwärmung *f* feed water heating [was]
Spengler *m* (Stellmacher, Wagner) wagon-maker [mot]
Sperrdifferential *n* friction-type differential [mot]
Sperre *f* (Verschluss) closing [mas]; (Raste, Riegel) latch [mas]; (wie Schloss) lock [mas]; (Ratsche) ratchet [wzg]

sperren *v* (eine Straße) close [mot]; (z.B. an Absperrhahn) shut [mas]
Sperrholz *n* plywood [bau]
sperrig (sehr breit, hoch etc.) bulky
Sperrkegel *m* detent [mot]
Sperrklinke *f* detent [met]; pawl [mas]
Sperrkreis *m* antiresonant circuit [mbt]; (bei Störung) rejector circuit [mbt]
Sperrluftgebläse *n* seal air fan [mas]
Sperrplatte *f* check plate [mot]
Sperrriegel *m* plunger block [mot]
Sperrring *m* ferrule [mas]
Sperrschicht *f* (Halbleiter) barrier layer [elt]; (Feuchtigkeitssperre) damp-proof course [bau]
Sperrschichtdiode *f* junction diode [elt]
Sperrschichttransistor *m* barrier transistor [elt]
Sperrschwinger *m* blocking oscillator [elt]
Sperrspannung *f* blocking voltage [elt]; inverse voltage [elt]
Sperrstopfen *m* blanking plug [mas]
Sperrung der Kupplung, mechanische - *f* mechanical clutch lock-up [mot]
Sperrventil *n* locking valve [mas]; lock valve [mas]
Spezialausführung *f* (z.B. Waggon) special design [mot]
Spezialbandstahl *m* cold rolled strip in special qualities [met]
Spezialbehälter *m* special container [mas]
Spezialbelag *m* special cover [met]
Spezialhartguss *m* chilled cast iron [met]
Spezialprofil *n* special section [mas]
Spezialwagen *m* special wagon [mot]
Spezialwerkzeug *n* special tools [wzg]
Spezialzange *f* special pincers [wzg]
speziell angefertigt purpose-made [met]
Spezifikation *f* specification
spezifizieren *v* (festlegen) specify
Sphäroguss *m* ductile cast iron [met]; nodular cast iron [met]; spheroidal cast iron [met]; spheroidal graphite cast iron [met]; spheroidal iron casting [met]
Sphärolith *m* spherulite crystal [met]
spiegelbildlich (seitenverkehrt) in reflected image; (seitenverkehrt) laterally reversed; mirror symmetrical [con]; (seitenverkehrt) reflected image [con]
spiegelbildlich anfertigen *v* to be made mirror-inflected [met]
spiegelverkehrt (z.B. gezeichnet) mirror-inverted
Spiel *n* (Freiheit der Bewegung) clearance [con]; (Arbeitsspiel) cycle [mot]; (bei Zahnrädern) gear clearance [mas]; play [pow]; (locker im Sitz) side play [mas]; (Freiraum, Toleranz) tolerance [mas]
Spielausgleich *m* clearance compensation [mot]
Spielraum *m* (z.B. der Achse) clearance [con]; (Möglichkeit) variation
Spiel, seitliches - *n* side clearance [con]
Spielzeit *f* (eine komplette Baggerbewegung) cycle time [mbt]
Spike *m* (am Unterlegkeil) spike [mot]
Spind *m* locker
Spindel *f* spindle [mas]; (Strebe) strut [mas]
Spindelabstützung *f* spindle-type stabilizer [mot]
Spindelkasten *m* gear case [mot]
Spindeltrieb *m* spindle drive [mot]
Spindelwinde *f* screwing jack [mas]
Spiraldruckfeder *f* (z.B. im Puffer) coil spring [mas]; (z.B. im Puffer) recoil spring [mot]
Spirale *f* (auch elektr.) closing coil [elt]; spiral
Spiralfeder *f* helical spring [mas]; recoil spring [mas]; spiral spring [mas]
Spiralgehäuse *n* spiral housing [mot]
Spiralkegeltrieb *m* spiral-conic gear [mas]
Spiralkopf *m* spiral head [mas]
Spiralrohr *n* spiral pipe [mas]
Spiralspannstift *m* spiral pin [mas]
spiralverstärkt spiral reinforced [mas]
Spiralzahnrad *n* helical gear [mas]
Spitze *f* (beim Schraubgewinde) crest [met]; (Nase, vorstehendes Stück) nose [mas]; (Meißelspitze) point [mas]; (auf der Spitze des Berges) top [geo]
Spitzenausleger *m* (am Kran) jib [mot]
Spitzendrehmaschine *f* centre lathe [wzg]; turning lathe [met]
Spitzendruck *m* point pressure [bau]
Spitzenhalter *m* (des Schaufelzahnes) tooth tip support [mas]
Spitzenhöhe *f* (der Drehbank) height of centres [mas]
Spitzenlast *f* peak load [elt]
Spitzenleistung *f* maximum capacity [elt]
Spitzenspannung *f* peak-to-peak voltage [elt]; peak voltage [elt]

Spitzenstrom *m* peak current [elt]
Spitzenweite *f* length between centres [mas]
Spitzenwert *m* peak value [elt]
Spitzenzeit *f* peak period
Spitzgraben *m* (Dreieck, Spitze unten) V-shaped trench [bau]
Spitzhacke *f* pick [wzg]; pickaxe [wzg]
Spitzmeißel *m* tipped chisel [wzg]
Spitzzahn *m* pointed tooth [mbt]
Spitzzange *f* (Storchschnabelzange) pointed pliers [wzg]
spleißen *v* (Hanf- oder Drahtseil) splice [mas]
Spleißstelle *f* splice [mas]
Splint *m* cotter pin [met]; retaining pin [mas]; split pin [mas]
Splintentreiber *m* cotter pin drive [wzg]
Splitt *m* chippings [bau]
Splitter *m* splinter
Splitterbruch *m* spall fracture [hum]
splittern *v* spall; (Holz) splinter
Sprecher *m* (des Vorstandes) spokesman [eco]
Spreizdübel *m* cavity plug [bau]; expansion anchor [bau]
Spreize *f* (Stempel im Bergbau) prop [roh]; (Spindel im Verbau) spindle [mbt]; strut [mas]; strutting [bau]
Spreizniet *m/n* (meist Kunststoff) body-bound rivet [mas]
Spreizstange *f* spreader bar [mas]
Spreizung *f* (spreizen) spreading
Sprengarbeit *f* blasting [roh]
sprengen *v* (im Steinbruch) blast [roh]; (zur Explosion bringen) blow up [roh]; (gießen, bewässern) water [was]
Sprengmittel *n* (z.B. im Bergbau) blasting agents [roh]; (z.B. im Bergbau) detonating agents [roh]
Sprengmuster *n* (z.B. im Tagebau) blast pattern [roh]
Sprengring *m* lock ring [mot]; (bei der Bahn) retaining ring [mot]; snap ring [mot]; spring ring [mas]
Sprengschweißen *n* explosive welding [met]
Sprengstoff *m* explosives [roh]
Sprengung *f* (im Steinbruch) blast [roh]; (Zündung) detonation [roh]; (Explosion) explosion [roh]
Sprenkler *m* sprinkler [mas]
Spriegel *m* roof carline [mot]; strut [mot]
Sprinkler *m* (Feuerlöschbrause) sprinkler [bau]
Sprinkleranschluss *m* sprinkler installation [bau]
Sprinklerdüse *f* sprinkler blast pipe [bau]
Spritzbeton *m* air-placed concrete [bau]; gunned concrete [bau]; shotcrete [bau]
Spritzblech *n* deflector plate [mot]
Spritzdüse *f* spray nozzle [mas]
Spritzerei *f* paint shop [met]
Spritzgang *m* (Farbe) spraying process [mas]
Spritzguss *m* (z.B. bei Spielzeug) die cast [met]; injection moulding [mas]
Spritzkabine *f* paint shop [met]
Spritzpistole *f* painting gun [bau]
Spritzputz *m* gunned plaster [bau]
Spritzüberzüge *pl* (metallische) metal spraying [met]
Spritzversteller *m* injection timing mechanism [mot]
Spritzwasser *n* splashing rainwater [bau]
spritzwassergeschützt (Motor) drip-proof; splash proof [mot]
Sprödbruch *m* brittle fracture [met]
spröde (zerbrechlich) brittle [met]
Sprosse *f* (Fenster-) mullion [bau]; (z.B. der Leiter) rung; (an Leiter) step [mas]
Sprühanlage *f* sprayer [mas]
Sprühdose *f* aerosol can [che]
Sprühdüse *f* spraying nozzle [mas]; spray nozzle [mas]
Sprühentladung *f* corona discharge [elt]
Sprühmittel *n* spraying agent [mas]
Sprung *m* (im Material) flaw [met]
Sprungabstand *m* skip distance [mas]
Spule *f* winding [elt]
spülen *v* (wegspülen, auch WC) flush [bau]; jet [bau]; (z.B. mit Öl durchspülen) rinse [mas]
Spulenhalter *m* (elektr. Kabel, Schnur) coil base [elt]; (elektr. Kabel, Schnur) coil frame [elt]
Spülentaschung *f* pressure water ash removal [pow]; pressurized water ash removal [pow]
Spülöl *n* flushing oil [met]
Spülpumpe *f* scavenge pump [mot]
Spülung *f* wash-out [pow]
Spulvorrichtung *f* (z.B. auf Schlitten) coil winder [elt]
Spulwickelmaschine *f* (z.B. auf Schlitten) coil winder [elt]

Spundbehälter *m* drums with removable heads [nrm]
Spundbohle *f* (Spundwand, Pfahlgründung) pile [mot]; sheet pile [bau]
Spundbohlenabstützung *f* sheet pile [bau]
Spundwand *f* bulkhead [bau]; pile structure [bau]; sheet-pile wall [bau]; sheet piling [bau]
Spundwandprofil *n* steel sheet piling [bod]
Spundwandzubehör *n* piling accessories [mas]
Spur *f* (Fahrbahn der Straße) lane [mot]; trace; (Spurweite Autoräder) track [mot]; (Fahrbahn der Straße, der Brücke) traffic lane [mot]
Spurabmessung *f* (Spurbild) gauge configuration [mot]
Spurbreite *f* (auch Spurweite) gauge [mot]
Spurhebel *m* steering lever [mot]
Spurkranz *m* (führt Eisenbahnrad) flange [mot]; (führt Eisenbahnrad) wheel flange [mot]
Spurkreuz *n* cross-section [mot]
Spurlinse *f* (Eisenbahn) gauge lens [mot]
Spurrille *f* (Radführung in Weiche) rail groove [mot]; (Radführung in Weiche) switch opening [mot]
Spurstange *f* steering link [mot]; tie rod [mot]; track rod [mbt]
Spurstangenhebel *m* steering knuckle arm [mot]
Spurstangenkopf *m* ball rod end [mot]; tie rod end [mas]; track rod [mbt]
Spurstange, ungeteilte *f* solid track rod [mot]
Spurwechsel *m* (zu Abbiegen) lane drifting [mot]; (häufiger Fahrbahnwechsel) lane straddling [mot]
Spurweite *f* (Spurbreite der Bahn) gauge [mot]; (der Eisenbahn) track gauge [mot]; (seitlicher Abstand, Raupen) track width [con]; (des einzelnen Reifens) tread [mot]; (Radstand des Autos) tyre base [mot]
Stab *m* (Stahlbau) member [bau]; rod [mas]; (Stock) stick
Stabelektrode *f* (Schweißwerkzeug) stick electrode [met]
Stabelektrodenhalter *m* (zum Schweißen) stick electrode handle [met]
stabil (robust, solide) solid; (fest, robust) stable
Stabilisator, hydraulischer - *m* hydraulic stabilizer [mot]
Stabilität, bedingte - *f* conditional stability [elt]
Stabilitätsbedingung *f* stability criterion [elt]
Stabilitätsprüfung *f* stability check [elt]
Stabilitätsreserve *f* stability reserve [elt]
Stabmagnet *m* bar magnet [mas]
Stabstahl *m* bar steel [met]; (Sechskant, usw.) bar steel [mas]; merchant bars [mas]
Stabwelle *f* rod wave [elt]
Stadtbahn *f* metropolitan railway system [mot]
Städtebau *m* city planning [bau]; town planning [bau]
Stadtgas *n* town gas [pow]
Stadtreinigungsamt *n* (Müllabfuhr (A)) sanitation [rec]
Stadtschnellbahn *f* (S-Bahn) rapid transit railway [mot]
Stadt- und Landesplanung *f* town and country planning [bau]
Stadt und Land, in - in town and country
Staffelung *f* (Versatz) stagger [con]
Stahl, austenitischer - *m* austenitic steel [met]
Stahl *m* (Wulststahl) bulb-tee [bau]; (mit mittlerem Kohlenstoffgehalt) medium carbon steel [met]; steel [met]
Stahlanarbeitung *f* steel treatment [mas]
Stahlarmierung *f* steel fixing [bau]
Stahlband *n* steel band [mot]; (Verpackungsband) steel strapping
Stahlbandmaß *n* steel tape [msr]
Stahlbau *m* (Gebäude aus Stahl) steel building [mas]; (z.B. im Baggerbau) steel manufacture [mas]; structural steel construction [bau]
Stahlbauweise *f* steel construction [bau]
Stahlbereich *m* steel division [mas]
Stahl, beruhigter - *m* steel, killed - [met]
Stahlbeton *m* (Eisenbeton) reinforced concrete [mas]
Stahlbetonbau *m* reinforced-concrete construction [bau]
Stahlbetonkern *m* reinforced-concrete core [mas]
stahlblau (RAL 5011) steel blue [nrm]
Stahlblech *n* sheet steel [mbt]; steel panel [met]; steel plate [met]; steel sheet [met]

Stahlblechemballagen *pl* steel drums [mas]
Stahlblechprofil *n* steel section [met]
Stahlbrückenplatte *f* (über Puffer) steel bridge plate [mot]
Stahlbuchse *f* steel bush [mas]
Stahldom *m* steel dome [mas]
Stahldraht *m* steel wire [met]
Stahleinlage *f* (in Beton) steel reinforcement [bau]
Stahleinsatz *m* (Schiene/Schwelle) steel insert [mot]
stählern steel [mas]
Stahl, gehärteter - *m* hardened steel [met]
Stahl, gehärteter - *m* tempered steel [met]
Stahlgerüst *n* (Kesselgerüst) boiler steel structure [pow]
Stahl, gewalzter - *m* rolled steel [met]
Stahlgewebe *n* steel fabric [met]; steel mesh [mas]
Stahlgürtelreifen *m* steel belt tyre [mot]
Stahlguss *m* cast steel [met]; (für allgemeine Zwecke, warmfest, ferritisch) cast steel [met]; steel casting [met]
Stahlguss, hitzebeständiger - *m* heat-resistant cast steel [met]
Stahlgussscheibenrad *n* cast steel disc wheel [mot]
Stahlgussspeichenrad *n* cast steel spoked wheel [mot]
Stahlguss, vergütbarer - *m* heat-treatable cast steel [met]
Stahlgüte *f* steel grade [mas]
Stahlhaken *m* steel hook [mas]
Stahlhalbzeuge *pl* semis [mas]
Stahl, hochfester - *m* high-strength steel [met]; high-tensile steel [met]
Stahl, kalt gewalzter - *m* cold rolled steel [met]
Stahlkehrwalze *f* steel brush [mot]
Stahlkonditionierung *f* treatment of liquid steel [met]
Stahlkonstruktion *f* steel construction [bau]; steel frame structure [mas]; steel structure [mas]; ((B)) structural steelwork [bau]
Stahlkonstruktion, verkleidete - *f* faired steel frame structure [mas]; panelled steel frame structure [mas]
Stahlkugel *f* steel ball [mas]
Stahl, Lärm dämpfender - *m* noise abating steel [met]
Stahl, legierter - *m* alloyed steel [met]
Stahllegierung *f* ferrous alloy [met]
Stahlmast *m* (z.B. Oberleitung Bahn) pylon [mot]
Stahl, niedrig legierter - *m* low-alloy steel [met]
Stahlqualität, einschlägige - *f* mostly required steel quality [met]
Stahlqualitäten, hoch legierte - *pl* high-alloyed steel grades [mas]
Stahlrahmen *m* steel frame structure [bau]
Stahlroheisen *n* pig iron for steel works [met]
Stahlrohr *n* steel tube [met]
Stahlrohrgerüst *n* metal tube scaffold [bau]
Stahlrohr, nahtloses - *n* seamless steel tube [met]
Stahlsand *m* (scharfkantig) steel grit [met]
Stahlscheibe *f* plate [mas]
Stahlschrotte, legierte - *pl* alloyed steel scrap [mas]
Stahl, schweißbarer - *m* weldable steel [met]
Stahlschwelle *f* (der Bahn) steel sleeper [mot]; (der Bahn) steel tie [mot]
Stahlskelett *n* (Stahlbau) steel frame [bau]; (Stahlbau) steel framework [bau]; steel skeleton [bau]; (Stahlbau) steel structure [bau]
Stahlspundwand *f* steel sheet piling [bod]
Stahlstütze *f* steel stanchion [bau]
Stahltafel *f* steel panel [mas]
Stahlträger *m* (Stahlbau) steel beam [bau]; steel joint [mas]; steel girder [bau]
Stahltragwerk *n* steel structure [bau]
Stahl- und Metallerzeugung *f* steel and metal production [mas]
Stahlveredelung *f* (Oberflächenbehandlung) steel coating [mas]
Stahlwalze *f* steel roller [mas]
Stahl, wärmebeständiger - *m* heat-resisting steel [met]
Stahl, warmfester - *m* heat-resisting steel [met]
Stahlweiterverarbeitung *f* metal processing [met]
Stahlwerk *n* steel works [mas]
Stahlwolle *f* steel wool [mas]
Stammzeichnung *f* parent drawing [con]

Stampfbeton *m* compacted concrete [bau]
stampfen *v* tamp
Stampfer *m* tamper [bau]
Stampfmasse *f* castable refractories [pow]; composition [pow]
Stampfplatte *f* tamper [bau]
Stampfwalze *f* (Verdichter) tamping foot roller [mas]
Stand *m* (Heizerstand) floor [pow]; (Messe-, Jahrmarktstand) stand
Standardkessel *m* packaged boiler [pow]
Standardlieferumfang *m* standard scope of supply
Standbesatzung *f* (auf Messestand) staff of stand
Standblech *n* stay plate [mas]
Standblech, hinteres *n* rear stay plate [mas]
Standblech, vorderes *n* front stay plate [met]
Stand der Technik *m* (neuester Stand der Technik) state of the art [nrm]
Stand der Technik, neuester - *m* latest state of the art
Ständer *f* spandrel [bau]
Ständer *m* post [bau]; (Stütze) stanchion [bau]; stand; (Magnetständer) support [mas]; upright [bau]; vertical member [bau]
Ständerblech *n* (Motor) stator lamination [elt]
standfest stable
Standfestigkeit *f* stability [mas]
Standgas *n* (niedriger Leerlauf) low idle [mot]
Standglas *n* (Schauglas) level gauge [mot]
Standheizung *f* auxiliary heating [mot]
ständig constant
ständig überprüfen *v* monitor constantly [msr]
Standlauf, im - in idle [mot]
Standleitung *f* (EDV, Telefon) dedicated line [edv]
Standlicht *n* (am Auto) parking light [mot]
Standort *m* (z.B. mehrere Werksstandorte) location [eco]; (von Werk, Produktion) place of manufacturing [eco]
Standrohr *n* riser [was]
Standseilbahn *f* cable car [mot]
standsicher rigid; steadfast [bau]; sure-grip
Standsicherheit *f* stability [mot]; static stability [bau]
Standsicherheitsnachweis *m* proof of stability [bau]; stability calculation [bau]
Standvermögen *n* stability under load [mot]
Standzeit *f* (Lebensdauer) operating life [mot]; (Lebensdauer) operating time [mas]
Stange *f* (aus Walzwerk) bar [mas]; stalk [mas]; (Stab) stick
Stangenprüfung *f* (aus Walzwerk) bar inspection [msr]
Stangenwelle *f* pin [mot]
Stanze *f* punch [wzg]
stanzen *v* punch [met]; (pressen von Blechen) stamp [mas]
Stanzloch *n* punched hole [met]
Stanzteil *n* blanking [mas]; stamped part [mas]
Stanzverbinder *m* strip joining machine [mas]
Stapel *m* (Holz, Stämme, Paletten) pile; (z.B. Holz) stack
Stapelhöhe *f* height of pile [bau]
Stapellauf *m* launching [mot]
Stapeln *n* stacking
Stapelverarbeitung *f* batch processing [met]
Stapel, vom - lassen launch [bau]
Stapler *m* forklift truck [mot]
stark (starkes Aufkommen) large [mot]; (starker Motor, starker Mann) powerful [mot]; (Mann, Motor) strong [mot]; (kräftige Schicht) thick [mas]
Starkbeben *m* strong earthquake [geo]
Stärke *f* (Mann, Maschine) strength [mas]; (Dicke) thickness [mas]
Starkgas *n* rich gas [pow]
Starkstrom *m* high-voltage current [elt]; power current [elt]
Starkstromverteilung *f* power current distribution [elt]
Starrachse *f* rigid axle [mot]
Startbahn *f* (Rollbahn auf Flugplatz) runway [mot]
starten *v* (Abheben des Flugzeugs) take off [mot]
Starter *m* (z.B. Anreißstarter Rasenmäher) recoil starter [mas]; starter motor [mot]
Starterklappe *f* choke [mot]
Starterknopf *m* starter button [mot]

Starterritzel *n* starter pinion [mot]
Starthilfe *f* (für Motor) starting aid [mot]
Startritzelhebel *m* starter pinion control [mot]
Statik *f* (z.B. Festigkeit, Haltbarkeit) statics [con]
Statiker *m* structural engineer [bau]
Station *f* (im Krankenhaus) ward [hum]
stationär stationary
stationärer Zustand *m* steady state [elt]
statisch static
statisch bestimmt statically determined [bau]
statisch unbestimmt statically undetermined [bau]
statistisch verteilt random [mat]
Stativ *n* tripod [mas]
Stator *m* (Motor) stator [elt]
Statorwicklung *f* stator winding [elt]
statt (statt meiner bevollmächtigt) proxy [eco]
Status *m* (Rechtsstellung) legal position [jur]
Stau *m* stagnation; traffic congestion [mot]; traffic jam [mot]
Staubabscheider *m* dust collector [mot]
Staubaustragung *f* dust separator
Staubbelastung *f* (Filter) dust loading [pow]
Staubbildung *f* dust formation; dusting
Staubbrenner *m* pulverized fuel burner [pow]
Staubdeckel *m* (z.B. an Neugerät) port cover [mas]
staubdicht dust-tight
Staubentwicklung *f* dust formation [bau]
Staubfänger *m* dust collector
Staubfeuerung *f* pulverized coal firing [pow]
Staubfeuerung mit flüssiger Entaschung *f* pulverized coal firing with liquid ash removal [pow]; wet-bottom boiler [pow]
Staubfeuerung mit trockener Entaschung *f* dry-bottom boiler [pow]
staubförmig powdered [met]
staubgrau (RAL 7037) dusty grey [nrm]
Staub, grober - *m* (Entstaubung) coarse dust [air]; (Entstaubung) grit [pow]
Staubgut *n* powder-shaped material [met]
Staubkappe *f* dust cap [mot]
Staubkessel *m* pulverized-coal fired boiler [pow]
Staubkonzentration *f* dust concentration [mot]
Staubleitung *f* pulverized coal piping [pow]
Staubluft *f* fuel-laden air [pow]
Staubmanschette *f* dust boot [mot]
Staubprobenentnahme *f* (Entstaubung) dust sampler [msr]
Staubsammler *m* dust collector [mot]
Staubschutz *m* dust protection [bau]; dust shield [mot]
Staubzündfeuerung *f* pulverized-fuel start-up firing equipment [pow]
Staubzuteiler *m* pulverized-fuel feeder [pow]
Staubzwischenbunker *m* finished product bin [air]
stauchen *v* swage [met]; (zur Formveränderung) upset [met]
Staudamm *m* (Staumauer) dam [bau]; embankment dam [was]
Staudammbau *m* (Staumauer) dam construction [bau]
Staufferbüchse *f* grease cup [mot]
Stauhitze *f* (unter dem Dach) dome heat [mot]
Staumauer *f* concrete dam [bau]
Staurohr *n* choke [mot]; contraction choke [msr]
Stausee *m* water reservoir
Stauwehr *n* ((B)) dyke [bau]
Stechwelle *f* stub shaft [mas]
Steckachse *f* half-shaft [mot]; linchpin [mot]; (z.B. mit Vielkeilprofil) stub axle [mot]
Steckachse, schwimmend gelagerte - *f* full floating axle [mot]
Steckanschluss *m* connector [elt]; plug [elt]; port [elt]
Steckantenne *f* plug-in antenna [elt]
Steckbaugruppe *f* plug-in unit [elt]
Steckblech *n* insertable panel [mas]
Steckbolzen *m* socket pin [mot]
Steckbolzenkupplung *f* socket-pin coupling [mot]
Steckbuchse *f* (Steckdose) connector [elt]; (Steckdose) socket [elt]
Steckdose *f* general power outlet [elt]; plug socket [mot]; receptacle [elt]
Steckdose *f* outlet [elt]
Steckeinheit *f* plug-in unit [elt]
stecken bleiben *v* (im Schlamm) bog down [mot]; (festkleben) stick
steckengeblieben (Auto) bogged down [mot]; (Auto) got stuck [mot]

Steckerbelegungsplan *m* (Bildschirme) terminal layout [elt]
Steckerfahne *f* pin terminal [elt]
Steckerkontakt *m* plug [elt]
Steckerleiste *f* multiple pin strip [elt]
Steckerstift *m* pin [mas]
Steckglied *n* plug-in element [mas]
Steckhülse *f* socket [elt]
Steckkarte *f* insert card [elt]; plug-in board [elt]
Steckkontakt *m* plug contact [elt]; switch plug [elt]
Steckplatz *m* slot [elt]
Steckrelais *n* plug-in relay [elt]
Steckschlüssel *m* (mit Griff oder Stiel) socket spanner [wzg]; (mit Griff oder Stiel) socket wrench [wzg]
Steckschlüsselsatz *m* set of socket spanners [wzg]
Steckschütz *n* (Steck-Relais) plug relay [elt]
Steckverbinder *m* cable connector [elt]
Steckverbindung *f* plug-and-socket connection [elt]; plug connection [elt]; plug-in connection [elt]; plug & socket connection [elt]
Steckvorrichtung *f* plug device [elt]
Steckzahn *m* inserting tooth [mbt]
Steckzähne *pl* socket-type teeth [mbt]
Steg *m* (kleine Brücke) footbridge [bau]; (der Kettenbodenplatte) grouser [mbt]; (Längsträger des Waggons) longitudinal girder [mot]; (zwischen Unter- und Obergurt) web [mot]
Stegdicke *f* (z.B. eines Trägers) web thickness [bau]
Steghöhe *f* root face [met]
Steglasche *f* bracket clip [mot]
S
Stehbolzen *m* stud [mas]
Stehkessel *m* (Dampflok; um Feuerkiste) outer firebox [mot]
Stehlager *n* pillow block [mot]
Stehlagergehäuse *n* pillow block housing [mas]
Steife *f* (z.B. im Graben) stay [bau]
Steifigkeit *f* rigidity [met]; stiffness [met]
Steigeisen *n* (in Zügen, Luftschächten) stirrup [mot]
Steiger *m* (Korb am Teleskopmast) aerial platform [mbt]; (Lkw, Teleskopmast, Korb) aerial platform [mbt]
Steigerung *f* (Druck, Temperatur) increase [pow]
steigfähig gradable [mot]
Steigfähigkeit *f* gradability [mot]
Steigleiter *f* cat ladder [bau]; ladder [bau]
Steigrohr *n* riser tube [pow]; uptake tube [pow]
Steigrohrsammler *m* riser tubes header [pow]
Steigstromvergaser *m* up-draught carburettor [mot]
Steigung *f* (z.B. der Bahnstrecke) grade [mot]; (der Straße, des Weges) gradient [mot]; (Anstieg, steiler werdend) incline [geo]; (größerer Winkel Rolltreppe) increase [mbt]; (von Schraube, Gewinde) pitch [mas]; (steiler Anstieg) slope [mot]; (Ansteigen der Bahnstrecke) upward inclination [mot]
Steigungsmarkierung *f* (Signal, Pfosten) gradient post [mot]
Steigungssinn *m* (Zahnrad) hand of helix [mas]
Steigungswinkel *m* (Zahnrad) helix angle [mas]
Steigzug *m* (Aufwärtszug; Fallzug) downward gas passage [pow]; (Aufwärtszug; Fallzug) upward gas passage [pow]
Steilböschung *f* side slope [bod]
Steildach *n* steep roof [bau]
Steilheit *f* mutual conductance [elt]
Steilrohrkessel *m* bent tube boiler [pow]; vertical-tube boiler [pow]
Steinabsiebung *f* stone screening [roh]
Steinabweiser *m* (über Muldenkipperdach) rock deflector [mot]
Steinbogenbrücke *f* stone arch bridge [bau]
Steine, durchbindende - *pl* bondstones [bau]
Steine und Erden *pl* (Industriezweig) nonmetallic mineral processing [roh]
Stein, feuerfester - *m* (Schamotte) refractory brick [min]
Steinfliese *f* stone tile [bau]
steinfrei rock-free [geo]
steingrau (RAL 7030) stone grey [nrm]
Steingreifer *m* (am Stapler) brick grapple [mbt]
steinig (Feld, Weg) rocky [geo]
Steinklammer *f* (an Lader oder Stapler) block clamp [mbt]
Steinmauer *f* stone wall [bau]
Steinpflaster *n* stone pavement [bau]

Steinsäge *f* masonry saw [wzg]
Steinsalz *n* rock salt [min]
Steinschlag *m* (z.B. Verkehrszeichen) falling rocks [mot]
Steinschlagschutz *m* rock guard [mbt]
Steinschlagschutzgitter *n* rock guard [mbt]
Stellantrieb *m* servo-drive [mot]
Stelle *f* (Ort) location; (Absaugestelle) point [pow]; (Arbeitsstelle) position [eco]; site [bau]
Stelleingang *m* adjustable input [msr]; regulated input [msr]
stellen *v* (den Wecker stellen) set
Steller *m* adjuster [msr]
Stelle, schwache - *f* weak point [mas]
Stelle, undichte - *f* leakage [pow]
Stellglied *n* (Bremshebel) actuator [mot]; regulating control [msr]; regulating unit [mas]
Stellkolben *m* (stellt Regler ein) set piston [mot]
Stellkondensator *m* adjustable capacitor [elt]
Stellrad *n* hand wheel [mot]
Stellring *m* adjustable ring [mas]; adjusting ring [msr]
Stellschraube *f* adjusting screw [msr]; timing bolt [mas]
Stellspannung *f* control voltage [elt]
Stellung *f* (in Firma, allgem.) position; (eines Bauteils im Ganzen) setting [mas]
Stellungsbegrenzungsschalter *m* position limiter switch [elt]
Stellvertretender *m* deputy [eco]
Stellwand *f* partition [bau]
Stellwerk *n* (Eisenbahngebäude) signal box [mot]
Stellzylinder *m* adjust cylinder
stemmen *v* (hauen, schnitzen) stem [bau]
Stempel *m* (Grubenholz) mine prop [roh]; (im Bergbau unter Hangendem) prop [roh]; (Stanze, Werkzeug) punch [wzg]; (im Bergbau unter Hangendem) ray [roh]; (im Bergbau unter Hangendem) shore [roh]; (Gummistempel) stamp; (Prägen) die [roh]
Stern *m* (Spinne, Handkreuz) spider [mas]; (als Antriebsrad) star [mas]
Sterndreieck- delta star [elt]; star delta [elt]
Sterndreieckschaltung *f* star delta connection [elt]; star delta control [elt]; Y-delta connection [elt]
Stern-Dreieck-Schaltung *f* delta star connection [elt]; star-delta switching [elt]
sternförmig star-shaped [con]
sterngeschaltet (Motor) Y-connected [elt]
Sternpunkt *m* common ground [elt]; (Leiter) neutral [elt]
Sternpunkterdung *f* neutral earthing [elt]
Sternschaltung *f* star connection [elt]; (Motor) Y-connection [elt]
Sternspannung *f* Y-voltage [elt]
Steuer *n* (für Rudergänger auf Schiff) rudder [mot]; (Lenkrad des Autos) steering wheel [mot]
Steuerapparat *m* controller [msr]
Steuerbetätigung *f* actuating control [phy]
Steuerblock *m* valve block [mot]
Steuerblockbefestigung *f* valve block mounting [mot]
Steuerblock des Getriebes *m* transmission valve [mas]
Steuerbuchse *f* control bush [met]; guide bush [mas]
Steuerdruck *m* control pressure [mot]; pilot pressure [mot]
Steuereinheit *f* control unit [edv]
Steuereinrichtung *f* control system [elt]; (Schiff) rudder [mot]
Steuerelement *n* control device [mot]
Steuerfläche *f* control plate [met]
Steuerfolge *f* (Ablauf) control sequence [elt]
Steuerfrequenz *f* control frequency [elt]
Steuergehäusedeckel *m* timing case cover [mas]
Steuergenerator *m* master trigger unit [elt]
Steuergeneratorspannung *f* master trigger unit voltage [elt]
Steuergerät *n* control device [mot]; control unit [elt]
Steuergeräte *pl* directional controls [mot]
Steuerhebel *m* control lever [met]
Steuerkabine *f* control cabin [met]
Steuerkante *f* control edge [met]
Steuerkasten *m* control box [met]
Steuerkette *f* timing chain [mot]
Steuerkolben *m* piston valve [mas]
Steuerkreis *m* control circuit [mas]
Steuerkreislauf *m* control circuit [mot]

Steuerlinse *f* (im Pumpenkörper) pendulum ball [mas]
Steuerlinsenfresser *m* fretting of pendulum ball [mbt]
Steuerluft *f* control air [mot]
Steuerluftbehälter *m* (des Wagens) control reservoir [mot]
Steuermechanismus *m* controls [mot]
steuern *v* (Schiff) be on the rudder [mot]; (jemanden anleiten) guide; (Maschine, Bagger) operate [mot]; (Auto) steer [mot]
Steuerplatte *f* (in hydraulischem Motor) control plate [mot]
Steuerpult *n* control desk [mot]; (z.B. Walzwerksteuerpult) pulpit [mas]
Steuerrad *n* (auf Schiff, Rudergänger) helm [mot]; (Schiff) rudder [mot]; (Auto) steering wheel [mot]
Steuerräder *pl* (Zahnräder im Getriebe) gear train [mot]
Steuerrelais *n* control relay [elt]
Steuersäule, klappbare - *f* (in Fahrzeugen) collapsible steering rod [mbt]
Steuerschalter *m* control switch [msr]; pilot switch [elt]
Steuerschieber *m* main block valve [mot]; valve spool [mot]
Steuerschrank *m* control cabinet [elt]; control circuitry cabinet [elt]
Steuerschütz *n* control contactor [elt]
Steuersender *m* control transmitter [elt]; exciter [elt]
Steuersignal *n* control signal [elt]
Steuerspannung *f* control voltage [elt]
Steuerspiegel *m* (in Pumpe, Motor) control plate
Steuerstand *m* control position [mot]
Steuerstand, ortsfester - *m* stationary control position [mot]
Steuerstange *f* (im Steuerblock) control spool [mot]
Steuerstrom *m* control current [mot]
Steuerstromkreis *m* control circuit [elt]
Steuerstromunterbrecher *m* control circuit breaker [elt]; control current cut-out [elt]
Steuertransformator *m* control transformer [elt]
Steuerung *f* (an Lokomotive) link motion [mot]; (des Fertigungsablaufes) production controlling [msr]; (Lenkung des Autos) steering [mot]; (Lenkmechanismus des Autos) steering mechanism [mot]
Steuerung, elektronische - *f* electronic control [msr]
Steuerung, numerische - von Werkzeugmaschinen *f* machine-tool software and robotics [edv]
Steuerungsanstrengung *f* (des Fahrers) operator's stress [mot]; (des Fahrers) stress for the operator [mot]
Steuerungsauschuss *m* (eines Projektes) steering committee
Steuerungshandrad *n* (Dampflok) cut-off gear wheel [mot]
Steuerungskreis *m* control circuit [mot]
Steuerungsskala *f* (Dampflok) cut-off gear [mot]
Steuerungssystem *n* control system [edv]
Steuerung von Hand *f* manual control [mas]
Steuerventil *n* control valve [mot]; servo control valve [mot]
Steuerwagen *m* (am Zugende, Pendelzug) control trailer [mot]; (für Wendezugbetrieb) control trailer [mot]
Steuerwelle *f* timing shaft [mas]
Steuerwinkel *m* cam angle [met]
Steuerzylinder *m* control cylinder [mot]; (verteilt Luft) dummy cylinder [mot]
Stichprobe *f* (gelegentliche Überprüfung) spot check
Stichsäge *f* compass saw [wzg]; keyhole saw [wzg]; pad saw [wzg]
stickig (stickige Luft) stuffy [mot]
Stiel *m* (des Baggers, Wettbewerb) arm [mbt]; (im Tragwerk) leg [bau]; (von Werkzeugen) shaft [wzg]; (im Bau; z.B. Türstiel) stay [bau]; (Stahlbau) upright [bau]
Stiel, gekröpfter - *m* (Greiferstiel) gooseneck-type arm [mbt]
Stielzylinder *m* arm cylinder [mbt]
Stiftabzehrung *f* stud wear [mas]
Stiftbuchse *f* male plug [elt]
Stift, konischer - *m* tapering pin [mas]; taper pin [mas]
Stiftschlüssel *m* box spanner [wzg]; pin spanner [mas]
Stiftschraube *f* stud [mas]; stud bolt [mas]
Stiftschweißung *f* stud weld [met]
stilllegen *v* (abfahren) shut down [pow]
stillschweigend erneuern *v* implied

renew
Stillstand *m* (Versagen) failure [pow]; outage; (zum Stillstand kommen) standstill [mot]
Stillstandheizung *f* anti-condensation heating [mot]
Stillstandszeit *f* outage [met]
Stillstand, zum - kommen come to a standstill [mot]
Stirn *f* (Teil des Kopfes) forehead [mot]
Stirnfläche *f* (Vorderseite) spot face [mas]
Stirnflachnaht *f* edge weld [met]
Stirnlager *n* (Stahlbau) end support [bau]
Stirnlochschlüssel *m* calliper face spanner [wzg]
Stirnmauer *f* face wall [bau]
Stirnrad *n* spur gear [mot]; spur wheel [mot]; (zur Zeiteinstellung) timing gear [mas]
Stirnraddeckel *m* aiming gear cover [mbt]
Stirnradgehäuse *n* timing gear housing [mas]
Stirnradgetriebe *n* spur gear [mot]; spur gearing [mot]
Stirnradkranz *m* spur gear rim [mot]
Stirnradstufe *f* spur wheel section [mot]
Stirnradwelle *f* accessory shaft [mas]
Stirnrungen *pl* (z.B. am Flachwagen) head stanchions [mot]
Stirnschar *f* bulldozer blade [mbt]; front blade [mbt]
Stirnschild *n* dozer blade [mbt]; front blade [mot]
Stirnseite *f* (schmalere Seite) face side [con]; (Vorderseite) front side [mas]; (des Waggons) wagon end [mot]
stirnseitig on the face side [con]
Stirnstoß *m* forehead joint [met]
Stirnwand *f* bulkhead [mot]; cowl [mot]; (Vorder-, Rückwand Wagen) end wall [mot]; (Vorder-, Rückwand Wagen) front wall [mot]
Stirnwandrunge *f* (am Flachwagen) fall plate stanchion [mot]
Stirnwandstütze *f* (rechte, linke) cowl support [mot]
Stirnwandtür *f* (am Güterwagen) end door [mot]
stochern *v* (schüren) move the fuel bed [pow]; (schüren) stoke [pow]
Stock *m* (Stab, Stecken) stick
stocken *v* (haken, nicht weiterlaufen) stall [mas]
Stockpunkt *m* pour point [mas]
Stockwerk *n* ((B)) storey [bau]; ((A)) story [bau]
Stockwerkhöhe *f* floor level [bau]
Stoffe, giftige - *pl* poisonous substances
Stoffschwierigkeit *f* ease of manufacture [nrm]
Stollen *m* (unter Tage) bank [roh]; (auf Kettenplatte) bar [mbt]; duct [roh]; (unter Tage) entry [roh]; (unterirdischer Gang in Bergwerk) gallery [roh]; (auf Kettenplatte) grouser [mbt]; (Hauptstollen) main transport level [roh]; tunnel [roh]
Stollenholz *n* (Grubenholz) mine props [roh]
Stopfbuchse *f* compression gland [met]; stuffing box [mas]
Stopfbüchse *f* packing box [mas]
Stopplicht *n* stop light [mot]
Stopptaster *m* emergency stop button; stop button [elt]
Stöpsel *m* (Stecker) plug [mas]
Störaustastung *f* interference blanking [mot]
Storchschnabelzeichnung *f* pantograph drawing [mas]
Störecho *n* noise echo [elt]; radio interference echo [aku]
Störfaktor *m* interference factor [elt]
Störfeldstärke *f* radio interference field-intensity [aku]
Störmelderelais *n* fault indicator relay [elt]
Störpegel *m* disturbance level [elt]
Störschutz *m* noise suppression [aku]
Störsperre *f* (Störsperrenfilter) interference suppressor [elt]
Störstrom *m* disturbing current [elt]; interference current [elt]
Störung *f* (Panne, Zusammenbruch) breakdown; (geistig verwirrt) disturbance; (Fehler, Versagen) fault; (Einmischung von außen) interference [elt]; (Unterbrechung d. Laufes RT) interruption; (Unruhe, Versagen) trouble [mas]
störungsanfällig vulnerable
Störungsbeseitigung *f* remedying of the fault
störungsfrei trouble-free [mas]
Störungssuche *f* (finden und beseitigen) trouble shooting [mas]
Störungsunterdrückung *f* disturbance suppression [elt]

Störuntergrund *m* (Geräuschpegel) noise level [aku]
Störwelle *f* (die immer durchkommt) interfering wave [elt]
Stoß *m* (des Hammers) blow [met]; (Schlag, Schubs) bounce [mot]; (Stoßnaht; Bleche schweißen) butt [met]; (Laschenverbindung bei Kettenführung) fish [mas]; (des Fachwerkgerüstes) fishplate connection [mot]; (Impuls, Schubs) impact [phy]; (zerrend) jerk [mot]; (Blechverbindung) joint [met]; (Impuls, Anstoß) pulse [phy]; (Schubs) push [mot]; (Schock) shock [phy]; (Schubs) shove [mot]; (Verbindungsstelle / Träger) structural connection [bau]; (Schienenstoß) track connection [mot]
Stoßausblendung *f* signal blanking [elt]
Stoßbeanspruchung *f* impact stress [met]
Stoßbelastung *f* impulsive load [met]
Stoßbewehrung *f* splice reinforcement [bau]
Stoßdämpfer *m* shock absorber [mot]
Stoßdämpferbock *m* shock absorber bracket [mot]
Stoßdämpferhalter *m* shock absorber mounting [mot]
Stoßdämpfer, hinterer - *m* rear shock absorber [mot]
Stoßdämpfer, hydraulischer - *m* hydraulic shock absorber [mot]
Stoßdämpfer, vordere *pl* front shock absorbers [mot]
Stoßdämpferzylinder *m* suspension cylinder [mot]
Stoßdämpfungseinrichtung *f* shock absorber system [mot]
Stöße *pl* splicing [bau]
Stoßebene *f* bumping plane [mot]
Stößel *m* (Nockenscheibe) lifter [mot]; (Druck- oder Presskolben) plunger [mot]; (z.B. Ventilstößel in Motor) tappet [mot]
Stößelfeder *f* (Feder am Druckkolben) lifter spring [mot]; (z.B. am Ventilstößel) tappet spring [mot]
Stößelführung *f* tappet guide [mot]
Stößelkraft *f* (z.B. 200 Tonnen) tappet force [mot]
Stößelrolle *f* (stößt an Nocken) tappet roller [mot]
Stößelschraube *f* lifter screw [mot]
Stößelstange *f* push rod [mot]
Stößelventil *n* cam valve [mot]; pilot valve [mot]
stoßen *v* (Stanzen) die [met]; thrust
Stoßfaktor *m* selection factor [mas]
Stoßfänger *m* bumper [mot]
stoßfrei (z.B. Kraftübertragung) non-surge [mot]; (z.B. Abbremsen) smooth [mot]
Stoßimpuls *m* shock pulse [mot]
Stoßlasche *f* (Stahlbau) fish plate [bau]
Stoßplatte *f* (Lasche) butt-strap [mas]
stoßsicher (z.B. stoßsicher gelagert) shock-proof [mot]
Stoßstange *f* (des Autos) bumper [mot]; (um Waggon zu schieben) push rod [mot]
Stoßstange, hintere - *f* rear bumper [mot]
Stoßstangenhalterung *f* (am Auto) bumper support [mot]
Stoßstange, vordere - *f* front bumper [mot]
Stoßstrom *m* surge current [elt]
Stoß, stumpfer - *m* (Verbindung) butt joint [mas]
Stoßverlust *m* (Eintrittsverlust bei Rohren) impact loss [pow]; shock loss [mas]
Stoßwellenverfahren *n* shock wave method [mas]
straff (gespannt) tight [mas]
Strafmandat *n* (Knöllchen) parking ticket [mot]
Strafregisterauszug *m* (ohne Eintrag) record [jur]
Strahlablenkung *f* flow deviation [pow]
Strahlaufweiter *m* beam expander [phy]
Strahlen mit Stahlsand *n* (Sandstrahlen) shot blasting [met]
Strahlenquelle *f* source of radiation [phy]
Strahlerfläche *f* contact face of radiator [phy]
Strahl, gebündelter - *m* focussed beam [elt]
strahlig (z.B. zweistrahliges Flugzeug) engined [mot]
Strahlkontakt *m* (fest, flüssig) acoustic contact [phy]
Strahlleistung *f* (Sandstrahlen) shot-blasting efficiency [met]
Strahlmittel *n* abrasives [mas]
Strahlquelle *f* sound source [aku]
Strahlraum *m* radiation cavity [pow]; radiation chamber [pow]

Strahlschweißen *n* beam welding [met]
Strahlteiler *m* beam splitter [mas]
Strahlung, nicht leuchtende - *f* non-luminous radiation [phy]
Strahlungsheizfläche *f* (Feuerraum) furnace heating surface [pow]
Strahlungskessel *m* radiant boiler [pow]
Strahlungspyrometer *n* radiation pyrometer [msr]
Strahlungsschutz *m* radiation shield [pow]
Strahlungsüberhitzer *m* radiant superheater [pow]
Strahlungsverlust *m* radiation loss [pow]
Strahlungswiderstand *m* radiation resistance [elt]
Strahlungszahl *f* coefficient of radiation [pow]
Strähnenbildung *f* (Flamme) formation of layers [pow]
Strang *m* (z.B. aus Strangguss) slab [mas]
Stranggießanlage *f* continuous caster [met]
Stranggießen *n* continuous casting [met]
Strangguss *m* continuous casting [met]
Stranggussanlage *f* (kreisbogenförmige) arc type plant [roh]
Stranggussanlage, kreisbogenförmige - *f* circular arc type plant [met]
Stranggussanlage, kreisförmige - *f* circular arc type plant [met]
Stranggusshalbzeug *n* continuous casting of slabs [met]
Straße *f* (mit Dammschüttung) causeway [mot]; (Landstraße durch das Land) country road [bau]; (mit geteilter Fahrbahn) dual carriageway [bau]
Straße, gebührenpflichtige - *f* (Autobahn) toll road [mot]
Straße mit Teerbeton *f* tar concrete road [mot]
Straßenaufbruch *m* road scarification [bau]
Straßenaufbruchmaterial *n* road scarification material [bau]
Straßenbankett *n* verge [bod]
Straßenbau *m* road building [bau]
Straßenbelag *m* road surface [mot]
Straßenbeleuchtung *f* street lighting [elt]
straßenbeweglich road transportable [mot]
Straßenbrücke *f* highway bridge [mot]; road bridge [bau]; roadway bridge [mot]
Straßengabelung *f* road junction [mot]
Straßengang *m* (einer Baumaschine) road gear [bau]
Straßengraben *m* roadside ditch [mot]
Straßenkarte *f* (Stadtplan, Landkarte) road map [con]
Straßenkehrmaschine *f* road sweeper [mot]
Straßenkreuzung *f* road junction [mot]
Straßenlage *f* (des Wagens) roadability [mot]
Straßenlampe *f* street lamp [mot]
Straßenmarkierung *f* road marking [mot]
Straßenoberfläche *f* (z.B. Asphalt) black top [mot]
Straßenplatte *f* street plate [mot]
Straßenprofil *n* (Querprofil) camber [bau]
Straßenrand *m* shoulder [mot]
Straßentragschicht *f* road base [bau]
Straßentransportgewicht *n* (des Krans) road transportation weight [mot]
Straßen- und Geländegang *m* road and offroad gear [mot]
Straßenunterführung *f* undergrade crossing [bau]
Straßenverkehr *m* road traffic [mot]
Straßenverschleißdecke *f* road wearing course [bau]
Straßenwalze *f* road roller [bau]; roller [bau]
Straße, zerfahrene - *f* (z.B. Schlaglöcher) potholed road [mot]
Streb *m* (parallel zum Hauptstollen) cross-heading [roh]; (Wand; Kohlenwand, vor Ort) face [roh]
Strebe *f* (hält, drückt auseinander) brace [mas]; (Balken) raker [bau]; (Stütze, Verbindung) strut [mas]
Strecke *f* (im Bergbau) drift [roh]; (in niedrigen Flözen) hard heading [roh]; (unter Tage) heading [roh]; (Länge) length; (Eisenbahnstrecke) line [mot]; (Eisenbahnstrecke) railroad line [mot]; (Eisenbahnstrecke) railway line [mot]; (an der Bahnstrecke) track [mot]
Streckenabschnitt *m* (der Bahn) section of a railway line [mot]
Streckenförderung *f* (Bandförderung) belt conveying [mbt]
Streckenplan *m* (Buchfahrplan) route book [mot]
Strecke verblasen *v* (im Bergbau) backfill [roh]

Streckgitter *n* (aus Walzwerk) expanded metal [mas]
Streckgrenze *f* yield point [met]; (rechnerischer Wert) yield strength [con]
Streckmetallbelag *m* expanded metal walkway [pow]
Streckspannung *f* yield stress [met]
Streckung *f* stretch [mas]
Streifen *m* strip steel [met]
Streifengründung *f* strip footing
Streifenlackierung *f* (für Bandstahl) stripe design coating [mas]
Streifenmuster *n* interference fringes [mas]
Streuband *n* (Streubereich) scatter band [elt]
streuen *v* (Streusalz, Granulate) grit
Streufeldstörung *f* leakage field interference [elt]
Streukoeffizient *m* scattering coefficient [elt]
Streusand *m* (Streusalz) grit [mot]
Streuung *f* scatter [mas]
Streuungsverlust *m* scattering loss [elt]
Strich *m* (Ablesemarke) reading line [msr]
stricheln *v* (mit punktierter Linie) dot [con]; (mit Strichen) stroke [con]
Strich fahren *v* maintain steady load [pow]
Strich-Punkt-Linie *f* stroke-dotted line [con]
Strichraupe *f* string bead [met]
Strichraupentechnik *f* string bead technique [met]
Strick *m* (Seil, Tau, Tampen, Trosse) rope
Strickleiter *f* rope ladder [mot]
Strom *m* current [elt]
Stromabgabe *f* current supply [pow]
Stromabnehmer *m* brush [elt]; (nicht bei der Bahn) collector [elt]; current collector [elt]; (der Bahn) pan [mot]; (E-Lok) pantograph [mot]
Stromabschalter *m* circuit breaker [elt]
stromabwärts downstream
Stromanschluss *m* connection for power supply [elt]
Stromaufnahme *f* current consumption [elt]; current input [elt]
Stromausfall *m* (vollständig) blackout [elt]; blackout [elt]; current failure [elt]; power failure [elt]
Strombedarf *m* power demand [elt]
Strombegrenzer *m* current limiter [elt]
Strombrecher *m* baffle [was]
Strom, eingestellter - *m* rated current [elt]
Stromerzeuger *m* (Gerät) current generator [elt]; generator [elt]
Stromfaden *m* fluid element [pow]
stromführend (unter Spannung) live [elt]
Stromkreis *m* circuit [elt]; current circuit [elt]
Stromkreis ausschalten *v* break a circuit [elt]
Stromkreis einschalten *v* close a circuit [elt]
Stromkreis, geerdeter - *m* ((A)) ground circuit [elt]
Stromkreis, geschlossener - *m* closed circuit [elt]
Stromkreis schließen *v* close a circuit [elt]
Stromkreis unterbrechen *v* break the circuit [elt]
Stromlaufplan *m* detailed schematic diagram [elt]
Stromlinie *f* streamline
stromlinienförmig (windschlüpfig) faired [mas]; stream line; stream-lined
stromlinienverkleidet streamlined [mot]
Stromlinienverkleidung *f* streamlining [mot]
stromlos dead [elt]; de-energized [mot]
Stromquelle *f* current source [elt]; power source [elt]
Stromrichter *m* current converter [elt]; power converter [elt]
Stromschiene *f* conductor bar [elt]; contact rail [elt]; current rail [elt]
Stromschlag *m* shock, electric - [elt]
Strom-Spannungswandler *m* current-to-voltage converter [elt]
stromsparend power saving [elt]
Stromspitze *f* current peak [elt]
Stromstärke *f* amperage [elt]
Stromteiler *m* current divider [elt]
Strömung *f* fluid flow [mot]
Strömungsablenkung *f* flow deviation [pow]
Strömungsbremse *f* hydrodynamic brake [mot]
Strömungsgeschwindigkeit *f* flow velocity [pow]; velocity of flow [phy]
Strömungsgetriebe *n* (in Gabelstapler) fluid transmission [mot]
Strömungslenkwand *f* (feststehend) baffle [pow]; (feststehend) baffle wall [pow]
Strömungsstrecke *f* flow path [pow]

Strömungswächter *m* flow control valve [msr]; flow monitor [pow]
Strömungswiderstand *m* resistance to flow [pow]
Strömung, turbulente - *f* turbulent flow [phy]
Stromverbrauch *m* amperage consumption [elt]; current consumption [elt]
Stromversorgung *f* current supply [elt]; (z.B. einer Stadt) power supply [elt]
Stromversorgungsnetz *n* power grid [elt]
Stromverstärkungsfaktor *m* current gain [elt]
Stromverteilung *f* power distribution [elt]
Stromwandler *m* (z.B. beim Bagger) current transformer [elt]; transformer [elt]
Stromwender *m* commutator [elt]
Stromwendung *f* commutation [elt]
Stromzufuhr *f* (Leitungen für Versorgung) power supply [elt]
Stromzuführung *f* conduit [elt]
Strosse *f* (Tunnel, unter Tage) bank [roh]; (unterer Stollenteil) bank [roh]; (Tagebau, Planum für Gerät) bench [roh]; (unter Tage; oben: Kalotte) stope [roh]; (unter Tage; oben: Kalotte) underhand stope [roh]
Strossenhaus *n* (Schutz Kabelanschlüsse über Tage) bench hutch [roh]
Stückerz *n* (nicht Feinerz) coarse-grained ore [roh]
Stückgewicht *n* (z.B. der Einzelteile) unit weight [mot]
Stückgut *n* (allgemeine Waren) general cargo [mot]
Stückliste *f* bill of materials [con]; part list [con]; shop material list [mas]
Stücklistenbearbeitung *f* product structure processing
Stücklistenverwaltung *f* (auf EDV) administration of bills of materials
Stücklohn *m* piece rate [eco]
Stückzahl *f* (Quantität) number of items [con]
Studie über Durchführbarkeit *f* feasibility report [eco]
Studium, genaues - *n* detailed study
Stufe *f* (Grad der Abwicklung) degree; (Treppe) pace [bau]; (Treppe) stair [bau]
Stufenabmessung *f* (Rolltreppe) step dimension [con]; (Rolltreppe) step size [con]
Stufenabsenksicherung *f* broken step device [mbt]; reset button - step sag switch [mbt]; (Rolltreppe) step lowering device [mbt]; (Rolltreppe) step sag safety switch [elt]; (Rolltreppe) step sag switch [mbt]
Stufenabsenkung *f* (Rolltreppe) step lowering [mbt]; (Rolltreppe) step sag [mbt]; (Rolltreppe) step sag [mbt]
Stufenabsenkvorrichtung *f* (Rolltreppe) step lowering device [mbt]
Stufenanhebung *f* (Rolltreppe) step raising [mbt]
Stufenauflage *f* (Oberfläche) step tread [met]
Stufenauslauf *m* step outlet [mbt]
Stufenbelastung *f* step loading [con]
Stufenbolzen *m* (Rolltreppe) step-mounting pin [mbt]; (Treppe) step-mounting pin [mbt]
Stufenbreite *f* (Treppe) step width [con]; tread [bau]
Stufenbruch *m* (an Rolltreppe) broken step [mbt]
Stufeneinlauf *m* step inlet [mbt]; (Rolltreppe) step run-in [mbt]
Stufeneinlaufsicherung *f* comb protection device [mbt]; comb safety switch [mbt]
Stufenfestigkeit *f* step-stability [con]
stufenförmig cascade
Stufenhydraulik *f* stage-hydraulics [mas]
Stufenkamm *m* (Rolltreppe) step comb [mbt]
Stufenkette *f* (Rolltreppe) step chain [mbt]
Stufenkettenführung *f* chain guide system [mbt]
Stufenkettenrad *n* (Rolltreppe) step chain wheel [mbt]
Stufenkettenspannung *f* step chain tension [mbt]
Stufenkolben *m* step piston [mot]
Stufenlänge *f* (Treppe) run [bau]; step length [bau]
stufenlos infinitely variable; (schaltbar) multi-stage [mot]
Stufenrolle *f* (für Rolltreppe) step roller [mbt]
Stufenrücklauf *m* (Rolltreppe) step return [mbt]
Stufenschalter *m* step switch [mot]

Stufenschaltung *f* cascade connection [elt]
Stufenschalung *f* step formwork [bau]
Stufenspannung *f* step voltage [elt]
Stumpfnaht *f* (an Stumpfstößen) butt joint [met]
Stumpfschweißnaht *f* butt weld [met]
Stumpfschweißung *f* butt weld [met]; flash weld [met]
Stumpfstoß *m* flanged edge joint [met]
Stundenlohn *m* hourly wage [eco]
Stundenzähler *m* hour meter [msr]; service hour meter [mot]
Sturz *m* (über Tür) head [bau]; (Sturzträger über Tür oder Fenster) lintel [bau]; (Neigung, Böschungswinkel) pitch [mot]; (der Räder) wheel rake [mot]
Sturz, gemauerter - *m* brick lintel [bau]
Sturzträger *m* (über Tür, Tor, Fenster) lintel beam [bau]
Stützauflage *f* (der Rolltreppe) support base [mbt]
Stützbalken *m* supporting bar [bau]
Stützbock *m* support bracket [mot]; (von Stielzylinder auf Ausleger) support eye [mot]; trestle [bau]
Stütze *f* (auch in Prothesen) brace [mas]; (Konsole, Auflage) bracket [mas]; (Podest, Säule, Sockel) column [bau]; (Halter, Unterstützung) holder [mas]; (Waggonabstützung) jack [mot]; (Säule, Stange) pillar [bau]; (Auflage, Halterung) rest [mas]; shore [bau]; (Unterlage, Stein, Podest) socket [mas]; spandrel [bau]; (Runge der Bahn) stanchion [mot]; (auch hängend) support [mas]; supporting member [bau]
Stutzen *m* (Anschluss, Anschlussstutzen) connection [pow]; socket [mas]; (Anschluss) standpipe [mas]
stützen *v* (z.B. ein altes Gebäude) hold up [bau]; (behalten) retain [bau]; (aufrecht halten) truss [mas]
Stützenführung *f* (an Waggonabstützung) outer casing [mot]
Stützenfuß *m* stanchion base [bau]
Stützenkopf *m* stanchion head [bau]
Stützenschaft *m* (Stahlbau) column shaft [bau]; stanchion shaft [bau]
Stutzenschweißung *f* nozzle weld [met]
Stütze, zusammengesetzte - *f* built-up column [bau]
Stützisolator *m* pin insulator [elt]
Stützkonstruktion *f* supporting structure [bau]
Stützkugel *f* (zum Schneckenradkranz) ball and socket joint [mbt]
Stützlager *n* bearer [con]
Stutzlänge *f* span
Stützmauer *f* buttress wall [bau]; supporting wall [bau]
Stützpfeiler *m* buttress [bau]
Stützpunkt *m* (Fuß des Auslegers) A-frame [mbt]
Stützrahmen *m* support frame [bau]
Stützring *m* back-up ring [mot]; supporting ring [mas]; support ring [mas]
Stützrohr *m* support tube [mas]
Stützrolle *f* (oben an Raupenkette) carrier roller [mbt]; support roller [mas]; (nicht am Bagger) support wheel [mas]
Stützrollenführung *f* roller track [mas]
Stützscheibe *f* supporting ring [mas]
Stützweite *f* (Spannweite) span length [bau]
Stützwinkel *m* support bracket [mot]
subharmonisch (Schwingung) subharmonic [phy]
Substrat *n* substrate [che]
subtropisch subtropical [wet]
subventioniert subsidised [eco]
Sucher *m* (an Gerät) locator; spot lamp [mot]; (an der Kamera) view finder
Sucherlampe *f* spot lamp bulb [mot]
Suchmarke *f* search mark
Suchproblem *n* search problem [edv]
Suchscheinwerfer *m* spot light [elt]
Summer *m* (akust. Signal) buzzer [elt]
Sumpf *m* (des Motors; Ölsumpf) sump [mot]
sumpfig (morastig, weich) swampy
Süßwasser *n* (in Fluss und Binnensee) fresh water [was]
Symbol, grafisches - *n* graphical symbol [con]
Symbolverarbeitung *f* symbol manipulation [edv]
synchron in step; synchronous
Synchronfeder *f* synchronizing spring [mot]
Synchrongetriebe *n* synchronous gear [mot]
Synchronisation *f* concurrency control [elt]
Synchronisationszusatz *m* synchronizer

attachment [mot]; synchronizer supplement [mot]
Synchronisiereinrichtung *f* synchronizing mechanism [mot]
Synchronisierungseinrichtung *f* synchroniser [mot]
Synchronkegel *m* synchronizing cone [mot]
Synchronkörper *m* detent [mot]
Synchronkugel *f* synchronizing ball [mot]
Synchronlauf *m* synchronous running
synchron laufend (Rolltreppe: Handlauf, Stufen) running synchronous [mas]
Synchronmotor *m* synchronous motor [elt]
Synchronriegel *m* synchronizing lock [mot]
Synchronscheibe *f* (äußere, innere) synchronizing disc [mot]
Systemantwort *f* system response [elt]
System, dekadisches - *n* decade code system [mat]
Systeme, kontinuierliche - *pl* continuous systems [roh]
System, geschlossenes - *n* (Hydraulik, u.a.) closed system [mot]
System, hydraulisches - *n* hydraulic system [mas]
Systemprogrammierer *m* (der Beruf) system programmer [edv]
Systemschalung *f* system formwork [bau]
System, schlüsselfertiges - *pl* turn-key system [mas]
System, wissensbasiertes *n* knowledge-based system [edv]

T

Tableau *n* indicator board
Tablette *f* (medizinisch) pill [hum]
Tachogenerator *m* tacho generator [mot]; tachometer [mot]
Tachometer *m* speedometer [mot]; tachometer [mot]
Tachometerantrieb *m* speedometer drive [mot]
Tachometerantriebsdeckel *m* speedometer drive cover [mot]
Tachometerantriebsgehäuse *n* speedometer drive housing [mot]
Tachometerantriebsrad *n* speedometer drive gear [mot]
Tachometerantriebsritzel *n* speedometer drive pinion [mot]
Tachometergehäuse *n* speedometer casing [mot]
Tachometerwelle *f* (Tachowelle) speedometer cable [mot]; speedometer shaft [mot]
Tachozähler *m* (für gefahrene km) odometer [mot]
Tafel *f* plate [bau]
Tafelprofile *pl* panel sections
Tafelschere *f* (Schlagschere) gate shears [wzg]; (Schlagschere) guillotine shears [wzg]
Tag der offenen Tür *m* open-house meeting
Tagebau *m* open cast mining [roh]; (die Grube) open cut [roh]; (die Grube) open pit [roh]; (der Industriezweig) open pit mining [roh]; (also nicht Untertagebau) surface mining [roh]
Tagebauausrüstung *f* (hart) open pit mining systems [roh]
Tagebaubergwerk *n* strip mining [roh]
Tagebaubetrieb *m* open-pit mining operation [roh]; surface mining operation [roh]
Tagebaugewinnung *f* open cut mining [roh]; open pit mining [roh]
Tagebauprojektierung *f* projecting of an open-cut mine [roh]
Tagebauvertiefung *f* deepening of an open pit mining operation [roh]
Tagebauzuschnitt *m* (Flächenzuschnitt) mine development [roh]
Tagesbedarf *m* (Kohle, Strom) daily consumption [pow]
Tagesbehälter *m* (Öl) daily service tank [pow]
Tagesheft *n* (allgemeines Tagesheft) general ledger [elt]
Tagesleistung *f* daily output
Tageslicht *n* daylight
Tageslichtbeleuchtung *f* daylighting [bau]
Tageslicht, künstliches - *n* artificial daylight [bau]
Tageslichtprojektor *m* (Overhead-projektor) overhead projector
Tagesschicht *f* day shift [eco]
tageweise angestellt sein *v* (Tagelohn) employed on a daily basis [eco]
Tagungsräume *pl* conference rooms [bau]
Takt *m* (Arbeitstakt, Arbeitsspiel) cycle [met]; (4-Takt-Motor) stroke [mot]
takten *v* (Zeit einstellen) key
Taktsteuerung *f* time-relay control [elt]
Taktstraße *f* intermittent assembly line [mas]
Taleinschnitt *m* (für Eisenbahn) cutting [mot]
Talsperre *f* (Staumauer) river dam [bau]
Tampen *m* (Stück Tau) rope end [mot]
Tandemachse *f* tandem axle [mas]
Tandemanordnung *f* tandem arrangement [mas]
Tandemantrieb *m* (z.B. im Grader) tandem drive [mbt]
Tandemausgleichsbalken *m* walking beam [mot]
Tandemausgleichsschwinge *f* walking beam [mot]
Tandemschwinge *f* (an Muldenkipper) walking beam [mot]
Tandemzylinder *m* tandem cylinder [mas]
Tangentenpunkt *m* tangent point [mas]
Tangentialfeuerung *f* tangential firing [pow]
Tangentialkeil *m* tangent key [mas]
Tangentialkeilnute *f* tangent keyway [mas]
Tankcontainer *m* tank-type container [mas]
Tankeinfüllstutzen *m* tank opening [mot]
Tankeingang *m* tank filler [mas]
Tankinhalt *m* (Leervolumen) tank capacity [mas]; (Füllvolumen) tank contents [mot]; (Anzeige) tank level [mas]
Tanklaster *m* road tanker [mot]

Tanklastzug *m* road tanker [mot]
Tankleitung *f* tank pipe [mot]
Tank- und Silocontainer *m* tank and hopper-type container [mas]
Tankverschlusskappe *f* fuel tank filler cap [mot]
Tankwagen *m* (der Bahn) tank car [mot]; (der Bahn) tank wagon [mot]
tannengrün (RAL 6009) fir green [nrm]
Tarif *m* (z.B. Zolltarif) tariff
Tariflohn *m* standard wages [eco]
Tarifvereinbarung *f* wage and salary agreement [eco]
Tarifverhandlung *f* wage and salary negotiation [eco]
Tarnscheinwerfer *m* masked headlamp [mot]
Tarnung *f* (Tarnanstrich) camouflage
Taschenempfänger *m* (Pieper) bleeper [tel]
Taschenmesser *n* (auch Springmesser) jack knife [wzg]
Taschenrechner *m* pocket calculator [edv]
Taschenuhr *f* pocket watch
Tastatur *f* (Keyboard vor EDV-Schirm) keyboard [edv]
Tastdraht *m* (für genaue Höhe) sensor wire [msr]
Taste *f* (Taster, Druckschalter) push-button [elt]
Tastenschalter *m* key switch [elt]
Taster *m* scanner [elt]; sensing device [mot]
Tasterzeit *f* keying time [edv]
Tastknopf *m* probe [elt]
Tastroller *m* sensing roller [mas]
Tastschalter *m* push-button [elt]
Tätigkeit *f* (eines Geräteteils) function
Tau *m* (Seil) rope [mas]
taub (nicht hörend) deaf [hum]
taubenblau (RAL 5014) pigeon blue [nrm]
Tauchbadschmierung *f* splash lubrication [mas]
tauchen *v* (baden, eintauchen) bathe [met]; (z.B. beim Galvanisieren) dip [met]; (etwas untertauchen) submerge [met]
Tauchhülse *f* (für Thermometer) thermometer pocket [pow]; (für Thermometer) thermometer well [msr]
Tauchlichtbogenschweißung *f* submerged arc welding [met]
Tauchmotor *m* submersible motor [elt]
Tauchpumpe *f* (z.B. im Teich) submersible pump [mas]
Tauchrohrgeber *m* (Kraftstoffsensor) fuel sender [mot]; (für Kraftstoffhöhe) level switch [mbt]
Tauchtechnik *f* immersion technique [mas]
Tauchwanne *f* immersion tank [mas]
Taumelscheibe *f* swash plate [mas]; wobble plate [mas]; wobbling disc [mas]
Taumelscheibengetriebe *n* swash plate mechanism [mas]
Taumelständer *m* swash rack [mas]; wobble rack [mas]
Taupunktkorrosion *f* dew-point corrosion [met]
Taupunktunterschreitung *f* below the dew point [air]
taxifarben (RAL 1015) taxi colour [nrm]
T-Bolzen *m* T-bolt [mas]
T-Bolzenschelle *f* T-bolt clamp [mas]
technische Änderungen vorbehalten subject to change without prior notice [mot]
technisch machbar technically feasible
Technologie, neueste - *f* latest technology
Teerbetonstraße *f* tar concrete road [mot]
Teerdecke *f* (Asphaltoberfläche) blacktop [mot]; (auf Straße) tarmac [mot]
teerhaltig (z.B. Asphalt) bituminous [che]
Teersand *m* tar sand [bau]
teigig (Schlacke) sticky [pow]
Teilansicht *f* (z.B. Foto) partial view [con]
Teilblockkühler *m* block radiator [mot]
Teil des Kühlers, unterer - *m* bottom tank [mot]
Teile, bewegliche - *pl* movable elements; movable parts; moving parts
Teileerneuerung *f* parts replacement [mas]
Teile, fehlende - *pl* missing parts
Teilelager *n* (Ersatzteildepot) parts depot
Teileliste *f* (Ersatzteilliste) parts list
Teilelogistik *f* parts logistic [edv]
teilen *v* (geteiltes Lager, z.B. KDV) segment [mas]
teilen in ... *v* (z.B. in vier Teile) divide into ...
Teile-Nummer *f* part number [con]
Teiler *m* divider [mat]
Teile, rücklaufende - *pl* reversing parts [mas]
Teilezeichnung *f* part drawing [mas]

T

Teilfuge *f* (beim Schweißen) part groove [met]
Teilkammer *f* sinuous header [pow]
Teilkreis *m* (am Stirnrad) reference circle [mas]
Teilkreisdurchmesser *m* (am Kegelrad) pitch diameter [mas]; (Zahnrad) pitch diameter [mas]; (am Stirnrad) reference diameter [mas]
Teilladung *f* partial charge [elt]
Teillast *f* part load [mas]; two-thirds load [mas]
Teillieferung *f* (weitere folgen) partial delivery; (Transport) partial shipment; (z.B. Lieferung auf Abruf) part shipment [mot]
Teilmenge *f* partial shipment
Teil nach Zeichnung Nr. *n* part according to drawing no... [mas]
Teilnaht *f* partial joint [met]
Teil Nr. *n* Part No. [con]
Teilsperrdifferential *n* limited slip differential [mot]
Teilstrich *m* (kleiner Teilstrich) minor sub-division [msr]
Teilung *f* (z.B. eines Lagers mit Nuten) part groove [mas]; (bei Rollenkette, Zahnrad) pitch [mas]
Teilung, enge - *f* narrow spacing [mas]
Teilungstoleranz *f* graduation tolerance [con]
Teilung, weite - *f* wide spacing [con]
teilweise zugeschoben (Haufwerk) partly trapped [roh]
Teilzahl *f* (durch die geteilt wird) ratio [mat]
Teilzeichnung *f* detail drawing [con]
T-Eisen *n* T-bar [met]; T-iron [mot]; T-section [mas]
Tektonik *f* (Erdschichtverschiebung) tectonics [geo]
tektonisch tectonic [geo]
tektonisch zerstört tectonically destroyed [geo]
Telefax *n* facsimile [tel]
Telefonat *n* (Ferngespräch) call [tel]
Telefonauskunft *f* inquiries [tel]
Telefon, besetztes *n* busy line [tel]
Telefon, besetztes - *n* engaged phone [tel]
Telefongespräch *n* (Ferngespräch) phone call [tel]
Telefonvermittlung *f* (Klappenschrank) switchboard [tel]
Telefonverzeichnis *n* (Telefonbuch) directory [tel]
Telekopierer *m* (Telekopiergerät) telecopying machine [elt]
Teleskopausleger *m* telescoping boom [mbt]
Teleskopierhub *m* (des Teleskopierauslegers) telescoping length [mbt]
Teleskopkran *m* hydraulic crane [bau]
Teleskopkranarm *m* telescopic crane arm [mbt]
Teleskopkranarmausrüstung *f* telescopic crane arm attachment [mbt]
Teleskopstiel *m* (z.B. des Baggers) telescopic arm [mbt]
Teleskopstoßdämpfer *m* telescopic shock absorber [mot]
Telleraufgabe *f* rotary feeder [mbt]
Tellerfeder *f* cup spring [mas]; cup washer [met]; disc spring [met]; spring washer [mas]; tension disc [mas]
Tellerfilter *m* filter poppet [mot]
Tellerkegelrad *n* (im Differential) crown wheel [mot]
Tellerrad *n* (Kegelrad) bevel gear [mas]; crown wheel [mot]; ring gear [mot]
Tellerriss *m* plate crack [mas]
Tellerspeiser *m* plate feeder [mas]
Tellerventil *n* disk valve [mot]; poppet valve [pow]
Temperaturabfall *m* temperature drop [pow]
Temperaturabhängigkeit *f* temperature dependence
Temperaturanzeige *f* heat indicator [msr]
Temperaturanzeigegerät *n* temperature gauge [msr]
Temperaturanzeiger *m* heat indicator [msr]
Temperaturbeanspruchung *f* temperature stress [met]
temperaturfest heat-resistant [mas]
Temperaturfühler *m* feeler gauge [msr]; temperature sensitive element [msr]; thermometer probe [pow]
Temperaturgradient *m* temperature gradient [pow]
Temperaturkontaktgeber *m* temperature contactor [mot]
Temperaturmesser *m* pyrometer [msr]
Temperaturmessgerät *n* temperature measuring device [msr]

T

Temperaturmessstelle *f* temperature measuring station [msr]; temperature tapping point [msr]
Temperaturmessung *f* temperature measurement [msr]
Temperaturregler *m* attemperator [pow]; thermostat [mot]
Temperaturschalter *m* thermo switch [elt]
Temperaturschräglage *f* temperature distortion [pow]; temperature unbalance [pow]
Temperaturschreiber *m* temperature recorder [msr]
Temperaturschwankung *f* temperature variation [pow]
Temperatursensor *n* temperature sensor [msr]
Temperaturüberwachung *f* temperature control [mot]
Temperaturwächter *m* temperature control [msr]; temperature monitor [msr]
Temperaturwarneinrichtung *f* temperature alarm [mot]
Temperaturwechselbeständigkeitsprüfung *f* spalling test [mas]
Temperguss *m* malleable cast iron [met]
Tendenz *f* (Richtung) direction
Tender *m* (trägt Wasser und Kohle) coal car [mot]; (hinter Dampflok) tender [mot]
Tenderbrücke *f* (zwischen Lok und Tender) fall plate [mot]
Tenderlok *f* (Tanks hängen seitlich) pannier tank locomotive [mot]; (Tank am oder auf Kessel) saddle engine [mot]; (Tank am oder auf Kessel) saddle locomotive [mot]; tank locomotive [mot]
Tenderlokomotive *f* (Tanks hängen seitlich) pannier tank locomotive [mot]; (Tank am oder auf Kessel) saddle engine; (Tank am oder auf Kessel) saddle locomotive; tank locomotive
Teppichboden *m* wall-to-wall carpeting [bau]; wall-to-wall rug [bau]
Term *m* form [edv]
Termin *m* (bei Gericht) court trial [jur]; (zum nächstmöglichen Termin) date of effectiveness; (letzter Termin) deadline
Terminal *n* (Bildschirm) terminal [edv]
Terminalsymbol *n* token [edv]
Terminplan *m* time schedule
Terrasse *f* patio [bau]; (an Haus, in Landschaft) terrace [bau]
Terrassenschnitt *m* (im Tagebau) terrace cut [roh]
Testarbeitsplatz *m* test workstation [msr]
Testen, funktionsbezogenes - *n* functional testing [edv]
Testfahrer *m* (z.B. bei neuen Autos) test driver [mot]
Testfehler *m* (Defekt bei Prüfung) reference flaw [msr]
Testgewicht *n* (Mindest- oder Maximalgewicht) test weight [msr]
Testkörper *m* (für Prüfverfahren) reference block [msr]
Testphase *f* (Periode, Zeitspanne; Dauer) test-phase [msr]
Testpunkt *m* (am Langträger Waggon) testing point [mot]
Testrohr *n* (Hilfsmittel bei Prüfung) reference tube [msr]
Testschema *n* (Verfahrensweise) testing process [msr]
Teststange *f* (z.B. Messen der Bezugshöhe) sensing rod [mas]
Testsupport *m* test support [msr]
Testwerkzeug *n* test tool [wzg]
teufen *v* (einen Schacht) sink [roh]
Text *m* (Wortlaut) wording
Textabbildung *f* (Bild im Text) illustration in the text [con]
Texterzeugung *f* text generation [edv]
Textilgürtelreifen *m* fabric belt tyre [mot]
Textscanner *m* text scanner [edv]
Textur *f* fibre [met]; texture [met]
Textverarbeitung *f* text processing [edv]
Theorembeweis *m* theorem proving [edv]
Theorie *f* theory [edv]
Thermik *f* hot-air current [mot]
Thermoelement *n* (m. Plättchen aufgelötet) pad-type thermocouple [msr]; thermocouple element [elt]
Thermoelement, gewöhnliches - *n* bare thermocouple [msr]
Thermoelement mit Strahlungsschutz *n* shielded thermocouple [elt]
Thermofühler *m* (in Statorwicklungen) thermo sensor [elt]
Thermolanze *f* (schmilzt mit Lichtbogen) thermic lance [met]
Thermometer mit Fernablesung *m* remote-distant-reading thermometer [msr]
Thermoschalter *m* thermal switch [elt]

Thermoschock *m* thermo-shock [pow]
Thermostat *m* (Temperaturregler) water temperature regulator [msr]
Thermostat für Heizung *m* heating thermostat [pow]
thermostatisch thermostatic
Thermostatkugel *f* bulb [msr]
Thyristor *m* (Halbleiterventil) thyristor [elt]
Tiefbahn *f* (Bahn in Stollen, Graben) low-level railway [mot]
Tiefbahnhof *m* (Bahnhof unter Straßenhöhe) low-level station [mot]
Tiefbau *m* construction [mbt]; (kein Einzelwort im Englischen) earth moving and road construction [bau]; foundation work [bau]; underground construction [bau]
Tiefbauarbeit *f* underground work [bau]
Tiefbettfelge *f* drop centre rim [mot]; well-base rim [mot]
Tiefbrunnen *m* deep well [bau]
Tiefenausdehnung *f* depth extension
Tiefenausgleich *m* loss compensation [elt]; swept gain [elt]
Tiefenbereich *m* (der Baggerung) depth range [mbt]; time base range [elt]
Tiefenlupe *f* scale expansion [msr]; sweep length
Tiefenmessschieber *m* depth gauge [msr]
Tiefenmessschraube *f* micrometer depth gauge [msr]
Tiefenprüfkopf *m* depth scan [msr]; variable sensitivity probe [msr]
Tiefenprüfung *f* depth scanning [msr]
Tiefenrüttlung *f* deep vibration [bau]
Tiefensuche *f* depth-first search [edv]
Tiefentladung *f* (Batterie) deep discharge [elt]; drain [elt]
Tieferdbeben *n* deep earthquake [geo]
Tiefgang *m* (des Schiffes, Wasserzug (A)) draft [mot]; (des Schiffes) draught [mot]
tiefgreifend (Grabtiefe u.Ä.) deep-reaching [bau]
Tiefgründung *f* deep foundation [bau]
Tiefladeanhänger *m* (hinter Zugmaschine) low bed trailer [mot]
Tieflader *m* low bed [mot]; (Hänger) low bed trailer [mbt]; low loader [mot]
Tiefladewagen *m* (mit tiefem Bett) well-wagon [mot]
tiefliegend low-placed
Tieflochbohrmaschine *f* deep-hole boring machine [met]
Tieflöffel *m* (Ausrüstung u. Grabgefäß) back actor [mbt]; (Grabgefäß u. ganzes Gerät) backhoe [mbt]; (das Grabgefäß) backhoe bucket [mbt]
Tieflöffelanlenkung *f* bucket hinge [mbt]
Tieflöffelbagger *m* backhoe excavator [mbt]
Tieflöffelbagger mit Greifer *m* backhoe with grab [mbt]
Tieflöffeleinsatz *m* backhoe application [mbt]; backhoe work [mbt]
Tieflöffelinhalt *m* (Fassungsvermögen) bucket capacity [mbt]; (engl. Wort, unüblich) dipper capacity [mbt]; (altes SAE-Wort) dipper contents [mbt]
Tieflöffelstiel *m* backhoe arm [mbt]; backhoe stick [mbt]
Tiefpass *m* low-pass [elt]
Tiefreißzahn *m* (z.B. am Bagger) deep-ripper tooth [mbt]; long ripper tooth [mbt]
Tiefschnitt *m* (des Eimerkettenbaggers) deep cut [mbt]
tiefschwarz (RAL 9005) jet black [nrm]
Tieftemperaturkorrosion *f* low-temperature corrosion [pow]
Tiefziehen *n* (Blechbearbeitung) deep-drawing [met]
Tiegelfeuerung *f* retort type furnace [pow]
tierisch (z.B. Fette) animal [bff]
Tierkohle *f* (tierische Holzkohle) animal charcoal [bff]
Timesharing *n* (in EDV: Zeitscheibe) time sharing [edv]
tippen *v* (antippen, leicht berühren) touch
Tisch *m* (normal; Schreibtisch desk) table [bau]
T-Naht *f* (Schweißnaht) T-joint [met]; (beim Schweißen) T-joint [met]
Toilette *f* (z.B. bei der Bahn) lavatory [mot]
Toilettenbecken *n* toilet bowl [bau]
Toilettenraum *m* (z.B. bei der Bahn) lavatory [bau]
Toleranz *f* clearance [con]; (technisch) tolerance [mas]
Toleranz, eingeengte - *f* close tolerance [con]
Toleranzfeld *n* field of tolerance [con]
Toleranzfreimaß *n* tolerance [mas]

Toleranzhaltigkeit *f* tolerance compliance [mas]
Toleranzlehre *f* limit gauge [mas]; snap gauge [mas]
Toleranzreihe *f* group of tolerances [mas]
tomatenrot (RAL 3013) tomato red [nrm]
Ton *m* clay [bau]; (Klang) sound [aku]
tönen *v* (einfärben) tint
Tonerde *f* alumina [min]
Tongrube *f* clay pit [bau]
Ton, klebriger - *m* cohesive clay [bod]
Tonlöffel *m* clay bucket [mbt]
Tonne *f* (Blechtonne) drum [bau]
Tonnenpreis *m* price per ton [eco]
Tonprobe *f* (vor dem Auftritt) sound check [aku]
Topfmanschette *f* adhesive cup gasket [mas]
Topfzeit *f* (Farbe in offener Büchse) can-time [met]
topographisch topographical [geo]
Tor *n* (Durchfahrt) gate [bau]
Tordurchfahrt *f* gateway [bau]
Toreinfahrt *f* doorway [bau]
Torfboden *m* peat soil [bod]
Torffeuerung *f* peat firing equipment [pow]
Torpedopfannenwagen *m* (Flüssigmetall) torpedo-type ladle car [mot]
Torschaltung *f* gate circuit [elt]
Torschleieranlage *f* (gegen Durchzug) gate curtain system [bau]
Torsionsfeder *f* torsion-type suspension [mas]
Torsionsfestigkeit *f* torsional strength [mas]
Torsionsmodul *m* torsion module [mas]
Torsionsstab *m* torsion bar [mas]
Torsionssteifigkeit *f* torsional rigidity [pow]
Torsionswelle *f* torsional wave [elt]
Torsteuerung *f* gating [elt]
Torverstärker *m* gate amplifier [elt]
Torwiderstand *m* port resistance [elt]
Totalbelastung *f* total load [mot]
Totalreflexion *f* total reflection [phy]
toter Gang *m* (Spiel in Schaltung) lost motion [mot]
Totmann... (Sicherheitsfahrschalter) dead man's handle [mot]
Totmannschaltung *f* (Sicherheitsfahrschaltung) dead man's control [mot]
Totpunkt *m* dead-centre point [mot]
Totpunkt, oberer - *m* top dead centre [mas]; upper dead centre [mot]
Tragbahn *f* (in Tragring der KDV) supporting raceway [mas]
Tragbahre *f* (für Kranke) stretcher [hum]
Tragbalken *m* carrying bar [bau]
tragbar (tolerierbarer Zustand) bearable; (z.B. Kofferradio, PC) portable
tragbar, nicht - unbearable
Tragbild *n* (auf Zahnflanke Getriebe) bearing face [con]
Tragbügel *m* (Knebel am Päckchen) carrying handle [met]
Tragdorn *m* (für Coils etc.) carrying ram [mot]
Trage *f* (z.B. bei der Feuerwehr) stretcher [mot]
träge (in Bewegungsstadium verharrend) inert; (Sicherung) slow to blow [elt]
Tragebalken *m* (Langträger Güterwagen) sole bar [mot]
Tragekasten *m* barrow [mbt]
tragen *v* (schleppen, fördern) haul [mot]; (z.B. befördern auf Lkw) transport [mot]
tragend (z.B. Wasser trägt Floß) buoyant [mot]; load-bearing [bau]; (Wand usw.) structural [bau]
Träger *m* (z.B. Deckenbalken) beam [bau]; (Abstützung) bracket [bau]; (Konsole) bracket [mas]; (Balken) buckstay [pow]; (z.B. Doppel-T-Träger) girder [bau]; (hält etwas fest, z.B. Klemme) holder [mas]; (Bauteil) member [mas]; (Stütze) support [mas]; (im Fachwerk) truss [bau]
Trägeranschluss *m* beam connection [bau]
Träger, durchlaufender - *m* continuous girder [bau]
Träger, eingespannter - *m* constrained beam [bau]; fixed beam [bau]
Trägerelement *n* support member [bau]
Trägerfrequenzverstärker *m* carrier amplifier [elt]
Trägergas *n* carrying gas [pow]
Trägergerät *n* support frame [mas]
Trägerhöhe *f* depth of a girder [bau]; depth of girder [bau]
Trägerkonstruktion *f* carrying structure [bau]
Trägerluft *f* (Primärluft) carrying air [pow]; (Primärluft) primary air [air]
Trägermetall *n* binder [mas]

Trägerplatte *f* particle board [mas]; plate [mas]
Trägerstoß *m* (Stahlbau) girder joint [bau]; (Stahlbau) girder splice [bau]
Träger, verkleideter - *m* cladded girder [bau]; jacketed girder [bau]
Träger, zusammengesetzter - *m* built-up beam [bau]
Tragfähigkeit *f* (Rolltreppe, Auflager) bearing capacity [mbt]; (des Bodens) ground bearing capacity [roh]; (am Bagger) lift capacity [mbt]; (am Bagger) lifting capacity [mbt]; load capacity [mot]; load rating [mas]; (des Muldenkippers) payload [mbt]
Tragfähigkeit, dynamische - *f* dynamic load rating [mas]
Tragfähigkeit, statische - *f* static load rating [mas]
Tragflügelboot *n* hydrofoil [mot]
Traggabel *f* (z.B. des Gabelstaplers) lift fork [mot]
Traggerüst *n* (z.B. der Rolltreppe) truss [mbt]
Trägheit *f* inertia
trägheitslos lag-free
Trägheitsmoment *n* moment of inertia [phy]
Tragjoch *n* (z.B. Greiferlager) yoke [mot]
Tragkonstruktion *f* (Rolltreppen-Gerüst) truss [mbt]
Tragkörper *m* supporting structure [mas]
Tragkraft *f* (der Achse) load capacity [mot]; (Ladeleistung) loading capacity [mbt]
Traglast *f* buckling load [mbt]
Traglufthalle *f* air-supported building [bau]
Tragöse *f* eyebolt [pow]
Tragplatte *f* carrier plate [met]
Tragplattenscheibe *f* carrier plate disc [met]
Tragring *m* supporting ring; support ring [mas]
Tragrohr *n* supporting tube [mas]; suspension tube [mot]
Tragrolle *f* roller carrier [mas]; (Stützrolle des Baggers) support roller [mas]
Tragrost *m* supporting steel work [mas]
Tragschicht *f* base [mot]; base course [bau]
Tragschiene *f* carrier rail [met]
Tragschnabelwagen *m* heavy transport vehicle [mot]
Tragseil *n* suspension rope
Tragstange *f* (als Maschinenteil) bar [mbt]
Tragwerk *n* (Stahlbau) frame [bau]; load-bearing member [bau]; skeleton [bau]; supporting girder [bau]; supporting structure [bau]; (Tragkonstruktion) truss [mas]
Tragzahl *f* basic load rating [con]
Tragzapfen *m* trunnion [mas]
Tragzelle *f* (z.B. am Kratzer) carrier cell [mbt]
Tragzellenkonstruktion *f* (am Kratzer) carrier cell design [mbt]
Traktion *f* traction [mot]
Traktionskraft *f* tractive force [phy]
Tränenblech *n* bulb plate [mas]
tränken *v* (völlig durchtränken) saturate [che]; (auch Tiere) water [was]
Transferleitung *f* transfer tube [mas]
Transfermatrix *f* transfer matrix [edv]
Transformator *m* transformer [elt]
Transformatorenstation *f* transformer station [elt]
Transformatorspule *f* transformer coil [elt]
Transformatorverlust *m* transformer loss [elt]
Transistor *m* transistor [elt]
transistorbestückt transistorized [elt]
Transistorschaltung *f* transistor circuit [elt]
Transistorvorverstärker *m* transistor pre-amplifier [elt]
Transitfrequenz *f* transit frequency [elt]
Transmissionsriemen *m* (Motor/Maschine) drive belt [mot]
Transparent *n* (z.B. von Zeichnungen) transparent [con]
Transparentpapier *n* translucent paper [con]
Transparentpause *f* transparent copy [con]
Transportabteil *n* stowage compartment [mot]
Transportanlage *f* materials handling equipment [mbt]
Transportanlage, mechanische - *f* mechanical materials handling equipment [mot]
Transportbohrungen *pl* transport holes [mas]
Transportbreite *f* transport width [mot]
Transportbrücke *f* transport bridge [mot]
Transporteinrichtung *f* conveyor [roh]

Transportentfernung, mittlere - *f* average hauling distance [mot]
Transportgeschwindigkeit *f* (allg.) rate of feed [mot]
Transportgewicht *n* transport weight [mot]
Transporthalterung *f* securing device [mas]
Transporthöhe *f* transport rise [mot]; travelling height [mbt]
transportierbar transportable
transportieren *v* (tragen, befördern) carry [mot]; (auch im Tagebau) haul [roh]; (tragen, befördern) transport; (mit Lkw befördern) truck [mot]
transportiert (befördert) carried [mot]; (z.B. einen Zug ziehen) hauled [mot]; (mit Lkw) trucked [mot]
Transportkette *f* conveyor chain [met]
Transportlänge *f* transport length [mas]
Transportlasche *f* (zum Heben Maschine) lifting eye [mot]
Transportmittel *n* means of transport [mot]
Transportöse *f* lifting eye [mbt]; transport eye [mas]
Transportraupe *f* transport crawler [mbt]
Transportrolle *f* feed roll [mas]; transport roll [mot]
Transportrollenpaar *n* pair of transport rolls [mas]
Transportrollensätze *pl* sets of transport rolls [mas]
Transportrollgang *m* roller conveyor [mas]
Transportschaden *m* (Ladeschaden) damage in transport [jur]
Transportsicherung *f* securing device [mas]
Transportstütze *f* shipping bracket
Transportsystem *n* conveying system [mot]
Transport- und Lagersystem *n* transport and storage system [mas]
Transport- und Montagegerät für Reifen *n* tyre handler [mot]
Transportverpackungen *pl* transport barrels [mot]
Transportversicherung *f* cargo insurance [jur]; transport insurance [jur]
Transportvorrichtung *f* conveying rack [mbt]
Transportwagen *m* transport trolley [mot]
Transportweite *f* haulage distance [mot]
Transportzeit *f* transport time [mot]
Transversalwelle *f* transverse wave [mas]
Trapezbleche *pl* trapezoidal sheets [mas]
Trapezfeder *f* (Blattfeder) leaf-type spring [mot]
Trapezgraben *m* flat-bottom ditch [bod]; trapezoidal ditch [mas]
Trapezprofil *n* trapezoidal cross section [met]; trapezoidal steel sheeting [mas]
Trapezträger *m* trapezoidal girder [bau]
Trasse *f* (vorbereitet für Straße) alignment [mot]; (Gelände der Bahn) right of way [mot]; route [mot]; (erstes Planum für Straße) subgrade [mot]; trail [mot]
Trassierung *f* route planning [mot]
Traufe *f* (Haus) eaves [bau]
Traverse *f* (Mittelteil Unterwagen) centre part [mbt]; cross-head [bau]; (z.B. verbindet Hauptträger) cross member [bau]; spreader [bau]; (Unterwagen-mittelteil) traverse [mot]
Traversenbläser *m* (Eco-Bläser) mass type soot blower [pow]
Treffen *n* (Meeting, Zusammenkunft) meeting
Treibachse *f* (bei Bahn, Auto) drive axle [mot]
treiben *v* (Pfahl) ram [bau]
Treibgas *n* fuel gas [mot]; (Treibgas-antrieb) liquid petrol gas [mot]
Treibgasanlage *f* fuel gas equipment [mot]
Treibrad *n* drive wheel [mot]
Treibriemen *m* belt [mot]; (Antriebs-riemen) transmission belt [mas]; V-belt [mot]; Vee-belt [mot]
Treibrolle *f* pulley [mot]; push roller [mot]
Treibstift *m* (ähnlich Plastik-Sektkorken) plastic blind rivet [mot]
Treibstoff *m* fuel [mot]
treideln *v* (Schiff von Land aus ziehen) tow [mot]
trennbar departable [mot]; splittable
trennen *v* (absondern, scheiden) segregate [roh]; (Bestandteile, Ströme, etc.) separate [roh]
Trennen *f* (Abscheiden) separation [roh]
Trennfläche *f* surface of delimination [mas]
Trennfuge *f* (Linie) commissure [met]; (in Gussform) mould parting line [mas];

(in Außenring Gelenklager) parting line [mas]
Trennlicht *n* (Demarkierungslicht) demarcation lights
Trennrelais *n* buffer relay [elt]
Trennschalter *m* circuit breaker [elt]; disconnecting switch [elt]; isolation switch [elt]; isolator [elt]
Trennscheibe *f* (schneidet Stein, Metall) cutting-off wheel [wzg]
Trennschnitt *m* separating cut [mas]
Trennstelle *f* dividing point
Trenntransformator *m* insulation transformer [elt]; isolating transformer [elt]
Trennung *f* (Kupplung) disengagement [pow]; (z.B. Trennwand) partition
Trennverstärker *m* buffer amplifier [elt]
Trennwand *f* dividing wall [pow]; partition panel [mot]; partition wall [bau]; separating wall [bau]
Trennwandfenster *n* partition panel window [mot]
Trennwandrahmen *m* partition panel frame [mot]
Trennwandverkleidung *f* partition panel lining [mot]
Treppe *f* (Lauftreppe zum Begehen) stair [mas]; stairway [bau]
Treppenabsatz *m* (der Gehtreppe) landing [bau]
Treppenaufgang *m* stairway [bau]
Treppenhaus *n* (im Wohn- und Bürohaus) staircase [bau]; stair-well [bau]
Treppenhausbeleuchtung *f* staircase lights [elt]
Treppenlauf *m* flight [bau]
Treppenpodest *n* landing slab [bau]
Treppenstufe *f* stair [bau]; step [bau]
Tresse *f* (Litze aus Textil od. Metall) braid [mas]
Trichter *m* (hier: Haube) bell [mbt]; hopper [pow]
trichterförmig funnel-shaped
Trichterkammer *f* (bei Bodenentladewagen) hopper [mot]
Trichterwagen *m* (der Bahn) funnel wagon [mot]; (m. Kabeltrommelwagen) hopper car [mbt]
Triebfahrzeug *n* power unit [mot]; (Loks, Triebwagen usw.) railway traction vehicle [mot]; (mehrachsig) traction drive [mot]
Triebfahrzeug, mehrachsiges - *n* multi-axle power unit [mot]; multi-axle tractive unit [mot]
Trieb, gekreuzter - *m* crossed drive [met]
Triebkopf *m* diesel motor coach [mot]
Triebradkörper *m* drive tumbler body [mbt]
Triebradwelle *f* drive tumbler shaft [mbt]
Triebwagen *m* (hier Motorwagen) power car [mot]; (z.B. Fliegender Hamburger) railcar [mot]
Triebwagenanhänger *m* (Beiwagen) railcar trailer [mot]
Triebwerk *n* drive device [mot]; transmission [mot]
Triebwerkbremse *f* transmission brake [mas]
trimmen *v* (die Ladung an Bord) trim [mot]
Trimmpotentiometer *n* trimmer potentiometer [elt]
Trinkwasser *n* fresh water [was]
Trinkwasserleitung *f* fresh water pipe [was]
Tritt *m* (z.B. für Rangierer) step [mot]
Trittbrett *n* (Auto, Waggon) footboard [mot]; (beim Lkw) running board [mot]; (Ecktritt an Waggonecke) shunter's step [mot]; (klein; Stufe, Tritt) step [mot]
Trittbretthalter *m* running board support [mot]
Trittfläche *f* (Rolltreppe) tread plate [mbt]
Tritthalter *m* (am Rangierertritt) step holder [mot]
Trittplatte *f* (Fußtrittplatte; am Laufsteg) kick plate [mot]; (Pedal) pedal [mot]; running plate [mot]; step [mot]; tread plate [mbt]
trittsicher (gegen Ausrutschen) anti-slip
Trittstufe *f* (Rolltreppe) step tread [mbt]; tread step [bau]
Trockenbatterie *f* dry battery [elt]; dry cell [elt]
Trockendosierung *f* dry batching [bau]
trocken durchüben *v* (Generalprobe) make a dry run [mot]
Trockeneimerbagger *m* bucket chain excavator [mbt]
Trockenfestigkeitsversuch *m* dry strength test [bau]
Trockenfeuerzeit *f* drying-out period [pow]; heating-up period [pow]
Trockengelenk *n* dry-disc joint [mot]

Trockenlauf *m* (der Lamellenbremse) dry run [mot]
trockenlegen *v* (Gelände) drain [mot]
Trockenmauer *f* dry masonry [bau]
Trockenmauerwerk *n* dry masonry [bau]
Trockenperiode *f* dry season [wet]
Trockenplatz *m* drying area [bau]; drying bay [bau]
Trockenverarbeitung *f* (d. Hochofenwand) all-dry installation [roh]
Trockenwetterstraße *f* dry-weather road [bau]
Trockenzeit *f* drying time [che]; dry season [wet]
Trockenzone *f* (am Rost) distillation zone [pow]
Trocknungsanlage *f* drying plant [roh]
Trocknungsdüse *f* drying nozzle [mot]
Trogkettenförderer *m* drag link conveyor [mas]
Trommel *f* (z.B. für Kabel) reel [elt]
Trommelachse *f* drum axle [mot]
Trommelaufnahmegerät *n* drum reclaimer [roh]
Trommelboden *m* drum-end disk [roh]
Trommelbremse *f* drum brake [mot]
Trommeldruck *m* drum pressure [pow]; working pressure [pow]
Trommeleinbauten *pl* drum internals [pow]
Trommelmantel *m* drum body [roh]
Trommelmischer *m* drum-mixer [mot]
Trommelmitte *f* centre-line of drum [pow]
Trommelsattel *m* drum saddle [pow]
Trommelverbindungsrohr *n* drum connecting tube [pow]
Trommelwasser *n* drum water [pow]
Trommelwelle *f* drum shaft [mot]
Trompete *f* sheepshank [mot]
Tropendach *n* (z.B. für Grader, Lader) tropical roof [mbt]
Tropfbecher *m* (für Wasser in Bremse) drain cup [mot]
tropfen *v* (z.B. Wasser tropft herunter) drip
Tropföler *m* drip lubricator [mas]
Tropfölschmierung *f* drop feed [mas]
Trosse *f* (meist Stahlseil) rope [mas]
Trottoir *n* (Bürgersteig, Fußweg) sidewalk [mot]
Trumm, loses - *n* slack span [mas]
T-Stoß *m* (Schweißanschluss) T-joint [met]
T-Stück *n* tee connector [mas]; tee-piece connector [mas]; (z.B. T-förmig Rohranschluss) T-iron [mas]; (z.B. T-förmig Rohranschluss) T-piece [mas]
T-Träger *m* T-bar buckstay [mas]; (Walzstahl) T-beam [mas]; T-section [mas]
Tübbinge *pl* (gusseisern) tubbings [mas]
Tübbinge, gusseiserne - *pl* cast iron [met]
Tuchfilter *m* cloth filter [air]
Tüchtigkeit *f* (Einsatz, Streben) efficiency
Tülle *f* (Ausgießer, z.B. an Ölkanne) grommet [mas]; nozzle [mas]; (Kabel) sleeve [elt]
Tulpennaht *f* (an Stumpf- u. T-Stößen) bell seam [met]
Tulpenschweißung *f* U-profile butt weld [met]
tun (etwas arbeiten) perform [met]
Tünchen *n* lime-washing [bau]
Tunnelausrüstung *f* (Ausrüstung am Bagger) tunnel equipment [mbt]
Tunnelmund *m* (Pflaster, Beton, Ziegel) tunnel mouth [mbt]
Tunnelmündung *f* tunnel mouth [mbt]
Tunnelvortrieb *m* tunnel advance [mot]; tunnel work [bau]
Tunnelvortriebsmaschine *f* tunnel driving machine [roh]
T-Unterlage *f* T-support [mas]
Tupfprobe *f* touch test [mas]
Tür *f* (Hoftür) backdoor [bau]
Türangel *f* (zwischen Blatt und Zarge) hinge hook [bau]
Türanschlag *m* hinge side of door [bau]
Turas *m* (hier: Antriebsrad der Kette) drive tumbler [mbt]; (hier mit Zähnen für Kette) sprocket [mbt]; (Plural: Turasse, am Bagger) sprocket [mbt]; (mit Zahntaschen) tumbler [mbt]
Turasnabe *f* (aus dickem Blech gebrannt) sprocket hub [mbt]
Turaswelle *f* track-drive shaft [mbt]
Türaußenblech *n* outside door panel [mot]
Türaußengriff *m* outside door handle [mot]
Türbeschlag *m* door fitting [bau]
Turbine anstoßen roll the turbine [pow]
Turbinendrehzahl *f* turbine speed [pow]
Turbinengehäuse *n* turbine casing [pow]; turbine housing [pow]
Turbinenlaufrad *n* turbine wheel [pow]
Turbinenrotor *m* turbine rotor [pow]
Turbinenschaufel *f* turbine blade [pow]

Turbinenscheiben *pl* turbine discs [pow]
Türblatt *n* (an Fitsche und Zarge) door leaf [bau]
Turbolader *m* turbocharger [pow]
Turboladerrücklauf *m* turbo drain line [pow]
Turboladerzulauf *m* turbo supply hose [pow]
Türfenster *n* door window [mot]
Türführung *f* door guide [mot]
Türgestell *n* (Türrahmen) door holder [bau]
Türgitter *n* (verziert) grille [bau]
Türgriff *m* door handle [bau]; door knob [bau]
Türinnenblech *n* inside door panel [mot]
Türinnengriff *n* inside door handle [mot]
türkis turquoise
türkisblau (RAL 5018) turquoise blue [nrm]
türkisgrün (RAL 6016) turquoise green [nrm]
Turm *m* (steil, spitz) steeple [bau]
Turmkran *m* tower crane [bau]
Turmwagen *m* (mit Scherenplattform) aerial platform [mbt]
Türöffnungsanlage, automatische - *f* automatic door-opening system [bau]
Türrahmen *m* door frame [bau]
Türriegel *m* door bolt [bau]
Türscharnier *n* door hinge [mot]
Türscharnierbolzen *m* door hinge bolt [mot]
Türscharniersäule *f* door hinge pillar [mot]
Türschließanlage *f* door closing device [mot]
Türschließzylinder *m* door lock cylinder [mot]
Türschloss *n* (verriegelt, verschließt) door lock [bau]
Türschlosssäule *f* door lock pillar [mot]
Türschwelle *f* doorsill [bau]
Türstock *m* architrave [bau]
Türverriegelung *f* door latch [mot]
Türverschluss *m* (Klemmverschluss) door latch [pow]
Türzarge *f* buck [bau]; door case [bau]
T-Verbindung *f* (Rohr geht ab) T-joint [met]
T-Verschraubung *f* T-fitting [mas]
Typenblatt *n* (mit Gerätedaten) data sheet [con]
Typenschild *n* (Geräteinformation) data plate [con]; (z.B. auf Bagger, Lok) name plate
typisch (auch im negativen Sinn) peculiar
Typprüfung *f* (z.B. einer Variablen) type checking [edv]

U

U-Bahn *f* tube [mot]; underground [mot]
U-Bahnwagen *m* subway car [mot]; subway carriage [mot]; underground car [mot]
überarbeiten *v* (konstruktiv verbessern) re-design [mas]; (neue Ausgabe bringen) revise
überarbeitet (Auflage eines Buches) revised
Überbau *m* superstructure [bau]
überbauen *v* build over [bau]
überbaut (unter Dach) under roof [bau]
überbeanspruchen *v* (zu sehr belasten) overstrain
überbeansprucht (kaum reparierbar) overstressed
Überbeschäftigung *f* over-employment [eco]
überbezahlt (zu viel erhalten) overpaid [eco]
Überbleibsel *n* (Rest) rest
Überblick *m* survey
überbrücken *v* shunt [elt]; span [bau]
überbrückt bridged [elt]; shunted [elt]
Überbrückungsgerät *n* hire machine; (bis Neugerät) interim machine
Überbrückungskabel *n* jumper cable [elt]
überdachen *v* cover [bau]; (Dach aufsetzen) roof [bau]
überdacht (Plane, Dach drauf) covered [bau]; (Dach drauf) roofed [bau]; (mit Stroh, Reit) thatched [bau]; (überbauter Fabrikteil) under roof [bau]
Überdachung *f* roofing [bau]; conveyor belt housing [pow]; roof [bau]; roofing [bau]
überdeckt (mit Plane) covered [bau]
Überdeckungsgrad *m* (Zahnrad) contact ratio [mas]
überdimensioniert oversized [con]
überdrehen *v* (zu sehr festziehen) overtorque [mas]; (zu sehr festziehen) overwind [mas]
überdreht (zu sehr festgezogen) overtorqued [mas]; (zu sehr festgezogen) overwound [mas]
Überdruck *m* (atü) gauge pressure [pow]; (im Reifen) overinflation [mot]; (kurzfristig auftretend) pressure shock [mot]
Überdruckbremse *f* air pressure brake [mot]
Überdruckventil *n* overflow valve [mas]; pressure relief valve [pow]; relief valve [mas]; safety valve [mot]; shock valve [mas]
Übereckmaß *n* (der Schraube) width across corners [mas]
übereinstimmend (kompatibel) compatible [edv]
übereinstimmend mit Regeln compatible with codes [con]
Übereinstimmung, in - mit ... in compliance with ...
Übereinstimmung, strikte - *f* (mit Gesetz) strict conformity [jur]
übereutektisch hypereutectic [met]
überfahren *v* (Lok überfährt Signal) overrun [mot]; (Auto überfährt Kind) run over [mot]; travel over [mot]
Überfluss *m* effluent [bau]
überflüssig (z.B. überflüssiger Kleber) excess; (unnötig) unnecessary
überflutet (bei Unwetter, Deichbruch) flooded [mot]
Überflutung *f* floating [bau]
überführen *v* (Aktivitäten) transfer
Überführung *f* (Brücke allgemein) bridge [mot]; (meist für Autoverkehr) flyover [mot]; (Straße über Kreuzung) overpass [mot]; (Straße Über Kreuzung) overpass [mot]
Überführungsleiste *f* (Baustellenwechsel) road transport bar, rear [mot]
Übergabe *f* handover
Übergabeband *n* (von Maschine zu Maschine) transfer belt [roh]
Übergabeprotokoll *n* record of delivery [msr]
Übergabeschalthaus *n* (Stromverteiler) field switch [roh]
Übergabestation *f* (Stromverteilhaus) field switch [roh]
Übergabeweiche *f* turnout [mot]
Übergang *m* (zwei Bleche aneinander) connecting surface [met]; (2 Bleche beim Schweißen) contact surface [met]; (z.B. auf anderen Brennstoff) conversion [pow]; (z.B. zwischen Maschinenteilen) pass [mas]; (Fußgängerbrücke) pedestrians' bridge [mot]; (z.B. Übergangsperiode) transition
Übergangsbalg *m* (an Reisezugwagen) corridor connection [mot]
Übergangsbogen *m* transition curve [mot]

U

Übergangsbrücke *f* (zwischen Lok und Tender) fall plate [mot]
Übergangskonstruktion *f* temporary construction
Übergangsleitung *f* (zwei Rohrgrößen) adapter pipe [mas]
Übergangsnetz *n* transition net [mas]
Übergangspunkt *m* transition point [mas]
Übergangsradius *m* transition radius [mas]
Übergangsrohr *n* (Durchmesser wird kleiner) reducer [mas]
Übergangsstecker *m* plug adapter [elt]; socket adapter [elt]
Übergangsstück *n* (Anschluss) adapter piece [mas]
Übergangstemperatur *f* transition temperature [met]
Übergangszone *f* (Bensonkessel) transition zone [pow]; (Blech zu Blech) weld junction [met]; zone of transition [met]
übergreifend (Hülse über Bauteil) socket-type [mas]
Übergreifungsstoß *m* overlap joint [bau]
übergroß oversize
Übergröße *f* oversize
Überhängen *n* (Panzerketten auf Waggon) overhang [mot]
überhitzen *v* (von Kessel, Material) overheat [pow]
Überhitzeraustrittssammler *m* superheater outlet header [pow]
Überhitzerentlüftung *f* superheater air valve [pow]; superheater air valve [pow]; superheater vent valve [pow]; superheater vent valve [pow]
Überhitzerentwässerung *f* superheater drain [pow]; superheater drain valve [pow]
Überhitzer, hängender - *m* pendant superheater [pow]
Überhitzerheizfläche *f* superheater heating surface [pow]
Überhitzer, liegender - *m* horizontal superheater [pow]
Überhitzersammler *m* superheater header [pow]
Überhitzerspinne *f* (auf Kesseldecke) superheater manifold [pow]
Überhitzertragrohr *n* superheater supporting tube [pow]
Überhitzertrennwand *f* superheater diaphragm [pow]
Überhitzerverbindungsleitung *f* superheater connections [pow]
Überhitzerzug *m* superheater gas pass [pow]
Überhitzer, zweiflutiger *m* double-flow superheater [pow]
Überhitzer, zweistufiger *m* double-stage superheater [pow]
Überhitzung *f* (Endüberhitzung) final steam temperature [pow]
Überhitzungseinheit *f* (Dampflok) superheating unit [mot]
Überhitzungsrohr *n* (in Rauchrohr) super-heated tube [mot]
überhöht (z.B. Geschwindigkeit) excessive [mot]; (z.B. Kurve) superelevated [mot]
Überhöhung *f* (Quergefälle, Überlappung) camber [bau]; (z.B. der Eisenbahn-Kurve) superelevation [mot]
Überhöhung des Profils *f* (innen tiefer) superelevation [mot]
überholen *v* (reparieren) overhaul [mot]; (des anderen Autos) overtake [mot]; (des anderen Autos) pass [mot]; (restaurieren) recondition [mas]; (reparieren) repair [mas]; (restaurieren) restore [bau]
Überholen *n* (Überholen von Autos) overtaking [mot]
Überholklauenschaltung *f* override clutch gear change [mot]
Überholsignalgerät *n* passing signal indicator [mot]
überholt (altes Modell) outmoded; (vom Auto) overtaken [mot]; (vom Auto) passed [mot]; (restauriert, z.B. Haus) rebuilt [bau]; (restauriert, z.B. Lok) restored [mot]; (altes Modell) superseded
Überholung *f* inspection [pow]; (Reparatur) overhaul [mot]; (Reparatur) repair [mas]
Überholungsgleis *n* overtaking line [mot]
Überhub *m* (Steigrohre) overlifting [mas]
Überkippbegrenzung *f* roll-back limitation [mbt]
überkippen *v* (Material im Löffel) roll back [mbt]
Überkippen *n* (der Schaufel des Baggers) curling [mbt]
Überkopfposition *f* (z.B. bei Schweißen) overhead position [met]
Überkopfschweißen *n* overhead welding [met]

Überkopfschweißung *f* over hand weld [met]; overhead weld [met]
Überkoppelecho *n* cross-talk echo [aku]; front-surface echo [elt]
Überkreuzanordnung *f* (von Rolltreppen) criss-cross arrangement [mbt]
Überkreuzung *f* cross
überkritischer Druck *m* supercritical pressure [pow]
überlagern *v* superimpose; superpose
Überlandleitung *f* (z.B. von Kraftwerk) overhead power supply [elt]; (z.B. von Kraftwerk) overhead transmission line [elt]; (z.B. mit Stahlmasten) overland line [elt]; (auch Baustelle) power line [elt]; transmission line [elt]
Überlandleitungsdraht *m* overhead conductor [elt]
Überlandleitungsmast *m* pylon [elt]
überlang oversize
überlappen *v* (z.B. Schweißnaht) lap [met]; (der Schweißnaht) overlap [met]
Überlappstoß *m* lap joint [met]
Überlappung *f* lap [met]; (z.B. der Schweißnaht) overlap [met]
Überlappungsbrücke *f* overlap bridge path [mot]
Überlappungsschweißung *f* lap welding [met]
Überlast *f* surcharge [elt]
überlasten *v* (Motor, Leitung, Pumpe) overcharge [mot]; (Auto, Tier, Mensch) overload [mot]
Überlastrelais *n* overload relay [elt]
Überlastschutz *m* overload trip [elt]
Überlastsicherung *f* overload protection [mas]
Überlaststrom *m* overcurrent [elt]; overload current [elt]
Überlastung *f* overcharging [mot]; overload [mot]
Überlastungssicherung *f* overload relay [mas]
Überlastwarneinrichtung *f* safe load indicator
Überlauf *m* carry [edv]; (bei einem Tank) drain [mot]; (Flüssigkeit läuft über) overflow [was]
Überlaufanzeiger *m* out-of-range indicator [mot]
Überlaufbohrung *f* overflow tap [mas]
überlaufen *v* (Flüssigkeit läuft über) run over [was]
Überlaufschutz *m* (an Ladeschaufel) roll back limiter [mbt]
Überleben *n* survival
überlegt (wohl durchdacht) considerate
Übermaß *n* (zu viel, mehr als ausreichend) abundance [con]; (Überschreitung Lademaße; weiter, höher als PPI) oversize [mot]
Übermittlung *f* (z.B. von Nachrichten) transmission [tel]
Übermittlungszeit *f* transfer time [elt]
übernehmen *v* (Verantwortung) assume; (Verantwortung) take
überprüfen *v* (Material, Pässe) check [msr]; (z.B. Pässe examinieren) examine; (Vorleben eines Menschen) screen [msr]
Überprüfung *f* (Kontrolle, Durchsehen) check [msr]; overhaul [mot]
Überrollbügel *m* roll bar [mot]
Überschlag *m* flashover [elt]
überschlagen *v* (Auto bei Unfall) somersault [mot]
überschneiden *v* (überlappen) overlap
Überschneidring *m* overlapping ring [mot]
Überschneidung *m* (Überlappung) overlapping
überschüssig (z.B. zu viel Kapazität) excess
Überschüttungsschutz *m* roll back limiter [mbt]
Überschwemmung *f* (Wasserschaden) flood [was]
überschwingen *v* overshoot
Überseegespräch *n* overseas call [tel]
Übersee, nach - to overseas
Übersendung *f* transmission
übersetzen *v* (Fluss überqueren) cross [mot]; (Sprache A in Sprache B) translate
Übersetzer *m* compiler [edv]; (Dolmetscher) interpreter; (meist schriftlich) translator
Übersetzung *f* (Zahnrad) gear [mas]; (einer Fremdsprache, Dolmetschen) interpretation; (z.B. Englisch-Deutsch) translation; (Getriebe) transmission [mot]
Übersetzung ins Langsame *f* (Zahnrad) to gear down [mas]
Übersetzung ins Schnelle *f* (Zahnrad) to gear up [mas]

Übersetzungsgetriebe *n* reducer [mas]; reducing gear [mas]
Übersetzungsverhältnis *n* (d. Getriebes) gear ratio [mot]; ratio of transmission [mas]; (des Getriebes) transmission gear ratio [mas]
Übersicht *f* (Tafel, Bild, Chart) chart [con]; overview [con]
übersichtlich (klar zu erkennen) clearly visible
Übersichtsplan *m* lay-out plan [bau]
Übersichtszeichnung *f* general arrangement [con]; total drawing [con]
Überspannung *f* excess voltage [elt]
Überspannungsableiter *m* arrester [elt]; high rupture fuse [elt]
Überspannungsauslöser *m* over-voltage release [elt]
überspielen *v* (Kassetten überspielen) dub [edv]; (z.B. durch Handschaltung) override [edv]
Überspielen *n* (das Überspielen von Kassetten) dubbing [edv]
überspringen *v* (Funke) flash over [elt]; (Funken) spark [elt]
überspült (von Wasser überschwemmt) submerged [bod]
Überstand *m* (auch unerwünscht) projecting [mas]; projection [bau]
übersteuern *v* overdrive
Überstrom *m* excess current [elt]
Überstromauslösung *f* overcurrent release [elt]
Überströmleitung *f* (z.B. für Flüssigkeit) overflow pipe [mot]
Überstromrelais *n* overcurrent relay [elt]
Überstromschalter *m* excess current switch [elt]; overcurrent switch [elt]; overload circuit breaker [elt]
Überstromschutzschalter *m* overcurrent circuit breaker [elt]; overload safety switch [elt]
Überstromsrelais *n* excess current relay [elt]
Überströmventil *n* bypass valve [mot]; (Bypass) bypass valve [mot]; relay valve [mot]
Überstunden *pl* (zusätzliche Zeit) overtime [eco]
übertage (also nicht untertage) above surface [roh]; (nach übertage fördern) surface [roh]
Übertrag *m* carry over [eco]
übertragbar (z.B. Fahrkarte) transferable [mot]
übertragen (von Vorseite zur nächsten) carried over [mat]; (Funksignale gesendet) transmitted [elt]
übertragen *v* (ein Radio-, Fernsehprogramm) broadcast [tel]; copy [edv]
Übertrager *m* (Geber) transmitter [aku]
Übertragung *f* (von Pflichten, Arbeit usw.) transfer [eco]
Übertragungsfunktion *f* transfer function [elt]
Übertragungsimpedanz *f* transfer impedance [elt]
Übertragungsladung *f* transmittable booster charge [elt]
Übertragungsspule *f* transformer coil [elt]
Übertragungsverluste *pl* losses through the line [elt]
überwachen *v* monitor [msr]
Überwachung *f* (z.B. Bordelektrik) monitoring [msr]; (Aufsicht, Inspektion) supervision
Überwachungsschalter *m* safety switch [elt]
Überwurfmutter *f* spigot nut [mas]; union nut [mot]; union nut [mot]
Überwurfschraube *f* union screw [mot]
Überwurfschutz *m* (gegen fallendes Material) roll-back limiter [mbt]
Überzug *m* (z.B. Lackschicht) coating [met]; (Glättung) screed
Überzüge, galvanische *pl* (Zinkschicht) galvanic plating [met]
U-Eisen *n* channel [met]; rolled steel channel [met]; U-iron [mas]
Uferabstützung *f* shoring [geo]
Uferbau *m* shoring [geo]
Uhr, rund um die - around the clock
Uhrzeigersinn *m* (im Uhrzeigersinn) clockwise; clockwise direction
Uhrzeigersinn, gegen den - counterclockwise [con]
U-Kerbe *f* single V notch [met]
ultramarinblau (RAL 5002) ultramarine blue [nrm]
Ultraschallausrüstung *f* ultrasonic equipment [elt]
Ultraschallbefund *m* ultrasonic test result [elt]
Ultraschalldickenprüfgerät *n* ultrasonic thickness tester [elt]

Ultraschallfrequenz *f* ultrasonic wave frequency [elt]
Ultraschallgenerator *m* ultrasonic generator [elt]
ultraschallgeprüft ultrasonic tested [elt]
Ultraschallnachweis *m* (Fehlersuche) ultrasonic flaw tracing [msr]
Ultraschallprüfgerät *n* ultrasonic flaw detector [msr]
Ultraschallprüfung *f* ultrasonic inspection [msr]
Ultraschallresonanzgerät *n* ultrasonic resonance meter [elt]
Ultraschallschranke *f* ultrasonic barrier [elt]; ultrasonic beam
Ultraschallschweißen *n* ultrasonic welding [met]
Ultraschalltest *m* ultrasonic testing [msr]
Ultraschallwarmschweißen *n* ultrasonic hot welding [met]
Ultraschallwelle *f* ultrasonic wave [phy]
Ultraschallzange *f* ultrasonic tongs [elt]
Ultraschallzerstäuber *m* (Ölbrenner) ultrasonic atomiser [elt]
ultraviolett ultraviolet
Umbau *m* (Abänderung, Änderung) change [met]; (z.B. der Baggerausrüstung) conversion [mbt]; (Neubau, Neuaufbau) rebuilding [met]; (der Stranggießanlage) remodelling [mas]
umbauen *v* (z.B. Schaufel auf Tieflöffel) converse [met]; (renovieren) rebuild [bau]
Umbausatz *m* conversion set [met]
Umbauten *pl* (von Geräten) rearrangement [mas]
umbragrau (RAL 7022) umber grey [nrm]
umdrehen *v* (Richtung; rückwärts fahren) reverse [met]
Umdrehung *f* (des Motors) revolution [mas]; (z.B. des Hubschrauberrotors) rotation [mot]
Umdrehungszahl *f* (hohe Umdrehungszahl) high revolution rate [mas]
umfahren *v* (einen Ort) travel around [mot]
Umfang *m* circumference [con]; (Kontur, Silhouette) contour [met]; (Maß, Ausmaß) dimension [con]; (z.B. einer Aufgabe) extent; (Rechteck) perimeter [pow]; (Ausmaß, Lieferumfang) scope [mas]; (Breite) width [con]
Umfangsgeschwindigkeit *f* circumferential speed [phy]; peripheral speed [phy]; peripheral velocity [phy]
Umfangskraft *f* peripheral force [phy]
Umfangsschweißung *f* circumferential weld [met]
umfassen *v* encompass
umfassend (z.B. umfassendes Programm) comprehensive
Umfassungsmauer *f* enclosing wall [bau]
Umfeld *n* environment
umformen *v* convert [elt]
Umformer *m* (z.B. Drehmomentwandler) converter [elt]; transducer [elt]; transformer [elt]
Umformtechnik *f* (Pressen, Stanzen, Ziehen) metal forming [met]
umführen *v* (z.B. Rauchgas) bypass [pow]
Umführung *f* bypass [pow]
Umführungsklappe *f* bypass damper [pow]
umgeben *v* (einschließen in etwas) include [mas]
Umgebung, aktuelle - *f* current environment
Umgebungstemperatur *f* ambient temperature [wet]
umgehen *v* (z.B. durch Bypass) bypass [pow]
umgehend (sofort höflicher ausgedrückt) at your earliest convenience; immediately
Umgehungsleitung *f* bypass [mot]
Umgehungsventil *n* bypass valve [mas]
umgestalten *v* re-arrange [con]
umhüllt (beschichtet) coated; (bedeckt) covered; (geschützt, behütet) shielded [mas]; (verpackt) wrapped
Umhüllung *f* (Mantel, Schutz) guard [mot]; (Mantel, Schutz) protector [mot]
umkehrbar (umsteuerbar) reversible [mas]
Umkehrtrommelmischer *m* non-tilt drum-mixer [mot]
Umkehrwelle *f* reversing shaft [mas]
umkippen *v* (z.B. im Sturm) tip over
Umkleideraum *m* locker room
Umkodierung *f* code converting [edv]
Umladestation *f* transfer station [mot]
Umlage *f* (Verteilung Gemeinkosten) allocation [eco]
Umlauf *m* (Kreislauf des Kühlwassers) circuit [pow]; (z.B. Fluss des Kühlwassers) flow [mot]; (von Himmelskörpern) orbit; (um eigene Achse rotieren) rotation [mas]

Umlaufblech *n* (Wartungsbühne Lok) running board [mot]
Umlaufdrehzahl *f* (Motor im Leerlauf) idle speed [mot]
Umlaufgeschwindigkeit *f* orbital speed [phy]
Umlaufgetriebe *n* (Planetenantrieb) planetary gear [mot]
Umlaufvorschubhärtung *f* rotor feed hardening [mas]
Umlaufzeit *f* cycle time
Umlegeeinrichtung *f* (für Ramme) folding down device [mbt]
umlegen *v* (anders legen) reroute
Umleitung *f* bypass [elt]
Umlenkhebel *m* (der Feststellbremse) pivot arm [mot]; steering lever [mot]
Umlenkrad *n* (für Handlauf Rolltreppe) idler guide wheel [mbt]; (für Handlauf Rolltreppe) idler wheel [mbt]; reversing wheel [mas]
Umlenkrolle *f* idler [mas]; (nicht am Bagger!) return pulley [mot]
Umlenkstation *f* (der Rolltreppe, unten) return station [mbt]; (der Rolltreppe, unten) reverse station [mbt]
Umlenkturas *m* (des Schaufelrad-Baggers) front tumbler [mbt]; (des Schaufelrad-baggers) return tumbler [mbt]
Umlenkwelle *f* return chain sprocket shaft [mas]
Umluftheizung *f* circulating air heating [mot]
Ummantelung mit Beton *f* concrete cover [bau]
Umpolung *f* polarity reversal [elt]; pole changing [elt]
umrangieren *v* (Lok von vorn nach hinten) run round her train [mot]
Umrechnungsformel *f* (z.B. lbf in kp) formula to convert [mat]
Umrechnungstafel *f* conversion table [mot]
Umreifungsdraht *m* strapping wire [wzg]
Umreifungsgerät *n* strapping tool [wzg]
Umreifungskopf *m* strapping head [mas]
Umreifungsmaschine *f* strapping machine [wzg]
Umriss *m* (Kontur, Planung) outline [con]
umrüstbar convertible [met]
umrüsten *v* (auswechseln) change [met]; (andere Ausrüstung) convert [met]; (in Einzelheiten verändern) modify
Umrüsten *n* change of attachment [mbt]
Umrüstsatz *m* (Umbausatz) conversion kit [met]
Umrüstsatz *m* (Umbausatz) conversion set [met]
Umrüstung *f* (Veränderung des Gerätes) change [mot]; (Änderung, z.B. Ausrüstung) conversion [met]; (Neubau, Neuformulierung) reconstruction [mas]
Umsatz *m* (bei Versicherungen) turnover [jur]
Umsatzerlös *m* (der versicherten Firma) sales exposure [jur]; (der versicherten Firma) turnover exposure [jur]
Umschaltbolzen *m* (im Steuerventil) spool [mot]
umschalten *v* change over [elt]; override; switch [elt]
Umschalter *m* change-over switch [elt]; commutator [elt]
Umschaltkontakt *m* change-over contact [elt]
Umschaltung *f* change-over [elt]; commutation [elt]; (auf anderen Gang) shifting [mot]; (z.B. Bewegen von Hebeln) switching [elt]
Umschaltventil *n* reversing valve [mas]
Umschlag *m* (auf Schwellung, Wunde) bandage [hum]; (von Gütern) handling [mot]
Umschlaganlage *f* handling plant [roh]
Umschlaganlagen *pl* bulk materials handling equipment [mot]
Umschlagbagger *m* rehandling excavator [mbt]
Umschlagbetrieb *m* rehandling operation [mbt]
Umschlagstation *f* transfer station [mot]
Umschlagtechnik *f* materials handling [met]
Umschlag und Lagerung rehandling and storage
Umschlag und Spedition rehandling and forwarding
Umschlingungswinkel *m* arc of contact [mas]
Umschulungsmaßnahme *f* retraining measure
umschweißt (Naht um drei Seiten) boxed [mas]
Umschweißung *f* (Naht um drei Seiten) boxing [met]
umseitig (bitte wenden) overleaf

umsetzen *v* (z.B. Bagger, neue Stelle) change [mot]; (Lok rangiert um Zug) running round her train [mot]; (rangieren; Lok setzt um) run round [mot]; (Lok rangiert) runs round her train [mot]; (ein Gerät von A nach B) tram
Umsetzen *n* (ein Gerät von A nach B) tramming
Umsetzer *m* converter [mbt]
Umsetzstation *f* (der Rolltreppe) return station [mbt]; reversing station [mbt]
Umspannstation *f* transformer station [elt]
Umspannung *f* transformation [elt]
Umspannwerk *n* relay station [elt]
umstellen *v* (Telefon) put through [tel]
umsteuerbar (umkehrbar) reversible [mas]
Umsteuerhebel *m* (in Lok, Steuerwagen) reverse lever [mot]
Umstrukturierungskonzept *n* concept to reorganize [eco]
Umwälzgebläse *n* recirculating fan [pow]
Umwälzpumpe *f* (z.B. für Kühlwasser) circulation pump [mot]; recirculating pump [pow]
Umwandler *m* exchanger [pow]
Umwandlungstemperatur *f* conversion temperature [met]
Umweg *m* (längere Strecke) detour [mot]
Umwegfehler *m* extended sound path [elt]
Umweltschaden *m* (z.B. durch Treibgas) damage to the environment [air]
umwickeln *v* (wickeln um etwas herum) wind
Umzug *m* (z.B. Möbel) moving [mot]
Umzugswagen *m* (besser: Möbelwagen) moving van [mot]
unabhängig (nicht betreffend) irrespective
unabhängig verzögert definite time-lag [elt]
unabsichtlich not deliberately; unintentional
U-Naht *f* single U [met]; (Schweißnaht) U-weld [met]; U-weld [met]
unaufgefordert (von alleine) automatically
Unausgeglichenheit *f* (Schräglage) distortion [pow]; (Schräglage) unbalance
unbearbeitet crude [bau]; raw [met]; (roh, als Rohling) rough [mas]; (roh, als Rohling) unmachined [mas]
unbedingt erforderlich definitely necessary
unbefristet not terminated [jur]
unbegreiflich incomprehensible
unbegrenzt unlimited
unbeladen empty [mot]
unbelastet (leer, ohne Ladung) unloaded [mot]
unbelegt (ohne Begrenzung) unlined [mas]
unbemaßt (in Zeichnungen) without dimensions [con]
unberücksichtigt disregarded
unberücksichtigt lassen disregard
unberuhigt (Stahl) unkilled [mas]
unbeschädigt undamaged
unbestreitbar (unstreitlich) arguable
unbeweglich stiff
unbewohnt (ohne Menschen) uninhabited
und (plus) plus [mat]
Undichtheit *f* (Leck) leak [mas]
Undichtigkeit *f* leakage [pow]
undicht sein leak [pow]
undurchsichtig intransparent; opaque
Undurchsichtigkeit *f* opaqueness
uneben (nicht glatt) uneven [met]; (Sohle im Steinbruch) uneven [roh]
Unfall *m* accident
Unfallflucht *f* (Er beging . . .) hit and run [mot]; leaving the site of an accident [mot]
Unfallgefahr *f* accident hazard; danger of accidents [mot]; risk
Unfall mit Blechschaden *m* fender bender [mot]
Unfallort *m* site of the accident [mot]
Unfallverhütung *f* accident prevention
Unfallverhütungsmaßnahmen *pl* safety precautions
Unfallverhütungsvorschriften *pl* safety regulations [nrm]
Unfallversicherung *f* accident insurance [jur]
ungebeizt unpickled [mas]
ungebunden unstabilized [bau]
ungedämpft undamped
ungeeignet unfit
ungeerdet not earthed [elt]
ungeglüht unannealed [mas]
ungehärtet unhardened [mas]
ungeladen neutral [elt]
ungesättigt unsaturated [che]
ungeschützt unprotected

ungesprengt without prior blasting [roh]
ungestört undisturbed
ungleich uneven [mat]
ungleichförmige Erregung *f* non-uniform excitation [elt]
ungleichmäßig (verteilt, in Zeichnung) uneven
Ungültigkeit *f* invalidity
unisoliert non-insulated [elt]
Universalgerät *n* versatile machine
Universalschlüssel *m* (Franzose) monkey wrench [wzg]
unlegiert (z.B. Schrott) unalloyed [mas]
unleserlich illegible
unlöslich (z.B. durch Verdünner, Säure) insoluble [che]
unmittelbar direct
unnatürlich unnatural
Unrat *m* debris [jur]; (wertloser Abfall) garbage [rec]; (Abfall) junk; trash [rec]; waste [rec]
unreparierbar beyond repair [mas]
Unrundheit *f* (Rohre) out-of-roundness [mas]
unscharf (Messer) blunt [wzg]; (Photo) blurred
Unschärfe *f* (des Messers) bluntness [con]
Unsicherheitsbereich *m* critical range [elt]; dubious range [elt]
Unstetigkeitsstelle *f* (Statik) point of discontinuity [bau]
untauglich unfit
unten (Zeichnungen) bottom [con]; down
Unterbau *m* (Basis, Fundament) base [bau]; base course [bau]; chassis [mot]; foundation [bau]; (Bahntrasse unter Schotter) track bed [mot]; undercarriage [mas]
Unterbeschäftigung *f* (wegen Arbeitsmangel) under-employment [eco]
unterbrechen *v* (auch EDV) interrupt [mot]
Unterbrecher *m* breaker [elt]; contact breaker [mot]; interrupter
Unterbrecherhebel *m* breaker lever [elt]
Unterbrecherkontakt *m* breaker contact [elt]; contact breaker point [mot]
Unterbrechernocken *m* cam and stop plate [mot]
Unterbrechung *f* interrupt [edv]; outage; work stoppage [met]
Unterbrechungsnocken *m* contact breaker cam [mot]
Unterbrechungsschalter *m* (Unterbrecher) circuit breaker [elt]
unterbreiten *v* submit
Unterbringung *f* (in Gehäuse) housing [mas]
unterbrochen interrupted
unter der Voraussetzung, dass ... presupposing that ...
unterdimensioniert undersized [con]
Unterdruck *m* low pressure [mot]; suction [pow]; vacuum [mot]
Unterdruckanzeige *f* underpressure indicator [msr]
Unterdruckförderer *m* vacuum pump element [mot]
Unterdruckmesser *m* vacuum gauge [mot]
Unterdruckregler *m* vacuum governor [mot]
Unterdrückungsstufe *f* suppression stage [elt]
untereutektisch hypoeutectic [met]
unterfangen *v* found [bau]; (stützen) underpin [bau]
Unterflurmotor *m* underfloor engine [mot]
Unterführung *f* (für Bahn) dive under [mot]; (für Fußgänger) subway [mot]; undergrade crossing [bau]
untergehen *v* (Sonne, Mond) set; (Schiff) sink [mot]
Untergeschoss *n* basement [bau]
Untergestell *n* bogie [bau]; chassis [mot]; (des Waggons) underframe [mot]
Untergrund *m* underground [bod]
Untergrundabdichtung *f* underground sealing [bau]
Untergrundbahn *f* subway [mot]; tube [mot]; underground [mot]
Untergrundneigung *f* subsurface tilt [edv]
Untergrund, verdichteter - *m* compacted subgrade [bod]
Untergurt *m* (Unterzug) bottom boom [bau]; (bei Kastenkonstruktion) bottom chord [mbt]; (Stahlbau) bottom flange [bau]; (I-Träger) bottom flange [mas]
Untergurtgirlande *f* (Großförderband) lower catenary idler [mbt]
Unterhaltung *f* (Wartung) maintenance [pow]
Unterhaltungselektronik *f* consumer electronics [elt]

Unterhaltungskosten *pl* upkeep cost [met]
unterirdisch subterranean [bod]; (Bergbau) underground [roh]
Unterkonstruktion *f* substructure [mas]
unterkritischer Druck *m* sub-critical pressure [pow]
Unterlage *f* (beim Schweißen) backing [met]; base [mas]; (Fundament) basis [bau]; (Ausschreibungsunterl.) document [bau]; (wie Kissen, Polster) pad; support; underlayer [mas]
Unterlagen *pl* (Dokumente, Akten) documents; (Prospekte, Werbematerial) literature [eco]
Unterlagenplatte, geneigte - *f* (Unterlagplatte) canted steel base plate [mbt]
Unterlage, schriftliche - *f* record
Unterlagplatte *f* (Schiene/Schwelle) steel base plate [mot]
Unterlagplatte, gerade - *f* (Unterlagplatte) flat steel base plate [mot]
Unterlagsblech *n* (zur Deutlichmachung, bei Strahlentest) shim [met]
Unterlagsplatte *f* tie plate [mas]
unter Last schaltbar shiftable under load [mot]
Unterlegkeil *m* (für Kfz) chock [mot]; wedge [mot]; (für Kfz) wheel chock [mot]
Unterlegscheibe *f* (Sicherungsblech) safety tab washer [mas]; (Im Zylinder) shim [mot]; (Federring) spring lock washer [mas]; (allgemein) washer [mas]
Unterlegscheibe, blanke - *f* machined washer [mas]
Unterlegscheibe, konische - *f* tapered washer [mas]
Unterlegscheibe, rohe - *f* raw washer [mas]
Unterlieferant *m* (mit Zweitvertrag) subcontractor [eco]
Untermaß *n* undersize [con]
untermauern *v* (z.B. Beton/Steinfundament) found [bau]
Unternahtriss *m* (der Schweißnaht) toe crack [met]
Unternehmen *n* (Firma) company [eco]
Unternehmen, mittelständisches - *n* middle-sized company [eco]
Unternehmensbeschreibung *f* description of occupation [jur]
Unternehmenscharakter *m* state of occupation [jur]
Unternehmensgruppe *f* group [eco]; (bei Hoesch) group of companies [eco]
Unternehmensleitung *f* board of management [eco]; (allgemein) management [eco]
Unternehmenspolitik *f* company policy [eco]
Unternehmer *m* (Arbeitgeber) employer [eco]; (mit Ideen, Initiative) initiator
Unterpulverschweißen *n* submerged arc welding [met]
Unterputz *m* scratch coat [bau]
Unterputzkabel *n* concealed cable [elt]
Unterputzmontage *f* flush mounting [elt]
Unterputzrohr *n* concealed pipe [bau]
Unterrahmen *m* underframe [mot]
Unterrahmenkonstruktion *f* under frame structure [mot]
Untersatz *m* pedestal [bau]
unterschreiten *v* (ein gesetztes Ziel) fall short of ...
unterschriftsberechtigt (für Firma) authorized to sign [eco]
Unterschubrost *m* underfeed stoker [pow]
Untersetzer *m* (elektrischer Untersetzer) scaler [elt]
Untersetzung *f* (z.B. Planetenuntersetzung) reduction [mas]
Untersetzungsgetriebe *n* reduction gear [mas]
Untersetzungsschalter *m* dividing switch [elt]
Untersetzungsverhältnis *n* dividing rate [elt]; reduction ratio [mas]
Untersicht *f* truss soffit [mas]
Unterspannung *f* undervoltage [elt]
Unterspülung *f* scouring [bod]; washout [bau]
unterstützen *v* (kräftigen, fördern) boost; support
unterstützend backing
Unterstützung *f* (z.B. finanziell) support
Unterstützungskasse *f* pension fund [eco]
Unterstützungsvorrichtung *f* supporting device [mas]
untersuchen *v* (z.B. ein defektes Gerät) examine
untersucht (nochmals überprüft) reviewed
Untersuchung *f* analysis [mat]; (auch ärztlich) examination; inspection; investigation; test [pow]

U

Untersuchung, einfache - *f* rudimentary inspection [hum]
Untersuchungen, bodenmechanische - *pl* investigation of mechanical properties of soil [bod]
Untersuchung, kalorimetrische - *f* calorimetric test [pow]
untertage (im Bergbau also nicht oben) below surface [roh]
Untertageausbau *m* pit support structure [roh]
Untertagebau *m* deep mining [roh]
Untertagebergbau *m* underground mining [roh]
Untertagebetrieb *m* deep mining operation [roh]
Unterteil *m* (Basis, Grundplatte) base [bau]
Unterteilung *f* subdivision
Untertrommel *f* lower drum [pow]; water drum [pow]
untertunneln *v* tunnel through [bau]
Untertunnelung *f* tunnelling [bau]
Unterwagen *m* undercarriage [mbt]
Unterwagenmittelteil *n* (Traverse) H-frame [mbt]; (Traverse) traverse [mot]
Unterwagenrahmen *m* car body [mbt]; centre frame [mbt]; chassis [mot]; crawler base [mbt]
Unterwasserbaggerpumpe *f* underwater dredge pump [mot]
Unterwasserbaggerung *f* (z.B. mit Bagger) under-water digging [mot]
Unterwasserkratzer *m* under-water scraper [wzg]
Unterwasser-Plasmabrennschneidanlage *f* plasma-underwater-flame-cutting machine [mas]
Unterwasserschneidrad *n* underwater cutting wheel [mot]
Unterwasserschneidradbagger *m* underwater cutting wheel dredger [mot]; underwater cutting wheel dredger [mot]
Unterwind *m* (Rost) undergrate air [pow]
Unterwindkanal *m* bottom air duct [pow]
Unterwindpressung *f* undergrate air pressure [pow]
Unterwindventilator *m* forced draught fan [pow]
Unterwindzone *f* air plenum chamber [pow]; (Rost) air plenum chamber [pow]; forced draught compartment [pow]; (Rost) forced draught compartment [pow]
Unterwindzonenwanderrost *m* forced draught compartment-travelling grate stoker [pow]; travelling grate stoker with air compartments [pow]
Unterzeichnung *f* signing
unterziehen *v* (einer Prüfung) make subject to
Unterzug *m* (Träger im Fachwerkverband) bearer [con]; (Binder im Fachwerkverband) binding beam [bau]; (Stahlbau: Hauptträger im Fachwerk) floor beam [bau]; girder [bau]; ((A)) joist [bau]; main beam [bau]; main girder [bau]; (Querträger) transom [mbt]
Untiefe *f* shallow [mot]
unübertroffen (keiner ist besser) unmatched; (enorme Leistung) unsurpassed
ununterbrochen continuous [roh]
unveräußerlich (-es Recht) inalienable [jur]
unverdünnt undiluted [che]
unvermeidbar unavoidable
unvermeidlich unavoidable
unverpackt (daher sperrig) bulk [bau]
unverschiebbar undisplaceable
unverzinkt non-galvanized [met]
Unwägbarkeit *f* imponderability
Unwägbarkeiten *pl* uncertainties
Unwucht *f* (Reifen nicht gleichmäßig) unbalance [mot]; vibration [mot]
U-Profil *n* channel [met]
U-Ring *m* U-ring [mot]
Urlaubsanspruch *m* granted leave [eco]
U-Rohr *n* U-shaped tube [mas]
Ursache *f* reason
Ursprung *m* origin
Ursprungsland *n* country of origin [eco]
Ursprungsstückliste *f* original bill of materials
Ursprungszeugnis *n* certificate of origin [eco]
U-Stahl *m* (als Ware, Träger) channels [met]

V

Vakuumarmaturen und -zubehör *pl* vacuum fittings and accessories [mas]
Vakuumbremse *f* vacuum servo brake [mot]
vakuumentgast vacuum degasified [mas]
Vakuumformen *n* (Vakuumprozess mit Folie) vacuum forming [mas]
Vakuumfrischen *n* vacuum oxygen decarburisation [mas]
Vakuumhebegerät *n* vacuum lifter [mas]
Vakuumleitung *f* vacuum servo brake [mot]
Vakuumlichtbogenofen *m* vacuum arc heating [mas]
vakuummetallurgisches Verfahren *n* vacuum-metallurgical process [mas]
Vakuummeter *n* vacuum gauge [mot]; vacuum meter [mot]
Vakuumpumpe *f* vacuum pump [mot]
Vakuumschalter *m* vacuum switch [elt]
Vakuumschütz *m* vacuum contactor [elt]
Validation *f* life-cycle validation [edv]; validation [edv]
Vanadiumstahl *m* vanadium steel [met]
Variable, logische - *f* logic variable [mat]
Variante *f* alternative
Varistor *m* varistor [elt]
Ventil *n* breather [mot]; valve [elt]
Ventilanbau *m* (Ventilbestückung) valve attachment [mot]
Ventilanordnung *f* (Lage des Ventils) valve location [mot]
Ventilatorblatt *n* fan blade [air]
Ventilatorflügel *m* fan blade [air]
Ventilatorriemen *m* fan belt [mot]
Ventilatorriemenscheibe *f* fan driving pulley [mot]
Ventilatorscheibe *f* fan driving pulley [mot]
Ventilatorschutzgitter *n* fan guard [air]
Ventilaufsatz *m* valve bonnet [pow]
Ventilbetätigung *f* valve actuating [mot]
Ventilblock *m* valve block [mot]
Ventilbrücke *f* valve cross head [mot]
Ventildreher *m* valve rotator [mot]
Ventildurchmesser *m* valve diameter [mot]
Ventileinsatz *m* valve insert [mot]
Ventileinstellschraube *f* valve set screw [mot]
Ventileinstellung *f* valve setting [mot]; valve timing [mot]
Ventilfeder *f* valve spring [mot]
Ventilfeder, innere - *f* inner valve spring [mot]
Ventilfederkeil *m* valve spring key [mot]
Ventilfederteller *m* valve spring retainer [mot]
Ventilführung *f* valve stem guide [mot]
Ventil für Dampfheizung *n* (Dampflok) steam-heating valve [mot]
Ventil für Injektor *n* (Dampflok) injector valve [mot]
Ventil für Kolbenspeisepumpe *n* (Dampf) feed-water pump valve [mot]
Ventilgehäuse *n* valve housing [mot]
Ventilgestänge *n* valve trains [mot]
Ventilgruppe *f* (Ventilleiste) bank of valves [mot]
Ventilhalter, zweiteiliger - *m* two-piece valve keeper [mas]
Ventil; hängendes *n* overhead valve [mas]; valve in the head [mas]
Ventilhebel *m* (Sicherheitsventil) safety valve lever [mas]; valve lever [mot]; valve rocker [mot]
Ventilheber *m* (Ventilstößel) valve follower [mot]; valve lifter [mot]; valve spring remover [mot]
Ventil, hilfsgesteuertes - *n* pilot-operated valve [pow]
Ventilhub *m* valve lift [mot]
Ventilkammer *f* valve chamber [mot]; valve housing [mot]; valve pocket [mot]
Ventilkammerdeckel *m* valve chamber cover [mot]
Ventilkammerverkleidung *f* valve chamber cover [mot]
Ventilkappe *f* valve cap [mot]
Ventilkegel *m* valve cone [mot]
Ventilkeil *m* valve key [mot]
Ventilkipphebel *m* valve rocker arm [mot]
Ventilkombination *f* bank of valves [mot]
Ventilkorb *m* valve cage [mot]
Ventilkörper *m* valve body [pow]
Ventilleiste *f* valve bank [mot]; valve bridge [mot]
Ventil, luftbetätigtes - *n* air operated valve [mas]
Ventil mit schwimmenden Kolben *n* float valve [mot]
Ventilöffnung *f* port [mot]
Ventil, pneumatisches - *n* pneumatic valve [mot]

Ventilschaft *m* valve rod [mot]; valve spud [mot]
Ventilschleifen *n* valve grinding [mot]
Ventilschleifvorrichtung *f* valve grinder [mot]
Ventilsitz *m* valve lip [mot]; valve seat [mot]
Ventilsitzbearbeitungsgerät *n* valve reseater [wzg]
Ventilsitzring *m* valve seat insert [mot]
Ventilspiel *n* tapped clearance [mas]
Ventilspindel *f* valve spindle [pow]
Ventilsteuerung *f* valve gear [mot]
Ventilstößel *m* cam follower [mot]; push rod valve [mot]; valve lifter [mot]; valve plunger [mot]; valve push rod [mot]; valve tappet [mot]
Ventilstößelspiel *n* valve tappet clearance [mot]
Ventilstoßstange *f* valve pushrod [mot]
Ventilteller *m* valve head [mot]; valve retainer [mot]
Ventilträger *m* valve support [mot]
Ventilverlängerung *f* valve extension [mot]
Ventilverteilerleiste *f* valve bank [mot]; valve bank [mot]
Ventil, vorgesteuertes - *n* servo-controlled valve [mot]
Ventilwähler *m* valve selector [mot]
Verabredung *f* (Terminabsprache) appointment [eco]
veraltet (nicht mehr gebaut) outmoded [mot]
veränderlich (Wetter) changing [wet]
Veränderliche *f* variable [mat]
Veränderlichkeit *f* variability
verändern *v* (modifizieren) modify; (von vorhandenen Daten) update [edv]
Veränderung des Farbtons *f* fading of colour [met]
Verankerung *f* (Befestigung) anchor [bau]; anchoring [bau]; (Maschine, Zelt) anchoring [bau]
Verankerungseisen *n* anchor bar [bau]
Verankerungsseil *n* guy rope [bau]
Veranlagung *f* (erblich oder erworben) disposition [hum]
Verantwortung, berufliche - *f* professional responsibility
Verarbeitbarkeit *f* workability [bau]
Verarbeitung *f* canting [bau]; (Rohstoff: Fertigprodukt) processing [roh]
Verarbeitungsablauf *m* sequence of processing [mas]
Verarmung *m* (z.B. Elektronen) depletion [elt]
Verband *m* (über Wunde) bandage [hum]
Verbau *m* (Graben) bracing [bau]; (Graben) sheeting [bau]; (des Grabens) shoring [bau]; support [bau]; (des Grabens) trench-lining [mbt]
Verbauplatte *f* (des Grabens; Krings) trench-lining plate [mbt]
Verbauzieheinrichtung *f* trench sheeting equipment [mas]
verbergen *v* (verstecken) conceal; (verstecken) hide
verbessern *v* (vergrößern, vermehren) augment; (berichtigen, korrigieren) correct; (aufwerten) improve
Verbesserung *f* (Erhöhung der Qualität) improvement
Verbesserungsvorschlag *m* (prämiiert) suggestion for improvement [eco]
verbeulen *v* bend
verbeult bent
verbiegen *v* (mit oder ohne Absicht) bend [met]
verbinden *v* (die Verletzung) bandage [hum]; (kombinieren) combine; (zusammenbringen) connect [met]; (durchstellen, am Telefon) put through [tel]
Verbindlichkeiten *pl* accounts payable [eco]
Verbindung *f* (z.B. Stromkreislauf) circuit [elt]; contact [elt]; (z.B. durch Gestänge) linkage [mot]
Verbindung, in - mit in conjunction with ...
Verbindung, in - mit ... relevant to ...
Verbindung, lösbare - *f* (z.B. abschraubbar) releasable connection [mas]
Verbindung lösen *v* disconnect
Verbindung, mechanische - *f* mechanical connection [bau]
Verbindung, nicht lösbare - *f* permanent connection [mas]
Verbindungsart *f* type of connection [mas]
Verbindungsbahn *f* junction [mot]
Verbindungsdose *f* junction box [elt]
Verbindungselement *n* (in Zeichnung) connection component [con]
Verbindungsglied *n* coupling link [mas]

V

Verbindungskabel *n* connection cable [elt]
Verbindungslasche *f* (Stahlbau) cleat [bau]; (Stahlbau) connecting splice [mas]
Verbindungsleitung *f* connecting piping [met]; (Hinüberleitung) crossover [mot]; interconnecting line [elt]
Verbindungsplatte *f* joint plate [bau]; tie plate [mas]
Verbindungsring *m* connecting ring [met]
Verbindungsrohr *n* connecting pipe [met]
Verbindungsrohr, zuführendes - *n* (Fallrohr) downcomer [pow]
Verbindungsschiene *f* connector bar [mot]
Verbindungsschlauch *m* connecting hose [mot]
Verbindungsstange *f* (an Lok) connecting rod [mot]
Verbindungsstück *n* adapter [mas]; (bringt zusammen) connector [mot]; cross tie [mot]; joint [mot]; link [mot]; (Kettenglied) link [mot]; tie [mas]; union [mas]
Verbindungsteil *m* connector [mot]
Verbindungstür *f* connecting door [bau]
verblasen *v* (Berge mit Druckluft) backfill [roh]
verblasst pale
verbleit (Bleche oder Benzin) leaded [mas]
verblenden *v* face [bau]
Verblendmauerwerk *n* brick veneer [bau]
verbogen bent; (nicht mehr richtige Form) out of shape
verborgen (versteckt) concealed
Verbotsschild *n* interdiction; prohibition; warning sign
Verbrauch *m* (an Kraftstoff) consumption [mot]; (Erschöpfung) exhaustion [mot]; (Benutzung und Abnutzung) use
verbrauchen *v* (aufbrauchen) consume; (benutzen und abnutzen) use; (sich zunutze machen) utilize
Verbrauchsartikel *pl* (z.B. Filtereinsätze) consumables [mot]
Verbrauchsgüter *pl* commodities; (z.B. Lebensmittel) consumer goods [eco]
Verbrauchsmenge *f* consumption rate
verbraucht (benutzen und abnutzen) used
verbreiten *v* (z.B. Nachricht, Epidemie) spread
verbreitern *v* (z.B. Straße) widen [mot]
verbreitert (z.B. Straße) widened [mot]
Verbreiterung *f* widening [mot]
verbreitet common
Verbreitung *f* (von Maschinen im Land) population
verbrennen *v* (Kohle, auch: sich verbrennen) burn [pow]
Verbrennung *f* (am Körper) burn [hum]
Verbrennung in der Schwebe *f* burning in suspension [pow]
Verbrennung, pulsierende - *f* pulsating combustion [pow]
Verbrennung, schlechte - *f* poor combustion [pow]
Verbrennungsdreieck *n* (Bunte Diagramm) combustion chart [pow]
Verbrennungskammer *f* (des Motors) combustion chamber [mot]
Verbrennungskraftmaschine *f* combustion engine [mot]
Verbrennungsluft, vorgewärmte - *f* preheated combustion air [pow]
Verbrennungsmaschine *f* combustion engine [mot]; internal combustion engine [mot]
Verbrennungsmotor *m* combustion engine [mot]; internal combustion engine [mot]
Verbrennungsprodukt *n* product of combustion [pow]
Verbrennungsraum *m* combustion chamber [mot]
Verbrennungsrechnung *f* combustion calculation [pow]
Verbrennungsrückstände *pl* (Asche) ashes [pow]; (feste) particulates [mot]
Verbrennungsrückstände, feste *pl* particulates [pow]
Verbrennungstemperatur *f* combustion temperature [pow]
Verbrennungswärme *f* heat of combustion [pow]
Verbrennung, unvollständige - *f* incomplete combustion [pow]
Verbrennung, vollständige - *f* complete combustion [pow]
Verbund *m* bond [bau]
Verbundanker *m* shear connector [bau]
Verbundbauweise *f* composite design [bau]; compound construction [bau]; sandwich construction [bau]
Verbundbetrieb *m* interconnected operation [elt]
Verbundfeder *f* composite spring [met]

Verbundfenster *n* composite window [bau]; double-glazed casement [bau]
Verbundgießen *n* composite casting [met]
Verbundglas *n* (Fahrerhaus) laminated glass [met]
Verbundguss *m* composite casting [met]
Verbundkonstruktion *f* (Blech u. Guss) composite design [bau]; composite structure [bau]
Verbundnetz *n* grid system [elt]
Verbundschreitwerk *n* compound walking mechanism [roh]
Verbundträger *m* composite beam [bau]; composite girder [bau]; compound girder [bau]
Verbundtransistor *m* compound type transistor [elt]
Verbundwerkstoff *m* compound material [met]
Verbundwerkstoff, schalldämpfender - *m* sound-absorbing compound material [met]
verchromt chromium-plated [mot]
Verdämmen *n* tamping [bau]
Verdampfer *m* (Endverdampfer) evaporator [pow]
Verdampfung *f* evaporation [mot]; vaporization [phy]
Verdampfungskühler *m* evaporating cooler [mot]
Verdampfungsspule *f* evaporating coil [mot]
Verdeck *n* deck [mot]; folding top [mot]; hood [mot]; (z.B. Wagenplane) top [mot]
Verdeckgestell *n* folding top structure [mot]
Verdeckhülle *f* folding top cover [mot]
Verdecklager *n* folding top base [mot]
Verdeckrahmen *m* folding top frame [mot]
Verdeckspriegel *m* folding top bow [mot]
verdeckt (vertraulich behandelt) covered up
Verdehnung *f* strain [mas]
verdichten *v* (Material im Müllwagen) compact [jur]; (Kompressorluft) compress [air]; (Untergrund) consolidate [bau]
Verdichter *m* compactor [mbt]
Verdichterlaufrad *n* compressor wheel [air]
Verdichterplatte *f* diffuser plate [mot]
verdichtet compacted [bau]
Verdichtung *f* compaction [bau]; (Gase) compression [air]; (Straßen, Boden) consolidation [bau]
Verdichtungsarbeit *f* compaction work [bau]
Verdichtungshub *m* compression stroke [mot]
Verdichtungsring *m* pressure ring [mot]
Verdichtungssystem *n* (im Müllfahrzeug) compaction system [bau]
Verdichtungsverhältnis *n* compression ratio [mot]
Verdienstausfall *m* (durch Krankheit etc.) lost pay [eco]
verdrahten *v* wire [elt]
verdrahtet wired [elt]
Verdrahtung *f* cabling [elt]; wiring [elt]
Verdrahtungsplan *m* wiring diagram [elt]
Verdrahtungstechnik *f* circuitry [elt]
verdrängen *v* displace [bau]; (neuer sein) supersede
Verdrängung *f* displacement [mot]
verdrehen *v* (Form verlieren) distort [met]; (Form verlieren) twist; (sich werfen, verbeulen) warp [mas]
Verdrehungswinkel *m* torsion angle [mas]
verdreifachen *v* (dann dreimal vorhanden) triple
verdreifacht tripled
verdrillt paired [elt]
Verdunkelung *f* blackout
verdünnen *v* dilute [met]; thin [mas]
Verdünner *m* diluent [che]; thinner [che]
verdünnt diluted [che]; thinned out [che]; (also schwächer geworden) weak [mas]
Verdünnungsmittel *n* diluent [che]; reducer [mas]
verdunsten *v* evaporate [phy]
Verdunstung *f* evaporation [phy]
Verdunstungstemperatur *f* wet-bulb temperature [msr]
Verdunstungsthermometer *n* wet-bulb thermometer [msr]
veredeln *v* refine [roh]; (im Wert verbessern) upgrade
Veredelung *f* (der Stahloberfläche) coating [met]
Vereinbarung *f* agreement [jur]; arrangement

vereinigen *v* (z.B. mehrere Maschinen) combine [met]
Vereinzelungsanlage *f* isolating device [mot]
verengen *v* (verdichten) contract [mot]
Verengung *f* (Feuerraum; Rohre) contraction [pow]; (durch Nut) orifice [mot]; (Feuerraum; Rohre) reduction [pow]; (Ölstrom) restriction [mot]
Vererzung *f* (am Gussstück) metal penetration [mas]
verfahren *v* (ein Gerät von A nach B) move a machine [mot]; (im Laufe des Verfahrens) process [met]; (ein Gerät von A nach B) tram
Verfahren *n* (Vorgehensweise) procedure
Verfahren, manuelles - *n* manual method [met]
Verfahrensprüfung *f* (Schweißverfahren) procedure test [met]
Verfahrensstufe, nachgeschaltete *f* downstream process stage [mas]
Verfahrensstufen, vorgeschaltete - *pl* upstream process stages [mas]
Verfahrensweise *f* procedure
Verfall *m* (eines Hauses) dilapidation [bau]
Verfalldatum *n* purge date [edv]
verfallen *v* (altes Haus) decay [bau]
Verfeinerung *f* (Aufwertung) improving; (z.B. Rohöl, Zucker) refining [roh]
verfestigt compacted [bau]; solidified
Verfestigung *f* solidification [bau]
verfilzen *v* felt [met]
Verflüchtigung *f* volatilization [pow]
verflüssigen *v* dilute [che]
verflüssigt (bei allen Gasen) liquid [che]
Verflüssigung *f* liquefying [che]
verfolgen *v* (einen Plan, dranbleiben) follow through
Verformbarkeit *f* (ist einzuhalten) deformability [met]
verformen *v* (absichtlich) deform [met]; (gesenkschmieden) swage [met]
Verformung *f* deformation [met]; distortion [met]; (bleibende Dehnung) residual strain [pow]; (z.B. einer Stahlplatte) shaping [mas]; (z.B. einer Stahlplatte) twisting [mas]
Verformung, bleibende - *f* permanent deformation [met]
Verformung, elastische - *f* elastic deformation [met]
Verformung, plastische - *f* plastic deformation [met]
Verformungsbruch *m* ductile fracture [met]
Verformungsenergie *f* deformation energy [bau]
Verformungsmodul *m* modulus of deformation [met]
Verfrachter *m* (Eigner) shipowner [mot]
verfrüht (zu schnell, vorzeitig) premature
verfügbar available
Verfügbarkeit *f* availability
Verfügbarkeit des Gerätes *f* machine availability [mas]
Verfügbarkeit von Teilen *f* parts availability
verfüllen *v* fill [bau]
Verfüllen *n* (Einsturz hinter Schild) caving [roh]
Verfüllschnecke *f* (an Radlader) trench filling worm [mbt]
Verfüllung *f* backfill [bau]
Vergaseranschlussstutzen *m* carburettor flange [mot]
Vergaserdüse *f* jet [mot]
Vergasergehäuse *n* carburettor main body [mot]
Vergasergestänge *n* carburettor control linkage [mot]
Vergaseroberteil *n* throttle body [mot]
vergießen *v* cast [met]; (Fundament) grout [bau]
Vergießen *n* (Fundamente) grouting of bases [bau]
vergilbt yellowed
vergittert barred
verglasen *v* (Fenster) glaze [bau]
Verglasung *f* (Fenster) glazing [bau]
vergleichbar (mit) comparable (to)
Vergleichen *n* matching [edv]
Vergleichskörper *m* reference standard [elt]
Vergleichsschaltung *f* comparator [elt]
vergoldet gilt edged [met]
vergossen cast [met]
vergrößern *v* (Zeichnung, Foto) enlarge [con]; (das Ausmaß) extend [con]; (verbessern) improve
vergrößert (Fläche, Foto) enlarged [con]
vergrößert zeichnen *v* draw to a larger scale [con]
Vergrößerungsmaßstab *m* enlargement scale [con]

Vergussmasse *f* (zum Abdichten) sealing compound [mas]
vergüten *v* harden and temper [met]
vergütet (vergüten) hardened and subsequently tempered [met]
Vergütung *f* (des Stahls, Gusses etc.) tempering [met]
Vergütungsanleitung *f* tempering instruction [met]
Verhalten *n* (z.B. in Kälte oder Hitze) behaviour [mas]
Verhältnis *n* (Proportion) proportion [con]; rate [mas]; (im Verhältnis 1:5) ratio [met]; (im Verhältnis zu ...) relationship
Verhältniszahl *f* module [mas]
Verholwinde *f* (an Land, auf Schiff) mooring winch [mot]
verhüten *v* (z.B. Unfälle) prevent [mot]
verhütten *v* (in Hüttenwerk) smelt [mas]
Verhütten *n* (z.B. von Eisenerz) smelting [mas]
Verhütung *f* (z.B. von Unfällen) prevention [mot]
Verifikation *f* verification [edv]
verjüngen *v* (kleinerer Radius) taper [mas]
verjüngen, sich - *v* taper [mas]
verjüngt tapered [mas]; (im Durchmesser kleiner) tapering [mas]
Verjüngung *f* (abnehmender Durchmesser) tapering [mas]
verkabeln *v* cable [elt]
verkabelt wired [elt]
Verkabelung *f* wiring [elt]
verkanten *v* (eine Kiste, ein Bauteil) cock [met]
Verkaufsabschlussverhandlung *f* soles negotiations [eco]
Verkaufsförderung *f* marketing [eco]
Verkaufshilfe *f* (Ingenieurberatung vor Ort) product support [eco]; (technische Hilfe) sales assistance [eco]; (finanzielle Zuwendung) sales commission [eco]
V
Verkaufsingenieur *m* sales engineer [eco]
Verkaufsleiter *m* (z.B. in Niederlassung) sales manager [eco]
Verkaufsnetz *n* (überall vertreten) sales net [eco]
Verkehrsampel *f* traffic light [mot]
Verkehrsanalyse *f* traffic analysis [edv]
Verkehrsanlage *f* (Knotenpunkt) traffic centre [mot]
Verkehrsaufkommen *n* density of traffic [mot]; (starkes) rush of traffic [mot]
Verkehrsdichte *f* density of traffic [mot]; (in Rechnernetzen) traffic density [edv]
Verkehrsflughafen *m* commercial airport [mot]
Verkehrsflugzeug *n* commercial airliner [mot]
Verkehrsfluss *m* (z.B. auf Straße, Schiene) traffic flow [mot]
Verkehrsinsel *f* (für Fußgänger) traffic refuge [mot]
Verkehrskegel *m* (weiß-rotes Hütchen) pylon [mot]
Verkehrslast *f* moving load [bau]
Verkehrsluftlinie *f* (z.B. Lufthansa) commercial airline [mot]
Verkehrsopfer *n* (Tote, Verletzte) traffic victim [mot]
Verkehrsordnung *f* (der Bahn) traffic regulations [mot]
Verkehrspolizist *m* traffic policeman [mot]
verkehrsreich (Straße, Bahn, Rhein) busy [mot]
Verkehrsstau *m* (zu viele Autos) congestion [mot]; (durch Unfall oder Ähnliches) traffic jam [mot]
Verkehrszeichen *n* (z.B. Sackgasse) traffic sign [mot]
verkeilt (Material im Steinbruch) tight [roh]; (zwei Wagen, Sprengfels) wedged
Verkettung *f* chaining [edv]
Verkippungsgerät *n* dumping equipment [mbt]
Verkittung *f* cementation [bau]
verklammert (Elektronik) clamped [elt]
verklappen *v* (verklappen) dump [mot]
Verklappen *n* (von Stoffen auf See) ocean-dumping [rec]
Verklappung *f* (von Stoffen auf See) barging [jur]
verkleidet (außen geschützt) cladded; (außen geschützt) faired; (außen geschützt) jacketed; (außen geschützt) panelled
Verkleidung *f* (Ummantelung, Kiste) casing [mot]; (zudecken, ausfüttern) cladding [mas]; covering [mot]; (Abdeckung gegen Wetter) covering; (unter Kappe, Haube) cowl [mot]; facing [bau]; (Futter) lining [mot]; sheeting [mas]

verkleinern *v* (verringern, vermindern) diminish; minimize [edv]
verklemmen *v* jam [mot]
Verklemmung *f* (in Netzwerken) deadlock [edv]
verknotet knotted [mot]
verknüpft (verbunden) linked
Verknüpfung *f* (zweier Systeme) interweaving [mas]; linkage
Verknüpfungssteuerung *f* logic control [elt]
verkohlen *v* carbonize [che]
verkommen (abgewirtschaftet, alt) run down
verkraften *v* (aushalten, ertragen) withstand
verkürzen *v* (kürzen) shorten [mas]
Verladebrücke *f* (ausladen, löschen) discharge bridge [mbt]; (beladen, einladen) loading bridge
Verladebühne *f* peer [mot]
Verladegreifer *m* (meist ohne Zähne) rehandling grab [mbt]
verlagern *v* (eine Fertigung) transfer
verlagert (weggebracht) removed; (die Produktion wurde verlagert) transferred
verlängern *v* (um ein Meter) extend [con]; (z.B. Träger) lengthen
verlängert (um 1 m länger gemacht) extended [con]
Verlängerung *f* elongation; (Kabel, usw.) extension [elt]
verlangsamen *v* (Fuß vom Gas, Bremse) decelerate [mot]; (in niedrige Drehzahl) pull down [mot]; retard; slow down [mot]
verlangsamt retarded [mot]
verlaschen *v* fish [mas]
verlegbar portable [mot]
verlegen *v* (Rohrleitungen) assemble [bau]; fix [bau]; (Leitungen) install [bau]; (nicht aufräumen) misplace; (Pflaster) pave [bau]
verlegen, in die Erde - *v* (Leitungen) bury [bau]
Verlegung *f* positioning [bau]
verletzen *v* (ein Gesetz brechen) violate [jur]
Verlust *m* (undichte Stelle, Leck) leakage [mas]; (an Geld, Einfluss, Macht) loss [pow]
Verlust durch fühlbare Wärme *m* sensible heat loss [mas]
Verlust durch Schlackenwärme *m* heat loss in liquid slag [pow]
Verlust durch Umlenkung *m* bend loss [pow]
Verlust durch unverbrannte Gase *m* loss due to unburnt gases [pow]
Verluste *pl* (an Menschen tot, verletzt) casualties [mot]
Verlustfaktor *m* dissipation factor [elt]
Verlustleistung *f* dissipated energy [elt]; dissipation [elt]; power loss [elt]; stray power [elt]
Verlust, ohmscher - *m* ohmic loss [elt]
Vermahlung *f* (von Mineralien) grinding [met]
vermessen *v* measure [bod]; (z.B. Land) survey [bau]
Vermessung *f* (z.B. Land) survey [bau]; (z.B. Land) surveying [bau]
Vermessungswesen *n* surveying [msr]
vermindern *v* decrease; reduce
vermindert reduced
Verminderung *f* decrease; (Ölstrom) restriction [mot]
vermittelt (in einen Arbeitsplatz) placed [eco]
Vermittler *m* (Versicherungsagent) broker [jur]
Vermittlung *f* (am Telefon) operator [tel]
vermörteln *v* solidify [bau]
Vermörtelung *f* (Verdichtung durch Zement) mortar-mix [bau]
vernetzen *v* net [edv]; network [edv]; (verstärken) reinforce [mas]
Vernetzer *m* (Kleber) binder [mas]; (keine Chemikalien) cross link [met]
vernichten *v* (Insekten, Schädlinge) exterminate; (verschwenden) waste
Vernichtung *f* (Verschwendung) waste
Vernichtung von Sachen *f* (Sachschaden) property damage [jur]
vernickelt nickel-plated [met]
vernünftig reasonable
Verordnung *f* government legislation [jur]
verpackt wrapped
Verpackung *f* (in Kisten) packing [mot]; (in Blechband) strapping [mas]; (in Papier) wrapping
Verpackungsband *n* (Stahl) strap [mas]; (Stahl) strapping [mas]
Verpackungsband aus Kunststoff *n* nonmetallic strapping; plastic strapping [met]

Verpackungsgeräte *pl* strapping tools and machines [wzg]
Verpackungsstahlband *n* steel strapping
verplanen *v* (einplanen) plan
Verplombung *f* (z.B. Lkw, Güterwagen) lead-sealing [mot]
Verplombungszange *f* lead-seal pliers [wzg]
verpressen *v* inject [bau]
Verpressung *f* pressure grouting [bau]
verpuffen *v* blow out [che]
Verpuffung *f* (Entzündung) explosion [mot]
Verputz *m* coating [bau]; plaster [bau]; plaster coat [bau]; plastering [bau]; render [bau]
verputzen *v* dress [bau]; finish [bau]; plaster [bau]; render [bau]
verrechnet (Fehler gemacht) mistaken
Verribbung *f* ribbing [mbt]
verrichten *v* (ausfahren) execute; perform; (leisten, schaffen) perform
Verriegelung *f* interlock [elt]; locking [mas]; locking device [mas]
Verriegelungsbolzen *m* locking bolt [mas]
Verriegelungsschalter *m* interlocking switch [elt]; interlock switch [elt]
verringern *v* reduce
Verringerung *f* (Druck, Temperatur etc.) decrease [pow]; (Abnahme der Leistung) decrement; (Beträge, Leistung) reduction [jur]
verrohrt cased [met]; piped [mas]
Verrohrung *f* (des Bremssystems) piped braking system [mot]; pipe work [mas]
Verrohrungssystem *n* (zur Drainage) drainage [bau]
verrostet rusted [met]; rusty [mas]
verrottet (vergammelt) dilapidated
verrußen *v* soot [mot]
Versagen *n* (eines Gerätes) failure
Versalzung *f* (an Turbinen) turbine blade salt deposits [pow]
Versand *m* (Verteilen, Absenden) dispatch [mot]; shipping [mot]
Versandabteilung *f* shipping department [mot]
Versandanzeige *f* advice of dispatch [mot]; dispatch note [mot]
Versandleistung *f* (hohe) volume of shipments
Versandumfang *m* (ein oder mehrere Behälter) scope of shipment [mot]

V

Versatz *m* (Toleranz) mismatch [mas]; (Toleranz) offset [mas]; (Staffelung) stagger [con]
Versatz *m* (Außermittigkeit) offset from centre [con]
Versatzmaterial *n* stowing material [bau]
verschalen *v* board [bau]; shutter [bau]
Verschalung *f* (Einkapselung) casing [pow]; (Betonbau) formwork [bau]; (Gehäuse, z.B. Getriebe) housing [pow]; (Verpfählung, im Bergbau) lagging [roh]; panelling [bau]; (durch Bohlen) planking [bau]; (Graben) sheeting [bau]; (für Beton) shuttering [bau]
verschiebbar displaceable [bau]
verschiebbare Platte *f* sliding bed [mas]
Verschiebebahnhof *m* (Rangierbahnhof) marshalling yard [mot]
Verschiebekopf *m* (Bandanlage Tagebau) shuttle head [roh]
verschieben *v* (ein Werkstück) move [met]; shift; (Waggons rangieren) shunt [mot]
Verschiebung *f* (an anderen Ort) displacing [mot]; (Umschaltung) shifting [mas]
Verschiebungsamplitude *f* shifting amplitude [elt]
Verschiebung, tektonische - *f* tectonic disturbance [geo]
Verschiedenes (kleinere Nebenposten) sundries
Verschlackung *f* slagging [pow]
Verschlag *m* (Holzgestell für Sperrgut) crate [mot]
verschlammt (verunreinigt) muddy
verschlechtern *v* (z.B. eine Lage) deteriorate
Verschleiß *m* (Abrieb) abrasion [mas]; (Ermüdung, Verbrauch) wear [mas]; (Ermüdung und Verbrauch) wear and tear [mas]; wearing [met]
verschleißanfällig prone to wear [met]
verschleißarm low wear [mas]
Verschleißauskleidung *f* lining material [pow]; wear-resistant liner [pow]
Verschleißdecke *f* (der Straße) top layer [bau]; (der Straße) wearing course [bau]
verschleißen *v* abrade [mas]
verschleißfest wear-resistant [mas]
Verschleißfestigkeit *f* resistance to wear [met]; wear resistance [pow]
verschleißfrei abrasion-free [mas]; non-wearing [mas]; wear-free [mas]

Verschleißgrad *m* rate of wear [pow]
Verschleißkappe *f* (zw. Zähnen Grabgefäß) lip shroud [mbt]; shroud [mbt]; wear cap [mot]
Verschleißminderung *f* minimized wear [mot]; minimizing of abrasion [mot]
Verschleißoberfläche *f* (der Straße) abrasion surface [mot]
Verschleißschicht *f* (der Straße) abrasion [mot]; surface course [mas]; (der Straße) top layer [bau]; wearing surface [mas]
Verschleißschutz *m* wear pad [mas]
Verschleißspitze *f* wear cap [mas]
Verschleißteil *n* wear part [mas]
Verschleißteilzeichnung *f* wear part drawing [mas]
verschließbar fitted with lock and key; lockable
Verschließbarkeit *f* (ist gegeben) fitted with lock and key
verschließen *v* (abschließen) lock
verschlimmern *v* (belasten, erschweren) aggravate
verschlissen (zerfetzt, zerrissen) torn; (aufgebraucht, benutzt) used; (abgenutzt) worn [mas]
verschlossen (weg-, abgeschlossen) locked away; (Rohre) plugged [mot]; (Rohre) sealed [mot]
Verschluss *m* (Deckel) closure [pow]; (Deckel) cover; (Befestigung) fastener [mas]; fastening [mas]; (des Verpackungsbandes) joint [mas]; (mit Schlüssel) lock [mas]; plug [mas]; (Türschließer, Riegel) shutter
Verschlussblech *n* (Metall-Deckel) closing sheet [met]
Verschlussbolzenlänge *f* length of connecting pin [mas]
Verschlussdeckel *m* (Deckel) cover; cover lid [mot]; end cover [mot]
Verschlussdeckel, hinterer - *m* rear end cover [mot]
verschlüsseln *v* (nur mit Kode lesbar) encode [elt]
verschlüsselt (nur mit Kode lesbar) encoded [elt]
Verschlüsselung *f* encryption [edv]
Verschlusskappe *f* (z.B. Tank) filler cap [mot]
Verschlusskappe des Kraftstofftanks *f* fuel tank filler cap [mot]
Verschlussknoten *m* (d. Verpackungsbandes) knot [mas]
Verschlussmutter *f* locking nut [mas]
Verschlussring *m* lock ring [mot]
Verschlussschraube *f* lock screw [mas]; screw plug [mot]
Verschlusssicherung *f* slide bar lock [mot]
Verschlussspriegel *m* shutter bow [mot]
Verschlussstellung *f* locked position [mot]
Verschlussstutzen *m* plug-type neck [mot]
verschmelzen *v* (durch Hitze) fuse [met]
verschmutzen *v* (u.a. allergisch machen) contaminate [rec]
Verschmutzung *f* (Ansteckung, Unsauberkeit) contamination [rec]; (Verrottung) fouling; (Verunreinigung) impurity; pollution
Verschmutzungsfaktor *m* (Heizflächenberechnung) cleanliness factor [pow]
Verschmutzungsschalter *m* (an Hydraulikpumpen) chip control [mas]
verschneit covered with snow [wet]
Verschnitt *m* (Restmaterial, Schrott) cutting scrap [met]; (Reste beim Brennschneiden) off-cuts [met]; (Restmaterial, Schrott) scrap [mas]
verschrauben *v* bolt [met]
Verschraubung *f* screw connection [mas]; screwing [mas]; socket [mas]; thread joint [mas]; tube fitting [mas]
verschrotten *v* scrap [mas]
verschwendet waste
Verschwendung *f* waste
verschwinden *v* vanish [bau]
versehen *v* (z.B. mit einem Anstrich) furnish; (z.B. mit einem Anstrich) provide [eco]
verseifen *v* emulsify [met]
verseifungsfest (Schmierfett) emulsion resistant [met]; (Schmierfett) non-saponifiable [mas]; (Schmierfett) saponification-resistant [mas]; (Schmierfett) unsaponifiable [mas]
verselbstständigen *v* give independence to ...
versengen *v* burn [che]
versenken *v* (z.B. ein Schiff) sink [mot]
versenkt (hineingeschraubt) counterbored [met]; (Schraube, Mutter bündig) countersunk [met]

versetzbar (tragbar) portable [mot]; (halbbeweglich) semi mobile
versetzen *v* (einen Bagger) change location [mbt]; (seitlich verschieben) offset [mbt]
versetzt (arbeitende Ausrüstung) offset; (z.B. zeitlich gestaffelt) staggered
versetzt arbeitend offset working [mbt]
versetzt gemauert (z.B. Ziegelwand) staggered [bau]
versetzt gezeichnet (in Zeichnung) drawn offset [con]
versetzt zeichnen *v* draw staggered [con]
Versetzungsstelle *f* clogging point [mot]
versichern *v* (ich versichere Ihnen) assure
versichert insured [jur]
Versicherter *m* insured [jur]
Versicherung *f* assurance [jur]; insurance [jur]
Versicherungen *pl* insurances [jur]
Versicherungsangelegenheit *f* matter of insurance [jur]
Versicherungsbedingungen *pl* provisions [jur]; (allgemeine) standard provisions [jur]
Versicherungsentschädigungen *pl* insurance claims [jur]
Versicherungsfall *m* (etwas passiert) occurrence [jur]
Versicherungskosten *pl* insurance fees [jur]
Versicherungsnehmer *m* insured [jur]; named insured [jur]
Versicherungsprämie *f* insurance premium [jur]
Versicherungsschein *m* insurance policy [jur]
Versicherungsschein-Nummer *f* insurance-policy number [jur]
Versicherungsschutz *m* insurance-protection [jur]
Versicherungssteuer *f* insurance tax [jur]
Versicherungsträger *m* insurer [jur]
Versicherungsverein auf Gegenseitigkeit *m* mutual society insurance company [jur]
Versicherungsverhältnis *n* insurance agreement [jur]
Versicherungsvertreter *m* insurance broker [jur]
Versicherungswirtschaft *f* insurance business [jur]
versiegeln *v* (z.B. Parkett, Dach) finish [bau]; (z.B. Parkett, Dach) seal [bau]
versiegelt (z.B. Ränder versiegelt) sealed [mas]
Versiegelung *f* pavement [bau]; sealing [mot]
versilbert silver-plated
versorgen *v* (ausstatten) equip
Versorgung *f* supply [pow]
Versorgung, öffentliche - *f* public utilities [pow]
Versorgungshauptleitung *f* supply mains [elt]
Versorgungsleitung *f* service conduit [elt]; utility line [elt]; utility service lines [mot]
Versorgungsnetz *n* supply grid [elt]
Versorgungsunternehmen *n* (Kraftwerk) public company [pow]; (Kraftwerk) utility company [pow]
Verspannen und Verziehen cramping and distorting [mot]
Verspannung *f* interlocking [mas]; (Stahlbau) staying [bau]
Versprödung *f* embrittlement [met]
verstählen *v* (mit Stahl versehen) steel [mas]
verständlich (klar ausgedrückt) comprehensible
verstärken *v* boost [elt]
Verstärker *m* amplifier [elt]; booster [elt]
Verstärkercharakteristik *f* amplifier characteristic [elt]
Verstärkereinschub *m* plug-in amplifier [elt]
Verstärkerendstufe *f* final amplifier [elt]
Verstärkerrauschen *n* amplifier noise [elt]
Verstärkerrelais *n* amplifier relay [elt]
Verstärkerschaltung *f* amplifier circuit [elt]
Verstärkerschwelle *f* threshold [elt]
Verstärkerstufe *f* amplifier stage [elt]
verstärkt (z.B. für Schwereinsatz) heavy duty; (Strebe, Winkel o.Ä.) reinforced [mas]; strengthened
Verstärkung *f* amplification [elt]; gain [elt]; (z.B. durch Rippen) reinforcement [mas]
Verstärkungsleiste *f* blocking [con]
Verstärkungsnachführung *f* change in gain [elt]
Verstärkungsplatte *f* reinforcing plate [bau]
Verstärkungsregelung *f* gain control [elt]
Verstärkungsreserve *f* gain reserve [elt]
verstecken *v* hide

versteifen *v* (sich versteifen, anspannen) brace; (stützen) prop [bau]; (stützen) shore [bau]; stay [bau]; stiffen [bau]; strut [bau]
versteifen, sich - *v* (anspannen) brace
Versteifung *f* (z.B. Fachwerkverband) bracing [bau]; reinforcement [mas]; stiffening [con]; (Verstärkung) strengthening [bau]; (Verstrebung) strutting [bau]
Versteifungsblech *n* bracing plate [mot]
Versteifungsrippe *f* load carrier [mot]
Versteifungsträger *m* (Stahlbau) stiffening girder [bau]; (Stahlbau) stiffening truss [bau]
Versteigung *f* stiffener [bau]
versteinert petrified [min]
Versteinerung *f* petrifying [min]
verstellbar (nachstell-, einstellbar) adjustable [msr]; (beweglich) movable
Verstellblock *m* adjustable stand [mas]
Verstelleinrichtung *f* adjusting device [msr]
Verstellen *n* adjusting [msr]
Verstellhebel *m* control lever [mot]
Verstellmöglichkeit *f* possibilities to position [msr]
Verstellmotor *m* adjustable oil motor [mas]
Verstellpumpe *f* variable displacement pump [mot]; variable pump [mot]
Verstellschraube *f* adjusting screw [msr]
Verstellung *f* regulation [msr]
Verstellzylinder *m* adjusting cylinder [msr]
verstemmen *v* (z.B. ein Niet nachstemmen) caulk [mas]
verstopfen *v* choke [mot]; (z.B. ein Kanalrohr) clog [bau]
verstopft (z.B. ein Rohr) clogged
Verstopfung *f* (durch Schmutz, Pfropfen) blockage; (eines Rohres) clogging [bau]
verstreben *v* brace [bau]; strut [bau]
Verstrebung *f* brace [mas]; (z.B. Fachwerkverband) bracing [bau]; framework [mas]; strut [bau]
Versuch, den - wert worth the trial
Versuch, ergänzender - *m* additional test [msr]
Versuchsanfang *m* start of the test [msr]
Versuchsanlage *f* pilot plant [pow]
Versuchsanordnung *f* organization of test [msr]; test set-up [msr]
Versuchsaufbau *m* test rig [msr]; test set-up [msr]
Versuchsauswertung *f* test evaluation [msr]
Versuchsbericht *m* test report [msr]
Versuchsende *n* end of the test [pow]
Versuchsergebnis *n* test results [msr]
Versuchsflansch *m* (für Kontrollgeräte) test flange [mas]
Versuchsinstrument *n* boiler test instrument [msr]
Versuchsverfahren *n* experimental process [msr]
Verteidiger *m* (Anwalt vor Gericht) counsellor for the defence [jur]
verteilen *v* (Ware, Strom, Wasser usw.) distribute
Verteilen, grobes - *n* coarse distributing [mbt]
Verteiler *m* (mit einem Anschluss und mehreren Auslässen) connector [mot]; (z.B. Zündverteiler) distributor [mot]; (z.B. Mengenteiler, Aufteiler) divider [mot]
Verteilerdose *f* junction box [elt]
Verteilerfinger *m* (z.B. im Zündverteiler) rotator distributor [mot]
Verteilergehäuse *n* distributor body [mot]
Verteilergetriebe *n* (Einachs-/Allrad) transfer box [mbt]; transfer box gearing [mbt]; transfer case [mas]
Verteilerkabel *n* distribution cable [elt]
Verteilerkasten *m* conduit box [elt]; distribution box [elt]; (des Baggers) distributor box [elt]
Verteilerklotz *m* cylinder feed transfer block [mot]; distributor block [mot]; transfer block [mbt]
Verteilerleiste *f* distributor bank [mot]; (Ventil/Verteilerleiste) distributor block [mot]; (Ventil/Verteilerleiste) manifold [mot]
Verteilerschrank *m* distribution cubicle [elt]
Verteilung *f* (z.B. Lastverteilung) distribution [pow]; (Ausbreitung auf Fläche) spreading
Vertiefung *f* (Einstich) recess [met]
vertikal (senkrecht) vertical
Vertikalbohrwerk *n* vertical boring mill [wzg]; vertical drilling mill [wzg]
Vertikalfräsmaschine *f* vertical rotary grinder [wzg]

Vertikallast *f* download [mot]
Vertikalstab *m* (Stahlbau) vertical rod [bau]
verträglich compatible
Vertragsbedingungen *pl* conditions of contract [jur]
Vertragsbedingungen, technische - *pl* technical contract conditions [jur]
vertraut machen *v* (mit etwas) acquaint
Vertreter *m* (einer Versicherung) broker [jur]
Vertreter, gesetzlicher - *m* legal representative [jur]
Vertrieb Ausland *m* export sales
Vertrieb Inland *m* inland sales [eco]
Vertriebsaktivitäten *pl* sales activities [eco]
Vertriebsingenieur *m* sales engineer [eco]
Vertriebs- und Marketingstrategien *pl* marketing strategies [eco]
Verunreinigung *f* contamination [pow]; impurity
Verunreinigungen, überdeckte - *pl* covered-over impurities [met]
verursachen *v* cause; (veranlassen) initiate
Verursacher *m* initiator
Vervielfacher *m* multiplier [elt]
Vervielfacherkaskade *f* cascade multiplier [elt]
Vervollständigung *f* (Ergänzung) complement
Verwahrlosung *f* (eines Hauses) dilapidation [bau]
Verwaltung *f* maintenance [edv]; management [edv]
Verwaltungsanweisung *f* administrative directive [jur]
Verwaltungsvereinfachung *f* simpler management
verweht (in alle Winde; verstreut) scattered
verwelkt withered [bff]
verwenden *v* (gewisse Methoden) employ
Verwendung *f* (Anwendung) application [met]; (von Geräten) implementation; (keine Verwendung für) use
verwerfen *v* (Erdschichten verschoben) destroy tectonically [bod]
Verwerfung *f* (z.B. durch Erdbeben) faulting [geo]; (Erdschichtverschiebung) tectonic destruction [geo]
Verwerfungen *pl* faults [geo]
Verwerfung, tektonische - *f* tectonic disturbance [geo]
verwesen *v* decay [bau]
verwesend putrescent [bff]
verwinden *v* (verziehen durch Wärme) warp [mas]
Verwinden *n* (Verziehen) warping [mas]
Verwindung *f* (Verlust der Form) distortion [met]; (des Rahmens, des Materials) torsion [mas]; (des Wagenrahmens) twist [mot]
verwindungsfest (z.B. Gerüst) absolutely rigid [mbt]
verwindungsfrei torsion-free [mas]
verwindungssteif torsion-stiff [mas]
verwittert (gealtert) aged [bau]; corroded [met]; weathered [met]
Verwitterung *f* decay [bau]; (Auflösung) disintegration [bau]; weathering [wet]
verwunden (verbogen) warped
verzahnen *v* (eine Welle) gear [mas]; interlock [mas]; joggle [mas]; notch [met]
verzahnt toothed [mas]
Verzahnung *f* (ungewolltes Klemmen) backlash [mot]; (Ausstatten mit Zähnen) gearing [mas]; meshing of the teeth [mas]; notching [met]; toothing [mas]
Verzahnungseinstellung *f* (Zahnräder) backlash adjusting [mas]
Verzeichnis *n* (Telefonverzeichnis) directory [tel]; (Liste) list; schedule [bau]
Verzerrung *f* (z.B. nichtlineare Verzerrung) distortion [elt]
Verzerrung, nichtlineare - *f* nonlinear distortion [elt]
verzichten *v* (verzichten auf ...) dispense
verziehen *v* distort [mot]
Verziehen *n* (Verwinden durch Hitze) warping [mas]
verzinkt zinc-plated [met]
Verzinkung, elektrolytische - *f* electrogalvanizing [met]
verzinnen *v* tin [met]; tin-coat [met]
verzinnt tin-coated [met]; tinned [met]
verzögern *v* decelerate [mot]; delay [elt]; (hinauszögern) retard
Verzögern *n* delaying; retarding [mas]
verzögert (verspätet) delayed [met]; retarded

verzögert löschen *v* delayed erase [elt]
Verzögerung *f* deceleration [pow]; delay; (z.B. Einschaltverzögerung) delay [elt]; (beim Bremsen des Waggons) retardation [mot]; time lag [elt]
Verzögerungselement *n* delaying element [elt]
Verzögerungsglied *n* (Regelung) lag element [msr]; (Regelung) time-delay element [msr]
Verzögerungskabel *n* delay cable [elt]
Verzögerungsleitung *f* delay line [elt]
Verzögerungsrelais *n* delay relay [elt]
Verzögerungsschaltung *f* time-delay circuit [elt]
Verzögerungsspeicher *m* delay store [elt]
Verzögerungsventil *n* deceleration valve [mot]; time-delay valve [mas]
Verzögerungsventil, pneumatisches - *n* pneumatic time-delay valve [mot]
Verzögerungszeit *f* delay time
verzollen *v* (durch den Zoll schicken) clear through customs [jur]; (beim Zoll melden) declare
verzollt (durch den Zoll gegangen) customs-cleared [jur]
verzugsfrei (nicht verbogen) free from distortion [met]
verzundert (bei Metallen) warm scaled [mas]
verzweigen *v* (z.B. mittel Mehrfachsteckdose) distribute [elt]
Verzweigung *f* distribution [elt]
Verzweigungsprozedur *f* dispatch procedure [edv]
Verzweigungstabelle *f* dispatch table [edv]
V-Fuge *f* V-joint [bau]
Viadukt *m* (hohe Vielbogenbrücke) viaduct [mot]
Vibration *f* (Schwingung, Erschütterung) vibration [phy]
vibrationsfest vibration resistant
Vibrationsverdichter *m* vibrating compactor [mot]
Vibrationsversuch *m* vibrating test [msr]
vibrieren *v* (schwingen) vibrate [phy]
Vibrohammer *m* pile-driving, extracting and rapid blow hammer [mbt]
Vickershärte *f* Vickers hardness [met]
vielgestaltige Oberfläche *f* multiform surface
Vielkeilprofil *n* (z.B. bei Steckachse) multi-spline profile [mas]
Vielkeilwelle *f* (als Verbindung) multi-spline joint [mas]; multi-spline shaft [mas]
Vielzahnwelle *f* (als Übertragung) involute gearing [mas]
Vielzweckmaschine *f* multi-purpose machine [mas]
vierachsig (z.B. vierachsiger Tieflader) four axle [mot]
Viereck *n* rectangle [mat]
Vierfach-Steuerblock *m* control block [mot]; valve block [mot]
Vierganggetriebe *n* four speed shift transmission [mot]
Viergangschaltung *f* four speed shift [mot]
Vierkant *m* (der Türklinkenhälfte) shank [bau]
Vierkanthohlprofil *n* rectangular box section [met]; rectangular tube section [met]
Vierkantknüppel *m* square billet [mas]
Vierkantkopf *m* square head [mas]
Vierkantmutter *f* square nut [mas]
Vierkantprofil *n* rectangular tube section [mas]
Vierkantsammler *m* square box [mas]; square header [pow]
Vierkantscheibe *f* square taper washer [mas]
Vierkantschraube *f* square bolt [mas]
Vierkantschraube mit Bund *f* square head bolt with collar [mas]
Vierkantschraube mit Bund und Ansatzkuppe *f* square head bolt with collar and short dog point with rounded end [mas]
Vierkantstab *m* square member [mas]
Vierkantstahl *m* square steel [met]
Vierpol *m* four-pole [elt]
Vierpunktabstützung *f* two sets of stabilizers [mas]
Vierpunktlager *n* (Doppelvierpunktlager) double four-point contact bearing [mas]
Vierradantrieb *m* four wheel drive [mot]
Vierradbremse *f* four wheel brake [mot]
Vierradlenkung *f* four wheel steering [mot]
Vierradschwinge *f* (des Schaufelrad-Baggers) four-wheel bogie [mbt]
Viertaktmotor *m* four cycle engine [mot]; four cycle motor [mot]
Vierwegeventil *n* four-way valve [mot]
vierzehntägig biweekly; fortnightly

Vignolschiene *f* champignon rail [mot]; flat bottom rail [mot]; flat rail [mot]; foot rail [mot]; one-headed rail [mot]; vignol rail [mot]
violettblau (RAL 5000) violet blue [nrm]
Visiertafel *f* boning rod [mas]
Visitenkarte *f* business card [eco]
V-Motor *m* V-engine [met]; V-type engine [mot]
V-Naht *f* single V [met]
vollangesteuert fully saturated [elt]
vollautomatisch fully automatic [met]
vollbeladen fully loaded [mot]; fully loaded [mot]
voll beruhigt vergossen fully deoxydized cast [met]
Vollbeschäftigung *f* (alle in Arbeit) full employment [eco]
voll bestrichen (Heizfläche) fully swept [pow]
Vollbetrieb *m* (ganz erprobt) all-out operation [mas]; (ganz erprobt, z.B. Motor) stress test [mas]
vollbringen *v* (erreichen, leisten) achieve; (erreichen, leisten) reach
Volldecke *f* solid ceiling [bau]
Vollentsalzung *f* complete demineralisation [pow]
Vollformgießen *n* full-mould casting [met]
Vollgas *n* full engine revolutions [mot]
vollhydraulisch fully hydraulic [mot]
vollkörnig full-grained [bau]
Volllast *f* full load [mot]
Volllastnadel *f* full load needle [mot]
Volllastschaltgetriebe *n* full load power shift [mot]; full power shift [mot]
Vollquerschnitt *m* gross section [met]; gross sectional area [con]
Vollrad *n* solid rolled wheel [mot]
Vollreifen *m* solid rubber tyre [mot]; solid tyre [mot]; solid tyre [mot]
Vollschiff *n* full-rigged ship [mot]
vollständig (alle) complete [met]; entirely [bau]
volltransistorisiert all-transistor [elt]
Vollwartung *f* complete maintenance [met]
Vollzug *m* (Blockzug; Wagen alle gleich) block train [mot]
Vollzylinder *m* solid cylinder [mot]
Volumenvergrößerung *f* bulking [bau]
vor (eher als) prior to
Vorabscheider *m* (trennt Flüssigkeiten) precleaner [mot]; (säubert, filtert) prescreener [mot]
Vorabscheidung *f* pre-scalping [roh]
Vorabsiebung *f* (erstes Sieben) primary screening [roh]
Voranziehdrehmoment *n* (später fester) initial torque [mas]
Vorarbeiten *f* preliminary work [bau]
Vorarbeiter *m* foreman [met]; (Polier) general foreman [bau]
Vorausbeitrag *m* (zuerst leisten) deposit premium [jur]
vorausgesetzt (wird angenommen, dass ...) anticipated
voraussetzen presuppose
Voraussetzung *f* presupposition
Voraussetzungen *pl* prerequisites; suppositions [jur]
Voraussetzungsbedingung *f* prerequisite condition [edv]
Vorbau *m* porch [bau]
vorbearbeitet (spanabhebend) rough machined [met]
Vorbedingungen *pl* preconditions
Vorbehalt *m* (unter Vorbehalt) reservation
vorbehalten *v* (das Recht vorbehalten) reserve
Vorbehandlung *f* preliminary treatment [met]
vorbeifließen *v* (im Zylinder) bypass [mot]
Vorbenetzungswassersystem *n* pre-moistening system [bau]
vorbereiten *v* prepare [con]
vorbereitend setting the stage
Vorbereitung der Oberfläche *f* surface preparation [mas]
Vorbereitungseingang *m* prefix input [elt]
vorbestimmt (eingestellt, bereitet) pre-set [mot]
vorbeugend (vorbeugende Maßnahmen) preventive
Vorbohrer *m* starter [met]
Vorbramme *f* slab [mas]
Vorbrammenlängsteilung *f* slab slitting [mas]
Vorbrechanlage *f* crushing plant [roh]; preparation plant [wzg]
vorbrechen *v* (grob mahlen) crush [pow]
Vorbrecher *m* primary crusher [wzg]
Vordach *n* canopy [bau]; cantilever roof [bau]

V

Vorder- (z.B. Vorderrad) front- [mot]
Vorderachse *f* front axle [mot]
Vorderachsgabel *f* front axle fork [mot]
Vorderachskörper *m* front axle beam [mot]
Vorderachsschenkel *m* front wheel stub axle [mot]
Vorderachswelle *f* front axle shaft [mot]
Vorderansicht *f* (Zeichnung) front elevation [con]; front view [con]
Vorderantrieb *m* front drive [mot]
vordere front [mot]
Vorderentladung *f* (z.B. Schütter, Kipper) front discharge [mot]
Vorderfederbock *m* front spring hanger [mot]
Vorderfederstütze *f* front spring support [mot]
Vorderkante *f* front edge [mot]
Vorderrad *n* front wheel [mot]
Vorderradantrieb *m* front wheel drive [mot]
Vorderradaufhängung *f* front wheel suspension [mot]
Vorderradbremse *f* front wheel brake [mot]
Vorderradnabe *f* front wheel hub [mot]
Vorderschar *f* dozer blade [mot]
Vorderseite *f* front [mot]; (eines Gerätes) front panel [edv]; front side [mot]
Vordersitz *m* front seat [mot]
Vorderteil *n* (der Klappschaufel) front lip [mbt]; front part [con]
Vorderwand *f* (Vorderteil des Löffels) front lip [mbt]; front panel [mot]; front wall [pow]
Vorderwandentwässerung *f* front wall drain [pow]
Vorderwandfallrohr *n* front wall downcomer [pow]
Vorderwandrahmen *m* front-panel frame [mot]
Vorderwandsammler *m* front wall header [pow]
Vorderwandsteigrohr *n* front wall riser [pow]
Vordichtung *f* (Kolbenstangendichtung) pre-sealing [mot]
vordrehen *v* (auf Drehbank) preturn [met]; (auf Drehbank) rough turn [met]
Vordruck *m* (z.B. Formular) form
Voreinstellung *f* presetting [elt]
Vorfall *m* (Ereignis) incident
Vorfenster *n* auxiliary sash [bau]
Vorfertigung *f* prefabrication [mas]
Vorfilter *m* pre-filter [mot]
vorfräsen *v* roughen [met]
vorführen *v* (ein Gerät im Einsatz) demonstrate [mot]
Vorführmodell *n* display model [mot]
Vorführung *f* demonstration [mot]
Vorfüllen *n* (z.B. Benzin in Vergaser) priming [mot]
Vorgabe *f* (Anweisung, Instruktion) instruction
Vorgabezeit *f* expected time [met]
Vorgang *m* (Ereignis, Vorfall, Geschehen) event; (Verfahren) procedure
Vorgänger *m* (im Amt) predecessor
vorgeben *v* (an das Werk) release
vorgedreht (auf Drehbank) pre-turned [met]; (auf Drehbank; RE) rough machined [met]
vorgedrückt pre-pressed [met]
vorgefertigt (Beton) precast [bau]; prefabricated [bau]
vorgegeben (an das Werk) released
vorgehen *v* (handeln) proceed
Vorgehensweise *f* philosophy [edv]
Vorgelege *n* layshaft [mot]
Vorgelegeachse *f* idler shaft [mot]
Vorgelegegetriebe *n* (2-Rad zu Allrad) transfer box gearing [mbt]
Vorgelegerad *n* counter gear [mot]; lay-shaft gear [mot]
Vorgelegetriebrad *n* counter shaft drive gear [mot]
Vorgelegewelle *f* counter shaft [mot]; (besser: Welle) jackshaft [mot]; (des Getriebes) lay shaft [mot]; (besser: Welle) transmission shaft [mas]
vorgerundet (Körner beim Strahlen) rounded [mas]
vorgeschrieben (festgelegt) stipulated [nrm]
vorgesehen (am vorgesehenen Ort) assigned [con]; (z.B. als Nachfolger) designated; provided
vorgespannt (eingestellt, festlegt) pre-set [mas]; (z.B. Hydrotank) pressurized [mot]
vorgesprengt (absichtlich gebogen) prestressed [mot]
vorgewärmt preheated [met]
vorglühen *v* pre-glow [met]; preheat [met]; pre-ignite [met]

Vorhälter *m* (zwischen Pinnewärmer und Nieter, fängt heiße Niete) rivet catcher [mot]
Vorhaltung *f* (Reserve) provision
vorhanden (verfügbar, existent) available; on hand
Vorhängeschloss *n* pad lock
Vorkalzinierung *f* precalcination [roh]
Vorkammer *f* chamber [mot]; precombustion chamber [mot]
Vorklassiersieb *n* (vor dem Brecher) pre-classification screen [wzg]
vorkommen *v* occur
Vorkommen *n* deposit [roh]
Vorlagerost *m* feeding rack [mas]
Vorlauf eines Kolbens *m* forward movement of a piston [mot]; forward travel of a piston [mot]
Vorlaufstrecke *f* (Material) delay block [met]
vorlegen *v* submit
Vorlegewelle *f* counter shaft [mot]
Vormagnetisierung *f* pre-magnetization [elt]
Vormahlbereich *m* pregrinding [met]
vormahlen *v* pregrind [met]; primary grind [roh]; raw grind [roh]
Vormahlen *n* pregrinding [met]; primary grinding [roh]; raw grinding [roh]
Vormaterial *n* skelp [mas]
Vormontage *f* previous erecting [bau]
vormontiert pre-assembled [met]; shop-assembled [met]
vorn in front
vorne (auf Schiffen, Pontons) fore [mot]; up front [mot]
Vornetzung *f* pre-wetting [mas]
Vorortbahn *f* suburban railway [mot]
Vorortzug *m* local train [mot]; suburban train [mot]
Vorprogramm *n* (auch Vorübersetzer) preprocessor [edv]
vorprogrammiert preprogrammed [edv]
Vorprojektierung *f* preliminary projection [con]
Vorrat *m* (Reserve) reserves [roh]; store; (Versorgung, z.B. eines Werkes) supply [elt]
Vorratsanzeiger *m* (Ölstandanzeiger) oil-level indicator [mot]
Vorratsgeräte *n* machines on stock
Vorratshalde *f* stockpile [mas]
Vorrecht *n* (Erster, der aussucht) prerogative [jur]
Vorreiber *m* (Fenster-, Türverschluss) turnbuckle [mas]
Vorreiniger *m* precleaner [mas]
Vorrichtung *f* (Küchengeräte, z.B. Herd) appliance [mas]; (im Stahlbau) fixture [met]; (Montagegroßwerkzeug) jig [mas]
Vorrichtung, formgebende - *f* forming fixture [wzg]
Vorrichtungsbau *m* (auf Hallenboden) jig manufacturing [mas]
Vorrichtungszeichnung *f* drawing of jigs [con]
Vorsatz *m* (mit Vorsatz, mit Absicht) deliberation [jur]; (Absicht) intent [jur]
vorsätzlich (eine vorsätzliche Tat) deliberate [jur]
Vorsatzstück *n* (Adapter) adapter [mas]
Vorsatzteil *n* (Zubehör) attachment [mas]; (Schuh, Keil, Klemme) shoe; (Keil) wedge [mas]
vorschalten *v* connect in series [elt]
Vorschaltturbine *f* topping turbine [pow]
vorschieben *v* (die Ladeschaufel) crowd [mbt]
Vorschieben *n* (Rußbläser) insertion [pow]
Vorschiff *n* (Vorn, Bug) foreship [mot]
Vorschlag *m* (auch Heiratsantrag) proposal
Vorschlaghammer *m* sledge hammer [wzg]
vorschlichten *v* (bearbeiten) semi-finish [met]
Vorschrift *f* (der Regierung) government order [jur]; (im Vertrag) provision [jur]; regulation [nrm]
Vorschriften *pl* specifications [nrm]
Vorschriften, technische - *pl* specifications [nrm]
Vorschub *m* (der Ladeschaufel) crowd [mbt]; feed [mot]; (auf Bearbeitungsmaschine) feed [met]
Vorschubgeschwindigkeit *f* rate of advance [mas]; rate of feed [mas]; rate of traverse [mas]
Vorschubgetriebe *n* advance gear [mbt]
Vorschub, grober - *m* (Schruppen) coarse feed [mbt]
Vorschubgröße *f* feed rate [mot]

Vorschub, kleiner - *m* (beim Schlichten) fine feed [met]
Vorschubkraft *f* crowd force
Vorschublänge *f* (der Ladeschaufel) crowd length
Vorschubregelpumpe *f* feed control pump [mot]
Vorschubregelung *f* feed control [mot]
Vorschubregelventil *n* feed control valve [mot]
Vorschubweg *m* (Vorschubweg auf Planum) crowd distance [mbt]
Vorschubwinde *f* feed winch [mbt]
Vorschubzylinder *m* feed cylinder [mas]
Vorschweißflansch *m* welded-on flange [mas]; welding neck flange [mas]
Vorserie *f* pre-production [edv]
vorsichtig (aufpassend) watchful
Vorsichtsmaßnahmen *pl* (Vorkehrungen) precautions
Vorsicht, Stufe watch your step
Vorsieb *n* pre-screener [roh]
Vorsignal *n* distant signal [mot]
Vorsitzender *m* (des Vorstandes) chairman [eco]
Vorsorgeversicherung *f* insurance as provision against new hazards [jur]
vorspannen *v* (vorbelasten) preload [mas]; (z.B. den Tank) pressurize [pow]; prestress [bau]; pretension [mas]
Vorspannkraft *f* initial stressing [mas]
Vorspannung *f* (Gitter-) bias [mas]; (gewöhnliche Verbindung) cold pull up [met]; (Dampfleitung) hot pull up [pow]; (z.B. eines Stahlteils) initial tension [bau]; (Feder) pre-load [mas]; (des Tanks) pressurization [pow]; pretension [mas]; (Dampfleitung) tensioning [pow]
Vorspannventil *n* counterbalance valve [mot]; pressure make-up valve [mas]
Vorspannverlust *m* loss of prestress [bau]
Vorspannwerkzeug *n* pretensioning tool [wzg]
Vorspannzylinder *m* (Einkammerbremszylinder) pressurizing cylinder [mot]
vorspritzen *v* (Putz) spatterdash [bau]
Vorsprung *m* (Maschinenteil) boss [mas]; (an Maschinenteil) lug [mas]; (am Werkstück) nose [mas]; projecting part [bau]; projection [bau]
Vorstand *m* board of directors [eco]; board of managers [eco]
Vorstandsmitglied *n* member of the board [eco]
Vorstandsvorsitzender *m* chairman of the board [eco]
Vorsteckbolzen *m* cotter bolt [mot]
Vorstecker *m* coupling pin [mot]; (an Waggonabstützung) locking lever [mot]
Vorstellung *f* (Vorführung der Maschine) demonstration [mot]; (und Übergabe Maschine) hand-over ceremony [met]
Vorsteuergerät *n* (Ventil) servo control valve [mot]
Vorsteuerleitung *f* hydraulic servo line [mot]
Vorsteuerung *f* (durch Ventil) hydraulic servo control [mot]
Vorsteuerventil *n* (an Hydrogerät) servo valve [mot]
vorstoßen *v* (mit Auslegerstiel) crowd [mbt]
Vorstudie *f* (Kostenvoranschlag) pre-investment study [eco]
Vortrag *m* (über Sachgebiet) lecture; (oft schriftlich) paper; (Vortrag halten) presentation
Vortrieb *m* (im Tunnelbau) advance [bau]
Vorüberhitzer *m* low-duty section of superheater [pow]; pre-superheater [pow]; primary superheater [pow]
Vorüberhitzung *f* primary steam temperature [pow]
Vorumsätze *pl* previous sales [eco]
Voruntersuchung *f* preliminary investigation [msr]
Vorverarbeitung *f* preprocessing [edv]
Vorverdampfer *m* pre-evaporator [pow]
Vorverdampferheizfläche *f* pre-evaporator heating surface [pow]
Vorverdampferrohr *n* pre-evaporator tube [pow]
vorverdichten *v* (mechanisch) preconsolidate [bau]
Vorverfestigung *f* preconsolidation [bau]
Vorverstärker *m* pre-amplifier [elt]
Vorverstärkerstufe *f* pre-amplifier [elt]
Vorwahl *f* (Schaltung) preselection [pow]; pre-selection [tel]
Vorwählgetriebe *n* preselector gearbox [mas]
Vorwählnummer *f* (beim Telefon) area code [tel]; (beim Telefon) pre-dialling code [tel]

Vorwählschaltung *f* preselection change [mot]
Vorwahlzähler *m* pre-selection counter [elt]; pre-set counter [elt]
vorwärmen *v* preheat [mas]
Vorwärmer *m* preheater [pow]
Vorwärmklappe *f* preheating valve [mot]
Vorwärtsgang *m* forward gear [mot]; forward speed [mot]
Vorwärtskupplung *f* forward clutch [mot]
Vorwiderstand *m* (das Geschehen) drop resistance [elt]; (das Gerät) protective resistor [elt]
Vorzeichen *m* (z.B. +, -, :, *) algebraic sign [mat]; polarity sign [phy]; preceding sign [mat]
Vorzeichen, gleiches - *n* like sign [mat]
vorzeigen *v* (beschaffen) procure [eco]
vorzeitig (evtl. nicht ausgereift) premature
Vorzerkleinerung *f* plant with primary reduction [mas]; (von Steinen) primary reduction [roh]
Vorzugssteuerung *f* (Prioritätssystem) priority system
vulkanisieren *v* vulcanise [met]
Vulkanisierpresse *f* vulcanising press [wzg]
Vulkanisierung *f* vulcanisation [mot]

W

Waage *f* weigher [msr]; weighing scale [msr]
waagerecht horizontal
Waagerechtbohrwerk *n* line boring machine [wzg]
Wabe *f* (des Ölkühlers) fin [mot]
Wabenbauweise *f* (z.B. Sechskantöffnungen) honeycomb construction [mas]
Wabenfilter *m* multi-cellular mechanical dust separator [pow]
Wächter *m* monitor [msr]; safeguard [mas]
Wackelkontakt *m* intermittent contact [elt]; (lose Verbindung) loose connection [elt]; (lose Verbindung) loose contact [elt]; slack joint [elt]; (flackert) tottering contact [elt]
Waffel *f* wafer [met]
Waffelwalze *f* segmented wheel roller [mas]
Wagen *m* (hier: Personenwagen der Bahn) coach [mot]; (Fahrzeug allgemein, auch Bahn) vehicle [mot]; (Waggon) wagon [mot]
wägen *m* (abschätzen) weigh
Wagenbrücke *f* wagon bridge [mot]
Wagenbühne *f* platform [mot]
Wagen für den Güterverkehr *m* railway car for freight traffic [mot]
Wagengattung *f* class of cars [mot]; class of coaches [mot]; class of wagon [mot]
Wagenheber *m* car jack [mot]
Wagenheber, hydraulischer - *m* hydraulic jack [mot]
Wagenheber, mechanischer - *m* mechanical jack [mot]
Wagenkasten *m* vehicle body [mot]
Wagenkipper *m* rotary dumper [mbt]; wagon tipper [roh]
Wagenklasse *f* (Personenwagen der Bahn) class of coach [mot]
Wagenkonstruktion *f* wagon design [con]
Wagen ohne Puffer *m* (pufferlos) wagons without buffers [mot]
Wagenplane *f* canvas [mot]
Wagenrahmen *m* (des Waggons) frame [mot]
Wagenreihung *f* (Zuggarnitur) rake [mot]
Wagenspuren *pl* (in unbefestigter Straße) wagon tracks [mot]
Wagenstandsanzeiger *m* (auf Bahnsteig) car position indicator [mot]
Wagentyp *m* make of car [mot]; type of wagon [mot]
Wagenumlauf *m* (Bergwerk) mine car circuit [roh]
Waggon *m* (hier Güterwagen) aggregate wagon [mot]; (nur für Güterwagen) wagon [mot]
Waggonbeladestation *f* wagon loading station [mot]
Waggonbeschlagteil *n* wagon fixture [mot]
Waggongattung *n* class of cars [mot]
Waggonkipper *m* wagon tippler [roh]
wählen *v* (am Telefon) dial [tel]
Wahl, erste - *f* (z.B. Lebensmittel) prime choice
Wahlschalter *m* selector [elt]; selector switch [elt]; (3. Vorwärts in 3. Rückwärts) shuttle valve [mot]; switch selector [elt]
Wahlschaltung *f* selection [elt]; selector switch [elt]
Wählscheibe *f* (des Telefons) dial [tel]
Wahltaster *m* selector key [elt]
wahlweise optional [mot]
Wahrung *f* (von Gesetzen) observing [jur]
walkstabil squeeze-stable [mas]
Wall *m* (Schutzwall, Festungswall) bulwark [bau]; (Deich, Damm (A)) dike [bau]; (Abwehr- und Festungswall) rampart [bau]; (aus gefrästem Erdreich) ridge [bod]
Walmdach *n* hip roof [bau]
Walzblech *n* rolled plate [met]; sheet metal [mas]
Walzblock *m* (Block) bloom [met]
Walzdraht *m* wire rod [mas]
Walze *f* drum [mas]; (im Walzwerk) roll [met]; (Dampfwalze, Straßenwalze) roller [bau]; (Rad) wheel [mot]
walzen *v* roll [met]
Walzenbrecher *m* roll crusher [roh]
Walzenschalter *m* drum controller [mas]
Walzenträger *m* roller carrier [roh]
wälzgelagert (meist Rollenlager) antifriction bearing [mas]
Walzgerät *n* tube expander [mas]; (Rohrwalzgerät) tube expander [mas]
Walzhaut *f* mill scale [met]
Wälzkreis *m* (Zähne rollen hier ab) pitch circle [mas]

Wälzlager *n* antifriction bearing [mas]; (Rollenlager) roller bearing [mas]; rolling bearing [mas]
Wälzlagerfett *n* grease [mas]; roller-bearing greasing [mas]
Wälzplatte *f* roller plate [mas]
Walzprofile *pl* rolled steel sections [met]
Walzrille *f* tube hole groove [mas]
Walzschweißen *n* roll welding [met]
Walzstahl *m* rolled steel [met]; steel, rolled - [met]
Walzstahlerzeugnisse *pl* rolled steel products [met]
Walzstahlveredelung *f* finishing rolled steel [met]
Walzverbindung *f* expanded tube joint [pow]
Walzwerk *n* rolling mill [mas]
Wandanschluss *m* wall connection [bau]; (z.B. Steckdose) wall socket [elt]
Wandauskleidung *f* wall lining [bau]
Wanddicke *f* (Soll-Wanddicke) nominal wall thickness [con]
Wanddickenmessung *f* measuring of wall thickness [msr]; wall thickness gauging [bau]; wall thickness measurement [mas]
Wanddickenschwankung *f* difference in wall thickness [met]; variation of wall thickness [bau]
Wanddickentoleranz *f* tolerance of wall thickness [mas]
Wanddickenzusatz *m* wall thickness gauge [bau]
Wanddurchbruch *m* wall entrance [bau]
Wanddurchführung *f* wall opening [bau]
Wandeinbindung *f* cross-wall junction [bau]
Wandelemente *n* wall panels [bau]
Wanderecho *n* travelling echo [aku]
wandern *v* (von Schweißnähten) migration of weld [met]; (von Schweißnähten) weld displacement [met]
Wanderrost *m* travelling grate [pow]
Wanderrostfeuerung *f* travelling grate stoker [pow]
Wanderung *f* migration [met]
Wanderwelle *f* (ankommende Wanderwelle) indicant wave [elt]
Wandfliesen *pl* wall tiles [bau]
Wand, geschweißte - *f* welded wall [mas]
Wand, getäfelte *f* panelled wall [bau]
Wand, klappbare - *f* (am Güterwagen) drop side [mot]
Wand, korrodierte - *f* corroded wall [met]
Wandler *m* (Drehmomentwandler) torque converter [mas]; transducer [elt]
Wandler, elektro-akustischer - *m* electro-acoustical converter [elt]
Wandlergetriebe *n* converter gear [mot]
Wandlersperre *f* (des Graders) lock-up [mbt]
Wand, natürliche *f* (des Steinbruches) natural face [min]; (des Steinbruches) virgin face [roh]
Wandplatte *f* (Verzierung, Erinnerung) wall plate [bau]
Wandrohr *n* (Strahlraum) furnace cooling tube [pow]; (Strahlraum) steam cage tube [pow]; (Strahlraum) wall tube [pow]
Wandrußbläser *m* single-nozzle blower [pow]; wall deslagger [pow]; wall soot blower [pow]
Wandscheibe *f* diaphragm [bau]
Wandschirm *m* (Rohrwände) cage screen [pow]
Wandstab *m* (Stahlbau) wall member [bau]
Wandstärke *f* wall thickness [pow]
Wandsteckdose *f* wall outlet [elt]; wall plug [elt]; wall socket [elt]
Wandtäfelung *f* (meist Holz) panel [bau]
Wand, tragende - *f* load-bearing wall [bau]
Wand, ungesprengte *f* natural face [min]
Wand, ungesprengte - *f* virgin face [roh]
Wandverkleidung *f* wall cladding [mas]
Wankbewegung *f* (Rollbewegung Waggon) rolling motion [mot]
Wanne *f* (Badewanne) bath tub; (Ölwanne) pan [mot]; sump [mot]
Wannenlage *f* (günstige Schweißposition) downhand [met]
Wannentender *m* (der Dampflok) tub tender [mot]
Wannenwagen *m* (der Bahn) trough car [mot]
Ware, empfangene - *f* (Teile aus Stücklisten) manufacturing receipts
Wareneingangsprüfung *f* acceptance test [msr]; material testing upon arrival [msr]
Wareneingangsschein *m* receiving document

Wareneinsatz *m* (in einer Fabrik) material usage [met]
Warenlager *n* (Gebäude) storehouse
Warenzeichen *n* trademark [eco]
warm behandeln *v* (z.B. Metall) stress-relieve [mas]
Warmbehandlung *f* hot treatment [met]; (wird spannungsfrei) stress-relieving [mas]
Warmbreitband *n* hot-rolled coils [mas]; hot rolled wide strip [mas]
Warmbreitbandstraße *f* hot strip mill [mas]; line for hot-rolled sheet [mas]
Wärmeabbau *m* heat liberation [pow]
Wärmeabgabe *f* heat emission [pow]
Wärmeauslöser *m* thermal switch [pow]
Wärmeaustausch *m* heat exchange [pow]
Wärmeaustauscher *m* heat exchanger [pow]
Wärmebeanspruchung *f* heat stress [mas]
wärmebehandelt heat-treated [met]
Wärmebehandlung *f* (Vergütung) heat treatment [met]
wärmebeständig heat-resistant [met]
Wärmedämmfassade *f* heat-insulating facade [bau]
Wärmedehnung *f* thermal expansion [pow]
Wärmedurchgang *m* heat transmission [pow]
Wärmedurchgangszahl *f* (K-Wert) combined heat transfer [pow]; (K-Wert) heat transfer coefficient [pow]; (K-Wert) k-value [pow]
Wärmeeinflusszone *f* heat-affected zone [met]
Wärmeeinheit *f* thermal unit [pow]
Wärmeentbindung *f* heat liberation [pow]; heat release [pow]
Wärmefühler *m* thermostat [pow]
Wärmeinhalt *m* enthalpy [pow]
Warmeinsatzrate *f* hot charging rate [roh]
Wärmeisolation *f* thermal insulation [pow]
Wärme, latente - *f* latent heat [pow]
Wärmeleitzahl *f* coefficient of thermal conductivity [pow]
wärmen *v* heat up [pow]; warm up [pow]
Wärmestrom *m* heat flow [pow]
Wärmetauscher *m* (in Zementindustrie) heat exchanger [pow]
Wärmeübergang *m* heat transfer [pow]
Wärmeübergang durch Berührung *m* heat transfer by convection [pow]
Wärmeübergang durch Leitung *m* heat transfer by conduction [pow]
Wärmeübergang durch Strahlung *m* heat transfer by radiation [pow]
Wärmeumlaufkühlung *f* thermo-syphon cooling [mot]
Wärmeverbrauch *m* heat consumption [pow]
wärmevergütet heat-treated [met]
Wärmevergütung *f* heat treatment [met]
Wärmezufuhr *f* heat input [pow]
warmfest creep-resistant [met]
Warmfestigkeit *f* high-temperature tensile strength [mas]
warmgeformt hot-formed [met]
warmgewalzt hot-rolled [met]
warmlaufen *v* warm up [mot]
Warmluftheizung *f* hot-air heating [mot]
Warmpressschweißen *n* (DIN 1910) hot pressure welding [met]
Warmriss *m* hot crack [met]
warmstranggepresst hot extruded [met]
Warmstreckgrenze *f* high-temperature limit of elasticity [met]
Warmwalzwerk *n* hot-rolling plant [mas]
Warmwasserbehälter *m* hot well [pow]
Warnanlage *f* warning device [mot]
Warnblinkanlage *f* beacon [mot]; hazard flasher [mot]
Warnblinker *m* hazard flasher [mot]
Warnblinkschalter *m* hazard switch [mot]
Warndreieck *n* traffic warning sign [mot]
Warnhupe *f* alarm horn
Warnlampe *f* warning light [mot]
Warnsignal *n* warning signal [mot]
Warnung *f* warning
Wartehalle *f* (Bus) waiting booth [mot]
warten *v* (eine Maschine) maintain [mas]
Warten *n* (Wartung einer Maschine) machine maintenance [mas]
Wartesaal *m* (im Bahnhof) waiting room [mot]
Wartung *f* maintenance [mas]; (vorbeugende Wartung) planned preventive maintenance; routine maintenance [mas]
Wartungsanleitung *f* (Anweisung) maintenance instruction [con]; (meist als Buch) maintenance manual [con]
Wartungsanweisung *f* (Anleitung) maintenance instruction [con]
Wartungsbuch *n* maintenance book [met]

Wartungsbühne *f* (Laufsteg) catwalk [met]; (Laufbühne) running board [mas]
wartungsfrei attention-free [mas]; maintenance-free [pow]
wartungsfreier Betrieb *m* maintenance-free operation [pow]
Wartungsfreundlichkeit *f* serviceability [mot]
wartungsgerecht easy to service [mot]
Wartungshandbuch *n* maintenance manual [mot]
Wartungsinspektion *f* pit stop [mot]
Wartungsintervalle *pl* (zwischen 2 Wartungen) maintenance interval [mot]
Wartungskosten *pl* maintenance cost [eco]
Wartungsliste *f* maintenance manual [mot]
Wartungsplan *m* maintenance schedule [con]
Wartungssatz *m* set for servicing [mas]
Wartungstür *f* (im Kastenwagen) maintenance side door [mot]
Wartungs- und Inspektionsanleitung *f* maintenance and inspection instruction
Wartungswerkzeuge *pl* maintenance tools [wzg]
Wartung, vorbeugende - *f* preventive maintenance [mot]
Warzenblech *n* checkered plate [met]
Warzenschweißung *f* projection weld [met]
Waschanlage *f* (der Windschutzscheibe) washer [mot]
Waschbenzin *f* benzine [che]; petroleum ether [mot]
Waschberge *pl* (im Kohlenbergbau) scalpings [roh]; (im Kohlenbergbau) wash waste [roh]
Waschbeton *m* exposed aggregate concrete [bau]
waschen *v* wash
Wascher *m* (der Scheibenwaschanlage) washer [mot]
Waschluke *f* (Dampflokkessel waschen) washing hatches [mot]
W
Wasserabfluss *m* drain pipe [bau]; waste pipe [bau]; water drain [bau]
Wasserablauf *m* drainage [bau]
Wasserabscheider *m* (z.B. an Motoren) water separator [mot]; (z.B. an Motoren) water trap [mot]
Wasserabstreifer *m* water piper [mot]
Wasseranschluss *m* (Hauptanschluss) water mains supply [bau]
Wasseraufnahme *f* absorption of water [was]
Wasseraustritt *m* (nicht erwünscht) water leakage [mot]; (erwünscht, geplant) water out [mot]
Wasserbausteine *pl* breakwater stones [roh]
Wasserbauten *pl* hydraulic structures [bau]
Wasserbehälter *m* water tank [bau]
Wasserberuhigungszylinder *m* water stabilizing cylinder [bau]
wasserbeständig water-resistant [met]; water-resisting [met]
Wasserbeständigkeit *f* water resistance [met]
Wasserblase *f* bubble [was]
wasserblau (RAL 5021) water blue [nrm]
wasserdicht waterproof; water tight [met]
Wasserdichtigkeit herstellen *f* waterproofing [bau]
wasserdicht schweißen waterproof weld [met]; weld waterproof [met]
Wasserdruck *m* water pressure [phy]
Wasserdruckprobe *f* hydrostatic test [pow]
Wassereinzugsgebiet *n* (Wassergewinnungsgebiet) water catchment area [was]
Wasserfahrzeug *n* (Schiff, Boot, Kahn) vessel [mot]; (Kahn, Schiff usw.) watercraft [mot]
Wasserfass *n* water drum
Wasserfilter *m* water filter [mot]
Wasserfiltereinsatz *m* water filter [bau]
Wasserflugzeug *n* flying boat [mot]; seaplane [mot]
Wasserfüllung *f* water filling [mot]
Wassergehalt *m* (im Brennstoff) moisture [pow]; water content [bau]
Wassergehalt, innerer - *m* (in Brennstoffen) inherent moisture [met]
wassergekühlt water-cooled [pow]
Wassergewinnungsgebiet *n* (Wassereinzugsgebiet) water catchment area [was]
Wasserhahn *m* (Hahn, Sperrventil) faucet [was]; gauge cock [pow]; water faucet [bau]
Wasserhaltung *f* (im Tagebau) de-watering [roh]

Wasserheizung *f* water heating [mot]
Wasserkasten *m* (oberer, unterer) radiator tank [mot]
Wasserkraftwerk *n* hydraulic power plant [pow]; hydro-electric plant [pow]; hydro-electric power station [pow]
Wasserkühlung *f* water-cooling [mot]
Wasserleitblech *n* (im Zylinderkopf) water director ferrule [mot]
Wasserleitstück *n* water guide [bau]
Wasserleitung *f* water line [was]; water pipe [bau]
Wasserleitungsrohr *n* water pipe [mas]
wasserlöslich water-soluble [pow]
Wasserlöslichkeit *f* water solubility [che]; water-solubility [bau]
Wassermangel *m* (im Rohrsystem) shortage of water [mas]
Wassermantel *m* water jacket [mot]
Wassermengenmesser *m* feed water flow meter [was]
Wasserpfropfen *m* (Überhitzer) water pocket [pow]
Wasserpumpe *f* water pump [mot]
Wasserpumpenabdichtung *f* water-pump sealing [mot]
Wasserpumpendeckel *m* water-pump cover [mot]
Wasserpumpenflügelrad *n* water-pump impeller [mot]
Wasserpumpengehäuse *n* water-pump body [mot]
Wasserpumpenpackung *f* water-pump packing [mot]
Wasserpumpenriemen *m* water-pump belt [mot]
Wasserpumpenstopfbuchse *f* water-pump gland [mot]
Wasserpumpenwelle *f* water-pump shaft [mot]
Wasserpumpenzange *f* multi slip-joint gripping pliers [mot]; water-pump pliers [wzg]
Wasserraum *m* water space [pow]; (Trommel) water space [pow]
Wasserrohrkessel *m* water tube boiler [pow]
Wasserrohrkühler *m* surface type attemperator with water through tubes, steam outside [pow]; water tube attemperator [pow]
Wassersack *m* (Laschung) water pocket [pow]
Wassersäule *f* (mm H_2O) inches of water [pow]; water column [msr]; water head [mot]
Wasserschlag *m* water hammer [pow]
Wasserschutzgebiet *n* water protection area [was]
Wasserspiegel *m* water level [was]
Wasserstand *m* (z.B. Fluss bei Hochwasser) water level [was]
Wasserstandsalarmapparat *m* high-low water level alarm [pow]
Wasserstandsanzeiger *m* (Dampflok) water-level gauge [mot]; water level indicator [msr]
Wasserstandsglas *f* water column gauge glass [pow]
Wasserstandsprüfhahn *m* (Dampflok) gauge-glass test cock [mot]
Wasserstandsschauglas *f* (Typ Klinger, Dampflok) water-level sight glass [mot]
Wasserstandswächter *m* liquid level monitor [pow]
Wasserstoffkühlung *f* (Generator) hydrogen cooling [pow]
Wasserstoffversprödung *f* (durch Wasserstoffdiffusion) hydrogen embrittlement [met]
Wasserstrahlankopplung *f* water jet coupling [bau]
Wasserstrecke *f* water path [bau]
Wasserumlauf *m* water circulation [pow]
wasser- und aschefrei (Brennstoff) ash dry free [msr]; (Brennstoff) moisture and ash free [pow]
wasservergütet (nach Blech erhitzen) water quenched [met]
Wasserverlust *m* loss of water [bau]
Wasserversorgung *f* water supply [was]
Wasservorrat *m* water supply [was]
Wasserwaage *f* spirit level [msr]; water balance [bau]
Wasserwanne *f* water basin [bau]; water tank [bau]
Wasser-Zement-Wert *m* water cement ratio [bau]
Wasserzufluss *m* water feed [bau]; water intake [bau]; water supply [bau]
Wasserzulauf *m* (zu Motor, Maschine) coolant inlet [mot]
Wechsel *m* (Umbesetzung im Personal) change [eco]; (Abänderung, Neuerung) variation

Wechselbehälter *m* (Container) exchangeable container [mot]
Wechselbeziehung *f* (Messgrößen) correlation [msr]
Wechselblende *f* exchangeable gland [mot]; exchangeable packing [mot]
Wechsel der Wellenart *m* mode transformation [elt]
Wechselgetriebe *n* change speed gearbox [mot]; gear change box [mot]; (z.B. in Fahrzeug) switchgear [mot]
Wechsellader *m* (verschiedene Behälter) truck chassis with load handling system [mot]
Wechsellast *f* fluctuating load [pow]; (beim Dauerversuch) reverse load [met]
Wechsellichtstrahlschalter *m* photo-electric cell selector switch [elt]
wechseln *v* (Strom) alternate [elt]
Wechselrelais *n* change-over relay [elt]
Wechselrichter *m* inverter [elt]; vibrator [elt]
Wechselschalter *m* change-over switch [elt]
Wechselspannung *f* (im Stahlgerüst) alternating stress [elt]; (z.B. der Bundesbahn) alternating voltage [elt]; alternative current [elt]
Wechselstab *m* (Fachwerk) counterbrace [bau]
Wechselstrom *m* alternating current [elt]
Wechselstromanschluss *m* alternating current supply [elt]
Wechselstromleistung *f* alternating current power [elt]
Wechselventil *n* shuttle valve [mot]
Wegaufnehmer *m* spool travel gauge [mas]
Wegaufnehmer, induktiver - *m* inductive distance recorder [msr]
Wegeachse *f* (von Weg und Straße) road axis [mot]
Wegebau *m* (z.B. Gradereinsatz) construction of farming and forestry roads [bau]
Wegehobel *m* (Grader, Erdhobel) grader [mbt]
Wegehobeln *n* (Graderarbeit) maintenance of dirt roads [mbt]
Wegekörper *m* base of the road [mot]
Wegeventil *n* control valve [mot]; directional control valve [mot]; (2/2-Wegeventil etc.; verteilt in x Richtungen) distributing valve [mot]; (verteilt in x Richtungen) diverter valve [mot]; way valve [mas]
weggeschlossen (ver-, abgeschlossen) under lock and key
Weg, kritischer - *m* (Projektplanung) critical path
Weglänge *f* path length [edv]
wegräumen *v* (z.B. Schutt) remove
wehen *v* (verwehen, wegwehen) blow
Weiche *f* (einfach) points [mot]; (einfach) switch [mot]; (Übergabeweiche) turnout [mot]
Weichenantrieb *m* (elektrisch) switch-drive [mot]
Weichenheizung *f* point heater [mot]
Weichenrippenplatte *f* ribbed base plate for switches [mot]
Weichenschaltung *f* switch control [mot]
weichgeglüht soft-annealed [met]
Weichgestein *n* soft rock [geo]
weichlöten *v* soft soldering [mas]; solder [met]; sweating [met]
Weichlöten *n* soldering [met]
Weichpackung *f* soft packing
Weichstahlgüte *f* mild steel quality [mas]
Weichzerkleinerung *f* (im Brecher) soft rock crushing [roh]
weingrün (RAL 6019) pastel green [nrm]
weinrot (RAL 3005) wine red [nrm]
weißaluminium (RAL 9006) white aluminium [nrm]
Weißband *n* (Blech) tin-coated strip [met]
Weißband, elektrolytisch verzinntes - *n* electrolytic tin-coated strip [met]
Weißblech *n* tin plate [met]; tin sheet [met]
Weißblechanlage *f* tin plate line [met]
Weißblech, elektrolytisch verzinntes - *n* electrolytic tin plate [met]
weißen *v* whitewash [met]
weißgrau (z.B. RAL 7035) off-white [nrm]
Weißmetall *n* (Lagermetall) babbitt [met]; white bronze [met]
Weißmetalllager *n* white metal lining [mas]
Weißpause *f* white print [con]
Weisungsrecht *n* power to give instructions [jur]
Weite *f* (Transportweite) distance [mot]; (z.B. des Grundstücks) extent [bau]; (des Landes) wideness and distance; (eines Gegenstandes) width [con]
Weite, lichte - *f* clear span [con]

weitergehend (z.B. - Schäden, häufig zynisch gebraucht, wenn Menschen Schaden nehmen) collateral
weiterleiten (weitersenden) forward
Weiterverarbeitung *f* manufacturing operation [met]; steel treatment [mas]
weiterverbinden *v* (am Telefon) put through [tel]
weitsichtig far-sighted
Weitstrahler *m* long distance beam [mot]
welken *v* (verwelken, z.B. Pflanzen) wither [bff]
Wellblech *n* corrugated iron [met]; (aus Walzwerk) corrugated sheet [met]; corrugated sheeting [met]
Wellblechrohr *n* corrugated iron pipe [met]; metal sheet pipe [bau]
Welldichtung *f* (Eco-Krümmer) corrugated packing ring [pow]
Welle *f* (Achswelle) axle shaft [mas]; (als Maschinenteil) column [met]; pin [mas]; (z.B. Kardan) shaft [mot]; (Achse am Pkw) spindle [mot]; (Radio, auch Wasser) wave [phy]
Welle, biegsame - *f* flexible drive shaft [mas]
Welle, durchgehende *f* continuous wave [phy]
Welle, elastische - *f* elastic wave [bau]
Welle, gedämpfte - *f* (Einschwenkvorgang) damped wave [phy]
Welle, kontinuierliche - *f* continuous wave [phy]
Wellenausbreitung *f* wave propagation [phy]
Wellenbewegung *f* wave motion [phy]; wave movement [phy]
Wellenbund *m* shaft collar [mot]
Wellendichtring *m* shaft sealing ring [mot]
Wellendichtung *f* oil seal [mot]
Wellendurchmesser *m* shaft diameter [mas]
Welleneinsatz *m* shaft insert [mas]
Wellenerzeugung *f* wave generation [elt]
Wellenfläche *f* wave surface [elt]
Wellenfront *f* wave front [phy]
Wellenkupplung *f* clutch [mot]
Wellenlänge *f* wave length [phy]
Wellenmutter *f* lock nut [mas]; shaft nut [mas]
Wellennut *f* key seat [mas]
Wellen-PS shaft horsepower [mas]
Wellenreflexion *f* wave reflection [phy]
Wellenrücken *m* wave tail [elt]
Wellenschulter *f* shaft shoulder [mas]
Wellenspaltung *f* wave splitting [phy]
Wellenstruktur *f* wave structure [elt]
Wellenstumpf *m* shaft butt end [mas]
Wellentoleranz *f* shaft tolerance [mas]
Wellenträger *m* shaft carrier [mas]
Wellenumformung *f* mode transformation [elt]
Wellenumwandlung *f* wave transformation [elt]
Wellenwiderstand *m* characteristic impedance [elt]; surge impedance [elt]
Wellenzug *m* wave train [mot]
Wellenzug, gedämpfter - *m* damped wave train [phy]
Welle, sinusförmige - *f* sinusoidal wave [elt]
Welle, stehende - *f* stationary wave [phy]
Welle, verzahnte - *f* gear shaft [mas]
Welligkeit *f* ripple [elt]
Wellrohrkessel *m* corrugated-furnace boiler [pow]
Weltdeckung *f* (Versicherung mit Weltdeckung) worldwide coverage [jur]
Wendeantrieb *m* reversing gear [mot]
Wendehammer *m* (in Sackgasse) turning area [mot]
Wendekreis *m* (Wenderadius des Autos) turning circle [mot]; (Wenderadius des Autos) turning radius [mot]
Wendekreisdurchmesser *m* vehicle clearance side [mot]
wendelförmig (Steine im Hochofen) spiral arrangement [mas]
Wendeltreppe *f* spindle stairs [bau]; spiral staircase [bau]
wenden *v* (das Auto rumdrehen) turn [mot]; (Schiff, Auto) turn around [mot]
Wenden *n* (des Wagens) turn [mot]
Wenderadius *m* turning radius [mot]
Wendestation *f* return station [mbt]
Wendezugbetrieb *f* push-pull operation [mot]
Wendezugeinrichtung *f* push-pull device [mot]
wendig (Mensch; wach, ausgeschlafen) alert; (Gerät; z.B. schneller Stapler) manoeuvrable [mot]
Wendung *f* (des Schiffes, Autos) turn [mot]
Werbung *f* advertising [eco]
Werft *f* (baut Hochsee- und Binnenschiffe) shipyard [mot]

Werftanlage *f* shipyard [mot]
Werftdrehkran *m* shipyard swivel crane [mot]
Werftkran *m* shipyard crane [mot]
Werftportalkran *m* shipyard gantry [mot]
Werk *n* (im Werk, in der Produktion) factory floor [met]; (z.B. Stahlwerk) mill [roh]; (z.B. ab Werk) works [met]; workshop [eco]
Werkbank *f* (Teil des Arbeitsbereichs) workbench [mas]
Werksabnahme *f* factory approval [msr]
Werksattest *n* (bei Lieferungen) beneficiary certificate [eco]; (Qualitätszeugnis) company certificate [msr]
Werksbahn *f* factory railway [mot]; (in großer Fabrik) industrial railway [mot]; (in großer Fabrik) works railway [mot]
Werksbereich *m* (Abteilung, Ressort) division [met]
Werkseinweihung *f* (z.B. Werk Berlin) commissioning [met]
Werksführung *f* (Besichtigung) guided tour through the factory
Werksleiter *m* (Betriebsleiter) plant manager [met]
Werksmontage *f* (fertige Werksmontage) assembled in works [mas]
Werksmontage, fertige - *f* assembled in works [mas]
Werksnorm *f* (fabrikeigene Norm) factory standard [con]
werksseitig (vom Werk geliefert) factory-provided [met]
werksseitig gebaut (fabrikgefertigt) mill-fitted [met]
Werkstattanstrich *m* shop coat [met]
Werkstattarbeit *f* (gute Qualität) workmanship [mas]
Werkstattbestand *m* (Material i. Werkst) material on the shop floor; (Material in der Werkstatt) shop floor material [mas]
Werkstatteinrichtung *f* workshop equipment [con]
Werkstatthandbuch *n* (Reparaturanleitung) repair manual [met]; workshop manual [met]
Werkstattleiter *m* (Betriebsleiter) workshop manager [met]
Werkstatt, mechanische *f* machine shop [met]
Werkstattmontage *m* shop assembling [met]
Werkstattprüfschein *m* material test certificate
Werkstattprüfung *f* shop test [mas]
Werkstattraum *m* (für Inspektionen) inspection bay [met]
Werkstattschweißung *f* shop welding [met]
Werkstattzeichnung *f* shop drawing [con]; workshop drawing [con]
Werkstattzusammenbau *m* workshop assembly [met]
Werkstoff-Nr. *f* material no. [mas]
Werkstoffprüfung *f* (Materialprüfung) materials testing [msr]; (Materialprüfung) material test [msr]
Werkstoffprüfung, zerstörungsfreie - *f* non-destructive material testing [msr]
Werkstück *n* (an dem gearbeitet wird) workpiece [mas]
Werksvertrag *m* labour contract [eco]
Werkswagen *m* (Firmenfahrzeug) company car [mot]
Werkszeugnis *n* (Attest) company certificate [msr]
Werkzeug *n* implement [wzg]; (Instrument) instrument [mas]; (Hammer, Zange, etc..) tool [wzg]; (mehrere Werkzeuge) tools [wzg]
Werkzeugausrüstung *f* toolkit [wzg]
Werkzeugausstattung *f* toolkit [wzg]
Werkzeuge, örtlich übliche - *pl* local tools [wzg]
Werkzeugindustrie *f* tool industry [wzg]
Werkzeugkasten *m* (Werkzeugkiste) tool-box [wzg]
Werkzeugkastendeckel *m* tool-box lid [wzg]
Werkzeugkiste *f* (Werkzeugkasten) tool-box [wzg]; toolkit [wzg]
Werkzeugmacherei *f* toolshop [wzg]
Werkzeugmaschine *f* machine tools [wzg]
Werkzeugmaschinenbau *m* machine tools [wzg]
Werkzeugsatz *m* set of tools [wzg]; toolkit [wzg]; tool kit [wzg]
Werkzeugstahl *m* tool steel [met]
Werkzeugtasche *f* toolkit [wzg]
Wert, eingestellter - *m* pre-set value [msr]
Wert, maximal vorgegebener - *m* maximum pre-set value
Wert, voreingestellter *m* (Ersatzwert) default [edv]

Wert, vorgegebener - *m* pre-set value [msr]
Wert, wahrer - *m* true value
Wettbewerb *m* competition [eco]
Wettbewerber *m* (Konkurrent) competitor [eco]
wettbewerbsfähig (marktgerecht) competitive [eco]
Wettbewerbsfähigkeit erhalten *f* maintain the competitive edge [eco]
Wettbewerbssituation *f* competitiveness [eco]
Wettbewerbsvergleich *m* direct competition [eco]
Wetterbedingungen *pl* weather conditions [wet]
Wetterbericht *m* (mit Satellitenbildern) weather report [wet]
wetterbeständig (wetterfest) weatherproof [wet]
Wetterbeständigkeit *f* weather resistance [met]
Wetterdach *n* canopy roof [bau]
wetterdicht (wetterfest) weatherproof [wet]
wetterfest (Kleidung) weatherproof [wet]
Wetterkarte *f* (TV, Presse usw.) weather map [wet]
Wetterschacht *m* (Bergbau) air shaft [roh]
Wetterschutzmaßnahmen *pl* (bewährt) weather-proof measures [wet]
Wettervorhersage *f* (Wetterbericht) weather forecast [wet]
wetzen *v* (schleifen) grind [met]; (ein Beil am Wetzstein) whet [wzg]
Wetzstein *m* oilstone [mas]
Whitworth-Rohrgewinde *n* pipe thread of Whitworth form [mas]
Wichte *f* specific gravity [msr]
Wichtigkeit, von - of importance
Wickelautomat *m* (für Ankerwicklung) winding machine [elt]
Wickelautomat, schnell laufender - *m* automatic winding machine [wzg]
Wickelfeder *f* volute spring [mas]
Wicklung *f* (Spirale) coil [met]; winding [elt]
Wicklungsverluste *pl* winding losses [elt]
Widerlager *n* (unter Bahn-, Straßenbrücke) abutment [bau]
widerrufen *v* (zurücknehmen) revoke
Widerstand *m* (im Material bei Dehnung) drag [mas]; resistor [elt]
Widerstand, geringster - *m* least resistance
Widerstand, induktiver - *m* inductive resistance [elt]
Widerstand, kapazitiver - *f* capacitance [elt]
Widerstand, ohmscher - *m* ohmic resistance [elt]
Widerstandsanpassung *f* (Scheinanpassung) matching impedance [elt]
Widerstandschmelzschweißen *n* resistance fusion welding [met]
Widerstandsfähigkeit *f* (Ausdauer) endurance; resistance [bau]; strength [mas]
Widerstandsgerade *f* resistive load line [elt]
Widerstandsleiter *m* resistance network [elt]
Widerstandsmoment *n* section modulus [mas]
Widerstand, spezifischer - *m* resistivity [elt]
Widerstandspressschweißen *n* resistance welding [met]
Widerstandsschweißung *f* electric resistance welding [met]
Widerstandsthermometer *n* electric resistance thermometer [msr]
Wiederanlaufsperre *f* restart inhibit [elt]
Wiederaufbau *m* (nach Krieg) reconstruction [bau]
wiederaufbereiten *v* (Dosen, Papier, Uran) recycle [jur]
Wiederaufbereitung *f* (z.B. Asphalt) recycling [jur]
Wiederaufbereitungsanlage *f* recycling plant [jur]
Wiederauffüllung *f* replenishment [bod]
Wiederaufgleisgerät *n* rerailing equipment [mot]
wieder aufladbar (Batterie) rechargeable [elt]
Wiederaufladung *f* (Batterie) recharging [elt]
Wiederbelebung *f* (z.B. nach Unfall) reanimation [hum]
Wiederbereitschaftsschaltung *f* automatic reconnection circuit [mbt]
Wiederbereitschaltung *f* (Fotozellen) automatic reconnection circuit [mbt]
Wiederbereitstellungsautomatik *f* automatic reconnection circuit [mas]

Wiedereinbau *m* (Teile in Maschine) re-assembly [mas]
wiedereinlesen *v* (von Gesichertem) restore [edv]
Wiedereinschaltautomatik *f* (Rolltreppe) automatic reconnection circuit [mbt]
wiedereinschalten *v* (nach Missbrauch) reconnect
Wiedereinstellung *f* (Beschäftigung) reemployment [eco]
Wiedereintritt *m* (z.B. in Erdatmosphäre) re-entry
Wiedererkennen *n* (z.B. EDV-Zeichen) recognition [edv]
Wiedergabe *f* (Aufzeichnung) recording
Wiedergewinnungskessel *m* (Laugenkessel) recovery boiler [pow]
wiederherstellen *v* (z.B. Altbau) reconstruct [bau]; (wieder einspielen) restore [edv]; (z.B. Altbau) restore [bau]
Wiederholteile *pl* repeat parts
Wiederholung *f* repetition
Wiederholungsprüfung *f* retest [msr]
wieder laden *v* (z.B. Batterie aufladen) recharge [elt]
Wiederverwertbarkeit *f* (z.B. Software) reusability [edv]
Wiederzusammenbau *m* reassembly [met]
wieder zusammenbauen *v* reassemble [met]
Wiege *f* cradle
Wiegebescheinigung *f* weight card [msr]
Wiegeeinrichtung *f* weighing equipment [msr]
Wiegekarte *f* weigh-bridge ticket [msr]
Winch *f* (Seilwinde am Hafen oder Schiff) winch [mot]
Winddruck *m* (Wirkung auf Bauwerke) wind pressure [bau]
Winde *f* hoist [mas]; jack [mas]; winch [mot]
Windenträger *m* winch base [mot]
Winderhitzer *m* (z.B. bei Hochofen, E-Werk) cowper [met]; (z.B. bei Hochofen, E-Werk) hot blast stove [pow]
Windflügel *m* (im Auto) fan [air]; (Ventilator) ventilator [mas]
Windgeschwindigkeit *f* wind speed [wet]
Windkraft *f* (z.B. Sturm oder Kraftwerk) wind power [wet]
Windkraftwerk *n* wind power station [pow]
Windlast *f* wind load [bau]
Windleitblech *n* smoke deflector [mot]; (an Lok) smoke deflector plate [mot]
Windschatten *m* (z.B. Autorennen) slip stream [mot]
windschlüpfig (stromlinienförmig) faired [mas]
windschlüpfig machen *v* (verkleiden) fair [mas]
Windschutzscheibe *f* windscreen [mot]; windshield [mot]
Windschutzscheibenrahmen *m* windscreen frame [mot]
Windsichter *m* air separator [roh]
Windstärke *f* (Windlast) intensity of wind [wet]; wind intensity [wet]
Windträger *m* (Stahlbau) wind girder [bau]
Wind- und Schneelast *f* climatic load [wet]
Windung *f* (Feder) coil [met]; (Verwindung des Materials) torsion [mas]; (Spule) turn [elt]
Windungsdurchmesser *m* (Feder) coil diameter [con]
Windungsdurchmesser, innerer *m* inside coil diameter [mas]
Windungsrichtung *f* (Feder) direction of coil [met]
Windversteifung *f* (Stahlbau) wind bracing [bau]
Winkel *m* (Zeichengerät) square [con]
Winkelabweichung *f* deviation of the angle(-s) [con]
Winkelantrieb *m* (z.B. Messgerät, Uhr) angle drive [mas]
Winkeleisen *n* (auch dünn) strapping [mas]
Winkelflansch *m* angle flange [mas]
Winkelführungsplatte *f* (neben Schiene) angular guide plate [mbt]
Winkelgelenk *n* angled joint [mas]; knuckle joint [mas]; toggle joint [mas]
Winkelgetriebe *n* angle transmission [mas]
Winkelgrad *m* angular degree [con]; degree of the angle [con]
Winkelhebel *m* angled lever [mas]; (Werkzeug) bell crank [wzg]
winkelkonstant angle-constant [con]
Winkelkopfreflexion *f* angle probe reflection [msr]
Winkel, kritischer - *m* critical angle [con]
Winkellasche *f* bent lug link plate [mas]

Winkelmesser *m* (Schulwerkzeug) protractor [mat]
Winkelprofil *n* angle section [met]
Winkelprüfkopf *m* (Qualitätskontrolle) angle-beam probe [msr]; (Qualitätskontrolle) angle-beam probe [msr]
Winkelrückschlagventil *n* angle check valve [mot]; right angle check valve [mas]
Winkelschleifer *m* angle sander [wzg]; right angle grinder [wzg]
Winkelstahl *m* angle [met]; angles [mas]; angle sections [mas]
Winkelstück *n* angle section [mas]; elbow connector [mot]
Winkel, stumpfer - *m* blunt angle [con]
Winkelthermometer *n* angle thermometer [msr]
Winkel, toter - *m* (Strömung) dead corner [pow]
Winkelventil *n* angle valve [mas]
Winkelverhältnis *n* (Feder) coiling ratio [met]
Winkelverschraubung *f* angled screw coupling [mas]
Winker *m* (Richtungsanzeiger) indicator [mot]; (Richtungsanzeiger) turn signal [mot]
Winkerkontrollleuchte *f* direction indicator control lamp [mot]
winklig angular [con]
Winterbetrieb *m* winter operation [pow]
Wintereinsatz *m* (Arbeit, Militär) winter application
winterhart (überdauernde Pflanze) perennial [bff]
Wippdrehkran *m* (Einfach- u. Doppellenker) luffing and slewing crane [mot]
Wippe *f* (Brett auf Bock) seesaw
Wippen *n* (des Krans) luffing [mot]
Wippengerät *n* (z.B. Schaufelradlader) fully balanced stacker/reclaimer [roh]
Wipperanlage *f* (im Bergwerk) car tippler [roh]
Wippkran *m* (Hilfskran) luffing crane [mbt]
Wippseil *n* (Seil des Wippkrans) luffing rope [mot]
Wippwerk *n* (Wippkran u. Zubehör) luffing gear [mot]
Wirbelbrenner *m* turbulent burner [pow]; vortex burner [pow]
Wirbelkammerfeuerung *f* turbo-furnace [pow]; vortex furnace [pow]
Wirbelrohr *n* cyclone tube [roh]
Wirbelstrom *m* eddy current [elt]
Wirklänge *f* (Keilriemen) pitch length [mas]
Wirkleistung *f* effective power [elt]; real power [elt]
Wirkleistungszähler *m* real power counter [elt]
Wirksamkeit *f* effectiveness
Wirkstoff *m* additive [che]
Wirkstrom *m* active current [elt]; true current [elt]
Wirkung *f* effect [bau]
Wirkungsgrad *m* efficiency [elt]
Wirkungsgrad, mechanischer - *m* mechanical efficiency [phy]
Wirkungsgrad, thermischer - *m* thermal efficiency [pow]
wirkungsvoll (leistungsfähig) efficient
Wirtschaftlichkeit des Kraftstoffes *f* fuel economy [mot]
Wischarm *m* wiper arm [mot]; wiper blade [mot]
Wischblatt *n* wiper blade [mot]
Wischer *m* (Scheibenwischer) wiper [mot]
Wischerarm *m* (Scheibenwischer) wiper arm [mot]
Wischerbreite *f* (Scheibenwischer) wiper width [mot]
Wischermotor *m* wiper motor [elt]
Wisch-Wasch-Intervall *n* (Waschanlage) wish-wash interval [mot]
wissensbasiertes System *n* knowledge-based system [edv]
Wissensmodell, konzeptionelles - *n* conceptual knowledge model [edv]
Witterungsbeständigkeit *f* resistance to weathering [met]
Witterungseinfluss *m* atmospheric conditions [wet]
Witterungsschutz *m* cold weather protection [wet]
Wohnblock *m* apartment block [bau]; block of flats [bau]
Wohngebiet *n* residential area [bau]
Wohngegend *f* (in einer Stadt) residential area [bau]
Wohnhaus *n* (Mehrfamilienhaus; US) apartment building [bau]; (Mehrfamilienhaus) block of flats [bau]; (transportabel; US) mobile home [mas]
Wohnung *f* apartment [bau]
wölben *v* (biegen) arch [met]

Wölbnaht *f* (Schweißnaht) bead weld [met]; (eine oder mehrere Raupen) bead weld [met]
Wölbung *f* arch [con]
Wolfram-Schutzgasschweißen *n* gas-shielded tungsten-arc welding [met]
wolkenweiß (Farbton) cloud white [nrm]
Wrasen *m* (Schwaden) waste steam [pow]
Wucht *f* (Stoß, Aufprall) momentum [phy]
Wühlen *n* (der Reifen) tyre scuffing [mot]
Wulst *f* (z.B. am Bierfass) bead [met]; (Reifenteil in Felge) pad [mot]
Wulstband *n* clincher band [mot]
Wulstbildung *f* (Autoreifen) pads [mot]
Wulstfelge *f* clincher rim [mot]
Wulstreifen *m* clincher tyre [mot]
Wulststahl *m* bulb-tee [bau]
Würfel *m* cube; dice
würfelförmig cubical [con]
Wurffeuerung *f* sprinkling stoker [pow]
Wurzel *f* (der Schweißnaht) root [met]
Wurzelbiegung *f* (für Schweißqualität) root bend [met]
Wurzeldurchfall *m* (der Schweißnaht) excessive penetration [met]; (der Schweißnaht) excessive root penetration [met]
Wurzel, durchhängende - *f* (Schweißtechnik) excessive root penetration [met]
Wurzeleinbrand *m* (an Schweißnaht) penetration into the root [met]
Wurzelfehler *m* (falsches Schweißen) root defect [met]
Wurzelkerbe *f* (fehlerhafte Schweißung) incomplete joint penetration [met]
Wurzellage *f* (erste Schweißraupe) root pass [met]
Wurzelmaß *n* (Anreißmaß im Stahlbau) marking off dimension [mas]
Wurzel, nicht durchgeschweißte - *f* incomplete joint penetration [met]
Wurzelöffnung *f* root opening [met]
Wurzelriss *m* (der Schweißnaht) root crack [met]
Wurzelrückfall *m* (Schweißnaht) hollow root [mas]; lack of root fusion [mas]; root contraction [mas]
Wurzelseite *f* (Nahtunterseite) back of weld [met]

X

X-Achse *f* X-axis [elt]
X-Naht *f* (neu: DV-Naht) double V seam [met]
X-Schnitt *m* X-cut [elt]
x-y-Schreiber *m* x-y recorder [elt]

Y

Y-Brenner *m* Y-jet burner [pow]; Y-jet type oil burner [pow]
Y-Naht *f* single Y [met]
Y-Quarz *m* (Ankopplung) Y-cut quartz [elt]

Z

Zacken *m* (Zahn) tooth [mas]
zäh tenacious [met]; (zähes Material, z.B. Kunststoff) tough [met]
Zähflüssigkeit *f* (z.B. Öl) viscosity [phy]
Zähigkeit *f* (starkes Zusammenkleben) tenacity [met]
Zähleinheit *f* counting unit [elt]
Zahlendreher *m* (aus 1117 wird 1171) figures (erroneously) turned around [mat]
zahlenmäßig erfasst numerically recorded
Zählerkarte *f* digital display unit [elt]
Zählerstand *m* dial count [elt]; dial recording [elt]
Zählspeicher *m* counter store [elt]
Zahltag *m* date of payment [eco]; payday [eco]
Zahlungsbedingungen *pl* conditions of payment [eco]
Zahlungsrückstand *m* arrears [eco]
Zählwerk *n* counter [elt]
Zahn *m* (an der Drehdurchführung) gear [mot]; (Drehdurchführung) gear tooth [mas]
Zahnbogen *m* (Segment am Zahnrad) toothed quadrant [mas]; tooth sector [mas]
Zahnbreite *f* (Zähne am Zahnrad) tooth width [mas]; (Zahnrad) width of tooth face [mas]
Zahndicke *f* (als Bogen am Teilkreis) arc thickness [mas]; (Zahnrad) circular thickness [mas]; (im Normalschnitt) normal tooth thickness [mas]; (am Grundzylinder Stirnschnitt) transverse base thickness [mas]
Zahndickensehne *f* (am Zahnrad) chordal tooth thickness [met]
Zahn eines Zahnrades *m* (aus Holz) cog [mas]
Zahneingriff *m* (Zahnrad) meshing [mas]
Zähnesatz *m* (am Zahnrad) set of teeth [mas]
Zähne schneiden *v* cut teeth [met]; notch [met]
Zähnezahl *f* (Zahnrad, Rollenkette) number of teeth [mas]
Zahnflanke *f* (an Zahnrad, Zahnstange) tooth flank [mas]; (an Zahnrad, Zahnstange) tooth profile [mas]
Zahnform *f* (Zahnrad) tooth form [mas]
Zahnfuß *m* (geht in Hülse der Schneide) tooth shank [mas]
Zahnfußhöhe *f* (Zahnrad) dedendum [con]
Zahngrund *m* (am Zahnrad) tooth root surface [mas]
Zahngrundhärtung *f* hardening of the interior root <circle> surface [met]
Zahngruppe *f* tooth group [mas]
Zahnhalter *m* (in der Schneide) adapter [mas]; (in der Schneide) tooth socket [mas]
Zahnhalterung *f* (Splint, Feder oder Ähnliches) tooth lock [mas]
Zahnhöhe *f* depth of tooth [con]; tooth depth [mas]
Zahnkette *f* sprocket chain [mot]; toothed chain [mas]
Zahnkopf *m* (des Zahnes am Zahnrad) tooth crest [mas]
Zahnkopfhöhe *f* (Zahnrad) addendum [mas]
Zahnkranz *m* gear rim [mot]; gear ring [mas]; (Hohlrad Planetengetriebe) ring gear [mas]; (Folge von Zähnen) toothed wheel rim [mas]
Zahnlücke *f* (am Zahnrad) space width [mas]
Zahnnabe *f* (innenverzahnte Nabe) internally toothed hub [mas]
Zahnprofil *n* (Zahnrad) tooth shape [mas]
Zahnrad *n* cog wheel [mas]; (in Getriebe) gear [mas]; gear wheel [mot]; (Ölpumpenzahnrad) gear wheel [mot]; pinion [mot]; tooth wheel [mas]
Zahnradantrieb *m* gear drive [mot]
Zahnradbahn *f* (Zahnstange zw. Gleis) cog railway [mot]; (Zahnstange zwischen Gleis) rack railway [mot]
Zahnradbandage *f* (v. innen bis Zahnfuß) gear ring thickness [mot]
Zahnradfräsmaschine *f* (vertikal) gear hobbing machine [wzg]
Zahnradgehäuse *n* gear housing [mas]
Zahnradkasten *m* gear housing [mas]
Zahnrad, mitlaufendes - *n* (Leitrad) idler [mot]
Zahnradnabe *m* gear hub [mas]
Zahnradpumpe *f* gear pump [mas]; gear-type pump [mot]; gear-type pump [mas]; gear wheel pump [mas]
Zahnrad, ringförmiges - *n* ring gear [mas]

Zahnradschneiden *n* gear cutting [met]
Zahnradübersetzung *f* (ganzer Satz) gear train [mas]
Zahnradvorgelege *n* toothed-wheel gearing [mas]
Zahnradvorgelegewelle *f* (des Motors) counter shaft [met]
Zahnriemen *m* serrated belt [mot]; sprocket belt [mot]
Zahnring *m* toothed rim [mas]; toothed ring [mas]
Zahnritzel *n* pinion [mas]
Zahnsatz *m* (Satz Zähne) set of teeth [mas]
Zahnscheibe *f* toothed lock washer [mas]; (Unterlegscheibe) toothed washer [mas]
Zahnsegment *n* gear segment [mas]; sector gear [mas]
Zahnsicherung *f* (z.B. Zahn an Tieflöffel) tooth securing [mas]
Zahnspitze *f* (vorderster Zahnteil) tooth tip [mas]
Zahnstange *f* gear rack [mot]
Zahnstangenantrieb *m* rack gear [mot]
Zahnstangenheber *m* rack and pinion jack [mot]
Zahnteilung *f* (entlang Sehne) chordal pitch [mas]; (im Teilkreis) circular pitch [mas]
Zahnteilungsmodul *m* module [mas]
Zahnverstellung *f* (z.B. an Grabgefäß) tooth setting [mas]
Zahnweite *f* (z.B. über 6 Zähne) base tangent length [mas]; width of teeth [mas]
Zahnwelle *f* gear shaft [mas]; toothed shaft [mas]
Zapfen *m* (herausragend) finger [mas]; (Lagerlauffläche) journal [mot]; (bei Schienenklemmplatte) lug [mot]; (Einsteckbolzen) pivot [mas]; (Mitnehmer am Zylinderschaft) tang [mas]
Zapfendüse *f* pintle-type nozzle [mot]
zapfenförmig (konisch) conical [con]
Zapfengelenk *n* pivot hinge [mas]
Zapfenkreuz *n* (z.B. beim Grader) cross pin [mbt]
Zapfenlager *n* (besonders an Achse) journal bearing [mot]; pivot bearing [mas]; (bei Stahlkonstruktion) trunnion bearing [mas]
Zapfenreibung *f* journal friction [pow]
Zapfsäule *f* (bei Tankstelle) gas pump [mot]
Zapfwelle *f* (zusätzliche Kraftabnahme) dower take off [mot]
Zarge *f* (Türeinfassung) surround [bau]
Zehe *f* (nach Sprengung stehen bleibend) toe [roh]
Zeichen *n* (auf Verpackung) mark
Zeichenbrett *n* (Zeichenmaschine) drawing board [con]
Zeichendreieck *n* setsquare [con]
Zeichenkette *f* (z.B. "a/bl3errr) string [edv]
Zeichenmaschine *f* drafting machine [bau]; (Reißbrett) drawing machine [con]
Zeichenschablone *f* templet [con]
Zeichenvorrat *m* (bei EDV) character set [edv]
zeichnen *v* (z.B. eine Linie) draw [con]
Zeichnen, technisches - *n* technical drawing [con]
Zeichner *m* draughtsman [con]
Zeichnerin *f* draughtswoman [con]
Zeichner/in draughtsperson [con]
Zeichner, technischer - *m* draftsman [con]
Zeichnung *f* (Skizze) schematic [con]
Zeichnungen, angefallene - *pl* resulting drawings [con]
Zeichnungen, technische - *pl* (allgemein) blueprints [con]
Zeichnung, maßstabsgerechte - *f* scaled drawing [con]
Zeichnung, nach - according to drawing [con]
Zeichnungsänderungsdienst *m* drawing amendment service [con]
zeichnungsberechtigt (für Firma) authorized to sign [eco]
Zeichnungsblatt *n* drawing sheet [con]
Zeichnungsfeld *n* (Raum für Zeichnungen) drawing panel [con]
zeichnungsgerecht (entspricht der Zeichnung) in correspondence with the drawing [con]
Zeichnungskopf *m* (meist unten rechts) drawing title [con]; (Beschriftungsfeld) title block [con]
Zeichnungsnummer *f* drawing no. [con]
Zeichnungsregistratur *f* registration of drawings [con]
Zeichnungssatz *m* set of working drawings [con]
Zeichnungsteil *n* customized part [con]

Zeichnung, technische - *f* technical drawing [con]
Zeiger *m* indicator [mot]
Zeigeraddition *f* addition of vectors [mat]
Zeigerplatte *f* dial [edv]
Zeile *f* (auf EDV-Schirm) line [edv]
Zeilendrucker *m* line printer [edv]
Zeilenstruktur *f* banded structure [edv]
Zeilenumschalter *m* (Pfeil mit Haken) carriage return [edv]
Zeitablenkung *f* time deflection [elt]
Zeitablenkung, verzögerte - *f* time-base sweep [elt]
Zeitaufwandswert *m* labour constant
Zeitbasis *f* time base [elt]
Zeitbereich *m* time domain [elt]
Zeitfunktion *f* function of time [elt]
Zeitfunktion, komplexe - *f* complex function of time [elt]
Zeitglied *n* time relay [elt]
Zeitkonstante *f* time constant [elt]
Zeitlinie *f* time base [elt]
Zeitlinienmarkierung *f* screen marker [edv]
Zeitlinienmessstrecke *f* (Leuchtschirms) time base [elt]
Zeitnahme *f* time-keeping [msr]
Zeitnehmer *m* (Mensch) observer [msr]
Zeitplan *m* schedule
Zeitpunkt *m* time
Zeitraum, im - (von ... bis ...) during the time
Zeitrelais *n* timer [elt]; timing relay [elt]
Zeitrelais für Anlauf *n* starting time relay [elt]
Zeitrelais für Gegenlauf *n* time relay for reverse travel [elt]
Zeitrelais für Tropföler *n* drip lubricator relay [elt]
Zeitschalter *m* limiting timer [elt]; timer [elt]
Zeitschaltwerk *n* sequence timer [elt]
Zeitstudien *pl* time and motion study [met]
Zeitstufe *f* timing stage [elt]
Zeitstunde *f* clock hour
Zeituhr *f* (z.B. zentrales Schmiersystem) timer [mas]
Zeitverschiebung *f* jetlag [mot]
Zeitwirtschaft *f* (Festsetzung Belegung) time control [eco]
Zelle *f* (Kloster, Batterie) cell [bau]; (Batteriezelle) element [elt]
Zelle, galvanische - *f* voltaic battery [elt]
Zellendeckel *m* battery cell cover [mot]
Zellenstopfen *m* battery cell plug [mot]
Zellstoffherstellung *f* pulp manufacture [che]
Zellstoffpappe *f* (einlagige Zellstoffpappe) pulpboard [met]
zeltgrau (RAL 7010) tarpaulin grey [nrm]
Zementanstrich *m* cement wash [bau]
Zementboden *m* cement floor [bau]
Zementestrich *m* cement screed [bau]
zementgebunden cementitious [met]
zementgrau (RAL 7033) cement grey [nrm]
Zementgrieß *m* cement tailing [roh]
Zementieren *n* cementation [bau]; cementing [bau]
Zementierung *f* (Verfugen) grouting [bau]
Zementklinker *m* (zw. Brenner und Rohgips) cement clinker [bau]
Zementleimkuchen *m* cake of cement paste [bau]
Zementmörtelauskleidung *f* (Rohre) cement mortar lining [bau]
Zementofen *m* cement kiln [bau]
Zementputz *m* (meist außen) rendering [bau]
Zementverguss *m* cement grouting [bau]
Zementwerk *n* cement plant [roh]
Zener-Diode *f* Zener diode [elt]
Zener-Durchbruch *m* Zener breakdown [elt]
zentralbeheizt centrally-heated [pow]
Zentralbüro *n* head office [eco]
Zentralfeuerzündung *f* centre-fire ignition [pow]
Zentralgelenk *n* (für Knicklenkung) frame articulation [mot]
Zentralgerät *n* master unit [elt]
Zentralleitstand *m* (Hauptwarte) central control room [pow]
Zentralrechner *m* (Rechenwerk) central computer [edv]; (Rechenwerk) host [edv]
Zentralschmieranlage *f* central lubrication system [mot]; integral oiler [mas]
Zentralschmierung *f* central lubrication [mot]
Zentrierbock *m* roller guide support [mas]
Zentrierbohrung *f* centre bore [con]
Zentrierring *m* centre bushing [mot]; centre ring [mot]

Zentrierrolle *f* centering roll [mot]
Zentrierung *f* centralisation [mot]
Zentrifugalmoment *n* product of inertia [phy]
Zentrifugalregler *m* centrifugal governor [mot]
zentrisch führen *v* guide concentrically [mot]; guide in dead-centre [mot]
zerbröckeln *v* crumble [bau]
zerfahren (nervös, durcheinander) nervous [hum]
Zerfall *m* (Zersetzung) decay [bau]
zerfallen *v* disintegrate [bau]; (z.B. aus Altersschwäche) dissolve [bau]
zergehen *v* (sich auflösen, zerfallen) dissolve [che]
Zerhacker *m* chopper [elt]
zerkleinern *v* (Steine brechen) crush [roh]; mill [met]
Zerkleinerung *f* (in Brecher) crush [roh]; (in Brecher) reduction [roh]
Zerkleinerungsmaschine *f* (Brecher) crushing machine [roh]
zerlegbar (in Teile demontierbar) dismountable [met]
zerlegen *v* (lockern, abmachen) unfasten
zermahlen *v* (zerbröckeln, zerreiben) crumble
zerreiben *v* crumble; (zermahlen) grate [met]
Zerreißprobe *f* destructive verification [msr]; (Zerreißversuch) tension test [met]
Zerreißversuch *m* stress-rupture test [mas]; tensile test [met]
zerschnitzeln *v* (z.B. im Shredder) shred [roh]
zerschnitzelt (z.B. im Shredder) shredded [roh]
Zersiedelung *f* overdevelopment [bau]
Zerstäuber *m* vaporizer [che]
Zerstäuberdruck *m* atomizer pressure [air]
Zerstäuberdüse *f* atomizer nozzle [air]
Zerstäuberflüssigkeit *f* spray [met]
Zerstäuberluft *f* atomized air [air]
zerstören *v* (vernichten) destroy [met]
zerstörerisch (destruktiv) destructive [met]
Zerstörung *f* (durch Aufbrauchen) consumption [met]; destruction [bau]; (großer Schaden) havoc [mot]
zerstörungsfrei non-destructive [msr]
zerstörungsfreie Prüfung *f* non-destructive testing [msr]
zerstörungsfreie Werkstoffprüfung *f* non-destructive material testing [msr]
Zerstoßen *n* (des Haufwerks mit Grader) levelling [mbt]
Zerstreuungslinse *f* dispersing lens [phy]
Zerstreuungsspiegel *m* dispersing mirror [phy]
Zettelhalter *m* (am Güterwagen) label clip [mot]; (am Güterwagen) label holder [mot]
Zeugnis *n* certificate; (Arbeits-bescheinigung) work certificate [eco]
zickzackförmig serpentine [mot]
Zickzackverlauf *m* zig-zag path [elt]
Ziegel *m* (luftgetrocknet) adobe [bau]; (Lehm/Ton mit Sand gemischt) brick [bau]
Ziegeldach *n* tile roof [bau]
Ziegelei *f* (meist Pressverfahren) brickyard [bau]
Ziegelmauer *f* (z.B. Berliner Bahnhöfe) brick wall [bau]
Ziegelofen *m* brick kiln [bau]
Ziegelverblendung *f* brick facing [bau]
Ziegler *m* (in Ziegelei) brickmaker [met]
ziehen *v* (gleichmäßig, z.B. Linie) draw [con]; (einen Zug) haul [mot]; (reißen) jerk; (abschleppen) tow [mot]
Ziehsäge *f* (Schrot- oder Baumsäge) crosscut saw [wzg]
Ziehwerkzeuge *pl* drawing tools [wzg]
Ziehwulst *m* draw bead [met]
Ziel *n* goal [edv]; (Zweck) purpose; (z.B. einer Transaktion) target
Zielbaum *m* goal tree [edv]
Zieldiskette *f* (bei Kopiervorgang) destination disc [edv]
Zielflug *m* (direktes Ansteuern) homing [mot]
Zielführung *f* route guidance [edv]
Ziel ins Auge fassen fix a target
Zielmarken *pl* aligning marks [msr]
Zieltaste *f* (Strecke auf Stellwerk) destination button [mot]
Ziergitter *n* (z.B. an Haustür) grille [bau]
Zierring *m* ornamental ring [mot]
Zierscheibe *f* ornamental disc [mot]
Ziffer *f* (die Ziffer 8) number [edv]
Zifferblatt *n* (der Uhr) dial [msr]
Zille *f* (Flusskahn) barge [mot]; (ohne Antrieb) dumb barge [mot]; (mit eigenem Antrieb) motor barge [mot]

Zimmerdecke *f* ceiling [bau]
Zimmermann *m* carpenter [met]
Zimmermannssäge *f* (Spannsäge) bucksaw [wzg]
Zinkauflage *f* (Beschichtung) coating of zinc [met]; (Beschichtung) zinc coating [met]
Zink-Basislegierungen *f* zinc alloys [met]
Zinkbatterie *f* zinc battery [elt]
Zinke *f* fork [mas]; (einer Forke) tine [wzg]; (vorstehend am Zahnrad) tooth [mas]
zinkgelb (RAL 1018) zinc yellow [nrm]
Zink-Luft-Zelle *f* (Batterie) zinc-air cell [elt]
zinkreich (viel Zink enthalten) zinc-rich [met]
Zinkstaub *m* (wird von Wasser attackiert) zinc dust [roh]
Zinn-Basislegierungen *pl* tin alloys [met]
Zirkel *m* (zum Zeichnen) compass [con]; drawing compasses [con]
Zirkulation *f* (z.B. von Öl, Kühlwasser) circulation [met]
zischen *v* (Dampf) hiss
Zischhahn *m* pet cock [mas]
zitronengelb (RAL 1012) lemon yellow [nrm]
Zivilrecht *n* civil law [jur]
Z-Kinematik *f* (für Laderausrüstung) bell crank linkage [mot]
Zollstock *m* (Schmiege, Gliedermaßstab) inch rule [msr]; (Schmiege, Gliedermaßstab) yardstick [msr]
Zollvorschriften *f* customs regulations [jur]
Zone, neutrale - *f* (eines Biegeteils) neutral zone [met]
Zonenpressung *f* compartment pressure [pow]
Zone, tote - *f* dead zone
Z-Stahl *m* Z-bar [met]
Zubehör *n* (Zusatzgerät) attachment [mas]; (Teile, Zusätze, extra Teile) parts
Zubehör, elektrisches - *n* basic electrical accessories [elt]
Zubehörteile *pl* (z.B. für späteren Anbau) accessories [mas]; parts
Zubehör und Hilfseinrichtungen accessories and spare parts [mas]
Zuber *m* (Bottich, Wanne) tub; (Bottich, Wanne) vat
zubetonieren *v* concrete over [bau]
Zubringer *m* (z.B. kleine Bahnlinie) feeder [mas]
Zubringerstraße *f* feeder road [mot]
Zufahrt Montageplatz *f* access to assembly yard [bau]
Zufahrtstraße *f* access road [mot]
zufallsbedingt (durch Zufall) random [mat]
Zufluss *m* (Daten, Öl, Wasser) flow [met]
Zuflussventil *n* delivery valve [met]
Zuführbehälter *m* hopper [mot]
Zuführrinne *f* chute [mbt]
Zuführrohr *n* (Fallrohr) downcomer [pow]; (Fallrohr) downtake tube [pow]
Zuführrollgang *m* charging roller [met]; conveyor [met]; feed roller [mas]
Zuführung *f* (von Material, Heizmater.) feed [met]; (Zugang) pass [bau]
Zuführungsleitung *f* supply line [elt]
zufüllen *v* (einen Graben) refill
Zufüllen von Gräben *n* refilling [mbt]
Zug *m* (Wind, Durchzug (A)) draft; (als Widerstand) drag [mas]; (ausgeglichener Zug) draught [pow]; (als Widerstand) pull [mas]; (z.B. Zugbeanspruchung) strain [mas]; (z.B. IC, D-Zug, Güterzug) train [mot]
Zug- (z.B. Zugkraft) traction [mot]
Zugabe *f* (für spätere Bearbeitung) machining tolerance [mas]; (für spätere Bearbeitung) tolerance [mas]
Zugang *m* (leichter Zugang) access [bau]; (Eingang; Tür) entry; (Einlass, Öffnung) opening
Zugang, leichter *m* (einfach erreichbar) easy access
zugänglich (leicht zu erreichen) accessible
Zugänglichkeit *f* accessibility
zugänglich von ... accessible from ...
Zugang zwischen Heizflächen *m* access [pow]
Zuganker *m* tension anchor [bau]; (fürs Anziehen des Steuerblocks) tensioning bolt [mas]; tension member [bau]; tie bar [bau]; (für das Anziehen von Ketten) tie rod [mas]
Zugbahnfunk *m* railway radio system [mot]
Zugbeanspruchung *f* tensile load [met]; tensile stress [met]
Zugbremse *f* (Dampflok-Führerstand) automatic train brake [mot]; (Dampflok-Führerstand) train brake [mot]

Zugbrücke *f* (z.B. an alter Burg) drawbridge [bau]
Zugeinrichtung *f* (am Waggon) draw gear [mot]
zugelassen (genehmigt) approved [nrm]
Zügelbrücke *f* bridle bridge [bau]
Zugentlastungsbogen *m* traction relief curve [mot]
Zugentlastungsverschraubung *f* threaded cable grommet [mas]
Zugerzeugung *f* method of producing draught [pow]
zugeschobenes Material *n* (zu Haufwerk) trapped material [mbt]
zugesetzt (verstopft) clogged
Zug, fallender - *m* (Fallzug) downward gas passage [pow]
Zugfeder *f* draw spring [mot]; tensioning spring [mas]; tension spring [mas]
Zugfestigkeit *f* tensile strength [met]
Zugführer *m* conductor [mot]
Zuggarnitur *f* (Lok und Wagenanordnung) train consist [mot]
Zuggurt *m* tension chord [bau]
Zughaken *m* (nicht Bahn) drawbar [mas]; (Lok zieht Waggons) drawhook [mot]; (Lok zieht Waggons) draw hook [mot]; tow hook [mot]; (nicht Bahn) towing hook [mas]
Zughakenführung *f* draw-hook guide [mot]
Zughaken, vorderer - *m* front pull hook [mot]
Zughub *m* traction device [mas]
Zugkette *f* tackle [mot]
Zugkraft *f* (Fahreug. mit Anhängerkupplung) drawbar pull [mot]; power of traction [mas]; (Druck liegt drauf) pull [mas]; pulling force [phy]; tensile force [met]; (z.B. Spannung auf Seil) tension [mas]; (Drehmoment) torque [mas]; traction [phy]; (Anhängegewicht der Lok) tractive effort [mot]
Zug, künstlicher - *m* (Zug im Kessel) artificial draught [pow]
Zuglänge *f* (z.B. 10 Wagen) train length [mot]
Zuglasche *f* (d. Feststellbremse) draw shackle [mot]
Zuglauf *m* train schedule and route [mot]
Zuglaufschild *n* destination board [mot]
Zugleistung *f* tractive output [mot]
Zuglenkwand *f* gas baffle [pow]
Zugmaschine *f* (Traktor, Trecker, Sattel) tractor [mbt]; (des Sattelschleppers) tractor truck [mbt]
Zug, natürlicher - *m* natural draught [pow]
Zugregulierung *f* draught regulation [pow]
Zugreserve *f* (Gebläse) fan margin [air]
Zugriff *m* (Zugriff auf, z.B. EDV) access [edv]
Zugriffzeit *f* (z.B. auf eine Festplatte) access time [edv]
Zugschalter *m* pull switch [mot]
Zugschaufel *f* (Schleppschaufel) dragline [mbt]
Zugschlussleuchte *f* tail lamp [mot]
Zugseil *n* traction cable [mas]; traction rope [mas]
Zugseilklemme *f* draw-cable clamp [mot]
Zugsicherung, induktive - *f* automatic train stopping [mot]
Zugspannung *f* tensile stress [met]
Zugstab *m* (Stahlbau) tension member [mas]; tie member [bau]
Zugstange *f* (als Bauteil, z.B. an einer Brücke) draw bar [mot]; (Stahlbau) tension rod [mas]; tie rod [mas]; tow bar [mot]
Zugstrebe *f* (für Automobile) tie rod [mot]
Zugträger *m* (Rolltreppe) main reinforcement [mbt]
Zugunglück *n* train accident [mot]
Zugverlust *m* (Aggregatende) back end loss [pow]; (allgemein) draught loss [pow]; (Aggregatende) draught loss at unit end [pow]
Zugvorrichtung *f* hitch [mas]; towing device [mas]
Zugwagen *m* (klein, hinter Lok) locomotive cart [mot]
Zugwagenbremskraftregler *m* tractor brake pressure regulator [mbt]
Zugwagenbremsventil *n* tractor brake valve [mbt]
Zugzusammenstoß *m* train crash [mot]
Zulagen *pl* (freiwillige von Firma) fringe benefits [eco]
zulassen *v* (z.B. ein Dichtungsmittel) approve [nrm]; (ein Auto) get a car licensed [mot]
Zulassung *f* (zur Prüfung) admission; (amtliche -) permit
Zulassungsstempel *m* licensing seal

Zulauf *m* approach; feed [mot]
Zulaufleitung *f* feed line [mot]; intake line [mas]
Zulaufrollgang *m* charging roller conveyor [mot]
Zulaufweg *m* (des Öls) feed pipes [mot]
Zulegierung *f* additives [mas]
Zuleitung *f* feeding [mot]; incoming supply [elt]; lead [elt]; lead wire [elt]; power supply cable [elt]
Zulieferteile *pl* parts from suppliers
zumauern *v* brick up [bau]
zumessen *v* batch [msr]
Zündbatterie *f* ignition battery [elt]
Zündbrenner *m* lighting-up burner [pow]
Zündelektrode *f* ignitor [elt]; starter electrode [elt]; trigger electrode [elt]
Zunder *m* cinder [met]; rust and scale [met]; (z.B. Walzzunder) scale [met]
Zünder *m* (z.B. Gaszündbrenner) ignitor [pow]
Zunderbildung *f* scaling [met]
Zunder, loser - *m* loose scale [mas]
Zunderstücke *pl* scales [met]
Zündfeuerung *f* ignition burners [pow]; lighting-up firing equipment [pow]
Zündflamme *f* pilot flame [pow]
Zündfolge *f* (des Zündverteilers) firing sequence [mot]
Zündfunken *m* ignition spark [elt]
Zündgestänge *n* spark linkage [mot]
Zündkabel *n* ignition cable [mot]; plug lead [elt]; switch wire [mot]
Zündkerze *f* spark plug [mot]
Zündkerzenstecker *m* spark plug terminal [mot]
Zündkontrolllampe *f* time lamp [mot]
Zündlanze *f* lighting-up lance [pow]; portable lighter [pow]
Zündmagnet *m* magneto [mot]
Zündmittel *n* explosive agents [roh]
Zündnocken *m* ignition cam [mot]
Zündpatrone *f* lighting-up cartridge [pow]
Zündprobe *f* ignition test [pow]
Zündpunkt *m* ignition point [che]; (z.B. Auto) point of ignition [mot]
Zündschalter *m* ignition switch [mot]; (z.B. des Autos) ignition switch [mot]
Zündschloss *n* (z.B. des Autos) ignition lock [mot]
Zündschlüssel *m* (z.B. des Autos) ignition key [mot]
Zündschnur *f* (Lunte) detonating fuse [roh]; (Lunte; Steinbruch, Bergbau) fuse [roh]; (Bergbau) safety match [roh]
Zündspannung *f* (Lichtbogen, Lampen) striking voltage [elt]
Zündspule *f* ignition coil [mot]; induction coil [mot]; (z.B. des Autos) magnet coil [mot]; solenoid spool [mot]
Zündtemperatur *f* ignition temperature [pow]
Zündung *f* (elektrische Zündung) detonation [elt]; firing [elt]; (z.B. des Autos) ignition [mot]
Zündunterbrecher *m* timer [mot]
Zündverstellbereich *m* timing range [mas]
Zündverteiler *m* (Verteiler im Auto) ignition distributor [mot]
Zündverteilerwelle *f* ignition distributor shaft [mot]
zündwillig ignitable [pow]
Zündzeitpunkt *m* firing point [mot]
zunehmen *v* (an Gewicht) gain
Zunge *f* (z.B. in Weiche, Feder) tongue [hum]
Zungenklappe *f* tongue-shaped regulating damper [pow]
Zuordnung *f* coordination [bau]
zurechtmachen *v* (leicht aufarbeiten) do up [mas]
zurren *v* (festzurren, anlaschen) lash [mot]
Zurring *m* (kreuzweise Kettenaufnahme) lashing ring [mot]
Zurrring *m* (kreuzweise Kettenaufnahme) lash ring [mot]
zurückbehalten *v* retain
Zurückbehalten *n* (Gegenteil: Weggeben) retention
zurückbringen *v* (von Daten) restore [edv]
Zurückfahren *n* (z.B. Rußbläser) retraction [pow]
zurückführen auf ... *v* attribute to ...
zurückgeben *v* return
zurückgeschoben pegged back
zurückgespült floated back [bau]
zurückholen *v* (von Daten) restore [edv]
Zurücknahme *f* retraction [mot]
zurückreichen *v* (retournieren) return
zurückrutschen *v* slide back
zurückschlagen *v* (Flamme) flash back [pow]
zurückschrauben *v* back off [met]

zurücksetzen *v* (Pkw rangieren) back up [mot]
Zurücksetzung *f* (auf Ursprung) reset [edv]
zurückstellen *v* (eines Druckventils) back off [met]; (Auftrag) put in abeyance [eco]
zurückstoßen *v* (Pkw rangieren) back up [mot]
zurücktreten *v* (resignieren) resign [eco]
zurückziehen *v* retract [pow]
Zusammenarbeit *f* collaboration; cooperation
Zusammenarbeit zwischen Firmen *f* joint venture [eco]
Zusammenbau *m* (wieder montieren) rebuilding [met]
zusammen bearbeitet machined together [met]
Zusammenbruch *m* (Haus und Lebewesen) collapse
Zusammenfall *m* collapse
zusammenfassen *v* (verschiedene Bereiche) unite [edv]
Zusammenfassung *f* summarisation [edv]
Zusammenfassungsmuster *n* summary patterns [edv]
zusammenfügen *v* (montieren) assemble [mas]; (verbinden) connect [met]; join [met]
zusammengehörig related
zusammengesetzt (Stab, Stütze) built-up [bau]
zusammenhängend *m* (z.B. Speicherblock) coherent [edv]
zusammen mit ... in concert with ...
Zusammenschluss *m* (zweier Firmen) merger [eco]
zusammensetzen *v* (Blumen, Dekor, Musik) compose
Zusammensetzung *f* (Bespannung d. Zuges) formation [mot]; (Synthese) synthesis [che]
zusammenstellen *v* (Blumen, Möbel, Aufsatz) compose
Zusammenstellung *f* (in dieser Zusammenstellung) configuration [con]; (Hauptzeichnung) general drawing [con]
Zusammenstellungsliste *f* assembly list [con]
Zusammenstellungszeichnung *f* assembly drawing [con]; overall drawing [con]
Zusammenstoß *m* (Unfall, Crash) collision [mot]; (Auffahrunfall) concertina clash [mot]; (von Eisenbahn) train crash [mot]
zusammentragen *v* compile [bau]
zusammenwirken *v* work together
zusammenziehen *v* (einer Feder) contract [met]
Zusammenziehung *f* (Einschnürung) contraction [pow]
Zusatz *m* admixture [roh]
Zusatz- (z.B. Zusatzheizung) auxiliary [pow]
Zusatzantrieb *m* (meist im Tender) booster [mot]
Zusatzbremse *f* retarder [mot]
Zusatzbremsventil *n* (Dampflok) additional brake valve [mot]
Zusatzbrennstoff *m* auxiliary fuel [pow]
Zusatzdüse *f* auxiliary jet [air]
Zusatzfahrschaltung *f* overdrive [mot]
Zusatzfeder *f* (Verstärkung) overload spring [mot]
Zusatzfeuerung *f* auxiliary burners [pow]; auxiliary firing equipment [pow]
Zusatzgebläse *n* (Druckerhöhungsgebläse) booster fan [pow]
Zusatzgegengewicht *n* additional counterweight [mot]
Zusatzgerät *n* (weiteres Gerät) additional equipment [mas]; attachment [mas]; auxiliary product
Zusatzgetriebe *n* (Fuller) additional gear [mbt]; auxiliary transmission [mas]
Zusatzkraft *f* additional force [phy]
Zusatzlast *f* secondary load [bau]
zusätzlich supplementary
Zusatzluft *f* supplementary air [pow]
Zusatzluftbehälter *m* auxiliary air reservoir [mas]
Zusatzmasse *f* extra weight [mot]
Zusatzmoment *n* additional moment [phy]
Zusatznetzteil *n* supplementary power pack [elt]
Zusatzrelais *n* additional relay [elt]
Zusatzscheinwerfer *m* auxiliary head lamp [mot]
Zusatzstoff *m* admixture [che]
Zusatzteile *pl* (Zubehör) accessories [mas]
Zusatzventil *n* additional valve [mas]

Zusatzwasser *n* (zum Kondensat) make-up water [pow]
Zusatzwasserbehälter *m* make-up water storage tank [pow]
zuschaltbar (hydraulisch zuschaltbar) shiftable [mot]
zuschalten *v* (Kessel) put on the line [pow]; switch on [elt]
zuschieben *v* (Gestein zu Haufwerk) trap [roh]
Zuschlag *m* (Stoff) aggregate [mas]
Zuschnitt *m* (Vorschnitt des Werkstücks) blank [met]; (Vorschnitt des Werkstücks) blank cut [met]; (hier Teil des Werkes) cutting [mot]
zusehen *v* (an Baustelle) watch; (bei Unfall) witness
Zusetzer *m* adder [mas]
Zustand *m* (der Maschine, Abnutzung) condition; phase [pow]
Zustand, baulicher - *m* state of repair [bau]
Zustand, dampfförmiger - *m* vapour state [pow]
Zustand, gasförmiger - *m* gaseous state [phy]
Zustand, stationärer - *m* steady state [elt]
zustellen *v* (versperren) block; (postalisch) forward; (postalisch) submit
zustopfen *v* (verschließen) plug [mot]
zutage fördern *v* (z.B. Kohle) surface [roh]
Zuteiler *m* Redler conveyor [pow]
Zutreffendes, nicht - streichen delete what is not applicable
Zutritt *m* admission
zuverlässig reliable
zuverlässig arbeitend reliably working
Zuverlässigkeit *f* reliability
zu vermieten (Zimmer frei, Büro frei) for rent [bau]
zuweisen *v* (einen Speicherblock) allocate [edv]; (z.B. einer Variablen einen Wert) assign [edv]
Zwangdurchlauf *m* once-through forced flow [pow]
Zwangdurchlaufabhitzekessel *m* waste heat boiler with once- through forced flow [pow]
Zwangdurchlaufkessel *m* once-through boiler [pow]; once-through forced-flow boiler [pow]
Zwangsarbeit *f* hard labour
Zwangsführung *f* (der Kette, Rolltreppe) chain retainer guide [mbt]; positive guide [mot]
zwangsgeführt (durch Fahrer) operator controlled
Zwangslage *f* (in Zwangslage nach unten schweißen) downhand [met]; (in Zwangslage; nach oben schweißen) overhead [met]
zwangsweise (mit Gewalt erzwungen) enforced [mot]
Zwangumlauf *m* forced circulation [pow]
Zwangumlaufkessel *m* boiler with forced circulation [pow]; forced circulation boiler [pow]
Zweck *m* purpose
Zweckbau *m* functional building [bau]
zweiachsig two axle
Zweiarmflansch *m* two-armed flange [mas]
Zweiarmnabe *f* twin-sector clutch hub [mas]
zweibahnig twin track [mot]
Zweideckfreischwingsieb *n* double-deck vibrating screen [roh]
Zweidrahtlampe *f* double filament bulb [mot]
Zweidrahtübertragung *f* (über Telefon) twin pair transmission [tel]
Zweidruckventil *n* twin pressure sequence valve [mas]
zweifach double; (doppelt) twofold
Zweifachrollenkette *f* double roller chain [mot]; duplex roller chain [mas]
Zweifachsteuerblock *m* control block [elt]; valve block [elt]
Zweiflanschnabe *f* double-flange hub [mot]
zweiflutig double-flow [pow]
Zweifrequenzmethode *f* two-frequency method
zweigängig (Zahnrad) double thread [mas]
Zweigehäuseturbine *f* double-flow turbine [pow]; twin cylinder turbine [pow]
zweigleisig double-track
zweigliedrig (z.B. Fahrzeug) articulated [mot]
Zweigniederlassung, zuständige - *f* authorized branch office [eco]
Zweihebelsteuerung *f* (beim Seilbagger) two-lever control [mbt]
Zweiholm *m* two-stringer [mas]

zweijährig biannual
Zweikammerbremszylinder *m* two-chamber brake cylinder [mas]
Zweikammermesserpumpe *f* tandem sectioned vane-type pump [mas]
Zweikanal *m* two-channel [mas]
Zweikanalschreiber *m* two-channel recorder [msr]
Zweikopfdurchschallungsverfahren *n* double-probe through-trans-mission technique [elt]
Zweikopfreflexionsverfahren *n* double-probe reflection method [elt]
Zweikreis *m* dual circuit [mot]
Zweikreisölscheibenbremse *f* dual-circuit oil disc brake [mot]
Zweikreisölumlauf *m* dual circuit oil circulation [mot]
Zweikreisscheibenbremse *f* dual circuit disk brake [mot]
Zweikreisverrohrung *f* double branch pipes [mot]
Zweikristallverfahren *n* double-crystal method [elt]
zweilagig two-layer
Zweileiterkabel *n* twin cable [elt]
Zweileitungsbremse *f* (Zweileitungs-bremssystem) two-pipe brake system [mas]
Zweilochmutter *f* round nut with drilled holes in one face [mas]
Zweimannsäge *f* (Schrotsäge) crosscut saw [wzg]
Zweipol *m* two-pole [elt]
zweipolig bipolar [elt]
Zweipolröhre *f* diode [elt]
Zweipunkt-Abstützung *f* (Mobilbagger) one set of stabilizers [mbt]
Zweipunktregelung *f* ((A)) two-position control [msr]
Zweipunktregler *m* ((B)) two-point controller [msr]; ((A)) two-position controller [msr]
Zweirad *n* bicycle [mot]
Zweiradindustrie *f* bicycle industry [mot]
zweireihig (Nietverbindung) double row [mas]
Zweischeibenkupplung *f* (trocken, in Öl laufend) double disc clutch [mot]; double plate clutch [mot]; (trocken, in Öl laufend) double plate clutch [mot]
Zweischeibentrockenkupplung *f* double disc dry clutch [mot]
Zweispindelheber *m* two spindle jack [mot]
Zweistoffschmiedestück *n* forging from two different grades [met]; forging out of two different grades [met]
Zweistrahl *m* dual-beam [elt]
Zweistufenschaltung *f* twin-stage transmission [mas]
zweistufig twin-stage
Zweitakt *m* (Arbeitsgang) two cycle [mas]; (Auto) two stroke [mot]
Zweitaktmotor *m* two cycle engine [mas]; (Auto) two stroke engine [mot]
zweiteilig (geteilt, z.B. Lagerschale) divided [mas]
Zweitor *n* two-port [edv]
Zweitorelement *n* two-port element [edv]
Zweitorparameter *m* two-port parameter [edv]
Zweitrommelkessel *m* bi-drum boiler [pow]
Zweiwegebagger *m* road rail excavator [mbt]
Zweiwegegabelstück *n* (Hosenrohr) breeches pipe [pow]; (Hosenrohr) two-way distributor [mas]
Zweiwegerollsteig *m* double-tracked autowalk [mbt]; two-way autowalk [mbt]
Zweiwegeventil *n* two-way valve [mas]
Zweiwelleneinheit *f* (Turbine) two-shafts-arrangement [pow]
zweiwöchentlich biweekly
Zweizugkessel *m* two-pass boiler [pow]
Zweizweckgerät *n* dual-purpose unit
Zweizylindermotor *m* twin engine [mas]
Zwickel *m* (des Hochofenbodens) knuckle [mas]
Zwillings- twin
Zwillingsrad *n* twin wheel [mot]
Zwillingsturm *m* (einer Kirche) twin tower [bau]
Zwinge *f* ferrule [wzg]; (Schraubstock (B)) vice [wzg]
Zwischenabdeckung *f* (Rolltreppe) gap covers [mbt]
Zwischenabkühlung *f* intermediate cooling [mas]
Zwischenabstützung *f* intermediate support
Zwischenbalustrade *f* intermediate balustrade [mbt]
Zwischenbandförderer *m* (besser: -wagen) intermediate conveyor car [mbt]

Zwischenbandwagen *m* intermediate conveyor car [mbt]
Zwischenbauklappe *f* (hier Ausstoß) intermediate exhaust flap [mot]
Zwischenbericht *m* preliminary report
Zwischenblock *m* interim block [mot]
Zwischenboden *m* intermediate bottom [bau]; (am Zylinderkopf) water shelf [mot]
Zwischenbunkerung *f* bin-and-feeder system [pow]
Zwischendampftemperatur *f* reheat steam temperature [pow]
Zwischendecke *f* intermediate ceiling [bau]; suspended ceiling [bau]
Zwischenecho *n* intermediate echo [elt]
Zwischenergebnis *n* preliminary result
Zwischenflansch *m* intermediate flange [mot]
Zwischengang *m* aisle [bau]
Zwischengänge *pl* corridors [bau]
zwischengekühlt after-cooled [pow]
Zwischengeschoss *n* intermediate storey [bau]
Zwischengetriebe *n* intermediate gearing [mot]
Zwischenkühler *m* after cooler [pow]
Zwischenkühlerwasserzulauf *m* after-cooler coolant supply [pow]
Zwischenlage *f* insert [elt]; (Rippenplatte/Schiene) plastic pad [mot]; (am Drehgestell) rubber cushion [mot]; shim [met]
Zwischenlagentemperatur *f* interpass temperature [met]
Zwischenlagerung *f* (z.B. eines Teiles) interim storing
Zwischenmittel *n* interburden [roh]
Zwischenplatte *f* (höhenverstellbare Schiene) height adjustment plate [mot]; (z.B. beim Röntgen) shim [phy]
Zwischenrad *n* intermediate gear [mot]
Zwischenradlagerung *f* idler gear bearing [mot]
Zwischenraum *m* (Lücke, Spalte) gap [bau]; space [con]
Zwischenring *m* (bei Reifen) baffle ring [mot]; (zum Abstandhalten) spacer [mas]
zwischenschalten *v* (einschließen) include [mot]; insert; interconnect [mot]; interpose [mot]; (Heizflächen) interpose [pow]
Zwischenschicht *f* (zwischen Flözen) interburden [roh]; (zwischen Flözen) intercalation [roh]; (zwischen Flözen) parting [roh]
Zwischenspeicher *m* (Puffer) buffer [edv]
Zwischenstellung *f* (z.B. des Fensters) interim position [mot]
Zwischenstück *n* (Stecker passen nun) adapter [elt]; connecting piece [mas]; (Doppelflansch) double flange; (Teil ist dazwischen) interim piece [mas]; middle section [mot]; middle section [mas]; (Distanzbuchse) spacer bush [mas]; spacer piece [mot]
Zwischentransport *m* interim transportation [mot]
Zwischenüberhitzer *m* reheater [pow]
Zwischenüberhitzerzug *m* reheater gas pass [pow]
Zwischenüberhitzung *f* reheat cycle [pow]
Zwischenüberhitzungstemperatur *f* reheat steam temperature [pow]
Zwischenverkleidung *f* intermediate decking [mas]
Zwischenwand *f* division wall [bau]; partition wall [bau]
Zwischenwelle *f* (Getriebe) jackshaft [mot]; layshaft [mot]
Zwölfkant *m* twelve-sided [mas]
Zwölfkantschraube *f* twelve-sided bolt [mas]
Zwölfkantschraubenschlüssel *m* twelve-sided spanner [wzg]
Zwölfmeter-Container *m* forty foot-container [mot]
Zykloidenverzahnung *f* cycloidal toothing [mas]
Zyklon *m* cyclone [roh]
Zyklonabscheider *m* (Staub) cyclone precipitator [pow]; (Staub) cyclone separator [pow]; (grober Flugstaub) grit arrestor [pow]
Zyklonfeuerung *f* cyclone firing [pow]
Zyklonkessel *m* cyclone fired boiler [pow]
Zyklon mit Fangschirm *m* screened cyclone arrangement [roh]
Zyklonmündung *f* (Kragen) cyclone throat [pow]
Zyklon ohne Fangschirm *m* open cyclone arrangement [pow]
Zyklonrohr *n* cyclone tube [roh]
Zyklonumluftsichter *m* cyclone air separator [roh]

Zylinderablasshahn *m* purge cock
Zylinderblechschraube *f* pan head tapping screw [mas]
Zylinderblock *m* (des Motors) cylinder block [mot]
Zylinderblockbohrmaschine *f* cylinder block drilling machine [met]
Zylinderbohrung *f* (Innendurchmesser) cylinder bore [con]
Zylinderbuchse *f* (trocken und nass) cylinder liner [mot]
Zylinderbüchsenausbohrmaschine *f* cylinder liner boring machine [met]
Zylinderbüchsendrehmaschine *f* cylinder liner turning machine [met]
Zylinderbuchse, trockene - *f* dry cylinder liner [mot]
Zylinderdeckel *m* cylinder cover [mot]
Zylinder, doppeltwirkender - *m* double-acting cylinder [mot]
Zylinderfußpunkt *m* cylinder mounting [mot]
zylindergesteuert cylinder controlled [mot]
Zylinderhub *m* cylinder stroke [mas]
Zylinder, innenliegender - *m* enclosed cylinder [mas]
Zylinderkerbstift *m* grooved pin, full length parallel grooved with chamfer [mas]
Zylinderkolben *m* cylinder piston [mot]
Zylinderkopf *m* (des Motors) cylinder head [mot]
Zylinderkopfdichtung *f* cylinder head gasket [mot]; head gasket [mot]
Zylinderkopfhaube *f* cylinder head cover [mot]
Zylinderkurbelgehäuse *n* cylinder block and crankcase [mot]
Zylinderlager *n* (Zylinderauge) cylinder bearing [mot]
Zylinderlaufbuchse *f* cylinder liner [mot]; cylinder sleeve [mot]
Zylinderlaufbuchse, trockene - *f* dry cylinder liner [mot]; dry cylinder sleeve [mot]
Zylindermantel *m* barrel [mot]
Zylinderrohr *n* (meist innengerollt) cylinder barrel [mot]; cylinder liner [met]
Zylinderrolle *f* cylindrical roller [met]
Zylinderrollenlager *n* roller bearing [mot]
Zylinderrollenlager, einreihiges - *n* cylindrical roller bearing single row [met]
Zylinderrollenlager, zweireihiges - *n* cylindrical roller bearing double row [met]
Zylinderrollenradsatzlager *n* cylinder roller wheel bearing [mot]
Zylinderschloss *n* cylinder lock [mot]
Zylinderschraube *f* Allen cap screw [mas]; cap screw [mas]; cheese head screw [mas]; cylinder head screw [mas]
Zylinderschraube mit Innensechskant *f* hexagon socket head cap screw [mas]
Zylinderschraube mit Schlitz *f* slotted cheese head screw [mas]
Zylinderschutz *m* cylinder guard [mot]
Zylinderspiegel *m* cylindrical mirror [mot]
Zylindersteuerung *f* cylinder control [mot]
Zylinderstift *m* dowel pin [mas]; parallel pin [mas]; (Setzschraube) set screw [mot]; straight pin [mot]
Zylinderwandung *f* cylinder wall [mot]
Zylinderwelle *f* cylindrical wave [mot]